U0320982

铸 铁
生产实用手册

ZHUTIE SHENGCHAN SHIYONG SHOUCE

沈 猛 杨海慧 章 舟 编著

化学工业出版社
·北京·

图书在版编目（CIP）数据

铸铁生产实用手册/沈猛，杨海慧，章舟编著. —北京：
化学工业出版社，2014.1
ISBN 978-7-122-18815-1

Ⅰ.①铸…　Ⅱ.①沈…②杨…③章…　Ⅲ.①铸铁-炼
铁-手册　Ⅳ.①TF5-62

中国版本图书馆 CIP 数据核字（2013）第 255794 号

责任编辑：刘丽宏　　　　　　　　　文字编辑：颜克俭
责任校对：王素芹　　　　　　　　　装帧设计：刘丽华

出版发行：化学工业出版社（北京市东城区青年湖南街 13 号　邮政编码 100011）
印　　刷：北京永鑫印刷有限责任公司
装　　订：三河市万龙印装有限公司
787mm×1092mm　1/16　印张 28½　字数 745 千字　2014 年 5 月北京第 1 版第 1 次印刷

购书咨询：010-64518888（传真：010-64519686）　　售后服务：010-64518899
网　　址：http：// www. cip. com. cn
凡购买本书，如有缺损质量问题，本社销售中心负责调换。

定　　价：138.00 元　　　　　　　　　　　　　　　　　版权所有　违者必究

铸铁是现代工业中应用最广泛的铸造金属材料，铸铁件在国民经济各个领域的应用也是非常广泛的，如内燃机的核心零件汽缸体和汽缸盖是铸铁件，许多的水管、管件、暖气片等是采用铸铁材料。随着工业发展和技术进步，对铸铁件的质量要求越来越高，如铸件的外观质量、尺寸精度；铸件材质要满足力学性能、耐磨性、耐蚀性、切削性、气密性等要求；铸件的制造成本要低，铸造过程要节能、环保。但在我国，绝大部分铸铁件出自于中小型车间，多数属于单件小批量生产，生产方式还比较落后，机械化程度低、劳动强度大、质量上不去、成本高。改变这种状况是我们铸造工作者的责任。

为适应我国铸造生产的需要，结合我国铸造企业的技术现状，为众多企业从事铸铁件生产的广大工程技术人员、管理人员以及现场的实际操作者，撰写一本以介绍铸铁件生产基础知识和生产应用为指导的工具书，是十分必要的。鉴于此，我们编写了这本《铸铁生产实用手册》（以下简称《手册》）。

《手册》内容注重实用，以铸铁生产工艺为线索，涉及各类型铸铁生产的主要方面：如灰铸铁、可锻铸铁、球墨铸铁等的工艺、设备、原辅材料、节能环保、质量控制等，全面总结了近年来铸铁生产方面的数据、图表和应用成果，汇集了国内外在铸铁生产技术方面的成熟经验和应用实例，尤其详细介绍了当前铸铁领域正在广泛推广的节能型铸造技术和设备，希望对读者从事铸造生产实践提供有益的指导。

为了使《手册》内容既贴近生产实际，又具有一定的深度和广度，参加编写的人员都是从事铸造生产实践多年的学者、企业领导和一线专家。感谢对给《手册》提供技术工艺、设备、仪表仪器、分析检测、原材料有关资料介绍、信息的诸位友人！

由于时间仓促和编者水平所限，书中遗漏和不当之处，恳请读者批评指正。

编著者

3 第3章
可锻铸铁

第6章
蠕墨铸铁

第7章
铸铁感应电炉及冲天炉熔炼

绪论

铸铁生产自出现生铁原料以来一直用搅炉、猴子炉、三节炉、冲天炉生产灰铸铁、耐磨铸铁，到20世纪40~50年代才开始发展球墨铸铁，并得到很迅速的推广普及。改革开放以来的最近30~40年，随着工业的发展、基础工业的调整，尤其是强调低碳环保，铸铁的熔炼设备以感应电炉为主，这个转变随之而来的拓展出一系列的新内容。

（1）铸铁熔炼用材料　铸铁熔炼用材料包括生铁（高质量低杂质，满足高质量铸铁生产的要求）、废钢增碳剂（以废钢为主要原料熔炼铸铁必备原材料）、脱硫剂、增硫剂、脱磷剂、净化剂、细化剂、清渣剂、焦炭、孕育剂、球化剂（与电炉熔炼工艺相匹配）、变质剂和其他预处理的材料。

（2）铸铁的熔炼

① 合成铸铁。用感应电炉废钢为原料生产高强度铸铁HT250、HT300、HT350，其熔炼工艺必须选择高质量增碳剂，然后按操作规程严格遵循，此外还可以用下列措施生产高强度铸铁。

a. 孕育处理。孕育铸铁即通过减少石墨片数量，以加入适量的孕育剂使共晶团细化、基体致密从而获得较高强度和较好的力学性能。

孕育剂的加入方法：出铁时出铁槽加入或包中冲入，也可在浇注过程中随流孕育或型内孕育，视具体情况而灵活应变，不同方式加入量也要有所变化。

b. 稀土处理。有些地方废钢供应比较紧张，在不用或少用废钢的情况下生产高牌号的铸铁，就可利用稀土合金进行处理。

孕育铸铁的碳当量较低，属于亚共晶铸铁范围。稀土灰铸铁是属于共晶或过共晶铸铁范畴，但稀土的加入量必须控制。加入少量稀土时，铸铁中的石墨仍为片状，但分布均匀；若再增加稀土，石墨会变成短而粗的蠕虫状、菊花状，并伴有少量的球团石墨；再继续增加稀土，则蠕虫状石墨将减少而球团絮状石墨增加；超过一定量的稀土后，由于其过冷作用强，出现碳化物及部分莱氏体，而白口化使硬度剧增，强度力学性能下降。因此，加入稀土利于出现珠光体，但过量易白口化。为了增加基体的珠光体，还需要增加Mn，$w(Mn)=0.8\%\sim1.5\%$为宜。

c. 微合金化处理。对碳当量$3.9\%\sim4.2\%$的高牌号灰铸铁（如HT250、HT300、HT350）加入微合金Cr、Cu、Sn、Mo、Ni等元素可以提高铸铁件的强度，但要注意合金元素的加入虽然增加了力学性能但有可能在热节区引起微疏松而渗漏，则必须采用一定工艺措施加以克服。

② 球墨铸铁。我国球墨铸铁的生产能满足多品种、高性能、优质的充分条件。

a. 炉料：选用优质生铁、高纯生铁和优质的废钢，满足冲天炉-感应电炉熔炼的匹配。

b. 球化剂、孕育剂。通常采用稀土镁硅铁球化剂Mg7%~9%，RE6%~8%。根据不同产品要求，对高温低碳低硫的铁液用Mg5%~6%、RE1%~2%的球化剂；对大断面球铁件用重稀土（含镧、铱）或微量合金元素。

孕育剂除用75Fe-Si外，还有针对不同基体组织铸态球铁含Ba、Ca、Al或Sb、Bi元素的各种孕育剂。

c. 球化孕育处理工艺。球化多采用沿用至今的冲入法，除此之外还有盖包法、喂丝法、喷射法，各厂在生产实践中采用既环保又效果好的相应处理方法。

孕育处理工艺：浇包底部球化剂上加入孕育剂，倒包时加入二次孕育剂，采用随流孕育和型内孕育。

③ ADI（高强度球墨铸铁）。ADI 的生产关键是对其等温转变全过程进行严格控制。必须按 ASTM 各牌号及《等温淬火球墨铸铁件》国家标准执行。

④ 蠕墨铸铁。既有球墨铸铁的高强度、耐磨、耐腐蚀，又有灰铸铁的良好铸造性能、导热性，也有比灰铸铁高得多的疲劳强度和耐热疲劳性。作为一种新型的工程材料，蠕墨铸铁可用来制造排气管、变速箱、汽缸盖、液压件、玻璃模具、钢锭模等。

蠕墨铸铁的炉料要求与球墨铸铁相当，均要求 S、P 和微量元素的含量低，熔炼时采用冲天炉-电炉双联、电炉、高炉加电炉等方法。

蠕化剂以稀土为主，以镁为辅，一般要求 RE10％～13％、Mg3％～4％，镁-钛蠕化剂（Mg4％～6％、RE1％～3％、Ti3％～5％）也可使用。

蠕化处理方法主要采用冲入法，进行炉前试样检验或快速金相检验，按国家标准《蠕墨铸铁件》进行生产。

⑤ 特殊（合金）铸铁。耐热铸铁、耐蚀铸铁仍一直沿用标准在生产；可锻铸铁除满足国内需要外，也可为外商需要而生产。

耐磨抗磨铸铁发展比较迅速，尤以铬系低中高铬铸铁需求旺盛。如锤头、铲齿、牙板、颚板、导板、磨球等以高铬铸铁为主，按国家标准或客户需要而生产，辅以正火处理。尤其是高铬铸铁中小件经热处理后可得托氏体或细粒珠光体，甚至伴有贝氏体，特别适用于对有冲击韧性（冲击韧性又称冲击韧度）要求的抗磨件。

（3）铸铁铸造工艺　随着熔炼设备工艺改变，铸铁件尤其是风电铸件可达几十吨、上百吨，因此铸型工艺必须相应跟上；对铸铁件尤其是球墨铸铁的特殊要求更发展出了各种崭新的铸造工艺。

① 呋喃树脂、碱酚醛树脂砂型。树脂砂铸造是以树脂为黏结剂，并加入催化剂混制出型砂，不需要烘烤或通过硬化气体，即可在常温下使砂型自行固化的造型方法。

特点：铸件表面光洁、棱角清晰、尺寸精度高，因砂型自行固化，减少了起模时引起的变形，无需修型，无需烘烤，铸型强度高，稳定性好，芯头间隙小，分型负数小，保证了配模的精度；铸型硬度高，热稳定性好，可抵御浇注时的型壁退让、迁移，减少了铸型的热冲击变形（如胀砂、起皮等）；型砂溃散性好，清理、打磨容易，减少了清砂、整理铸件的工作量，造型效率高，提高了生产率和场地利用率，缩短生产周期，使造型操作简化，型芯上醇基涂料点燃干燥后可省去烘型（芯）工序，旧砂回收的干法机械再生砂处理为封闭系统，使砂型的性能提高，从而大大减少了铸件的粘砂、夹砂、砂眼、气孔、缩松、裂纹等缺陷，降低了废品率，可以铸造出用黏土砂难以完成的复杂件、大件及特大件（如几十吨、上百吨的铸铁件）。

缺点：对原砂要求较高，如粒度、粒形、SiO_2 含量、粉尘含量、碱金属盐及黏土含量都有严格要求；气温和湿度对硬化速度和固化后强度的影响较大。

树脂砂铸型发气量较高，工艺不当易产生气孔缺陷。

由于树脂砂硬化机制是脱水缩合型，故硬化反应需一定时间，模样周转率低，不宜大批量铸件的生产。

对球墨铸铁，表面会渗硫、渗碳，可能造成球化不良或者增碳；薄壁件易生裂纹，表面会有网纹；生产成本比黏土砂高。

浇注时有刺激性气味，有碳氢化合物的有毒气体产生，CO 发生量较大，场地需有良好的通风条件及废气处理措施。

② 消失模铸造及实型铸造。消失模铸造根据铸型材料和铸型特性可分为自硬潮型有黏结剂（树脂、水玻璃等，俗称为实型铸造）、干砂干型无黏结剂，称为消失模铸造。实型铸造为普通大气压下宛如黏土砂的铸造，消失模铸造在真空负压下特制的砂箱内造型浇注。实型铸造和消失模铸造二者均以泡沫塑料模样（白模）作为模样进行造型。

实型铸造适用于中大、特大件，以白模代替木模，流态自硬水玻璃砂或自硬树脂砂造型。单件、小批量铸件的白模可用 EPS 板材、型材进行切割、黏结，浇注工艺与黏土砂类似，但必须考虑铁液有足够的热量，将白模分解、裂解、汽化，同时更重要的是当铁液浇入后白模产生的气体、夹杂务必采用工艺措施将其排除。

消失模铸造适用于小、中件大批量生产，白模与铸件形状完全一样，浇注时白模呈实型留在铸型内，不同于传统黏土砂木模造型的空腔。造型时无黏结剂、无水分、无附加物，仅需与铸件各类特性相匹配的石英砂、宝珠砂等。白模制作时可分块成型再进行黏结（以手工切割或机器发泡成型，之后再组合黏结即可）。浇注时，白模在高温铁液作用下，不断分解、裂解、汽化，铁液逐步置换白模，即失去白模浇得铸件。

消失模铸造广泛应用于灰铸铁件，如齿轮箱、减速机箱体、转向器壳体、电机壳体、消防栓壳体、炮弹壳体、刹车鼓、刹车盘、6 缸柴油机排气管、单缸机缸体、4 缸缸体缸盖、缝纫机机头、支架、农机曲柄等；球墨铸铁件，如球铁铸管管件、球铁阀体阀盖、曲轴（压缩机、汽车发动机）和 ADI 铸件（曲轴、齿轮）等。合金铸铁件，如铬系磨球（低、中、高铬）、高铬铸铁锤头、挖掘机铲齿、耐热铸铁炉箅条、热处理底板、料柜、料架等。

在实型铸造、消失模铸造中，由于使用了白模（EPS、STMMA），因此在工艺上产生出一系列的问题，务必认真考虑对待。

③ V 法铸造。V 法铸造特点：型砂不含黏结剂干砂，用塑料薄膜使型砂成型，通过对特制砂箱抽真空使铸型硬化，具有一定刚度和强度，使造型、落砂、清理等工序大大简化，不需要混制型砂的设备。

优点：铸件尺寸精度高，表面光洁；铸型内腔表面要有塑料薄膜，铸型表面光洁，真空的吸力使型腔内外有压差，砂型硬度均匀且高（85HB 以上），起模容易，拔模斜度小（0°～1°），在铁液的作用下型腔不变形，有利于充型。

a. 金属利用率高，表面光洁，尺寸精度高，铸件加工余量小，冷速慢，利于补给，提高出品率。

b. 设备简单投资少，除增加真空泵和采用专用砂箱外不需混砂，其他砂箱工装可套用。

c. 节约原材料、动力，干砂落砂容易，回用率高可达 95%，动力消耗为潮型的 60%，可减少劳动力 1/3。模样、砂箱使用寿命长。仅受微振的作用，模样不受高温高压作用，不易变形和损坏。

d. 改善工作环境，浇注时产生的废气被真空泵抽走，集中处理；环境污染小；落砂后，无大量废砂处理。

e. 便于管理、组织生产。适用于手工操作、单件小批量生产，也适用于机械自动化大批量生产，尤其对壁薄、面积大铸铁件，如浴缸等更佳。

缺点：受 V 法造型工艺限制，生产率不易提高；由于市场供应塑料薄膜延伸性的限制，不能生产几何形状特别复杂的铸件；V 法制芯工艺太复杂，还不如采用传统方法制作。

总之，V 法铸造适用于铸铁件、球墨铸铁件、合金铸铁件等一定范围。

④ 小型铸件砂型铸造自动生产线。美国亨特公司、日本东久公司在上海、天津推广自动生产线，国内一些厂家已有采用。目前，主要用于生产小件，尤其是汽车、缝纫机、柴油机等机械铸铁件。在上此项目前，应多走访已采用上述自动生产线的厂家，扬长避短，使生产线更完善。

a. 双面模板脱箱自动造型机。型砂自垂直方向顶射加砂，具有最佳充型填充性能，加以安装在射砂口的导向整流板与组合射砂装置并用，解决了垂直射砂可能产生的问题。

与水平分型、水平浇注的传统工艺方式相比，起模合箱精度高，采用机架上的高强导向板及上下砂箱上的四只定心销，使起模无掉砂，合模无误差，模板更换便捷。铸型高度和压实比由选择开关进行操作，不同铸件的铸型高度可以灵活选配，达到压实比压，保持型砂的合理使用和铸型硬度。

b. 自动浇注机。采用高精度传感器测量与浇注曲线相结合的方式，达到高精度浇注质量测定。采用漏斗定位系统，使浇注机回原位补给铁液后能准确追踪到相应待浇注铸型位置。

设置同步编码器，达到生产线与浇注机同步浇注效果。采用垂直过渡槽装置，确保浇注精度和稳定性，三轴联动，可配置多种造型线。

⑤ 钢背覆砂（金属型覆砂）。这是较早的工艺，自从有了球墨铸铁件尤其是球铁曲轴、凸轮轴、齿轮坯、齿轮、凸轮等的应用，使这种传统工艺得到了发展。

按照金属型铸造工艺，制作出金属型，有圆柱体、长方体，标准地加工成每片金属型，每片覆砂后将其夹紧，竖直放在涂有厚涂料铁板上或平面砂面上，上置雨淋式浇口杯或耐火材料过滤网，使铁液从上而下浇入覆砂金属型。

覆砂方法：手工操作，在每片钢背内腔刷涂料，撒匀砂粒（一层砂粒厚），再覆涂料一层或二层或更多层；视铸件大小而定。

生产线：采用射芯机在钢背内腔覆盖一层均匀砂层。生产出来的铸件经 ADI 处理，获得优质 ADI 铸件。

总之，改革开放以来，铸铁生产有了新的大的发展，尤其是工艺思路进一步改进提高，比如，以往含 C 量 1.00%～2.00%视为禁区，非钢非铁。但是由于耐磨抗磨铸铁的发展，将铸铁含 C 量降低到 1.0%～2.0%之中，提高其冲击韧性。将铸钢的含 C 量提高到 1.00%～2%之内使其石墨化具有高硬度、抗磨性。二者经相应的热处理后得到既抗磨、有硬度又具有冲击韧性的抗磨耐磨铸件。由此使铸铁从生产品种、铸造工艺上都有很大的新发展。

第1章

灰铸铁

1.1 灰铸铁件

1.1.1 砂型灰铁件

1.1.1.1 牌号及技术条件

GB/T 9439—2010 规定了灰铸铁牌号及技术条件,适用于砂型或导热性与砂型相当的铸型铸造的灰铸铁件,对其他铸型铸造的灰铁件也可参考使用。

(1) 化学成分　如需方的技术条件中包含化学成分的验收要求时,按需方规定执行。化学成分按供需双方商定的频次和数量进行检测。

当需方对化学成分没有要求时,化学成分由供方自行确定,化学成分不作为铸件验收的依据。但化学成分的选取必须保证铸件材料满足标准所规定的力学性能和金相组织

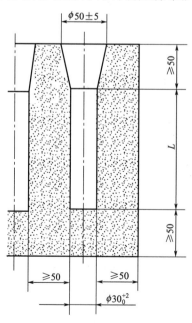

图 1-1　单铸试样示意图 (GB/T 9439—2010)

要求。

(2) 力学性能测定用试棒或试块　灰铸铁的性能评定可采用单铸试样，其尺寸规格参数如图 1-1 所示，且其单铸试样适用于干砂型或冷却条件相仿的砂型立浇；试样的长度则根据试样和夹持装置的长度确定。

(3) 抗拉强度　拉伸试样尺寸见图 1-2 和表 1-1，经供需双方商定，也可以采用表 1-2 所列的其他规格的拉伸试样。按单铸试棒性能分类的灰铸铁抗拉强度和硬度值见表 1-3。对特殊要求的铸件，经过供需双方同意，也可采用附铸试棒的抗拉强度进行验收，见表 1-4 和图 1-3、图 1-4。

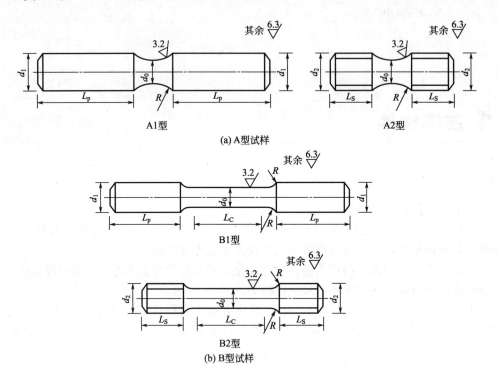

(a) A型试样

(b) B型试样

图 1-2　拉伸试样 (GB/T 9439—2010)

表 1-1　单铸试棒加工的试样尺寸 (GB/T 9439—2010)　　　单位：mm

名　　称			尺寸	加工公差
最小的平行段长度 L_c			60	—
试样直径 d_0			20	±0.25
圆弧半径 R			25	+5 0
夹持端	圆柱状	最小直径 d_1	25	—
		最小长度 L_p	65	—
	螺纹状	螺纹直径与螺距 d_2	M30×3.5	—
		最小长度 L_s	30	—

表1-2 本体试样的尺寸（GB/T 9439—2010）　　　　单位：mm

试样直径 d_0	最小的平行段长度 L_c	圆弧半径 R	夹持端圆柱状		夹持端螺纹状	
			最小直径 d_1	最小长度 L_p	螺纹直径与螺距 d_2	最小长度 L_s
6 ± 0.1	13	$\geqslant1.5d_0$	10	30	M10×1.5	15
8 ± 0.1	25	$\geqslant1.5d_0$	12	30	M12×1.75	15
10 ± 0.1	30	$\geqslant1.5d_0$	16	40	M16×2.0	20
12.5 ± 0.1	40	$\geqslant1.5d_0$	18	48	M20×2.5	24
16 ± 0.1	50	$\geqslant1.5d_0$	24	55	M24×3.0	26
20 ± 0.1	60	25	25	65	M28×3.5	30
25 ± 0.1	75	$\geqslant1.5d_0$	32	70	M36×4.0	35
32 ± 0.1	90	$\geqslant1.5d_0$	42	80	M45×4.5	50

注：1. 在铸件应力最大处或铸件最重要工作部位或在能制取得大试样尺寸的部位取样。

2. 加工试样时应尽可能选取大尺寸加工试样。

表1-3 单铸试棒的抗拉强度和硬度值（GB/T 9439—2010）

牌　号	最小抗拉强度 $R_m(min)$/MPa	布氏硬度（HBW）	牌　号	最小抗拉强度 $R_m(min)$/MPa	布氏硬度（HBW）
HT100	100	$\leqslant170$	HT250	250	180～250
HT150	150	125～205	HT275	275	190～260
HT200	200	150～230	HT300	300	200～275
HT225	225	170～240	HT350	350	220～290

表1-4 灰铸铁的牌号和力学性能（GB/T 9439—2010）

牌号	铸件壁厚/mm		最小抗拉强度 R_m（强制性值）(min)		铸件本体预期抗拉强度 $R_m(min)$/MPa
	＞	≤	单铸试棒/MPa	附铸试棒或试块/MPa	
HT100	5	40	100	—	—
HT150	5	10	150	—	155
	10	20		—	130
	20	40		120	110
	40	80		110	95
	80	150		100	80
	150	300		90	—
HT200	5	10	200	—	205
	10	20		—	180
	20	40		170	155
	40	80		150	130
	80	150		140	115
	150	300		130	

牌号	铸件壁厚 /mm		最小抗拉强度 R_m（强制性值）(min)		铸件本体预期抗拉强度 R_m(min) /MPa
	>	≤	单铸试棒 /MPa	附铸试棒或试块 /MPa	
HT225	5	10	225	—	230
	10	20		—	200
	20	40		190	170
	40	80		170	150
	80	150		155	135
	150	300		145	
HT250	5	10	250	—	250
	10	20		—	225
	20	40		210	195
	40	80		190	170
	80	150		170	155
	150	300		160	—
HT275	10	20	275	—	250
	20	40		230	220
	40	80		205	190
	80	150		190	175
	150	300		175	—
HT300	10	20	300	—	270
	20	40		250	240
	40	80		220	210
	80	150		210	195
	150	300		190	—
HT350	10	20	350	—	315
	20	40		290	280
	40	80		260	250
	80	150		230	225
	150	300		210	

注：1. 当铸件壁厚超过 300mm 时，其力学性能由供需双方商定。

2. 当某牌号的铁液浇注壁厚均匀、形状简单的铸件时，壁厚变化引起抗拉强度的变化，可从本表查出参考数据，当铸件壁厚不均匀，或有型芯时，此表只能给出不同壁厚处大致的抗拉强度值，铸件的设计应根据关键部位的实测值进行。

3. 表中斜体字数值表示指导值，其余抗拉强度值均为强制性值，铸件本体预期抗拉强度值不作为强制性值。

　　灰铸铁的抗拉强度与铸件壁厚有关，同一牌号的灰铸铁件不同壁厚处会得到不同的抗拉强度。为了便于设计和使用，GB/T 9439—2010 标准也提供了不同壁厚的灰铸铁件能达到的抗拉强度的参考值（见表 1-4）。当供需双方协商同意时，也可用从铸件上切下的试块加工成试样来测定铸件材质的性能，应符合表 1-4 的规定。

　　（4）硬度分级　此外，按 GB/T 9439—2010 标准规定，灰铸铁也可在双方同意时，按

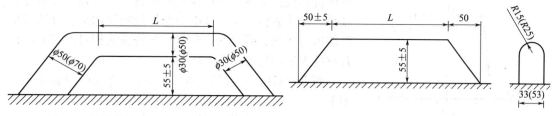

图 1-3 附铸试棒（GB/T 9439—2010）　　　　图 1-4 附铸试块（GB/T 9439—2010）

铸件上规定部位的布氏硬度来分类和验收（见表 1-5）。同时规定，硬度值可按供需双方协商确定，但其波动范围必须在 ±40HBS 之内。

表 1-5 灰铸铁的硬度等级和铸件硬度（GB/T 9439—2010）

硬度等级	铸件主要壁厚/mm		铸件上的硬度范围（HBW）	
	>	≤	min	max
H155	5	10	—	185
	10	20	—	170
	20	40	—	160
	40	80	—	155
H175	5	10	140	225
	10	20	125	205
	20	40	110	185
	40	80	100	175
H195	4	5	190	275
	5	10	170	260
	10	20	150	230
	20	40	125	210
	40	80	120	195
H215	5	10	200	275
	10	20	180	255
	20	40	160	235
	40	80	145	215
H235	10	20	200	275
	20	40	180	255
	40	80	165	235
H255	20	40	200	275
	40	80	185	255

　　灰铸铁布氏硬度的测定，应在供需双方商定的铸件位置上进行。也可经商定后，采用图 1-5 所示的附铸试块进行测定。

　　在 GB/T 9439—2010 标准附件中，提供了灰铸铁的硬度和抗拉强度之间的关系。灰铸

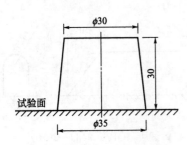

图 1-5 测定布氏硬度用附铸
试块（GB/T 9439—2010）

（用于铸件壁厚不小于 20mm 的场合）

铁硬度和抗拉强度、弹性模量和刚性模量，相互之间存在联系。在多数情况下，其中一个性能值的增加会导致其他性能值的增加。附录简要介绍了灰铸铁的相对硬度 RH 以及抗拉强度和硬度比 T/H。

硬度（HBW）和抗拉强度（R_m）之间的经验关系式如下：

$$HBW = RH \times (A + B \times R_m) \qquad (1\text{-}1)$$

式中，$A = 100$；$B = 0.44$；$RH = 0.8 \sim 1.2$，相对硬度。

RH 主要受原材料、熔化工艺和冶金方法的影响。对铸造企业而言，这些影响因素几乎可以保持常数，因此可以测定出相对硬度、硬度及与其相对应的抗拉强度。

标准中也根据不同的 RH 值，以图形的形式给出了硬度与抗拉强度之间的关系，见图 1-6。

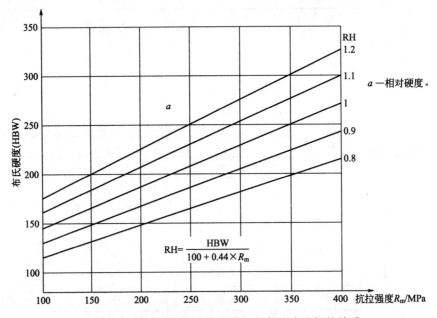

图 1-6　灰铸铁相对硬度与硬度、抗拉强度之间的关系

1.1.1.2　灰铸铁力学性能试验方法

JB/T 7945—1999 标准适用于常温静力条件下，测定灰铸铁的抗拉强度、抗弯强度、挠度、抗压强度、压缩率等力学性能的方法。

（1）拉伸　拉伸试验测定灰铸铁抗拉强度 σ_b，按式（1-2）进行计算，即

$$\sigma_b = \frac{F}{A} \qquad (1\text{-}2)$$

式中　σ_b——抗拉强度，N/mm^2；

　　　F——最大拉伸载荷，N；

　　　A——试验前，试样平行段的最小横断面积，mm^2。

拉伸试样用单铸（或附铸）试棒及拉伸试样的规格、尺寸同 GB/T 9439—2010 规定一

致，此处不再赘述。同时，拉伸试验还应保证的
技术条件如下所述。

① 拉伸试样平行段直径的最低测量精度
为 0.05mm。

② 拉伸试验速度规定为应力增加速度不大于
30MPa/s；仲裁试验时，应力增加速度不大于
10MPa/s。

③ 灰铸铁拉伸试验可在任何形式的试验机上
进行，测力示值误差不大于±1％；拉伸试验机的
夹具应保证试样轴线对正中心，使载荷作用在试
样轴线上。

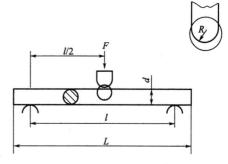

图 1-7 灰铸铁弯曲试验
示意图（JB/T 7945—1999）

④ 试验的环境温度为（20±10）℃；若温度超出范围时，应在试验报告中注明。

（2）弯曲 灰铸铁弯曲试验是使试样承受横向集中载荷，如图 1-7 所示，测定抗弯强度
和挠度。弯曲试样用干型立浇顶注或底注铸造，在供需双方协商一致时，可用湿型。标准弯
曲试样为直径 $d=30$mm、长度 $l=340$mm 的单铸试样，不需机械加工，且试样表面应光洁、
平直，不允许有肉眼可见缺陷。试样同一横断面上的直径偏差不应大于 3％。

抗弯强度 σ_{bb} 则可按式（1-3）计算，即

$$\sigma_{bb}=\frac{8l}{\pi d^3}\times F=KF \qquad (1-3)$$

式中　l——支点间距离，mm；

　　　d——试样直径，mm；

　　　K——抗弯系数，见表 1-6；

　　　F——试样断裂载荷，N。

表 1-6　抗弯系数（JB/T 7945—1999）

实际直径 d/mm	K	实际直径 d/mm	K	实际直径 d/mm	K
29.0	0.0313	29.7	0.0292	30.4	0.0272
29.1	0.0310	29.8	0.0289	30.5	0.0269
29.2	0.0307	29.9	0.0286	30.6	0.0267
29.3	0.0304	30.0	0.0283	30.7	0.0264
29.4	0.0301	30.1	0.0280	20.8	0.0261
29.5	0.0298	30.2	0.0277	30.9	0.0259
29.6	0.0295	30.3	0.0275	31.0	0.0256

挠度 f 是试样受载处，从承受初载荷增至最大载荷（试样断裂）为止的位移量。试验
条件和测量精度见表 1-7。

表 1-7　试验条件和测量精度（JB/T 7945—1999）

试样直径 d/mm	最短长度 L/mm	支点距离 l/mm	初载荷 F_0/N	测量精度	
				F/N	f/mm
30±1	340	300	400~600	200	0.2

（3）压缩　灰铸铁压缩性能测试取直径 $d=30$ mm 的单铸试样毛坯，并将其加工成直径 $d=6\sim25$ mm，高度等于直径的试样。压缩圆柱试验表面粗糙度为 $3.2\mu m$；两端表面粗糙度为 $0.80\mu m$，且平行度为 0.02 mm；圆柱面与端面互相垂直；直径与高度的尺寸偏差为 ±0.1 mm，试样尺寸测量精度 0.01 mm。

压缩试验时应力加载速度为 $10\sim20$ MPa/s。灰铸铁抗压强度 σ_{bc} 则可按式（1-4）计算，即

$$\sigma_{bc}=\frac{F}{A} \tag{1-4}$$

式中　F——压缩断裂载荷，N；

A——加载前，试样截面面积，mm^2。

灰铸铁试样的塑性，以压缩时的相对压缩率 ε_c 表示，则可按式（1-5）计算，即

$$\varepsilon_c=\frac{h_0-h_k}{h_0}\times100\% \tag{1-5}$$

式中　h_0——加载前试样的高度，mm；

h_k——压缩断裂后试样的高度，mm。

1.1.1.3　灰铸铁金相

现行的 GB/T 7216—2009《灰铸铁金相检验》参照了 ISO 945-1：2008《铸铁显微组织　第 1 部分：石墨分类　目测法》的规定，本标准代替 GB/T 7216—1987《灰铸铁金相》。GB/T 7216—2009 标准规定，金相试样按照 GB/T 9439 规定在与铸件同时浇注、同炉热处理的试块或铸件上截取。金相试样的制备按照 GB/T 13298 的规定执行，截取和制备金相试样过程中应防止组织发生变化、石墨剥落及石墨曳尾，试样表面应光洁，不充许有粗大的

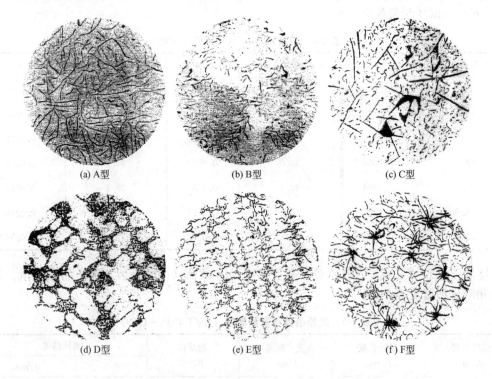

(a) A 型　　　　　　(b) B 型　　　　　　(c) C 型

(d) D 型　　　　　　(e) E 型　　　　　　(f) F 型

图 1-8　石墨形状示意图（×100）（GB/T 7216—2009）

划痕。

用光学显微镜从下面 6 个方面来评定灰铸铁组织。

(1) 石墨分布形状　石墨分布形状应在未浸蚀的试样上，100 倍数条件下进行观察。灰铸铁石墨形状分为 6 类（见表 1-8），其典型形态如图 1-8 所示。

表 1-8　石墨分布形状（GB/T 7216—2009）

石墨类型	说　　明	图号
A	片状石墨呈无方向性均匀分布	图 1-8(a)
B	片状及细小卷曲的片状石墨聚集成菊花状分布	图 1-8(b)
C	初生的粗大直片状石墨	图 1-8(c①)
D	细小卷曲的片状石墨在枝晶间呈无方向性分布	图 1-8(d)
E	片状石墨在枝晶二次分枝间呈方向性分布	图 1-8(e②)
F	初生的星状（或蜘蛛状）石墨	图 1-8(f③)

① 图中只有粗大直片状石墨是 C 型石墨。
② 图中只有在枝晶二次分枝间呈方向性分布的石墨是 E 型石墨。
③ 图中只有初生的星状（或蜘蛛状）石墨是 F 型石墨。

(2) 石墨长度　石墨长度的测定仍在未浸蚀试样上，100× 放大倍数的光学显微镜条件下进行。选择具有代表性的视场（视场数量不少于 3 个），按其中最长的三条以上石墨长度平均值评定。按石墨长度进行分级。共 8 个等级，见表 1-9、图 1-9。

表 1-9　石墨长度的分级（GB/T 7216—2009）

级别	在 100× 下观察石墨长度/mm	实际石墨长度/mm	图号
1	≥100	≥	图 1-9(a)
2	50～100	0.5～1	图 1-9(b)
3	25～50	0.25～0.5	图 1-9(c)
4	12～25	0.12～0.25	图 1-9(d)
5	6～12	0.06～0.12	图 1-9(e)
6	3～6	0.03～0.06	图 1-9(f)
7	1.5～3	0.015～0.03	图 1-9(g)
8	≤1.5	≤0.015	图 1-9(h)

(a) 1级

(b) 2级

图 1-9

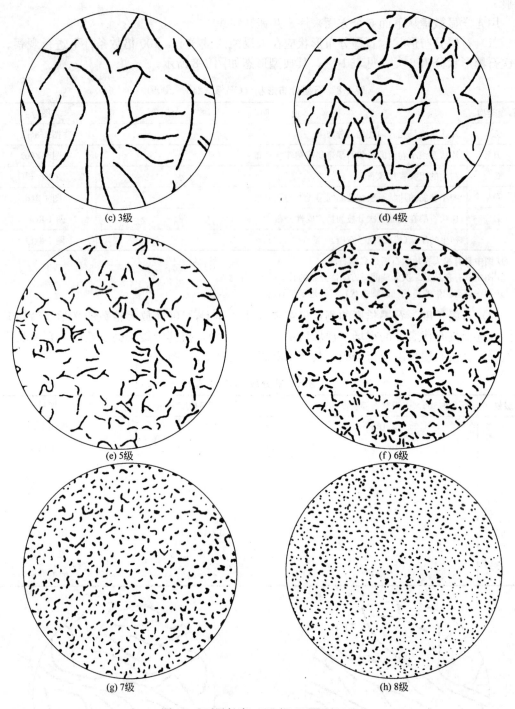

(c) 3级 (d) 4级

(e) 5级 (f) 6级

(g) 7级 (h) 8级

图 1-9　石墨长度（GB/T 7216—2009）

（3）珠光体数量　珠光体数量百分比（珠光体＋铁素体＝100%），可通过与标准图片对照进行评定。按 A（薄壁铸件）、B（厚壁铸件）两组 8 级进行分类。试样仍用 2%～5%硝酸酒精溶液浸蚀，在 100 倍光学显微镜下进行观察。珠光体数量分级规定见表 1-10，标准图谱如图 1-10 所示。

表 1-10 珠光体数量 (GB/T 7216—2009)

级别	名称	珠光体数量/%	图 号
1	珠98	≥98	图 1-10(a)、(b)
2	珠95	98～95	图 1-10(c)、(d)
3	珠90	95～85	图 1-10(e)、(f)
4	珠80	85～75	图 1-10(g)、(h)
5	珠70	75～65	图 1-10(i)、(j)
6	珠60	65～55	图 1-10(k)、(l)
7	珠50	55～45	图 1-10(m)、(n)
8	珠40	＜45	图 1-10(o)、(p)

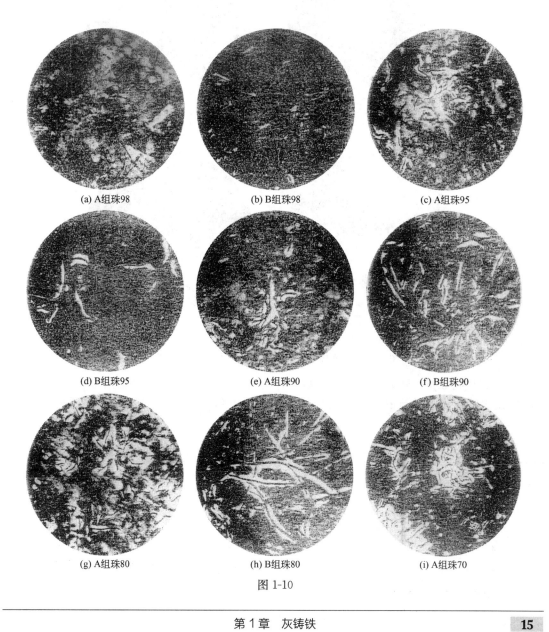

(a) A组珠98　　(b) B组珠98　　(c) A组珠95

(d) B组珠95　　(e) A组珠90　　(f) B组珠90

(g) A组珠80　　(h) B组珠80　　(i) A组珠70

图 1-10

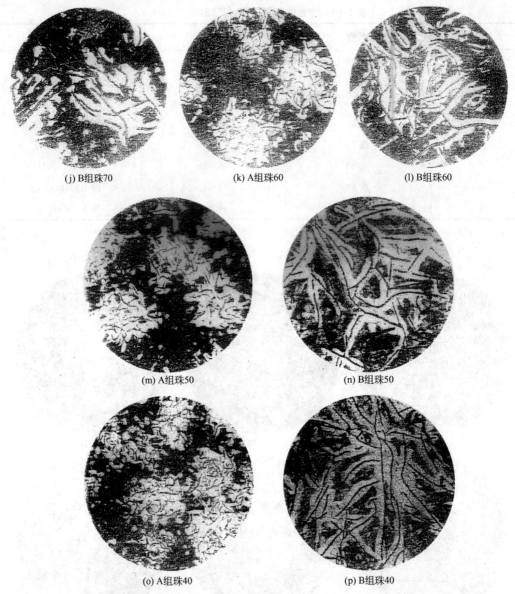

(j) B组珠70　　　　　(k) A组珠60　　　　　(l) B组珠60

(m) A组珠50　　　　　(n) B组珠50

(o) A组珠40　　　　　(p) B组珠40

图 1-10　珠光体数量标准图（GB/T 7216—2009）

(4) 碳化物数量　灰铸铁中碳化物数量评定是用2%～5%硝酸酒精溶液浸蚀试样，在100倍光学显微镜下进行的。碳化物数量分级共分6级（见表1-11），典型形貌如图1-11所示。

表 1-11　碳化物数量（GB/T 7216—2009）

级别	名称	碳化物数量/%	图号
1	碳1	约1	图 1-11(a)
2	碳3	约3	图 1-11(b)
3	碳5	约5	图 1-11(c)
4	碳10	约10	图 1-11(d)
5	碳15	约15	图 1-11(e)
6	碳20	约20	图 1-11(f)

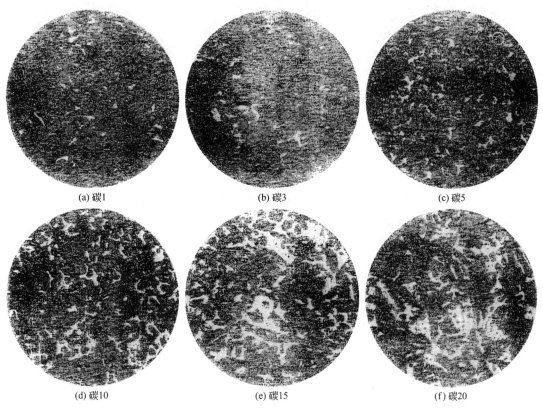

(a) 碳1　　　　　　　　　(b) 碳3　　　　　　　　　(c) 碳5

(d) 碳10　　　　　　　　　(e) 碳15　　　　　　　　　(f) 碳20

图 1-11　碳化物含量标准图（GB/T 7216—2009）

（5）磷共晶数量　灰铸铁中磷共晶数量采用 2%～5%硝酸酒精溶液浸蚀试样，在 100 倍光学显微镜下，通过视场与标准图片对照进行评定。磷共晶数量共分 6 级（见表 1-12），其标准图如图 1-12 所示。

表 1-12　灰铸铁磷共晶数量分级（GB/T 7216—2009）

级别	名称	磷共晶数量/%	图号	级别	名称	磷共晶数量/%	图号
1	磷1	约1	图 1-12(a)	4	磷6	约6	图 1-12(d)
2	磷2	约2	图 1-12(b)	5	磷8	约8	图 1-12(e)
3	磷4	约4	图 1-12(c)	6	磷10	≥10	图 1-12(f)

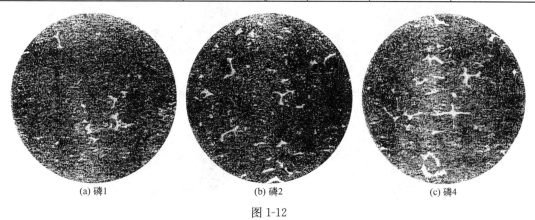

(a) 磷1　　　　　　　　　(b) 磷2　　　　　　　　　(c) 磷4

图 1-12

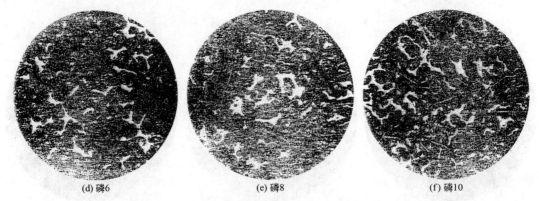

(d) 磷6   (e) 磷8   (f) 磷10

图 1-12　磷共晶数量标准对照图（GB/T 7216—2009）

（6）共晶团数量　灰铸铁共晶团数量根据选择的放大倍数（10 倍或 50 倍）光学显微镜下视场与标准图片对照，按 A、B 两组分 8 级进行评定，见表 1-13。试样用腐蚀剂配比为氯化铜 1g、氯化镁 4g、盐酸 2mL、酒精 100mL 溶液或硫酸铜 4g、盐酸 2mL、水 20mL 溶液。

表 1-13　共晶团数量分级（GB/T 7216—2009）

级别	共晶团数量/个		单位面积中实际共晶团数量/(个/cm²)	图号
	直径 $\phi70$mm 图片放大 10 倍	直径 $\phi87.5$mm 图片放大 50 倍		
1	>400	>25	>1040	图 1-13(a)、(b)
2	约 400	约 25	约 1040	图 1-13(c)、(d)
3	约 300	约 19	约 780	图 1-13(e)、(f)
4	约 200	约 13	约 520	图 1-13(g)、(h)
5	约 150	约 9	约 390	图 1-13(i)、(j)
6	约 100	约 6	约 260	图 1-13(k)、(l)
7	约 50	约 3	约 130	图 1-13(m)、(n)
8	<50	<3	<130	图 1-13(o)、(p)

灰铸铁共晶团数量标准图片如图 1-13 所示。

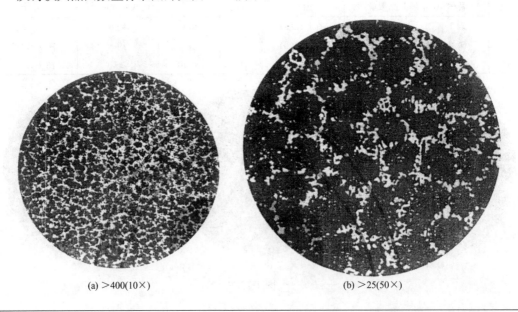

(a) >400(10×)   (b) >25(50×)

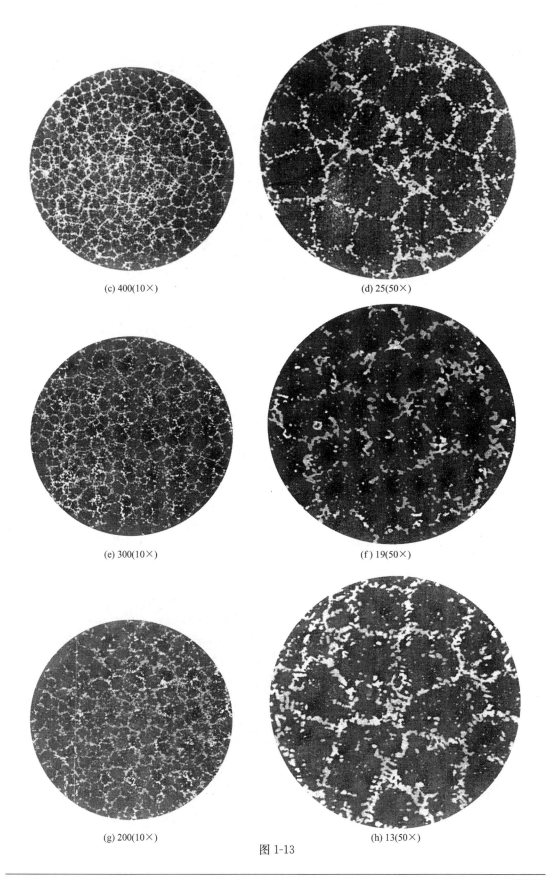

(c) 400(10×)

(d) 25(50×)

(e) 300(10×)

(f) 19(50×)

(g) 200(10×)

(h) 13(50×)

图 1-13

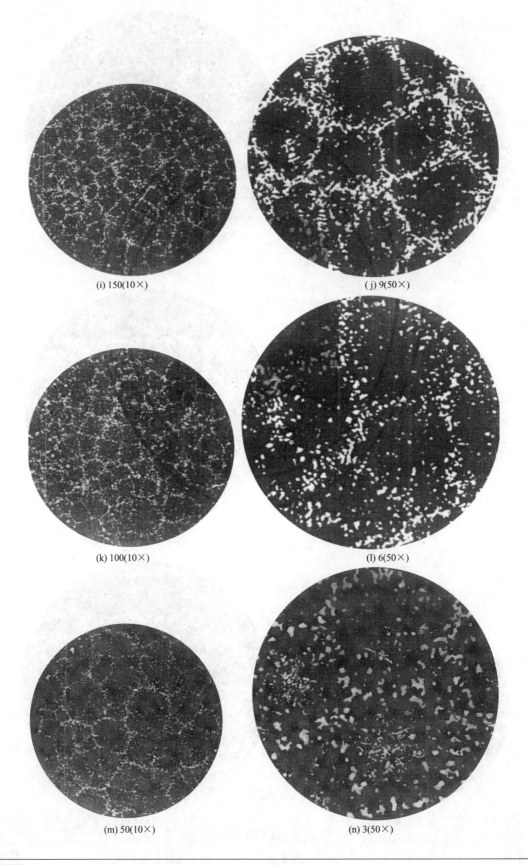

(i) 150(10×)

(j) 9(50×)

(k) 100(10×)

(l) 6(50×)

(m) 50(10×)

(n) 3(50×)

铸铁生产实用手册

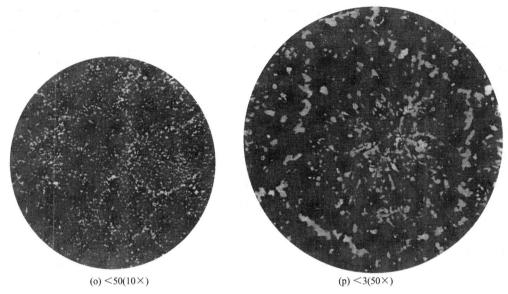

(o)＜50(10×)　　　　　　　　　(p)＜3(50×)

图 1-13　灰铸铁共晶团数量标准图片（GB/T 7216—2009）

1.1.2　铸铁牌号表示方法

GB/T 5612—2008《铸铁牌号表示方法》标准中确定铸铁名称及分类的首要依据是碳在组织中的存在形式，包括石墨和碳化物；其次是组织特征，包括石墨形貌、基体组织、断口特征及特殊性能等。工艺方法不反映在牌号中，如等温淬火球墨铸铁。据此，将铸铁分为 5 类，即灰铸铁、球墨铸铁、蠕墨铸铁、可锻铸铁和白口铸铁。而灰铸铁、球墨铸铁、蠕墨铸铁、可锻铸铁是碳主要以游离石墨形式出现的铸铁，白口铸铁是碳以碳化物形式出现的铸铁，冷硬灰铸铁和冷硬球墨铸铁是碳以游离石墨＋碳化物形式出现的铸铁。各种铸铁的名称、代号及牌号表示方法见表 1-14。

表 1-14　各种铸铁名称、代号及牌号表示方法实例

铸　铁　名　称	代　号	牌号表示方法实例
灰铸铁	HT	
灰铸铁	HT	HT250，HT Cr-300
奥氏体灰铸铁	HTA	HTA Ni20Cr2
冷硬灰铸铁	HTL	HTL Cr1Ni1Mo
耐磨灰铸铁	HTM	HTM Cu1CrMo
耐热灰铸铁	HTR	HTR Cr
耐蚀灰铸铁	HTS	HTS Ni2Cr
球墨铸铁		
球墨铸铁	QT	QT400-18
奥氏体球墨铸铁	QTA	QTA Ni30Cr3
冷硬球墨铸铁	QTL	QTL Cr Mo
抗磨球墨铸铁	QTM	QTM Mn8-30
耐热球墨铸铁	QTR	QTR Si5

铸 铁 名 称	代 号	牌号表示方法实例
耐蚀球墨铸铁	QTS	QTS Ni20Cr2
蠕墨铸铁	RuT	RuT420
可锻铸铁	KT	
白心可锻铸铁	KTB	KTB350-04
黑心可锻铸铁	KTH	KTH350-10
珠光体可锻铸铁	KTZ	KTZ650-02
白口铸铁	BT	
抗磨白口铸铁	BTM	BTM Cr15Mo
耐热白口铸铁	BTR	BTRCr16
耐蚀白口铸铁	BTS	BTSCr28

1.2 铸铁件凝固特性

1.2.1 铁-碳相图

铸铁基础理论离不开铁-碳平衡图，铁-碳平衡图对铸铁生产有理论指导意义。铁-碳相图是金属学研究人员，通过对大量 $w(C)=0\sim5.0\%$ 的钢铁试样液淬后绘制的温度与 $w(C)$ 的相图。铸铁是铁-碳平衡图，共晶温度以上 $w(C)$：$2.0\%\sim5.0\%$ 的部分，铸铁凝固后 $w(C)$：$0\sim5.0\%$ 的范围，是铸铁工作者必须了解的内容。铁-碳相图如图 1-14 所示。

多数铸铁中的碳是以游离状态存在，游离碳结晶组成石墨。铸铁中分散聚集的石墨呈片状、蠕虫状、球团状和球状，石墨的强度极低削弱铸铁的力学性能。铸铁中的 Fe 与微量 C 组成铁碳合金是实际意义的钢，称为基体。

在铁-碳相图中，A 点是 $w(C)=0$ 的纯铁熔点。$ABCD$ 曲线是液相线，此线以上部分（至汽化线）均匀液态。$BCEJ$ 四边形是奥氏体+液体，ECF 线以下部分铸铁完全凝固。SK 线与 ECF 线之间是奥氏体+石墨（奥氏体+渗碳体），在共析温度 SK 线以下部分，奥氏体分解成铁素体+珠光体+石墨。

铸铁含硅量对共晶体的含碳量及奥氏体的溶碳量有重大影响，所以铁-碳相图中共晶点的碳含量：

$$w(C)=4.3\%-1/3(Si+P)\% \tag{1-6}$$

奥氏体溶碳量减少说明石墨碳含量增加，此时铸铁石墨化程度高；反之，铸铁 $w(N)$ 高，奥氏体溶碳量增加说明石墨碳含量减少，铸铁石墨化程度低。

$$铸铁石墨化程度=石墨碳含量/铸铁总碳量 \tag{1-7}$$

一般将影响共晶点实际含碳量的元素折算成含碳量，与实际含碳量叠加引出碳当量（CE）的概念，即

$$CE=C_{实际}\%+1/3(Si+P)\% \tag{1-8}$$

铸铁实际含碳量偏离共晶点碳当量的程度称为共晶度 S_C，即

$$S_C=C_{实际}/C_{共晶}=C_{实际}/CE-1/3(Si+P) \tag{1-9}$$

式中　$C_{实际}$——铸铁实际含碳量；

　　　　$C_{共晶}$——铸铁稳定态共晶点的含碳量（碳当量去除 Si、P 折算影响量）。

　　如 $S_C=1$ 为共晶成分铸铁，如 $S_C>1$ 为过共晶铸铁，如 $S_C<1$ 为亚共晶铸铁。

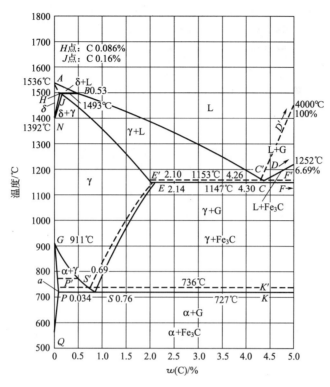

图 1-14　铁-碳相图

G—石墨；Fe_3C—渗碳体

1.2.2　铸铁的凝固

1.2.2.1　铁液的过冷

　　熔融金属温度下降到熔点 $T_{熔}$ 时并没有真正结晶凝固，而是需要冷却到熔点以下某一温度 T 过冷时金属液才结晶凝固，这种现象称为过冷。金属的熔点与金属实际结晶凝固温度之差称为过冷度，以 ΔT 表示，$\Delta T=T_{熔}-T_{过冷}$，铸铁也是这样。

　　冶金热力学表明：金属的稳定状态是其自由能最低状态，金属由液态转变为固态，系统的自由能升高，要获得结晶过程需要能量，必须使实际结晶温度低于理论结晶温度得到相变能量。金属固态与液态两相自由能之差与过冷度成正比。

　　铁液在均质形核条件下，过冷度要达到 200～230℃，而异质形核可以使铸铁的过冷度为 20℃。在过冷度大的条件下凝固的铸件，会造成铸铁材料的偏析加重，内应力增大，以致可能在铸件冷却过程中就会产生开裂。

1.2.2.2　石墨与奥氏体结晶

　　铁液中石墨结晶凝固的晶核由过冷形成晶胚，晶胚长大成为晶核，称为均质形核。铁液石墨均质形核需要很大的过冷度，所以石墨的形核主要是异质形核。

　　铁液中存在大量杂质，每 $1cm^2$ 铁液中有氧化物质点约 500 万个。这些杂质成为石墨结晶晶核还必须具备以下条件。

① 杂质某晶面与石墨晶面的失配度要小，才能具备足够的形核能力。

② 铁液-晶核的界面能必须大于铁液-石墨的界面能，石墨才能向晶核依附。

石墨的形态有片状、蠕虫状、团球状和球状，这些形状对基体应力集中程度的影响决定铸铁的抗拉强度。异质形核有如云层中的尘埃，能促进水蒸气依附尘埃形成雨滴。加入孕育剂增加铁液的异质核心，降低铁液凝固的过冷度，可以获得良好的石墨形态。灰铸铁中石墨细小，强度得到提高。球墨铸铁则因石墨球数量多且圆整，强度得到保证。

奥氏体形核首先是在型壁处产生，奥氏体形核过程为晶胚→晶核→晶体。C、Mn、S、P 等元素富集的成分过冷，也促进形核过程。铁液因温度梯度和充型过程产生流动，使尚未长大的枝晶脱落，以及 C、Ti、V、Cr、Al、Zr 等元素的碳化物、氮化物和碳氮化物，都是奥氏体的形核物质。

奥氏体结晶形态为多面体，继而分枝发展成树枝晶，树枝晶在足够的生长空间里自由生长形成。从铁-碳相图看，该枝晶在亚共晶成分大的情况下极易生成。奥氏体枝晶有以下两种形态。

① 树枝状枝晶，一次晶轴较长，二次晶轴明显，奥氏体枝晶长度增加呈方向性排列，当亚共晶成分大且过冷度大于形成 A 型或 B 型石墨过冷度时，容易生成 E 型枝晶石墨。

② 框架枝晶，一次晶轴短，二次晶轴不明显，枝晶排列无规律、无方向性，这时亚共晶成分并不大，但过冷度较大，在框架枝晶间隙容易生成 D 型石墨。

材料的结构决定材料的性能。奥氏体枝晶在铸铁中有如钢筋混凝土中的钢筋，细密的奥氏体枝晶有如细实的钢丝绳，提高铸铁的抗拉强度。铸铁提高奥氏体枝晶数量可以提高铸铁强度，影响奥氏体枝晶数量的因素如下。

① 化学成分。亚共晶铸铁碳当量低，奥氏体枝晶数量增多。当 $w(Mn) \leqslant 2.0\%$ 时，Mn 量增加奥氏体数量增加。Ti、V、Cr、Mo、Zr、Al、Ce、B、Bi 增加奥氏体枝晶数量，凡是阻碍石墨化的元素都增加奥氏体枝晶数量，作用强弱与元素形成碳化物能力顺序一致。

② 冷却速度。冷却速度加大促使奥氏体枝晶数量增加。

③ 孕育处理与铁液过热。孕育较小过冷，减少奥氏体枝晶数量。铁液过热程度高，增大过冷，初生奥氏体枝晶数量增多。目前学界对孕育与初生奥氏体枝晶及共晶团的成核与生长过程的影响，研究尚不够深入。加强孕育与奥氏体枝晶关系的研究意义重大。

1.2.2.3 共晶结晶

多元合金的铸铁从来就不是均质体。从铁-碳相图可以看出，亚共晶铁液在液相线以下，首先结晶出奥氏体，剩余的铁液中 C 逐渐增加。当析出足够的奥氏体以致 C 达到共晶含碳量时，产生共晶反应。同样，过共晶铁液石墨结晶后，剩余铁液中 C 逐渐减少，直到达到共晶含碳量，于是发生共晶反应。

所谓共晶反应就是铁液同时析出奥氏体与石墨的过程。以每个石墨核心为中心所形成的石墨-奥氏体两相共生生长的共晶晶粒称为共晶团。亚共晶铸铁凝固后，初析奥氏体枝晶与共晶团以及各个共晶团相互衔接成整体。

共晶石墨过冷度比初生石墨大，此时石墨生长受奥氏体约束，所以共晶石墨普遍比初生石墨短很多。共晶团轮廓形状受过冷度影响分为三种类型：

① 团球状。大的过冷度使共晶奥氏体快速生长，促进平滑界面形成。

② 锯齿状。较小过冷度促使共晶奥氏体生长速度慢于石墨，石墨片领先进入铁液，导

致共晶团凝固前沿参差不齐形成锯齿状界面。

③ 竹叶状。极低过冷度条件下，共晶团内石墨分枝缺乏动力，外形轮廓随石墨片呈竹叶状。

共晶石墨 A、B、D、E 型，分别在不同化学成分及过冷条件下形成。共晶石墨过冷度 A 型＜B 型＜E 型＜D 型。

A 型石墨：在过冷度不大、成核能力较强的铁液中生成，由于石墨分枝不很发达，所以石墨分布比较均匀。A 型石墨是早期形成的片状石墨，石墨片长度几乎像初生相。

B 型石墨：形状似菊花，心部是短片状石墨，外部由较长卷曲片状石墨包围。B 型石墨是在碳硅含量较高（共晶或近共晶成分）、铸件冷却速度较大的灰铸铁件（如活塞环、离心铸造缸套）中形成的。B 型石墨实质是从心部向外部，D 型向 A 型的转变。

D 型石墨：又称过冷石墨，过冷造成石墨强烈分枝且分散度大，形成大量 $2\sim4\mu m$ 的细小石墨（低倍率观察为点状）。大量弯曲短片状 D 型石墨缩短碳的扩散距离，使石墨周边奥氏体转化成共生铁素体。由于 D 型石墨铸铁奥氏体枝晶数量多；短小卷曲石墨割裂基体作用小，共晶团外形轮廓呈团球状。其实 D 型石墨铸铁碳硅含量近共晶时硬度低，抗拉强度高。生产 D 型石墨铸铁件可以采用金属型铸造或向高碳当量铁液中加 Ti 制取。

E 型石墨：不属于过冷石墨，但过冷度比 A 型石墨大。碳当量较低（亚共晶程度大），奥氏体枝晶发达，共晶石墨沿枝晶方向排列有明显方向性。E 型石墨严重影响灰铸铁的强度，避免方法为同时提高铁液碳硅当量，采用稀土孕育剂或加入促进并细化珠光体的合金。

1.2.2.4　灰铸铁的孕育与共晶团

消失模铸造要求更高的浇注温度，铁液过热大结晶核心减少，孕育显得更为重要。铸铁过冷度大，共晶团数少，铸铁件白口程度高。灰铸铁孕育是借助孕育剂增加石墨结晶核心，其目的是：

① 促进铸铁石墨化，减少铸铁件白口（渗碳体）数量。

② 控制石墨形态，减少 D 型石墨及与其共生的铁素体，获得 4～6 级 A 型石墨。

③ 适当增加共晶团数，促进细片状珠光体形成。

④ 减少断面敏感性，提高抗拉强度降低铸铁硬度，改善切削性能。

孕育效果可以从是否达到上述四项目来考量，也可以从孕育前后过冷度的变化来检测孕育效果。片状石墨的过冷度为 15～20℃，孕育后灰铸铁力求 6～8℃ 的相对过冷度，为防止出现疏松等缺陷，生产上把相对过冷度小于 4℃ 称为过度孕育。

复合孕育剂在石墨化孕育剂的基础上，添加合金元素 Cr、Mn、Mo、Mg、Ti、Ce、Sb、La，可以提高铸铁过冷程度，细化晶粒，增加奥氏体枝晶数量及促进珠光体形成，此原理已在高碳铸铁（刹车鼓铸件）得到应用。

灰铸铁铁液中硫化物作为石墨晶核，低含 S 量不利于提高共晶团数。当 $w(\text{S})<0.3\%$ 时，共晶团数显著减少，孕育效果大大降低。铁液中 Mn、Nb、N 增加共晶团数，Ti、V 降低共晶团数。各种孕育剂对形成共晶团数的影响，依次排列为 CaSi＞ZrSi＞75FeSi＞BaSi＞SrSi。

CaSi 孕育剂减少过冷增加共晶团数的能力最大，对消除 D 型石墨较为有效。生产实践证明，单独从减少 D 型石墨效果来看，减慢冷却速度更有效。孕育处理使得共晶团数增加，并不意味强度一定增长，用 BaSi、REFeSi 孕育处理的灰铸铁共晶团数比用 CaSi 少，获得的强度反而高。CaSi 孕育剂对灰铸铁共晶团数的作用见表 1-15。

表 1-15　CaSi 孕育剂对灰铸铁共晶团数的作用

CaSi 加入量(质量分数)/%	0	0.05	0.1	0.2
共晶过冷度/℃	24	15	4	2
共晶团数/(个/cm²)	55	108	160	215

灰铸铁共晶团数增加,铸铁的缩松倾向增大,防止铸铁件缩松的共晶团数应控制在 250～350 个/cm² 以下。生产中发现:用 SrSi 孕育的灰铸铁,共晶团数变化不大,消除白口的能力却很强。因此,为防止铸铁件渗漏,SrSi 孕育剂常用于泵、阀、缸体和缸盖的孕育处理。灰铸铁共晶团数与缩松程度见表 1-16。

表 1-16　灰铸铁共晶团数与缩松程度

缩松程度	微量	少量	较严重	严重
共晶团数/(个/cm²)	≤250	320～400	500～600	≥650

1.2.2.5　影响灰铸铁组织和性能的因素

（1）化学成分的影响　碳和硅是普通灰铸铁中最主要的两个元素（两者都是促进石墨化元素）,对铸铁的组织和性能起着决定性的影响。碳和硅不仅能改变铸铁组织中的石墨的数量,并能改变石墨的大小和分布。随着硅,尤其是碳含量提高石墨片明显粗化;随着含碳量的增加,形成细小枝晶间石墨所必需的冷却速度也提高。除了对凝固石墨化影响之外,碳和硅也能促进共析石墨化,使基体中珠光体数量减少,铁素体数量增加,硅的作用尤其明显。碳能减少过冷度,而硅对过冷度无明显影响。故随着碳当量或碳含量的增加,共晶团变粗。

① 硫和锰的影响。硫是以硫化铁 FeS 的形式溶解于铁液中,结晶时与铁形成低熔点共晶 Fe＋FeS（熔点约为 985℃）,位于晶界上妨碍碳原子的扩散,故硫是阻碍石墨化较强的元素。硫能提高过冷度,因而细化共晶团。

锰阻碍凝固石墨化作用不强烈,而阻碍共析转变石墨化的作用比较明显。故锰略有增大铸铁形成白口的倾向,并促进珠光体的形成。

在铸铁中硫和锰是同时存在的,两者在高温下形成高熔点的硫化锰,抵消了各自单独存在所表现的阻碍石墨化作用。为了抵消硫所必需的锰量为硫量的 1.7 倍,实际上取 $w(Mn)=1.7w(S)+0.3$ 或 $w(Mn)=3.3w(S)$。其目的是使锰除中和硫以外,尚有余量,可使基体中珠光体增加并细化,提高力学性能。

② 磷的影响。磷能均匀溶于铁液,和硅相似,能使铸铁共晶点左移,每 1% 的磷能使共晶点含碳量降低 0.3% 左右,因此在计算碳当量时,若把磷量计算在内,就应以 $CE=C+\frac{1}{3}(Si+P)$ 表示。磷又能使共晶温度降低。

磷对石墨化的影响不大。实践证明在含磷 1% 时,磷没有明显的石墨化作用,但磷能细化共晶团。

磷易偏析。当含磷的质量分数超过 0.05%～0.15% 时,在铸铁中就可能形成二元磷共晶（Fe_3P-Fe）或三元磷共晶（Fe_3P-FeC-Fe）。磷共晶的熔点低,故呈网状,或多边形分布在晶界上。由于磷共晶硬而脆,降低铸铁的力学性能,尤其是韧性。

③ 其他元素的影响。在铸铁中,根据需要,加入各种合金元素,如镍、钛、铜、铝、铬、钒、镁、铈、硼、碲、锡等,这些相对数量不多的合金元素的作用,主要表现在铁素体和珠光体的相对数量以及珠光体分散度变化上。其规律是,凡是阻碍共析石墨化的元素,都增大基体中珠光体的数量。大多数元素（除钴外）也都能使共析转变的过冷度增加,从而使

珠光体细化，促进索氏体、托氏体的形成。多数元素对共晶石墨化有阻碍作用。生产上利用这一特点，将其与适当的碳、硅量相配合，可作为获得细小石墨的手段。

（2）冷却速度的影响　冷却速度影响铸铁组织的实质，在于改变了过冷度的大小。冷却速度增大，铸铁的过冷度也增大。两种灰铸铁的冷却速度与共晶过冷度之间的对应关系，见表1-17和表1-18。

表1-17　灰铸铁的冷却速度与共晶过冷度之间的对应关系（一）

冷却速度/(℃/s)	16	56	97	158	319	383
共晶过冷度/℃	8	20	27	36	44	46

注：灰铸铁的化学成分（质量分数）C 3.09%，Si 1.87%，Mn 0.46%，S 0.099%。

表1-18　灰铸铁的冷却速度与共晶过冷度之间的对应关系（二）

冷却速度/(℃/s)	50	77	168	266
共晶过冷度/℃	13	22	28	40

注：灰铸铁的化学成分（质量分数）C 3.16%，Si 2.5%，Mn 0.14%，S 0.072%。

冷却速度越大，结晶过程偏离平衡条件越远，实际转变温度越低。因此，虽然铸铁化学成分相同，但以不同速度冷却时，可以在较大范围内获得各种组织。

铸铁共晶阶段的冷却速度可在很大的范围内改变铸铁的铸态组织，得到灰铸铁或白口铸铁。改变共析转变时的冷却速度，其转变产物也会有很大的变化，在共析过冷度较小时的共析转变，从奥氏体中直接析出石墨；而过冷度较大时，则形成珠光体＋铁素体或珠光体。

一般铸铁的组织，共晶凝固时的石墨化问题和共析转变时珠光体转变的环节是两个关键问题。

影响冷却速度的主要有三个因素。

① 铸件的大小和壁厚。若铸件尺寸大且壁厚，冷却速度慢，易出现粗大石墨片；若铸件尺寸小或壁厚逐渐减薄，可出现细小的石墨片，直至出现共晶渗碳体。

② 铸型条件。不同铸型材料具有不同的导热能力，故其冷却速度不同。干砂型导热较慢，湿砂型导热较快，金属型更快，石墨型最快。有时可以利用各种导热能力不同的材料来调节各处的冷却速度。如用冷铁加快局部厚壁部分的冷却速度，用热导率低的材料减缓某些薄壁部分的冷却速度，以获得所需要的组织。

③ 浇注温度。对铸件的冷却速度略有影响，如提高浇注温度，则在铁液凝固以前把型腔加热到较高的温度，降低了铸件通过型壁向外散热能力，所以延缓了冷却速度，这既可以促进共晶阶段石墨化，又可以促进共析阶段石墨化。因此提高浇注温度可稍使石墨粗化，但实践中很少用调节浇注温度的办法来控制石墨尺寸。

（3）孕育处理的影响　铁液进入铸型之前，在一定条件下（如需要有一定的过热温度、一定的化学成分、合适的加入方法等）向铁液中加入一定物质（孕育剂）以改变铁液的凝固过程，改善铸态组织，提高铸件性能的方法，称为孕育处理。它在灰铸铁、球墨铸铁的生产中得到了广泛的应用。

在生产高强度灰铸铁时，往往要求铁液过热并适当降低碳硅含量，它伴随着形核能力的降低，因此往往会出现过冷石墨，甚至还会有一些自由渗碳体出现。

孕育处理能降低铁液的过冷倾向，促进铁液按稳定系进行共晶凝固，形成较理想的石墨形态，同时还能细化晶粒，提高组织和性能的均匀性，降低对冷却速度的敏感性，使铸铁的力学性能得到改善。在生产高牌号铸铁件及薄壁铸铁件中，几乎都进行孕育处理。在过冷度较大的铁液中加入硅铁或其他孕育剂，如锶钡孕育剂、硅钡孕育剂等，使铁液在很短时间内形成大量的均匀分布的结晶核心，细化了共晶团和石墨，使石墨由枝晶状D型、E型分布变成细小均匀的 A 型分布。这样，提高了不同壁厚处组织的均匀性。有些孕育剂如硅钙，还有一定的脱硫作用，可使石墨变短变厚。

（4）炉料的影响　炉料通常是通过遗传性来影响铸铁组织的。在生产实践中，往往是更换炉料后，虽然铁液的主要化学成分不变，但是铸铁的组织（石墨化程度、白口倾向及石墨形态，甚至基体组织）都会发生变化。这是由于炉料自身的冶金因素，如石墨的粗细、微量元素的存在，含气、非金属夹杂物等在熔炼过程中转嫁于铸铁，使之在一定程度上保留了炉料原有的某些性质。如炉料原生铁的石墨粗大，则铸铁石墨相对较大；炉料含气量较多，则铸铁含气量多，白口倾向增加。实践证明，适当地采用多种炉料相配，可以使受遗传性的影响减少。

（5）铁液过热的影响　在一定范围内，提高铁液的过热温度、高温静置的时间，都会导致铸铁的石墨及基体组织的细化，使铸铁强度提高，硬度下降。一般认为，灰铸铁铁液的出炉温度上限在 $1500\sim1550℃$，所以在此限度内总希望出铁温度高一些。在生产现场常说的"高温出炉、低温浇注"对铸铁组织的作用机理，可以解释如下。

① 从铁液成核能力看，过热会减少铁液中原有的石墨结晶核心，在铁液冷却过程中，依靠增大了的过冷度进行凝固时，能提供大量的石墨核心，使石墨和基体组织都得到改善。

② 过热温度的提高，铁液中的含氮量、含氢量略有上升，$1450℃$ 以后的含氧量大幅度下降，铁液的纯净度有了提高。较高的氮除了易引起针孔缺陷外，对铸铁的抗拉强度和硬度有提高作用。总之，过热温度在 $1500℃$ 以下提高时，石墨数量减少，化合碳数量增加；高于 $1500℃$ 时，则完全相反。

1.2.2.6　灰铸铁的基体组织和石墨状态

灰铸铁由基体组织、石墨状态、共晶团、碳化物和磷共晶等构成的工程材料，灰铸铁力学性能是由材料的金相组织决定的。灰铸铁的金相组织主要是由片状石墨、金属基体和晶界的共晶物组成的。

（1）灰铸铁的基体组织　按组织特征，铸态或经热处理后灰铸铁基体可以是铁素体、奥氏体、莱氏体、珠光体、贝氏体和马氏体。

① 铁素体是碳或其他元素在体心立方铁中的固溶体。铁素体的特性是塑性与韧性高，但强度和硬度较低。

② 奥氏体是碳或其他元素在面心立方铁中的固溶体。奥氏体的特性是有较好的塑性和韧性，强度和硬度比铁素体高。

③ 莱氏体是奥氏体与渗碳体的共晶组织，其中奥氏体在共析温度下分解为铁素体与渗碳体。莱氏体的特性是硬而脆。

④ 珠光体是奥氏体的共析产物，为铁素体与渗碳体的机械混合物。通常两者交替排列呈层片状。用淬火、回火的方法，使珠光体中的渗碳体由片状变成粒状的珠光体称为粒状珠光体。其特性是有良好的力学性能和耐磨性能，珠光体片越细，性能越好。粒状珠光体比片状珠光体力学性能好，冲击韧性（又称冲击韧度）佳。

⑤ 贝氏体是奥氏体在低于 $550℃$ 和高于马氏体转变温度范围内的分解产物，由铁素体与渗碳体组成。在较高温度时分解为上贝氏体，在较低温度时分解为下贝氏体。上贝氏体塑性好，但强度低，故不采用；下贝氏体强度、硬度高，有足够的塑性和韧性，综合性能好。

⑥ 马氏体是奥氏体过冷至马氏体转变温度以下的亚稳定相，它是在体心立方铁中的过饱和固溶体。其特性是硬而脆，耐磨。

（2）灰铸铁件中的石墨状态　石墨是灰铸铁中碳以游离状态存在的一种形式。其特性是强度、塑性、硬度很低、软而脆，密度约 $2.25g/cm^3$，约为铁的 $1/3$，即约 3%（质量比）

的游离碳就能在铸铁中形成占体积 10% 的石墨。石墨存在于基体中，很显然会削弱基体的强度，相当于在基体中存在的裂口，使基体强度得不到充分发挥。但有利于提高减振性和耐磨性。石墨对基体的破坏程度与灰铸铁中的石墨状态、大小、数量和分布形式有关。片状石墨的分布状态与铸铁的过冷度有关。

（3）石墨长度　按标准，石墨长度分为八级。按放大 100 倍时石墨长度从 ≤5mm 到 >60mm 分为 8~1 级。多数情况下，灰铸铁件的石墨长度在 2~6 级。

（4）共晶团　铸铁共晶转变时，剩余液相转变为奥氏体和石墨的共晶组织，称为共晶团。灰铸铁的强度随着共晶团的细化而提高。按照标准规定，灰铸铁共晶团数按选择放大倍数（10 倍或 40 倍），在直径 ϕ70mm 的图片中共晶团的数量（个数），按 A、B 两组分为 1~8 级，即单位面积中实际共晶团数量从 >1040 个/cm² 到 <130 个/cm² 共 8 级。增加共晶团的数量可以明显减少白口倾向。灰铸铁共晶团数受炉料、化学成分、熔炼工艺、孕育剂与孕育方法、冷却速度等各种因素的影响。过多的共晶团不仅会增加铸件的缩孔、缩松倾向，而且由于结晶时的"糊状凝固"方式，以及共晶膨胀引起的型壁移动都会增加铸件缩松、渗漏的倾向。合适的共晶团只能按各自的生产条件来选择。

（5）碳化物　灰铸铁中的碳化物通常是铁和碳的化合物（Fe_3C）。其特性硬而脆，强度差。按碳化物分布形状可分为针条状、网状、块状和莱氏体状，按碳化物在大多数视场中的百分比分六级进行评定。

当铸铁中碳、硅量偏低，或存在稳定碳化物元素（如 Mo、V、Cr 等）或壁薄时，就容易出现碳化物。除了渗碳体（Fe_3C）外，Mn、Cr 等元素可溶解到渗碳体中，组成合金渗碳体。Mo、Cr、Ti 等元素，也可以与碳形成化合物，如 TiC、MoC。通常把铸铁组织中的渗碳体、合金渗碳体等统称为碳化物，而在铁液结晶过程中碳形成石墨或是碳化物。

碳化物硬而脆，当它以硬化相镶嵌在基体上时，则显著地降低铸铁的强度，且使铸铁切削性变差。因此往往在生产实践中采用热处理（退火）等工艺措施来限制或消除碳化物。但是，碳化物具有良好的减摩性和抗磨性。因此，对于某些减摩铸铁（如钒钛系、硼系铸铁）和抗磨铸铁（如白口铸铁、冷硬铸铁），应改善碳化物的数量、分布或结构，提高其减摩性和抗磨性。

（6）磷共晶　铸铁是多元合金，由于碳、硅、锰、硫等元素对磷的作用，再加上磷本身的偏析，其溶解度就更低。当磷含量超过某一极限值时，铸铁中就会出现磷共晶。铸铁在凝固的过程中，初生奥氏体以枝晶状组织形成后，由于偏析，高磷相被"挤"到枝晶间。因此，其后结晶的磷共晶大部分分布在奥氏体晶粒的交界处，形成了多角形弯曲的，且往往使铸件伴随有各种缺陷，如夹杂、晶界缩松。磷共晶有二元磷共晶和三元磷共晶。在磷-铁二元合金中，磷在 α-Fe 中最大溶解度为 0.25%（1150℃）。在磷-铁-碳三元合金中，由于磷与碳存在相互排斥的作用，磷的溶解度随着含碳量的增加而下降，如在高温仅 α-Fe 中，当碳的质量分数提高到 3.5% 时，磷的溶解度仅为 0.3%。

二元磷共晶和三元磷共晶都硬而脆，由于存在于晶界，破坏了金属基体的连续性，会降低金属的力学性能，尤其是韧性。所以作为结构材料的铸铁件，一般应控制磷共晶。

另一方面，磷共晶构成了基体组织中的硬化相，可以显著提高铸铁的减摩性。而三元磷共晶极硬而脆，易碎裂脱落，成为磨料，加剧零件的磨损。所以，在多数情况下，含磷铸铁基体组织要求的是二元磷共晶而不是三元磷共晶。高磷铸铁理想的磷共晶结构应是断续的碎网状，细小而均匀。

磷共晶主要有以下影响因素。

① 化学成分的影响。磷的质量分数超过 0.06%~0.08% 时，铸铁中就会出现二元磷共

晶或三元磷共晶；石墨化元素一般促成二元磷共晶，反石墨化元素一般促成三元磷共晶和磷共晶-碳化物的复合物。

② 冷却速度的影响。冷却速度缓慢，磷共晶粗大，反之则细小；缓冷有利于三元磷共晶中共晶渗碳体的分解，故可出现二元磷共晶。

③ 浇注温度的影响。提高铁液浇注温度，可使磷共晶减少，且易形成二元磷共晶；反之，则易形成三元磷共晶和磷共晶-碳化物复合物。在实践中当铁液浇注温度大于 1340～1350℃时，对于二元磷共晶生成有利。

④ 孕育处理的影响。孕育充分，多次孕育处理能细化磷共晶，减少三元磷共晶和磷共晶-碳化物复合物。

⑤ 适当地进行热处理对磷共晶的形态数量也有重要的影响。

磷共晶按其数量百分比分为六级，按其在共晶团晶界的分布形式可分为孤立块状、均匀分布、断续网状及连续网状四种。

1.2.2.7 合金元素对灰铸铁性能的影响

合金元素对灰铸铁性能的影响见表 1-19～表 1-21。

表 1-19 五大元素对灰铸铁性能的影响

碳	含碳(碳当量)量低,减少石墨数量,细化石墨,增加初析奥氏体枝晶量,提高灰铸铁力学性能,但会导致铸造性能低、铸件断面敏感性增大、内应力增加、硬度上升、切削性能差等缺点。灰铸铁低合金化有利于消除单纯降低碳(碳当量)的负面影响
硅	强烈促进石墨化,分解渗碳体,减少白口。孕育的硅石墨化效果比铁液中的硅大得多。孕育前铸铁 $w(Si)=1.2\%～1.4\%$,孕育后 $w(Si)=1.5\%～1.8\%$。硅固溶于铁素体增加铁素体量,降低灰铸铁力学性能
锰	较强烈地促进并稳定珠光体,提高灰铸铁强度。灰铸铁 $w(Mn)=0.4\%～1.2\%$
磷	有致密性要求的灰铸铁应 $w(P)≤0.06\%$。有耐磨性和铁液流动性要求可 $w(P)=0.3\%～1.5\%$
硫	$w(S)=0.05\%～0.06\%$,既能确保孕育效果,又是铸铁强度高低拐点。$w(S)<0.3\%$,晶核数目少

表 1-20 合金元素对灰铸铁性能的影响

铜	石墨化能力约为 1/5 硅,有效增加珠光体量,提高灰铸铁力学性能。
镍	石墨化能力约为 1/3 硅,$w(Ni)<3\%$ 提高力学性能,$w(Ni)=3\%～8\%$ 作耐磨材料
铬	反石墨化能力与硅石墨化能力对等。致密灰铸铁 $w(Cr)<0.35\%$
钼	细化石墨、细化珠光体,易形成脆性 P-Mo 共晶,加 Mo 应低 P,强化铸铁基体
钨	稳定碳化物元素,细化石墨、细化珠光体作用稍弱于钼,提高淬透性作用较钼弱
锰	阻碍石墨化能力弱,促进形成细珠光体、索氏体,$w(Mn)>7\%$ 时得奥氏体
钒	强烈形成碳化物,细化石墨、增加珠光体,价格高,很少单独使用
铌	细化石墨、细化珠光体作用强,微合金化加入 $w(Nb)≤0.015\%$,改善强韧性、焊接性
钛	强化铁素体,细颗粒碳化钛、氮化钛在铸铁中提高耐磨性,增加铸铁过冷度

表 1-21 微量元素在铸铁中的作用

锡	加入 $w(Sn)0.04\%～0.08\%$ 可获 100% 珠光体,强度提高一级。过量增加脆性
锑	加入 $w(Sb)≤0.02\%$,增加珠光体,不产生白口,铸铁中残留约 85%,注意回炉料管理
铋	细化共晶团,细化并增多石墨,增加灰铸铁白口倾向,凝固后分布在晶界,降低铸铁强度
铅	$w(Pb)≤0.002\%$,防止网状或魏氏石墨产生,恶化 A 型石墨使之变尖变长,降低强度
锌	细化石墨,增加化合碳。$w(Zn)=0.3\%$ 增加铸铁含氮量 1 倍,提高强度

获得高强度灰铸铁，应力求 100％细小珠光体基体。基体中 30％的铁素体和 100％的珠光体抗拉强度相差 35MPa，粗细珠光体之间抗拉强度相差 100MPa。生产中常用 Cr＋Mo＋Cu、Cu＋Mo＋Ni、Cu＋Mo、Cu＋Cr、Cu＋Sn、Cu＋V 等配合使用，以得到细小珠光体组织。低熔点金属 Sn、Sb 形成石墨/金属界面薄层，阻碍 C 向石墨扩散，阻止铁素体产生。灰铸铁中 $w(Sn)＝0.03％～0.1％$ 或 $w(Sb)＝0.006％～0.01％$，即可得到 100％的珠光体。但 Sb 仅对增加硬度有作用。过量的 Sn、Sb 生成 $FeSn_2$、$FeSb_2$ 凝聚在晶界，引起强度和韧性的降低，$w(Sn)＝0.02％～0.04％$ 为好。

奥氏体枝晶是铸铁基体骨架，其数量、粗细影响铸铁力学性能。加入合金增加和细化奥氏体枝晶。亚共晶铸铁不加入合金元素，奥氏体枝晶方向性较强，二次枝晶不发达且间距较大。加入合金元素后，铁液可提高碳当量而不致降低强度，同时又能减小白口倾向，改善铸造性能，不易产生缩孔和缩松。灰铸铁采用高碳低硅配料，可以防止硅增加铁素体、粗化珠光体，抵消合金元素的有害影响，提高灰铸铁的冶金质量。

1.2.2.8 灰铸铁的熔炼与过热

铁液的纯净度、熔炼温度、化学成分是冶金质量的三项指标，与铁液熔炼关系重大。

高温铁液流动性好，利于气体和渣的上浮，石墨和基体组织细密，提高强度降低硬度。在铁液中发生：$SiO_2＋2C \Longrightarrow Si＋2CO\uparrow$ 时，氧以 CO 形式逸出，铁液开始沸腾，沸腾温度为 $T_H \approx 1475℃$，此时逸出气体使夹渣上浮、溶氧下降，提高纯净度，冶金质量高。

工业发达国家对灰铸铁化学成分控制精度要求甚高，如 $\Delta w(C) \leqslant \pm 0.05％$，$\Delta w(Si) \leqslant \pm 0.10％$。

熔炼时铁液化学成分稳定，保证铸件可复制性。例如美国某缸盖生产厂生产相当HT275 牌号铸铁，化学成分控制见表 1-22，可以作为国内铸造工厂控制铁液化学成分的借鉴。国外合金灰铸铁化学成分见表 1-23。

表 1-22　美国某缸盖生产工厂缸盖灰铸铁（相当国家标准 HT275）**化学成分**

项　　目	化学成分（质量分数/％）									
	CE	C	Si	Mn	P	S	Cr	Mo	Cu	Ni
最高上限成分	4.13	3.42	2.22	0.70	0.070	0.10	0.4	0.50	0.95	1.20
控制上限成分	4.07	3.37	2.19	0.65	0.052	0.08	0.37	0.43	0.92	1.13
目标成分	4.01	3.32	2.12	0.60	0.042	0.06	0.30	0.36	0.85	1.06
控制下限成分	3.95	3.27	2.07	0.55	0.032	0.05	0.23	0.33	0.78	1.03
最低下限成分	3.89	3.22	2.02	0.40	0.03	0.03	0.20	0.30	0.75	1.00

表 1-23　国外合金灰铸铁化学成分（质量分数/％）

CE	C	Si	Mn	P	S	Cr	Cu	Mo
4.05	3.3～3.5	1.8～2.1	0.6～0.8	≤0.1	0.05～0.08	0.2～0.3	0.3～0.7	0.3～0.4

据介绍：德国某缸体铸造厂，20t 冲天炉与 8t 中频炉双联，炉料为全部废钢加碳化硅，铸造焦固定碳≥90％，冲天炉出铁温度不低于 1540℃，缸体浇注温度约 1420℃，大大减少缸体最易出现的气孔，冷却速度减慢降低白口倾向，提高加工性能。无论冲天炉还是电炉熔炼，加入 0.7％～1.0％的碳化硅都有助于提高铁液纯净度。灰铸铁加入 SiC 预处理，可促进 A 型石墨形成，改善冶金质量。熔炉对冶金质量的影响：冲天炉最优，感应炉次之，电

弧炉较差。

1.2.2.9 灰铸铁冶金质量指标

化学成分相同，炉料与熔炼工艺不同，铸铁性能不尽相同。灰铸铁冶金质量指标有

$$\text{成熟度}=\text{抗拉强度实测值}(\phi 30\text{ 试棒})/(1000\sim 800 S_C) \tag{1-10}$$

$$\text{硬化度}=\text{硬度实测值}(\phi 30\text{ 试棒})/(530\sim 344 S_C) \tag{1-11}$$

$$\text{品质系数}=\text{成熟度}/\text{硬化度}=\text{实测抗拉强度}\times(530\sim 344 S_C)/[\text{实测硬度}\times(1000\sim 800 S_C)] \tag{1-12}$$

对于某铸件 S_C 是常数，$(530\sim 344 S_C)/(1000\sim 800 S_C)$ 也是常数，那么，实测抗拉强度高，实测硬度低，得到的品质系数好。

品质系数值一般在 $0.7\sim 1.5$ 之间，力求大于 1.0。综合工艺控制好的灰铸铁，品质系数高，弹性模量 E_0 值和共晶团数也高。抗拉强度高而硬度低的灰铸铁冶金质量好，切削性能好，加工成本低。良好的孕育处理能提高品质系数 $15\%\sim 20\%$。经大量实践数据处理制定，从表 1-24 中可以看出三者之间的关系。

表 1-24 灰铸铁品质系数与弹性模量、共晶团数预测表

品质系数＝实测抗拉强度/实测硬度	1.0	1.1	1.2	1.3	1.4	1.5	1.6
E_0 值/GPa	122.5	127.8	133.0	138.2	143.7	148.7	154.0
共晶团数/(个/cm²)	45	75	130	210	360	600	1000

1.2.3 灰铸铁热处理

常用热处理方法如下。

① 低温退火处理。低温退火处理又称热时效处理，其作用在于降低或消除铸件的残余应力。低温退火工艺规范如图 1-15 所示。

② 石墨化退火。石墨化退火的作用在于降低铸件硬度，改善加工性能，提高铸件的塑性和韧性。根据铸件原始组织的不同和要求的基体组织可采用低温石墨化退火和高温石墨化退火。两种工艺规范如图 1-16 和图 1-17 所示。

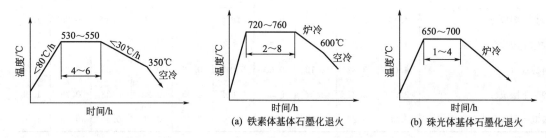

图 1-15 铸铁低温退火工艺规范 　　图 1-16 铸铁低温石墨化退火工艺规范

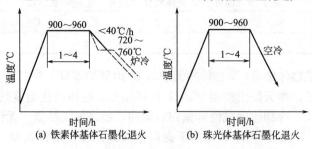

(a) 铁素体基体石墨化退火　　　(b) 珠光体基体石墨化退火

图 1-17 铸铁高温石墨化退火工艺规范

1.3 高强度灰铸铁

1.3.1 孕育铸铁

1.3.1.1 原铁液化学成分、孕育处理后组织性能

为了保证孕育铸铁获得珠光体基体，应使原铁液的化学成分中碳、硅的含量低。一般原铁液含 C 量在 2.8%～3.3%，含 Si 量在 0.9%～1.5%，C、Si 含量不宜过低，否则铸造性能恶化，熔化困难，并增加孕育剂的消耗。但 C、Si 含量也不能很高，否则强度不但不能提高反而降低。在确定成分时适当考虑铸件壁厚的影响，厚壁件的 C、Si 含量应低些，薄壁件的 C、Si 含量应高些。孕育铸铁的含 Mn 量略高于灰铸铁，是为了得到珠光体的基体，S、P含量基本上与灰铸铁相同。

用低碳、硅含量的铁液，经孕育处理后得到的铸铁称为孕育铸铁。由于用低 C、Si 含量的铁液，加入少量孕育剂，能促进晶核形成，增加结晶时的晶核，细化晶粒，得到的铸铁中石墨数量少而且呈均匀分布的细片状，基体基本上是珠光体。因此孕育处理后的铸铁，强度大幅度提高，耐磨性好，组织均匀，性能稳定，对铸件壁厚的敏感性小，但孕育铸铁的流动性差，形成缩孔的倾向大。

1.3.1.2 灰铸铁进行处理

① 孕育剂。各种孕育剂的成分见表 1-25，生产中多用 75 硅铁作孕育剂，其加入量见表 1-26。

表 1-25　孕育剂的成分

孕育剂名称	化学成分/%					
	Si	Ca	Al	Mn	其他	Fe
硅铁	72～77					其余
硅钙	60～65	25～35				≤5
硅锆	60～65				Zr15～20	其余
硅锶	77.5		≤0.5		Sr1	
硅碳	45～56				C28～46	
硅铬	30				Cr50	其余
硅钼	30				Mo60	其余
硅锰锆	50～55			5～7	Zr5～7	其余
硅锰锆	17～19			8～11	Cr38～42	
硅钡钙	80	0.7	1.3		Ba8	
硅钙钛	52	6	1		Ti10	

表 1-26　孕育剂（75% FeSi）加入量

牌号	孕育前白口宽/mm	孕育剂加入量/%	孕育后白口宽/mm
HT200	4～8	0.1～0.2	2～6
HT250	5～10	0.2～0.4	3～7
HT300	8～15	0.3～0.6	6～10
HT350	12～20	0.5～0.8	8～15

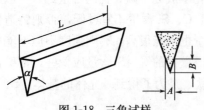

图 1-18　三角试样
A—白口宽度；B—白口深度

② 孕育效果检查。用三角试样检查孕育效果可参考表 1-27。常用三角试样的形状和尺寸如图 1-18 和表 1-28 所示。

三角试样白口宽度与灰铸铁牌号的对应值见表 1-29。对于大、中型铸件，三角试样的白口宽度应小于铸件薄壁处的 1/2；对于小铸件，三角试样的白口宽度应小于铸件薄壁处的 1/3；对于兼顾其他性能的铸件，白口宽度应为铸件薄壁处的 1/6～1/3。

表 1-27　白口宽度的经验判断

出发点	对白口宽度的要求			
薄壁处无白口	孕育后的白口宽度应小于最小壁厚的 1/3～1/2			
抗拉强度	抗拉强度/MPa 孕育前后白口宽度比	250～300 1.5：1	300～330 2：1	330～380 2.5～(3：1)	400～440 (3～5)：1
物理力学性能	要求 最好的切削性能 最好的强度 最好的耐磨性	孕育后白口宽度与铸件厚度之比/% 15～20 25 40～50			

表 1-28　三角试样尺寸

三角试样号	底宽/mm	顶角/(°)	长度/mm	读数限度/mm
1	13	28.5	130	9
2	19	27	130	11
3	25	25	150	13
4	51	24	180	28

注：表中读数系指白口宽度。

表 1-29　白口宽度与灰铸铁牌号的对应值

序　号	灰铸铁牌号	白口宽度/mm
1	HT100	0～2
2	HT150	2～3.5
3	HT200	3.5～5
4	HT250	5～6.5
5	HT300	6.5～8

注：三角试样底宽为 20mm，湿砂型。

1.3.1.3 注意事项

① 不能用降低铸铁中的 C、Si 含量方法来生产孕育铸铁。因为铸铁中 C、Si 含量的降低是有限的，C、Si 含量过低，则不易熔化，石墨析出困难，会出现渗碳体形成麻口或白口组织，这样强度不但不能提高，反而会下降。

② 经孕育处理后的铁液，其孕育作用随时间延长会逐渐减弱，最后完全消失，使浇出的铸件成为麻口或白口组织，这种现象称为孕育衰退。为了避免孕育衰退，孕育处理后的铁液应及时浇注，最好在 15min 内浇完。对于厚大铸件或大包浇小件，也可增加孕育剂的加入量来避免孕育衰退。

1.3.2 微合金铸铁、典型高强度灰铸铁

1.3.2.1 高强度灰铸铁

（1）中、厚壁铸件——机床铸件　机床铸件厚度一般为 15～30mm。灰铸铁作为机床基础零件的主要结构材料。

目前国外机床铸件大多采用 $\sigma_b=300MPa$ 或 350MPa 高强度灰铸铁制造。在提高铸铁强度和刚度的基础上，国外机床铸件向轻量化方向发展，机床的主要壁厚从过去的 20～25mm 减至近来的 14～20mm，切削力小的小型精密机床床身主要壁厚仅 8～10mm。目前我国机床主要铸件（如床身、工作台、立柱、横梁等）一般采用 HT200、HT250 和 HT300 三种牌号的铸铁。为了延长机床的使用期限，尤其是不再经热处理的机床导轨寿命，国内机床铸件广泛采用低合金高强度耐磨铸铁（见表 1-30）。对表中几种耐磨铸铁的金相组织分析可知，在含磷铸铁中，较高的磷量（0.35%～0.65%）形成断续网状的磷共晶；在磷铜钛铸铁中，铜促进并细化珠光体，钛则与碳、氮形成高硬度的化合物质点；在钒钛铸铁中，钒钛两元素形成具有很高显微硬度（1000～1900HV）的钒钛碳氮化合物，并以细小的硬质点弥散分布于基体组织中，从而显著地提高了机床铸件的耐磨性。对于采用淬火硬化的机床导轨则铸铁牌号必须高于 HT200，珠光体量不小于 90%，珠光体片间距不大于 $2\mu m$。

表 1-30　机床导轨用合金铸铁

名称	牌号	化学成分/%						金相组织（铸件<2t）	抗拉强度 σ_b/MPa	布氏硬度（HBS）				
										≥			≤	
		C	Si	Mn	S	P	其他			铸件≤2500 mm	铸件>2500 或3tmm	铸件>10t	铸件≤2500 mm	铸件>2500 mm
磷铜钛耐磨铸铁	MTP-CuTi20	3.20～3.50	1.8～2.5	0.5～0.9	≤0.12	0.35～0.65	Cu0.6～1.2 Ti0.08～0.15	A 型石墨，石长10～25珠光体数量95%以上磷共晶在磷4至磷8,呈断续网状分布，自由渗碳体小于碳3	200	180	170	160	255	241
	MTP-CuTi25	3.0～3.3	1.4～1.8	0.5～1.0					250	180	170	160		
	MTP-CuTi30	2.9～3.2	1.2～1.7	0.6～1.0					300	190	180	170		
高磷耐磨铸铁	MTP20	3.2～3.5	1.8～2.5	0.5～0.9		0.40～0.65			200	180	170	160		
	MTP25	3.0～3.3	1.4～1.8	0.5～1.0					250	180	170	160		
	MTP30	2.9～3.2	1.2～1.7	0.6～1.0					300	190	180	170		

名称	牌号	化学成分/%						金相组织(铸件<2t)	抗拉强度 σ_b /MPa	布氏硬度(HBS)				
										≥			≤	
		C	Si	Mn	S	P	其他			铸件≤2500mm	铸件>2500或3tmm	铸件>10t	铸件≤2500mm	铸件>2500mm
钒钛耐磨铸铁	MTV-Ti20	3.3~3.7	1.4~2.2	0.6~1.2	≤0.12	≤0.40	V0.15~0.45 Ti0.06~0.15	A型石墨,石长10~25或D、E型为主,珠光量>90%,磷共晶在磷4以下,自由渗碳体在碳3以下,V-Ti-C-N化合物弥散分布	200	170	160	—	241	241
	MTV-Ti25	3.1~3.5	1.3~2.0						250					
	MTV-Ti30	2.9~3.3	1.2~1.8						300					
铬钼铜耐磨铸铁	MTCr-MoCu25	3.0~3.5	1.5~2.4	0.6~1.0	≤0.15	≤0.12	Cr0.2~0.45 Mo0.15~0.35 Cu0.6~1.1	A型石墨,石长10~25,珠光体量>95%,磷共晶在磷4以下,自由碳化物在碳3以下	250	185	180	175	255	255
	MTCr-MoCu30	2.9~3.3	1.4~2.1	0.7~1.1					300	190	185	180		
	MTCr-MoCu35	2.8~3.1	1.3~1.9	0.8~1.2					350	190	185	180		
铬铜耐磨铸铁	MTCr-Cu25	3.0~3.5	1.5~2.4	0.6~1.0	≤0.25	≤0.12	Cr0.2~0.5 Cu0.6~1.1		250	185	180	175		
	MTCr-Cu30	2.9~3.3	1.4~2.1	0.7~1.1					300	190	185	180		
	MTCr-Cu35	2.8~3.1	1.3~1.9	0.8~1.2					350	190	185	180		

为了适应机床铸件材质向高强度、高刚性方向发展,并进一步提高机床的耐磨性和使用可靠性,国内近年来开发应用了多项新材质。

① HT350 高强度孕育铸铁。将铁液出炉温度从 1450℃以下提高到 1470~1520℃,提高炉料组成中废钢比例(到 40%~50%),以及采用 C-Si、Ca-Ba 和 CaMnSiBi 系孕育剂等技术措施,在 CE≥3.5% 条件下获得 HT350 牌号。

② 高 Si/C 灰铸铁。在碳当量 CE=3.4%~3.8% 条件下,适当增加废钢加入量将 Si/C 比从 0.4~0.5 提高到 0.7~0.8,将铁液出炉温度提高到 1450℃以上,抗拉强度可提高 20~30MPa,E_0 值也有提高,铸件具有较小的变形倾向。但对于机床这类壁较厚的铸件,提高 Si/C 比会增加厚断面处的铁素体含量,反而使强度降低。此时应加入 Cr、Cu、Sb 和 Sn 等合金元素,提高机床厚断面处的珠光体含量,减少断面硬度差,增加机床的精度稳定性。

③ 锰灰铸铁。锰量稍高于硅量的灰铸铁具有良好的性能:收缩小,不易产生缩孔与缩松,切削性能好,抗生长性好,是一种提高强度、弹性模量和耐磨性、减少铸件变形的良好材质。目前采用的锰灰铸铁化学成分见表 1-31。要求出铁后,包中的铁液温度在

1450℃以上。

表 1-31　含锰灰铸铁的化学成分　　　　　　　　单位：%

材　　质	C	Si	Mn	P	S
HT300	3.1～3.4	1.8～2.4	1.8～2.6	≤0.10	≤0.12
HT350	2.9～3.2	1.7～2.2	2.0～2.6	≤0.10	≤0.12

　　JB/T 3997—1994 标准规定了适用于在砂型（或导热性与砂型相当的铸型）中铸造的各类金属切削机床灰铸铁件。对于采用耐磨铸铁的机床导轨铸件，除按相关的机床导轨用耐磨铸铁件技术条件中规定的特殊验收项目进行检验外，还应符合本标准的规定。组合机床和特种加工机床灰铸铁件亦参照使用。

　　① 牌号。根据铸件对抗拉强度和硬度的要求，选择 GB/T 5612 标准中规定的牌号。带有导轨的铸件和其他重要铸件一般选用 HT250 及其以上牌号。

　　② 技术要求。

　　a. 抗拉强度。JB/T 3997—2011 标准的灰铸铁单铸试样，附铸试样及不同壁厚的预期抗拉强度等强度指标同 GB/T 9439—2010。

　　b. 硬度。普通灰铸铁滑动导轨或重要移置导轨的工作面装配时，硬度应符合表 1-32 的规定。当导轨厚度大于 60mm 时，表 1-32 中的下限值允许降低 5HBW。对导轨毛坯硬度的要求，可以经过试验和协商，在合同或技术文件上规定毛坯硬度验收指标。采用表面淬火处理的导轨、采用耐磨铸铁的导轨及采用镶贴耐磨材料的导轨工作面的硬度可另行规定。

表 1-32　导轨硬度（JB/T 3997—2011）

导轨长度/mm	铸件重量/t	导轨硬度（HBW）	
		不低于	不高于
≤2500	—	190	255
>2500	3～5	180	241
—	>5	175	

　　在导轨壁厚基本均匀条件下，在一种运动范围内，导轨表面的硬度偏差也同时应满足表 1-33 的规定。

表 1-33　导轨表面硬度公差（JB/T 3997—2011）

导轨长度/mm	≤2500	>2500	几件连接的导轨[①]
硬度允差（HBW）	25	35	45

① 以其中最长件的硬度要求为基数，检验几件导轨的硬度差。

　　对不带导轨的灰铸铁件，当对硬度有要求时，根据其 GB/T 9439—2010 中规定选取相应的硬度牌号（参见表 1-5）。

　　③ 金相组织。铸件导轨表面的金相组织一般应控制在表 1-34 的范围内，但并不作为铸件的验收依据。若采用表面淬火处理的导轨面，淬火前的金相组织应符合该规定。

表 1-34　导轨表面的金相组织（JB/T 3997—2011）

项　目	铸件质量/t	
	≤3	>3
石墨	形状以 A 型为主,长度为 5～30mm(100 倍)	形状以 A 型为主,长度为 10～40mm(100 倍)
珠光体	数量>95%,片间距<2mm(500 倍)	数量>90%,片间距<2mm(500 倍)
磷共晶	数量<2%,小块状分散分布	数量<2%,小块状分散分布
游离碳化物	数量<2%	数量<2%

（2）薄壁铸件——发动机汽缸体、汽缸盖　汽缸体在发动机工作时承受很复杂的负荷,应采用足够刚性和强度的铸铁。汽缸盖在工作中还承受很大的热负荷,应采用强度高、热疲劳性能好的铸铁。两种铸件结构复杂,尺寸较大,壁厚较薄又很不均匀（最薄为 3.5～5.0mm）,砂芯多且复杂,毛坯铸造相当困难。所以对此类大批量生产的复杂薄壁铸件的铸铁材质,不仅要求有良好的力学性能和物理性能,而且要求有良好的铸造性能和切削性能。

对于缸体、缸盖的材质,国内外经过几十年的生产实践,基本上已规范化（见表 1-35和表 1-36）。从两表可见,国外缸体、缸盖和国内缸盖以及国内自带缸套的缸体（如解放、东风汽车缸体）和 20 世纪 80 年代新开发的先进发动机缸体（如 R100、R475 发动机）一般采用相当于我国的 HT250 或更高牌号的低合金灰铸铁制造。在化学成分控制上,采用较高的碳当量（CE＝3.9%～4.1%）,以保证铸铁有良好的铸造性能。化学成分中绝大部分含有Cr（0.13%～0.4%）和一定量的 Cu（0.2%～0.8%）,有的则还含有 Mo、Ni 和 Sn 等元素,以提高铸件本体强度、硬度及其均匀性,以及薄断面处（缸盖的三角区）的珠光体含量（一般>80%）；加入合金元素的另一个重要作用是可以使灰铸铁件的抗热疲劳能力增加。国外某汽车厂对汽缸体技术要求的企业标准见表 1-37。

表 1-35　国内发动机缸体、缸盖用合金灰铸铁

厂名	化学成分/%								牌号或实际测定的抗拉强度 σ_b/MPa	铸件	备注
	C	Si	Mn	P	S	Cr	Cu	Mo			
第一汽车厂	3.2～3.4	1.8～2.0	0.5～0.8	<0.07	<0.12	—	0.4～0.6	0.4～0.6	HT250	缸盖	各厂要求成分范围
第二汽车厂	3.2～3.4	1.9～2.1	0.6～0.9	≤0.08	≤0.12	0.25～0.35	—	—	HT250	EQ-140 缸体	
第一拖拉机厂	3.25～3.45	1.8～2.2	0.6～0.9	≤0.08	≤0.10	0.25～0.35	0.35～0.45	—	HT250	R100 缸体、缸盖	
北京内燃机总厂	3.15～3.4	2.1～2.5	0.65～0.75	0.06	0.06	0.25～0.35	0.3～0.4	—	HT250	475Q 缸体	
红岩机器厂	3.1～3.3	1.6～2.1	0.75～1.0	≤0.2	≤0.1	0.2～0.4	0.5～1.0	0.3～0.5	HT250	缸盖	
莱阳动力机厂	3.2～3.5	2.0～2.4	0.6～1.0	≤0.15	≤0.1	0.2～0.4	0.7～1.0	—	HT250	195 缸盖	

厂名	化学成分/%								牌号或实际测定的抗拉强度 σ_b/MPa	铸件	备注
	C	Si	Mn	P	S	Cr	Cu	Mo			
红岩机器厂	3.15	2.01	0.65	0.054	0.069	0.38	0.89	0.25	315	缸盖	均为 ϕ30mm 试棒实际测定数据
南昌柴油机厂	3.21	1.83	0.98	0.068	0.088	0.16	0.10	—	287,297,304	4105缸盖	
上海内燃机厂	3.30	1.92	0.82	0.063	0.123	0.18	0.73		297	S495A缸盖	
莱阳动力机厂	3.39	1.82	0.83	0.072	0.061	0.28	1.09	—	245,260,275	195缸盖	
潍坊华丰机器厂	3.27	1.62	0.88	0.057	0.098	0.19	0.60	—	268,268,265	195缸盖	
常州柴油机厂	3.19	1.58	1.10	0.073	0.095	0.33	0.90		270	195缸盖	
无锡县柴油机厂	3.15	2.07	0.83	0.099	0.085	0.21	0.73		296	S195缸盖	
重庆柴油机厂	3.31	1.96	0.94	0.068	0.087	0.256	—	0.31	230	缸盖	
四川内燃机厂	3.32	1.91	0.84	0.075	0.109	0.15		0.78	291,280,289	缸盖	

　　为改善缸体、缸盖铸件的断面均匀性，合适的孕育工艺是必不可少的技术措施。铸铁经孕育处理后，不仅可以提高强度，而且可以改善石墨形态，消除薄壁、边缘毛刺处的白口，从而改善铸件的切削性能。在孕育技术上，不仅要使用抗衰退性好、高效强效的孕育剂，而且应注意采用各种迟后孕育处理方法，如铁液流、孕育丝和型内孕育等。

　　对要求高热疲劳性能的大功率缸盖，国内外已采用蠕墨铸铁。在大批量流水生产中，为保证材质的稳定性，宜采用冲天炉-电炉双联熔炼工艺，可保证出炉铁液温度在1500℃以上，温度波动范围≤±10℃，化学成分精度达到ΔC≤±0.05%、ΔSi≤±0.10%。

1.3.2.2　薄壁耐磨灰铸铁件

　　汽缸套和活塞环是一对典型的薄壁耐磨铸铁摩擦副。它们在高温、高压、润滑条件不良、有固体微粒和腐蚀介质条件下做高速相对运动，零件内部产生很大的机械应力和热应力，同时承受强烈的磨损。

　　应用于汽缸套和活塞环的耐磨铸铁，最适宜的组织应是多相组织，即在柔韧的基体上牢固地嵌有坚硬的组分。在铸铁的各种基体组织中，较合适的是片状珠光体，其中铁素体作为软的基底，渗碳体作为坚硬的组分。铸铁中的石墨对减少磨损起着积极有利的作用，它能够吸附和保存润滑油，保持油膜的连续性。石墨一般应以中等数量（按体积占6%～8%）、均匀分布的中、小片状或球状为宜。

　　国内外常用的汽缸套和活塞环，还要求组织中析出硬质相以提高零件的耐磨性，如高磷铸铁中断续网状磷共晶（斯氏体600～300HV）、硼铸铁中的块状含硼复合碳化物（900～1200HV）、钒钛铸铁中弥散分布的钒钛碳氮化合物（1000～1900HV）。这些硬质相在摩擦面上会形成不均匀磨损，对油膜保持性极为有利，同时可有效地减少零件的磨损。

　　汽缸套和活塞环铸件属于薄壁（壁厚大多<20mm，机加工后<10mm）小件（大多<10kg）。由于其需要量大，一般采用专业化生产。

　　（1）汽缸套　国外一般采用 σ_b≥250MPa的灰铸铁和合金铸铁制造，也有采用QT500-7球墨铸铁制造的。有的采用高频感应表面淬火、整体淬火和等温淬火等工艺，以及经调质、

表1-36 国外几个公司的发动机缸体、缸盖的化学成分和性能

序号	国别	公司名	铸件	质量/kg	化学成分/%											力学性能	
					C	Si	Mn	P	S	Cr	Ni	Cu	Sn	Mo	CE	σ_b/MPa	HBS
1	德国	M.A.N	单缸缸盖	—	3.4~3.5	1.9~2.0	0.6~0.7	≤0.1	≤0.13	0.15	—	0.2	—	0.25	4.0	≥250	—
2	德国	M.A.N	双缸缸盖	22.0	3.5~3.55	1.7~1.8	0.6~0.65	≤0.1	≤0.13	0.3	0.75	—	—	—	—	≥250	—
3	德国	M.A.N	六缸缸体	337.4	3.4~3.5	1.7~1.8	0.6	<0.1	<0.125	0.3	—	0.3	—	—	3.85~3.95	≥250	顶面>195
4	德国	Motortex	柴油、双缸缸盖	121.0	3.4~3.45	1.8	0.65	—	—	0.3	1.0~1.1	—	—	0.35~0.45	—	≥280	197~235
5	德国	M.W.M	单缸缸盖	47.0	3.25~3.45	1.7~1.9	0.6~0.8	<0.1	<0.1	0.2~0.3	0.4~0.6	—	<0.08	—	—	≥250	—
6	德国	Benz	缸体	—	3.1~3.4	1.7~1.9	0.6~0.8	≤0.15	≤0.12	0.25~0.35	—	0.5~0.7	—	—	—	≥260	—
7	德国	Benz	V-ε大缸体	—	3.15~3.45	1.8~2.2	0.6~0.9	≤0.15	≤0.12	0.15~0.25	0.6~0.9	—	—	—	—	≥240	—
8	德国	V.W	四缸、汽油缸体	41.5	3.5~3.55	1.7~1.8	0.6~0.7	<0.08	<0.14	0.15~0.20	—	0.20~0.25	—	—	3.85~4.0	≥250	190~230
9	德国	V.W	四缸、柴油缸体	41.4	3.45~3.50	1.7~1.8	0.6~0.7	<0.08	<0.14	0.30~0.35	0.4~0.5	0.4~0.5	—	—	3.85~3.95	≥250	195~235
10	德国	Deutsche	四缸缸体	—	3.15~3.40	2.1~2.5	0.65~0.75	0.06	0.06	0.25~0.35	—	0.3~0.4	—	—	—	≥250	—
11	英国	Rolls-Royce	六缸缸体	—	3.3~3.5	1.8~2.4	0.8	<0.1	<0.06	0.25~0.4	—	0.5	—	0.4	—	≥260	—
12	芬兰	Vaasa	缸盖	81.3	3.5~3.55	1.7~1.8	0.6	<0.1	<0.1	0.25	0.8	—	—	—	—	≥250	—
13	法国	C.A	缸盖PA-4-200	—	3.3~3.45	1.8~2.2	0.6~0.7	<0.15	<0.15	0.2~0.3	0.5	—	—	—	—	≥250	—
14	美国	IHC	六缸缸体	500	3.3~3.35	1.7~1.8	0.75~0.8	0.08	0.125	0.35~0.4	0.4~0.5	—	—	—	—	≥250	—
15	美国、德国	John Deere	四缸缸体、缸盖	—	3.42~3.48	1.8~2.0	0.65~0.85	0.05~0.08	0.1~0.12	—	—	0.3~0.5	—	—	4.12~4.16	≥250	—
16	美国	John Deere	缸盖	—	3.0~3.4	1.75~2.25	0.6~0.9	<0.20	<0.12	0.2~0.4	1.0~1.2	0.75~1.0	—	0.3~0.5	—	≥300	223~264
17	美国	John Deere	缸盖	—	3.2~3.6	2.0~2.5	0.4~0.9	0.05~0.15	0.02~0.18	0.2~0.4	1.0~1.2	0.75~1.0	—	0.3~0.5	—	≥225	204~255

表 1-37　国外某汽车厂对气缸体材质的技术要求

类　别	I	II	类　别	I	II
适用范围	高要求汽油机缸体和柴油机缸体	一般汽油机缸体	Sn%	<0.1	
			Al%	<0.008	
C%	3.0～3.5	2.8～3.4	共晶度	$S_C=\dfrac{C}{4.3-1/3(Si+P)}\leqslant0.95$	
Si%	1.8～2.7	1.8～2.8			
Mn%	0.3～1.0		基体	片状珠光体	
P%	<0.2		其中铁素体量	≤3%	≤5%
S%	<0.14		石墨类型	A 型	A 型
Cr%	0.15～0.45	0.15～0.40	石墨大小（缸筒上取样）	3～5	4～7
Cu%	<0.8		硬度(HBS,5/750)[①]	195～235(逐个检查)	
Ti%	0.03～0.10	≤0.10	抗拉强度	$\sigma_b\geqslant220MPa$	

① 5—球径为 5mm；750—负载为 7500N。

渗氮或硬质镀铬等特殊处理，以减少磨损。我国湿式汽缸套标准 GB/T 1150—2010 要求气缸套材料的强度应不低于 220MPa。JB/T 5082.2—2011 对内燃机高磷铸铁汽缸套金相组织的要求是：石墨应为片状、菊花状，允许有少量过冷石墨，但不允许有呈严重枝晶的过冷石墨，基体应为细片状或中等片状珠光体，允许有少量游离铁素体（<5%）和小块游离渗碳体（<3%）存在；磷共晶为均匀断续网状或分散分布，允许有枝晶状、聚集状及复合物磷共晶存在，但其数量和偏析程度应有一定的控制。

目前国内应用的汽缸套成分和力学性能见表 1-38。

汽缸套生产工艺：国内汽缸套生产大部分采用冲天炉熔炼，要求 $t_{出}\geqslant1380℃$，$t_{浇}=1260～1330℃$，部分工厂对质量要求高的低合金铸铁大型缸套采用感应电炉熔炼，$t_{出}\geqslant1420℃$，$t_{浇}=1300～1350℃$。中小型气缸套一般采用金属型单机离心铸造，部分工厂则应用多工位离心机。离心机转速为 1000～1400r/min，机头预热及浇注前金属型温度为 150～250℃。机头喷水冷却并控制每次浇注的间隔时间，以延长机头使用寿命。缸套出型温度为 600～650℃（暗红色）。每次缸套出型后，涂刷干粉涂料，按体积配比如下：70/140 目硅砂 92%～90%，100～120 号焦油沥青粉 8%～10%，用涂料斗撒入机头的涂料厚度为 1.0～1.5mm，离心机前后盖放置石棉垫以控制缸套端头的金相组织。大型缸套则采用砂型，铸件经 500～650℃消除应力退火处理。

（2）活塞环　活塞环毛坯生产采用筒体铸造和单体铸造两种方法。单体环又可分为正圆环和椭圆环两种，正圆环经热定型后使用。

发动机对活塞环的内在质量（包括化学成分、力学性能、金相组织等）提出了十分严格的要求。我国 GB/T 1149—2010《内燃机　活塞环》标准共分为 16 部分，对活塞环的技术规格提出了详细的要求。

我国目前生产中常用的活塞环铸铁成分和力学性能见表 1-39 和表 1-40。近年来研制的硼铸铁活塞环化学成分及力学性能见表 1-41。

表 1-38 气缸套耐磨铸铁成分、性能及应用

材质	C	Si	Mn	P	S	Cr	Mo	Cu	其他	σ_b/MPa	σ_{bb}/MPa	挠度 f/mm	硬度(HBS)	硬度差(ΔHBS)	应用
磷铸铁	3.0~3.4	2.1~2.4	0.8~1.2	0.55~0.75	<0.10	0.35~0.55	—	—	—	>196	>392	—	220~280	<30	汽车、拖拉机缸套、金属型离心浇注、湿涂料
磷铸铁	2.9~3.4	2.2~2.6	0.8~1.2	0.6~0.8	<0.10	—	—	—	—	>196	>392	—	>220	<30	柴油机、拖拉机缸套
磷铜铸铁	3.2~3.4	2.4~2.6	0.5~0.7	0.25~0.4	≤0.12	0.2~0.3	—	0.4~0.7	—	245	460	—	190~240	<30	汽车、拖拉机缸套
磷钒铸铁	3.2~3.6	2.1~2.4	0.6~0.8	0.4~0.5	≤0.10	—	—	—	V 0.15~0.25	>196	>392	—	>220	<30	柴油机、金属型离心铸造
磷铬钼铸铁	3.1~3.4	2.2~2.6	0.5~0.8	0.55~0.8	≤0.10	0.35~0.55	0.15~0.35	—	—	245	460	—	240~280	<30	砂型铸造
铬钼铜铸铁	3.2~3.9	1.8~2.0	0.5~0.7	≤0.15	≤0.12	0.3	0.4	0.6	—	245	460	—	—	—	内燃机车、柴油机缸套、砂型铸造
铬钼铜铸铁	2.7~3.2	1.5~2.0	0.8~1.1	≤0.15	≤0.10	0.2~0.4	0.8~1.2	0.8~1.2	—	294	529	≥1.2(支距100)	202~255	—	汽车缸套
磷铜铸铁	3.2~3.6	1.9~2.4	0.6~0.8	0.3~0.4	≤0.08	0.2~0.5	—	—	Sb 0.06~0.08	196	392	—	>190	—	大型船用柴油机缸套
铬钼铜铸铁	2.9~3.3	1.3~1.9	0.7~1.0	0.2~0.4	≤0.12	0.25~0.45	0.3~0.5	0.7~1.3	Sb 0.05~0.10	≥274	≥470	—	190~248	—	汽车、拖拉机缸套、金属型离心铸造或砂型铸造
硼铸铁	2.9~3.5	1.8~2.4	0.7~1.2	0.2~0.4	≤0.10	0.2~0.5	B 0.04~0.06	Sn 0.07~0.15	—	≥200	—	—	≥210	—	
超硼铸铁	2.9~3.5	1.8~2.4	0.7~1.2	0.2~0.4	≤0.10	0.2~0.5	B 0.06~0.10	Sn 0.07~0.15	—	≥200	—	—	≥210	—	
硼钒铁铸铁	3.0~3.6	1.8~2.5	0.7~1.2	0.2~0.4	≤0.10	—	B 0.04~0.06	V 0.10~0.25	Ti 0.07~0.15	≥200	—	—	≥210	—	

注：硼铸铁汽缸套中的 Cr、Sn、Sb 元素根据需要加入。

表 1-39 活塞环铸铁成分

序号	材 质	化学成分/%					
		C	Si	Mn	P	S	合金元素
W 系列活塞环							
1	W 环	3.6~3.9	2.2~2.7	0.6~1.0	0.35~0.5	≤0.1	W 0.40~0.65
2	W-V-Ti 环	3.6~3.9	2.2~2.5	0.6~1.0	0.3~0.6	≤0.1	W V Ti 0.3~0.5 0.15~0.2 0.1~0.2
3	RW 环	3.7~3.9	2.3~2.6	0.7~0.9	0.3~0.5	≤0.1	RE W 0.012~0.015 0.4~0.6
4	W-Cr 环	3.6~3.3	2.2~2.8	0.8~1.0	0.3~0.5	≤0.1	W Cr 0.5~0.9 0.2~0.3
5	W-Cr-Mo 环	3.6~3.8	2.5~2.7	0.7~0.9	0.3~0.5	≤0.1	W Cr Mo 0.35~0.45 0.2~0.3 0.2~0.3
Mo-Cr 系列活塞环							
6	Mo-Cr 环	3.7~3.9	2.0~2.5	0.6~0.9	0.3~0.5	≤0.1	Mo Cr 0.25~0.45 0.25~0.35
7	Mo-Cr 环	2.9~3.3	2.0~2.4	0.7~1.0	0.35~0.6	≤0.1	Mo Cr 0.6~0.8 0.4~0.6
8	Mo-Cr-Cu 环	3.0~3.3	1.9~2.4	0.8~1.2	0.35~0.7	≤0.1	Mo Cr Cu 0.3~0.6 0.2~0.4 0.7~1.0
9	Mo-Cr-Cu 环	2.8~3.2	1.6~2.0	0.9~1.3	0.25~0.4	≤0.1	Mo Cr Cu 0.6~0.8 0.4~0.6 0.9~1.4

表 1-40 活塞环耐磨铸铁力学性能

材 质	硬度 HBS	硬度差 (ΔHBS)	σ_{bb} /MPa	弹性模量 E /MPa	E/σ_{bb}	残余变形 C/%	径向压力 Q_2/kN	弹力消失率 ψ/%	应用
W 系列活塞环									
W 环	101~103	3.0	459	86632	190	5.3	73.5	22.6	汽车、拖拉机活塞环
W-V-Ti 环	100~102	3.0	475	93100	196	4.2	78.4	25	汽车、拖拉机活塞环
RW 环	101~102	3.0	450	73500~93100	185	<10	44.1~68.6		
W-Cr 环	98~105	3.0	490	94472~81732	190~168	7.7~10	52.9~78.4	25	
W-Cr-Mo 环	98~102	3.0	490	74872~81732	150~168	6.6~10	52.9~68.6	25	汽车、柴油机活塞环

材　质	硬度 HBS	硬度差 (ΔHBS)	σ_{bb}	弹性模量 E /MPa	E/σ_{bb}	残余变形 C/%	径向压力 Q_2/kN	弹力消失率 ψ/%	应用
Mo-Cr系列活塞环									
Mo-Cr环	99~102	3.0	439	72814	164	6.0	64.6	25	汽车、拖拉机活塞环
Mo-Cr环	98~108	3.0	539	98000~137200	≤220	≤10		≤20	拖拉机活塞环
Mo-Cr-Cu环	98~105	3.0	≥588	107800~137200	≤220	≤10		18	大型船用柴油机活塞环柴油机、拖拉机、压缩机工作温度高的火焰平环,重要的柴油发动机活塞环
Mo-Cr-Cu环	96~107	3.0	≥688	98000~127400	≤220	≤10		18	

表 1-41　硼铸铁活塞环的化学成分及力学性能

材料	化学成分/%							硬度 (HBS)	抗弯强度 σ_{bb} /MPa	弹性模量 E/MPa	弹力保持系数 /%	铸造方法
	C	Si	Mn	P	S	B	其他					
硼铸铁	3.5~3.7	2.4~2.6	0.8~1.0	0.2~0.3	<0.06	0.03~0.05	—	98~103	460~500	$0.86×10^5$~$1.0×10^5$	≥90	单体砂型
硼钨铬铸铁	3.6~3.9	2.6~2.8	0.7~1.0	0.2~0.3	<0.06	0.03~0.05	W0.3~0.6 Cr0.2~0.4	100~106	480~540	$0.90×10^5$~$1.08×10^5$	≥92	
硼钒钛铸铁	3.6~3.9	2.6~2.8	0.7~1.0	0.2~0.3	<0.06	0.03~0.05	V0.1~0.25 Ti0.05~0.15	100~108	500~590	$0.96×10^5$~$1.1×10^5$	≥94	
硼铬钼铜铸铁	2.9~3.3	1.8~2.2	0.9~1.2	0.2~0.3	<0.06	0.03~0.045	Cr0.2~0.3 Mo0.3~0.4 Cu0.8~1.2	100~108	570~620	$1.2×10^5$~$1.34×10^5$	≥94	简体砂型

注：1. 表中活塞环指中、小机型用的,大机型应适当降低 C、Si 量。

　　2. 热稳定性试验规范为加温 $(300±10)℃$,保温 1h 弹力保持系数不低于 90% 为合格。

活塞环生产工艺：国内活塞环生产大多采用 0.5~1.5t 电炉熔炼,将新生铁、废钢、铁合金和回炉料按配料要求熔化后,在 1400~1420℃ 取化学分析试样,浇注单箱环毛坯观察断口,并进行金相组织分析检查（如共晶石墨、铁素体和碳化物数量以及磷共晶形貌等）。结合快速分析碳硅结果进行炉内增碳或调整碳硅量,升温至 1460~1480℃ 出炉,然后在炉外（包内）加结晶硅、电极粉等进行孕育处理,$t_{浇}$＝1350~1400℃。对单体铸造的中小尺寸椭圆环,国内工厂一般采用震压顶杆式造型机造型,叠箱（12~13 个单箱、每箱 4~8 只环）浇注。对于尺寸较大的合金灰铸铁活塞环,则采用简体离心浇注或砂型浇注。机加工后的成品活塞环必须进行严格的性能和组织检查。

1.3.2.3　D 型石墨铸铁生产空调压缩机缸体实例

目前,国内很多空调压缩机铸件均采用 A 型石墨铸铁生产,而在国外普遍采用 D 型石墨灰铸铁件。后者的优越性是强度和硬度高,耐磨性好,组织致密,加工切削性好,特别是拉削光度高。为满足国外订货的需求,国内部分企业已将空调器压缩机缸体的材料由 A 型石墨铸铁改为 D 型石墨铸铁,现已批量生产,产品合格率达到 95% 以上,试验和生产实践情况如下。

① 铸件技术要求。铸件牌号为 DT200,化学成分要求见表 1-42。要求以正火态供货,

性能要求见表1-43。金相组织要求 D 型石墨量大于 80%，在放大 100 倍下，石墨长度不超过 4mm，正火后珠光体量为 15%～30%，无大块渗碳体和磷共晶，其余为铁素体。

表 1-42　铸件化学成分要求

牌　号	w_B/%				
	C	Si	Mn	P	S
DT200	3.45～3.65	2.45～2.65	0.6～1.0	≤0.35	≤0.15

表 1-43　合金元素对硬度和组织的影响

炉　号	合金元素加入量(w_B)/%	硬度(HB)	金相组织	热处理工艺
D7-20A	0.06Sb	189～158	D+15%P	920℃,1h→风冷
D7-18A	0.08Sb	169～159	D+15%P	920℃,1h→风冷
D9-6A	0.15Ti	185	D+20%P	920℃,1h→风冷
D9-10A	0.20Cu	170	D+20%P	920℃,1h→风冷
D9-10B	0.25Cu	183	D+40%P	920℃,1h→风冷
D9-11A	0.20Mo	174	D+35%P	920℃,1h→风冷

注：D—D 型石墨；P—珠光体。

② 试验设备和生产设备。所用设备为两台 150kg 中频炉，八台装有冷却系统的金属型铸造机。

③ 工艺措施。为了保证灰铸铁 HT200 能达到上述要求，满足外商订货的需要，要获得 D 型石墨必须提高铸件冷却速度，同时采用合金元素提高铁液的过冷倾向。

以前生产灰铸铁件没有采用冷却装置，铸件在金属铸型中冷却，冷却速度较缓慢，使石墨有时间自由生长长大，一般很难得到 D 型石墨。为此对模具进行改造，在铸型的壁厚方向钻孔，通冷却水，对铸件实行强制冷却，结果使石墨的长度得到控制，但只能对铸件表面进行快速冷却，铸件心部冷却组织沿断面变化，为此进行加入合金元素提高铁液过冷倾向的试验，所试验的元素有 Sb、Cu、Cr、Mo、Ti 等。结果见表 1-44。实验结果表明加 Ti 效果最好。加 Ti 后抗拉强度为 300～340MPa，硬度为 185～210HB，达到所需硬度和珠光体含量。但是随着 Ti 的含量增加，切削性能变差，易粘刀使加工表面不光滑，因此 Ti 加入量要严格限制。加 Ti 可用海绵钛，也可用钛铁合金，加入量（质量分数）一般为 0.1%～0.5%，根据所需要的硬度和珠光体的数量决定。

表 1-44　铸件性能要求

牌　号	性　能	
	σ_b/MPa	硬度(HB)
DT200	≥205	170～229

D 型石墨铸铁铸件通过热处理来消除内应力，还要消除白口，使奥氏体更好地弥散在 α 基体中，并得到足够量的珠光体，因此选择 920℃保温 1h，然后在强风中冷却的正火工艺，使铸件快速（不超过 2min）冷却至 650℃以下。经过反复试验表明，强风冷却与自然冷却所得的硬度（HB）和珠光体（P）大不相同（见表 1-45）。

表 1-45 冷却方式对珠光体量和硬度的影响

炉 次	冷却方式	珠光体量/%	硬度(HB)
D9-11A	空冷	0	179
	强风	40	183
D9-20A	空冷	5	172
	强风	35	190

此外，还规定铸件装炉温度不得高于 500℃，出炉铸件在 20s 内运到强风区进行冷却。

1.3.3 机床铸件生产方法和工艺流程

黏土砂铸造生产工艺流程如图 1-19 所示，树脂砂（含实型铸造）铸造生产工艺流程如图 1-20 所示，V 法铸造生产工艺流程如图 1-21 所示。

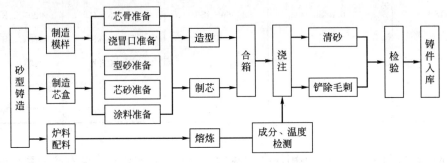

图 1-19 黏土砂铸造生产工艺流程

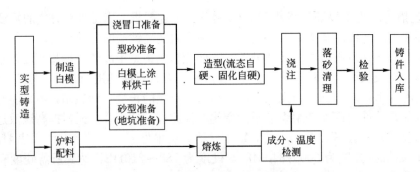

图 1-20 树脂砂铸造生产工艺流程

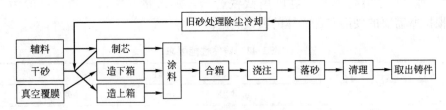

图 1-21 V 法铸造生产工艺流程

第**2**章

特殊（合金）铸铁

特殊合金铸铁包括抗磨铸铁、耐热铸铁、耐蚀铸铁、可锻铸铁等。

2.1 抗磨铸铁

白口抗磨铸铁是常用的抗磨铸铁，狭义是指铬系白口铸铁，如：低中铬白口铸铁和高铬（白口）铸铁，广义是指冷硬铸铁、中锰球墨铸铁。白口铸铁是应用最早、用途最广、使用最多的抗磨铸铁。

2.1.1 白口铸铁

2.1.1.1 抗磨性

（1）抗磨性与零件工作条件的关系　材料的抗磨性与一般性能（如力学性能、物理性能）有所区别，它不是材料的单一性能，而是反映在一个磨损系统中材料的综合性能，它既受材料本身性能的影响，又受磨料性质、工作介质、工作条件的影响。例如高锰钢用作受强烈冲击的零件，工作时表面出现加工硬化层，有较好的抗磨性。然而，如果不存在冲击，或者冲击不大，表面得不到硬化，则抗磨性极差。在这种情况下就应该用低合金钢或合金抗磨铸铁，可取得更好的效果。系统中外界的条件是十分复杂的，如磨料的硬度、形状；磨料冲击零件的速度及方向；工作温度的高低；磨损环境是干是湿；湿环境中的酸性或碱性。这些因素的不同均会最终影响抗磨性。因此，要获得良好的抗磨性，必须了解磨损系统，然后利用现有的科学知识，区别对待地选用抗磨材料，才能取得较好的效果。

由于磨损机制复杂，因而也就"没有万能的磨损试验"，尽管目前有各种抗磨性试验方法用于模拟不同的磨损条件，但实践表明，在实验室或实际工况下测得的数据往往都具有一定的局限性，只要某些条件稍有改变，其结果便会发生较大的差异，或者数据分布会出现很大的离散性。所以在选择和运用有关材料的抗磨性数据时必须注意它的条件。

（2）抗磨铸铁在磨料磨损过程中的失效

磨损现象虽然纷繁复杂，但是都有一个"磨屑"脱离母体的过程。从磨屑形成的观点看，基本上有4种不同的磨损类型：黏着磨损、磨料磨损、腐蚀磨损和表面疲劳磨损。

在生产实际中遇到的磨损现象，往往是几种磨损类型同时存在，而且各种磨损类型还能相互影响，但是总有一种类型的磨损起主导作用，因此在研究磨损问题及抗磨材料的失效和选择时，首先要搞清具体的工作条件及起主要作用的磨损形式。

磨料磨损的定量表达在推导时作了如下的简化：假定磨料是锥形的，且比金属基体硬；在压力作用下锥头压入较软金属的基体；在平行力的推动下，磨料对软金属表面作平行滑动，磨料锥头以切削的方式从基体中切出一定体积的磨屑。

磨料磨损表达式如下：

$$\frac{\mathrm{d}V}{\mathrm{d}l} = \frac{\Delta L \tan\theta}{\pi\rho}$$

式中　$\dfrac{\mathrm{d}V}{\mathrm{d}l}$——滑行单位长度时被切削下来的软金属的磨屑体积；

　　　ΔL——磨料所承受的载荷；

　　　ρ——软金属的硬度；

　　　θ——磨料锥面和软金属基体平面的夹角，是表示磨料特性的常数。

上述表达式的物理意义是：磨损率和外加载荷成正比，和磨损表面的硬度成反比，其比例常数则由磨料的特性决定。

一般按破碎研磨过程的特点，将磨料磨损的形式分为：凿削式磨料磨损、碾碎式磨料磨损（也称高应力碾碎磨料磨损）、擦伤式磨料磨损（也称低应力擦伤磨损，或简称磨蚀或冲刷）。因此在不同的破碎研磨过程中，并不总是以上述公式中表示的切削形式进行磨损，而是有不同的失效形式。例如第一种磨损显然是凿削型的，磨损主要是由于磨料刺入抗磨件表面经切削作用而形成的。对于第二种磨损显然凿削不是唯一的磨损形式而是存在多种形式的磨损：如果磨料的硬度较高，磨料有可能被压入抗磨件表面，造成被磨金属表面的塑性变形，由于反复多次的塑性变形，抗磨件表面脆化、破碎而形成磨屑；如果磨料的硬度较低，磨料不能压入抗磨件表面，磨料对抗磨件所施的力低于抗磨件的屈服强度，则由于反复多次的接触和撞击，抗磨件表面由于疲劳破碎形成磨屑，就成为接触疲劳磨损。第三种磨损则是当磨料在流体中运动时与抗磨件相撞，在磨料撞碎的同时对抗磨件造成的磨损。这时抗磨件的磨损过程就更为复杂些。因此在第二、第三两种磨损中，磨损形式不完全是切削型的。即使在第一种磨损中，也要考虑到磨料压入金属表面使金属发生塑性变形，而这一部分的金属脱离母体也可能是由于多次塑变、脆化破碎所致。

在生产实践中，一般的概念都认为金属材料越硬越耐磨，但在实际条件下，用提高抗磨件的硬度来提高其抗磨性，有时达不到预期的效果。究其原因不外有二点：一是上述定性概念只能在一定条件下适用；二是在磨料磨损中，磨损表面由于塑性变形、加工硬化、脆化而造成的"塑变型磨损"比"切削型磨损"可能更重要些。因此，磨损与材料试验前的硬度不存在明显的关系。但是磨料磨损与材料在试验后的表面硬度（Hu）之间则存在着直线的关系，如图 2-1 所示，图中材料的化学成分及热处理规范列于表 2-1。对许多金属和合金研究后，可得到同样的结果，对过共析钢和白口铸铁等含有大块碳化物的抗磨材料进行试验后亦得到类似的结论。同时指出，在 $Hu/Ha > 0.8$ 时，抗磨材料的抗磨损性能随 Hu/Ha 的比值增大而提高（Ha 为磨料的硬度）。因为此时磨料硬度相对较低，磨料对金属的切削能力较弱，相反抗磨金属可能使磨料的棱角变钝，或者使磨料更容易碎化，从而使磨损减小。

因此，为了抵抗较硬磨料的磨损，提高抗磨材料的抗磨性，必须提高抗磨材料的 Hu。虽然现在还没有搞清楚 Hu 和 Hm（材料在磨损前的宏观硬度）之间的关系，但一般来说，提高 Hm 本身就能提高抗磨材料的抗磨性。所以在高锰钢之后，发展了白口铸铁和合金白口铸铁的抗磨材料，因为其中碳化物的硬度高达 1000HV 左右。要求进一步提高抗磨件的抗磨性时，提高合金铸铁中碳化物的硬度是一个有效的途径。如铸铁中含铬高于 12％时，碳化物从 $(Cr\text{-}Fe)_3C$ 型转变为 $(CrFe)_7C_3$ 型，硬度从 1000HV 左右提高到 1700HV 左右，高铬铸铁就成为一种新型的抗磨铸铁。

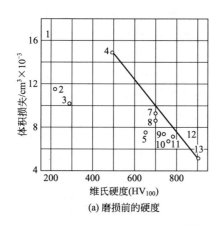

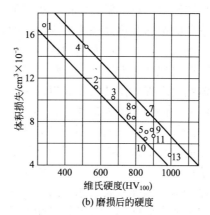

(a) 磨损前的硬度 (b) 磨损后的硬度

图 2-1　磨损抗力与材料硬度的关系

表 2-1　在矿石磨碎中，用磨球（ϕ125mm）磨损试验时，所用材料的资料（与图 2-1 对照）

图上号数	合金类型	化学成分/%						热处理/(℃/h)	维氏硬度(HV_{100})
		C	Si	Mn	Ni	Cr	Mo		
1	En8 钢	0.41	0.26	0.84	—	—	—	850/$\frac{1}{2}$h 空冷	180
2	Mn12% 钢（含 Al 0.16%）	1.20	0.92	12.2	—	—	—	1050/1h 水淬	217
3	Mn-Mo 奥氏体球墨铸铁	3.37	2.25	4.72	—	—	0.51	1010/1h 油淬	290
4	低合金白口铸铁	3.22	0.54	0.59	—	0.99	—	400/4h 炉冷	485
5	Cr27% 白口铸铁	2.54	0.40	0.47	—	26.30	—	970/4h 空冷	661
6	Mn-Mo 马氏体球墨铸铁	3.48	2.24	1.64	—	—	0.61	850/4h 空冷	703
7	马氏体球墨铸铁	3.61	1.97	0.40	0.82	—	—	850/4h 油淬	709
8	Ni-Hard 1 号白口铸铁	3.13	0.41	0.54	3.50	1.68	—	275/16h 空冷	719
9	Ni-Hard 4 号白口铸铁	3.17	1.31	0.27	5.33	7.34	—	750/8h 空冷	743
10	共析碳钢	0.89	0.35	0.51	—	1.96	0.50	900/1h 空冷 850/0.5h 油淬 200/1h 空冷	761
11	Cr13% 白口铸铁	2.20	0.37	1.56	—	13.50	—	970/4h 空冷 200/1h 空冷	780
12	Ni-Cr 白口铸铁	2.32	0.49	0.52	2.65	1.33	—	900/4h 空冷	845
13	Cr15%-Mo3% 白口铸铁	3.22	0.65	0.66	—	15.10	2.82	970/4h 空冷 200/1h 空冷	895

在抗磨铸铁中，总希望力争得到尽可能多的马氏体，以提高其抗磨能力，获取的手段无非从化学成分的选择及热处理的控制两方面入手。铸件在淬火以后由于基体中总存在着一定数量的残余奥氏体，对此，人们的认识并不完全一致。因为残余奥氏体量高时，会有较高的一次冲击韧性（现称冲击韧度）或断裂韧性（现称断裂韧度）。此时如磨损以塑变机制为主，高的奥氏体量会表现出比马氏体优越的抗磨性。但当零件受到反复冲击时，表层的奥氏体将转变成马氏体，伴随有体积的增大，因而会在表面形成压应力，内层则形成拉应力与之平衡。受拉伸的部分在应力的作用下可能萌生微裂纹。浅表处的裂纹可使表面剥落，加速磨损过程；深处的裂纹如得到扩展，则会导致破碎。因此，如果零件受一定的冲击但不致造成相变，受力条件又恶劣，则可选用奥氏体含量高一些的，甚至选用全奥氏体基体的抗磨铸铁。如果受反复冲击且能导致表面相变的，如球磨机磨球及筒体衬板，则应使残余奥氏体（又称残留奥氏体或残存奥氏体）含量尽可能的低。

当中锰球墨铸铁中存在大量的残余奥氏体时，如果运行过程中奥氏体不发生相变，显然不会抗磨，如若奥氏体发生相变，则将导致零件表面剥落，甚至破碎。这就是中锰球墨铸铁磨球抗磨性低和破球率高的重要原因。

如果抗磨零件在湿态下工作，由于介质总带有一定程度的酸性或碱性，因而所发生的磨损常常既有磨料磨损又有腐蚀磨损。此时在湿态介质作用下，在金属表面所形成的能延缓或阻止进一步腐蚀的保护层会很快被磨损掉，暴露出新鲜的金属表面，继续受腐蚀、磨损，如此反复地进行，致使抗磨部件很快失效。实际上有些在干态很抗磨的材料，在湿态就不抗磨。如一般成分的高铬铸铁在湿态下不抗磨就是一个实例。

(3) 提高抗磨铸铁件的使用寿命　要延长抗磨铸铁件的使用寿命，首先必须搞清楚零件工作条件的具体情况，以及起主要作用的磨损类型，然后才有可能做到合理选材。选材时还要结合国内具体情况，除考虑资源条件外，还应考虑国民经济条件以及使用厂的承受能力。例如在抗磨铸铁方面，目前就有普通白口铸铁、中锰球墨铸铁、低合金白口铸铁、中高合金白口铸铁可供选用。这些材料中有的具有足够的抗磨性，且价格比较便宜，也有的抗磨性十分优越但价格比较贵。某些使用者选择价廉的材料，虽然这将会经常地更换零件。而另一些使用者将不计价格而选择更抗磨的材料。对这两种情况，求出磨损速度与替换费用的比率是评价最经济实用材料的一种非常有效的手段。

如前所述，只有当 $Hu/Ha>0.8$ 时，从提高材料的硬度来提高抗磨性才是有效的。如果提高材料的硬度，而硬度比仍小于 0.8，则抗磨性的提高也是极有限的。这对处理抗磨材料应达何等硬度水平，是有重要参考价值的。然而，提高硬度的同时，材料的韧性往往降低，可能导致灾难性的破坏。更何况在某种情况下，太硬的材料会发生微观的裂纹，此时提高硬度反而降低材料的抗磨性。因此要合理地确定硬度的低限及高限。

影响抗磨铸件使用寿命的另一个重要因素，却又是往往容易被忽略的因素，就是铸件本身的健全程度，即内部质量问题。抗磨铸铁大多数为各种不同成分的白口铸铁，所以很易出现内部缩孔、缩松、气孔、夹杂甚至裂纹等缺陷，这些缺陷的存在，严重地影响了铸件的抗磨能力。因此，运用正确的工艺方法以获得健全的铸件，是一个非常重要的环节。

2.1.1.2　白口抗磨铸铁

2.1.1.2.1　抗磨铸铁的制定标准

目前，抗磨铸铁方面制定的标准主要有 GB/T 8263—2010《抗磨白口铸铁件》。

标准规定了镍铬合金抗磨白口铸铁件和铬合金抗磨白口铸铁件的术语和定义、牌号、技术要求、试验方法、检验规则、标志、贮存、包装和运输等。

本标准适用于冶金、建材、电力、建筑、船舶、煤炭、化工和机械等行业的抗磨损零部件。

① 牌号。中国抗磨白口铸铁件的牌号及化学成分见表2-2。

表2-2 抗磨白口铸铁的牌号及化学成分（GB/T 8263—2010）

牌号	化学成分(质量分数)/%								
	C	Si	Mn	Cr	Mo	Ni	Cu	S	P
BTMNi4Cr2-DT	2.4~3.0	≤0.8	≤2.0	1.5~3.0	≤1.0	3.3~5.0	—	≤0.10	≤0.10
BTMNi4Cr2-GT	3.0~3.6	≤0.8	≤2.0	1.5~3.0	≤1.0	3.3~5.0	—	≤0.10	≤0.10
BTMCr9Ni5	2.5~3.6	1.5~2.2	≤2.0	8.0~10.0	≤1.0	4.5~7.0	—	≤0.06	≤0.06
BTMCr2	2.1~3.6	≤1.5	≤2.0	1.0~3.0	—	—	—	≤0.10	≤0.10
BTMCr8	2.1~3.6	1.5~2.2	≤2.0	7.0~10.0	≤3.0	≤1.0	≤1.2	≤0.06	≤0.06
BTMCr12-DT	1.1~2.0	≤1.5	≤2.0	11.0~14.0	≤3.0	≤2.5	≤1.2	≤0.06	≤0.06
BTMCr12-GT	2.0~3.6	≤1.5	≤2.0	11.0~14.0	≤3.0	≤2.5	≤1.2	≤0.06	≤0.06
BTMCr15	2.0~3.6	≤1.2	≤2.0	14.0~18.0	≤3.0	≤2.5	≤1.2	≤0.06	≤0.06
BTMCr20	2.0~3.3	≤1.2	≤2.0	18.0~23.0	≤3.0	≤2.5	≤1.2	≤0.06	≤0.06
BTMCr26	2.0~3.3	≤1.2	≤2.0	23.0~30.0	≤3.0	≤2.5	≤1.2	≤0.06	≤0.06

注：1. 牌号中，"DT"和"GT"分别是"低碳"和"高碳"的汉语拼音大写字母，表示该牌号含碳量的高低。

2. 允许加入微量V、Ti、Nb、B和RE等元素。

② 硬度。中国抗磨白口铸铁件的硬度见表2-3。

表2-3 抗磨白口铸铁件的硬度（GB/T 8263—2010）

牌号	表面硬度					
	铸态或铸态去应力处理		硬化态或硬化态去应力处理		软化退火态	
	HRC	HBW	HRC	HBW	HRC	HBW
BTMNi4Cr2-DT	≥53	≥550	≥56	≥600	—	—
BTMNi4Cr2-GT	≥53	≥550	≥56	≥600	—	—
BTMCr9Ni5	≥50	≥500	≥56	≥600	—	—
BTMCr2	≥45	≥435	—	—	—	—
BTMCr8	≥46	≥450	≥56	≥600	≤41	≤400
BTMCr12-DT	—	—	≥50	≥500	≤41	≤400
BTMCr12-GT	≥46	≥450	≥58	≥650	≤41	≤400
BTMCr15	≥46	≥450	≥58	≥650	≤41	≤400
BTMCr20	≥46	≥450	≥58	≥650	≤41	≤400
BTMCr26	≥46	≥450	≥58	≥650	≤41	≤400

注：1. 洛氏硬度值（HRC）和布氏硬度值（HBW）之间没有精确的对应值，因此，这两种硬度值应独立使用。

2. 铸件断面深度40%处的硬度应不低于表面硬度值的92%。

③ 热处理规范。抗磨白口铸铁件的热处理规范除与铸件的化学成分有关外，还与其结构、壁厚、装炉量和使用条件等因素有关。在实际生产中，可根据具体情况参照表2-4制订铸件的热处理规范。

表 2-4　抗磨白口铸铁件的热处理规范（供参考）（GB/T 8263—2010 资料性附录）

牌　号	软化退火处理	硬化处理	回火处理
BTMNi4Cr2-DT	—	430～470℃保温 4～6h,出炉空冷或炉冷	在 250～300℃保温 8～16h,出炉空冷或炉冷
BTMNi4Cr2-GT			
BTMCr9Ni5	—	800～850℃保温 6～16h,出炉空冷或炉冷	
BTMCr8	920～960℃ 保温,缓冷至 700～750℃保温,缓冷至 600℃以下出炉空冷或炉冷	940～980℃保温,出炉后以合适的方式快速冷却	在 200～550℃保温,出炉空冷或炉冷
BTMCr12-DT		900～980℃保温,出炉后以合适的方式快速冷却	
BTMCr12-GT		900～980℃保温,出炉后以合适的方式快速冷却	
BTMCr15		920～1000℃保温,出炉后以合适的方式快速冷却	
BTMCr20	960～1060℃ 保温,缓冷至 700～750℃保温,缓冷至 600℃以下出炉空冷或炉冷	950～1050℃保温,出炉后以合适的方式快速冷却	
BTMCr26		960～1060℃保温,出炉后以合适的方式快速冷却	

注: 1. 热处理规范中保温时间主要由铸件壁厚决定。
2. BTMCr2 经 200～650℃去应力处理。

④ 金相组织。抗磨白口铸铁件的金相组织及使用特性见表 2-5。

表 2-5　抗磨白口铸铁件的金相组织（供参考）（GB/T 8263—2010 资料性附录）

牌　号	金相组织	
	铸态或铸态去应力处理	硬化态或硬化态去应力处理
BTMNi4Cr2-DT	共晶碳化物 M_3C＋马氏体＋贝氏体＋奥氏体	共晶碳化物 M_3C＋马氏体＋贝氏体＋残余奥氏体
BTMNi4Cr2-GT		
BTMCr9Ni5	共晶碳化物(M_7C_3＋少量 M_3C)＋马氏体＋奥氏体	共晶碳化物(M_7C_3＋少量 M_3C)＋二次碳化物＋马氏体＋残余奥氏体
BTMCr2	共晶碳化物 M_3C＋珠光体	—
BTMCr8	共晶碳化物(M_7C_3＋少量 M_3C)＋细珠光体	共晶碳化物(M_7C_3＋少量 M_3C)＋二次碳化物＋马氏体＋残余奥氏体
BTMCr12-DT	—	碳化物＋马氏体＋残余奥氏体
BTMCr12-GT	碳化物＋奥氏体及其转变产物	
BTMCr15		
BTMCr20		
BTMCr26		

注: 金相组织中 M 代表 Fe、Cr 等金属原子,C 代表碳原子。

2.1.1.2.2　白口抗磨铸铁的种类划分

为抵抗磨料磨损用的铸铁一般在白口状态下使用,其组织为坚强的金属基体支持着坚硬的碳化物,使铸铁能抵抗磨损。根据使用条件,白口抗磨铸铁可以不含合金元素,也可以含有低、中、高量合金元素。

(1)普通白口铸铁　不加特殊合金元素的白口铸铁,是一种易于生产、成本低廉的抗磨材料,广泛地用于一般的抗磨零件。

这种铸铁具有高碳低硅的特点,组织是:渗碳体加珠光体。硬度较高,但由于渗碳体呈网状分布，脆性较大。

碳能增加渗碳体量，从而提高抗磨性，但降低韧性。所以，对受冲击较大的零件，应选用下限，为了避免出现石墨，降低抗磨性，硅量应作限制。表 2-4 中最后一种等温淬火的贝氏体白口铸铁是具有较高韧性白口铸铁，其冲击韧性可达 $15\sim21J/cm^2$，抗弯强度可达 $970\sim1330MPa$，适用于受冲击力较大的场合。用这种材料制作的犁铧，使用在砂性土壤效果优于 65 锰钢（使用寿命提高 10%～15%，成本仅是 65 锰钢的 20%）。

普通白口铸铁是生产最简便的抗磨铸铁。它还可用作小型球磨机的磨球、清理设备用的铁丸及星铁等。

（2）低合金白口铸铁 在普通白口铸铁中添加少量合金元素，可以提高碳化物的显微硬度，强化金属基体，从而可以提高抗磨性。

① 含铬、钼、铜等元素的白口铸铁。这类白口铸铁通常用冲天炉熔炼，大多在铸态下使用，因此生产成本较低。但这种白口铸铁金相组织中的碳化物仍为连续网状，因而脆性较大，抗磨性也没有高合金白口铸铁高，适用于对抗磨性和韧性要求不太高的场合。这类铸铁的化学成分和力学性能列于表 2-6 和表 2-7 中。

表 2-6　低合金白口铸铁的化学成分

序号	名　称	C	Si	Mn	Cr	Mo	Cu	V	Ti	S	P
1	Cr-Mo-Cu 马氏体白口铸铁	2.4～3.6	≤1.0	1.0～2.0	2.0～3.0	0.5～1.0	0.8～1.2			≤0.10	≤0.15
2	低铬稀土白口铸铁	2.4～2.6	0.8～1.2	0.8～1.2	2.5～3.0	—	—			≤0.10	≤0.15
3	铜铬白口铸铁	3.2～3.4	0.4～0.9	0.8～1.2	1.5～1.7	≤0.4	3.3～3.8			≤0.15	≤0.18
4	多元低合金白口铸铁	2.8～3.6	2.8～3.5	4.5～5.5	0.3～0.5		0.3～0.5	0.25～0.4	0.08～0.2	≤0.10	≤0.10
5	52# 白口铸铁	3.2～3.4	≤1.0	1.5～2.0	3.0～4.0	0.5～0.6	1.5～2.0			≤0.10	≤0.15

表 2-7　低合金白口铸铁的组织和性能

序号	状　态	金相组织	力学性能			
			HRC	α_k /(J/cm²)	σ_{bb} /MPa	f /mm
1	铸态 980℃/4h 空冷+300℃/2h 空冷	(Fe,Cr)₃C+S+少量 M (Fe,Cr)₃C+M+Ar	50～55 55～62	4.0～5.0 5.0～7.0	500～530 610～640	1.5～1.8 2.1～2.3
2	980℃淬入 260～300℃/ 3h 盐浴,空冷	(Fe,Cr)₃C+B+Ar	53～58	4.0～6.0	450～550	—
3	铸态	(Fe,Cr)₃C+S+少量 M	55～60	—	—	—
4	铸态	(Fe,Mn,Cr)₃C+M+Ar	45～55	6.5～8.0	650～830	2.5～3.0
5	铸态	(Fe,Cr)₃C+S+少量 M	52～58	3.0～5.0	700～720	—

注：1. S—索氏体；M—马氏体；B—贝氏体；Ar—残余奥氏体。

2. 本表内的状态和组织与表 2-6 中同样序号的铸铁相对应。

第一种铸铁在炉前用 1% 的 1 号稀土硅铁孕育可进一步提高韧性和抗磨性。经热处理后，其力学性能与镍硬Ⅰ型铸铁接近，可用于受冲击负荷不大的抗磨件上，如平盘磨煤机辊套、寿命可达 6000～7000h；水泥球磨机的细粉仓的衬板，其寿命为高锰钢的 4 倍以上。

第二种铸铁主要用于抛丸机叶片、定向套等零件。

第三种铸铁用于白云石搅拌机的易磨损件上，寿命比高锰钢高 10 倍。

第四种铸铁以 Mn 和 Si 为主要合金元素，以 Cr、Cu、V、Ti 为辅助合金元素，其铸态力学性能较高，多数用于薄壁易磨损件，如搅拌机的内外刮板和衬板。

第五种铸铁用于生产中小型杂质泵易磨损件。

② 硼白口铸铁。加入的硼主要进入碳化物中，可以提高抗磨性。当前所用硼白口铸铁的化学成分和性能列于表 2-8 及表 2-9 中。硼白口铸铁适用于低应力磨料磨损场合，目前用于电厂除灰系统的灰渣泵中易磨损件。

表 2-8　硼白口铸铁的化学成分　　　　　　　　　　　　单位：%

序号	名称	C	Si	Mn	B	Mo	Cu	Ti	RE	S	P
1	高碳低硼	2.9~3.2	0.9~1.6	0.5~1.0	0.14~0.25	0.5~0.7	0.8~1.2	≤0.18	0.02~0.08	≤0.05	≤0.1
2	低碳高硼	2.2~2.4	0.9~1.6	0.5~1.0	0.4~0.55	0.5~0.7	0.8~1.2	≤0.18	0.02~0.08	≤0.05	≤0.1

表 2-9　硼白口铸铁的组织和性能

序号	状态	金相组织	力学性能		
			硬度 (HRC)	冲击韧性 /(J/cm²)	抗弯强度 /MPa
1	铸态	Fe₃(C,B)+少量 Fe₂₃(C,B)₆+P+M+Ar	52~58	3.5~4.2	440~560
	940℃/1h,油淬 250℃/2h 回火	Fe₃(C,B)+少量 Fe₂(C,B)₆+ 二次碳化物+M+Ar	62~65	4.4~8.1	—
2	铸态	Fe₃(C,B)+少量 Fe₂₃(C,B)₆+P+M+Ar	49~54	2.5~3.4	450~540
	980℃/1h,油淬 250℃/2h 回火	Fe₃(C,B)+少量 Fe₂₃(C,B)₆+ 二次碳化物+M+Ar	63~65	3.3~4.1	

(3) 中合金白口铸铁　中合金白口铸铁中以 Cr 为主要合金元素，当 Cr 量达到 9% 时，组织中即出现 $(Cr, Fe)_7C_3$ 碳化物，它硬度高（1300~1800HV），本身的韧性好，强度高，而且它的连续性差，在光学显微镜下观察，呈孤立的杆状或板状形态，对金属基体的损害作用比连续网状的 $(Fe, Cr)_3C$ 为小，从而铸铁的冲击韧性也有所提高。除 Cr 外，中合金白口铸铁还有以 Mn 或 W 作为主要合金元素的。

① 镍硬白口铸铁。镍硬铸铁是含镍铬的白口铸铁，国际上通常称 Ni-Hard，按含铬量可分为 Cr2% 和 Cr9% 两种。在 Cr2% 的镍硬铸铁中，碳化物为 $(Fe, Cr)_3C$，硬度为 1100~1150HV，高于普通碳化物 Fe_3C（900~1000HV）的硬度。在 Cr9% 的镍硬铸铁中，大部分碳化物为 $(Cr, Fe)_7C_3$，硬度更大。从图 2-2 中可以见到加 Cr 的作用。在这种铸铁中加入大量镍是为了提高铸铁的淬透性，有助于获得无珠光体、以马氏体为主的金属基体，但总伴随有大量的残余奥氏体。镍量依铸件壁厚而定，厚铸件的镍量应取高限。

镍硬铸铁的化学成分见表 2-10（以国际镍公司为例）。

表 2-10　国际镍公司的镍硬铸铁化学成分　　　　　　　　单位：%

牌号	C总	Si	Mn	S	P	Ni	Cr	Mo①
Ni-Hard1	3.0~3.6	0.3~0.5	0.3~0.7	≤0.15	≤0.30	3.3~4.8	1.5~2.6	0~0.4
Ni-Hard2	≤2.9	0.3~0.5	0.3~0.7	≤0.15	≤0.30	3.3~5.0	1.4~2.4	0~0.4
Ni-Hard3	1.0~1.6	0.4~0.7	0.4~0.7	≤0.05	≤0.05	4.0~4.75	1.4~1.8	—
Ni-Hard4	2.6~3.2	1.8~2.0	0.4~0.6	≤0.1	≤0.06	5.0~6.5	8.0~9.0	0~0.4

① 特殊情况下采用。

表中 Ni-Hard 1～3 三种均是 Cr2％类的，其区别主要在碳量上，高碳的抗磨性好而韧性差，低碳的反之。其中 Ni-Hard 3 主要用于球磨机中的磨球。Ni-Hard 4 是 Cr9％类的，它的硅量较高易于形成（Cr, Fe)_7C_3 碳化物。由于高镍而其淬透性极高，可以制作大于 200mm 厚的铸件。Ni-Hard 1、2 两种铸铁一般用冲天炉熔炼，近代也有用电炉熔炼，铸件不作高温热处理，只作低温回火即可使用。Ni-Hard 4 则必须经高温热处理才能使用。

国际镍公司还有两个特殊品种：高碳 Ni-Hard 4 和含硼 Ni-Hard 1。高碳 Ni-Hard 4 的碳量可高至 3.2％～3.6％，此时硅量约为 1.5％，铬量仍为 9％，硫量不大于 0.12％，磷量不大于 0.25％。这种材料的抗磨性高而冲击疲劳寿命并不高。含硼 Ni-Hard 1 含

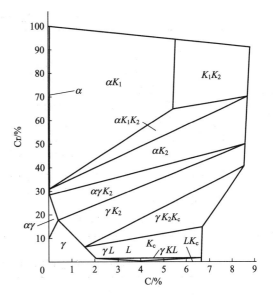

图 2-2 Fe-Cr-C 系 1150℃等温图
$K_1=(Cr,Fe)_{23}C_6$；$K_2=(Cr,Fe)_7C_3$；$K_c=(Fe,C)_3C$

C3.3％～3.6％、Cr2.4％～2.7％、B0.25％～1.0％。成分中的铬使碳化物的硬度提高，而硼可使马氏体基体的硬度高达 1000HV。这种材料用于冲击负荷较小的简单铸件。

表 2-11 是镍硬铸铁的物理性能。

表 2-11　镍硬铸铁的物理性能

物 理 性 能	Ni-Hard1	Ni-Hard2	Ni-Hard4
密度,20℃/(g/cm³)	7.6～7.8	7.6～7.8	7.6～7.8
热膨胀系数/(×10⁻⁶/℃)			
10～93℃	8.1～9	8.1～9	14.6
10～260℃	11.3～11.9	11.3～11.9	17.1
10～430℃	12.2～12.8	12.2～12.8	18.2
电阻率,25℃/μΩ·cm	80	80	80
热导率/[W/(m·K)]			
20℃	2.98	—	12.14～13.40
200℃	17.17	—	15.49～17.58
400℃	19.68	—	18.84～20.52
600℃	22.19	—	21.35～23.03
800℃	23.86	—	23.45～24.70
比热容/[J/(kg·K)]	—		502.4

镍硬铸铁的力学性能列于表 2-12 中。镍硬铸铁中不应有石墨析出，C、Si、Cr 与铸件壁厚之间应有合适配合（见表 2-13）。为了保证铸件中不出现珠光体，镍硬铸铁应根据铸件壁厚确定 Ni、Cr 含量（见表 2-14）。镍硬铸铁的流动性比灰铸铁差，浇注温度在 1350℃以上，随铸件大小而异，一般为 1400℃。

Ni-Hard2 的液相线和固相线温度分别为 1290℃和 1150℃。由于 Ni-Hard4 的硅高，所以其铸造性能优于 Ni-Hard1 和 2。Ni-Hard4 的熔炼温度不超过 1500℃，浇注温度不超过 1450℃，因过热熔炼和过热浇注不利于不连续的 (Cr,Fe)_7C_3 的形成。

表 2-12　镍硬铸铁的力学性能

种　类		力　学　性　能						
		硬度		抗弯强度 /MPa	挠度 /mm	抗拉强度 /MPa	弹性模量 /MPa	艾氏冲击吸收功 (ϕ30mm 试棒)/J
		HBS	HRC					
Ni-Hard1	砂　型	550～650	53～61	500～620	2.0～2.8	230～350	169000～183000	28～41
	金属型	600～725	56～64	560～850	2.0～3.0	350～420	169000～183000	35～55
Ni-Hard2	砂　型	525～625	52～59	560～680	2.5～3.0	320～390	169000～183000	35～48
	金属型	575～675	55～62	680～870	2.5～3.0	420～530	169000～183000	48～76
Ni-Hard4	砂　型	550～700	53～63	620～750	2.0～2.8	500～600	196000	35～42
	金属型	600～725	56～64	680～870	2.5～3.8	—	—	48～76

表 2-13　镍硬铸铁中 C、Si、Cr 马铸铁壁厚的关系

C/%	Si/% Cr/%		铸件壁厚/mm			
			12	25	50	100
2.75	{	Si	0.8～1.0	0.6～0.8	0.50～0.70	0.40～0.60
		Cr	1.4～1.6	1.40～1.60	1.40～1.60	1.80～2.00
3.00	{	Si	0.7～0.9	0.50～0.70	0.40～0.60	0.40～0.60
		Cr	1.4～1.6	1.50～1.70	1.60～1.80	2.20～2.50
3.25	{	Si	0.6～0.8	0.40～0.60	0.40～0.60	0.40～0.50
		Cr	1.4～1.6	1.60～1.80	1.80～2.10	2.50～3.00
3.50	{	Si	0.4～0.6	0.40～0.50	0.40～0.60	0.40～0.50
		Cr	1.5～1.7	1.80～2.00	2.10～2.40	3.00～3.50

注：Ni＝4.00%～4.75%。

表 2-14　Ni-Hard1、2 中 Ni、Cr 量与壁厚的关系　　　　　单位：%

壁厚/mm	Ni-Hard1				Ni-Hard2			
	砂型		金属型		砂型		金属型	
	Ni	Cr	Ni	Cr	Ni	Cr	Ni	Cr
＜12	3.8	1.6	3.3	1.5	4.0	1.5	3.5	1.4
12～25	4.0	1.8	3.6	1.7	4.2	1.7	3.8	1.5
25～50	4.2	2.0	3.9	1.9	4.4	1.8	4.1	1.6
50～75	4.4	2.2	4.2	2.1	4.6	2.0	4.4	1.8
75～100	4.6	2.4	4.5	2.3	4.8	2.2	4.7	2.0
＞100	4.8	2.6	4.8	2.5	5.0	2.4	5.0	2.2

　　铸态镍硬铸铁虽有足够的硬度，但由于残余奥氏体多而冲击疲劳抗力并不高。为提高冲击疲劳抗力和提高硬度和消除内应力，就要进行热处理。

　　热处理的基础是等温转变图如图 2-3 所示。

　　Ni-Hard1 和 2 有两种热处理方法，一种是 275℃/12～24h，空冷，使残余奥氏体部分地转变成贝氏体，铸态的马氏体得到回火，从而提高硬度和冲击疲劳寿命；另一种是

450℃/4h，空冷或炉冷至室温，或冷至 275℃继之以 275℃/4～16h，空冷。此双重热处理可降低奥氏体中的碳量，在随后冷却时使残余奥氏体转变为马氏体。在后续的 275℃处理中，新生的马氏体又得到回火，同时奥氏体又转变为贝氏体。双重热处理比之简单热处理，可得到更高的冲击疲劳寿命。

Ni-Hard4 的热处理为 750～800℃/4～8h，空冷或炉冷，可提高硬度和冲击抗力。炉冷提高冲击疲劳寿命的效果优于空冷。对 Ni-Hard4 的大型铸件，可降低热处理温度 550℃/4h 空冷，继之以 450℃/16h，空冷。热处理对镍硬铸铁的冲击吸收功和冲击疲劳寿命的影响见表 2-15。碳量对 Ni-Hard4 冲击疲劳寿命和硬度的影响见表 2-16，从表中可见低碳对提高冲击疲劳寿命是有利的。

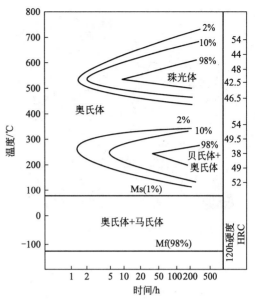

图 2-3 Ni-Hard1 的等温转变图

表 2-15 热处理对镍硬铸铁冲击值、冲击疲劳寿命和硬度[1] 的影响

牌号	球径/mm	热处理	艾氏冲击吸收功[2]/J	冲击疲劳寿命[3]	硬度（HV）
Ni-Hard1	60	铸态	35～55	350	550
	60	750℃/8h 空冷	32～48	2500	754
	60	750℃/4h 空冷	—	2000	730
	60	750℃/4h 空冷 550℃/4h 空冷			
		450℃/4h 空冷	23～32	1500	680
Ni-Hard2	60	铸态	23～35	150	370
	60	275℃/16h 空冷	23～35	240	670
	60	450℃/4h 空冷 275℃/16h 空冷	—	—	—
Ni-Hard1 Ni-Hard2	100	750℃/8h 空冷	—	—	—
	100	550℃/4h 空冷	—	—	—
		450℃/16h 空冷	—	800	650

① 试验是在磨球上进行的。
② 试样直径 φ20mm。
③ 落球试验破裂前的冲击次数。

表 2-16 碳量与 Ni-Hard4 落球试验对冲击疲劳寿命和硬度的影响

C/%	热处理	冲击疲劳寿命	硬度（HV）
3.48	750℃/8h，空冷	684	821
3.01	750℃/8h，空冷	1670	807
2.90	750℃/8h，空冷	3728	737
2.60	750℃/8h，空冷	4590	710

Ni-Hard1 的铸态金相组织如图 2-4 所示。Ni-Hard4 的热处理态金相组织如图 2-5 所示。

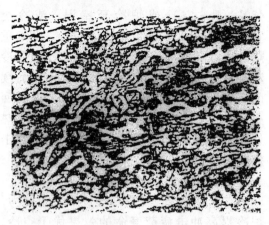

图 2-4　Ni-Hard1 铸态金相组织　　　　　　　图 2-5　Ni-Hard4 750℃/8h 空冷的金相组织
（2％硝酸酒精浸蚀）×200　　　　　　　　　　　（2％硝酸酒精浸蚀）×300

镍硬铸铁通常与非合金白口铸铁、硬的合金钢或高锰钢竞争。在许多情况下比非合金白口铸铁优越，两者之间的选择主要取决于经济上的合理性。当代替高锰钢时，必须保证在使用条件下不碎裂。镍硬铸铁很早就用于加工金属的轧辊，包括双金属浇注的轧辊，即心部为灰铸铁或球墨铸铁、外层为镍硬铸铁的轧辊，表面硬度可达 90HS，心部和颈部却具有高强度和韧性。镍硬铸铁也用来制作球磨机的衬板和磨球、磨煤机的辊套、输送管道、抛丸机或抛砂机中的易磨损件。镍硬铸铁在杂质泵的易磨损件上得到广泛应用。

② 中铬白口铸铁。Ni-Hard4 是中铬型的白口铸铁，需要加入大量贵重的镍。为了不用镍，用 Cu、Mo、Mn 联合合金化，可以达到相同的目的。中铬白口铸铁力学性能可与 Ni-Hard4 媲美，在三体磨料磨损试验中所得到的相对抗磨性也与 Ni-Hard4 相当。但这种中铬白口铸铁的淬透性不如 Ni-Hard4 高。中铬白口铸铁的成分、力学性能和抗磨性与 Ni-Hard4 对比的数据列于表 2-17 中。

表 2-17　中铬白口铸铁与 Ni-Hard4 的力学性能对比

项　目	指　标	Ni-Hard4	中铬白口铸铁
化学成分(％)	C	2.6～3.2	2.6～3.2
	Si	1.8～2.0	<0.8
	Mn	0.4～0.6	1.5～2.0
	Cr	8.0～9.0	8.0～10.0
	Ni	5.0～6.5	—
	Mo	0～0.4	0.3～0.5
	Cu	—	2.0～3.0
	V	0.2～0.3	—
	Al	—	0.2～0.3
	P	<0.06	≤0.10
	S	<0.10	≤0.10
力学性能	硬度(HRC)	55～65	55～65
	抗弯强度/MPa	716～784	784～921
	挠度/mm	2.20～2.60	2.20～2.80
	冲击韧性/(J/cm²)	7.64～8.62	6.86～9.31
热处理	—	780～820℃空冷 400～450℃回火	880～920℃空冷 280～350℃回火
三体磨损相对耐磨性	磨料:硅砂	1.28	1.30～1.47
	磨料:石榴石	1.14	1.83～1.96
	磨料:碳化硅	1.21	1.42～1.55

③ 锰白口铸铁。锰白口铸铁中较高的锰量抑制了珠光体，稳定奥氏体。在组织中出现一定量马氏体，但有较多残余奥氏体。这种铸铁以锰为主要合金元素，成本低廉，但抗磨性较低，铸造性能也较差。表 2-18 和表 2-19 是两种锰白口铸铁的化学成分和性能。

表 2-18　锰白口铸铁的化学成分　　　　　　　　　　　　单位：％

序号	名称	C	Si	Mn	Cr	Mo	Cu	S	P
1	中锰白口铸铁	2.5～3.5	0.6～1.5	5.0～6.5	0～1.0	0～0.6	0～1.0	—	—
2	奥氏体锰铸铁	1.7～2.0	≤0.8	7.0～8.5	—	—	—	≤0.1	≤0.1

表 2-19　锰白口铸铁的组织和力学性能

序号	状态	金相组织	力学性能				用途
			硬度 (HRC)	冲击韧性 /(J/cm²)	抗弯强度 /MPa	挠度 /mm	
1	铸态	(Fe,Mn,Cr)₃C+M+Ar	57～62	4.0～10①	—	—	泵体，磨球，衬板
2	铸态 980℃，空冷	(Fe,Mn)₃C+A (Fe,Mn)₃C+M+Ar	36～37 33～35	6.8～7.9② 17～18②	650～720 800～850	3.2～3.6 4.2～4.6	磨辊，齿板

① 冲击试样为 10mm×10mm×55mm，无缺口。

② 为 φ15mm 试样艾氏冲击值。

④ 锰钨白口铸铁。锰钨 1 号耐磨铸铁适用于要求机械加工的零件。锰钨 2 号耐磨铸铁具有较高硬度。一般情况下，这两种铸铁均在铸态使用。它们的化学成分和性能列于表2-20和表2-21中。

表 2-20　锰钨白口铸铁的化学成分　　　　　　　　　　　单位：％

序号	名称	C	Si	Mn	W	V	Ti	P	S
1	锰钨耐磨 1 号	2.5～3.0	1.0～1.5	1.2～1.6	1.2～1.8	0～0.3	0～0.3	≤0.12	≤0.15
2	锰钨耐磨 2 号	3.0～3.5	0.8～1.2	4.0～6.0	2.5～3.5	0～0.3	0～0.3	≤0.12	≤0.15

表 2-21　锰钨白口铸铁的组织和力学性能

序号	状态	金相组织 (S—素氏体，I—珠光体)	力学性能			
			硬度 (HRC)	冲击韧性 /(J/cm²)	抗弯强度 /MPa	挠度 /mm
1	铸态	(Fe,W)₃C+S+P	40～46	3.0～5.0	520～600	—
2	铸态	(Fe,Mo,W)₃C+M+Ar	54～65	3.0～6.0	420～570	1.8～2.5

⑤ 钨铬白口铸铁。钨铬白口铸铁主要用于冲击载荷不大的低应力冲蚀磨料磨损和高应力碾磨磨料磨损的场合，其干态抗磨料磨损性能接近 Cr15Mo3。但由于钨价格较高，使这种白口铸铁的应用受到一定限制。钨铬白口铸铁的化学成分和性能列于表 2-22 和表 2-23 中。

表 2-22　钨铬白口铸铁的化学成分　　　　　　　　　　　单位：％

序号	名称	C	Si	Mn	W	Cr	Cu	S	P
1	W5Cr4	2.0～3.5	0.5～1.0	0.5～3.0	4.5～5.5	3.5～4.5	—	≤0.12	≤0.15
2	W9Cr6	2.0～3.5	0.5～1.0	0.5～3.0	8.5～9.5	5.5～6.5	—	≤0.12	≤0.16
3	W16Cr2	2.4～3.0	0.3～0.5	1.5～3.0	15.0～18.0	2.0～3.0	1.0～2.0	≤0.05	≤0.16

表 2-23 钨铬白口铸铁的组织和力学性能

序号	状态	金相组织	力学性能			
			硬度 (HRC)	冲击韧性 /(J/cm^2)	抗弯强度 /MPa	挠度 /mm
1	铸态 900℃/1.5h,空冷 250℃/1h,空冷	(Fe,W)$_3$C+M+Ar (Fe,Cr,W$_3$)C+ 二次碳化物+M+Ar	53～64 58	4.5 4.6	500 —	1.6～2.0 —
2	铸态	(Fe,W)$_3$C+(Fe,W)$_6$C+ M+Ar	53～62	5.5	540	2.0～2.2
3	铸态 920℃,空冷	(Fe,W,Cr)$_6$C+A (Fe,W,Cr)$_6$C+M$_{23}$C$_6$+M+Ar	55～60 63～65	5.0～8.0 4.5～5.5	530～550 630～650	1.8～2.2 1.8～2.0

2.1.1.3 白口抗磨铸铁的铸造性能

白口抗磨铸铁的铸造性能较差,由于热导率低、塑性差、收缩大,白口铸铁的热裂和冷裂倾向大。几种白口铸铁的铸造性能列于表 2-24 中。

表 2-24 白口铸铁的铸造性能

铸 铁	温度/℃		密度 /(g/cm^3)	收缩/%		流动性 (1400℃) /mm	热裂倾 向等级
	液相线	固相线		线收缩	体收缩		
Ni-Hard2	1278～1290	1145～1150	7.72	$\frac{2.0}{1.9～2.2}$	8.9	$\frac{400}{310～500}$	$\frac{1}{1～2}$
高铬白口铸铁(C2.8,Cr28,Ni2)	1290～1300	1255～1275	7.46	$\frac{1.94}{1.65～2.2}$	7.5	$\frac{350}{300～400}$	$\frac{3}{3～4}$
高铬白口铸铁(C2.8,Cr17,Ni3,Mn3)	1280～1300	1240～1265	7.55～763	$\frac{2.0}{1.9～2.2}$	7.5	$\frac{400}{370～500}$	$\frac{3}{3～4}$
珠光体白口铸铁	1270～1290	1145～1150	7.66	1.8	7.75	$\frac{240}{230～260}$	<1
高铬白口铸铁(C2.8,Cr12,Mo1)	1280～1295	1220～1225	7.63	$\frac{1.83}{1.8～1.85}$	7.8	$\frac{530}{500～560}$	$\frac{2}{2～3}$
高铬白口铸铁(C2.3,Cr30,Mn3)	1290～1300	1270～1280	—	1.7～1.9	—	375～400	—

注:1. 表中分数的分子为平均值。
2. 热裂倾向值越小,热裂倾向越大。
3. 铸铁化学成分单位为%。

(1)碳和铬对铸造性能影响 碳和铬对铸造性能有较大影响,见表 2-25。表中铸铁碳量范围为 1.53%～4.15%,铬量范围为 12.84%～31.5%,其余成分不变(Mo 1.4%～1.6%,Si 0.4%～0.7%)。

表 2-25 碳、铬对白口铸铁铸造性能的影响

成分/%		温度/℃			线收缩 /%	流动性 /mm
C	Cr	液相线	固相线	试样浇注		
1.53	12.6	1410	—	1490～1500	—	415、410
1.53	13.0				2.18	
1.80	12.2	—	—	1440～1460	1.01	470、460、420
2.19	13.5	1335	1220	1440～1460	—	—
1.96	13.1	1370		1440～1460	1.8	550、530、520
1.98	13.6	1340		1440～1460		

成分/%		温度/℃			线收缩 /%	流动性 /mm
C	Cr	液相线	固相线	试样浇注		
3.02	12.84	1265	1220	1370～1380	—	—
3.03	13.2	1285	1220	1370～1380	—	—
3.10	13.7	1280	—	1370～1380	1.74	650、640、610
3.6	13.1	1210		1310～1330	—	
3.55	12.9	—		1310～1330	—	660、650、610
3.57	14.2	1230		1310～1330	1.64	820、800
3.67	13.5	1225		1310～1330	—	—
3.94	12.1	1230	—	1320～1330	—	1050、900
4.15	13.8	—	—	1320～1330	1.78	880、900
4.0	12.3	1220	1180	1320～1330	—	—
2.86	18.1	1280	—	1390～1400	—	765、610
2.78	18.8	1290	1230	1390～1400	—	—
2.84	17.9	1275	1250	1390～1400	—	—
2.85	16.4	—		1390～1400	2.31	520、500
2.72	24.5	1280		1380～1400	1.99	850、700
2.79	23.8	1280		1380～1400	2.0	—
2.84	24.3	—		1380～1400	1.98	930、900、850
2.80	29.3	1300	—	1390～1400	—	1100、1000
2.84	31.5	1260	—	1390～1400	2.12	—
2.92	29.0	—	—	1390～1400	2.08	1000、1020、1050

（2）碳和铬对冷裂影响　碳和铬对与冷裂有密切关系的残余应力也有影响。对不同白口铸铁在应力框上所测得的残余应力见表 2-26。表中数据与 C0.3% 钢作了对比。

表 2-26　碳、铬对白口铸铁残余应力的影响

钢 或 铸 铁	C/%	Cr/%	残余应力/MPa	钢 或 铸 铁	C/%	Cr/%	残余应力/MPa
C0.3%钢	0.26	0.27	33	白口铸铁(C2.2、Cr28、Ni2)	2.42	32.0	101
白口铸铁(C2.2、Cr12、Mn3、Mo1)	2.15	12.8	360	白口铸铁(C2.5、Cr30、Mn3)	2.52	33.5	70
白口铸铁(C2.1、Cr12、Mn4)	2.10	13.0	330	白口铸铁(C2.1、Cr30、Mn3)	2.16	30.2	6
白口铸铁(C2.8、Cr12、Mn5)	2.61	13.0	238	白口铸铁(C3.0、Cr28、Ni2)	2.71	25.5	28
白口铸铁(C2.9、Cr12、Mn3、Mo1)	3.04	11.9	158				

注：铸铁化学成分单位为%。

2.1.1.4　白口抗磨铸铁的热处理

各种白口铸铁的热处理在原理上有许多共同点，但对高铬白口铸铁的热处理研究得比较多。

热处理的原始状态是铸态组织，如果冷却很慢，则平衡状态图具有一定参考价值，图 2-6 是 Fe-Cr-C 系中 Cr2%、Cr13%、Cr25% 三个等铬面。在 Cr2% 及 Cr13% 切面中可以看

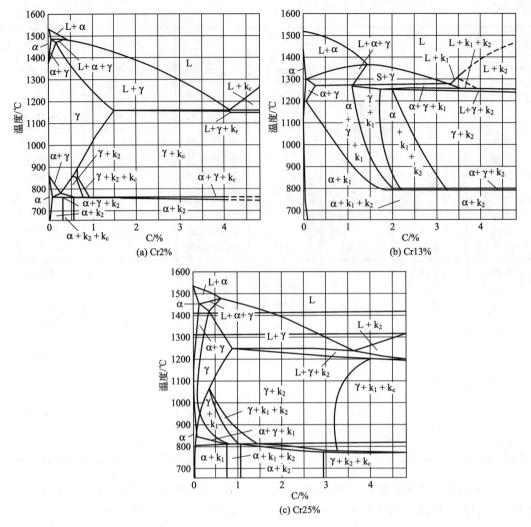

图 2-6　Fe-Cr-C 系等铬切面

L—液体；α—铁素体；γ—奥氏体；k_0—$(FrCr)_3C$；k_1—$(FeCr)_{23}C_6$；k_2—$(FeCr)_7C_9$

到碳在奥氏体中的极限溶解度是随温度的降低而减少的，这是热处理的重要基础。

2.1.1.5　白口抗磨铸铁的抗磨性比较

金属抗磨材料的抗磨性因工作条件不同而有巨大的差别，实验室的磨损数据有时因实验条件与工作条件不尽相同而不能很好地反映实际情况。因此，在比较不同材料的抗磨性时，必须尽可能知道其工作条件。实际运行中积累的磨损数据比之实验室数据更有价值。下面所列为不同工作条件下各种抗磨材料的抗磨性对比，可供参考。

常用球磨机衬板材料可归纳为 10 种，以这些材料做成球，标上记号装入球磨机中磨高石英含量的矿石，所得的相对磨损比例见表 2-27。各种材料的销-盘试验的磨损比见表 2-28。

2.1.1.6　白口抗磨铸铁的生产工艺要点

白口铸铁虽有多种，但它们的生产工艺却有许多共同点，是因为这些白口铸铁在铸造性能方面不但性质上相似，而且定量地接近。此外，这些白口铸铁在生产上经常发生的问题也极相似，因为它们热导率低，收缩性大，塑性差，切削性能也差。

因为白口铸铁的工艺性差，一些形状复杂的铸件就不能用白口铸铁制造。

表2-27 球磨机衬板材料的磨损比例对比

材料号	材　料	C/%	Mn/%	Si/%	Cr/%	Mo/%	Ni/%	Cu/%	硬度①(HBS)	相对磨损比②
1	马氏体 Cr-Mo 白口铸铁	2.4~3.2	0.5~1	0.5~1.0	14~23	1~3	0~1.5	0~1.2	620~740	88~90
2	马氏体高碳 Cr-Mo 钢	0.7~1.2	0.3~1	0.4~0.9	1.3~7.0	0.4~1.2	0~1.5	—	500~630	100~111
3	马氏体高铬白口铸铁	2.3~2.8	0.5~1.5	0.8~1.2	23~28	0~0.6	0~1.2	—	550~650	98~100
4	马氏体 Ni-Cr 白口铸铁	2.5~3.5	0.3~0.8	0.3~0.8	1.4~2.5	0~1.0	3~5	—	520~650	105~109
5	马氏体中碳 Cr-Mo 钢	0.4~0.7	0.6~1.5	0.6~1.5	0.9~2.2	0.2~0.7	0~1.5	—	500~620	110~120
6	奥氏体 Mo6-No1 合金	1.1~1.3	5.5~6.7	0.4~0.7	≤0.5	0.9~1.1	—	—	190~230	111~120
7	珠光体高碳 Cr-No 钢	0.5~1.0	0.6~0.9	0.3~0.8	1.5~2.5	0.3~0.5	0~1.0	—	250~420	128~130
8	奥氏体 Mn12 钢	1.1~1.4	11~14	0.4~1.0	0~2.0	0~1.0	—	—	180~220	136~149
9	珠光体高碳钢	0.6~1.0	0.3~1.0	0.2~0.4	—	—	—	—	240~300	145~160
10	珠光体白口铸铁	2.8~3.5	0.3~1.0	0.3~0.8	0~3.0	—	—	—	270~530	未测

① 硬度测自磨前表面。

② 磨损条件：湿磨，进料 10mm，出料 48 目，矿石含石英 65%，长石 25%~30%，黄铁矿 30%。

注：以 Cr-Cr5~6-Mo 钢磨作为标准，其磨损为 100。

表 2-28　各种材料销盘试验磨损对比

材　料	化学成分(%)	处　理	硬度(HV)	销盘试验
碳钢	C0.2 C0.9	冷轧 淬火＋回火	224 735	136 66
奥氏体锰钢	Mn6-Mo1(C0.8~0.9) Mn7-Mo1(C1.0~1.2) Mn12-Mo1(C0.9~1.1) Mn12(C1.0)	铸态,75mm 厚 固溶处理和淬火 铸态,75mm 厚 固溶处理和淬火	214~253 195~205 190~221 212~217	48~49 56~60 69~77 70~74
珠光体高铬白口铸铁	C3.2~Cr15 C2.6~Cr20	铸态,50mm 厚 205℃回火	482 398	58 77
奥氏体高铬白口铸铁	C2.9~Cr17.5-Mo1.5(不同的 Cu,Ni 和 Mn 含量)	50mm 厚 205℃回火	470~530	16~23
奥氏体-马氏体高铬白口铸铁	C2.5-Cr20-Mo2.5	50mm 厚,205℃回火 150mm 厚,475~525℃亚临界热处理	593~621 665~718	18~22 16~17
马氏体高铬白口铸铁	C2.9-Cr17.5-Mo1.5(不同的 Cu,Ni 和 Mn 量)	955℃,空冷 205℃(50~100mm 厚)回火	652~786	13~18
镍-铬白口铸铁	C3.43-Ni3.9-Cr2 C3.2-Ni5.8-Cr8.9	25mm 厚,275℃回火 25mm 厚,-195℃低温处理	700 820	34 29

　　白口铸铁的铸造工艺要把铸钢和铸铁的特点结合起来。必须充分注意铸件的补缩,其原则与铸钢件相同(采用冒口和冷铁,遵守顺序凝固)。冒口大小的计算也可按碳钢的规定,而浇注系统则按灰铸铁计算,但必须把各断面积增加 20%~30%。白口铸铁件的冒口不易切除,不能用气割,因此宜用侧冒口或易割冒口。

　　铸造工艺设计上要注意不让铸件受阻收缩,以免造成开裂。开箱温度过高也是造成开裂的原因。厚铸件在铸型中冷得很慢,从固相线温度冷却到 540℃区间不断析出二次碳化物,奥氏体中碳量不断下降,M_s 点上升到室温以上,部分奥氏体转变成马氏体,产生相变应力。如果冷却太快,铸件各部分温差太大,即可能产生裂纹。因此,540℃以下的缓冷是十分必要的。或使铸件在铸型中充分冷却然后开箱,或在 M_s 点以上开箱,移入保温炉或绝热材料中缓冷。

　　含 Cr2% 的白口铸铁可以在冲天炉中熔炼,含更多铬量的白口铸铁不宜用冲天炉熔炼,因为铬的烧损太大,而且铬极易与碳化合,使白口铸铁的碳量不易控制。高铬白口铸铁可以在任何电炉中熔炼,炉衬可以是碱性、酸性或中性的。

　　炉料用废钢、低硅生铁、回炉料、高碳铬铁。钼以钼铁或氧化钼形式加入,铜以电解铜形式加入,铜和钼的烧损小。铬的烧损大,为 5%~15%,故应在最后加入。炉料通常在全装料后熔化,一般用不氧化法。在感应炉中熔化温度不必太高,1480℃已经足够,因为熔池本身有搅拌作用。电弧炉中要熔化到 1560℃,成分得以均匀化,也使增碳容易。

　　为准确控制成分,应配备炉前化学分析。

　　浇注温度要低,以避免收缩问题及粘砂等,低温浇注也有利于细化树枝晶和共晶组织。浇注温度一般比液相线温度高 55℃左右,小件的浇注温度为 1380~1420℃,厚 100mm 以上铸件的浇注温度为 1350~1400℃。

热处理是很重要的工作，合理的热处理工艺能充分发挥抗磨铸铁的优越性，铸件开箱、清整后的首次加热时极易引起裂纹，加热太快或加热不均匀造成的热应力与铸态形成的相当高的残留应力将叠加起来，其结果易导致冷裂，因此，对热处理制度的一个重要要求是严格规定升温速度。最大允许的加热速度与铸件成分、形状的复杂程度、铸型的种类以及其他与形成残余应力的因素有关。实践表明，对泵中的叶轮和护套的加热速度不应大于 70℃/h。对形状复杂的铸件，在升温过程中最好再辅以保温，形成阶梯式升温。通常阶梯设在 200℃（入炉时的炉内初始温度）、400℃或 600℃。保温时间为 2～3h。在 600℃以上到退火温度或淬火加热温度则可以尽量升得快，但不超过 150℃/h。对形状简单的铸件，可以不用阶梯升温，升温也可快些，视具体情况而定。

对已经退火的铸件，其加热过程不一定十分严格，因退火已消除了大部分残余应力。

含铬白口铸铁件在淬火过程中的尺寸变化比铸钢件和灰铸铁件小得多，一般不需矫正尺寸，所留磨量也可很小。

白口铸铁的切削加工性能很差。为减轻加工困难，常用的办法是采用碳钢或灰铸铁的预埋件。预埋件先放入铸型，然后浇入白口铸铁，如叶轮中的螺孔，往往用预埋件解决加工困难的问题。

白口铸铁可以用硬质合金或陶瓷刀具加工。

2.1.1.7 白口抗磨铸铁件的失效

关于缺陷与防止上节已有介绍，此处介绍抗磨件经常遇到的两个问题。

(1) 抗磨性不良　材料的淬透性不足或不正确的热处理，使组织中出现珠光体，导致抗磨性降低。如所有提高淬透性的元素含量均接近下限，而所有降低淬透性的元素（如 Si、C、Al、Ti）含量却接近上限。虽然成分合格，而淬透性实际上是不足的。

过渡合金化使奥氏体太稳定，不易转变，奥氏体基体的抗磨件在运行中得不到加工硬化，抗磨性表现得不足。

材料的韧性不足也会造成加速磨损，可能出现显微剥落。这种剥落往往与残余奥氏体量过多有关。

加速磨损还与腐蚀有关，此时用 Cr26%～28%铸铁是有利的。

碳量决定碳化物量，这是材料抗磨料磨损能力的重要因素，碳量太低，抗磨性不良。在 Cr24%～30%铸铁中，足够高的碳量是十分重要的。由此可保证基体中不出现铁素体，而且可以用常规热处理使之淬硬。

(2) 脆断　抗磨件在运行中所受到的冲击条件是难以定量估计的。太高的内应力往往是脆断的原因，但内应力又不易测定，只有追溯抗磨件的热处理状况，才能找到原因。衬板与磨机外壳是否贴合，可能使衬板受力不利而发生断裂，衬板背部形状要规矩，上螺钉不能过紧，应采用规定力矩的扳手，保证螺钉紧固合适。

在严重重复冲击条件下，抗磨件先剥落后断裂。对它分析后发现，其中存在着较多（约 20%～70%）的残余奥氏体。所以，应尽量降低这些白口铸铁件中的残余奥氏体。前述的亚临界热处理方法有降低残余奥氏体的作用。

2.1.1.8 典型白口抗磨铸铁件

球磨机中的衬板和磨球，是合金抗磨白口铸铁用得较多的磨损零件。被磨材料有金属矿石、煤、耐火材料和水泥等。在碾磨这些材料时，包含了许多不同的环境条件，如有湿的和干的磨料、腐蚀、冲击疲劳等。条件虽各异，但共同的要求是：衬板和磨球都要有足够的抗磨性和抗破碎能力。

在干磨条件下，中、高合金白口铸铁具有较大的优越性，因为此时锻钢和非合金白口铸铁的磨损率要比合金白口铸铁高得多，因此经济上就显得合算。高铬白口铸铁在干磨中有很广泛的应用，但必须注意，磨球和衬板材料要合理的匹配。

传统的衬板材料是珠光体或马氏体的铬钼钢，这种材料因兼有良好的抗磨性和韧性，因此被广泛地应用，然而合金白口铸铁的发展增加了它们在很多球磨机上用作衬板材料的趋向。在小型球磨机中或者加入磨球尺寸较小时，中、低合金抗磨铸铁衬板可以工作得很好。当冲击量增大（如在较大的球磨机中）或者使用了"硬"的合金铸铁磨球时，就需改用较韧的材料，以避免灾难性的损坏，这时可选用碳量较高的高铬白口铸铁（如 C2.4%～2.6%，Cr14%～17%），冲击力再增大（如在更大的球磨机中）或者使用了尺寸较大的合金铸铁磨球时，则可选用低碳高铬白口铸铁（如 C2.0%～2.2%，Cr17%～22%），此时可保证其抗磨性大大优于低合金铸钢，同时还具有较好的韧性。在现代化的大型磨机中，为了确保运行安全，则常采用马氏体耐磨钢（中碳）作为衬板材料。

磨球直径为 $\phi16\sim120mm$，其直径的选用，一般说，加进磨机的被磨材料尺寸越大、材质越硬，磨球尺寸要选得越大。相反，最后出口的被磨材料要求越细，磨球尺寸则用得越小，以利碾磨。通常是大小球按一定比例混合使用，磨损后，经常添加大球，使磨机工作时保持有大小球固定的混合比例。

镍硬马氏体白口抗磨铸铁的磨球因脆性而应用受到限制，尺寸大约为 $\phi50mm$ 的没有破碎危险。目前国内有多种抗磨材料用来制造磨球，如各种低合金白口铸铁、马氏体球墨铸铁、中锰球墨铸铁等。但大多只能用在中小型特别是小型球磨机中，由于使用时间长短不一，因此其技术要求及应用效果等大多还没有规范化。高铬白口铸铁的磨球则没有尺寸限制，条件不同时可选择不同的化学成分。如碳较高的高铬白口铸铁适用于制造小尺寸球，碳较低又经热处理的高铬白口铸铁则可制造大尺寸磨球。

高铬白口铸铁在水泥工业中用得很成功，因为水泥工业中几乎都是"硬"衬板和磨球的干磨过程。此时要求衬板的金相组织和力学性能要经得住磨球的不断冲击，而磨球也要经得住与衬板和其他磨球之间的反复冲击，因而皆要求有足够的韧性，但韧性要求必须与足够的硬度相匹配，使其在服役过程中的磨损率最小、破碎率最低。这种性能一般只有用碳量较低的高铬白口铸铁才能达到。

在球磨机的第二仓中由于主要是研磨作用，用的磨球尺寸较小，冲击力也小得多，因此可选用碳量较高的高铬白口铸铁。

在湿磨条件下，用合金抗磨白口铸铁就很不经济。因为此时磨损非常快，通常迫使使用单位选用最便宜的磨球，如锻钢磨球或非合金白口铸铁磨球，以求得综合经济指标的合理性。高 Si/C 的中铬（Cr7%～9%）白口抗磨铸铁在湿态磨料磨损工况下取得了较好的技术经济效益。

对于衬板和磨球的技术要求，主要是外观及尺寸精度，内在致密性以及成分、组织和性能三个方面。成分、组织和性能上的要求因工作条件而异。对于白口抗磨铸铁来说，铸造工艺上的不合理往往会造成铸造缺陷，是目前抗磨铸铁件中较为普遍存在的问题，因而有必要引起重视。

（1）磨球　运行中不应破裂，亦不应失圆，铸造质量至关重要。砂型铸造磨球的工艺如图 2-7 所示。铁液由分型面引入，首先进入冒口，流动平稳，不致卷入气泡。冒口的尺寸以及冒口颈的大小和形状均应精心设计使磨球能得到充分补缩，而冒口大小又能恰到好处。磨球取下后冒口颈留下的残根尽可能小。

（2）衬板　球磨机用衬板常用金属型铸造，其铸造工艺如图 2-8 所示。此工艺的特点是，冒口不在衬板端部，而是位于衬板上，采用了易割冒口，而且冒口颈略为伸入铸件中。这样，在去除冒口后的残根可能低于铸件与球磨机筒体接触的表面。因此，磨去残根的清理工作量就大为减轻。如衬板质量不足 500kg，则冒口颈尺寸可为 60mm×80mm，高 15～20mm，可提供良好的补缩，铸件中不会有缩孔。

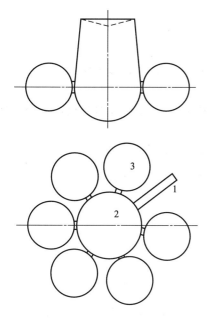

图 2-7　磨球的砂型铸造工艺

1—内浇道；2—冒口；3—磨球

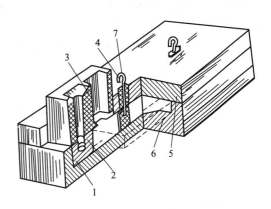

图 2-8　衬板的金属型铸造工艺

1～3—浇注系统砂芯；4—螺孔砂芯；

5—上半金属型；6—下半金属型；7—钩子

浇注系统位于砂芯 1～3 中。横浇道和内浇道位于砂芯 1、2 中，它们被置于下半型 6 中。在放上上半型 5 后，再放上砂芯 3，砂芯 3 中有直浇道和冒口。有两个内浇道，尺寸为 15mm×50mm。冒口直径 $\phi120mm$，高 300mm，尺寸不算大，但已足够。因为在金属型中结晶相当快，衬板的大部分体积在浇注中已得到了补缩，冒口只负担衬板中心部分的补缩而已。由于冒口位于砂芯中，冒口中的缩孔体积可达 3/4。冒口体积大约为砂型铸造衬板时的 1/4。砂芯 4 形成衬板的螺栓孔，用水玻璃镁砂制成，砂芯必须贴紧下半型表面。钩子 7 是供吊运用的。上、下半型用木质楔子紧固，为的是容许金属型在浇注后的膨胀，硬性紧固会导致损坏金属型。

浇注前，金属型应预热到 200℃左右。在引入金属处的下半型表面易于损坏，此处的型面可做低一点，放入一块水玻璃镁砂，仔细烤干。金属型表面用锆砂涂料。在浇注系统对面的上半型上开一些 $\phi20\sim\phi30mm$ 的孔，用水玻璃砂填实，中开通气孔，以排除型腔中的空气。浇注时略为倾斜。浇注后 10～15min 去除上半型，把铸件吊运至 600℃的保温炉中。早开箱及保温是很重要的，否则铸件会产生裂纹。

2.1.2　消失模铸造低铬铸铁磨球

(1) 材质　低铬铸球化学成分为 $w(C)$ 0.8%～1.2%、$w(Si)$ 0.6%～1.0%、$w(Mn)$ 0.8%～1.2%、$w(Cr)$ 1.5%～2.5%、$w(S、P)\leqslant0.03\%$。

(2) 磨球尺寸　$\phi60mm$、$\phi80mm$。

(3) 熔炼设备　0.5t 中频感应电炉。

（4）消失模铸造 EPS 泡沫模样制作过程

① 原料：使用"龙王"牌 EPS（可发性聚苯乙烯）302 珠粒。

② 预发泡：采用蒸汽预发泡机进行预发泡，发泡的倍数为 30～40 倍，预发后的珠粒径为 $\phi2.0～\phi3.0$mm。

③ 成型机：采用上下开模螺旋式成型机。

④ 模具：铝合金模具，每一次模具成型一盘模样为 6～8 个球。

⑤ 磨球的成型过程如下。

a. 把磨球的铝合金模具固定在上下模板上，对准确，若对不准会卡坏模具。模具卡好以后进行合模试验，确认无误时再进行第二步工作。

b. 使用空气压缩机和充料枪（见图 2-9）向模具中充料。料充满时充料口会向外流出珠粒，这时用料塞塞住充料口。

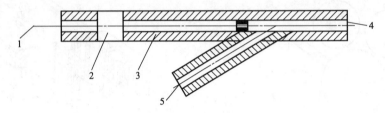

图 2-9　充料枪

1—通空气压缩机管；2—阀门；3—充料管；4—通模具孔；5—通盛珠粒管

c. 向模具中送蒸汽，蒸汽压力一般为 0.03～0.04MPa，保持 15～20s 后停止送蒸汽。

d. 开水阀，冷却上下模具约 3min，此时用手触摸模具，模具不烫手为冷却适中。

e. 启动上模取出已成型好的泡沫模样球，如图 2-10 所示。

f. 用铁丝将每盘球连在一起，4～6 盘为一串组合，如图 2-11 所示。

图 2-10　成型好的泡沫模样球

图 2-11　泡沫模样球一串组合

（5）烘干　把串好的泡沫模样簇挂在烘干室烘 48～72h。

（6）涂刷涂料　把烘干后的模样簇刷涂料。涂料烘干后厚度在 0.6～1.0mm 即为合适的涂料厚度，烘烤时间约为 72h。

（7）装箱铸造　使用 1000mm×900mm×800mm 的五面孔砂箱。装箱顺序为箱底装 50～80mm 砂并振实→放入模样簇→装砂振实（层层装砂层层振实直至到模样簇的顶端）→组装横浇道（见图 2-12）→加砂振实→盖塑料膜→放浇口杯。

（8）**负压与浇注**　负压为 0.04～0.05MPa，浇注温度为 1450～1500℃。

（9）**翻箱**　浇注结束以后停留 10min 即可翻箱。

成品球如图 2-13 所示。

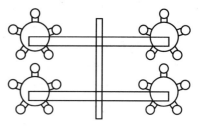

图 2-12　浇道连接

（10）**废品分析**　生产出磨球的废品主要是在球的表面有夹渣，是未被汽化完全的 EPS 残留物所致。造成此种废品的主要原因如下。

① 球的泡沫模样密度太大，它遇到高温金属时不能完全汽化而残留下来。

② 浇注温度未达到规定，不能使泡沫模样完全汽化而留下残渣。

 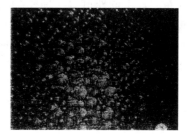

图 2-13　成品球

采用消失模铸造工艺生产磨球，每个砂箱可装百余个球，生产出的球表面光滑。

（11）我国目前几种抗磨球的化学成分（均可采用消失模铸造磨球）

① 中锰球墨铸球：$w(C)$ 3.4%～3.8%、$w(Si)$ 2.5%～3.5%、$w(Mn)$ 4.5%～6.5%、$w(S)\leqslant0.05\%$，40～48HRC。

② 低铬铸铁球，如前述。

③ 中铬铸铁球：$w(C)$ 2.6%～3.2%、$w(Si)$ 0.6%～1.0%、$w(Mn)$ 1.5%～2.5%、$w(Cr)$ 6.0%～8.0%、$w(Mo)$ 0.5%～0.7%、$w(P)\leqslant0.05\%$、$w(S)\leqslant0.05\%$，55～57HRC。

④ 高铬铸铁球：$w(C)$ 1.5%～3.0%、$w(Si)$ 0.4%～1.5%、$w(Mn)$ 0.2%～1.5%、$w(Cr)$ 11%～19%、$w(Mo)$ 2.5%、$w(Cu)$ 2.0%、$w(V)\leqslant0.4\%$、$w(Nb)$ 1.0%、$w(Ni)\leqslant1.0\%$、$w(P,S)\leqslant0.1\%$。

国外的材质都含 $w(Ni)$ 3%～5%、$w(Mo)\leqslant1.0\%$。

2.2　高铬白口铸铁

2.2.1　高铬白口铸铁概述

2.2.1.1　耐磨铸铁的发展

（1）**镍硬铸铁的发展**　耐磨白口铸铁（即耐磨铸铁）的发展分为普通白口铸铁、镍硬白口铸铁（即镍硬铸铁）和高铬白口铸铁（即高铬铸铁）3 个阶段。其中应用最成功、最广泛的当属镍硬白口铸铁和高铬白口铸铁。镍硬白口铸铁是在普通白口铸铁中加入质量分数为 3.0%～5.0% 的镍和 1.5%～3.0% 的铬，化学成分见表 2-10。铸态组织为 $(Fe,Cr)_3C$＋马氏体＋奥氏体。在较高含铬量的镍硬Ⅳ型铸铁中，出现了部分 M_7C_3 型碳化物，从一定程度上破坏了碳化物的网状分布，从而改善了韧性。

镍硬白口铸铁在强度、硬度和耐磨性方面都优于普通白口铸铁且生产工艺简单，得到了广泛应用。这种铸铁多用于泥浆泵泵体、球磨机衬板、球磨机磨辊和冶金轧辊等。由于碳化物主要是连续片状的渗碳体，其脆性较大。近来通过热处理方法获得贝氏体＋回火马氏体，以得到较高综合力学性能和耐磨料磨损能力的良好配合。

(2) 其他耐磨铸铁的发展　我国开发了中锰白口铸铁、贝氏体球墨铸铁、硼系合金白口铸铁和钨系白口铸铁等。中锰白口铸铁的各项力学性能可与国外镍硬铸铁相比，用于生产磨料低应力冲刷的磨损件，如矿山砂泵泵体、分级机衬板等，均取得很好的经济效益；用于制作冲击磨损件和高应力凿削磨损件，如球磨机衬板和磨球，无论在硬度和冲击韧性上，都需要进一步提高。中锰白口铸铁经稀土变质处理可以使碳化物由连续网状分布变为断网状和逐渐成为孤立状分布，冲击韧性可以达到 $5\sim12\mathrm{J/cm^2}$。硬度的提高则依赖于合金化和热处理，来消除组织中残余奥氏体及获得最大量的马氏体或贝氏体。

采用合理的成分设计以及特殊的变质处理工艺，则无需等温淬火处理即可获得马氏体-贝氏体球墨铸铁，其硬度适中（48～55HRC）、冲击韧性较高（$\alpha_k\geqslant100\mathrm{kJ/m^2}$），适用于制作球磨机、衬板等多种耐磨部件，特别是在具有腐蚀介质的湿式磨损工况中，其优越性更为显著。采用该材质生产的球磨机磨球（金属型铸造），其成本与普通低铬铸铁相当，但其耐磨性在铅锌矿中是低铬铸铁的 2 倍左右。

以硼为主要合金元素的低合金白口铸铁，其许多性能接近于高铬铸铁，且成本大大低于高铬铸铁，具有较高的使用价值和广阔的发展前景；但这种铸铁淬透性不高，难以直接应用于壁厚较大的耐磨部件。若加入质量分数为 4.0%～5.0% 的锰，可以提高硼白口铸铁的淬透性和淬硬性，有利于改善耐磨性。中锰白口铸铁和硼系合金白口铸铁成分和性能见表 2-29。

表 2-29　中锰白口铸铁和硼系合金白口铸铁成分和性能

类型	化学成分（质量分数）/%								力学性能		
	C	Si	Mn	Mo	Cu	B	Ti	其他	HRC	α_k /(kJ/m²)	/MPa
中锰白口	2.5～3.5	0.6～1.5	5.0～6.5	0～0.6	0～1.0	—		1.0Cr	57～62	40～100	
高碳低硼	2.9～3.2	0.9～1.6	0.5～1.0	0.5～0.7	0.8～1.2	0.14～0.25	<0.18	0.02～0.08 RE	62～65	44～81	440～560
低碳高硼	2.2～2.4	0.9～1.6	0.5～1.0	0.5～0.7	0.8～1.2	0.40～0.55	<0.18	0.02～0.08 RE	63～65	33～41	450～540

钨合金白口铸铁具有硬度高、耐磨性好等优点，用于制作搅拌机叶片、渣浆泵泵体，使用寿命已达到高铬铸铁的水平。在钨合金白口铸铁中，当钨 $w(\mathrm{W})<6\%$ 时，碳化物为 $\mathrm{M_3C}$ 型，呈连续网状分布；当 $w(\mathrm{W})\approx20\%$ 时，碳化物以 $\mathrm{M_6C}$ 型为主，少量为 $\mathrm{M_{23}C_6}$ 型及 MC 型，其形貌呈紧密结构的孤立块状，为奥氏体所包围；当 $w(\mathrm{W})=13\%\sim15\%$ 时，碳化物以 $\mathrm{M_6C}$ 型为主，有少量的 $\mathrm{M_7C_3}$ 型及 $\mathrm{M_3C}$ 型，其形貌呈断网状或孤立状。低钨合金白口铸铁成本低，但其共晶碳化物呈连续网状分布，脆性大，在承受冲击载荷的工况下安全性差，用铈-钾-钠处理低钨合金白口铸铁，其共晶碳化物的网状组织全部消失，呈团块状或部分呈团球状分布，力学性能明显提高。

(3) 高铬白口铸铁的发展　高铬白口铸铁几乎是与镍硬铸铁同时发展起来的。在1930

年美国对高铬白口铸铁进行了研究，由于铬含量较高，因此在冲天炉熔炼时一方面铬易和碳结合，使碳含量不易控制；又由于铬在冲天炉的氧化带极易氧化烧损，使得铬的收得率低，在电炉熔炼十分稀少的情况下，高铬白口铸铁没有获得大规模应用。随着电炉的大规模使用，高铬白口铸铁得到了较大的发展和应用。

高铬白口铸铁问世以来一直被认为是比较理想的耐磨材料，应用广泛。我国对高铬白口铸铁在耐磨铸件上的应用进行了深入研究，广泛应用于冶金、矿山、建材、电力、交通、机械等领域，尤其在矿山、建材、电力球磨机中的应用取得了良好的经济效益。高铬白口铸铁还成功应用于大型破碎机磨环、锤头、抛丸机叶片等。高铬白口铸铁还用于高温环境中的耐磨部件，如轧辊、高炉料钟以及高炉衬板等长期在低于800℃下工作的部件。

高铬白口铸铁分为亚共晶及过共晶两大类，目前工业中一般使用的高铬白口铸铁多为亚共晶组织，如我国耐磨材料国家标准中的BTMCr15铸铁和BTMCr26铸铁。在亚共晶高铬白口铸铁中，共晶碳化物呈孤立条状、断网状分布，因而亚共晶高铬白口铸铁具有较高的耐磨性能和相对较佳的韧性，可用于生产承受一定冲击的部件，如反击式破碎机板锤、球磨机衬板、磨球及渣浆泵过流部件等。

亚共晶高铬白口铸铁被认为是优良的耐磨材料，但在严重磨损的工况下寿命相当短，如用亚共晶高铬白口铸铁BTMCr26生产某高能破碎机喷射口衬板，使用寿命只有150h左右。BTMCr26高铬白口铸铁渣浆泵叶轮、护套和护板等过流部件在选矿厂的平均使用寿命只有120h左右。

和共晶高铬白口铸铁相比，过共晶高铬白口铸铁的碳含量和铬含量均较高，碳化物体积分数明显增加，可促进材料耐磨性的提高。过共晶高铬白口铸铁中出现了粗大的初生碳化物，导致铸铁的韧性急剧下降，在铸造和热处理过程中易出现裂纹，使铸件废品率增加，过共晶高铬白口铸铁应用甚少。随着过共晶高铬白口铸铁碳化物的细化和韧性的提高，今后的应用范围将不断扩大。

对于高铬白口铸铁显微组织和性能的研究已取得很大的进展。研究发现，在高铬白口铸铁中加入一定数量的钒，在铸态下可以获得高硬度的马氏体组织，可以省去高铬白口铸铁的高温热处理工艺。对高铬白口铸铁进行加硼和采取合适的热处理工艺，可以使高铬白口铸铁的碳化物细化，基体淬透性增加，并使高铬白口铸铁的硬度和韧性同时得到提高，从而增加了材料的耐磨性。

在高铬白口铸铁提高韧性方面，主要采用合金化、除气处理、热塑性变形、高温处理、悬浮铸造和过滤处理等手段，试图改变碳化物的形态，使之变为断续状或颗粒状，以提高高铬耐磨铸铁的韧性，满足在较大冲击载荷下的应用。此外，还出现了各种镶铸工艺以解决高铬耐磨铸铁件硬度与韧性的矛盾。

2.2.1.2　高铬白口铸铁的种类和成分

随着工业的迅速发展，高铬白口铸铁的使用范围也越来越广。目前，我国制定了高铬铸铁磨球、高铬白口铸铁件的名称牌号和化学成分的国标，见表2-30。

在高合金白口抗磨铸铁中用得最广泛的是含铬12%～26%的高铬白口铸铁。在这类铸铁的金相组织中，Cr与C形成M_7C_3型碳化物。在Fe-Cr-C系液相面图（见图2-14）上选定化学成分以后，可预计到刚凝固后铸铁中应有的组成体。从图中可见，大多数高铬白口铸铁具有亚共晶成分（图中细点表示三角区的大部分）。图2-15是Fe-Cr-C系简化的室温切

表 2-30 高铬铸铁磨球、高铬白口铸件的名称牌号和化学成分

| 名称牌号 | 化学成分/% | | | | | | | | | 表面硬度 (HRC) | 备 注 |
	C	Si	Mn	Cr	Mo	Cu	Ni	P	S		
ZQCr26	2.0~3.3	≤1.2	0.3~1.5	23.0~30.0	0~3.0	0~1.2	0~1.5	≤0.10	≤0.06		
ZQCr20	2.0~3.3	≤1.2	0.3~1.5	18.0~23.0	0~3.0	0~1.2	0~1.5	≤0.10	≤0.06	≥58	GB/T 17445—2009《铸铁磨球》
ZQCr15	2.0~3.3	≤1.2	0.3~1.5	14.0~18.0	0~3.0	0~1.2	0~1.5	≤0.10	≤0.06		
ZQCr12	2.0~3.3	≤1.2	0.3~1.5	10.0~14.0	0~3.0	0~1.2	0~1.5	≤0.10	≤0.06		
BTMCr12-DT	1.1~2.0	≤1.5	≤2.0	11.0~14.0	≤3.0	≤1.2	≤2.5	≤0.06	≤0.06		
BTMCr12-GT	2.0~3.6	≤1.5	≤2.0	11.0~14.0	≤3.0	≤1.2	≤2.5	≤0.06	≤0.06	硬化态≥50 退火态≤41	
BTMCr15	2.0~3.6	≤1.5	≤2.0	14.0~18.0	≤3.0	≤1.2	≤2.5	≤0.06	≤0.06	铸态≥46	GB/T 8263—2010《铸铁磨球》
BTMCr20	2.0~3.3	≤1.5	≤2.0	18.0~23.0	≤3.0	≤1.2	≤2.5	≤0.06	≤0.06	硬化态≥58	
BTMCr26	2.0~3.3	≤1.5	≤2.0	23.0~30.0	≤3.0	≤1.2	≤2.5	≤0.06	≤0.06	退火态≤41	

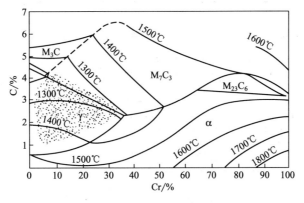

图 2-14　Fe-Cr-C 系液相面

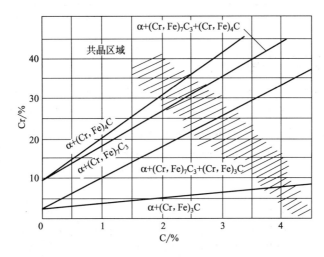

图 2-15　Fe-Cr-C 系简化的室温切面

面。由此两图可以看到以下几点。

① 高碳低铬时容易出现 M_3C。

② 低碳高铬时容易出现 M_4C。

③ 碳与铬配合于三角区域中,则可得到 M_7C_3。

④ 在平衡条件下,室温时只有铁素体是稳定的。

⑤ 随铬量增加,共晶碳量不断下降。Cr 5%时,共晶碳量约为 3.9%;Cr13%时,共晶碳量减至 3.6%;Cr25%时,共晶碳量又减至 3.3%;Cr28%时,共晶碳量为 2.8%。

从图 2-14 可见,刚凝固的铸铁中金属基体应该是奥氏体,此奥氏体只有在高温时才是稳定的,而且被碳、铬、钼等元素所饱和。温度降低时奥氏体将发生转变。为了提高高铬白口铸铁的抗磨性,希望奥氏体能充分转变成马氏体,但铸态下这种转变是不充分的,甚至会出现珠光体类的转变产物,所以高铬白口铸铁通常需要高温热处理来获得马氏体。在加热到高温以后,析出二次碳化物,然后在冷却时奥氏体可能转变成马氏体。

关于高铬白口铸铁的牌号以美国 Climax 公司的规定比较详细（见表 2-31）,表 2-31 中,15-3 是指含 Cr15%-Mo3%,15-2-1 是指含 Cr15%-Mo2%-Cu1%。同一牌号高铬白口铸铁中又以碳的高低来区分。低碳的韧性好而硬度低,适于冲击载荷比较大的场合;高碳的则用于冲击载荷比较小的场合,表现出良好的抗磨性。20-2-1 适于厚壁件。

表 2-31　美国 Climax 公司的高铬白口铸铁

项目		15-3				15-2-1	20-2-1
		超高碳	高碳	中碳	低碳		
化学成分 /%	C	3.6~4.3	3.2~3.6	2.8~3.2	2.4~2.8	2.8~3.5	2.6~2.9
	Cr	14~16	14~16	14~16	14~16	14~16	18~21
	Mo	2.5~3	2.2~3	2.5~3	2.4~2.8	1.9~2.2	1.4~2.0
	Cu	—	—	—	—	0.5~1.2	0.5~1.2
	Mn	0.7~1.0	0.7~1.0	0.5~0.8	0.5~0.8	0.6~0.9	0.6~0.9
	Si	0.3~0.8	0.3~0.8	0.3~0.8	0.3~0.8	0.4~0.5	0.6~0.9
	S	<0.05	<0.05	<0.05	<0.05	<0.05	<0.05
	P	<0.10	<0.10	<0.10	<0.10	<0.06	<0.06
空冷时不析出珠光体的最大断面面积/mm²		—	70	90	120	200	>200
硬度 (HRC)	铸态	—	51~56	50~54	44~48	50~55	50~54
	淬火	—	62~67	60~65	58~63	60~67	60~67
	退火	—	40~44	37~42	35~40	40~44	38~43

注：碳为下限时，大断面中可能出现贝氏体。

高铬白口铸铁中的主要合金元素是铬。铬量至少高于 9% 才可能可靠地得到 M_7C_3。铬除与碳形成碳化物外，尚有部分溶解于奥氏体中，起到提高淬透性的作用。淬透性随 Cr/C 的增加而提高，如图 2-16 所示。基体中铬量 $w(\mathrm{Cr})$ 可以用下式估算：

$$w(\mathrm{Cr}) = 1.95\mathrm{Cr/C} - 2.47$$

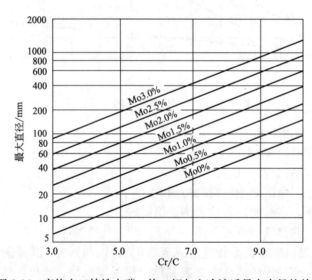

图 2-16　高铬白口铸铁中碳、铬、钼与空冷淬透最大直径的关系

高铬白口铸铁中常用的 Cr/C 为 4~8。在无其他合金元素时，空冷能淬透的直径只有 $\phi 10 \sim 40\mathrm{mm}$，淬透性相当差。

提高碳量能增加碳化物数量，其效果比提高铬量更为显著。碳化物百分数 $w(\mathrm{K})$ 可以用下式估算：

$$w(\mathrm{K}) = 11.3w(\mathrm{C}) + 0.5w(\mathrm{Cr}) - 13.4$$

增加碳化物数量能提高抗磨性，但降低韧性，并且也降低淬透性，故必须用其他合金元素来弥补淬透性的不足。

钼有一部分进入碳化物，一部分进入奥氏体，进入的钼量可以提高淬透性（见图2-16），而且钼降低马氏体转变温度 M_s 的作用不太大。当钼和铜联合使用时，提高淬透性的作用更大（见表2-31中的20-2-1牌号）。

镍不溶于碳化物，全部进入奥氏体，可以起充分提高淬透性的作用，但降低 M_s 的作用比钼大。大多数合金元素均降低 M_s，当加入各元素1%，对 M_s 的影响（↑表示使 M_s 上升，↓表示使 M_s 下降）见表2-32。

表 2-32　各元素对 M_s 的影响

元素名称	Si	Cr	Mo	Cu	Ni（<2%）	Ni（>2%）	Mn
对 M_s 的影响	22℃↑	5℃↑	7℃↓	17℃↓	41℃↓	14℃↓	40℃↓

铜能提高淬透性，作用小于镍。铜在奥氏体中的溶解度有限，用量常在2%以下。

锰稳定奥氏体，但剧烈降低 M_s，带来大量残余奥氏体。

硅降低淬透性，所以硅含量一般限制在0.8%以下。但硅提高 M_s，故当锰量用得高时，允许把硅含量提高到1.0%～1.2%。

钒可使碳化物球化。含V 0.1%～0.5%可细化激冷白口铸铁的组织，也能减少粗大的柱状晶组织。铸态时，钒与碳结合既生成初生碳化物，又生成二次碳化物，使基体中的碳量有所降低，提高 M_s，可获得铸态马氏体。在2.5C-1.5Si-0.5Mn-15Cr铸铁中加入Mo1%及V4%，即可在 $\phi22\sim\phi152mm$ 直径范围内得到马氏体基体。由于钒价昂贵，此法只用于不宜热处理的铸件。

硼能提高碳化物的硬度，且能生成很硬的化合物。硼溶入金属基体中能有效地提高基体的显微硬度。硼对 M_s 的影响很小，薄件在铸态也能得到马氏体。硼的这些作用可以从表2-33中看出。

表 2-33　硼对铸态中各组织硬度的影响

组　　　织	显微硬度（HV$_{50}$）				
	B 0.11%	B 0.35%	B 0.57%	B 0.89%	B 1.26%
奥氏体	478	481	467		
马氏体			751	862	950
共晶碳化物	1565	1570	1783～2135	1600～2200	1891～2688
初生碳化物					1953

注：铸铁化学成分为 C2.6%～2.8%、Cr 16%～18%、Mo 0.07%、Si<1.0%、Mn<0.8%、S<0.15%、P<0.03%。

高铬白口铸铁的金相组织随化学成分和冷却速度而定。薄件在铸态可能得到奥氏体组织（见图2-17），但若淬透性不足或铸件较厚，则铸态基体可能是奥氏体、马氏体、珠光体的混合物。经高温处理后，由于二次碳化物的析出，降低基体中碳和铬量，才能获得马氏体组织，但往往伴随有数量不等的残余奥氏体。由于弥散的二次碳化物分布在基体中，在光学显微镜下很难分辨出基体的真正面貌，如图2-18所示。

高铬白口铸铁的密度为 $7.7g/cm^3$。

碳量、铬量与弹性模量（E）、比定压热容（c_p）、热导率（λ）和电阻率（ρ）的关系示于图2-19中。

高铬白口铸铁的热膨胀系数为 $(11\sim15)\times10^{-6}K^{-1}$（20～100℃）、$(13\sim18)\times10^{-6}K^{-1}$（20～425℃）。

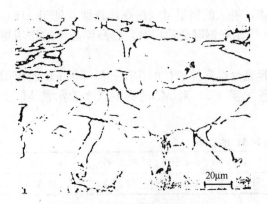

图 2-17 高铬白口铸铁的铸态组织

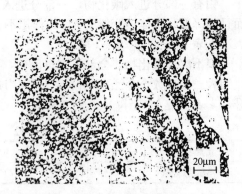

图 2-18 高铬白口铸铁的热处理态组织

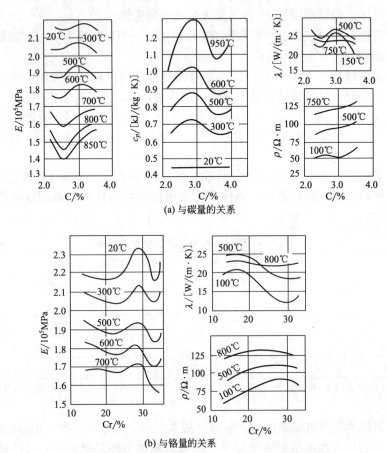

(a) 与碳量的关系

(b) 与铬量的关系

图 2-19 高铬白口铸铁物理性能与碳、铬量的关系

热扩散率 $a(\mathrm{m}^2/\mathrm{s})$ 按式(2-1) 计算：

$$a=\lambda/(\nu c_p) \tag{2-1}$$

式中 ν——密度，$\mathrm{kg/m}^3$；

$\quad\quad \lambda$——热导率，$\mathrm{W/(m \cdot K)}$；

$\quad\quad c_p$——比定压热容，$\mathrm{J/(kg \cdot K)}$。

碳对高铬白口铸铁抗弯及抗拉性能的影响如图 2-20 所示，碳对高铬白口铸铁抗压性能的影响见表 2-34，碳对高铬白口铸铁动态断裂韧性 K_{Id} 的影响如图 2-21 所示。

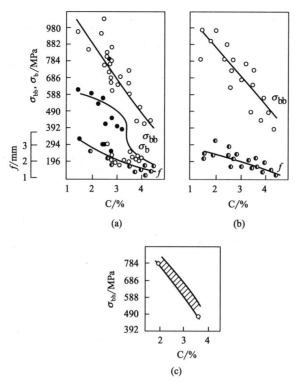

图 2-20　碳对高铬白口铸铁抗弯强度 σ_{bb}、抗拉强度 σ_b 和挠度 f 的影响

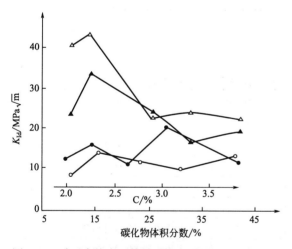

图 2-21　碳对高铬白口铸铁动态断裂韧性 K_{Id} 的影响

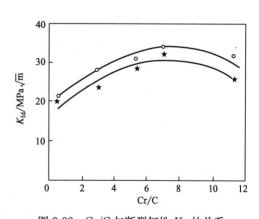

图 2-22　Cr/C 与断裂韧性 K_{Id} 的关系

表 2-34　碳对高铬白口铸铁（Cr17%，Mo0.5%，Cu5%）抗压性能的影响

状态	C/%	抗压强度 /MPa	(0.1%) 抗压屈服点 /MPa	(0.2%) 抗压屈服点 /MPa	弹性模量 E /MPa	破坏时截面收缩率 ϕ/%
铸态	1.2	2800	550	610	180000	38
	1.8	2560	600	690	186900	27
	2.4	2280	800	900	185000	16
	3.0	2270	920	1050	187000	9
	3.6	2380	1050	1220	201000	5

状态	C/%	抗压强度/MPa	(0.1%)抗压屈服点/MPa	(0.2%)抗压屈服点/MPa	弹性模量 E/MPa	破坏时截面收缩率 ϕ/%
1010℃/h，空淬	1.2	3480	850	1010	184000	13
	1.8	3390	1460	1690	191000	9
	2.4	3290	1550	1820	194000	8
	3.0	3270	1420	1730	185000	6
	3.6	3160	1280	1610	194000	4

高铬白口铸铁中如果保持碳化物百分含量不变（20%～25%），Cr/C 将对断裂韧性产生影响，如图 2-22 所示。

碳对高铬白口铸铁静态断裂韧性 K_{Io} 的影响见表 2-35。

表 2-35　碳对高铬白口铸铁（Cr15%）静态断裂韧性 K_{Io} 的影响

C/%	硬度（HV）	抗弯强度/MPa	静态断裂韧性 K_{Io}/MPa$\sqrt{m}$
0.8	425/630	584/995	41.8/29.2
1.1	320/680	510/1055	35.2/29.9
1.4	350/750	670/1117	29.8/29.9
2.1	485/790	760/865	27.3/26.1
2.8	510/825	788/843	23.9/22.8
3.4	530/850	—	17.7/17.9

注：分子—铸态，分母—淬火态。

金属基体对高铬白口铸铁抗弯性能的影响见表 2-36。

表 2-36　金属基体对高铬白口铸铁抗弯性能的影响

回火温度/℃	硬度（HRC）	抗弯强度/MPa	挠度/mm	金属基体组织
930℃空淬+2h 淬火				
无回火	63～65	775	1.16	淬火马氏体+残余奥氏体
200	63～65	960	1.16	回火马氏体+残余奥氏体
300	62～64	971	1.1	
400	62～64	974	1.04	
500	60～62	1028	0.94	马氏体和奥氏体开始分解
600	49～52	1005	1.98	马氏体和奥氏体的分解产物
1100℃空淬+2h 回火				
200	43～46	578	1.10	奥氏体
500	47～50	656	1.09	奥氏体+二次碳化物
600	55～57	899	2.0	马氏体+奥氏体
860℃/2h,随炉冷却 40℃/h				
—	32～34	913	1.3	

注：1. 成分（%）为 C3、Si0.7、Mn0.8、Cr14、Mo1.5。
2. 试样直径 12mm，切自经 860℃/2h 退火的 25mm×160mm×135mm 毛坯上，支距 120mm。

2.2.1.3 高铬白口铸铁的铸造性能

白口抗磨铸铁的铸造性能较差，由于热导率较低，塑性差，收缩大，白口铸铁的热裂和冷裂倾向大。白口铸铁的铸造性能列于表 2-37。

表 2-37 白口铸铁的铸造性能

铸铁	温度/℃		密度 /(g/cm³)	收缩率/%		流动性 (1400℃) /mm	热裂倾向等级
	液相线	固相线		线收缩	体收缩		
Ni-Hard2	1236~1278	1145~1150	7.72	2.0/1.9~2.2	8.9	400/310~500	1/1~2
高铬白口铸铁(C2.8、Cr28、Ni2)	1290~1300	1255~1275	7.46	1.94/1.65~2.2	7.5	350/300~400	3/3~4
高铬白口铸铁(C2.8、Cr17、Ni3、Mn3)	1280~1300	1240~1265	7.55~7.63	2.0/1.9~2.2	7.5	400/370~500	3/3~4
珠光体白口铸铁	1290~1340	1145~1150	7.66	1.8	7.75	240/230~260	<1
高铬白口铸铁(C2.8、Cr12、Mo1)	1280~1295	1220~1225	7.63	1.83/1.8~1.85	7.8	530/500~560	2/2~3
高铬白口铸铁(C2.3、Cr30、Mn3)	1290~1300	1270~1280	—	1.7~1.9		375~400	—

注：1. 表中数据为分数，带斜线时，斜线左边的数为平均值。
　　2. 热裂倾向值越小，热裂倾向越大。
　　3. 铸铁化学成分为百分含量（%）。

碳和铬对白口铸铁铸造性能有较大的影响，见表 2-38。

表 2-38 碳和铬对白口铸铁铸造性能的影响

成分/%		温度/℃			线收缩率 /%	流动性 /mm
C	Cr	液相线	固相线	试样浇注		
1.53	12.6	1410	—	1490~1500	—	415、410
1.53	13.0				2.18	—
1.80	12.2	—		1440~1500	1.91	
2.19	13.5	1335	1220	1440~1460		470、460、420
1.96	13.1	1370		1440~1460	1.8	550、530、520
1.98	13.6	1340		1440~1460		
3.02	12.84	1265	1220	1370~1380	—	—
3.03	13.2	1285	1220	1370~1380	—	—
3.10	13.7	1280	—	1370~1380	1.74	650、610、610
3.6	13.1	1210	—	1310~1330	—	—
3.55	12.9	—	—	1310~1330		660、650、610
3.57	14.2	1230	—	1310~1330	1.64	820、800
3.67	13.5	1225		1310~1330		
3.94	12.1	1230		1320~1330		1050、900
4.15	13.8	—		1320~1330		900、880
4.0	12.3	1220	1180	1320~1330	1.78	—

成分/%		温度/℃			线收缩率/%	流动性/mm
C	Cr	液相线	固相线	试样浇注		
2.86	18.1	1280	—	1390~1400		765、610
2.78	18.8	1290	1230	1390~1400	—	—
2.84	17.9	1275	1250	1390~1400	—	—
2.85	16.4	—	—	1390~1400	2.31	520、500
2.72	24.5	1280	—	1380~1400	1.99	850、700
2.79	23.8	1280	—	1380~1400	2.0	—
2.84	24.3	—	—	1380~1400	1.98	930、900、850
2.80	29.3	1300	—	1380~1400	—	1100、1000
2.84	31.5	1260	—	1390~1400	2.12	—
2.92	29.0	—	1260	1390~1400	2.08	1050、1022、1000
				1390~1400		

　　碳和铬对与冷裂有密切关系的残余应力也有影响。对不同白口铸铁在应力框上所测得的残余应力见表 2-39。表中数据与 C0.3% 钢作了对比。

表 2-39　碳和铬对白口铸铁残余应力的影响

钢或铸铁	C/%	Cr/%	残余应力/MPa
C0.3% 钢	0.26	0.27	33
白口铸铁（C2.2、Cr12、Mn3、Mo1）	2.15	12.8	360
白口铸铁（C2.1、Cr12、Mn4）	2.10	13.0	330
白口铸铁（C2.8、Cr12、Mn5）	2.61	13.0	238
白口铸铁（C2.9、Cr12、Mn3、Mo1）	3.04	11.9	158
白口铸铁（C2.2、Cr28、Ni2）	2.42	32.0	101
白口铸铁（C2.5、Cr30、Mn3）	2.52	33.5	70
白口铸铁（C2.1、Cr30、Mn3）	2.16	30.2	6
白口铸铁（C3.0、Cr28、Ni2）	2.71	25.5	28

　　注：铸铁化学成分为百分含量（%）。

2.2.1.4　高铬白口铸铁的热处理

　　各种白口铸铁的热处理在原理上有许多共同点，但对高铬白口铸铁的热处理研究得比较多。热处理的原始状态是铸态组织，如果冷却很慢，则平衡状态图具有一定参考价值，图 2-6 是 Fe-Cr-C 系中三个等铬面。

　　高铬白口铸铁在作等温处理时就需要等温转变图。图 2-23、图 2-24 是等温转变曲线，图中所示等温处理是指升温至奥氏体化温度，析出二次碳化物，使奥氏体中的碳及其他合金元素含量有所降低，从而使奥氏体稳定性也有所降低的处理过程。

　　图 2-24 所得回归方程是：

$$\lg 珠光体时间 (s) = 2.61 - 0.51C + 0.05Cr + 0.37Mo$$

　　适用范围为 C 1.95%~4.31%、Cr 10.8%~25.8%、Mo 0.02%~3.80%。

　　式中，珠光体时间=珠光体转变鼻子在时间轴上的位置。

$$\lg 珠光体时间 (s) = -4.12 + 0.04Cr + 0.35Mn + 0.47Mo + 0.82Ni + 0.32Cu$$

　　适用范围为 C 2.57%~3.39%、Cr12.1%~13.5%、Si0.48%~0.62%、Mn0.63%~3.10%、Mo0.0%~3.11%、Ni0.0%~3.02%、Cu0.0%~2.40%。

　　式中，珠光体时间=珠光体转变 10% 曲线在时间轴上的位置。

　　然而，铸件在铸型中的冷却或者淬火热处理时铸件在空气中的冷却都是连续冷却过程，

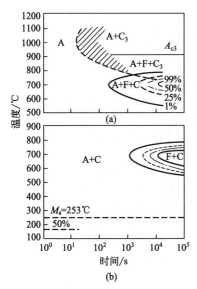

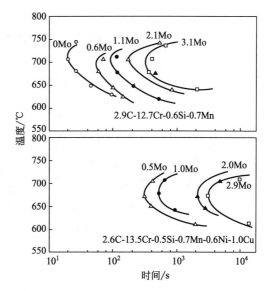

图 2-23　高铬白口铸铁的等温转变曲线　　图 2-24　钼对两种高铬白口铸铁等温转变（10％珠光体）的影响

则需用连续冷却转变曲线（CCT 曲线）。图 2-25 是一种高铬白口铸铁的连续冷却转变曲线。图中是模拟 $\phi 5 \sim 1000mm$ 圆棒在空气中冷却的情况，可以预计到不出现珠光体的临界圆棒直径。下式可以估计空冷时不出现珠光体的最大直径 D：

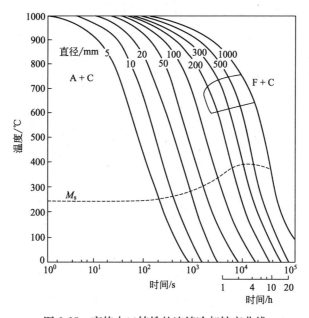

图 2-25　高铬白口铸铁的连续冷却转变曲线

$$\lg D(mm) = 0.32 + 0.158Cr/C + 0.385Mo$$

图 2-26～图 2-28 是 3 种典型高铬白口铸铁的连续冷却转变曲线。测定某一铸件的冷却曲线，并将它覆盖到相应成分高铬白口铸铁的连续冷却转变曲线上，即可预计该铸件将获得的组织以及相应的维氏硬度。将某一铸件的冷却曲线覆盖到不同成分高铬白口铸铁的连续冷却转变曲线上，则可以估计出应该采用何种成分的高铬白口铸铁，才能使该铸件避免出现珠光体而得以淬透。

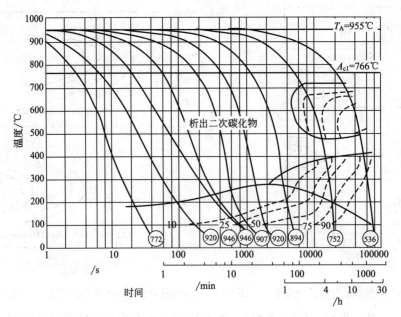

图 2-26　15-3 高铬白口铸铁的连续冷却转变曲线

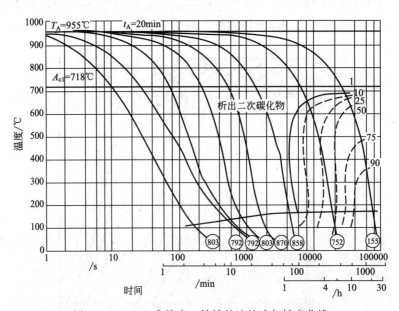

图 2-27　15-2-1 高铬白口铸铁的连续冷却转变曲线

　　良好的抗磨性往往是以淬火处理得到的，而淬火处理加热温度的选择是至关重要的，要根据铸件的厚度确定淬火加热温度，才能得到高硬度。

　　对铸态为马氏体＋奥氏体混合基体的高铬白口铸铁，可以不作高温热处理，采用 (500±25)℃的亚临界热处理。亚临界热处理可以消除内应力及减少残余奥氏体。

　　高铬白口铸铁也可以退火，得到珠光体基体，降低硬度，使切削加工成为可能。

　　15-3 高铬白口铸铁的退火工艺如下：随炉缓慢升温至 950℃，至少保温 1h，炉冷至 820℃，以后以小于 50℃/h 的速度炉冷至 600℃，600℃以下可以炉冷或置于静止空气中冷却。对于 15-2-1 或 20-2-1 的高铬白口铸铁，由于淬透性高，不易珠光体化，应采用以

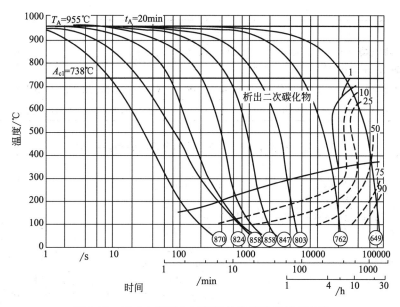

图 2-28 20-2-1 高铬白口铸铁的连续冷却转变曲线

下退火工艺：随炉缓慢升温至 950℃，至少保温 1h，炉冷至 820℃，以后以 10～15℃/h 的速度炉冷至 700～720℃，并在此温度保温 4～20h，然后炉冷或出炉在静止空气中冷却至室温。

即使在空气中冷却的高铬白口铸铁件，其中也存在着较大的内应力，应尽快地进行回火处理，回火处理的加热温度从消除内应力角度应不低于 400℃。

此外，回火处理还使马氏体得到回火，使残余奥氏体有所减少。高铬抗磨白口铸铁件热处理规范见表 2-40。高铬铸铁球磨机磨球的金相组织和使用特性见表 2-41。高铬抗磨白口铸铁件的金相组织和使用特性见表 2-42。

表 2-40　高铬抗磨白口铸铁件热处理规范

牌号			
BTMCr12-DT	920～960℃保温,缓冷至 700～750℃保温,缓冷至 600℃以下出炉空冷或炉冷	940～980℃保温,出炉后以合适的方式快速冷却	
		900～980℃保温,出炉后以合适的方式快速冷却	在 200～550℃保温,出炉空冷或炉冷
BTMCr12-GT		900～980℃保温,出炉后以合适的方式快速冷却	
BTMCr15		920～1000℃保温,出炉后以合适的方式快速冷却	
BTMCr20	960～1060℃保温,缓冷至 700～750℃保温,缓冷至 600℃以下出炉空冷或炉冷	950～1050℃保温,出炉后以合适的方式快速冷却	
BTMCr26		960～1060℃保温,出炉后以合适的方式快速冷却	

表 2-41　高铬铸铁球磨机磨球的金相组织和使用特性

牌号	金相组织	使用特性
ZQCr26	共晶碳化物(M_7C_3)＋二次碳化物＋马氏体＋残余奥氏体	有良好的耐磨性和耐蚀性,适用于中、大直径磨机
ZQCr15	共晶碳化物(M_7C_3)＋二次碳化物＋马氏体＋残余奥氏体	有良好的耐磨性和耐蚀性,适用于中、大直径磨机

牌号	金相组织	使用特性
ZQCr12	共晶碳化物(M_7C_3)＋二次碳化物＋马氏体＋残余奥氏体或共晶碳化物(M_7C_3)＋细珠光体	有良好的耐磨性和耐蚀性,适用于中、大直径磨机
ZQCr20	共晶碳化物(M_7C_3及少量其他碳化物)＋细珠光体	有良好的耐磨性和耐蚀性,适用于中、大直径磨机
ZQCr2	共晶碳化物(M_7C_3)＋珠光体	有良好的耐磨性和耐蚀性,适用于中、小直径磨机

表 2-42　高铬抗磨白口铸铁件的金相组织和使用特性

牌号	金相组织		使用特性
	铸态或铸态并去应力处理	硬化态或硬化态并去应力处理	
BTMCr12	共晶碳化物 M_7C_3＋奥氏体及其转变产物	共晶碳化物 M_7C_3＋二次碳化物＋马氏体＋残余奥氏体	可用于中等冲击载荷的磨料磨损
BTMCr15Mo	共晶碳化物 M_7C_3＋奥氏体及其转变产物	共晶碳化物 M_7C_3＋二次碳化物＋马氏体＋残余奥氏体	可用于中等冲击载荷的磨料磨损
BTMCr20Mo	共晶碳化物 M_7C_3＋奥氏体及其转变产物	共晶碳化物 M_7C_3＋二次碳化物＋马氏体＋残余奥氏体	有很好的淬透性,有较好的耐蚀性,可用于较大冲击载荷的磨料磨损
BTMCr26	共晶碳化物 M_7C_3＋奥氏体及其转变产物	共晶碳化物 M_7C_3＋二次碳化物＋马氏体＋残余奥氏体	有很好的淬透性,有较好的耐蚀性和抗高温氧化性,可用于较大冲击载荷的磨料磨损

注：金相组织中 M 代表 Fe、Cr 等金属原子，C 代表碳原子。

2.2.1.5　高铬白口铸铁的生产技术

2.2.1.5.1　高铬白口铸铁的熔炼

（1）高铬白口铸铁化学成分　高铬白口铸铁的化学成分为 C 2.6％～3.1％、Cr 18％～22％、Mo 1.7％～2.1％、Cu 0.7％～1.2％、Mn 0.5％～0.7％、Si 0.4％～0.9％、P＜0.05％、S＜0.05％。

（2）原料要求

① 废钢：$w(C)＜0.6％$。

② Cr 铁：$w(Cr)＝55％～65％$，$w(C)≤4％$。

③ Mn 铁：$w(Mn)＝55％～65％$，$w(C)＝6％～8％$。

④ Mo 铁：$w(Mo)＝58％～65％$，$w(C)＝0.05％～0.15％$。

还需工业纯铜和废旧电极块（用于调整碳含量）等。

（3）熔炼工艺要求

① 出炉温度。高铬白口铸铁的熔点约为 1200℃，出炉温度约为 1500℃，熔炼选用中频感应电炉。

② 炉衬。采用酸性或碱性炉衬均可，炉衬的配比、打结、烘干和烧结均按常规工艺进行。

③ 装料。一般按正常顺序加料，先将生铁、钼铁等难熔铁合金装入炉底，而后将废钢等按照下紧上松的原则装填（有助于塌料）。

④ 送电熔化。将电炉功率调至最大进行熔化，由于 Cr 的熔炼损耗较大（为 5％～15％），故铬铁应在最后加入，通常是待废钢全部熔化后加入烤红的铬铁。

⑤ 脱氧。待金属炉料全部熔化并提温至 1480℃后，再加入锰铁、硅铁及铝进行脱氧。

⑥ 浇注。在中频感应炉中熔化，温度不必太高，温度达到 1480℃时即可出炉，铁液在包内应停留一段时间进行镇静，视工件大小不同可在 1380～1410℃之间进行浇注。

2.2.1.5.2　生产工艺关键

① 高铬白口铸铁铸造性能较差，其热导率低，塑性差，收缩量大，且有大的热裂和冷裂倾向，在铸造工艺上要将铸钢和铸铁的特点结合起来考虑，必须充分注意铸件的补缩问题，其原则与铸钢件相同（采用冒口和冷铁，且遵循顺序凝固原则）。由于合金中铬含量高，易在铁液表面结膜，所以看起来铁液流动性差，但实际上流动性较好。

② 造型宜采用水玻璃硅砂等强度高且透气性好的砂型，涂料应采用耐火度高的高铝粉或镁粉与酒精混合拌制。为获得细晶粒组织和好的表面质量，在铸件外形不太复杂的情况下，金属型铸造也被广泛采用。

③ 高铬白口铸铁的收缩量与铸钢相近，模样制作上其线收缩率可按 1.8％～2％进行计算；其冒口大小可按碳钢的规定进行计算，由于高铬白口铸件的冒口不易切除，因此造型时在冒口形式上宜采用侧冒口或易割冒口。而浇注系统则按灰铸铁计算，但需把各截面积增加 20％～30％。浇冒口的选择应注意要保证铸件使用部位的质量，要尽量提高铸件的成品率。

④ 在具体零件的铸造工艺设计上，要注意不能让铸件出现受阻收缩，以免造成开裂。另外，浇注后开箱温度过高也极易造成铸件开裂，540℃以下的缓冷是十分必要的，应使铸件在铸型中充分冷却，然后再开箱清砂，或开箱后先勿清砂而堆在一起（铸件、浇冒系统等）围于砂缓冷。开箱周围环境必须保持干燥，不得潮湿有水，否则极易造成铸件裂纹。

⑤ 浇注温度要低，有利于细化树枝晶和共晶组织，而且可避免出现因温度过高而造成的收缩过大及表面粘砂等缺陷。浇注温度一般比其液相线（1290～1350℃）高 55℃左右，轻小件控制在 1380～1420℃，壁厚 100mm 以上的厚重件控制在 1350～1400℃。

2.2.1.5.3　高铬白口铸铁的热处理

（1）高铬白口铸铁的退火　由于高铬制品的铸态硬度较高，为改善工件的机械加工性能，所有毛坯必须进行必要的软化退火处理。以壁厚不超过 100mm 外形较复杂铸件为例，工艺曲线如图 2-29 所示。首先将需处理工件在室温下装入热处理炉，然后随炉缓慢升温至 400℃左右进行保温 1～2h，随后将炉温升至 600℃再进行保温 1～2h，之后以不超过 150℃/h 的温升速度，将炉温快速升至 950℃后进行 2～3h 的保温，而后停止加热，待炉温自然降至 820℃左右，此后可控制电炉以 10～15℃/h 的温降速度将炉温降至 700～720℃，并在此温度保温 4～6h（工件越厚其保温时间应越长）后停炉，工件可视情况随炉冷却或出炉置于静止的空气中冷却至室温（以获得珠光体基体，满足性能要求，便于切削加工）。

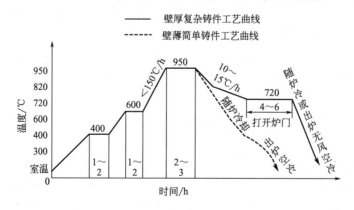

图 2-29　高铬铸铁的退火工艺曲线

若所处理工件形状较为简单，可采用较快速的退火工艺，即在温升至 950℃并保温 3h

后停炉，之后可随炉冷却至400℃左右，然后打开炉门，继续冷却至300℃以下，工件即可出炉空冷。工件退火后可进行机械加工，由于高铬白口铸铁在淬火过程中尺寸变化比铸钢和灰铸铁小得多，一般无需矫正尺寸，对于按工艺要求需磨削加工的工件所留磨削量也可很小。

（2）高铬白口铸铁的淬火　机械加工后将工件室温装炉，以小于80℃/h的温升速度将炉温升至600℃（工件较厚或形状复杂，在温升至300℃、400℃、500℃、600℃时分别给予0.5h的保温），之后以不超过150℃/h的温升速度将炉温升至淬火温度950～980℃后进行保温，保温时间为2～4h（视工件厚薄不同保温时间有所差别，越厚保温时间越长），而后将工件快速出炉进行空冷，若遇环境气温较高，淬火时应辅以强风和水雾喷洒，以强化冷却，淬火工艺曲线如图2-30所示。

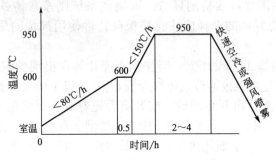

图2-30　高铬铸铁的淬火工艺曲线

（3）高铬白口铸铁的回火　为降低铸件残余应力和脆性，并保持其淬火得到的高硬度和耐磨性，同时也使马氏体得以回火，以及残余奥氏体有所减少，应对淬火后的工件再进行230～260℃的回火处理。具体工艺为将工件在室温状态下装炉，再升温至230～260℃，保温3～6h，之后出炉空冷。

2.2.1.5.4　高铬合金铸铁的性能

① 高铬白口铸铁的硬度：在铸态时为50～54HRC，退火后为38～43HRC，淬火后为60～67HRC。硬度随碳含量变化而变化，低碳时韧性好而硬度低，适用于冲击载荷较大的工况条件；高碳时硬度也稍高，适用于冲击载荷较小的工况条件，表现出良好的耐磨性。

② 高铬白口铸铁密度为$7.6～7.7g/cm^3$，线收缩率为1.8%～2.0%，体收缩率为7.5%～8.0%，在1400℃时流动性为300～500mm。

综上可知，根据高铬白口铸铁性能特点，合理制订熔炼工艺，以满足基体组织要求。热处理是获得合格高铬白口铸铁的必要手段，因此制订合理的热处理工艺显得十分重要。

2.2.2　高铬白口铸铁生产的新工艺技术

2.2.2.1　高铬白口铸铁的悬浮铸造技术

高铬白口铸铁铸件一般用砂型或金属型制造。这些铸造方法在控制铸件凝固方面有一定的局限性，凝固过程中产生的各种缺陷经常出现在铸件上，而造成高铬白口铸铁脆性断裂破坏的裂纹往往初生于诸如缩孔之类的缺陷处，向脆性集中的碳化物-基体界面扩展直至断裂。采取合适的铸造工艺，消除铸件中的孔洞性缺陷对于提高高铬白口铸铁抗早期断裂破坏能力是很有意义的。

　　悬浮铸造（或悬浮浇注）是以一定数量的金属粉末随浇注的金属液一同进入型腔，也就是说在浇注的时候，这些外加的粉末是悬浮于金属液流中进入型腔的。当悬浮剂的化学组成与金属液的化学成分相同或基本相同时，它主要起到冷却剂的作用，好似许多微型冷铁进入型腔的金属液中，从随机方向吸收热量，从而改变铸件的凝固过程、细化晶粒、减少缩孔，提高结晶取向的随机性（见图2-31）。当悬浮剂与金属液的化学成分不同时，它有可能起到孕育剂和合金添加剂的作用。悬浮剂也可以通过不同性质的金属或合金颗粒混合达到同时控制结晶凝固、孕育与合金化的目的。目前国内外在高铬白口铸铁磨球生产中已有一些厂家应用此法来提高磨球的完整性，进而提高抗冲击力和延长服役寿命。但对需要经过机械加工才能使用的抗磨粒磨损的磨具还未见报道。在LX-2K袖砖内模衬（见图2-32）上进行了应用悬浮剂铸造的试验研究，所用悬浮剂的化学组成、物理特性及粒度分布见表2-43、表2-44，现场服役寿命考核见表2-45。

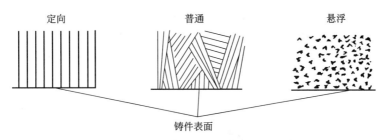

图 2-31　各类铸件凝固中树枝晶取向示意图

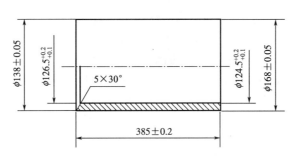

图 2-32　LX-2K 袖砖内模衬零件图

表 2-43　悬浮剂用铁粉的化学组成与物理特性

松散密度 /(g/cm³)	流动性 /s	主要化学组成/%			
		Fe	C	S	盐酸不溶性物质
2.51	38	98.84	0.075	0.026	0.19

表 2-44　悬浮铸造用粉末的粒度分布

目数	+100	−100 +120	−120 +160	−160 +200	−200 +250	250
分布量/%	微	20	25	18	19.8	35

表 2-45　LX-2K 袖砖内模衬服役寿命

悬浮剂加入量/%	0	0.5	1.0	2.0
模具报废时累计压砖块数	9211	12339	17000	4000

2.2.2.1.1　悬浮铸造特征

悬浮铸造通常分为两大类，即内源性悬浮铸造和外源性悬浮铸造。内源性悬浮铸造是指向熔体吹气（或其他方法）使熔体中自身产生一些固体质点，并均匀、弥散地悬浮其中。外源性悬浮铸造是指在浇注时，将一定量的金属颗粒加入金属液流中，使其与金属液一起充填铸型。从最后在铸件中存在的方式来看，这些金属颗粒可分成熔解的和熔合的。熔解的是在铸件凝固过程中金属颗粒逐渐熔入母液中；而熔合的则仅在表面与母体熔合，其主体并不熔化而嵌在其中。就金属颗粒的材质而言，可分成同质（与母体同一成分）和异质（具有其他成分的合金或多层颗粒）。悬浮铸造中应用较多的是外源性悬浮铸造工艺，而内源性悬浮铸造的工艺与设备比外源性悬浮铸造的要复杂得多。

在悬浮铸造情况下，浇注到铸型中的金属液不再是通常的过热液体，而是含有固体悬浮颗粒的悬浮金属液体。所添加的金属颗粒，如铁粉、各种铁合金粉，总称为悬浮剂。由于悬浮剂在金属熔体中具有内冷铁作用，故又称为微型内冷铁。悬浮浇注时，悬浮剂既不加入浇包，也不直接加入铸型型腔，而是在浇注时加入浇注系统中。

由于悬浮铸造使金属液体流动性下降，且随着悬浮剂加入量的增加而明显下降，故必须适当增加内浇道尺寸。通常，悬浮铸造金属熔液的流动性比普通金属熔液的低 15%～20%，悬浮铸造时内浇道尺寸比普通铸造时增加 12%～15%，效果较好。

2.2.2.1.2　悬浮剂分类与组成

悬浮剂具有较大的比表面积，分布于金属液中，与金属液产生一系列热的、机械的、物理化学的作用，可控制金属的凝固、孕育和合金化过程。根据悬浮剂的主要作用，可将其分为三类：冷却剂、孕育剂、合金添加剂。其中冷却剂是与金属液化学成分相同的质点，其主要功能是降低金属液体温度，具有微型内冷铁作用。通过降低过热区使等轴晶区扩大，导致细小等轴晶的生成。如在铸造碳钢件时加入铁粉和钢丸。其加入的质量分数一般为 0.5%～5.0%，粒度为 0.5～3.0mm。而孕育剂的化学成分与金属液不同，是一些能消除过冷并与氧的亲和力较大的活泼金属质点。它能改变铸造组织的形态和分布，形成新的弥散相。孕育剂加入的质量分数一般为 0.01%～0.5%。合金添加剂是指化学成分与金属液不同的不活泼金属质点，能形成新的相组织，用于铸造合金钢、合金铸件。合金添加剂加入的质量分数为 0.5%～3.0%。

为了提高铸件的耐磨性而加入硬质相悬浮剂，即在金属液体中加入高熔点和高硬度的硬质相化合物。表 2-46 是常见硬质相化合物的物理性能，它们均可作为悬浮浇注时的悬浮剂。

表 2-46　硬质相化合物的物理性能

化合物	密度/(kg/m³)	熔点/℃	显微硬度(HV)	化合物	密度/(kg/m³)	熔点/℃	显微硬度(HV)
Cr_2B	6500	1870	1350	V_3B	5970	2350	1900
ZnB	6170	3180	2190	MoB	8881	2600	2400
ZnN	7090	1850		VB_2	5000	2400	2800

文献对悬浮剂加入数量和悬浮剂尺寸的理论计算公式进行了详细推导。前提是浇注时加入的悬浮剂在浇注系统中和型腔内应全部熔化，且熔化时间应控制在金属液体在浇注系统中流动以及型腔内过热热量散失的时间之内。如果颗粒过大、数量过多，当型腔内部金属液体开始凝固时会有一部分尚未熔化，导致悬浮剂过剩，不仅浪费材料，而且易造成铸件内部缺

陷。颗粒过小、数量过少则起不到预期的作用。

2.2.2.1.3　悬浮剂的选择

悬浮剂是悬浮铸造的根本，铸钢、铸铁用冷却型悬浮剂是铁粉或同材质切屑，成本低。但破碎、脱污、脱氧等处理工艺十分复杂。少量手工处理，很难保证质量。铁粉则有商品出售，一般都有质量保证，相比之下还是使用铁粉方便。

铁粉表面积大，极易氧化。若将氧化了的铁粉作为悬浮剂，不能提高铸件的完整性，反而会在铸件中产生各种缺陷（如气孔、非金属夹杂和裂纹等）。因此要注意保持铁粉干燥和不过分暴露在大气中。

铁粉的粗细会影响铁粉在加粉斗中的下流速度，极端时还会阻塞加粉斗，使悬浮中断。过粗的铁粉会出现与金属液熔合不良的夹生倾向。

2.2.2.1.4　悬浮剂的加入量

这是悬浮铸造的关键工艺参数，加少了不能有效控制凝固，多了又会因降温过大造成充填困难，或者引起悬浮剂结团夹在铸件中，或因与高温气体接触时间长而氧化，形成铸件内的氧化夹杂。从表 2-45 中看出，悬浮量合适时，服役寿命比不悬浮的提高约 80%，悬浮量过大时，寿命不及不悬浮的 50%。从表 2-47 的冲击值可以看出，悬浮铸造确实可以提高冲击韧性，但是悬浮量为 1.0% 时，虽然平均值仍是升高的趋势，已经不稳定了，断口扫描电镜照片也证明，断口有夹杂物存在。所以，尽管金相照片证明，悬浮剂量增加有益于细化组织，破坏碳化物，但服役寿命并没有继续提高。相反，悬浮量为 2% 时，模衬出现早期断裂、软点、凹坑，使服役寿命大大缩短。

表 2-47　10×10 试样冲击值

悬浮剂加入量/%		0	0.5	1.0
α_k /[(kgf·m)/cm²]	1	0.33	0.36	0.34
	2	0.33	0.36	0.46
	3	0.33	0.36	0.35

注：1kgf=9.80665N。

2.2.2.1.5　外浇口系统

悬浮铸造的外浇口系统与一般砂型铸造不同（见图 2-33）。一般砂型铸造的浇口杯是要促使金属液形成垂直面上的旋流，以利于浮渣。曾试用这种浇口杯用于悬浮铸造，结果铁粉无法进入直浇口，常常结团浮在液面上，或黏附在浇口杯壁上，甚至阻塞直浇口，使浇注中断。只有浇口杯不充满时，粉末在直浇口内的下流才顺畅，此时这种浇口杯撇渣、防卷气的作用也随之消失。有水平旋涡的外浇口系统，金属液浇入时在直浇口处有水平旋涡，液面呈漏斗形，有负压，能比较好地吸附住供粉斗下落的铁粉，并卷入液流中心随金属液一道通过内浇注系统进入型腔。有水平旋涡的外浇口系统能使悬浮铸造顺利进行已是无疑的了，但它容易吸气和卷渣的缺点也同样是显而易见的。因此浇包中的渣一定要除干净，浇注速度也要适当控制，不要片面追求水平旋涡效应，使液面漏斗底太深，将气体吸入金属液中。

要想充分利用悬浮铸造工艺的优点，使高铬白口铸铁的抗磨性能得到充分发挥，就一定要选择好适当的悬浮剂，掌握正确的悬浮剂用量，并且严格管理浇注操作。

2.2.2.1.6　悬浮铸造技术的发展

随着悬浮铸造技术的发展，国外又试验了以下几种方法。

（1）利用电能的方法　该方法包括如下几种。

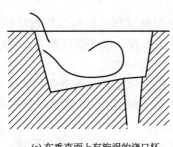
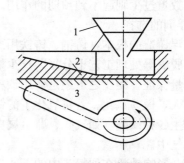

(a) 在垂直面上有旋涡的浇口杯　　　　　　(b) 有水平旋涡的浇口杯

1—铁粉斗；2—浇口杯；3—芯型

图 2-33　普通砂型铸造用浇口杯和悬浮铸造用浇口杯

①用电磁搅拌将悬浮剂和金属液体混合，这主要用于铸造大型铸锭和连续铸钢。

②在浇注铸件和铸锭时，用电磁脉冲方法将悬浮剂加入到金属液流中，此装置仅适用于添加的悬浮剂是铁磁性的。

③用电磁泵添加悬浮剂。

④用感应旋转方法使悬浮剂形成一个"沸腾层"，然后使金属液流通过此层浇入铸型。

⑤在隙缝式换热器和电磁泵输送中冷却金属液体。

（2）利用真空和振动的方法　该方法包括：

①依靠金属液体在真空中以分散的细流沿着附加振动的换热器运动，而得到悬浮金属熔液。

②当在真空中浇注金属液时，依靠在换热器空腔中冷却介质的熔化和蒸发使金属液流急剧冷却，而得到悬浮金属液。

③通过一个振动的漏斗浇注金属液，使下落的金属液流得到附加的冷却。

（3）利用气体的方法　该方法包括：

①当在附加的换热器的空腔中使金属液流雾化时，急剧地冷却金属液体。

②在浇注时将悬浮剂吹到金属液体中。

③用惰性气体和粉末状悬浮剂吹炼金属液体。

（4）其他方法　该方法包括：

①将悬浮剂通过柱塞式漏包加到下落的金属液流中心。

②用聚苯乙烯泡沫塑料制造模样，将悬浮剂充填在泡沫孔中，并用这种模样进行铸型铸造就可得到悬浮金属熔液。

③用装在浇包上的自动装置将悬浮剂加到下落的金属液流中，用该方法可以保持较大的金属压头浇注成形铸件。

2.2.2.1.7　悬浮铸造耐磨铸铁的组织和性能

（1）普通高铬白口铸铁悬浮铸造　针对造成高铬白口铸铁类材质脆性断裂的裂纹往往萌生于缩孔之类的缺陷处，然后才向脆性集中的碳化物-基体界面扩展直至断裂的理论，提出了用悬浮铸造方法生产高铬白口铸铁件，消除铸件中的孔洞性缺陷，提高高铬白口铸铁的抗早期断裂破坏能力。并以铁粉作悬浮剂，研究了悬浮铸造对高铬白口铸铁模具冲击韧性和高铬白口铸铁制砖模寿命的影响，见表 2-48。悬浮剂量合适时，模具寿命比不加悬浮剂时提高 80%；悬浮剂量过大，引起悬浮剂结团夹在铸件内，反而会缩短模具寿命。

表 2-48　悬浮铸造对高铬白口铸铁模具冲击韧性和使用寿命的影响

悬浮剂加入量(质量分数)/%	0	0.5	1.0	2.0
冲击韧性/(J/cm²)	3.3	3.6	3.8	—
模具报废时累计压砖数/块	9211	12339	17000	4000

用 66Cr-Fe 合金作为悬浮剂,悬浮剂颗粒为 70～100 目,加入的质量分数分别为1.0%、1.5%、2.0% 和 2.5%,加入方法为冲入法,对质量分数为 2.8%～3.0%C、0.8%～1.0%Si、16%～18%Cr、0.6%～0.8%Mn、<0.05%S 和 <0.05%P 的高铬白口铸铁进行悬浮铸造。结果表明,适量地加入悬浮剂,可以明显地改变高铬白口铸铁的组织,使原来连续网状的碳化物变为细小均匀的颗粒碳化物。当不加悬浮剂时,高铬白口铸铁的冲击韧性较低,随着悬浮剂加入量的增加,其冲击韧性也不断增加,当悬浮剂加入的质量分数为1.5% 时,其冲击韧性最高,比原来提高 20%～30%,继续增加悬浮剂则降低冲击韧性。这主要是因为过多的悬浮剂会恶化组织。另外,加入悬浮剂后,高铬白口铸铁的耐磨性也有较大的提高,最大提高幅度为 20%。

(2) 过共晶高铬白口铸铁悬浮铸造　目前工业中应用的高铬白口铸铁大部分是亚共晶,而碳含量较高且耐磨性好的过共晶高铬白口铸铁应用较少,这主要是由于碳含量超过共晶点后,初生 M_7C_3 型碳化物的形态粗大而使韧性大幅度降低的缘故。有人研究了悬浮铸造细化过共晶高铬白口铸铁的显微组织,过共晶高铬白口铸铁的质量分数是 4.0%C 和 20.0%Cr。选用直径 0.1～0.2mm 铁合金丸作为悬浮剂,悬浮剂的化学成分见表 2-49。悬浮铸造对过共晶高铬白口铸铁的初生碳化物具有明显的细化作用。随着悬浮剂的增多,初生碳化物的细化程度也逐步增大。各个试样组织中依然有长条状的初生碳化物出现,不过初生碳化物的长度和宽度均明显变小。这表明悬浮铸造虽能细化初生碳化物,但并没有彻底改变其形貌。

表 2-49　悬浮剂的化学成分

元素	C	Si	Mn	S	P	Fe
质量分数/%	0.7～1.20	0.4～1.20	0.6～1.20	<0.05	<0.05	余量

钨合金白口铸铁是立足于我国资源丰富、生产简便、成本较低的新型耐磨材料,具有优良的耐磨性。用于生产磨料低应力冲刷磨损件,如混凝土搅拌机铲片和矿山砂浆泵体,均取得了较好的经济效益,但用于制作冲击磨损件和高应力凿削磨损件,如球磨机衬板和破碎机锤头等,尚韧性不足。造成钨合金白口铸铁韧性低的主要原因是其组织中的共晶碳化物以M_3C 型为主,在普通铸造凝固过程中,它们往往生长成为粗大、连续的网状;由于热流方向的影响,使显微组织表现出各向异性,这些对钨合金白口铸铁的使用性能造成了不利的影响。目前广泛采用的措施有变质处理、高温热处理等,它们虽有一定效果,但成本高,处理复杂,推广和应用还有一定困难。

2.2.2.2　固溶混合铸造高铬白口铸铁技术

2.2.2.2.1　固溶混合铸造高铬白口铸铁的制备及性能试验

(1) 固溶混合铸造技术制备高铬白口铸铁合金坯料　固溶混合铸造是在传统半固态加工技术的基础上发展起来的一项新型材料制备技术,是将大量同种成分或润湿性好的一种合金粉末加入到过热的合金熔体中强烈搅拌,当合金熔体处于某一半固态时,迅速将浆料转移压铸成形或进行其他热加工的一种材料制备技术。固溶混合铸造能有效细化合金晶粒,提高材料性能，是一种有效的微晶材料制备技术。

试验中制备的高铬白口铸铁含 15%Cr、2.5%C，为亚共晶成分。由于 $w(Cr)=15\%$ 时，凝固区间较大（65℃），便于进行半固态铸造。配制高铬白口铸铁的材料主要有生铁、铬铁、废钢、高铬白口铸铁粉末。生铁的成分（质量分数，%）为 3.85%C、1.82%Si、0.24%Mn、0.017%S、0.083%P，其余为铁；铬铁的成分（质量分数，%）为 66.48%Cr、0.08%C、1.15%Si，其余为铁；废钢为 20 号钢板余料；高铬白口铸铁粉末的成分（质量分数，%）为 15%Cr、2.5%C。粉末的制取是将高铬白口铸铁熔体浇注成柱状试棒，经退火后车削成细屑，再将车屑球磨成−80 目和＋80 目粉末。

采用 20kg 中频炉进行高铬白口铸铁的熔炼，其制备过程为：将生铁放入中频炉的坩埚中加热熔化，熔化温度为 1500℃左右，生铁熔化后，依次放入废钢和铬铁，当合金熔体全部熔化后，加入质量分数为 0.01%～0.015% 的纯铝进行脱氧，然后将熔体扒渣后浇入氧化铝坩埚中静置到 1360℃左右进行浇注。固液混合铸造时，将自制的可保温金属模型加热到 1000℃，将熔体浇注到模具中并同时进行加粉搅拌，粉末加入量为 10%（质量分数），待混合熔体转变为半固态状态，迅速将浆料转移到 YJ32-315A 型四柱液压机上压铸成锭坯，用以进行组织观察和性能研究。

（2）固溶混合铸造合金拉伸试验和冲击试验　将普通铸造和固溶混合铸造制备的高铬白口铸铁合金车成图 2-34(a) 所示的拉伸试样。将拉伸试样装夹在 WDW-E200 型拉伸机上检测室温力学性能，拉伸速度为 0.2mm/min。

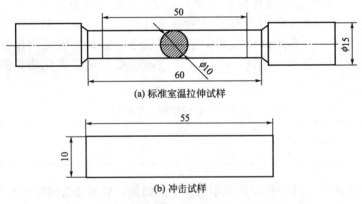

图 2-34　拉伸试验和冲击试验的试样图

将普通铸造和固溶混合铸造制备的高铬铸铁合金加工成图 2-34(b) 所示的冲击试样。冲击试样为缺口试样。冲击韧性试验在 JB-5 型冲击试验机上进行。试验依照国标 GB/T 229—1994《金属夏比缺口冲击试验方法》进行。

采用 JSM-5610LV 型扫描电镜观察拉伸试样断口和冲击试样。

2.2.2.2.2　提高拉伸冲击性能

① 高铬白口铸铁合金经固溶混合铸造工艺，其拉伸性能较普通铸造试样得到了明显的提高，试样在固溶混合铸造后再进行重熔处理，其抗拉强度最高。

② 固溶混合铸造工艺提高了高铬铸铁合金的冲击性能。试样的冲击断裂包含了沿晶断裂和解理断裂两种机制，以解理断裂机制为主，韧性较普通铸造试样有明显提高。

③ 拉伸性能和冲击性能的提高是由于固溶混合铸造工艺细化并球化了合金的 M_7C_3 共晶碳化物，减少了共晶团尺寸，使得合金塑性变形时共晶碳化物的应力集中大大减小，共晶组织中由于相界面的增加而使位错塞积程度降低，相界面开裂的倾向减小。

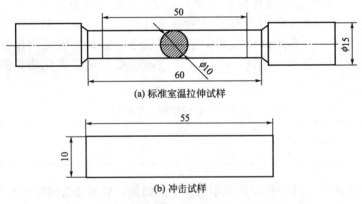

2.2.2.3 孕育处理提高高铬合金铸铁耐磨性工艺

高铬合金铸铁通过孕育处理可控制碳化物生长过程，稳定碳化物的形态和组织，细化晶粒，增加硬度，改善耐磨性。目前使用的孕育剂种类很多，有碳化物稳定剂和复合孕育剂等。复合孕育剂就是在硅中加入碳化物稳定化系金属而组成的合金。

高铬合金铸铁经过孕育处理，使碳化物由粗大的、互相交错的杆簇群，变为彼此孤立、分布均匀的六角形细杆，改善了碳化物形状，使碳化物细化，减少对基体的割裂作用，因而提高了强度、韧性和耐磨性。用高铬合金铸铁代替中锰球铁生产的 8Hn 砂泵叶轮和圆盘，延长了使用寿命。为了进一步提高砂泵叶轮的耐磨性和延长叶轮的使用寿命，对高铬合金铸铁采用复合孕育剂进行孕育处理。这种铸件是在铸态下应用的，由于不需要热处理，所以价格便宜。

从本钢南芬选矿厂使用来看，由于使用寿命不断延长（见表 2-50），砂泵叶轮的订购数量逐年减少。

表 2-50 南芬选矿厂叶轮年消耗量

日 期	年订购叶轮数量	下降率/%
1982 年	150	
1983 年	120	20
1984 年	120	0
1985 年	100	16.7
1986 年	80	20

(1) 高铬合金铸铁孕育情况　高铬合金铸铁成分（%）为 C3.6~4.0、Si0.3~1.4、Mn<0.6、Cr26~32、Mo0.4~0.7、P<0.04、S<0.04。

(2) 使用的孕育剂种类及其成分　高铬合金铸铁的孕育剂用量为 0.2%~0.3% 较合适，孕育是铁液与合金之间的反应，因此孕育剂粒度细，反应就进行得快，但如果粒度过细，那么在与铁液反应之前就会完全与空气反应或者附在铁液表面进入渣中，反而会降低孕育效果。粒度为 3.5~8mm 时，孕育效果较好。孕育剂的加入温度很重要，在低温铁液中即使加入孕育剂也无效果。高铬合金的铁液温度为 1450~1550℃ 时，进行孕育处理效果好。孕育剂要经过 400~700℃ 预热方可使用。在孕育处理过程中，孕育剂在铁液中没有全熔化时要进行搅拌，使之全部熔化，然后除渣，除完渣进行浇注。孕育剂的种类及其成分见表 2-51。

表 2-51 孕育剂的种类及其成分　　　　　　　　　　　　单位：%

名　称	Si	Cr	Mo	Fe
复合剂 Si-Cr	30	50		其余
复合剂 Si-Mo	30		60	其余

变质处理就是向金属液体中加入一些细小的形核剂（又称为孕育剂或变质剂），使它在金属液中形成大量分散的人工制造的非自发晶核，从而获得细小的铸造晶粒，达到提高材料性能的目的。变质处理和孕育处理的目的都是细化晶粒。孕育处理的说法主要用于铸铁，变质处理主要用于非铁合金和铸钢。

耐磨铸铁孕育处理的主要目的是细化凝固组织、改善碳化物的形态和分布，使连续分布的碳化物变成断续、孤立甚至团球状分布，提高耐磨铸铁的强度和韧性，并改善耐磨性。目前孕育处理技术已在耐磨铸铁生产中成功推广使用。

2.2.2.3.1　低合金耐磨铸铁变质处理

　　低合金白口铸铁（即低合金耐磨铸铁）作为一种重要的耐磨材料，用于制作各种耐磨易损件，代替高锰钢及其他耐磨合金材料，经济效益十分显著。但由于组织中连续网状脆性碳化物（M_3C）分布在奥氏体的转变产物上，当材料承受外力时，裂纹易在碳化物与金属基体的界面产生，并沿着碳化物扩展，最终引起耐磨材料的破碎，这就制约了普通白口铸铁的推广应用。改变白口铸铁中碳化物的形态和分布，使其强韧化和耐磨性提高受到国内外普遍重视。采取的措施有高温淬火处理、高温锻造、高合金化和变质处理。其中通过变质处理改善白口铸铁的结晶组织，特别是改变碳化物的结构和形态，来提高其强度和韧性，随着最近白口铸铁的应用和发展受到普遍重视。因为方法简便，效果明显，而且可以节省大量合金元素，在我国生产各种白口铸铁时都已得到应用。常使用的变质剂有硼、钒、钛、铌、稀土、铋、碲、硅、钙、镁、铝和氮等，单独加入或综合加入，都已经取得了一定的效果。

2.2.2.3.2　普通白口铸铁变质处理

　　稀土元素是有效的变质剂，我国稀土资源十分丰富，用稀土硅铁变质处理白口铸铁，可使 M_3C 型碳化物由连续网状分布变成断网及块状分布，从而明显地提高铸铁的韧性及耐磨性。在普通白口铸铁中加入质量分数为 $0.7\%\sim1.2\%$ 的混合稀土或质量分数为 $1.5\%\sim2.5\%$ 包头 1 号稀土硅铁，可使铸态冲击韧性提高 $30\%\sim40\%$。

　　稀土变质剂在白口铸铁结晶过程中的作用主要是：①形成硫、氧化物，有利于初生奥氏体在熔体中形核；②促使共晶转变温度降低，有利于离异共晶的生长，扩大共晶转变温度范围；③稀土是表面活性元素，在生长的共晶碳化物上选择吸附，有利于获得板状碳化物。

　　人们发现多元复合变质效果优于单元素和双元素变质。将铝与稀土同时加入白口铸铁熔液进行变质处理，形成的 $REAlO_3$ 对奥氏体形核及提高铁液表面张力十分有利，使碳化物生长趋向团块状。采用稀土铝氮综合变质处理时，形成的 $REAlO_3$ 及 AlN 对初生奥氏体形核起主要作用。氮除了形成 AlN 外还起吸附作用，使碳化物颗粒表面钝化。低合金白口铸铁经稀土铝氮综合变质处理后，碳化物成为团块状，并使冲击韧性显著提高，超过 $13J/cm^2$。

　　钒、钛、铌等属于极活泼的碳化物形成元素，钒、钛的碳氮化合物 V_4C_3、$VNTiC$ 和 TiN 等熔点高，可作为奥氏体外生核心，细化晶粒，间接地改善了碳化物形态，使低铬铸铁的冲击韧性提高 70%。用硼、钒、钛及碱金属、稀土金属对低合金白口铸铁进行复合变质处理，使碳化物形态明显改善，热处理后冲击韧性值提高 2 倍以上。

2.2.2.3.3　钨合金白口铸铁变质处理

　　采用质量分数为 0.01% 的 Ce、0.10% 的 K 和 0.10% 的 Na 对质量分数为 $2.8\%\sim3.5\%$ C、$<3.5\%$ W、$<2.0\%$ Cr、$0.2\%\sim0.5\%$ Mo、$0.2\%\sim0.8\%$ Ni、$0.5\%\sim1.0\%$ Mn 和 $0.3\%\sim1.2\%$ Si 的白口铸铁进行了复合变质处理研究。未变质铸铁的铸态碳化物粗大，呈网状分布。加入铈、钾和钠后，铸态碳化物网状分布基本消失，碳化物也明显细化。热处理后，虽然未变质白口铸铁中碳化物形态稍有改善，但仍保持粗大的网状、断网状分布特征。含铈、钾和钠白口铸铁热处理后，碳化物尖角基本消失，碳化物趋于呈团球状分布，碳化物表面的圆滑度增加。

　　出现上述结果的原因解释如下：根据结晶学理论和热力学计算，白口铸铁中的碳化物和奥氏体在共晶生长过程中，属于粗糙-光滑面耦合生长方式。理论和实践均证明，该类合金能借助变质处理获得组织形态的改善，这是低合金白口铸铁变质处理的理论基础。热分析曲线表明，用铈、钾和钠变质的低合金白口铸铁与未变质白口铸铁对比发现，变质处理后，初晶温度降低 $8\sim20$℃，共晶温度降低 $8\sim15$℃。初晶和共晶温度的降低，说明变质处理后铁液在液相线和共晶区已过冷。结晶学原理指出，合金的结晶过冷度增大，会使形核率增加。因此铈、钾和钠使初晶奥氏体晶核增多，初晶奥氏体得以细化。初晶奥氏体的细化导致共晶反应时残留铁液相互被隔开的趋势增强。共晶阶段共晶奥氏体优先在狭窄通道两侧的初晶奥氏体上以"离异"方式结晶，促使残留金属液进一步分隔，最后导致共晶碳化物网状结构断开而孤立化。铈、钾和钠的电子探针扫描表明，铈、钾和钠在共晶结晶时选择性地吸附在共晶碳化物择优生长方向的表面上，形成吸附薄膜，阻碍铁液中的铁、碳、钨等原子长入共晶碳化物晶体，降低了共晶碳化物 [010] 择优方向的长大速度，导致 [010] 方向长大减慢，[001]、[000] 方向长大速度增大，形成不规则的团块状碳化物。表面活性元素铈、钾和钠不仅吸附在碳化物择优长大方向表面上阻碍碳化物在该方向的生长，而且易促进碳化物的孪晶形成，导致碳化物形态的团块化。

热处理后共晶碳化物由自由能高的团块状向团球状转化是热力学过程发展的必然趋势。热处理前的共晶碳化物越细小、分布越均匀，这种转化就越易实现，完成这种转化的加热温度也就越低，时间也就越短。因此在980℃加热2h，不变质白口铸铁共晶碳化物呈网状、断网状分布，铈、钾和钠变质白口铸铁共晶碳化物呈团块状和球状分布。凝固组织的细小和碳化物形态与分布的改善，导致白口铸铁脆性显著降低，冲击韧性提高72.2%，同时耐磨性也明显改善，提高49.9%。变质低合金白口铸铁辊环用于高速线材轧机预精轧机架，使用安全可靠，使用寿命比高铬铸铁辊环提高25%，生产成本降低30%。

2.2.2.3.4　高铬白口铸铁变质处理

高铬白口铸铁被誉为当代最优良的耐磨料磨损材料，目前已在国内外广泛使用。为了进一步提高其韧性，并改善耐磨性，变质处理是一种重要手段，已在亚共晶、共晶和过共晶高铬白口铸铁生产中广泛采用。亚共晶高铬白口铸铁变质处理如下。

针对Cr15Mo3高铬白口铸铁中含有较多价格昂贵的钼元素，有人研究了高铬白口铸铁的以锰代钼技术，开发了13%Cr-4%Mn高Cr-Mn白口铸铁，并采用变质处理提高高Cr-Mn白口铸铁力学性能。用硼变质处理时，随硼含量的增加，碳化物逐渐变为细小的呈孤立分布的团块状，但当硼的质量分数超过0.30%后，则又变粗大。因此硼的质量分数在0.12%～0.30%之间时，碳化物的细化程度较为理想。

用硼和稀土对高铬白口铸铁进行复合变质处理，其变质效果最佳，其冲击韧性可达6～7J/cm²，相对耐磨性（与Cr15Mo3铸铁相比）为：在销盘高应力试验中达1.10，在反复冲击磨损试验中为0.95，其成本比Cr15Mo3铸铁低46%。试验和实践证明，经稀土-硼综合变质处理的高铬-锰白口铸铁，可以成为Cr15Mo3铸铁很好的代用材料。

在高铬白口铸铁中加入强碳化物形成元素、石墨化元素、具有强烈吸附和净化能力元素组成的复合变质剂，使铸态共晶碳化物变为团球状＋蠕虫状＋板条状，且均匀分布，经热处理后碳化物形态和分布更为理想，硬度为57～60HRC时，冲击韧性值可稳定在12.8～14.7J/cm²。在13.0%～16.0%Cr的高铬白口铸铁中用钒、钛、铝、铌和镁（或钇）进行复合变质处理，明显细化了凝固组织，改善了碳化物的形态和分布，使铸铁在硬度为55～65HRC时，冲击韧性高达25.1～33J/cm²。

有人采用自制的YHQC-1型液态合金处理装置，在浇注过程中向液流中喷射含钾、钠的盐，研究了钾、钠对高铬白口铸铁组织和性能的影响。原铁液成分（质量分数）为2.6%～2.8%C、14%～16%Cr、0.6%～0.8%Si、0.5%～0.8%Mn和2.5%～3.0%Mo，实验结果见表2-52。用钾、钠处理过的高铬白口铸铁，碳化物明显细化，碳化物呈现蠕虫状和团块状，网状基本消失，孤立化程度明显改善，最终使高铬白口铸铁力学性能，特别是冲击韧性和耐磨性明显提高。如用钾处理过的高铬白口铸铁与未处理的高铬白口铸铁相比，其冲击韧性在铸态时提高 102.8%，热处理后，前者的冲击韧性值较后者提高 91.9%。在 ML-10 两体磨损试验条件下，耐磨性平均提高 145.1%，最高可达 322.2%。

表 2-52　钾、钠变质处理对高铬白口铸铁性能的影响

试样编号	变质元素	变质剂加入量(质量分数)/%	硬度(HRC)		冲击韧性/(J/cm²)		磨损失重/mg
			铸态	热处理态	铸态	热处理态	
1	—	—	54.6	64.0	4.41	6.66	3.8
2	K	0.8	55.3	65.1	7.08	10.62	2.2
3	K	3.2	56.9	66.3	10.81	14.94	0.9
4	Na	1.0	56.7	66.0	7.08	9.74	2.5
5	Na	1.5	58.1	66.4	8.74	12.19	1.9

　　高铬白口铸铁作为一种优良的抗磨材料已得到广泛应用。该材质在冲击载荷作用下经常发生破碎和剥落现象，在一定程度上限制了进一步的应用。文献表明，高铬白口铸铁磨球剥落、破碎的主要原因是疲劳破坏。磨球在多次冲击作用下，裂纹近乎平行于表面，沿碳化物或晶界扩展，最终导致剥落，甚至破碎。如图 2-35、图 2-36 所示。

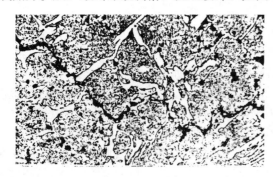

图 2-35　裂纹沿碳化物和晶界扩展

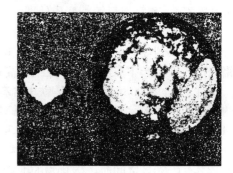

图 2-36　φ60mm 磨粒的剥落和剥落块

　　研究表明，稀土有净化铁液、中和有害元素以及改善夹杂物形态、数量与分布等作用。加入锌可提高高铬白口铸铁的抗弯强度和冲击韧性。加入钛则能细化晶粒组织，提高其性能。多数研究用冲击韧性作为材料的韧性指标，这对以疲劳剥落与破裂为主要失效方式的白口铸铁磨球，往往是不确切的。以下研究以动载磨粒磨损试验和磨球跌落试验来考核抗磨性与抗冲击剥落、破碎的性能。所采用的变质剂为 1 号稀土硅铁合金、锌、钛铁以及它们的合金及混合物。对高铬白口铸铁用不同变质处理后的常规性能、抗磨性与抗冲击剥落性能进行比较，并对它们的作用进行初步分析。

　　(1) 试验过程　使用福建永春 P08 生铁、碳素废钢、微碳铬铁配制高铬白口铸铁，其化学成分为 2.1%～2.5%C、0.5%～0.7%Si、0.5%～0.7%Mn、13.0%～15.0%Cr、P 和 S≤0.07%。在 25kg 中频感应炉中熔化，铁料化清后加入铬铁，温度达 1550℃ 时加入铝脱氧即出炉。变质剂均加入包底冲熔。选变质剂加入量分别为 0.1% 纯锌 (Zn)、0.3% 1 号稀土硅铁合金 (RE)、0.5% 铜锌合金 (ZH)、0.1% 钛铁 (Ti)、0.3% 1 号稀土和 0.5% 铜锌合金的混合物 (RE+ZH) (以下文中变质剂种类及数量借用括弧中的代号)。湿型铸造冲击试样 (20mm×20mm×110mm) 和抗弯试样 (φ30mm×340mm) 铸坯经打磨、热处理后进行性能测试，冲击值和抗弯强度均取 3 个试样的平均值，硬度取 3 个试样上共 9 个数值平

均。MLD-10 型动载磨粒磨损试验机试样用熔模铸造，经打磨、热处理、称重后装机；以 2～4mm 粒度人造石英砂为磨粒，冲击功 3J。以上各试样热处理工艺为 450℃ 1h，1010℃ 2h 空冷后再 220℃ 2h 回火空冷。

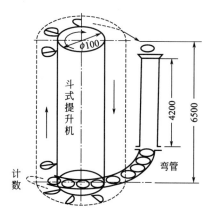

图 2-37　磨球跌落试验机示意图

磨球跌落试验机如图 2-37 所示，试样为 ϕ60mm 磨球，湿型铸造，经打磨、热处理、称重后上机试验。磨球自由跌落高度为 4.2m，直接撞击在下部弯管顶部的球上，冲击功约 35J。在冲击的同时，弯管另一端被击出一球，该球受冲击功 0.1～0.15J。这样，弯管内的球就类似于球磨机内各圆球跌落时所受的冲击功状况。此外，还采用球磨机模拟滚筒（也用 ϕ60mm 磨球）滚磨，测定其抗磨性。磨球热处理工艺为 450℃ 1h，1010℃ 3h，在有机水溶液中淬火，450℃ 保温 3h，空冷。

（2）试验结果

① 变质对抗弯强度、冲击韧性和硬度的影响。从表 2-53 可见，变质对硬度无大影响，加 Ti 及加 RE＋ZH 的冲击韧性有所下降，加 Zn 及 RE＋ZH 的抗弯强度提高。从力学性能看，加 Zn 表现出最好的性能，加 RE 对性能影响不大，而加 Ti 的表现最差。

表 2-53　变质剂对高铬铸铁力学性能的影响

变质剂性能	—	RE	RE＋ZH	ZH[①]	Zn	Ti[②]
σ_w/MPa	706	696	813	657	981	755
A_k/J	6.7	6.2	5.6	6.1	6.2	5.6
硬度（HRC）	61.4	61.6	61.5	61.1	59.0	57.6

① ZH 成分为 80%Cu、20%Zn。
② Ti-Fe 中含 32.5%Ti。

统计了各种变质剂试样奥氏体二次枝晶间距及用线分析法统计碳化物数量，并观察其形态，都未看到明显的变化。这与有关报道有一定差别；加 Zn 提高抗弯强度的结果与文献相同。

② 变质对抗磨性的影响。动载磨粒磨损试验上下轮采用相同变质处理试样，石英砂流量为 28kg/h，试样预磨 0.5h 后，取下清洗、烘干，在 TG628A 分析天平上称重作为零点。

称其失重，其结果如图 2-38 所示。可见，经 RE 处理的试样抗磨性明显改善，而其他试样与未变质的 0 号试样失重相近。

用 ϕ60mm 磨球在 ϕ600mm 模拟球磨机中对比试验，磨料为 1 号人造石英砂，每滚磨 20h，加砂，经 85h 滚磨后，各种变质磨球失重见表 2-54。亦可看出，加 RE 具有最佳的抗磨性。

表 2-54　模拟球磨机磨损试验失重　　　　　　　　　　单位：%

变质剂	—	RE	RE＋ZH	Ti
失重	6.9	4.5	8.9	7.4

（3）变质处理对磨球抗冲击剥落的影响　文献报道选择合适的热处理工艺可明显改善磨球抗冲击剥落的能力。该研究则进一步表明，在合适的热处理工艺下，通过变质处理同样可

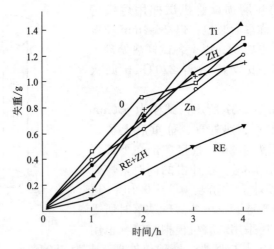

图 2-38 变质对动载磨粒磨损失重的影响
0—未变质试样

提高高铬白口铸铁抗冲击剥落能力。取经不同变质处理及不同淬火液浓度淬火的磨球各 3 个为一组，共 8 组 24 个球同时进入跌落试验机运行，每冲击 0.4 万次将球取出称重。各组球平均每球失重随冲击次数的变化结果如图 2-39 所示，该试验的失重基本以剥落为主。可见，加 RE 处理的磨球抗冲击剥落的能力比未变质的磨球提高 1 倍以上。尤其经浓度较大的有机水溶液淬火的磨球具有很好的抗冲击剥落能力。

从图 2-39 中可看出，经 Zn 处理的试样，虽抗弯强度比未变质提高约 40％，但抗冲击剥落的能力却比未处理的差。经 RE＋ZH 混合变质处理的磨球抵抗冲击剥落的能力明显恶化。由此可见，高铬白口铸铁磨球在重复冲击载荷作用下不能简单地用抗弯强度和冲击韧性来作为性能指标。

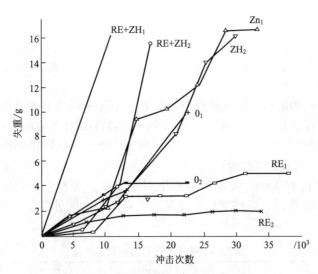

图 2-39 不同处理磨球冲击剥落失重
0—未变质；下标 1—浓度较小的有机水溶液介质；下标 2—浓度较大的有机水溶液介质

从图 2-39 还可看出，同样变质处理，因淬火介质浓度差别而造成不同的冷却速度使剥落能力也产生明显的差异。

（4）变质处理的分析

稀土：研究表明，稀土对高铬白口铸铁的碳化物数量、形态及奥氏体枝晶间距没有明显的影响。加入 0.3%1 号稀土硅铁对硬度、冲击韧性和抗弯强度也影响不大，但它提高了在动载磨粒磨损和模拟球磨机条件下的抗磨性，尤其是磨球的抗冲击剥落能力明显提高。主要的原因是经稀土处理的高铬白口铸铁的夹杂物组成、形态都有改善，夹杂物数量减少，如图 2-40 所示。适量稀土净化了晶界，减弱了偏聚在晶界上某些元素的不利作用，强化了碳化物与奥氏体的结合力，因而使磨球在重复载荷作用下对裂纹的萌生与扩展的抗力提高。

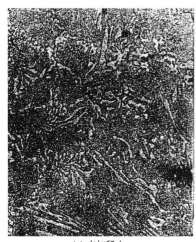

(a) 未加稀土　　　　　　　　　(b) 加入 0.3% 稀土

图 2-40　稀土对高铬白口铸铁夹杂物的影响

锌：由于纯锌的沸点低，变质处理过程中，其强烈地沸腾对夹杂及气体的去除有利，而锌在铁中有一定溶解度，其原子半径比铁大 8.7%，因而加锌造成的去气、净化及固溶强化使高铬白口铸铁抗弯强度明显提高，但也使微观区域内变形受阻，加大了应力集中的倾向，在重复载荷作用下就易萌生裂纹并沿晶界扩展，使其抗剥落能力降低。对于 ZH，由于其沸点已与合金熔炼温度相当，变质处理时虽有燃烧，但沸腾作用已减弱，加上纯锌处理时锌的吸收量为 10%，而 ZH 中锌的吸收量为 30%。因而，由于去气、净化效果的减弱或可能由于过量的固溶，而使加 ZH 效果不如纯锌好。

稀土和锌铜混合变质：从抗弯强度看，它比未变质提高 15%，但冲击韧性下降，更重要的是抗冲击剥落能力明显恶化。据有关文献报道，锌可与铈、镧、钕等稀土元素形成金属间化合物，使得单独加锌或加稀土的有利作用中和消失，产生的金属间化合物为硬化相，更使其抗剥落与碎裂的能力降低。

由上可知，用 1 号稀土硅铁合金、锌、钛对高铬白口铸铁进行变质处理，结果表明，加锌可提高抗弯强度 40%；经稀土处理的试样组织与力学性能变化不大，抗磨性与抗剥落能力明显提高。分析认为，稀土改善了夹杂物并强化了晶界，使裂纹的萌生与扩展减缓。

2.2.2.4　高铬白口铸铁的过滤处理技术

金相尺寸的夹杂物对铸件强度的影响不明显，但是对与变形断裂密切相关的一系列性能（如韧性和疲劳性能）会带来显著的影响。磨损在某种意义上来说也是一个微观变形与断裂的过程，因此，夹杂物的存在对铸件耐磨性能会产生明显的影响。研究发现，在滑动-滚动摩擦磨损的条件下，磨损率与夹杂物密切相关，夹杂物会使材料的耐磨性下降。这是因为夹杂物的存在，增加了材料在磨损过程中的裂纹形成概率，并加剧裂纹的扩展，导致磨损碎片的产生。减少夹杂物的数量，改善夹杂物的形态与分布，能降低铸件的磨损率。而且还发现，加入适量的稀土可有效地控制夹杂物的形态和分布，提高材料的耐磨性。近年来，金属熔液过滤工艺在耐磨铸件生产中获得了广泛应用，成为提高力学性能、减少气孔和夹杂物及提高铸件致密度和耐磨性最简单有效的方法。

泡沫陶瓷过滤器是采用聚氨酯泡沫塑料为载体，将它浸入由陶瓷粉末、黏结剂、助烧结剂、悬浮剂等制成的涂料中，然后挤掉多余涂料，使陶瓷涂料均匀涂敷于载体骨架成为坯体，再把坯体烘干并经高温焙烧而成。泡沫陶瓷过滤器分为黏结型和烧结型，前者将陶瓷细微颗粒黏结在一起；后者是依靠在高温下保温，使较纯的陶瓷细微颗粒烧结熔合在一起。泡沫陶瓷过滤器所具有的独特三维连通曲孔网状骨架结构，使其具有高达 $80\%\sim90\%$ 的开口气孔率，并通过三种过滤净化机制，即机械拦截、整流浮渣和深层吸附，可高效地滤除金属液中的大块夹杂物和大部分小至 $10\mu m$ 的微小悬浮夹杂物，克服了耐火纤维质两维结构型内过滤网和直孔芯陶瓷过滤器、颗粒过滤器、直孔型蜂窝陶瓷过滤器等的过滤效率低、耐火度和强度低、金属液过流率低等问题。

哈尔滨理工大学以 Al_2O_3 为基料添加适量 ZrO_2 增韧剂和少量 TiO_2、耐火黏土助烧剂，并以磷酸二氢铝作黏结剂，于 $1560℃$ 烧结，研制出铸钢用泡沫陶瓷过滤器。不锈钢经过滤处理后，伸长率提高 67% 左右，冲击韧性提高 18% 左右。

生产中发现，根据不同铸件的结构和模底板布置情况，合理地设计出安放过滤网的浇注系统，是泡沫陶瓷过滤网达到过滤净化铁液、提高铸件质量的重要环节。

① 根据不同铸件材质的要求，可选用不同类型、不同规格的泡沫陶瓷过滤网，其适用范围见表 2-55。

表 2-55　泡沫陶瓷过滤网的适用范围

孔眼密度/(孔/cm²)	适用材质范围
16～25	球墨铸铁、可锻铸铁、耐磨铸铁
30～40	灰铸铁

② 在浇注系统中安置过滤网后，不能因放置过滤网而使原来的浇注时间延长，即该处不能成为节流口，这一点在自动化造型线连续生产中尤为重要，应根据球墨铸铁的铸造特性和试验结果选取，特别推荐按式(2-2)选取：

$$K=\frac{F_{滤网(出口)}}{F_{横}}=2.5\sim3.0 \tag{2-2}$$

式中　$F_{滤网(出口)}$——过滤网的有效出口截面积；

　　　　$F_{横}$——浇注系统横浇道截面积；

　　　　K——系数，其值与每箱铁液总质量（Q）有关（当 $Q<50kg$ 时，K 值取下限；当 $Q=50\sim100kg$ 时，K 值取上限）。

③ 过滤网在铸型内支撑面积的确定。过滤网放置在浇注系统后，当铁液通过时，支撑过滤网的砂胎不得出现破裂现象。支撑过滤网砂胎面积计算公式是：

$$F_{砂胎}=\frac{F_{直}h_{直}\rho}{a_{砂}}n \tag{2-3}$$

式中　$F_{砂胎}$——支撑过滤网的砂胎面积，cm²；

　　　　$F_{直}$——直浇道截面积，cm²；

　　　　$h_{直}$——直浇道高度，cm；

　　　　ρ——铁液密度，g/cm³；

$a_砂$——型砂湿压强度，kPa；

n——系数，在一般情况下，取 $n=7$ 为宜。

由于泡沫陶瓷过滤网是由无数个纵横交错、不规则的网格构成的，所以过滤网四周边缘很不平整，这给它在铸型中安放带来一定不便。为保证过滤网安放顺利且又不往铸型中掉砂，在设计浇注系统时，要在安放过滤网处的周围预留出一定的间隙。

④ 泡沫陶瓷过滤网在型内的安放形式。在生产应用中，还可根据每箱铁液质量和模底板的布置情况安放过滤网。一般来说，不同规格尺寸的过滤网在一定时间内所能过滤的铁液最大质量是有一定限度的，表 2-56 中所提供的数据可在设计浇注系统中作参考。

表 2-56　不同尺寸过滤网所承受的最大浇注质量

过滤网尺寸/mm×mm	30×50	50×50	50×70	50×100	75×75
最大浇注质量/kg	30	50	75	100	110

注：表中过滤网孔眼密度均为 16~25 孔/cm²。

在浇注系统中放置泡沫陶瓷过滤器还可以减少灰铸铁中非金属夹杂物的含量，使硫含量平均下降 18.61%，磷含量平均下降 7.21%，既可改变结晶和细化石墨组织，还可提高铁液流动性和铸件力学性能。

2.2.2.5　高铬白口铸铁的加硼生产工艺

2.2.2.5.1　高铬白口铸铁（Cr≥12%）

高铬白口铸铁显著的特点是共晶碳化物为 M_7C_3 型，呈网状分布，显微硬度高达 1300~1800 HV，因而高铬白口铸铁具有较高的抗磨性能。典型的高铬白口铸铁成分与性能见表 2-57。

表 2-57　高铬白口铸铁的成分和性能

材料	化 学 成 分/%								力学性能		备注
	C	Cr	Si	Mn	Mo	Cu	Ni	RE	HRC	α_k /(J/cm²)	
马氏体 CrMoCu 白口铸铁	2.6/ 3.2	2.0/ 3.0	<0.8	1.0/ 2.5	2.0/ 3.0	2.0/ 3.0			55/ 62	5.0/ 7.0	
奥氏体 Cr26 白口铸铁	2.3/ 3.1	23/ 28	≤1.0	0.5/ 1.0	0/ 1.0	0/ 2.0	0/ 1.5		50/ 58	≥10	铸态
马氏体 Cr15 白口铸铁	2.0/ 3.5	13/ 18	≤1.0	0.5/ 1.0	0.5/ 3.0	0/ 1.2	0/ 1.0		≥58	≥7	铸态金属型磨球
马氏体-贝氏体-奥氏体高 Si/C 中 Cr 白口铸铁	2.2/ 3.3	7.0/ 9.5	1.0/ 3.0	0.3/ 1.5	0/ 1.5	0.3/ 1.0			56/ 62	8.0 /12	
托氏体高 CrMnSi 白口铸铁	2.8/ 3.2	11/ 13	1.0/ 1.5	1.2/ 1.6				0.03/ 0.07	50/ 55	5.0/ 8.0	

高铬白口铸铁中铬的含量增多，将有效地提高其淬透性，在一定程度上也可改善其耐磨性和耐腐蚀性。含铬量≥20% 的铸态高铬白口铸铁常用于高温磨损或腐蚀磨损工况。

共晶成分的高铬白口铸铁（Cr>22%）综合性能最好。经变质处理，多元合金的 Cr26 白口铸铁性能更佳。试验表明，Cr>20% 的白口铸铁的高温抗氧化性和酸性介质中的抗磨性明显优于其他合金白口铸铁。加入适量的 Cu、Ni、Al 能使耐腐蚀磨损性能进一步提高。如在载荷、高应力湿态磨料磨损中，Cr20 白口铸铁加入 0.5%~1.0% 的镍对提高抗磨性十分有利。

硼对高铬铸铁（Cr28%）影响的研究被重视。含硼 0.2% 的 Cr28 白口铸铁表现出较好的性能。文献指出，Cr28-B1.5 白口铸铁经 1050℃ 高温淬火，硬度明显高于不含硼的 Cr28 白口铸铁。在研究不同 pH 值酸性介质腐蚀磨损时发现，硼的主要作用是提高材料的磨损抗力，在 pH 值＝1 时的酸性介质中，含硼的 Cr28 白口铁抗磨性低于不含硼的 Cr28 白口铁；在 pH＞3 时，含硼的 Cr23 白口铸铁抗磨性相对较高。

高铬白口铸铁高温磨损的研究较少。文献介绍了 Fe-20%Cr 合金的抗氧化性试验，指出在高温磨损条件下，若失效以氧化腐蚀为主，采用低碳含量；以磨损为主时，应使用高的碳含量。这一研究为高温磨损材料的选择提供了一定的理论依据。总的来看，高铬白口铸铁高温磨损的研究还有待进一步深入。

Cr≥20% 的高铬白口铸铁在国内外均有一定的应用。如前苏联用于高温（800℃）下运转的输送机链板和滚子以及泥浆泵，日本用于杂质泵过流零件，我国常用在炉底板、炉箅条等高温磨损件和杂质泵过流零件上。

Cr12%～20% 白口铸铁是目前国内外应用最广泛的一类抗磨材料，Cr15Mo3 白口铸铁是这类合金的典型代表。

碳含量是影响 Cr12%～20% 白口铸铁组织、性能最显著的因素。随着碳含量的增加，碳化物数量增多，抗磨性提高。但合金的疲劳强度、冲击韧性、断裂韧性却随碳含量的增加而降低。因此碳含量大于 3.0% 的高铬白口铸铁多用于中低应力磨损工况，而碳含量低于 3.0% 的高铬白口铸铁多用于冲击载荷、高应力的磨料磨损工况。如日本栗本的大型水泥磨机（ϕ4.5m）高铬铸铁衬板就控制低碳含量 1.2%～1.8%。

高铬白口铸铁中增加钼对抗磨性有积极的影响，且钼的碳化物比铬的碳化物细小而弥散，更适用于高温磨损工况。但高铬白口铸铁中钼的主要作用是提高基体的淬透性。由于钼铁价格昂贵，近年来出现了以铜代钼即 Cr15Mo2Cu、Cr15MoCu 的研究，以及以锰、钨代钼的研究。但是高铬锰铸铁的共晶碳化物显微硬度相对降低。

高铬白口铸铁（Cr15）加入硼可形成 $M_7(C，B)_3$、$M_{23}(C，B)_6$、W_2B 和 $M_7(C，B)_3$，且化合物量增加。还可以在铸态得到部分马氏体。以石英砂为磨料的磨损中，含硼0.11%～0.57% 的高铬白口铸铁抗磨性较高。但在 Al_2O_3、SiC 等硬磨料磨损时，含硼高铬白口铸铁（Cr15）的抗磨性则降低。总的趋势是随硼的增加，高铬白口铸铁（Cr15）的韧性降低。但在一定条件下硼有利于提高腐蚀磨损抗力。

高铬白口铸铁加入钒，形成高硬度的 VC，且可以得到马氏体，抗磨性大幅度提高；高铬白口铸铁加入钛、钨均可形成高硬度的合金碳化物，进一步提高其抗磨性。

高铬白口铸铁中硅的研究较少，近来文献介绍了硅对含硼高铬白口铸铁碳化物的变质作用。结果表明，低硅高铬白口铸铁共晶碳化物与奥氏体共生；而高硅时则为离异生长，从而使共晶碳化物进一步呈孤立块状。含硅 2.57% 的马氏体高铬铸铁，α_k 为 9.8J/cm^2，σ_w 可达 1078MPa（Si 0.79% 时，α_k 为 5.8J/cm^2、σ_w 为 715MPa）。这一结果对高铬铸铁提高力学性能、降低成本有实际意义。

高铬白口铸铁的研究目前大多数限于亚共晶和共晶范围。有的文献指出了钒、铌、钽对高铬白口铸铁过共晶凝固过程和组织的影响，其产品是碾轮托板。过共晶的高铬白口铸铁，在低应力的磨损工况下，综合性能仍然是好的，抗磨性特别突出，其使用价值不容忽视。

基体组织是影响高铬白口铸铁的重要因素。通常 Cr12%～20% 高铬白口铸铁选择高硬度而有一定韧性的马氏体为主要基体。生产中一般通过高温空淬加低温回火的热处理工艺得到马氏体基体。

奥氏体基体韧性较高，其显微硬度较低，因而奥氏体高铬白口铸铁的应用不多。关于残余奥氏体的研究颇多，观点也不一致。文献指出，在反复冲击载荷条件下，铸件表层残余奥氏体诱发马氏体，引起体积膨胀，易萌生裂纹，加速材料的失效；另一观点认为，适量稳定的残余奥氏体可抑制显微裂纹的扩展，并提高铸件的韧性。在动载磨损条件下，高铬白口铸铁的抗磨性随奥氏体的增加而提高。可见，残余奥氏体的稳定性和磨损中材料受冲击程度直接影响残余奥氏体的作用。关于残余奥氏体的作用还有待进一步的研究。

高铬白口铸铁淬透性好，获得贝氏体基体相当困难。通常的高铬钼白口铸铁即使等温时间达到 20h，也只能得到 5% 左右的贝氏体组织，但是贝氏体强韧性及一定综合性能较好，贝氏体或含有贝氏体的复相高铬白口铸铁将可能进一步提高高铬白口铸铁的抗磨性和韧性，开展这一研究是十分必要的。问题的关键在于高铬白口铸铁合金化的设计及热处理工艺的选择。

通过金属型铸造加时效处理的方法，高铬白口铸铁可得到托氏体基体，并已在磨球上得到应用，取得了一定的经济效益。国外这类磨球的应用较普遍。

高铬白口铸铁是抗磨性优异的材料，目前在国外都有着广泛应用，诸如球磨机衬板、磨球，风扇磨冲击板，锤头、板锤，颚板，搅拌机铲片，轧辊，辊套，喷丸清理设备备件，杂质泵过流零件等。

高铬白口铸铁也有许多不足，并在一定程度上限制了其应用。成本高是高铬白口铸铁的主要问题之一。虽然在节省钼、镍等合金方面已经开展许多工作，铬合金价格昂贵不可避免，为此开展低成本新材料代替高铬铸铁的研究势在必行。高铬白口铸铁的韧性不很高也是一个主要问题。现行高铬白口铸铁一般 $\alpha_k < 10J/cm^2$，这样的韧性限制了高铬白口铸铁在较大冲击载荷条件下的应用。因而提高高铬白口铸铁韧性还需作进一步的研究。高铬白口铸铁的腐蚀磨损抗力还显不足。Cr15 白口铸铁用于干态磨损效果显著，用于湿式磨矿则不够理想。加入适量的镍或者提高铬含量至 18% 以上，湿磨抗力能有一定的提高。

2.2.2.5.2　高铬白口铸铁生产新工艺

砂型铸造是高铬白口铸铁生产中传统采用、简单易行的工艺方法。为了进一步提高高铬白口铸铁使用性能和扩大应用范围以及提高铸件质量，一些新的生产方法不断问世。

① 复合铸造工艺。单一铬白口铸铁韧性略显不足，因而在较大冲击载荷的应力磨料磨损工况中的应用受到限制。国内近年来研究的复合铸造工艺方法，在一定程度上解决了高铬白口铸铁韧性不足的问题。

文献介绍的方法是首先向铸型中浇入一定程度的 15 号钢水，同时浇入液态熔融的高温保护剂防止结合部位的高温氧化。在一定时间间隔后，浇入高铬白口铸铁。研究表明，双金属结合良好，从钢至铁，成分、组织、显微硬度均为连续过渡。钢层只占 1/4 厚度的冲击试样（20mm×20mm×110mm），正火热处理后 α_k 达到 48J/cm² 。用该方法生产的大型球磨机衬板、锤头、板锤、颚板等铸件寿命达到高锰钢的 3 倍以上。目前复合材料衬板已在 $\phi5m$ 球磨机上使用，效果十分显著。

复合铸造的方法，扩大了高铬白口铸铁的应用范围，代表了抗磨铸铁的一个发展方向。这里有待进一步研究的问题是该方法生产中的工艺稳定性。

② 采用金属型铸造工艺，可以提高铸件生产率，提高工艺出品率，降低生产成本。

近几年来国内外高、低铬白口铸铁磨球的金属型铸造工艺得到了研究与应用，尤其是托氏体基体高铬磨球的应用取得了较大的经济效益。

高铬锰硅金属型磨球取锰、硅量的适当匹配，保证磨球组织为托氏体基体。试验表明，该材质磨球采用铸态金属型余热正火加高温回火的工艺效果最佳。与通常的马氏体高铬钼铜白口铸铁磨球相比，金属型高铬锰硅磨球节省了贵重合金钼和铜，取消了高温热处理，吨成本节约1000元以上；而铁液利用率由60%左右提高到85%左右；生产率和铸件质量的提高更不言而喻；特别是降低了磨球球耗，降低了磨球破碎率，综合效益显著。

现在金属型磨球在水泥磨、电厂磨煤机、铁矿湿态磨矿机上均有使用。实践证明，磨球金属型工艺是砂型铸造不可比拟的，应大力推广和应用。

2.2.2.6 高铬白口铸铁以锰代钼生产工艺

高铬白口铸铁因优良的抗磨性，在国内外已经得到较多应用。为了获得足够的淬透性，这种铸铁一般总有一定量的钼（1%～3%）。钼价格昂贵，使成本增加。售价提高，在一定程度上不利于其扩大应用和推广。查找钼的代用材料以降低成本，为高铬白口铸铁的推广应用创造良好条件，是进行以锰代钼或研制高铬锰铸铁的基本出发点。

2.2.2.6.1 试验过程

（1）化学成分 本研究是在高铬白口铸铁中以锰代钼，铸铁的基本成分为C2.4%～3.0%、Si<1.2%、Cr13%～16%、S<0.08%、P<0.1%，不加Mo而加入Mn3%～6%，研究以锰代钼的可行性。

高铬白口铸铁在中频感应电炉中熔炼。炉料为碳素铬铁、高炉锰铁、废钢。所熔制试件的化学成分见表2-58。表中试件编号1～4指递减的不同锰量，编号D指对比用的高铬钼铸铁15Cr-1Mo-1Cu。

表 2-58　试件的化学成分　　　　　　单位：%

试件编号	C	Si	Mn	S	P	Cr	Mo	Cu
1	3.09	1.43	7.74	0.011	0.11	13.28		
2	2.61	0.89	5.57	0.016	0.098	14.47		
3	2.83	1.15	4.06	0.016	0.072	14.20		
4	2.46	0.59	2.92	0.026	0.074	15.55		
D	2.56	0.82	0.82	0.039	0.075	14.50	0.97	1.06

（2）热处理 关于锰对高铬锰铸铁热处理工艺参数的影响。有资料表明，获得最高硬度的淬火温度随锰量的提高而降低，而且锰强烈降低 M_s 点，使冷却后的残余奥氏体增多。低效的淬火温度，可降低碳及合金元素在奥氏体中的含量（固溶度），从而提高 M_s 点。故高铬锰铸铁宜采用比高铬钼铸铁低的淬火温度，以减少残余奥氏体量。该资料又表明，650℃预处理有利于减少残余奥氏体量。因而本研究试验了图2-41所示的热处理工艺，两种工艺均经250℃回火。对比用15Cr-1Mo-1Cu的热处理工艺为980℃×2～4h空冷，470℃回火。

抗弯强度在WE30型万能材料试验机上测定，试样尺寸为$\phi30mm\times340mm$，湿砂型铸造。冲击韧性在JB30型一次摆锤冲击试验机上测定，试样尺寸为20mm×20mm×110mm，湿砂型铸造。不加工，无缺口，冲击时的跨距为70mm。磨损试验是实际运行试验，在$\phi500mm\times400mm$反击式破

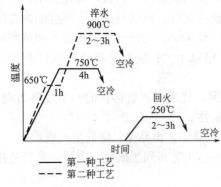

图 2-41　高铬锰铸铁热处理工艺

碎机上破碎特级高铬料，以高铬锰铸铁和高铬钼铸铁制作的板锤作对比运行试验，以单位时间破碎单位质量物料所消耗板锤的质量作为对比指标。

2.2.2.6.2 试验结果

（1）力学性能 从试验所得的冲击韧性、抗弯强度和挠度列于表2-59中。从表2-59的数据可看出，力学性能随锰量而改变。

表2-59 试件的力学性能

编号	α_k/(J/cm^2)		σ_w/(N/mm^2)		f/mm		硬度（HRC）	
	平均值	最大值	平均值	最大值	平均值	最大值	平均值	最大值
S_{10}	5.63	5.88	699	774	2.8	3.5	47.2	49
S_{20}	5.80	6.37	677	774	2.8	3.0	46.7	47.5
S_{30}	6.10	6.86	688	705.6	2.8	3.0	42.2	42.8
S_{40}	6.10	6.86	650	676	2.8	3.0	45.1	45.3
S_{11}	7.75	7.84	701	750	3.8	4.0	51.1	51.5
S_{21}	6.13	7.11	885	911	3.2	3.5	54.1	55.5
S_{31}	5.89	6.47	810	911	3.2	3.5	59.7	60
S_{41}	5.5	5.89	816	859.8	3.2	3.5	60.4	61
S_{12}	7.75	7.84	701	745	3.5	4.0	51.5	52
S_{22}	6.17	7.84	872	911	3.0	3.0	53.8	54.5
S_{32}	6.13	6.86	840	859.8	3.2	4.0	58.1	60
S_{42}	5.79	7.36	862	901.6	3.4	4.0	61.3	62

注：1. 编号中S表示试件；第一位数字表示不同锰量；第二位数字指状态，0为铸态，1为第一种热处理工艺，2为第二种热处理工艺。

2. σ_w、α_k、f分别代表抗弯强度、冲击韧性、挠度。硬度测自抗弯棒的断面。

（2）耐磨性 板锤运行试验的耐磨性对比列于表2-60中。表中的对比对象为高铬钼板锤，其相对耐磨性定为1。从表中数据可看到相对耐磨性b行中，板锤B321、B322的相对耐磨性为1.2，而板锤B423相对耐磨性为1.28，此二组板锤的耐磨性优于高铬钼铸铁板锤，它们的含锰量分别为4.06%和2.92%。它们的热处理均是按工艺二进行的。

2.2.2.6.3 分析讨论

① 锰量取3%～4%比较合适。

② 热处理取工艺二，此时，高锰铸铁的硬度及耐磨性均优于高铬钼铸铁。

当Mn含量为3%～4%时，高铬锰铸铁的α_k及σ_w能保持较高的水平，不因锰含量而有显著的下降。

当锰含量大于5%时，硬度及相对耐磨性均低于高铬钼铸铁，力学性能α_k及σ_w也有可能显著下降。热处理工艺一和二似乎没有多大差别，其效果均不佳。高铬白口铸铁中以锰代钼的可行性存在于w(Mn)在3%～4%之间，此时应采用热处理工艺二，其力学性能与耐磨性均好。

表2-61为高铬锰铸铁和高铬钼铸铁的性能对比。从表中可看出，在合适的化学成分（Mn含量为3%～4%）和适宜的热处理工艺（低温装炉、升温至650℃保温1h，再升温至900℃保温2～4h，空冷，250℃回火）的情况下高铬锰铸铁可以获得和高铬钼铸铁（15Cr-1Mo-1Cu）相当的力学性能，用于制作板锤，在不含钼和铜的情况下可以获得满意的耐磨性，达到高铬钼铸铁的水平。

表 2-60　板锤运行试验的耐磨性对比

装机号	试件号	原重/g	服役后重/g	失重/g	平衡失重/g	材料单耗/[g/(t·h)]	相对耐磨性 a	相对耐磨性 b	破料时间和破料量
1	B321	6970	6845	125	142.5	2.18	1.2	1.2	
	B322	7035	6875	160					
	B211	6940	6670	270					
	B213	7045	6875	170	220	3.35	0.78	0.78	6h30m 9.855t
	D1	7030	6875	155					
	D2	6920	6730	190	172.5	2.62	1	1	
2	B311	7020	6880	140	135	3.06	0.67	0.35	
	B321	6950	6820	130					
	B411	6950	6860	90					
	B413	6950	6805	140	115	2.16	0.78	1	5h30m 8.01t
	B421	7040	6940	100					
	B423	7030	6950	80	90	2.04	1	1.28	
3	B111	7030	6810	220	220	4.64	0.8	0.56	
	B112	7100	6880	220					
	B122	6935	6730	205					
	B123	6950	6695	255	230	4.85	0.76	0.54	6h14m 7.61t
	B221	7025	6945	180					
	B222	6990	6820	170	175	3.69	1	0.71	

注：1. 试件号的 B 表示板锤，前两位数字与表 2-61 中同义，第三位数为板锤号。

2. a 为同机试验的相对耐磨性；b 为所有板锤的相对耐磨性对比，以 15Cr-1Mo-1Cu 的 D 组为 1。

表 2-61　高铬锰铸铁和高铬钼铸铁性能比较

项　目		高铬锰铸铁	高铬钼铸铁
化学成分/%	C	2.5~3.0	2.4~2.6
	Si	<1.0	<1.0
	Mn	3~4	<1.0
	S	<0.05	<0.05
	P	<0.08	<0.08
	Cr	14~16	14~16
	Mo		0.8~1.2
	Cu		0.8~1.2
热处理工艺		650℃×1h + 900℃×2~4h 空冷；250℃回火	980℃×2~4h 空冷；470℃回火
力学性能	ρ_w/(N/mm^2)	800~840	820~990
	α_k/(J/cm^2)	5.8~6.2	5.8~7.85
相对耐磨性		1.2~1.28	1.0

从表 2-61 可见，高铬锰铸铁不含钼和铜，但含 3%～4% 的锰。高铬钼铸铁含 1% 的钼和 1% 的铜。而淬火温度低 80℃。淬火温度的降低可使电耗降低约为 10%，这不仅可使企业的经济效益显著提高，而且在当前能源和原材料短缺的情况下，使高铬白口铸铁在保证耐磨性的前提下价格稳定或稳中有降成为可能，这对于高铬白口铸铁的推广应用是很有意义的。

总之，高铬锰铸铁通过选择合适的化学成分（Mn 含量为 3%～4%）和热处理工艺（低温升至650℃保温1h，再升温至900℃保温2～4h，空冷，250℃回火），其力学性能和15Cr-1Mo-1Cu的高铬钼铸铁相当。用于制造壁厚约50mm的耐磨件可以全部取代钼和铜。在工业试验条件下，用高铬锰铸铁制作的 ϕ500mm×400mm反击式破碎机用板锤，其耐磨性和15Cr-1Mo-1Cu高铬钼铸铁相当。高铬锰铸铁是用锰取代了15Cr-1Mo-1Cu高铬钼铸铁中的钼，降低了成本，增加了高铬白口铸铁的经济效益，有利于其推广。

2.2.2.7 高铬白口铸铁中铌的应用工艺

从有关合金元素对高铬白口铸铁组织和性能影响研究中可知，碳和铬是最活跃的。除这两个合金元素外，Mo、Ni、Cu、Mn、V、Ti、W、B和稀土也受到重视。但铌在高铬白口铸铁中的应用很少报道。文献曾报道：在Fe-18Cr-3C铸铁中加0～3%Nb，耐磨性显著提高。国内有高铬钨锰铌（DGK）抗磨铸铁研究及应用报告，但铌是以成分复杂的铁合金形式加入的，Nb的作用机理尚不清楚。

2.2.2.7.1 试验方法

试验的合金在100kW中频感应炉中熔炼，湿砂型浇注，每种试样浇注出冲击、抗弯和磨损试样。合金的实际化学成分见表2-62。用计点法及图像分析仪测定组织中碳化物的体积分数；用X射线衍射仪进行结构分析和残余奥氏体测定，并用电子探针进行成分微区分析。

表2-62 试验合金的化学成分

编号	化学成分/%							
	C	Si	Mn	Cr	Mo	Nb	P	S
N_0	3.77	0.36	0.38	16.33	3.05		0.077	0.023
N_1	3.80	0.36	0.41	16.25	2.92	0.17	0.068	0.022
N_2	3.66	0.34	0.43	15.92	3.60	0.56	0.108	0.020
N_3	3.62	0.48	0.50	15.94	3.44	0.86	0.015	0.039
N_4	3.54	0.48	0.51	15.99	3.00	1.75	0.076	0.030
N_5	3.41	0.50	0.57	15.35	2.84	3.47	0.103	0.015
HO	3.92	0.34	0.44	16.82	3.10		0.086	0.017
HN	3.85	0.34	0.50	16.25	2.92	1.40	0.103	0.044

冲击韧性采用20mm×20mm×110mm不加工、无缺口试样，抗弯强度采用 ϕ30mm×240mm不加工试样，磨损试验在MLS-23型湿砂橡胶轮磨损试验机上进行。

2.2.2.7.2 试验结果与讨论

（1）铌对高铬白口铸铁组织的影响 碳含量相近、铌含量不同的合金的显微组织也有变化。如 N_1（合金含0.17%Nb）、N_2（合金含0.56%Nb）、N_3（合金含0.86%Nb），合金的共晶团平均宽度EW（割线方法测定）分别为50μm、45μm、19μm。Nb含量更高的 N_4（合金含1.75%Nb）、N_5（合金含3.47%Nb）合金组织更细，菊花状的共晶团很少见，不便测定。N_5（合金含3.47%Nb）的合金普遍为等轴状。以上组织特征的变化，大致可用NbC的存在增加了结晶核心和 M_7C_3 型碳化物棒的择向生长受阻来解释。

在过共晶高铬白口铸铁中，铌对组织的细化作用更明显。不含铌的 N_0 合金，粗大的初晶碳化物普遍在50μm左右，以这种初晶碳化物为核心发展起来的共晶团宽度EW达100μm。而含1.40%Nb的HN合金的初晶碳化物约为20μm，以此为核心的共晶团宽度EW不超过70μm。

（2）铌对高铬白口铸铁性能的影响　表 2-63 列出了加铌前后过共晶合金的力学性能比较。由表可知，铌的加入，使过共晶高铬白口铸铁的硬度、抗弯强度和冲击韧性有所提高。在湿砂橡胶轮式磨损条件下，使耐磨性有较大的提高。

表 2-63　过共晶合金加铌前后的力学性能比较

编号	硬度(HRC)	抗弯强度 σ_w/MPa	冲击功 A_k/J	相对耐磨性 β
HO	56.8	750	7.06	11.7
HN	57.9	764	7.45	15.3

（3）铌对高铬白口铸铁的作用机理　高铬白口铸铁中铌主要以 NbC 的形式存在。从衍射谱中看出，在高铬白口铸铁中加入铌后出现了 NbC 的衍射峰。经测定，NbC 的显微硬度为 $2400HV_{0.1}$，尺寸为 $2\sim8\mu m$，在基体中弥散分布，少数出现团块分布。

通过对 N_3 合金某一视场的线扫描并进一步对合金中基体和碳化物成分进行定量分析，结果表明：热处理后，由于二次碳化物析出，基体中 C、Cr 含量降低。在 M_7C_3 型碳化物中，M 主要是 Fe、Cr，尚有少量 Mo（见表 2-64）。

表 2-64　N_3 合金微区分析结果

编号		成分/%							
		Fe	Cr	Nb	Ta	Mo	Si	Mn	S
	M	88.44	7.56	0	0.41	0.70	0.49	0.05	0.26
N_3-0	K_2	49.18	40.19	0	0	3.55	0.09	0	0.70
	KN	2.91	3.08	71.15	6.70	4.31	0.51	0.36	2.16
	M	89.09	5.88	0.24	0.07	2.93	0.68	0.24	0.08
N_3-1	K_2	65.19	43.03	0.13	0.32	3.90	0.06	0	
	KN	2.75	4.51	68.94	7.38	6.23	0.18		1.77
	M	87.28	6.71	0	0.41	1.39	0.96	0.17	0.24
N_3-2	K_2	53.70	35.37	0.34	0.05	2.45	0.29	0	0.21
	KN	2.90	3.83	67.43	6.93	5.73	0.37	0	2.22
	M	90.00	5.79	0	0.83	1.15	0.58	0.28	0.52
N_3-3	K_2	47.49	42.71	0.17	0.48	4.14	0.34	0	
	KN	3.67	2.80	71.36	6.48	4.19	0.53	0	3.09
	M	89.37	5.77	0	0.15	2.01	1.26	0.12	0.38
N_3-4	K_2	48.69	41.09	0.16	0	2.53	0.02	0	0.32
	KN	2.85	4.26	69.41	6.06	5.02	0.9	0.04	1.90

注：1. 表中 N_3 后面的数字 0、1、2、3、4 分别表示铸态、940℃、970℃、1000℃、1030℃淬火。
　　2. 表中 M 表示基体，K_2 表示 M_7C_3 型碳化物，KN 表示 NbC。

值得注意的是：NbC 区域中都含有高的硫，Nb 的加入可能起着分散、固定硫杂质的作用，从而改善铸铁的韧性。

根据以上分析认为，首先铌在高铬白口铸铁中，在基体上嵌上硬度更大（$2400HV_{0.1}$）的 NbC，对抗磨粒磨损更有效；其次因为铌是比 Cr、Mo 更强的碳化物形成元素，铌优先与碳结合，结果有更多的 Cr、Mo 留在基体中，强化了基体，能更好地发挥基体对碳化物的支撑作用。此外，在铁液凝固过程中，弥散的 NbC 颗粒可能增加碳化物的结晶核心，并起到阻止 M_7C_3 型碳化物棒生长的作用，结果导致组织细化，增加碳化物分布的均匀性。

2.2.2.7.3　含铌高铬白口铸铁应用实例

用含铌高铬白口铸铁制作了 6/4E-AH 杂质泵的过流部件，在某矿厂试用，结果见表 2-65。由表可知，在某矿厂试用含铌高铬铸铁配件可节省费用 50%～60%。

表 2-65　不同材质的过流件的使用寿命

名称	生产厂	材质	寿命 /h	价格 /(元/件)	使用寿命倍数乘价格/元	用户每使用1件含铌的高铬铸铁配件可减少的购泵费/(元/件)
叶轮	石家庄水泵厂	高铬或镍硬	190	952	2395	2395－952＝1443
	石首水泵厂	高铬	205	952	2220	2220－952＝1268
	广州水泵厂	含铌高铬	478	952	952	
护套	石家庄水泵厂	高铬或镍硬	125	1949	4413	4413－1949＝2464
	石首水泵厂	高铬	192	1949	2873	2873－1949＝924
	自贡水泵厂	高铬	<100	1949	>5516	(>5516)－1949＝(>3567)
	广州水泵厂	含铌高铬	283	1949	1949	

由上可知，加铌合金化通过直接提供更硬的 NbC 颗粒，间接强化了基体，改善了 M_7C_3 型碳化物的大小、形态和分布，从而提高合金的性能。在所研究的 Cr-Mo 系合金中，Nb 的加入量为 1%～2% 为佳。在低应力磨料磨损下，加铌改性的过共晶合金，具有较高的抗磨料磨损能力，用于制造杂质泵过流部件可以获得很好的经济效益。

2.2.2.8　铬系白口铸铁中稀土的应用

铬系白口铸铁是一种优良的抗磨材料。根据不同的铸件服役条件，选择不同的铬含量可得到不同的碳化物类型，从而改善碳化物形态，增加硬度，提高铸件的韧性和耐磨性。但是，铬系白口铸铁在使用过程中容易出现脆性断裂现象始终是一个难以解决的问题。有人通过试验研究了一种钇基重稀土变质剂，采用变质和微合金化原理，对铬系合金白口铸铁性能的提高效果显著。

（1）研究方法及内容

① 成分设计见表 2-66 所列。

表 2-66　试验材料主要化学成分

合金编号	主要元素化学成分/%				
	C	Cr	Mo	Cu	Ni
1	2.5	2.0	0.4	0	1.2
2	2.7	13	0.5	0.8	0
3	3.1	25	1.0	0.8	1.0

② 试验过程。

a. 铁液用 50kg 中频感应电炉熔炼，当低碳钢、生铁（电解铜、电解镍、钼铁）化清后，加入锰铁和铬铁，熔化后升温至 1460℃ 扒渣，加入碎玻璃、萤石另造新渣，再次扒渣后升温至1480℃插入铝线0.01%~0.05%脱氧，扒渣后出炉。在1380~1430℃浇注。用石墨坩埚作为转包，浇注前在包底放置YFB变质剂0.5%~0.6%或轻稀土硅铁合金1.5%（20%RE）。烘热300℃后，出铁液直接冲入包内。搅拌后，静置1min后采取挡渣，浇入12mm×12mm×120mm金属模具中。浇注后冷却，经清理后，线切割加工成10mm×10mm×55mm的无缺口试棒。

b. 热处理规范见表2-67。

表2-67 试样热处理规范

合金编号	热处理工艺
1	400℃×4h空冷
2	960℃×2h风冷,480℃×2h回火
3	1000℃×2h风冷,300℃×2h回火

c. 用HR-150A型硬度计测定硬度，在30/15型摆锤式冲击试验机上测试冲击韧性α_k，在LIM-2000型金相显微镜中观察金相组织。

（2）试验结果及分析

① 变质剂对力学性能的影响见表2-68。经过变质处理的合金铸铁在硬度和冲击性能上都有比较大的提高。3号合金添加YFB变质剂要比添加铈轻稀土变质剂的效果要好。

表2-68 试样力学性能

编号	合金编号	硬度（HRC）	冲击韧性/(J/cm²)
1	未加变质剂	54.5	2.2
	添加YFB变质剂	60.1	4.3
	轻稀土变质剂	58.2	3.2
2	未加变质剂	57.8	4.4
	添加YFB变质剂	59.7	5.8
	轻稀土变质剂	58.0	4.8
3	未加变质剂	54	4.8
	添加YFB变质剂	60.2	7.6
	轻稀土变质剂	57	6.0

② 原因分析。加入量较少的重稀土钇变质剂取得较好的变质效果，有以下原因。

a. 重稀土钇由于原子结构的差异，钇的氧化速度较铈轻稀土慢。

b. 钇的熔点、沸点比铈轻稀土高，钇的烧损比铈低8%~10%，这样有利于稀土的加入，同时减少稀土的烧损，提高稀土的吸收率。

c. 钇的原子量为88.9（镧为138.9，铈为140.1），单位质量所能提供的有效变质原子个数更多。

d. 钇的密度为4.47g/cm³（镧的密度为6.15g/cm³，铈为6.67g/cm³），与铁的密度7.8g/cm³相差较大，更容易在铁液里扩散、固溶，使钇在铸铁中的分布更均匀，吸收更稳定。

综合上述几种因素，钇基重稀土起变质作用的效果要比铈轻稀土好。

（3）厂家应用实例

① 某衬板生产厂使用 YFB 变质剂前后化学成分和性能见表 2-69。

表 2-69 不同强化技术、热处理状态对硬度和冲击韧性的影响

序号	牌 号	合金元素/%	硬度(HRC)	冲击韧性/(J/cm²)
1 变质	KmTBCr15MoCu	Mo 0.8～1.2 Cu 0.8～1.0	56～58	3.8～4.5
2 未变质	KmTBCr15MoCu	Mo 0.3～0.5 Cu 0	58～60	>5.0

在使用 YFB 变质处理后产品质量稳定且略有提高。衬板安装在 ϕ3mm×11mm 磨球仓上，安全运转良好。

② 某公司生产的高炉炉顶耐磨铸铁备件，使用 YFB 变质剂前后化学成分及性能见表 2-70。

表 2-70 合金化学成分及硬度、冲击韧性

合金成分	状态	硬度(HRC)	冲击韧性/(J/cm²)	备注
Cr20Mo1.8 Cu1.0Ni1.0	铸态	52～54	3.8～4.2	未变质处理
	淬火+回火	60～62	4.5～4.8	
Cr20Mo0.8 Cu0.6Ni0.6	铸态	49～51	5.5～5.8	变质处理
	淬火+回火	59～61	7.4～7.6	

该铸件的装机使用寿命延长 7%～10%，平均过矿能力提高 8%～12%。

2.2.2.9 含钒高铬白口铸铁的生产技术

2.2.2.9.1 V 对 Fe-C-Cr-V 合金凝固过程的影响

根据文献[1]，不含 V 的 2.7C-5Cr 白口铸铁，其液相线温度为 1310℃，共晶温度为 1180℃，其奥氏体初晶生长温度范围为 130℃；图 2-42 所示曲线显示了 Fe-2.69C-5.33Cr-5.23V 合金的凝固过程，金相组织图分别为冷却曲线上的（A）、（B）、（C）温度取样液淬后的显微组织。由冷却曲线上的拐点 A′、B′、C′ 看到，该合金液相线温度（A′点）为 1350℃，低于此温度，开始结晶出奥氏体，如图 2-43(a) 所示；到 B′ 点（1273℃）发生 γ+VC 共晶反应，从图 2-43(b) 中可以看到此种共晶组织；到 C′ 点开始 γ+M₇C₃ 的共晶反应，从图 2-43(c) 中可以看到此种共晶组织。这样，初生奥氏体的生长温度范围为 1350℃-1273℃=77℃，远小于不加 V 的 130℃；所以，加 V 使初晶奥氏体细化。而在 VC+γ 的共晶组织中，VC 分布较均匀，宛如晶内分布，对基体韧性之降低作用小于（γ+M₇C₃）共晶中的 M₇C₃。故可以设想，如果与不含 V 的高铬白口铸铁的碳化物数量相等，则含 V 高铬铸铁不仅抗磨性高，而且冲击韧性也优于普通高铬白口铸铁。

2.2.2.9.2 含 V 高铬白口铸铁的抗磨性能

表 2-71 给出了 4 种白口铸铁的化学成分、碳化物体积分数、空淬后的显微组织、硬度和抗磨性。

热处理工艺过程：在 N₂ 炉中将试样加热到 950℃，保温 3h，炉冷至室温，进行均匀化处理；随后在 N₂ 炉中将试样加热到 1050℃，保温 1.5h，再空冷。

抗磨试验是在磨损试验机上进行的。试验机中摩擦轮直径为 44mm，厚度 12mm，轮上覆以粒度为 120 目的 SiC 砂布，磨损试样尺寸为 50mm×50mm×4mm，试验前表面抛光。摩擦轮外缘速度为 0.345mm/s，与试样接触面积为（12×35)mm²。向摩擦轮上施加的负荷为 3kg，磨损率以 mg/s 计。

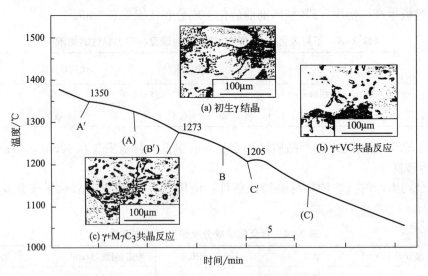

图 2-42　Fe-2.69C-5.33Cr-5.23V 合金凝固过程

从表 2-71 中可以看出，3 号合金与不含 V 的普通高铬白口铸铁 5 号合金相比，在空淬条件下其抗磨性能为后者的 2 倍；1 号合金抗磨性也是 5 号合金的 2 倍，但加 Mo、W 等贵重金属总量多于 3 号合金；不加 Cr 的 4 号合金，贵重合金加入量高达 20%，其抗磨性还不如 3 号合金。所以合金中加入 $w(V)$ 10% 左右，同时 $w(Cr)$ 在 10%，可使组织中碳化物总量（体积分数）达 36.9%，节省贵重合金元素加入量，同时又抗磨。

表 2-71　4 种铸铁的化学成分、铸态碳化物体积分数及空淬后的性能

序号	化学成分/%					铸态试样碳化物体积分数/%					空淬后组织与性能		
	C	Cr	V	Mo	W	MC	M_7C_3	M_2C	M_6C	总和	显微组织	硬度(HRC)	磨损率/(mg/s)
1	3.0	5	5	5	5	17.4	11	2.7	—	31.1	M+γ(6.24%)	64.4	0.03
2	3.0	10	10	0	0	21.6	15.3	—	—	36.9	M+γ(2.23%)	67.7	0.03
3	3.0	0	5	2.5	12.5	22.5	—	—	13.4	35.9	M+γ(21.31%)	66.0	0.04
4	3.0	17	0	3	0	—	30.0	—	—	30.0	M+γ(20.97%)	67.8	0.06

含 V 高铬白口铸铁可以只进行亚临界（低温）热处理，这样勿需用 N_2 进行保护，其抗磨性仍高于普通高铬白口铸铁。

2.2.2.10　高铬白口铸铁的高温形变处理

高铬白口铸铁作为一种优良的金属耐磨材料，近几年已为国内越来越多的人所认识，并开始在各行各业的生产实践中发挥出应有的作用。为了提高高铬白口铸铁的强韧性和寻求最佳的使用状态，国内外的专家进行过形变试验，可把高铬白口铸铁的冲击韧性值稳定在 $20J/cm^2$ 以上，有的甚至可达到 $50J/cm^2$ 左右（均为 10mm×10mm×55mm 无缺口试样）。

由于高铬白口铸铁的可塑性太差，给形变工艺带来相当大的困难，以致很长时间未能形成具有理想经济效益的生产工艺。

从 1985 年开始，以高铬白口铸铁磨球为例进行高温形变热处理工艺试验，在生产工艺

简单、操作方便、尽可能节约能源和稀贵金属的前提下，寻求一条用锻造的方法生产高质量高铬白口铸铁产品的道路，以利于该产品在我国迅速推广使用。

试验证明只要有合理的工艺安排，高铬白口铸铁产品完全可以用"模锻"的方法生产，其性能完全可以超过传统工艺生产的产品。先铸造成形，再加以高温形变热处理。用反复形变的"形变总量"的概念取代习惯中的"形变量"。

与目前国内外传统的方法相比较，模锻生产高铬白口铸铁的方法具有工艺简单、操作容易、能耗低、废品少、质量高且稳定的特点。另外，可以根据不同的经济条件和环境条件，采用自动化、机械化或半机械化的生产工艺。即使在比较简陋的工艺条件下，也可生产出稳定的高质量产品。

（1）化学成分的设计　由于高铬白口铸铁高温形变热处理工艺本身能够保证材料中的各种合金元素最有效地发挥作用，因此，在保证产品高质量的前提下，尽可能节约稀贵金属，以降低生产成本。产品化学成分见表2-72。

表2-72　产品的化学成分　　　　　　　　　单位：%

C	Cr	Mo	Ni	Cu	Si	Mn	RE	S	P
2.2～3.0	11～15	0.4～0.8	约0.5	0.3～0.5	0.6～1.3	0.6～1.0	0.02	≤0.06	≤0.1

碳：选择较高的碳含量，以保证高铬白口铸铁的高硬度。经过高温形变热处理工艺的磨球韧性增加，即使在高硬度的状况下工作也不会出现较多的破碎现象。但碳含量应随球径的增大而相应减少。

铬：与传统工艺相比，选择了较低的铬含量和铬碳比。目的在于既能获得 M_7C_3 类碳化物的主体，又能节约成本。降低铬含量，对材料的硬度不会产生不良影响。生产中发现含铬12%左右的材料硬度最大。降低铬含量，对材料的淬透性影响也不大。其他合金元素的加入量和模锻工艺的独特性足以保证磨球的淬透。经检测，磨球中残余奥氏体数量极少。

钼：选择0.5%左右的钼含量，目的之一是防止回火脆性的产生。钼的加入有利于提高材料的铸造性能。

镍：镍的加入可提高材料的韧性和淬透性，也可增加塑性，对铸造工艺有利。缺点是成本高，而且加入量较少，在磨球生产的整体工艺中作用不大。所以可以不加。

铜：材料中加入铜，主要是为了增加材料淬透性。特别是较大直径的磨球，当不加镍时更需要加铜。但是在室温条件下，铜在铁中的溶解度降低，当铜的加入量大于0.3%时，会发生晶间析出。在高温形变时，含量大于0.5%的铜在晶间析出后，首先熔化并在重力作用下，沿着铸造过程中材料出现的裂纹和疏松向铸件下方聚集，使裂纹和疏松的危害性增加；晶间析出的铜，会使材料在高温下产生"红脆"现象，使锻造性能大大降低。所以，规定铜的含量应小于0.5%。

硅：硅元素的加入，可以提高材料的抗磨性和抗疲劳性，可减轻高铬白口铸铁磨球的"剥落"现象。目前，国内外的高铬白口铸铁磨球，硅含量大都在0.8%以下，一般认为硅含量大于1%则会引起淬透性的下降。实际上，硅在高碳含量的合金中，特别是在具有一定钼含量的高碳合金中，能有效地提高淬透性。在适当的含量内硅的作用甚至比铬、镍还要好一些。因此，应尽可能提高硅含量。

稀土：加入量一般为0.1%～0.2%。最好采用稀土硅铁合金，在铁液出炉时冲包。化学成分中规定的含量为残余量。

(2) 冶炼、浇注和清理　模锻高铬白口铸铁工艺，对冶炼和浇注工序无任何特殊要求。但希望得到铸造缺陷很少的高质量铸坯。

在合适的温度时开箱，然后把砂清理干净。过多的砂，会使磨球在铸锻后表面凹凸不平，直接影响磨球的外观和使用性能。模锻不仅不能完全清除粘砂，反而会使部分型砂致密地附着在凹凸不平的表面上，影响淬火效果。

在有可能的情况下，清砂后尽快送入反射炉升温，以利用铸坯余温缩短升温时间，提高生产率，节约能源。

(3) 高温形变热处理

① 升温。铸造成形的高铬白口铸铁球，就是锻坯。可以直接送入加热炉，按工艺规定的速度缓慢升温。燃煤反射炉能够满足连续生产的需要，且能耗低、投资少、操作方便、维修量小（见图 2-43）。

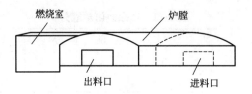

图 2-43　燃煤反射炉示意图

铸造成形的高铬白口铸铁球进入反射炉的温度没有规定。在开箱温度范围内，只要方便入炉即可。升温速度，在冷炉状态下，每分钟应控制在 8～12℃左右。

形变工艺要求的奥氏体化温度为 1100～1150℃（较高的奥氏体化温度，对化学成分的均匀化和淬透性的提高都有好处），透烧时间为 20～30min，即可转入锻造工序。实验中尚未发现奥氏体晶粒明显长大的现象。最佳的锻造温度是 1000～1100℃。

② 锻模的设计。高铬白口铸铁的形变，可以在任何锻压设备上进行。但是，锻模的设计应掌握一个原则：尽可能地降低和控制拉应力的作用。

高铬白口铸铁和普通白口铸铁一样，可锻性很差，即使在较高的温度下，仍然会承受不了较大形变量所产生的拉应力而发生破坏。因此，采取"铸造成形"的方法，在合适的温度中，采用合理分布的作用力进行模锻。

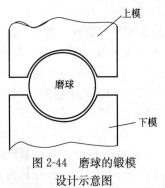

图 2-44　磨球的锻模
设计示意图

锻模的设计不一定是封闭的，而且锻模的尺寸、形状和产品的最终尺寸和形状的变化，不能影响锻件作为成品所要求的外形尺寸（图 2-44）。

③ 高温形变热处理。铸坯在 1100℃左右透烧 20～30min，即可以出炉移至锻压设备进行形变。锻造是在空气锤上进行的，开始轻锻几下，然后重锻变形，通过合理的"形变总量"，提高材料的强韧性；最后轻锻定形，达到产品的外形尺寸要求。要注意始锻时浇口应与锤头的运动方向一致，先把浇口打平，否则容易发生"卡模"。

重锻变形是高温热处理的关键工序。由于一次形变量是依靠锻锤的打击力和锻模的配合而决定的，锻压设备的固定型号不能完全适应锻坯几何尺寸的变化，因此，"形变总量"在半机械化工序中，基本上是依靠操作者的经验决定的。

在生产中只要锻造设备能力和锻坯尺寸基本适应，一般不会发生"形变总量"不足的情况。

高铬白口铸铁经过形变处理，其断面如细瓷状，强韧性和抗裂纹扩展功能明显提高。用150kg×5m夹板锤做破坏性试验，传统工艺生产的磨球一般在40~80锤即开裂，而模锻磨球均在100锤以上才开裂。图2-45是一个形变量明显不足的磨球破碎后的形状。磨球直径80mm，锻压厚度16~18mm。

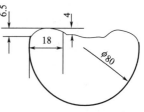

图 2-45　磨球破碎后的形状

从断面的垂直剖面上可以看到，裂纹在通过锻层时呈抛物线状，由于进入角的作用，抛物线凸点全部倾向残球的小半部。

抛物线的形状证明：裂纹的扩展通过锻层时，随着形变程度的不同，遇到不同程度的抗力，其扩展方向被迫发生大角度的转变。充分说明形变后的高铬白口铸铁具有良好的抗裂纹扩展能力。观察破坏位置靠近浇口的磨球，发现除裂纹进入锻层时的特征与图2-45一样之外，裂纹通过心部时亦呈抛物线状。硬度也明显高于磨球的其他部位。因此，在锻模工艺中，高铬白口铸铁可以适应较大的一次形变量。在一定的范围内，材料的抗裂纹扩展功能随着一次形变量的增加而上升。

生产中的一次形变量一般在10%~25%之间，形变总量一般控制在400%~1000%，形变总量随一次形变量的增加而减小。

试验证明，形变总量的增加除增加产品成本外，并无其他不良影响。我们检测过形变总量超过2000%的磨球，其硬度为61HRC以上，且沿半径分布，基本无落差。在实际生产中，对一次形变量主要通过配用锻造设备来控制，形变总量则主要由锻造时间来加以控制。

规定终锻温度为980℃。终锻温度可理解为淬火温度，因为形变热处理的淬火是利用锻后余热进行的。由于形变工序是依靠经验掌握的，所以终锻温度也为估计值。生产中的终锻温度一般都高于规定值。较高的终锻温度不会影响产品的使用性能；相反，除有利于提高材料的淬透性外，还能在后来的高温回火中，使二次硬化值达到高峰，使材料具有更好的抗磨性能。

终锻后的铸件，即送入"空冷输送机"进行"淬火"和"输送"。根据生产需要，空冷输送机的长度和形状都可调整。专用于磨球生产的空冷输送机更为简单（见图2-46）。

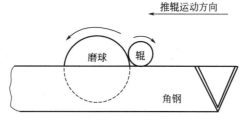

图 2-46　空冷输送机简图

形变淬火结束的磨球，直接从空冷输送机终端调入保温坑，开始"自回火"过程。入坑温度最好在460~480℃之间。低温坑不需设发热装置，只是保温效果尽可能好些，以取得较好的自回火效果。工件温度低于100℃时，即可结束回火工序。

高铬白口铸铁形变淬火后，会产生较大的应力。因此，较大直径磨球或使用环境比较恶劣的抗磨件，必须进行二次回火。二次回火不仅能进一步消除形变淬火后产生的应力，而且能较大幅度地再度提高抗磨件的硬度，使残余奥氏体的数量降到标准。

二次回火温度为460~500℃。由于磨球已经过形变和自回火，强韧性大大提高。在二次回火的升温过程中，可采取较快的升温速度，通常为 10℃/min 左右。二次回火的保温时间为 120～180min。

由上可知以下几点。

① 高铬白口铸铁具有较强的晶间疏松现象，因而其韧性值较低。高温形变热处理可消除枝状晶，弥合铸造过程中出现的疏松和显微裂痕，提高材料的强韧性。

形变可改变碳化物的形态，改善晶粒与晶粒之间、晶粒与碳化物之间的结合状态从而提高"结合力"，提高材料抵抗裂纹扩展的能力。

② 高铬白口铸铁经过高温形变热处理，韧性可以大幅度提高；而强度和硬度也有所提高。高温形变热处理有利于充分发挥多元合金提高材料淬透性的作用，并可节约稀贵金属。

③ 用"铸造成形、高温形变热处理"工艺生产高铬白口铸铁产品，工艺简单、投资少、能耗低、易于操作，产品质量高且稳定，外形美观。

④ 本工艺能适应水泥、矿山、化工生产中不同工况的要求，随时调整材质的化学成分，生产各类合金铸件及高碳合金钢铸件。

2.2.2.11 高铬白口铸铁的深冷处理技术

高铬白口铸铁显微组织中大量坚硬的 M_7C_3 型碳化物和强韧的基体是具备耐磨特性的基础，但同时决定了在经受反复高应力冲击下韧性达不到要求，易出现脆性崩裂失效。有文献表示，深冷处理作为一种新型的热处理技术，可提高材料的韧性和耐磨性，成倍地延长工件的使用寿命，目前已广泛应用于工磨具钢、碳钢、不锈钢、硬质合金及有色金属等。但深冷处理技术在铸造合金中的应用极少，将深冷处理这一先进的材料处理工艺引入提高高铬白口铸铁使用性能的研究，在前期工作中发现适当的深冷处理可有效提高高铬白口铸铁的宏观力学性能，对其处理工艺进行了初步研究。现就材料耐磨性方面对深冷处理的影响作一些探讨。

（1）试样制备与试验方法　试验所用的高铬白口铸铁化学成分按资料所提供的成分进行配制（Cr20-Mo2-Cu1），并在容量为 150kg 的酸性中频感应电炉中熔炼，然后浇注成 20mm×20mm×120mm 的试样毛坯。试样的热处理是在高温碳硅棒箱式电阻炉内进行。冷处理以液氧（-196℃）为制冷剂，在自制的保温容器中完成，采用 WZP-120 型热电阻和 XSZ-102 型数字显示仪表进行温度的测定。材料经过常规淬火后进行液淬式的深冷处理，随后进行相应的回火。

处理后的试样经平面磨床加工，尺寸为 18.5mm×18.5mm×120mm，并且线切割预制缺口，备做小能量多次冲击疲劳试验。CJPL-01 型冲击疲劳试验机是利用 MLD-10 型动载磨机试验机改装而成的，冲击频率 108 次/min。硬度测定在 HR-150A 型洛氏硬度计上进行，载荷为 150kg。试验结果均从 5 个数据中取接近的 3 个求平均值。

试样中采用自制的 GTM 型滚筒式磨损试验机，试验简图如图 2-47 所示。滚筒直径 500mm，转速 80r/min。取冲击疲劳断裂后的试样作记号后，放入装有白口铸铁磨球、铁片等磨料的滚筒中进行 70h 的磨损试验，算出失重量，单位为 10^{-2}g/g。滑动磨损试验是在自制的 WF 型往复滑动磨损试验机上进行的，简图如图 2-48 所示。试样经预磨称重后在粒度为 60 的半树脂氧化铝砂布上进行加载对磨试验，每次 5min 后称重并移位，重复做 5 次，取其平均失重量来比较材料抗滑动磨损性能，单位为 10^{-3}g/5min。

金相试样经深腐蚀后于 CQ50 型超声波清洗器中用丙酮清洗晾干，在 XL30-ESEM 型扫描电子显微镜上进行组织观察，并对冲击疲劳断口进行观察和分析。

（2）实验结果与分析

① 宏观力学性能与耐磨性试验。取经过深冷处理和未经深冷处理的两组试样进行硬度

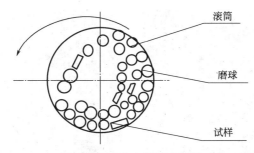

图 2-47 滚筒磨损试验简图

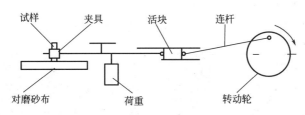

图 2-48 WF 型往复滑动磨损试验机简图

和多冲疲劳性能测试以及滑动磨损和滚筒磨损试验，结果见表 2-73。

表 2-73 深冷处理对高铬白口铸铁宏观性能与耐磨性能的影响

处理工艺	宏观力学性能		耐磨性能	
	硬度 (HRC)	冲击疲劳次数 /次	滑动磨损失重 /(10^{-3}g/5min)	滚筒式磨损失重 /(10^{-2}g/g)
未深冷处理	63.12	10584	6.20	2.02
深冷处理	63.40	26496	5.20	1.90

由表 2-73 可以看出，经深冷处理后的高铬白口铸铁硬度有所提高，但是幅度很小，不超过 0.5HRC，而在抗冲击疲劳方面则表现出较好的性能，冲击次数约是未处理的 2.5 倍，可见适当的深冷处理是能够提高高铬白口铸铁的宏观力学性能的。从耐磨性对比可以看到，试样经深冷处理后，其滑动磨损的失重量均比未经深冷处理的有所减少，其中滑动磨损差别较明显，与未经深冷处理的相比失重量减少了 16.1%，而滚筒磨损失重减少不足 6%。可见深冷处理有利于提高高铬白口铸铁耐磨性，但总体幅度不大。

② 显微观察与分析。图 2-49 为未深冷处理与深冷处理的试样经深腐蚀后在扫描电镜下的组织形貌。从图中可以看到，未深冷处理的组织中二次碳化物轮廓清晰可见，而深冷处理后的组织中二次碳化物不易看到。二次碳化物是高铬白口铸铁从高温冷却下来时过饱和奥氏体中析出的，它与高温奥氏体冷却转变形成的马氏体之间有较大的内应力。这种内应力促使基体在电解质的场合下发生电化学腐蚀。二次碳化物电极电位较高，为阴极；马氏体电极电位较低，为阳极。所以马氏体被腐蚀，剩下清晰可见的碳化物。而经过深冷处理的马氏体中析出了大量显微碳化物，故马氏体与二次碳化物之间的电极电位大减，基体中二次碳化物和马氏体出现均匀腐蚀，所以无法看到二次碳化物的轮廓。

图 2-50 为未深冷处理和深冷处理试样冲击疲劳试验后断口的扫描电镜形貌。从图中可以看出，不管是否深冷处理，疲劳裂纹基本上都是沿共晶碳化物和基体的界面扩展的。这说明共晶碳化物与基体界面结合处仍然是材料在反复冲击应力作用下的薄弱环节，即使通过深冷处理使高铬白口铸铁的韧性有明显的改善，但提高的幅度是有限的。

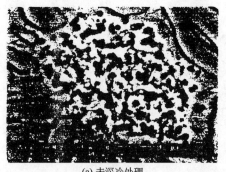
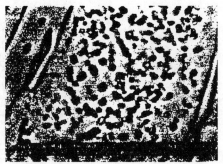

(a) 未深冷处理　　　　　　　　　　(b) 深冷处理

图 2-49　未深冷处理与深冷处理试样组织扫描电镜图

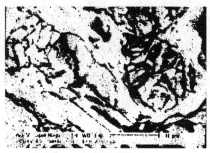

(a) 未深冷处理　　　　　　　　　　(b) 深冷处理

图 2-50　扫描电镜下未深冷处理与深冷
处理试样的冲击疲劳断口形貌

（3）讨论　　相关文献在研究深冷处理对材料性能的影响中指出，深冷处理对合金硬度、韧性及耐磨性提高的主要机理有以下两点：一是深冷引起低温马氏体晶格收缩，增加了碳的析出驱动力，在随后的回火复温过程中发生碳的聚集并以超微细化碳化物的形式析出，且空位和碳原子的偏聚成为马氏体新亚单元的边界，从而细化了马氏体；二是深冷过程中基体内的残余奥氏体在满足热力学条件下继续发生向马氏体的转变，直至越过马氏体转变终了温度 M_f，故组织中大量的残余奥氏体在－190℃的深冷温度发生相变，转变成具有更高硬度的马氏体组织，使基体硬度、耐磨性能得到一定程度的提高。

本试验中高铬白口铸铁经常规淬火硬化后，组织为马氏体＋M_7C_3 型碳化物＋少量残余奥氏体，其中 M_7C_3 型碳化物中大量的粗大且不连续的共晶碳化物及高温奥氏体在冷却过程中析出细小弥散的二次碳化物，对材料的硬度和耐磨性等起着主导作用。而深冷过程中马氏体内进一步析出细微碳化物，与原有的共晶及二次碳化物相比强化效果显著。所以就该机理而言，深冷处理对高铬白口铸铁硬度提高的贡献有限。甚至当深冷后马氏体中再次析出的超细碳化物以原有的二次碳化物为核心并依附长大时，就可能使二次碳化物产生聚集和粗化，从而失去了原有的弥散强化效果，导致硬度和耐磨性的降低，从而造成不利的影响。

高铬白口铸铁经常规脱稳处理后，高温奥氏体由于析出了大量的过饱和碳及其他合金元素使得稳定性下降，M_f 线上移，在空冷至常温后，大部分发生了马氏体相变，保留下来的奥氏体量大大减少，合金的硬度和耐磨性等无法得到较大幅度的提高。因此在深冷作用下高铬白口铸铁中残余奥氏体转化对提高材料耐磨性的贡献明显不如高速钢等其他合金材料。

深冷处理对基体组织的细化作用以及促进马氏体中碳化物的析出，不但增加了基体与碳化物间的结合强度，还能进一步缓和马氏体中的晶格畸变，消除其在热处理过程中形成的残余应力，减少了微型裂纹的产生，从而提高了基体的强韧性。所以总体上材料的韧性会有一定程度的提高。由于基体上分布着大量的粗大菱块状的共晶碳化物还起着主要的割裂作用，故在实际磨损工况下基体韧性的提高对耐磨性的帮助不十分明显。

滚筒磨损主要由于试样在滚筒工作时表面受到磨材的低应力冲击，而使试样表面产生疲劳剥落，所以合金在该工况下的磨损是以疲劳破坏为主，包含了微切削、冲击等形式。滑动磨损试验主要是试样与纱布的加载对磨，则此工况下是以微切削为主，也包含了滚动磨损等。早期研究表明，前者与材料的抗疲劳性能联系较大，而后者主要取决于材料的硬度。在深冷作用下硬度和冲击疲劳性能都有所提高的基础上，两种耐磨性也得到了不同程度的提高。如上所述，整体幅度不大，说明深冷处理在高铬白口铸铁中的作用与其他钢相比，影响因素还很多，有待于进一步的研究和探讨。

由上可知以下几点。

① 适当的深冷处理可提高高铬白口铸铁的硬度、冲击疲劳抗力，从而在一定程度上提高材料在滑动磨损或滚动磨损工况下的耐磨性能。

② 深冷处理在高铬白口铸铁中的应用受到原有组织中共晶碳化物和二次碳化物等因素的制约，作用效果有限，有待于深入研究。

2.2.2.12 高铬白口铸铁"正火液"的特性与应用

为保证高铬白口铸铁件具有高的耐磨寿命，多年来皆是采用空气中淬火，以获得马氏体基体，随后进行回火，用以消除热处理应力。但是普通高铬白口铸铁工件仅采用空冷淬火，淬透性差，耐磨性低，使用寿命短。为了提高高铬白口铸铁的淬透性，通常需要加入一定数量的钼、镍、铜等合金元素。

除了采用合金化外，淬火冷却的改进也是提高高铬白口铸铁淬透性极其重要的手段。众所周知，淬火是将钢铁材料加热到临界温度以上保温，然后以大于临界冷却速度急速冷却，从而得到马氏体或贝氏体组织的热处理方法，它是强化钢铁材料最重要的热处理方法。由于高铬白口铸铁中含有较多的铬，比普通铸铁和碳钢的淬透性好。

高铬白口铸铁淬火冷却时，在 M_s 温度以下，由于发生奥氏体向马氏体的转变，体积膨胀，产生第二类畸变、第二类应力及宏观的热处理应力，容易导致淬火裂纹。淬火冷却速度过慢（如空冷、风冷或雾冷），会影响硬化程度，达不到工件淬硬层要求。

理想的冷却方式如图 2-51 所示，该冷却介质在过冷奥氏体分解最快的温度下，具有最强的冷却能力，而在接近 M_s 点时冷却能力又变得较为缓和，这样既保证了硬化要求，又减小了淬火应力，可防止高铬白口铸铁工件淬火变形和开裂，但这种理想的冷却介质迄今未找到。

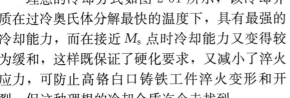

图 2-51　CCT 曲线和理想冷却曲线示意图

因此，开发一种接近高铬白口铸铁理想冷却的淬火介质，对于提高高铬白口铸铁的淬透性，防止高铬白口铸铁热处理时的变形和开裂，降低高铬白口铸铁生产成本，将具有重要的意义。

2.2.2.12.1 高铬白口铸铁"正火液"特性

钢铁材料淬火冷却过程中，应用最广的淬火介质是水质淬火剂和油质淬火剂，其中水是最经济的一种淬火介质。实际上，水的冷却特性很不理想，在需要快冷的700～400℃区间，水的冷速很小，大约200℃/s；而在400℃以下需要慢冷的区间，水的冷速大增，在大约300℃达到最大值800℃/s，使零件淬火变形及产生裂纹的危险最大。

油也是常用的淬火介质，油的最大优点是，在马氏体形成的温度（300℃）以下，冷却能力甚小，故淬火变形开裂的倾向较水淬小得多。在"C"曲线鼻部附近温度的冷却能力也比水小得多，因此应用于合金钢的淬火时，工件不易变形和开裂，而且能够满足工件的淬透性要求。

高铬白口铸铁中由于含有较多的碳和铬等合金元素，导热性差，脆性大，高温淬火时直接用油冷却，易开裂，在工业生产中较少使用。因此，本研究开发的"正火液"的冷却能力界于风冷和油冷之间，满足无镍钼高铬白口铸铁的淬透性要求。

聚合物水基淬火剂具有以下优点。

① 从环保方面讲，消除了油淬时的烟雾，大大改善了现场的工作环境，消除了火灾隐患，且无毒性。

② 从生产方面讲，由于在稀释状态使用，溶液的黏度低于油，带出量少，所以投资和运行成本低；比热容和热传导率都较油大，所以淬火温升小，生产效率高；淬火后可不清洗，直接回火，节约了时间和清洗剂的费用。

③ 从技术方面讲，冷速可根据需要调整，以适应不同钢种的需要，和油比较，耐污染的能力较强；和水相比，减少了应力和变形，消除了水淬时的软点等。

适合高铬白口铸铁冷却的"正火液"是水基聚合物。其主要成分是有机高聚物，当介质与炽热的高铬白口铸铁接触时，在金属表面形成一层导热差的薄膜，对金属向周围介质中散热起到一定的阻碍作用，减缓了金属的冷却速度。介质浓度越高，形成的膜越厚，介质的黏度越大，介质温度越高，金属散发的热量通过形成的膜向周围传递的速度越慢，从而导致金属的冷却速度越小，故冷却后其开裂倾向也随之减小。由于高铬白口铸铁中铬含量较高，采用水基聚合物"正火液"完全可以满足其淬透性要求。

2.2.2.12.2 "正火液"对高铬白口铸铁淬透性和耐磨性的影响

采用"正火液"，对高铬白口铸铁淬透性和耐磨性的影响进行了研究，并与空冷淬火钼镍高铬白口铸铁进行了对比。首先以废钢、生铁、碳素铬铁、锰铁、钼铁和镍板为原料，在350kg中频感应电炉中冶炼高铬白口铸铁。其中B号试样不含镍、钼合金元素，而对比材料A号试样含有2% Mo和1.0%Ni，其他成分和B试样相同。铁液熔清后用铝脱氧，然后在潮模砂铸型中浇注 ϕ120mm×180mm试样，具体成分见表2-74。

表 2-74　高铬白口铸铁的化学成分　　　　　　　　　　　　　　　单位：%

试样	C	Cr	Mn	Si	Mo	Ni	S	P
A	2.98	15.43	0.88	0.75	2.06	1.01	0.028	0.036
B	2.99	15.38	0.92	0.76	—	—	0.029	0.033

试样热处理工艺如下：A试样和B试样均经过980℃加热后保温2h，然后A试样直接风冷淬火，而B试样的冷却选用两种工艺，第一种是直接风冷淬火处理，第二种用本试验开发的"正火液"进行淬火处理，"正火液"与试棒的重量之比为8：1，"正火液"温度为室温，约28℃。热处理后，用钼丝切割机将试棒沿直径方向切开，测量试棒硬度沿径向的分布情况，结果如图2-52所示。

在风冷淬火条件下，钼镍高铬白口铸铁具有良好的淬透性，而无钼镍高铬白口铸铁的淬透性较差，特别是离表面30mm后，硬度明显下降。而无钼镍高铬白口铸铁用"正火液"

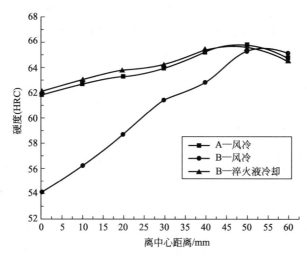

图 2-52　冷却方式对高铬白口铸铁淬透性的影响

淬火后，淬透性明显改善，和钼镍高铬白口铸铁相当，且硬度分布的均匀性较好。这表明用"正火液"淬火可明显提高无钼镍高铬白口铸铁的淬透性。

在此基础上，对不同淬火冷却处理后高铬白口铸铁的耐磨性进行了磨损试验研究。磨损试验在 ML-10 型销盘磨损试验机上进行。用 100 目石英水砂纸与试样对磨，磨损试样尺寸 ϕ6mm×25mm，磨程 10.409m，载荷 19.6N，磨损数据取 3 个试样的平均值，磨损试验结果如图 2-53 所示。

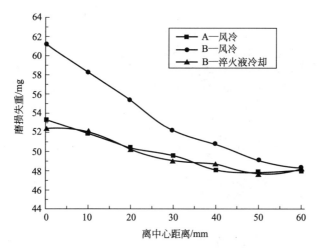

图 2-53　冷却方式对高铬白口铸铁耐
磨性影响（试样在 350℃回火 4h）

由结果可见，用"正火液"淬火的无钼镍高铬白口铸铁的磨损失重与风冷钼镍高铬白口铸铁相当，而风冷无钼镍高铬白口铸铁仅在冷却表面具有较好的耐磨性，而心部由于淬透性差，磨损失重明显增加，耐磨性显著下降。

2.2.2.12.3　高铬白口铸铁"正火液"的工业应用

目前高铬白口铸铁"正火液"已在无钼镍高铬白口铸铁锤头、板锤、衬板和磨球等耐磨备件上进行了工业应用试验，试验结果表明，在高铬白口铸铁淬火过程中使用"正火液"，可以明显提高高铬白口铸铁淬透性和硬度均匀性，淬火过程中工件不开裂、不变形，其使用效果明显优于风冷淬火无钼镍高铬白口铸铁产品,平均延长使用寿命28%～45%,与风冷淬火钼镍高铬白口铸铁产品使用效果相当。由于不含钼镍等贵重合金元素,可降低高铬白口铸铁生产成本。

2.3 耐热铸铁

耐热铸铁与其他耐热合金相比,具有成本低廉、熔制较易等优点,所以在工业生产中得到广泛使用。耐热铸铁必须有良好的耐热性能及一定的常温和高温力学性能。

2.3.1 铸铁的高温氧化

2.3.1.1 铸铁氧化膜的结构

当铸铁氧化时,表面形成一层或多层氧化膜。氧化膜是否具有保护作用,决定了这种铸铁在高温下是否具有抗氧化能力。氧化膜的结构与铸铁的化学成分及石墨形态有关。非合金灰铸铁的氧化膜结构如图 2-54 所示,其放大图片如图 2-55。由表层向内的氧化物依次是 Fe_2O_3、Fe_3O_4、$FeO+(FeO)_2SiO_2$,它们称为外氧化层。紧接外氧化层有一内氧化层,它是由于氧通过氧化膜及石墨片进入内部而形成的。其中石墨片中的碳已烧掉,被 FeO、SiO_2、MnO 所充填,石墨片的周围也被这些氧化物所包围。内氧化层由于强烈脱碳而变成铁素体,故也称为脱碳层。再向中心为完全没有氧化的完好层。$FeO+(FeO)_2SiO_2$ 层内有硅的富集,大约比金属基体中的含量高出 1 倍,内氧化层石墨片内及其外部边缘硅可富集 4%～7%。

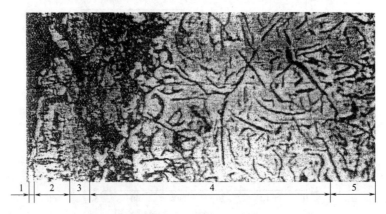

图 2-54　非合金灰铸铁的氧化膜结构(3%硝酸酒精浸蚀)×75
1—Fe_2O_3 层;2—Fe_3O_4 层;3—$FeO+(FeO)_2SiO_2$ 层;4—内氧化层;5—完好层

非合金球墨铸铁氧化膜结构类似灰铸铁,但在同样的氧化条件下,氧化膜较灰铸铁薄,特别是内氧化层薄得更多,只有邻近铸件表面的石墨球才发生氧化,其内部为 FeO 所充填,硅、锰在石墨球边缘富集,硅可达 6.8%。远离铸件表面的石墨球不氧化,但靠近表面有一较薄的脱碳层,基体也变成铁素体。非合金球墨铸铁的氧化膜结构如图 2-56 所示。

蠕墨铸铁的氧化膜结构与球墨铸铁类似。

非合金铸铁氧化膜内有厚的 FeO 层,其中有大量的空穴,金属及氧离子很易通过它扩散。表面的 Fe_2O_3 层很易剥落,所以非合金铸铁的表面氧化膜不具保护作用。

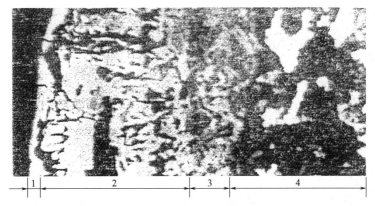

图 2-55　非合金灰铸铁的氧化膜结构（3％硝酸酒精浸蚀）×250

1—Fe_2O_3 层；2—Fe_3O_4 层；3—FeO＋$(FeO)_2SiO_2$ 层；4—内氧化层

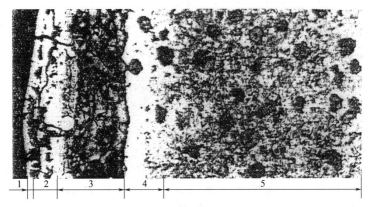

图 2-56　非合金球墨铸铁的氧化膜结构（3％硝酸酒精浸蚀）×75

1—Fe_2O_3 层；2—Fe_3O_4 层；3—FeO＋$(FeO)_2SiO_2$ 层；4—内氧化层；5—完好层

2.3.1.2　石墨和基体对铸铁抗氧化性能的影响

石墨形态对铸铁抗氧化性能有重大影响：灰铸铁的石墨基本连在一起，它成为氧进入金属内部的通道，故氧化速度很快，生长率也高。球墨铸铁的石墨是孤立的，故没有这样的通道，氧化速度及生长率明显降低。蠕墨铸铁中的石墨虽基本上不是孤立的，但紧密程度较高，故它的氧化速度及生长率介于灰铸铁与球墨铸铁之间，且更接近于后者。石墨形态（此处由球化率说明）对耐热铸铁氧化速度的影响见表 2-75，表内球化率小于 70％时已接近蠕墨铸铁的范围。图 2-57 表示普通灰铸铁、蠕墨铸铁、球墨铸铁及耐热蠕墨铸铁的抗氧化性能。

不同珠光体含量的基体组织对耐热铸铁的抗氧化、抗生长性能的影响见表 2-76，由表可知：珠光体含量对铸铁的抗氧化性能影响不显著，但对生长率有明显的影响，这是因为珠光体分解形成石墨，

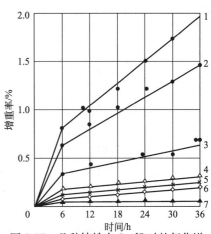

图 2-57　几种铸铁在 800℃时的氧化增重率与保温时间的关系

1—灰铸铁（蠕化处理未成）；2—灰铸铁；3—HRTCr2（参见表 2-81）；4—以蠕虫状石墨为主的蠕墨铸铁；5—以团状蠕虫状石墨为主的蠕墨铸铁；6—球墨铸铁；7—中硅蠕墨铸铁

体积发生膨胀所致。

表 2-75　不同球化率对耐热铸铁氧化速度及生长率的影响

化学成分/%		球化率 D_a/%	珠光体/%	状态	氧化速度/[g/(m³·h)]			生长率/%		
C	Si				试验温度/℃	试验时间/h	数值	试验温度/℃	试验时间/h	数值
3.36	4.50	87	0	退火	700	500	0.4662	—	—	—
3.30	4.20	78	0	退火	700	500	0.6537	700	150	0.04
3.00	4.00	66	0	退火	700	500	0.6690	700	150	0.05
2.70	4.00	53	0	退火	700	500	0.7076	700	150	0.07

表 2-76　不同珠光体含量对耐热铸铁氧化速度及生长率的影响

化学成分/%		球化率 D_a/%	珠光体/%	状态	氧化速度/[g/(m²·h)]			生长率/%		
C	Si				试验温度/℃	试验时间/h	数值	试验温度/℃	试验时间/h	数值
3.00	4.00	55	6	铸态	700	500	0.7843	—	—	—
2.80	4.15	68	5	铸态	700	500	0.7384	700	150	0.09
3.00	4.00	66	20	铸态	700	500	0.7305	700	150	0.10
3.00	4.00	66	55	正火	700	500	0.7230	700	150	0.27

2.3.1.3　合金元素对铸铁抗氧化性能的影响

加入合金元素是提高铸铁抗氧化性能的主要手段。在铸铁中加入合金元素时，铸铁的氧化膜结构发生变化：即在原来的 FeO 层内形成富合金元素的橄榄石〔如 $(FeO)_2SiO_2$〕或尖晶石（如 $FeOAl_2O_3$）等复杂化合物。它们是致密的，具有良好的保护作用。如果加入足够的合金元素，这些复杂化合物呈连续分布，金属离子及氧离子难以透过它们进行扩散，此时氧化膜具有良好的保护作用，铸铁的抗氧化能力就显著加强。这时，氧化膜很薄，一般分为两层，即 $FeO+Fe_yM_xO$ 层及外部 FeO 层，M 是合金元素，称为双层氧化膜。

具有保护作用的合金元素必须具备下列条件。

① 合金元素氧化物的容积（V_{MaO}）与合金元素的容积（V_{Ma}）的比值大于 1，以形成连续的氧化膜。

② 它的氧化膜结构致密，金属离子及氧离子不易通过扩散。

③ 它在铁内有较大的溶解度。

④ 它比铁更易氧化，优先形成氧化物。

⑤ 生成的合金氧化物稳定，熔点高。

有关金属氧化物的性质见表 2-77。

表 2-77　金属氧化物的性质

氧化物	K_2O	Na_2O	CaO	BaO	MgO	CoO_2	Al_2O_5	PoO	SnO_2
密度/(g/cm³)	2.32	2.27	3.32	5.72	3.58	7.13	3.97	9.53	6.45
$\dfrac{V_{MaO}}{V_{Ma}}$	0.41	0.57	0.64	0.74	0.79	1.15	1.24	1.29	1.34
熔点/℃	350 分解	1275 升华	2614	1918	2852	2600	2072	886	1080 分解

氧化物	ZnO	NiO	CuO	MnO	TiO$_2$	Cr$_2$O$_3$	FeO	Fe$_2$O$_3$	SiO$_2$
密度/(g/cm^3)	5.61	6.67	6.40	5.43	4.17	5.21	5.70	5.24	2.32
$\dfrac{V_{MaO}}{V_{Ma}}$	1.57	1.60	1.71	1.77	1.80	2.03	1.77	2.16	1.88
熔点/℃	1975	1984	1326	1650	1825	2265	1369	1590	1720

符合上述条件的合金元素有硅、铬、铝，它们是常用的抗氧化元素。锰的氧化物可与 FeO 形成固溶体，能够稳定 FeO，但 MnO 在 FeO 中并不能使金属离子扩散减慢，所以加入锰不利于铸铁的抗氧化性能。硅、铬、铝对铸铁抗氧化性能的影响如图 2-58～图 2-60 所示。

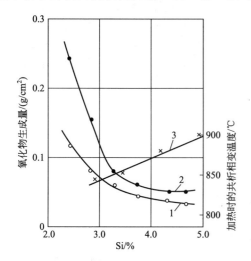

图 2-58　硅对球墨铸铁氧化物生成量的影响
（保温 100h 介质：空气）
1—700℃；2—350℃；3—加热时的共析相关温度

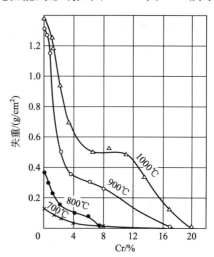

图 2-59　铬对铸铁抗氧化性能的影响
（保温 36h 介质：空气）
（保温时间短，以失重计量抗氧化性）

2.3.1.4　铸铁氧化时的脱碳

铸铁内含有石墨，在高温工作时，发生不同程度的脱碳。在金相磨片上看到一脱碳层，在这一层中，碳被烧掉，基体中碳也被氧化，变成铁素体。脱碳严重时，用增重法或减重法测得的抗氧化性将由此而被严重歪曲，因此应加以校正，或用测氧化膜厚度法、测氧化膜重量法以确定铸铁的抗氧化性能。

铸铁脱碳规律类似铸铁的氧化规律。当铸铁高温氧化时，温度越高、保温时间越长、铸铁中石墨呈粗大片状时，脱碳越严重。相反，铸铁中抗氧化元素含量越多、石墨呈球状时，脱碳越少。脱碳速度与石墨形态、加热温度、保温时间的关系如图 2-61 所示。

但是，同一试样抗氧化试验时，氧化速度与脱碳速度并不一致，多数情况下，氧化速度大于脱碳速度，但有时脱碳速度大于氧化速度，此时测得的增重值为负值。

2.3.2　铸铁的生长

2.3.2.1　生长的机理

在高温下工作的铸铁件，其尺寸发生不可逆膨胀的现象即所谓生长。生长不仅使铸铁失去强度，甚至还会破坏与之接触的其他构件。铸铁的生长在 CO/CO$_2$ 气氛中最严重，其次

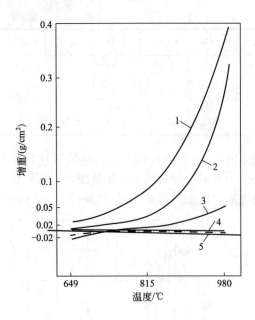

图 2-60　铝对灰铸铁抗氧化性能的影响
(保温 200h 介质：空气)
1—Al 2.42%；2—Al 4.28%；3—Al 5.99%；
4—Al 20.79%；5—Al 24.40%

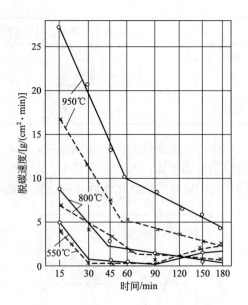

图 2-61　脱碳速度与加热时间的关系
(介质：纯氧)
——— 片状石墨；- - - - - 球状石墨

是在空气中。在真空及氢气氛中也可以发生少量的生长。

关于生长的原因，目前认为有以下几点。

① 氧渗入金属内部，发生内氧化。渗入的通道是氧化膜中及金属与石墨边界的微裂纹、金属中的微孔隙、石墨烧去后留下的痕迹等。各种元素氧化后，由于氧化物的体积大于金属本身，故引起铸件体积的不可逆胀大。氧化是生长的主要原因。当工件反复加热与冷却时，特别是通过相变点时，由于产生应力，使石墨与金属之间产生微裂纹，此时生长就特别剧烈。

② 高温下渗碳体分解形成石墨，体积增加。

③ 加热时石墨溶解于奥氏体，冷却时石墨又从奥氏体析出，但不在原地析出，因此，每加热一次就留下许多孔洞，因而使铸铁体积增加。

④ 在 CO/CO_2 气氛下工作的铸铁，生长特别剧烈。这主要是由于 $2CO \longrightarrow CO_2 + C$ 反应分解出的碳沉淀于石墨之上，使石墨体积增大，基体产生微裂纹，氧更易深入内部氧化所致。

2.3.2.2　防止生长的措施

① 由于内氧化是铸铁生长的主要原因，而且相变促进这一过程的发展，所以提高铸铁的抗氧化性能及提高共析相变点是防止生长的主要措施。加入硅、铝、铬等合金元素可以提高抗氧化性能及共析相变点，因此生长率明显下降。硅对铸铁生长率的影响如图 2-62 所示。硅、铝、铬对铸铁共析相变点的影响见表 2-78、图 2-63、表 2-79。铝-硅对球墨铸铁的共析相变点的影响见表 2-80。

表 2-78　硅对球墨铸铁共析相变点的影响

Si/%	3.57	3.99	4.25	4.42	4.88	5.26	5.55	5.96
A_{c1}/℃	840	860	875	878	900	915	930	940

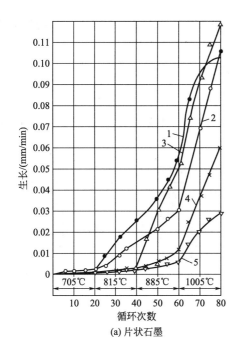

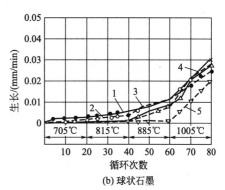

曲线	(a) 图		(b) 图	
	C/%	Si/%	C/%	Si/%
1	3.42	2.61	3.51	2.61
2	3.36	3.22	3.29	3.22
3	3.16	4.01	3.16	4.01
4	2.91	4.95	2.93	4.95
5	2.45	5.94	2.44	5.94

图 2-62　硅对灰铸铁和球墨铸铁生长率的影响
（每一循环保温 30min，空冷到 150～200℃）

表 2-79　铬对铸铁共析相变点的影响

Cr/%	0.80	1.26	3.90	14.4	22.10	26.48	34.70
C/%	2.03	2.04	2.07	2.63	2.67	2.32	2.71
A_{c1}/℃	810	830	850	890	900	950	960

表 2-80　铝-硅对球墨铸铁共析相变点的影响

Al/%	4.24	5.54	3.98[①]
Si/%	3.79	3.63	3.82
A_{c1}/℃	930	972	940
A_{r1}/℃	900	—	909

① Mo0.27%。

另外，加入扩大 γ 区的元素（如镍、锰等）很多时，也可使共析相变点降到室温以下，此时无相变，成为奥氏体铸铁。

② 加入少量的铬、锰或微量的锡（0.1%）或锑（0.1%～0.3%）以稳定珠光体，使之在较高温度下分解，也可提高抗生长性能。但是对于原来即是单一的 α 铸铁，加入这些元素后，提高了珠光体含量，反而不利。

③ 减少珠光体及渗碳体的含量，可以减少由于它们分解造成的生长。由表 2-76 可以看出珠光体含量对生长的显著影响。

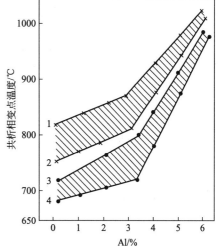

图 2-63　铝对铸铁共析相变点的影响
（铸铁其他成分：C 2.8%、Si 0.8%～1.2%、Mn 0.4%～0.6%、P＜0.1%、S＜0.05%）
1—A_{c1} 结束；2—A_{c1} 开始；3—A_{r1} 开始；4—A_{r1} 结束

④ 减少石墨含量及改善石墨形态，使之呈球状，都可以减少氧的渗入，从而提高铸铁的抗生长性能（见表 2-75）。

2.3.3　各种耐热铸铁的成分、组织及性能

2.3.3.1　耐热铸铁件标准

现行的国家标准《耐热铸铁件》（GB/T 9437—2009）中规定了各类耐热铸铁的牌号、化学成分以及室温力学性能，见表 2-81 和 2-82。

表 2-81　耐热铸铁的牌号及化学成分

铸铁牌号	化学成分（质量分数）/%						
	C	Si	Mn	P	S	Cr	Al
			不大于				
HTRCr	3.0～3.8	1.5～2.5	1.0	0.10	0.08	0.50～1.00	—
HTRCr2	3.0～3.8	2.0～3.0	1.0	0.10	0.08	>1.00～2.00	—
HTRCr16	1.6～2.4	1.5～2.2	1.0	0.10	0.05	15.00～18.00	—
HTRSi5	2.4～3.2	4.5～5.5	0.8	0.10	0.08	0.50～1.00	—
QTRSi4	2.4～3.2	3.5～4.5	0.7	0.07	0.015	—	—
QTRSi4Mo	2.7～3.5	3.5～4.5	0.5	0.07	0.015	Mo 0.5～0.9	—
QTRSi4Mo1	2.7～3.5	4.0～4.5	0.3	0.5	0.015	Mo1.0～1.5	Mg0.01～0.05
QTRSi5	2.4～3.2	4.5～5.5	0.7	0.07	0.015	—	—
QTRA14Si4	2.5～3.0	3.5～4.5	0.5	0.07	0.015	—	4.0～5.0
QTRA15Si5	2.3～2.8	4.5～5.2	0.5	0.07	0.015	—	5.0～5.8
QTRA122	1.6～2.2	1.0～2.0	0.7	0.07	0.015	—	20.0～24.0

注：牌号的符号中"TR"表示耐热铸铁，"Q"表示球墨铸铁，其余字母为合金元素符号，数字表示合金元素的平均含量（质量分数），取整数值。

表 2-82　耐热铸铁的室温力学性能

铸铁牌号	最小抗拉强度 Rm/MPa	硬度（HBW）
HTRCr	200	189～288
HTRCr2	150	207～288
HTRCr16	340	400～450
HTRSi5	140	160～270
QTRSi4	420	143～187
QTRSi4Mo	520	188～241
QTRSi4Mo1	550	200～240
QTRSi5	370	228～302
QTRAl4Si4	250	285～341
QTRAl5Si5	200	302～363
QTRA122	300	241～364

注：允许用热处理方法达到上述性能。

2.3.3.2　常用耐热铸铁

（1）高硅耐热铸铁　含硅 5%～6%，其工作温度可稳定在 850℃左右，但其力学性能低，只能制造受力较低的耐热零件。其成分见表 2-83。

表 2-83　常用高硅耐热铸铁

名称	牌号	化学成分/%					
		C	Si	Mn	P	S	Cr
高硅耐热铸铁	HRTSi5.5	2.2～3.0	5.0～6.0	<1.0	<0.2	<0.12	0.5～0.9
含铬耐热铸铁	HRTCr0.8	2.8～3.6	1.5～2.5	<1.0	<0.3	<0.12	<0.5～1.1
含铬耐热铸铁	HRTCr1.5	2.8～3.6	1.7～2.7	<1.0	<0.3	<0.12	1.2～1.9

（2）高铝耐热铸铁　高铝耐热铸铁耐热性好（900℃）可制各种加热炉的炉底板，但力学性能很差，且铝易氧化并形成夹渣。其成分见表 2-84。

表 2-84　常用高铝耐热铸铁

名称	化学成分/%					
	C	Si	Mn	P	S	Al
中铝耐热铸铁	2.5～3.2	1.6～2.3	0.6～0.8			5.5～7.0
高铝耐热铸铁	1.2～2.0	1.3～2.0	<0.7	<0.4	<0.03	20～24

（3）高铬耐热铸铁　一般来说，铬加入量为 0.5%～2%，工作温度越高，则加入量应愈高，含铬量为 26%～30% 时，耐热温度为 1000℃，含铬量为 32%～36% 时，耐热温度为 1150℃，且力学性能保持较高（表 2-85）。

表 2-85　常用高铬耐热铸铁

名称	化学成分/%					
	C	Si	Mn	P	S	Cr
高铬耐热铸铁 HRTCr16	1.6～2.4	1.5～2.2	<1.0	<0.10	<0.05	15～18
高铬耐热铸铁 HRTCr28	0.5～1.0	0.5～1.3	0.5～0.8	<0.10	<0.08	26～30

2.3.3.3　耐热铸铁的物理性能

耐热铸铁的热导率、线膨胀系数与热疲劳性能有很大关系。当热导率提高、线膨胀系数减小时，铸铁的热疲劳性能提高。各类铸铁的热物理性能见表 2-86～表 2-88。

表 2-86　耐热铸铁的热物理性能

铸铁	化学成分/%					线膨胀系数/($\times 10^6 1/℃$)		热导率/[W/(m·K)]	
	C	Si	Al	Cr	Mo	温度/℃	数值	温度/℃	数值
硅系灰铸铁	1.8～2.0	5.0～7.0	—	≤2		≤500	13		
硅系球墨铸铁	—	0.65							52.8
	—	2.0							35.6
	—	4.8							20.5
	3.07	4.15				20～540	12.2	—	—
						20～815	13.9	—	—
	3.04	4.13			0.98	20～540	12.1	—	—
						20～815	13.3	—	—
	3.36	4.06	—	—	1.98	20～540	12.9	95	25.1
						20～815	14.3	425	28.9
								760	26.4
								870	25.1

铸铁	化学成分/%					线膨胀系数/($\times10^6$1/℃)		热导率/[W/(m·K)]	
	C	Si	Al	Cr	Mo	温度/℃	数值	温度/℃	数值
铝系灰铸铁	2.3	0.6	3.0	—	—	20~760	14.3	—	—
	3.0	2.0	2.0	—	—	20~760	14.3		
	2.86	0.83	5.99	—	—	20~200	10.9	—	—
						20~400	13.5		
						20~500	17.7		
	2.0	1.5	20.0	—	—	20~200	17.7	—	—
						20~400	19.9		
	1.5	0.36	24.2	—	—	20~300	18.3	150	19.7
						20~700	20.9	360	21.4
	2.0	5.35	6.50	—	—	25~100	10.9	350	27.2
						25~700	15.4	500	23.0
						25~900	17.2		
铝系球墨铸铁	2.37	3.79	4.24	—	—	15~100	12.0	250	20.5
						15~500	14.7	400	25.1
						15~900	16.8	900	33.2
	2.30	6.50	7.33	—	—	25~100	10.5	150	22.2
						25~700	15.9	350	21.4
						25~900	17.7	500	19.3
	1.54	0.26	24.3	—	—	—	—	173	14.2
								315	15.5
铬系铸铁	2.8~3.4	1.5~3.6	—	0.5~2	—	≤600	11~14	—	—
	2.54	0.95	—	14.8	—	20~600	12.4	—	—
	2.56	1.17	—	24.6	—	300~700	12.5	—	—
	1.70	1.50	—	30.0	—	—	—	87	20.9
								453	20.9

表 2-87　铝铸铁的密度

化学成分/%			密度/(g/cm³)
C	Si	Al	
3.36	2.06	—	7.15
3.17	1.88	5.1	7.05
3.35	2.24	7.5	6.56
2.83	1.85	11.6	6.53
2.47	1.69	15.6	6.38
2.33	1.70	16.2	6.25
1.74	1.62	18.4	6.02
1.93	1.32	23.1	6.04
1.29	1.72	24.0	5.74
1.60	1.50	25.0	5.52

表 2-88　硅、铬铸铁的密度

铸铁	化学成分/%				密度/(g/cm³)
	C	Si	Cr	Al	
硅铸铁	1.6~2.5	4.0~6.0	—	—	6.81~7.08
铬铸铁	1.8~3.0	0.5~2.5	15.0~35.0	—	7.33~7.50

2.3.3.4　耐热铸铁的铸造性能

各类耐热铸铁的铸造性能见表2-89。

表2-89　耐热铸铁的铸造性能

铸铁	流动性	自由线收缩率	缩孔倾向	热裂倾向	冷裂倾向
中硅灰铸铁	与普通灰铸铁相似。浇注温度为1280～1300℃时,灰铸铁螺旋长度为320mm,中硅灰铸铁为380mm,加Cr后下降	1.0%～1.25%加Cr后1.4%～1.45%	比普通灰铸铁略大	较小	较大,随Si量提高而增大
中硅球墨铸铁	与中硅灰铸铁相似	1.24%	较大,厚壁铸件加冒口,冒口为铸件重的20%～25%	较小	较大,当Si＞5.3%时,更严重
低铝灰铸铁	与普通灰铸铁基本相同	1.3%～1.8%	较小	较小	较小
高铝灰铸铁	铁液黏稠,但由于结晶间隔小,流动性较好,在1400～1470℃时的螺旋长度为415～990mm	2.5%～3.0%	高铝灰铸铁缩孔容积为2.7%～6.3%　高铝球墨铸铁缩孔容积为4.5%～8.0%,冒口为铸件重的20%～25%	较小	很大
低铬铸铁	Cr<1%时与普通灰铸铁相似;Cr为2%时,使螺旋长度由1350mm减至1000mm	Cr1.2%时为1.2%,Cr2.0%～2.7%时为1.35%～1.5%	当Cr≈1%时,比灰铸铁大10%　当Cr>2%时,铸件应设置冒口	不大	Cr<1%时不明显,随Cr增加而增大
中、高铬铸铁	良好	Cr25%～30%时为1.6%～2.0%	缩孔及缩松倾向都大	较大	较大

铝铸铁极易形成含铝氧化膜,增加夹杂、冷隔倾向。夹杂倾向随含铝量提高而增加(加入稀土更为严重)。在熔炼、浇注、工艺设计时都要注意排除夹杂物,使铁液流动平稳。

中、高铬铸铁也有较大的形成氧化膜及冷隔倾向,但只要浇注温度足够,就可以避免。

2.3.4　耐热铸铁的选用

耐热铸铁的工作温度一般是按其抗氧化、抗生长指标来选择的,这个指标通常是指氧化平均速度不大于0.5g/(m²·h),生长率不大于0.2%。各种耐热铸铁的工作温度、使用条件与应用举例见表2-90。

表2-90　耐热铸铁的使用条件与应用举例

铸铁	最高使用温度/℃	使用说明	应用举例
中硅灰铸铁 Si4.5%～5.5%	700～800	用于空气、炉气介质。强度低,脆性大,易脆裂。加入少量铬可提高常温力学性能	炉条、煤粉烧嘴、锅炉梳形定位器、换热器针状管、二硫化碳反应甑
中硅球墨铸铁 Si3.5%～4.5%	650～750	用于空气、炉气介质,力学性能比高硅球墨铸铁好,脆裂倾向较小	玻璃窑烟道闸门,玻璃引上机墙板、炼油厂加热炉两端管架、化工转化炉各种支架

铸铁	最高使用温度/℃	使用说明	应用举例
中硅球墨铸铁 Si4.5%~5.5%	750~900	用于空气、炉气介质,力学性能较好。有一定的脆裂倾向,特别当 Si>5.5% 时显著增加	煤粉烧嘴、炉条、烟道闸门,炼油厂加热炉中间管架遮烟板、二硫化碳反应甑
中硅钼球墨铸铁 Si3.5%~4.5% Mo0.3%~0.7%	680~780	用于空气、炉气介质。有较高的综合力学性能,能承受一定的载荷及温度急变	罩式退火炉导向器、烧结机中后热筛板、加热炉吊梁、罩式退火炉钢圈下垫板
低铝灰铸铁 Al3.0%~3.5%	650~700	综合力学性能及热疲劳性能较好,断面敏感性较小,浇注时注意排除氧化夹杂物	玻璃模具、薄壁件等
高铝球墨铸铁 Al21%~24%	1100	在空气炉气及硫蒸气介质中均有良好的稳定性。强度韧性良好。不耐温度急变。氧化夹杂倾向较大,加工性能不好	锅炉侧密封板、挡煤器、加热炉炉爪、黄铁矿焙烧炉零件
高铝灰铸铁 Al20%~24%	1000	同高铝球墨铸铁,但力学性能不好,加工性能较好	炉用件
铝硅球墨铸铁 Al4% Si4%	900	常温及高温强度较好、脆性较大。铸造性能比高铝铸铁好	烧结机算条,炉用件
铝铬铸铁 Al7% Cr2%	800	力学性能较差,脆性较大,铸造性较高铝铸铁好	炉用件
低铬灰铸铁 Cr0.5%~1%	550	用于空气、炉气介质,属于珠光体铸铁。力学性能较好,具有一定的耐热冲击性能,加工性能较好	炉条、高炉支梁式水箱、金属型玻璃模、焦化设备零件、柴油机排气管
低铬灰铸铁 Crl.0%~2.0%	600		煤气炉内灰盆、矿山烧结车挡板
中铬铸铁 Cr15%~25%	900~1000①	有高温耐磨性,耐酸腐蚀,常温及高温强度较高,但脆性较大	煤粉烧嘴、炉栅、水泥焙烧炉零件、化工机械零件
高铬铸铁 Cr25%~35%	1000~1100①	在空气、炉气、硫蒸气介质中均稳定,抗磨性好,有高的常温及高温强度	高温耐磨及耐腐蚀零件、高温燃烧器及换热器管道、硫矿退火炉零件、烧结机算条

① 最高使用温度范围对应于合金元素上下限。

2.3.5 耐热铸铁的生产工艺

2.3.5.1 硅系耐热铸铁

中硅灰铸铁用冲天炉熔制。炉料组成一般为铸造生铁 40%~50%、废钢 15%~20%、其余为回炉铁。在炉内加入 45 硅铁（FeSi45）以增硅,铬在包内或炉内加入。

中硅球墨铸铁一般用冲天炉熔制。炉料组成一般为生铁 50%~90%、废钢 10%~20%、回炉铁若干。用 45 硅铁（FeSi45）增硅,用稀土硅铁镁合金处理。若合金含 5%~7% 的稀土、8%~9% 的镁,合金加入量为 1.3%~1.6%。用 75 硅铁（FeSi75）孕育,加入量为 0.8%~1.0%。残余稀土量为 0.02%~0.04%,残余镁量为 0.03%~0.05%。

中硅灰铸铁与中硅球墨铸铁的造型工艺设计要注意防止冷裂。为避免夹杂,浇注系统的开设要使铁流平稳,快速充填。

2.3.5.2 铝系耐热铸铁

低铝、中铝、高铝铸铁都可以用冲天炉熔制。铝锭加入铁液包内。但加铝量多时,要预先用坩埚炉或电炉将铝熔化，然后用冲天炉铁液冲混。高铝铸铁加铝量多，容易发生石墨漂浮，为防止这一缺陷，除尽量降低原铁液含碳量外，当铁液冲混后必须搅拌、镇静足够的时间让石墨充分上浮，除渣后才可浇注。此时铝的烧损为 15％～20％，或者加入适量的各种稀土合金可以防止石墨漂浮。高铝铸铁最好是在感应电炉中熔炼。当铁料熔化后，过热至1450～1520℃，然后加铝，铝的烧损为 6％～10％。铝可用铝锭或铝液加入。高铝铸铁表面极易产生氧化膜，用感应电炉熔炼的优点在于铁液的搅拌是在氧化膜下进行，不用人工搅拌，因而可避免使铝在搅拌中更多地氧化。如果生产高铝球墨铸铁，可用稀土硅铁合金处理，加入量 1％～1.5％，稀土合金可以加入炉内或包内，出铁时用硅铁孕育处理。高铝铸铁共晶温度比普通灰铸铁高 80～120℃，为 1230～1280℃，浇注温度应为 1380～1400℃。浇注时不要断流，为使铁液快速平稳地流入型腔，避免冷隔，可采用开放式浇注系统及扁平内浇口，并采取集渣措施。浇道面积要比灰铸铁大 10％～15％。最好用底注或倾斜浇注以避免冷隔，还要注意型腔的排气。

2.3.5.3　铬系耐热铸铁

低铬铸铁可用冲天炉熔制，铬铁可加入炉内或包内，其熔炼与铸造工艺基本与普通灰铸铁相同。高铬及中铬铸铁应在电炉内熔制，一般使用感应电炉，可用碱性或酸性炉衬。铬提高铸铁的熔点。高铬铸铁的浇注温度应高于 1400℃，有时甚至高达 1550℃。型砂应采用铸钢用砂，小件可用湿型。高铬铸铁的冒口与可锻铸铁相似。

高铬铸铁的熔化温度与铬、碳含量有关，碳可明显降低高铬铸铁的熔化温度，见表 2-91。

表 2-91　熔化温度与铬、碳含量的关系

Cr/％	C/％	熔化温度/℃
26	0.7	1450
33	1.5	1400
35	2.0	1350

浇注时，应注意扒渣、挡渣。开设浇注系统应保证液流平稳无旋涡，不卷入气体与氧化物。

高、中铬铸铁因容易产生氧化膜，所以薄壁件浇道面积应比灰铸铁扩大 20％～30％，并且要求液流平稳。由于冷裂倾向较大，故对复杂件浇注后要晚打箱。

2.3.6　耐热铸铁的常见缺陷及防止方法

各种耐热铸铁的常见缺陷及防止方法见表 2-92。

表 2-92　各种耐热铸铁的常见缺陷及防止方法

铸铁	缺陷	产生原因	防止方法
硅系耐热铸铁	冷裂	(1)硅提高铸铁脆性转变温度，硅锰易偏析，因此铸铁脆性很大 (2)铸铁导热性不良(球墨铸铁更甚)，热应力较大	(1)严格控制铸铁化学成分:在满足耐热性要求的前提下，硅含量越低越好,P<0.15％,球墨铸铁中的 Mn 含量最好小于 0.4％但不大于 0.7％,中硅灰铸铁加入少量的 Cr 或稀土以细化石墨，降低脆性 (2)增加型芯砂的退让性,消除浇冒口、飞边对铸件收缩的阻碍 (3)延缓打箱时间,脆裂敏感件要 12～24h 后打箱 (4)铸件设计要加大圆角半径,避免壁厚急变 (5)去应力或铁素体化退火

铸铁	缺陷	产生原因	防止方法
铝系耐热铸铁	冷裂	中铝铸铁特别是高铝铸铁容易发生 (1)由于高、中铝铸铁有大的线收缩值及不良的导热性,铸造应力很大 (2)高铝铸铁高、中温时脆性较大	(1)严格控制铸铁化学成分:高铝铸铁铝量不能过高或过低,球墨铸铁残留稀土量不能过高 (2)金相组织中不能出现碳化物,以防止高铝灰铸铁中石墨过于粗大 (3)打箱时间要晚,打箱后避免吹风急冷,但要早松开砂箱,使铸件自由收缩 (4)加大铸件圆角半径,避免壁厚急变 (5)增加型砂、芯砂退让性 (6)浇口分布应使铸件温度尽量均匀
	夹杂及冷隔	铝极易被氧化,形成 Al_2O_3 膜(在熔炼浇注时及在铸型中都会产生)。当氧化膜卷入铁液中时,形成夹杂缺陷 当氧化膜在铸件表面形成时,则造成冷隔缺陷	(1)铁液应平稳迅速充满型腔,防止型腔中几个流股对冲而形成翻腾 (2)浇注时不能断流 (3)采用底注或倾斜浇注。扁平内浇口可使铁液进入型腔时覆盖面大。内浇口比普通灰铸铁大10%～15%以上 (4)浇注系统的设计要注意挡渣、集渣 (5)注意型腔排气
	石墨漂浮	铝使碳在铸铁内的溶解度显著降低,因此高、中铝铸铁都易发生石墨漂浮	(1)含 Al20%～24% 的铸铁,碳应控制在<1.8%～2.0%,高铝球墨铸铁可以较高 (2)加铝后铁液充分镇静、保温,让石墨充分上浮 (3)加入稀土合金
铬系耐热铸铁	冷裂	高、中铬铸铁脆性及收缩都较大,故较易产生。但冷裂倾向比高铝及高硅铸铁小	(1)控制碳、硅量不要过高 (2)其他工艺措施与硅、铝系铸铁基本相同
	缩孔缩松	高、中铬铸铁有较大的缩孔与缩松倾向	壁厚较大件应设置冒口或冷铁
	冷隔	高、中铬铸铁含铬量高,易氧化形成含 Cr_2O_3 的膜,造成冷隔	(1)提高浇注温度 (2)加快浇注速度 (3)浇注系统设计尽量避免不同方向的金属流汇合及金属流在型腔内流动过长及产生流动死角,浇道断面适当加大

2.3.7 典型耐热铸铁件

2.3.7.1 针状预热器

针状预热器装于加热炉的烟道内,进入预热器的烟气温度为 800℃,出来的烟气温度为 400℃左右,针状管内通冷空气,内外壁有较大的温差,要求有较好的抗氧化、抗生长性能及热疲劳性能。

铸件材质为中硅耐热灰铸铁,其化学成分为 C2.6%～3.0%、Si5%～6.5%、Mn0.7%～1.2%、P<0.4%、S<0.1%、Cr0.5%～1.1%。金相组织为片状石墨,基体为

铁素体加少量珠光体。

造型工艺如图 2-64 所示。浇注系统采用底注缝隙内浇道，内浇道总截面积为 2100mm²。浇道各部分截面积比为内∶横∶直＝1.05∶1.20∶1.26。铸型为干型，使用黏土砂，芯砂用合脂砂。使用效果良好，但因铸件含硅量较高，容易出现气孔。

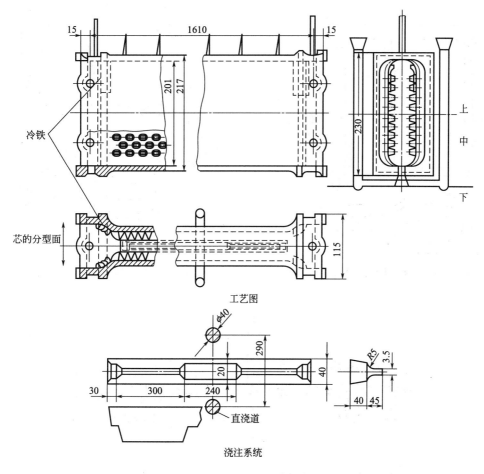

图 2-64 针状预热器的工艺图

用小型冲天炉熔化。为了防止石墨漂浮，碳、硅含量偏下限，铬含量偏上限。硅铁加入前经很好预热以减少气体。浇注温度为 1370～1400℃，浇注要平稳不能断流。为防止冷裂，浇注 8h 后打箱。由于铸铁脆性很大，清除浇冒口时，应小心锤击避免损伤铸件。

2.3.7.2 二硫化碳反应甑

本铸件是生产二硫化碳的关键设备，分上下甑体两部分，其结构如图 2-65 所示。外部承受煤气燃烧火焰的高温氧化腐蚀，工作温度为 900℃，内部温度约 850℃，并受硫蒸气及二硫化碳的腐蚀。

材质为中硅球墨铸铁，化学成分为 C3.1%、Si4.8%～5.3%、Mn<0.3%。金相组织为球状石墨，球化率 1A 或 1B。基体大多数是 100%铁素体。

造型工艺图如图 2-66 所示。采用阶梯扁平浇口，干型，借助石墨化膨胀抵消收缩，在甑体上只采用薄片冒口。含硅量过高，则易开裂。为减少应力开裂现象，必须晚打箱，尽可能压低含硅量。

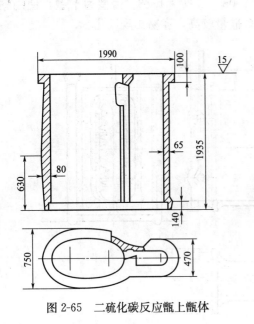

图 2-65　二硫化碳反应甑上甑体

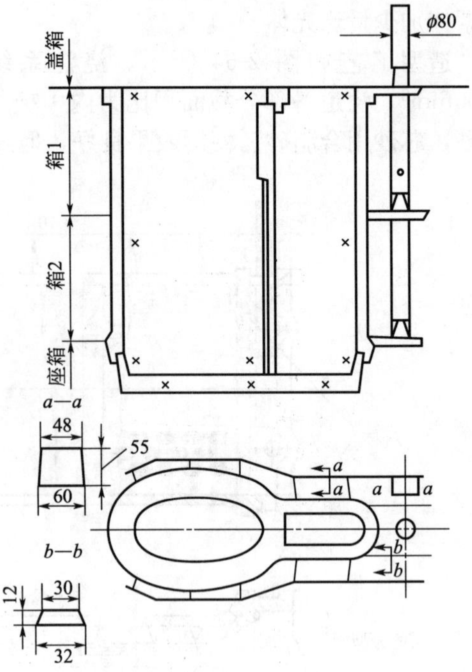

图 2-66　反应甑上甑体铸造工艺图

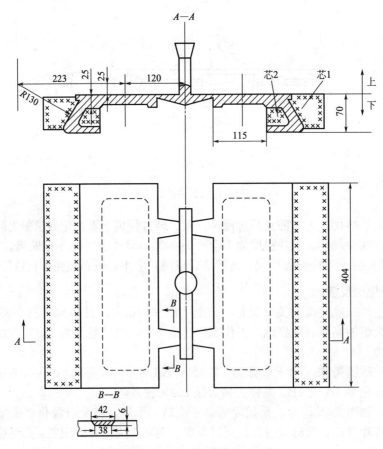

图 2-67　侧密封板铸造工艺图

用 4.5t/h 冲天炉熔化。由于硅量范围很窄，必须严格管理炉料，控制熔化时硅的烧损。用堤坝式浇包冲入法进行球化处理。出铁温度为 1445～1500℃。球化剂采用稀土镁合金，为提高球化剂的吸收率，在球化剂上覆盖硅铁及 5～8mm 厚的钢板。浇注温度控制在 1330～1350℃。

2.3.7.3 SZD 型工业锅炉侧密封板

SZD 型工业锅炉侧密封板位于燃烧室两侧，其工作温度为 1000～1100℃，材质必须有良好的抗氧化抗生长性能。

材质采用高铝耐热球墨铸铁，其成分为 C1.6%～2.2%、Si1.0%～2.0%、Mn<0.8%、P<0.10%、S<0.03%、Al20.0%～24.0%。金相组织为球状石墨＋短片状石墨，铁素体基体及少许 Fe_3AlC_x 型碳化物。

造型工艺如图 2-67 所示，一箱二件。由于铸件较小（轮廓尺寸为 404mm×210mm×70mm），壁厚比较均匀，不必设置冒口。由于合金流动性较差，为防止冷隔，放大浇道截面积。内浇道总截面积为 960mm²，浇道各部分截面积比为内∶横∶直＝1∶1.1∶1。使用湿型铸造，铸造缺陷少。

用感应电炉熔化，先加废钢及生铁，待熔化后过热至 1500℃ 左右，逐步加入铝块，在电磁搅拌下，熔化的铝与铁液慢慢混合。为了避免铝的过量烧损，不要人工强烈搅拌。当铝与铁液完全混合后，加入稀土硅铁合金 1.0%～1.5%，然后出炉，出炉时进行孕育处理。浇注温度为 1380～1400℃。

高铝耐热球墨铸铁侧密封板使用效果良好，平均寿命为一年，而中硅球墨铸铁的寿命为 3 个月左右。

2.4 耐蚀铸铁

2.4.1 铸铁的耐蚀性

2.4.1.1 铸铁腐蚀的基本原理及特征

铸铁的腐蚀是指铸铁与其周围介质发生化学、电化学反应或被熔融的金属熔蚀而导致其损伤或破坏的过程。铸铁的腐蚀介质一般多是导电的电解质，所以铸铁的腐蚀以电化学腐蚀居多。

铸铁表面的成分、组织（不同的相、晶界、晶格缺陷）、表面状态（应力、应变）等的不均一性均具有不同的电极电位，电位较正的为阴极，电位较负的为阳极。电极电位的正、负只能衡量电化学腐蚀倾向的大小，而不能估计铸铁耐蚀性的高低。耐蚀能力取决于腐蚀反应速度。

将铸铁置于腐蚀介质（电解质）内，由于其表层电化学的不均一性，出现阴极区和阳极区，产生电位差，形成腐蚀原电池，即有电流通过。一般当电流通过时，阳极的电位随电流的增大而往"正"向移动，而阴极的电位随电流的增大而往"负"向移动，这种现象称为"电极极化"。阳极、阴极的电极电位与通过的电流密度之间的变化规律用阳极、阴极的极化曲线来表示，如图 2-68 所示。

测定不同金属合金在给定腐蚀介质中的极化曲线，就能够大致评定出不同合金在该介质中耐腐蚀能力的高低。根据一定密度电流通过电极时其电位移动程度就是电极的极化率。极化率越高表明电极过程受的阻滞越大（铸铁表层热力学稳定性的提高，钝化膜的形成），电

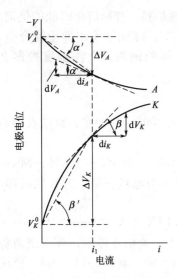

图 2-68　电极极化曲线示意图

V_K^0-K——阴极极化曲线；

V_A^0-A——阳极极化曲线

极过程进行的越难，腐蚀速度越低；反之，电极过程受的阻滞越少，电极过程进行的较易，腐蚀速度较高。根据电极极化率的大小就可判断电极过程进行的难易，即腐蚀进行的难易程度。

铸铁在腐蚀介质中的电化学反应可以分成两个在相当程度上独立进行的电极过程，如图 2-69 所示。

① 阳极过程——金属以水离子的形式进入溶液并把当量的电子留在金属中，即氧化反应。

② 阴极过程——由阳极区流来的电子，在阴极区表面与电子接受体——去极化剂（可以是阴极上被还原的溶液中的原子、分子或离子，常见的有 H^+、O_2）作用，发生受电反应，即还原反应。

在各种不同介质中，铁碳合金的腐蚀大致上可概括地用溶液的 pH 值与其腐蚀速度的关系曲线来表示，如图 2-70 所示。

在 pH 值小于 4 的非氧化性酸性溶液中，发生析氢的强烈腐蚀。pH 值在 4～7 范围内时，金属的腐蚀速度由氧扩散到金属表面的速度决定。氧的扩散不受 pH 值影响，与溶液中氧的浓度有关，随含氧量升高，铁的腐蚀速度加快。当 pH 值大于 9 时，由于铁在碱性溶液中会生成不溶性氢氧化铁保护膜，腐蚀速度随 pH 值上升而下降；当 pH 达 14 时，腐蚀速度渐减低至零；当 pH 值大于 14 以后，由于氢氧化铁转化为可溶性铁酸根离子，腐蚀速度重新上升。

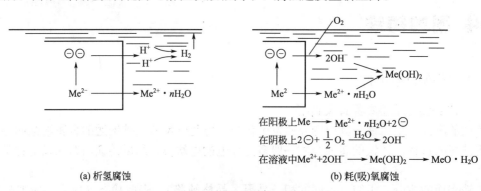

在阳极上 Me $\longrightarrow$ Me^{2+}·nH$_2$O+2$\ominus$

在阴极上 2$\ominus$ + $\frac{1}{2}$O$_2$ $\xrightarrow{H_2O}$ 2OH$^-$

在溶液中 Me^{2+}+2OH$^-$ $\longrightarrow$ Me(OH)$_2$ $\longrightarrow$ MeO·H$_2$O

(a) 析氢腐蚀　　　　　　　　(b) 耗(吸)氧腐蚀

图 2-69　铸铁的电化学腐蚀示意图

铸铁的腐蚀过程存在着与其他铁碳合金不同的特征，使其在一些介质中具有更好的耐蚀性。

铸铁的皮下氧化：铸铁暴露在水蒸气和空气等介质内，很快形成棕橘色的过氧化物，在进一步暴露过程中，由于铁含硅较高就会在过氧化物锈皮下形成一层致密的、黏滞的氧化-硅酸铁的黑色锈皮，抑制进一步腐蚀。所以，在许多介质内铸铁无需防腐蚀，也能使用几十年。而碳钢暴露在腐蚀介质内，很快形成氧化膜，氧化膜的形成伴随着体积相当大的膨胀，产生裂纹，使腐蚀加速进行。

铸铁的石墨腐蚀：铸铁中的石墨在大部分的腐蚀介质中呈惰性，铸铁的腐蚀主要是腐蚀金属基体。在腐蚀过程中随着铁原子的离子化溶解，石墨在表层逐渐沉积下来。如果铸铁表层不遭受强烈的冲刷，使沉积的石墨形成了网络状的石墨层，内含其他腐

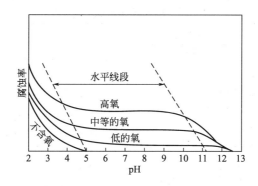

图 2-70 铁碳合金的腐蚀速度与溶液 pH 值的关系

蚀残留物，黏附在其他耐腐蚀的显微结构（珠光体、磷共晶等）上。石墨层视所处的腐蚀介质的状况，既可加速亦可阻止其层下金属的侵蚀。如在低 pH 值介质内，石墨是强的阴极，可加速基体腐蚀。但是如果石墨层保持完好，就可起到机械阻塞、增加电阻的作用，抑制层下金属的侵蚀。

值得注意的是，在组成一个腐蚀系统（如泵、阀等）所用部件的选材上也应考虑到石墨腐蚀的作用。往往带石墨层的铸铁表层具有比其他金属合金表层更"正"的电极电位，这样，石墨层作为阴极，其他合金表层作为阳极，构成宏观腐蚀原电池，使带石墨层的铸铁部件被保护，其他合金部件遭受严重侵蚀。

2.4.1.2 提高铸铁材质耐蚀性的途径

除了在常温的碱或碱性水溶液、中性或极弱酸性水溶液中以外，普通铸铁在大部分腐蚀介质中都是不耐蚀的，因此必须设法提高其耐蚀性。

（1）提高铸铁材质耐蚀性的方法　合金的腐蚀速度，通常用腐蚀电流密度的大小来代表。若某两相合金，A 为阴性相。它们的腐蚀电流密度 I 为

$$I = \frac{E_l - E_a}{R + \frac{K_c}{A_l} + \frac{K_a}{A_a}} = \frac{E_l - E_a}{R + P_l + P_a}$$

式中　E_a、E_l——阳极相和阴极相的电位，V；

K_a、K_c——阳极和阴极极化性能；

P_a、P_l——单位面积阳极和阴极的极化性能，Ω；

R——电阻，Ω；

A_a、A_l——阳极和阴极面积；

$E_l - E_a$——两相合金组成腐蚀原电池的电动势。

$E_l - E_a$ 的值越大，腐蚀速度越快，合金的耐蚀性越差；反之，它的值越小，合金的耐蚀性越好。（$P_a + P_c + R$）为系统腐蚀反应的阻力，它的数值越大，合金的耐蚀性就越好。因此，为提高铸铁本身的耐蚀性，就应降低铸铁组织中阳极相的活性（使阳极相电位朝正方向变动）、阴极相活性（使阴极相电位朝负方向移动）和增加系统腐蚀反应阻力（形成表面钝化膜）。

提高铸铁耐蚀性的几条途径，归纳于表 2-93 内。

（2）合金元素对铸铁耐蚀性的影响　为了提高铸铁件的耐蚀性，可以采取铸铁的合金化、电化学保护和改善腐蚀环境等。对于在高温高压以及强腐蚀性介质下工作的铸铁件，通常是通过铸铁的合金化来提高耐蚀性。

表 2-93　提高铸铁耐蚀性的途径

途径	具体的方法	代表性的应用实例
降低铸铁中阳极相的活性	增加阳极相的热力学稳定性	在铸铁中加入 Ni,提高基体的电位
	减少阳极面积	(1)减少晶界杂质 (2)消除残留应力(应变)
	促进钝化	(1)在铸铁中加入 Cr、Si 等 (2)在高合金铸铁中加 Nb 等防止碳化物析出
	引入活性阴极(在可能钝化的场合)	(1)在 Ni、Cr 铸铁中加入微量的 Pt、Pb、Ag、Cu 等 (2)在普通铸铁中加 Cu,提高耐大气腐蚀性
降低铸铁中阴极相的活性	增加阴极超电势(普通氢超电势)	铸铁中加 As、Sb 等,提高对氧化性酸的耐蚀性
	减少阴极相面积	(1)固溶热处理(使阴极夹杂、析出物固溶) (2)铁液净化处理
在合金表面形成保护膜	加入容易产生表面保护膜的元素	(1)合金铸铁中加 Mo (2)普通铸铁中加 Cr、Al、Si、Cu 等

　　① 硅。硅是提高铸铁耐酸性的重要元素,如图 2-71 及图 2-72 所示。硅的大量加入,使铸铁的表面形成比较致密与完整的 SiO_2 保护膜,这种膜具有很高的电阻率和较高的化学稳定性。当硅含量大于 14.4%(重量)时,铸铁在硫酸中的耐蚀性明显提高,在盐酸中也有类似的趋势,只是随着盐酸浓度的提高,含硅量也应相应地增加。铸铁中硅含量大于 18% 时,对耐蚀性的进一步提高不起作用;硅对铸铁的恒电位极化曲线的特性点位置的影响(见图 2-73)随着含硅量的增加,使致钝化临界电流密度(i_{op})和钝态电流密度(i_p)都大大降低,提高了铸铁的钝态稳定性。

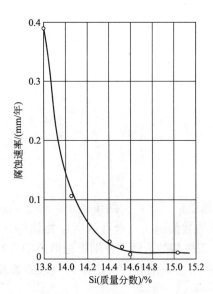

图 2-71　含硅量对高硅铸铁在 10% 硫酸
溶液中(80℃)腐蚀的影响

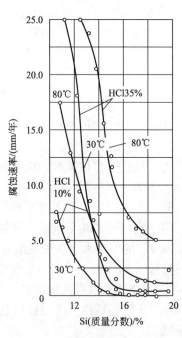

图 2-72　含硅量对铸铁在盐酸溶液中
腐蚀的影响(试验时间:100h)

　　② 镍。镍的热力学稳定性比铁高,但仍属于易钝化金属。铁中加入镍既提高了铁的化学稳定性,又促进了铁的钝化。加入镍的主要作用是使腐蚀电位向正方向移动,正移程度与

镍含量相对应，即镍含量越高，铸铁的腐蚀电位越正。因此，在还原性腐蚀介质内镍能够提高铸铁的耐蚀性，而且在氧化性介质中也使铸铁耐蚀。图 2-74 示出镍含量对铸铁在碱液中耐蚀性的影响。在电解法碱液中，含有次氯酸钠等氧化物质，增强了腐蚀反应的阴极过程，故镍量达 30％才能使铸铁有较好的耐蚀性。而在高温苛化碱中含镍量达 20％就足以达到好的耐蚀性。

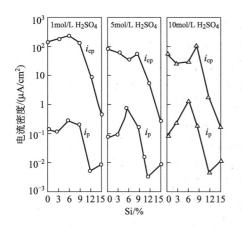

图 2-73　钝化临界电流密度 i_{cp}、钝态电流密度 i_p 与合金中硅含量的关系（取自 Fe-Si 合金在 H_2SO_4 中22℃恒电位极化曲线）

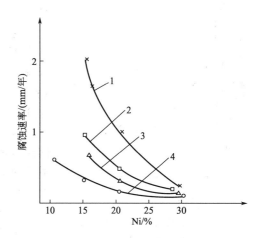

图 2-74　镍对铸铁耐碱性能的影响
介质条件：1—150℃，35M 电解碱；2—150℃，35M 苛化碱；3—120℃，35M 电解碱；4—80℃，35M 电解碱

③ 铬。铬的电极电位接近于铁，所以铬加入铸铁不能明显提高铸铁的热力学稳定性。但是，铬的钝化电流密度小，钝化电位范围宽，具有良好的钝化性能。在氧化性介质中能使表面形成牢固、致密的氧化膜，提高了铸铁在氧化性腐蚀环境中的耐蚀性和抗点蚀性，而且还能提高铸铁在腐蚀环境下的抗磨料磨损及抗冲刷的能力。

铬对灰铸铁腐蚀率的影响如图 2-75 所示。

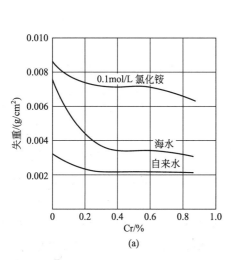

(a)

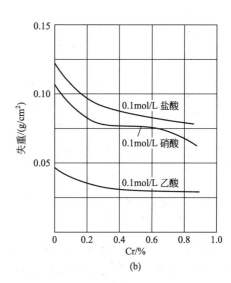

(b)

图 2-75　少量铬对灰铸铁在各种介质中腐蚀率的影响
试验条件：温度为 15.5℃，试验 28 天

④ 铜。铜以其较正的电极电位在铸铁腐蚀过程中起着活性阴极的作用，在一定条件下可促使基体（阳极）钝化，降低腐蚀速率。曾有实验证实，铜会富集于靠近基体金属的锈层中，改善锈层保护性能，也会增强活性阴极作用，提高铸铁耐蚀性。

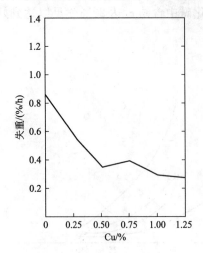

图 2-76 铜对灰铸铁在 10％盐酸中耐蚀的影响

含 Cu2％以下，提高铜加入量可以提高铸铁在大气、各种自然水、海水和盐酸中的耐蚀性，如图 2-76 所示。

在硫酸、硝酸或醋酸中都有一个最低腐蚀速率的适当含铜量，含量过高或过低都会使腐蚀速率增加，适当含铜量与介质条件有关。在 1％硫酸、1％硝酸中铜的最适当含量是 0.6％，在 10％硫酸中铜的最适当含铜量是 1％，如图 2-77 所示。

在高硅铸铁中加入 Cu6.5％～10％，可以大大改善铸铁的耐热硫酸腐蚀能力。铜对高硅铸铁耐蚀性的改善被认为是 Cu 在晶界处的析出，成为铸铁基体中的阴极性元素，而促进了阳极钝化。

⑤ 铝。铝的化学性质十分活泼，极易形成保护性良好的 Al_2O_3 钝化膜。含 Al3％～6％时，可使铸铁在氨碱及多种酸性溶液中都有很好的耐蚀性。

⑥ 钼。钼能改善铸铁在还原性酸及氯化物溶液中的耐蚀性。在高硅铸铁中加入 3％的钼，使铸铁在 HCl30％中的耐蚀性提高了 5 倍，如图 2-78 所示。对钼的这种作用，一般认为生成的 MoO_4^{2-}，在中性氯化物溶液中是一种很有效的点蚀缓蚀剂；在酸性氯化物溶液中，表面膜中的 MoO_3 具有很高的稳定性。但是，只有在含有硅、铬、铝等元素的合金中，多孔的 MoO_3 才能充分发挥改进合金铸铁表面膜性的作用。

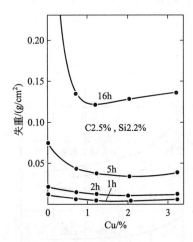

图 2-77 铜对灰铸铁在 10％硫酸中耐蚀性的影响

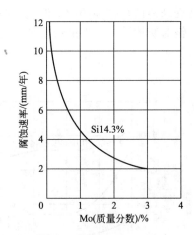

图 2-78 钼对高硅铸铁耐蚀性（HCl 30％）的影响

⑦ 微量元素。残留在铸铁内的微量稀土常会明显地影响铸铁的耐蚀性。一般认为这是由于稀土改变了铸铁表面上氧化膜的黏韧性所致。例如，在含硅 11.5％的铸铁中加 0.5％的稀土合金，其耐蚀性接近于高硅（Si14.5％）铸铁。在高硅铸铁中加入稀土镁进行球化也使其耐蚀性提高。

某些高电极电位的微量元素（如 Sn、Sb、As 等）加入铸铁中，常常能显著提高铸铁的耐蚀性。例如，在含有 Cu0.1%～1.0% 的铸铁中，加入 Sn 小于 0.3%，可大大提高铸铁抗潮湿工业大气的能力；在 C3.5%、Si15%、Mn0.5% 的铸铁中加入 Sn2%，使铸铁耐酸性得到明显的改善。Sb 对耐蚀性的作用因腐蚀介质不同而有很大的差异。在铸铁中加入 Sb，使铸铁在硫酸和硝酸中的失重增加，而在盐酸和碱液中的失重减少。在含 Cu0.4%～0.8% 的灰铸铁中，加入 Sb0.1%～0.4%，将使铸铁在污染海水中的腐蚀速率降低到仅为 0.009mm/年，As 可以改善铸铁的耐酸性，但对耐碱性则随着 As 的添加而恶化。Ti 能提高组织致密性，并改善铸铁的耐酸性。在硅（Si2.5%）铸铁中加入 Ti0.35%，使铸铁在 H_2SO_4 1% 中的腐蚀失重降低了 50%；在 H_2SO_4 80% 中，随着铸铁中含钛量的增加，耐蚀性也有改善。当铸铁中加入 Ti，并添加少量 Zr，能改善抗高耐硫腐蚀的能力。

钒与硼对改善含磷铸铁在燃气腐蚀环境中的耐磨蚀性有效。

铸铁中加入 0.1% 以下的 Zr，改善了在 H_2SO_4 5%、HNO_3 5% 及海水中的耐蚀性。

2.4.2 耐蚀铸铁的分类、组织、性能及应用范围

耐蚀铸铁可根据金相组织、合金成分和适用的介质进行分类。在常见的腐蚀介质（还原性或中性）内，铸铁的化学成分比其金相组织对耐蚀性的影响更显著。因此，通常多按铸铁的化学成分来分类。常用的耐蚀铸铁的主要类型见表 2-94。

表 2-94 常用耐蚀铸铁的类型

名称	化学成分/%									应用范围
	C	Si	Mn	P	Ni	Cr	Cu	Al	其他	
高硅铸铁 (Si15)	0.5～1.0	14.0～16.0	0.3～0.8	≤0.08	—	—	3.5～8.5	—	Mo 3.0～5.0	除还原性酸以外的酸。加 Cu 适用于碱、加 Mo 适用于氯
高硅铸铁 (Si17)	0.3～0.8	16.0～18.0	0.3～0.8	≤0.08	—	—	—	—	—	强酸（还原酸除外）溶液
稀土中硅铸铁	1.0～1.2	10.0～12.0	0.3～0.6	≤0.045	—	0.6～0.8	1.8～2.2	—	稀土 0.04～0.10	硫酸、硝酸、苯磺酸
高镍奥氏体球墨铸铁	2.6～3.0	1.5～3.0	0.70～1.25	≤0.08	18.0～32.0	1.5～6.0	5.50～7.5	—	—	高温浓烧碱、海水（带泥沙团粒）、还原酸
高镍奥氏体灰铸铁	2.6～3.0	1.0～2.8	0.5～1.50	≤0.08	13.5～32.0	1.25～4.0	—	—	—	高温浓烧碱、海水、还原酸
高铬奥氏体白口铸铁	0.5～2.2	0.5～2.0	0.5～0.8	≤0.1	0～12.0	24.0～36.0	0～6.0	—	—	盐浆、盐卤及氧化性酸
高铬铁素体白口铸铁	1.20～3.00	0.50～3.00	<4.0	—	<5.0	12.0～35.0	<3.0	—	—	磷酸、硝酸盐、氧化性有机酸
铝铸铁	2.0～3.0	6.0	0.3～0.8	≤0.10	—	0～1.0	—	3.15～6.0	—	氨碱溶液
含铜铸铁	2.5～3.5	1.4～2.0	0.6～1.0	—	—	0.4～1.5	—	—	Sb 0.1～0.4 Sn 0.4～1.0	污染的大气、海水、硫酸
低铬铸铁	2.5～3.5	1.5～2.2	0.6～1.0	—	—	0.5～2.3	—	—	—	海水
低镍铸铁	2.5～3.2	1.0～2.5	0.6～10	—	2.0～4.0	—	—	—	—	碱、盐溶液海水

2.4.2.1 普通高硅铸铁

（1）化学成分、金相组织　普通高硅铸铁的成分见表 2-95。一般情况下，碳含量可偏上限，以降低高硅铸铁的硬度，改善铸造工艺性。锰含量偏高对高硅铸铁的耐腐蚀性和力学性能均有不良影响。

表 2-95　普通高硅铸铁的化学成分　　　　　　　　　　　　单位：%

牌号	C	Si	Mn	P	S
STSi-15	0.5～1.0	14.5～15.75	≤0.5	<0.10	<0.06
STSi-17	0.35～0.8	16.0～18.0	≤0.5	<0.10	<0.02

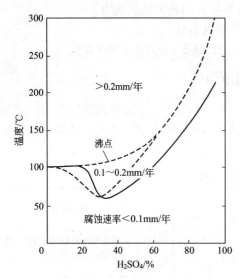

图 2-79　高硅铸铁在硫酸中可应用
的温度、浓度范围（图中两条曲线
是据不同试验结果绘出的）

高硅铸铁的金相组织因含硅量的不同而变化。当高硅铸铁的含硅量小于 15.2% 时，其组织为少量片状石墨分布在富硅铁素体的基体上；当其含硅量大于 15.2% 时，铁素体基体中析出 η 脆性相，随含硅量增加，η 相也相应增多，铸铁变得更脆，而耐酸性则相应增强。因此，硅含量大于 15.2% 的高硅铸铁只适用于制造形状简单、无冲击载荷的耐强酸的工作，一般较少采用。

（2）高硅铸铁的耐蚀性　高硅铸铁的耐酸性能优良。它对各种浓度、温度的硫酸、硝酸，室温的盐酸以及所有浓度、温度的氧化性混合酸、有机酸均有良好的耐蚀性。这是由于它在这些介质中受腐蚀表面形成 SiO_2 保护膜，易钝化的缘故。但在氟氢酸、氟化物、卤素、碱、亚硫酸等介质中，溶液与 SiO_2 钝化膜之间可发生以下反应：

$$SiO_2 + 2NaOH \longrightarrow Na_2SiO_3 + H_2O$$

$$SiO_2 + 4HF \longrightarrow SiF_4 \uparrow + H_2O$$

使腐蚀表面的 SiO_2 钝化膜被溶解或者存在着能穿透 SiO_2 膜的离子（Cl^- 等），所以，高硅铸铁在这些腐蚀溶液中是不耐蚀的。对还原性酸，如盐酸、草酸、蚁酸等耐蚀性也较差。

① 硫酸。在硫酸溶液的沸点温度下，高硅铸铁只耐浓度为 60% 以上硫酸溶液的腐蚀（腐蚀速率为 0.025mm/年），对浓度为 30% 左右的硫酸溶液是不耐蚀的（腐蚀速率为 0.482mm/年）。高硅铸铁在硫酸溶液中适用的温度、浓度范围，列入图 2-79 中。图中曲线下方区域腐蚀速率小于 0.1mm/年，为可用的范围。硫酸沸点曲线恰巧与年腐蚀速率 0.1～0.2mm 的边界线相重合。这就意味着高硅铸铁对硫酸的优异耐蚀性与不同浓度硫酸的沸点相关联。

② 硝酸。较浓的硝酸即使在较高温度下也能使高硅铸铁钝化，而热的稀硝酸则使高硅铸铁腐蚀加快，可以安全使用高硅铸铁的硝酸温度与浓度范围，如图 2-80 所示。

③ 盐酸。高硅铸铁不能用在较浓的热盐酸中，可以安全使用的盐酸浓度、温度范围如图 2-81 所示。

④ 磷酸。高硅铸铁在各种浓度和温度的磷酸中均是耐蚀的，见表 2-96。

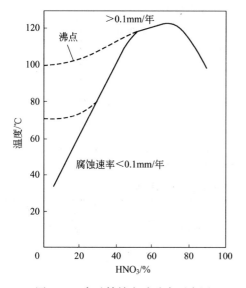

图 2-80 高硅铸铁在硝酸中可应用
的温度、浓度的范围

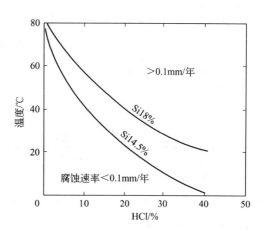

图 2-81 高硅铸铁在盐酸中可应用
的温度、浓度的范围

表 2-96 高硅铸铁在磷酸中的腐蚀数据

酸浓度/%	温度/℃	腐蚀速率/(mm/年)
10	82~88	0.007
	98	0.147
25	82~88	0.016
	98	0.038
50	98	0.185
87	82~88	0.010

⑤ 硝酸-磷酸混合酸。在各种浓度的硝酸和磷酸的混合酸中高硅铸铁均有优良的性能,其腐蚀速率常常低于同等浓度的单一酸中的腐蚀速率。

⑥ 有机酸。高硅铸铁在各种有机酸(乳酸、蚁酸等)和弱酸(醋酸等)中均是耐蚀的。

⑦ 盐溶液。高硅铸铁对酸性盐溶液有好的耐蚀性,但是在碱性盐液中的耐腐蚀性并不比普通铸铁好。在酸性溶液中易钝化生成保护膜的耐腐蚀特性在酸性盐溶液中也表现出来了。

(3) 力学、物理性能 普通高硅铸铁的力学性能低,是一种较硬的脆性材料,且传热系数小,膨胀系数大,因而在铸造生产、运输和使用过程中,易因铸造应力、热应力和机械撞击而产生裂纹或破损;同时,切削加工性能差,铸件不能接受除磨削以外的切削加工。这些都限制了具有优异耐酸性能的高硅铸铁的推广应用。

普通高硅铸铁的力学性能、物理性能分别列入表 2-97、表 2-98 中。

根据高硅铁液的状况,加入 0.05%~0.20% 稀土硅铁或稀土镁硅铁,可以消除铸件的气孔、缩松,获得致密的铸铁,并可提高力学性能,改善耐蚀性、抗冲刷性能和切削加工性能。表 2-99 列出高硅铸铁牌号及力学性能。

表 2-97 高硅铸铁(STSi-15)的力学性能(900℃长时间退火后)

抗拉强度 σ_b/MPa	抗弯强度 σ_{bb}/MPa	布氏硬度(HBS)	挠度/mm
60~80	140~170	300~400	0.8~1.2

表 2-98　高硅铸铁（STSi-15）的物理性能

密度 /(g/cm³)	熔点 /℃	传热系数 /[W/(m²·K)]	电阻率 /(μΩ·m)	线收缩率 /%	磁性
6.9	1220	5.2335	0.63	1.2~2.2	有磁性

线膨胀系数				单位：mm/(mm·℃)	
<100℃	<200℃	<300℃	<400℃	<500℃	<600℃
$3.6×10^{-6}$	$4.7×10^{-6}$	$6.15×10^{-6}$	$7.15×10^{-6}$	$7.15×10^{-6}$	$9.10×10^{-6}$

表 2-99　高硅铸铁（STSi15R、STSi17RE）力学性能

牌号	抗弯强度 σ_{bb}/MPa	挠度/mm	布氏硬度(HBS)
STSi15RE	250~320	0.8~1.0	320~420
STSi17RE	120~190	0.6~0.8	350~450

2.4.2.2　合金高硅铸铁

为改善高硅铸铁的力学、物理性能以及耐蚀性，加入钼、铜、铬等合金元素，可获得更优良的综合性能，扩大其使用范围。

（1）稀土中硅铸铁（STSi11Cu2CrRE）　将高硅铸铁（STSi-15）中的硅含量降到10%~12%，加入 0.10%~0.25% 的稀土。制得稀土中硅铸铁，其化学成分（%）：C1.0~1.2、Si10~12、Mn0.35~0.60、Cu1.8~2.2、Cr0.4~0.8、P<0.045、S<0.018、RE残0.04~0.10。

稀土中硅铸铁性能与普通高硅铸铁相比，硬度略有下降，脆性及切削加工性能有所改善，可以车削、车内外螺纹、钻孔、套螺纹。稀土中硅铸铁的耐蚀性接近于高硅铸铁 STSi-15，可在下列介质中使用：

① HNO_3≤46%，<50℃；

② H_2SO_4 70%~98%，<90℃；

③ 苯磺酸＋H_2SO_4 9.25%，100~206℃；

④ 饱和氯气的 H_2SO_4 60%~70%，室温。

（2）含铜高硅铸铁　在普通高硅铸铁中加入铜，制出两种含铜高硅铸铁：一种含 Cu 6.5%~8.5%，另一种含 Cu 8%~10%。

铜能改善高硅铸铁的力学性能，提高强度及韧性，降低硬度，见表 2-100。含铜高硅铸铁可以进行车、刨、钻孔、铰丝加工。

表 2-100　含铜高硅铸铁的力学性能

主要成分或牌号	抗拉强度 σ_b /MPa	抗弯强度 σ_{bb} /MPa	冲击韧度[①] /(J/cm²)	布氏硬度 (HBS)
STSi-15	60~80	140~170	0.1~0.2	300~400
Si15+Cu5.5%~8.5%	180~200	180~300	—	255~375
Si15+Cu8%~10%	160~200	—	0.8~0.9	—

① 系无缺口 10mm×10mm×55mm 冲击试块。

铜可提高普通高硅铸铁在热硫酸中的耐蚀性。表 2-101 是含 Cu 6.5%~8.5% 高硅铸铁在某些常用介质中的耐蚀性。除在 45% 浓度的硝酸中耐蚀性稍差外，在其他介质中均有较好的耐蚀性。

表 2-101　含铜高硅铸铁的耐蚀性

介质与浓度	温度/℃	试验时间/h	腐蚀速率/(mm/年)	介质与浓度	温度/℃	试验时间/h	腐蚀速率/(mm/年)
碳酸氢铵悬浮液	40	72	<0.1	硝酸 45%	40	120	0.1～1.0
氯化铵母液	40	120	<0.1	硫酸 75%	75	120	<0.1
氨盐水	40	72	<0.1	苛性钠 5%	75	120	<0.1

含 Cu8%～10%的高硅铸铁在 80℃各种浓度的硫酸中都具有高的耐蚀性，腐蚀速率均少于 0.3mm/年，可用来制造用于接触各种浓度热硫酸的化工机械零件。

（3）含钼高硅铸铁（STSi15Mo3RE）加钼可以改善高硅铸铁的耐盐酸腐蚀性能，一般加入量为 3%～3.5%。

含 Si14.3%的高硅铸铁，随加入钼量增加，腐蚀速率下降。含钼 3%的高硅铸铁在中低浓度的热盐酸中是很耐蚀的（见图 2-82）但在浓热盐酸中仍然不耐蚀。

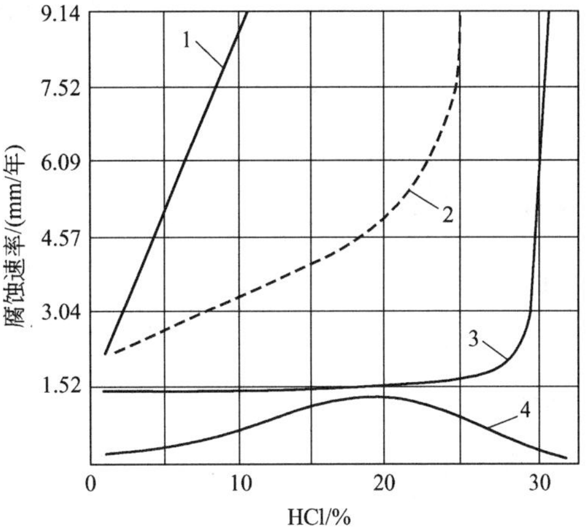

含钼高硅铸铁，在力学性能、铸造工艺性和成本方面与含 Si18%的铸铁相比无明显的优越性，比含 Si14.5%的高硅铸铁更脆，强度下降 30%。

（4）高硅铬铸铁（STSi15Cr4RE）往高硅铸铁中加入 Cr 4%～5%制成高硅铬铁。高硅铬铸铁具有高的耐蚀性能，适用于制造阴极保护用的阳极铸件（应用于接触海水、淡水等介质的设备中）。

高硅铬铸铁的化学成分为（%）：C<1.40、Si14.25～15.75、Mn<0.5、P<0.10、S<0.10、Cr4.00～5.00、RE残<0.10。其主要力学性能：抗弯强度为 150～240MPa、挠度为 0.70～0.90mm、布氏硬度为 350～450HBS。

（5）合金高硅铸铁与普通高硅铸铁在不同介质中耐蚀性的对比　各类高硅铸铁在不同介质中的腐蚀稳定性列于表 2-102 中。

图 2-82　含钼高硅铸铁、高镍奥氏体铸铁及不锈钢在各种浓度盐酸（室温、高温）中耐蚀性的对比
1—60℃，镍奥氏体铸铁；2—13℃，18-8 不锈钢；
3—13℃镍奥氏体铸铁；4—80℃，
Si14.5%，Mo3%，C0.9%铸铁

表 2-102　各种高硅铸铁在不同腐蚀介质中的腐蚀稳定性

腐蚀介质名称	腐蚀条件				腐蚀试验结果（按 5 级耐腐蚀性能等级评定）		
	浓度/%	温度/℃	时间/h	形式	STSi11CrCu2RE	STSi15	STSi15RE
硝酸	10	30	72	静	2	1	2
	50	30	72	静	2	1	1
	63	30	72	浸	1	1	1
	10	沸	72	浸	4	2	2
	50	沸	72	浸	2	1	1
	63	沸	72	浸	3	1	1
硫酸	10	30	72	静	>5	2	2
	50	30	72	静	2	1	1
	80	30	72	浸	1	1	1
	10	沸	72	浸	5	2	2
	50	沸	72	浸	4	2	2
	80	沸	72	浸	1	1	1

腐蚀介质名称	腐蚀条件				腐蚀试验结果(按5级耐腐蚀性能等级评定)		
	浓度/%	温度/℃	时间/h	形式	STSi11CrCu2RE	STSi15	STSi15RE
盐酸	5	30	72	静	3	2	2
	10	30	72	静	3	2	2
	30	30	72	浸	4	3	3
	5	沸	72	浸	>5	4	4
	10	沸	72	浸	>5	5	5
	30	沸	72	浸	>5	5	>5
磷酸	10	30	72	静	>5	2	2
	50	30	72	静	2	1	1
	80	30	72	浸	1	1	1
	10	沸	72	浸	>5	2	2
	50	沸	72	浸	2	2	2
	80	沸	72	浸	3	2	2
醋酸	40	30	72	静	3	2	2
	99.8	30	72	静	1	1	1
	40	沸	72	浸	3	2	2
	99.8	沸	72	浸	1	1	1
铬酸	10	30	72	静	2	1	1
	40	30	72	静	2	1	1
	10	沸	72	浸	3	2	2
	40	沸	72	浸	4	2	2
草酸	10	30	72	静	4	2	2
	40	30	72	静	4	2	2
	10	沸	72	浸	>5	3	2
	40	沸	72	浸	>5	2	2
硫酸铵	30	30	72	静	1	1	1
	10	沸	72	浸	2	2	2
硝酸铵	50	30	72	静	1	1	1
	10	沸	72	浸	2	1	1
硫酸钠	50	30	72	静	1	1	1
	50	沸	72	浸	2	1	1
氯化钠	40	30	72	静	1	1	1
	10	沸	72	浸	1	1	1
氯化铁	30	30	72	静	4	1	1
	10	沸	23.5	浸	>5	>5	3
氯化钙	50	30	72	静	1	1	1
	10	沸	72	浸	1	1	1
漂白粉	50	30	70	浸	2	1	1

注：STSi15 和 STSi15RE 试片由大连耐酸泵厂提供，STSi11CrCu2RE 由原鞍山耐酸泵厂提供。

2.4.2.3 镍奥氏体铸铁

含镍量 13.5%～36% 的铸铁称为镍奥氏体铸铁。

(1) 化学成分与金相组织　变化含镍量，并常常附加少量其他合金元素(加铬、铜、钼改善耐蚀性，加入铌改善焊接性)，形成了不同的牌号、类型，以适应不同腐蚀介质和使用条件的需要。各个类型奥氏体铸铁又可按石墨形态的不同分为奥氏体灰铸铁和奥氏体球墨铸铁。镍奥氏体铸铁的成分范围见表 2-103。

表 2-103　镍奥氏体铸铁化学成分范围　　　　　　　　　　　单位:%

材质	型号	范围	C	Si	Mn	Ni	Cu	Cr	S	P
镍奥氏体灰铸铁	1	最小	3.00	1.00	0.50	13.50	5.50	1.50	—	—
		最大		2.80	1.50	17.50	7.50	2.50	0.12	—
	1b	最小	3.00	1.00	0.50	13.50	5.50	2.50	—	
		最大		2.80	1.50	17.50	7.50	3.50	0.12	
	2	最小	3.00	1.00	0.50	18.00	—	1.50		
		最大		2.80	1.50	22.00		2.50	0.12	
	2b	最小	3.00	1.00	0.50	18.00		2.50		
		最大		2.80	1.50	22.00		3.50	0.12	
	3	最小	2.60	1.00	0.50	28.00		2.50		
		最大		2.00	1.50	32.00		3.50	0.12	
	4	最小	2.60	5.00	0.50	23.00		4.50		
		最大		6.00	1.50	32.00		5.50	0.12	
	5	最小	2.40	1.00	0.50	34.10	—	—		
		最大		2.00	1.50	36.00	0.50	0.10	0.12	—
	6	最小	3.00	1.50	0.80	18.00	3.50	1.00	—	Mo
		最大		2.50	1.50	22.00	5.50	2.00	0.12	1.00
镍奥氏体球墨铸铁	D-2	最小	3.00	1.50	0.50	18.00	—	1.50		
		最大		3.00	1.50	22.00		2.50		0.04
	D-2B	最小	3.00	1.50	0.50	18.00		2.50		
		最大		3.00	1.50	22.00		3.50		0.08
	D-2C	最小	3.00	1.00	1.50	21.00		—		
		最大		3.00	2.50	24.00				0.08
	D-3	最小	2.60	1.00	0.50	28.00		2.50		
		最大		3.00	1.50	32.00		3.50		0.08
	D-3A	最小	2.60	1.00	0.50	28.00		1.00		
		最大		3.00	1.50	32.00		1.50		0.08
	D-4	最小	2.60	5.00	0.50	28.00		4.50		
		最大		6.00	1.50	32.00		5.50		0.08
	D-5	最小	2.40	1.00	0.50	34.00		—		
		最大		3.00	1.50	36.00				0.08
	D-5B	最小	2.40	1.00	0.50	34.00		2.00		
		最大		3.00	1.50	36.00		3.00		0.08

　　表中列出了 6 种主要类型的镍奥氏体灰铸铁。1 型和 2 型是最常用于耐蚀工况的铸铁。含铜的 1 型和 6 型铸铁在海水和硫酸中应用较普遍，并有利于降低成本。但是，对不允许铜污染的场合，如食品工业，则应采用 2 型。3 型和 4 型铸铁除耐热外，还具有更高的耐蚀性。5 型铸铁具有低的热膨胀系数，这对抗应力腐蚀有一定好处。

　　在这 6 种类型的奥氏体灰铸铁中，除含铜较高的 1 型和 6 型不能做成球墨铸铁外，其他 4 种类型均可做成球墨铸铁，相应的奥氏体球墨铸铁的型号见表 2-103。石墨形态对奥氏体铸铁的耐蚀性并无明显影响。但是，石墨球化后将明显提高奥氏体铸铁的抗腐蚀性，所以，当腐蚀介质悬浮固体颗粒时，选用 D-2、D-3 型球墨铸铁更为合适。D-2、D-3、D-4 型奥氏体球墨铸铁的抗热冲击能力和高温力学性能比相应类型的灰铸铁要高得多，适用于制造热冲击大的热工部件。5 型具有高强度和低热膨胀系数。

　　镍奥氏体铸铁的金相组织由单一的奥氏体基体与分布其上的石墨、少量碳化物（5%～8%）所组成。

　　（2）力学性能、物理性能　镍奥氏体灰铸铁、球墨铸铁的力学性能，物理性能分别列入

表 2-104、表 2-105 中。

表 2-104 耐蚀镍奥氏体灰铸铁的力学性能

性能＼型号	1 型	1b 型	2 型	2b 型	3 型	4 型	5 型
抗拉强度/MPa	172.4～206.8	206.8～241.3	172.4～206.8	206.8～241.3	172.4～206.8	172.4～206.8	137.9～172.4
抗压强度/MPa	689.5～827.4	—	689.5～827.4	896.3～1103.2	689.5～896.3	551.58	551.58～689.5
扭转强度/MPa	241.3～275.8	—	241.3～275.8	310.3～413.7	241.3～310.3	199.95	206.8～241.3
扭转模量/×10³MPa	31.03	—	31.03	37.92	34.47	27.58	31.03
弹性模量/×10³MPa	82.7～96.5	96.5～110.3	103.4～111.7	103.4～113.8	103.4～106.9	103.4	72.4
抗弯强度（跨距457mm）载荷/N	9090～10000	—	9090～10000	10910～12730	9090～10000	8180	8180～9040
挠度/mm	9.14	—	9.14	6.09	12.7～25.4	9.14	12.7～25.4
抗震阻尼能力	高	中	高	中	高	中	高
持久极限/MPa	82.737	—	82.737	124.105	93.079	62.052	68.258
硬度(HBS)	130～170	150～210	125～170	170～250	120～160	150～210	100～125
冲击吸收功/J（无缺口试样）	73.80	59.00	73.80	44.26	110.63	59.00	110.63

注：各型号化学成分参见表 2-118。

表 2-105 耐蚀镍奥氏体球墨铸铁力学性能

性能＼型号	D-2	D-2B	D-2C	D-3	D-3A	D-4	D-5	D-5B
抗拉强度/MPa	399.9～413.7	399.9～482.6	399.9～448.2	379.2～448.2	379.2～448.2	413.7～482.6	379.2～413.7	379.2～448.4
屈服点/MPa	206.8～241.3	206.8～241.3	193.1～241.3	206.8～241.3	206.8～448.2	—	206.8～241.3	206.8～241.3
伸长率/%	8～20	7～15	20～40	6～15	10～20	—	20～40	6～12
弹性极限/MPa	113.8～127.6	110.3～131	82.7～110.3	110.3～131	103.4～131	82.7～110.3	65.5～75.8	72.4～89.8
弹性模量/×10³MPa	113.8～127.6	113.8～131	103.4	93.1～100	110.3～127.6	89.6	82.7～137.9	82.7～120.4
硬度(HBS)	140～200	150～210	130～170	140～200	130～190	170～240	130～190	140～190
冲击吸收功（V 形缺口试样）室温/J	8.85	7.38	20.65	5.16	10.33	—	12.54	4.43
抗压屈服点/MPa	241.3～275.3	—	—	—	—	—	—	—
抗压强度极限/MPa	1241～1379	—	—	—	—	—	—	—
疲劳极限 σ_{-1}（10⁶次循环）/MPa 光滑试棒	206.8	—	—	—	—	—	—	—
疲劳极限 σ_{-1}（10⁶次循环）/MPa 有缺口试棒	137.9	—	—	—	—	—	—	—

（3）耐蚀性能 在烧碱、盐卤、海水、海洋大气、还原性无机酸、脂肪酸等介质中镍奥

氏体铸铁具有高的耐蚀性。镍奥氏体铸铁中通常均含铬，较高的含铬量不仅提高奥氏体组织的稳定性，而且促使形成含铬碳化物，使奥氏体铸铁的抗腐蚀能力提高。如输送含有固体颗粒的腐蚀溶液的泵、阀门等过流件，应选用含铬量较高的镍奥氏体铸铁制造。

镍奥氏体铸铁在稀硫酸中的阳极极化曲线如图 2-83 所示。图中镍奥氏体铸铁比普通铸铁有更正的腐蚀电位和低得多的钝态溶解电流密度。因而镍奥氏体铸铁在酸中的腐蚀倾向比普通铸铁低得多。尽管如此，在常温的 5% 硫酸中，镍奥氏体铸铁的腐蚀速率大约为 0.5mm/年。所以，这种铸铁可用于稀酸中，但并非是很理想的耐酸材料。

在碱性介质中镍奥氏体铸铁的耐蚀性极为优越。从极化曲线（见图 2-84）看，镍奥氏体铸铁不仅像在硫酸中那样有更正的腐蚀电位、更低的钝态溶解电流密度，而且比普通铸铁提早钝化。就钝态下的电流密度而言，也仅是在酸中的 1% 左右。因此，镍奥氏体铸铁是理想的耐碱腐蚀材料。

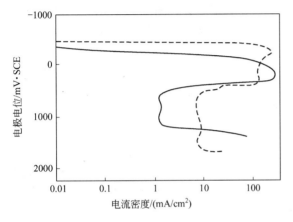

图 2-83　镍奥氏体铸铁在脱气的 H_2SO_4 10%
中（25℃）的阳极极化曲线
----铁素体球墨铸铁；——D-3 型镍奥氏体铸铁；
SCE—饱和甘汞电极

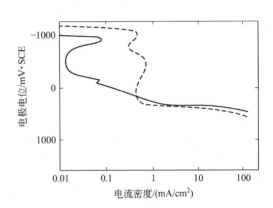

图 2-84　镍奥氏体铸铁在 NaOH50% 中
（60℃）的阳极极化曲线
----铁素体球墨铸铁；——D-3 型镍奥氏体铸铁

① 盐酸。镍奥氏体铸铁仅适用于室温下的稀盐酸，见表 2-106。

表 2-106　镍奥氏体铸铁与普通铸铁在脱气盐酸溶液（室温）中的腐蚀速率

盐酸浓度（质量分数）/%	腐蚀速率/(mm/年)	
	1 型奥氏体铸铁	普通铸铁
1.8	0.2770	22.80
3.5	0.3810	—
5.0	0.4570	38.10
10.0	0.4064	30.48
20.0	1.1430	—

② 硫酸。镍奥氏体铸铁耐稀硫酸、耐室温浓硫酸溶液的腐蚀。在充气的硫酸中温度高于 37.7℃，镍奥氏体铸铁的腐蚀速率随温度升高而迅速增加，镍奥氏体铸铁在脱气硫酸中的等腐蚀曲线图如图 2-85 所示。在发烟硫酸中，为防止铸件开裂应该采用 3 型镍奥氏体铸铁。

③ 有机酸。在室温下镍奥氏体铸铁耐稀释的有机酸腐蚀性能属中等，但随温度提高在大多数有机酸中的腐蚀速率快速增加。表 2-107 表示在某些有机酸中镍奥氏体铸铁和灰铸铁

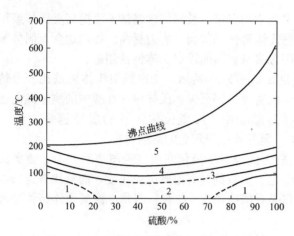

图 2-85　1型镍奥氏体铸铁在脱气硫酸中的腐蚀与温度的关系

腐蚀速率：1区—0.125mm/年；2区—0.125~0.5mm/年；
3区—0.5~1.25mm/年；4区—1.25~5mm/年；
5区—>5mm/年

的腐蚀速率的对比。

④ 碱溶液。在几种不同碱液条件下奥氏体铸铁与其他常用耐碱铸造合金的腐蚀速率对比数据见表2-108。

在高温碱液中镍奥氏体铸铁有良好的耐蚀性，它适用于温度接近沸点的各种浓度的碱液中（见图2-86）。

⑤ 海水。在海水中，镍奥氏体铸铁的耐蚀性与海水的充气程度、流速、温度有关。镍奥氏体铸铁在充气与脱气海水中与铸铁、钢、铜合金的腐蚀速率对比如图2-87、图2-88所示。在充气海水中镍奥氏体铸铁的耐蚀性比普通灰铸铁更为优越，接近于青铜。

用特定的旋转试验设备，在相对高速流动海水条件下测定的几种铸铁的腐蚀速率见表2-109。在静止海水中几种铸铁的腐蚀程度见表2-110。不论在静止的海水内还是在流动的海水内，含铜的1型镍奥氏体铸铁都是最耐蚀的。

随海水流速加快，镍奥氏体铸铁的腐蚀失重渐大并出现峰值，峰值最大值为0.1mm/年，相当耐蚀级别Ⅰ级，仍属良好耐蚀水平。当海水流速增加至一定值以上，腐蚀速率反而降低（见图2-89），这说明高速流动的海水所形成的涡流并不导致镍奥氏体铸铁腐蚀速率增加。这一特性对承受激烈流动液体的泵、阀等过流件来说是很有意义的。

表 2-107　镍奥氏体铸铁与普通灰铸铁在有机酸中的腐蚀速率

酸	试验场合	试验周期/天	温度/℃	充气程度	流动速度	腐蚀速率/(mm/年)	
						灰铸铁	1型镍奥氏体铸铁
醋酸25%	试验室	—	15.5	有些	—	790	20
柠檬酸5%	试验室	—	15.5	有些	无	590	90
石油馏出的环烷酸	分馏塔的底部	174	26.0	未	低	8	5
油酸	在吃水线上的红油清洗缸	38	沸腾	—	—	30	1

表 2-108　几种金属材料在烧碱中的腐蚀速率　　　　单位：mm/年

试验条件	NaOH 浓度	60%	42%	45%	20%	50%	30%
	温度/℃	150	150	80	120	150	130
	碱浓	苛化碱	电解碱	苛化碱	电解碱	苛化碱	电解碱
	试样线速度/(m/min)	5					
	试验时间/h	72					
材料	试验号	Ⅰ	Ⅱ	Ⅲ	Ⅳ	Ⅴ	Ⅵ
	D-2 型镍奥氏体球墨铸铁	0.1715	—	0.038	0.1255	0.201	0.5375
	D-3 型镍奥氏体球墨铸铁	0.081	0.153	0.015	0.01254	0.091	0.1447
	1 型镍奥氏体球铸铁	—	—	—	0.362	—	0.8142
	Ni30Cr6 镍奥氏体球墨铸铁	0.079	—	—	0.0418	—	0.1439

试验号		Ⅰ	Ⅱ	Ⅲ	Ⅳ	Ⅴ	Ⅵ
材料	1Cr18Ni9Ti	4.19	1.94	0.095	0.359	3.28	3.186
	0Cr18Ni12Mo2Ti	—	—	0.023	—	0.088	—
	0Cr30Ni42Nb3	—	0.153				
	EB26-1	3.44	0.05				
	普通灰铸铁	3.62	—				

注：EB 26-1 系超钝高铬铁素体不锈钢。

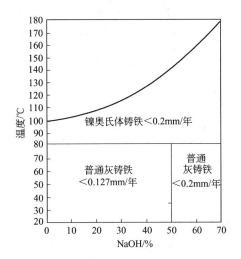

图 2-86　镍奥氏体铸铁在 NaOH
溶液中的适用范围

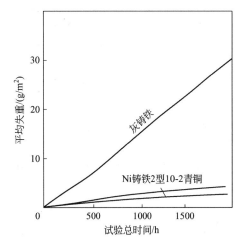

图 2-87　镍奥氏体铸铁与普通灰铸铁、青铜
在充气海水中的耐蚀性

表 2-109　在海水中的腐蚀和冲蚀试验

铸铁类型	温度/℃	腐蚀速率/(mm/年)
1 型镍奥氏体铸铁	30	8
2 型镍奥氏体铸铁	30	27
3 型镍奥氏体铸铁	30	7
灰铸铁	30	176
球墨铸铁,退火态	26.1	106
球墨铸铁,铸态	26.1	84

注：试块尺寸为 100mm×19mm×6.35mm，受腐蚀面积为 42cm²，试块旋转速度为 8.23m/s，运转 60 天。

表 2-110　浸泡在自然对流的港湾内的海水中铸铁的腐蚀

铸铁类型	试验天数/天	腐蚀速率/(mm/年)	最大点蚀深度/mm	试验终止前 7 个月表面石墨层的状态
灰铸铁	1137	3	1.98	在母材表面上存在 0.8mm 厚的致密的黏合层+1.6～3.2mm 厚的松散的外层
灰铸铁(0.36%Mo)	1137	11	1.70	在母材表面上存在 0.8mm 厚的致密的黏合层+1.6～6.4mm 的松散的外层
1 型镍奥氏体铸铁	1137	2	0.076	牢固,薄的均匀的石墨层
2 型镍奥氏体铸铁	1136	2	0.076	牢固,薄的均匀的石墨层
3 型镍奥氏体铸铁	1137	2	0.076	牢固,薄的均匀的石墨层

⑥ 盐溶液。对大多数盐溶液来说，含铜的 1 型镍奥氏体铸铁通常比不含铜的 2 型镍奥氏体铸铁更耐蚀。表 2-111 是在不同盐溶液中几种镍奥氏体铸铁与普通灰铸铁耐蚀性的对比。

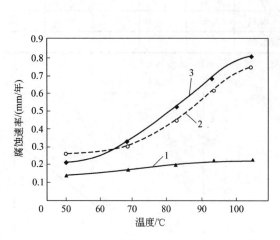

图 2-88 镍奥氏体铸铁在脱气海水中的耐蚀性
（试验 156 天）
1—D-2 型高镍铸铁；2—碳钢；3—铸铁

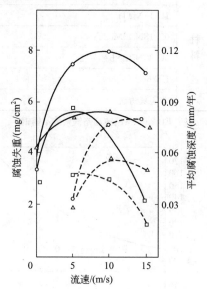

图 2-89 镍奥氏体铸铁的海水腐蚀
与海水流速的关系（实线为去除
腐蚀产物者，试验时间为 30 天）
镍奥氏体铸铁型号
○—Ⅰ型；△—Ⅱ型；□—Ⅲ型

⑦ 大气腐蚀。在海洋大气中镍奥氏体铸铁的暴露表面大约 40 个月之后就形成了锈蚀膜，而起到防护作用，显示出较好的耐蚀性（见图2-90）。

⑧ 硫化氢。镍奥氏体铸铁在硫化氢的腐蚀环境中能生成硫化物保护膜，阻止金属进一步被腐蚀，使腐蚀速率较低（见表 2-112、表 2-113）因此广泛用于原油泵及其他处理原油的设备。

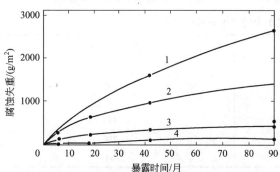

图 2-90 镍奥氏体铸铁的耐海滨大气腐蚀性能
（美国北 Caroline Kare 海滨）
1—含 Cu0.2% 的钢；2—普通铸铁；3—1 型和
2 型高镍铸铁；4—4 型高镍铸铁

2.4.2.4 耐蚀高铬铸铁

含铬 24%～35% 的白口铸铁称为耐蚀高铬铸铁。高铬铸铁的显微组织为奥氏体或铁素体加碳化物。一般说来，对于不含一定量稳定奥氏体合金元素（Ni、Cu、N）的高铬铸铁来说，含碳量低（C<1.3%）时易得铁素体基体，含碳略高时易获得奥氏体基体。

耐蚀高铬铸铁在氧化性腐蚀介质中显示出较好的耐蚀性，同时在含有固体颗粒的腐蚀介质中显示出优异的耐腐蚀和抗冲刷性能。

耐蚀高铬铸铁组织中，碳化物的电极电位均高于基体，故碳化物的耐蚀性均优于基体。因此，提高高铬铸铁耐蚀性的关键是提高基体的耐蚀性。而基体的耐蚀性主要取决于其含铬量。高铬铸铁在 20℃ 饱和盐水内的动态腐蚀试验结果表明，随着基体中含铬量的增加，铸

表 2-111　在几种盐溶液内铸铁的腐蚀速率　　　　　　　　　　单位：mm/年

铸铁类型	化肥溶液：硝酸铵、磷酸铵、氯化钾、氨水、盐浓度45%，30℃ 98天；pH6.5	Ca-Mg 氯盐水：pH5.0，CaCl₂18%；MgCl₂10%，NaCl3%，85℃，360天，盐水通过热交换器	氯化钠、盐卤：pH4.7；CaCl18%；MgCl₂20%，79.4℃，365天，局部浸入溢流箱内，盐水通过，不充气
灰铸体	80	26	
1型镍奥氏体	6	3	2.5
2型镍奥氏体	6	3.3	—
3型镍奥氏体	3	1.6	1.5
4型镍奥氏体	2	1.2	1.2

表 2-112　静止气体（含 H_2S），80℃中的腐蚀试验

材料	失重/(g/m²)			
	100h	200h	300h	400h
镍奥氏体铸铁	59.68	83.45	83.45	83.45
灰铸铁	79.05	189.10	221.65	248.00
碳钢	85.25	217.90	310.00	362.70

表 2-113　在酸性原油中的腐蚀速率

材料	腐蚀速率/(mm/年)		
1型镍奥氏体铸铁	0.018	0.254	0.226
3型镍奥氏体铸铁	—	0.178	—
灰铸铁	0.053	1.143	0.460
碳钢	0.043	1.321	
304 不锈钢	—	0.203	
试验条件	浸入油罐中23天后，再放在油面上的气体中52天	置于原油闪蒸塔的顶部43天，温度 105～115℃，含S0.34%、NaCl36.4kg/1000桶(0.20g/L)	置于原油预热器(115℃入口，175℃出口流速为 2.1m/s)中，463天

铁的腐蚀速率降低，当铬量超过 12.5% 以后，铸铁的腐蚀速率下降幅度就不大了（见图 2-91）。铁铬二元合金在稀硫酸中的电位，随含铬量而改变（见图 2-92）。当含铬量接近 12.5%时，发生突变，从铁的负电位变到铬的正电位，由上述可知，基体含铬量至少应达到 12.5%，才能具有较高的耐蚀性。高铬铸铁组织中的富铬碳化物，其含铬量大致是含碳量的 10 倍。

为保证高铬铸铁具有高的耐蚀性，高铬铸铁的含铬量应满足以下条件：

$$Cr\% \geqslant 10 \times C\% + 12.5\%$$

高铬铸铁的化学成分和性能示于表 2-114 中。含碳低的高铬铸铁，切削加工性能良好。

高铬铸铁多用于氧化性酸（如硝酸等）以及盐液（如盐浆等）。图 2-93 示出硝酸的浓度和温度对高铬铸铁耐蚀性的影响。高铬铸铁在不同 pH 值的盐水中的腐蚀速率如图 2-94 所示。

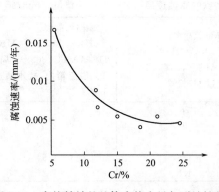

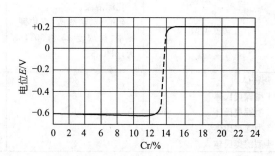

图 2-91　高铬铸铁的基体中铬含量与耐蚀性的
关系（腐蚀介质，20℃饱和食盐水，磁力搅拌）

图 2-92　铁铬二元合金的电位

表 2-114　高铬铸铁的化学成分和性能

化学成分 /%	力学性能				介质			腐蚀速率/ (mm/年)
	抗拉强度 σ_b /MPa	抗弯强度 σ_{bb} /MPa	挠度 f_{b00} /mm	硬度 (HBS)	种类	浓度 /%	温度 /℃	
C0.5~1.2 Si0.5~1.3 Mn0.5~0.8 P,S≤0.10 Cr28~30	≥350	≥550	≥6	220~270	硝酸	66	20	<0.1
						66	沸	<0.1
						发烟	沸	<3.0
					磷酸	45	沸	<0.1
C1.5~2.2 Si1.3~1.7 Mn0.5~0.8 P,S≤0.10 Cr32~36	≥400	≥500	≥5	250~320	磷酸	75	沸	1.97
					硫酸	82	20	<0.1
					醋酸	10	沸	<0.1
					NaOH	50	沸	不耐酸
					硝酸铵	50	沸	<0.1
						饱和	120	<0.1
					硫酸铵	50	100	<0.1
					硫化铵	饱和	100	<0.1
						50	沸	<0.1
					盐酸	漂白溶液	20	0.1~0.3
C0.7~3.5 Si0.5~4.5 Mn0.5~1.0 Cr20~35 Ni2~10 Cu0~6	冲击韧性 a_k /(J/cm²) 13~20	—	—	250~350	盐浆	固液比 1:1	室温	0.12~0.13

注：弯曲性能取自跨度为 600mm 的弯曲试验。

2.4.2.5　含铝铸铁

含 Al3.5%～6%的铸铁适用于制造输送联碱氨母液、氯化铵溶液、碳酸氢铵母液等腐蚀介质的泵、阀等零件。在不含结晶物的氨母液中，铝铸铁的腐蚀速率为 0.1～1.0mm/年。在含结晶物的联碱溶液中，为提高铝铸铁的抗磨损腐蚀性能，在铝铸铁中加入 Si4%～6%

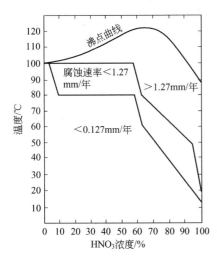

图 2-93　Cr29.（C0.8%）高铬铸铁在
硝酸中的腐蚀速率

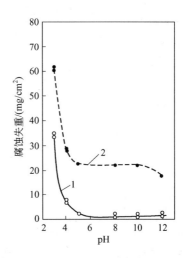

图 2-94　高铬铸铁（Cr27%）在各种 pH 值
的 NaCl3% 溶液中的腐蚀速率（试验时间：30 天）
1—高铬铸铁（Cr27%）；2—灰铸铁（FC20）（日本标准）

和 Cr0.5%～1.0%，制得铝硅铸铁。

铝铸铁、铝硅铸铁的化学成分、力学性能和耐蚀性列入表 2-115 中。

表 2-115　铝铸铁、铝硅铸铁的化学成分、力学性能

名称	化学成分/%	力学性能				介质条件			腐蚀速率/(mm/年)
		抗拉强度 σ_b /MPa	抗弯强度 σ_{bb} /MPa	挠度 f_{150}①/mm	硬度(HRC)	种类	浓度/%	温度/℃	
铝铸铁	C2.7～3.0 Si1.5～1.8 Mn0.6～0.8 Al4.0～6.0 P、S≤0.10	180～210	360～440	2.0～4.0	≤20	联碱氨母液	20	40	0.074
						碳酸氢铵母液	—	常温	0.082
							—	50～60	0.086
铝硅铸铁	C2.0～2.5 Si4.0～6.0 Mn0.3～0.8 P、S≤0.10 Al4.0～6.0 Cr0.7～1.0	60～150	150～330	—	26～35	含结晶的碱类溶液	—	—	可用

① 支距取 150mm 测定出抗弯强度和挠度值。

2.4.2.6　低合金耐蚀铸铁

加入少量合金元素，以提高耐蚀性的铸铁，都称为低合金耐蚀铸铁。

（1）含铜铸铁　含 Cu0.40% 可使铸铁在大气中的腐蚀减少 25% 以上。在含有浓硫酸烟气的大气中效果更佳。用含 Cu0.4%～0.5% 的铸铁输送硫酸的离心泵的使用寿命比普通铸铁泵的寿命延长 30%。在含硫高的冷或热的重油中，加入铜能减少铸铁的腐蚀，所以石油工业中可以采用含铜铸铁。

铜可改善铸铁在流动海水的耐蚀性及耐穴蚀能力，见表 2-116。

表 2-116　在流动海水中铜、锡对铸铁耐蚀性的影响

合金成分		流速/(m/s)			力学性能			
		2.91	4.02	7.09	弹性模量 E /MPa	抗拉强度 σ_b /MPa	冲击韧度 a_k /(J/cm²)	硬度 HBS
原铸铁的平均重/mg		396	533	550				
原铸铁相对失重系数		1	1	1				
Cu	0.95%	0.83	0.77	0.64	131460	299	7.7	222
	2.05%	0.69	0.72	—	131500	293	6.6	212
Cu 1.02%	Sn 0.45%	0.45	0.55	0.65	141750	260	6.6	232
Cu0.98%		1.40	0.35① 0.35	0.39	127380	186	2.4	242

① 为试验 200h 后失重，其他数据为试验 380h 后失重，腐蚀试样均为毛坯状态。

　　含铜铸铁中再加入锡或锑，能提高铸铁的析氢过电位，进一步提高其耐蚀性。如含 Cu0.4%~0.8% 的灰铸铁中加入 Sb0.1%~0.4%，在含 0.04g/L H_2S 的海水中试验，腐蚀速率仅 0.009mm/年，完全耐蚀，较不加锑的铸铁降低了腐蚀速率。含铜锑（或锡）的铸铁可用于在近海的污染海水内工作的零件。

　　锡或锑与铜含量之比最好为 0.5。铜锑铸铁内锑与铜的总量和耐蚀性的关系如图 2-95 所示。铜锡铸铁最佳的铜锡总含量范围是，用于醋酸中为 1.3%~1.5%，用于硝酸中为 3.5% 左右，用于盐酸中为 2%~2.5%。

　　（2）低铬铸铁　铸铁中加入 Cr0.5%~2.3%，可减弱铸铁在流动海水中的腐蚀，使腐蚀速率由普通铸铁的 1.3~1.6mm/年降到 0.6~1.0mm/年，如图 2-96 所示。

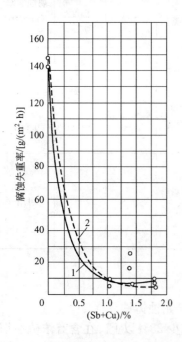

图 2-95　铜锑铸铁在盐酸中的耐蚀性
1—18%HCl20℃，试验时间 47h；
2—70%HCl20℃，试验时间 50h

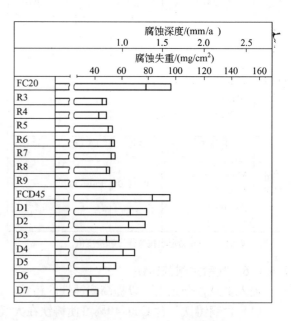

图 2-96　加铬加锡对铸铁在流动海水中腐蚀
速率的影响（流速 15m/s，试验 30 天）
R3~R9—含 Cr0.5%~1.6%灰铸铁；D1~D2—含
Sn0.1%球墨铸铁；D3~D7—含 Cr1.0%~2.3%球墨铸铁

（3）低镍铸铁

铸铁中加入少量的（2%～4%）镍，可以提高铸铁在碱、盐溶液及海水中的耐蚀性，见表2-117、表2-118。

表2-117 在510℃熔融氢氧化钠溶液中铸铁的腐蚀

材质	腐蚀速率/(mm/a)	孔蚀深度/mm	材质	腐蚀速率/(mm/a)	孔蚀深度/mm
灰铸铁	97～135	0.127	含Ni3%铸铁	71	微
球墨铸铁	207	微	锻造镍	9	无
白口铸铁	151	0.50			

注：在无水烧碱（含有氯化钙0.5%、碳酸钠0.5%和硫酸钠0.03%）中进行14天的现场试验。

表2-118 海水的腐蚀和冲蚀试验

铸铁类型	温度/℃	腐蚀速率/(mm/a)	铸铁类型	温度/℃	腐蚀速率/(mm/a)
灰铸铁	86	176	球墨铸铁，铸态	79	84
球墨铸铁，退火态	79	106	含Ni3%铸铁	79	93

注：试块尺寸为100mm×29mm×6.35mm。

2.4.3 典型耐蚀铸铁件

2.4.3.1 高硅铸铁件

（1）生产设备和原材料

熔炼设备：合料多采用冲天炉，重熔采用电炉、反射炉。

金属炉料：生铁、废钢、硅钢片、硅铁和回炉料等，所有炉料均不允许有严重锈蚀，并保持干燥。应选用低硫、磷生铁和气孔少的硅铁。

热处理设备采用烧煤和煤气的反射式退火炉或其他适用的炉型。

（2）熔炼工艺 均采用重熔工艺见表2-119。

表2-119 高硅铸铁的熔炼工艺

工序	主要内容	操作要点
冲天炉合料	将原料配熔成近似标准化学成分的铁锭 项目　　　　C　　　Si　　　Mn　　　P，S 要求成分/%　0.5～0.9　15～16　≤0.5　<0.10 冲天炉内元素增减　+10～　-15～　-10～　— 　　　　　　　　　+20　　-20　　-20	装料次序：硅钢片废料或废钢→硅铁→回炉料→生铁→焦炭→石灰石 铁液出炉温度为1380～1400℃，浇入金属型中铸成铁锭
电炉或反射炉重熔	重熔起到调整化学成分与脱气的作用。调整化学成分可加入一些废钢、回炉料、锰铁以及少量硅铁。利用硅铁、稀土合金将高硅铁含气量控制在最佳范围内 电炉内元素增减/%：C0～+5、Si-10～-12、Mn-10～-20	将铁锭破碎成150mm×200mm左右块度，一次装炉，熔化过程可以不加造渣剂或加入少量玻璃等覆盖。每隔20～30min搅拌一次并扒掉部分熔渣，待铁液温度达1400～1420℃时，可取含气量试样。依据试样判断含气量多少，分别采取相应的措施，铁液出炉温度为1420℃

（3）铁液含气量检测 铁液含气量过高，铸件易出现气孔；铁液含气量过低，某些铸件的缩孔倾向大。含气量的控制是获得健全铸件的关键环节之一。检测含气量的试样为$\phi30mm×120mm$的试棒，判断的方法见表2-120。

表 2-120　高硅铸铁铁液含气量的判断及控制

序号	试棒外貌与断口	含气程度	铸件质量	技术措施
1	顶面光滑,中间凹下 8～15mm,两侧微凸成月牙形 剖面测缩孔深占试棒总长的 1/3 左右	少	适用于轴套、叶轮	如有缩孔可加少量硅铁
2	顶面尚光滑,中间凹下,深少于 8mm 剖面测缩孔深占试棒总长的 1/5 左右	中	适用于泵壳、护板、叶轮	如需浇注轴套零件,需用少许 1 号稀土或稀土镁合金孕育
3	顶面中心缩成管状,中央又胀出小铁豆	较多	易出现皮下气孔	用少量稀土合金孕育
4	顶面不光滑,凸起,缓缓上胀	多	不合格	用少量稀土合金孕育,应频繁地搅拌熔池,并加石灰石稀释熔渣

（4）孕育处理与浇注工艺

① 孕育剂。用稀土硅铁合金或稀土镁硅铁合金,有时也可用 FeSi75 孕育。孕育剂粒度视铁液量而定,一般粒度范围为 2～5mm。

孕育剂的加入量取决于含气量的程度与铸件的要求。一般加入 1 号稀土硅铁量范围为 0.05%～0.15%（稀土镁硅铁加入量可略低些）,易产生缩孔的铸件取下限,要求耐磨性高、形状简单的铸件取上限。

② 孕育工艺。将烘干的孕育剂在炉前直接冲入铁液中,搅拌 1min,孕育后的铁液应静置 3～5min 后即可浇注。孕育处理温度为 1380～1420℃。

③ 浇注工艺。根据高硅铸铁件的质量选取浇注温度与浇注速度,见表 2-121。

表 2-121　高硅铸铁件的浇注温度与浇注速度

铸件质量/kg	浇注温度/℃	浇注时间/s	铸件质量/kg	浇注温度/℃	浇注时间/s
＜10	1300～1320	3～5	＞25	1260～1280	＞15
10～15	1280～1300	5～15			

（5）造型工艺　高硅铸铁的线收缩率为 1.6%～2.5%,铁液含气量低,线收缩率较高,反之则较低,一般木模缩尺可选 2.2%。高硅铸铁的加工（磨削）余量取 1～1.5mm。

高硅铸铁所用造型材料基本上同普通灰铸铁,但因高硅铸铁的热导率低,收缩大,脆性大,吸气倾向大,铸件易开裂和出现气孔。因此造型材料应有较好的退让性、透气性（特别是砂芯）,一般采用干砂型。小件采用湿砂型时,水分含量应不超过 5%,叶轮的砂芯应采用合脂砂或树脂砂,以保证铸件表面粗糙度并减少铸造残余应力。

依据高硅铸铁的特性,浇注系统的设计应遵循以下几项原则。

① 内浇道分散分布,内浇道总面积应加大,以达到快速浇注,防止局部过热。

② 浇注系统短,减少铁液吸气、氧化。

③ 厚壁处应设置补缩冒口,最好使浇道经过冒口注入型腔。

④ 必要时可采用外冷铁,避免放内冷铁。

⑤ 确保铸型、砂芯排气畅通。

铸件的造型工艺实例如图 2-97、图 2-98 所示。

（6）消除应力的热处理　浇注后,待铸件冷却至红热时（＞750℃）打箱,清除浇冒口、飞刺、芯铁,迅速装入预热至 700～800℃ 的炉内,升温→保温→缓冷。热处理规范如图 2-99 所示。

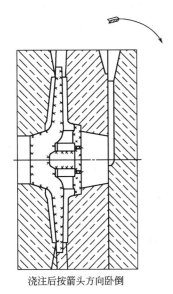

浇注后按箭头方向卧倒

图 2-97　叶轮的浇注系统和工艺
（干型浇注后按箭头方向卧倒冷却）

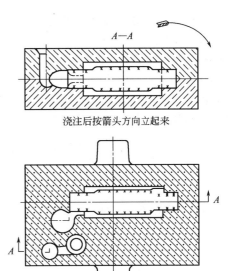

浇注后按箭头方向立起来

图 2-98　轴套的浇注系统和工艺
（湿型浇注后按箭头方向立起来冷却）

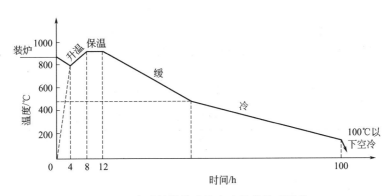

图 2-99　高硅铸铁件消除应力的热处理规范

　　（7）铸件的补焊　用电弧焊或气焊均可修补高硅铸铁件。补焊时，将铸件预热至 $600\sim$ $800℃$，用高硅铸铁焊条补焊，不加焊剂或用 100% 的硼砂（或 50% 的硼砂＋50% 的 $NaHSO_4$）作焊剂均可，补焊后，将铸件装入炉中退火。

2.4.3.2　镍奥氏体铸铁件

　　（1）生产设备、原材料

　　熔炼设备：多采用电炉（如感应电炉、电弧炉等）熔炼。炉衬类型不限，但采用碱性炉衬熔炼奥氏体球墨铸铁，可延长球化衰退时间；也可采用冲天炉熔炼，但出铁温度应不低于 1450℃。

　　炉料：低磷生铁、废钢，高镍奥氏体铸铁回炉料、铬铁、锰铁、铌铁、镍、铜等。装炉前应除去锈蚀、砂土，并应干燥。需要严格控制炉料中的杂质含量：Al<0.03%，Ti< 0.04%，Zn、As 均应<0.01%。

　　热处理设备：一般只需要低温箱式电炉或其他加热炉。

　　（2）熔炼工艺

　　加料次序：先将生铁、废钢、回炉料装入炉内加热，待熔化后再加入铁合金、镍或铜。

计算配料时，各主要元素的烧损率为：C5％、Si0％～10％，Mn5％～10％、Cr5％～10％、Ni<3％、Cu3％～5％。

熔炼温度：1480～1520℃。

球化或孕育处理温度：1450～1480℃。

炉前处理：高镍奥氏体灰铸铁可用硅铁孕育处理；高镍奥氏体球墨铸铁均先用球化剂球化处理，再用孕育剂孕育。球化剂、孕育剂配比见表2-122。

表 2-122　镍奥氏体铸铁用球化剂与孕育剂

种类	名称	成分配比/%				应用范围
		Mg	Ni	Si	其他	
球化剂	镍镁合金	15～20	80～85	—	—	大件奥氏体球墨铸铁
	镍镁硅合金	15～16	54～59	15～30	—	中大件奥氏体球墨铸铁
	稀土镁合金	8～10		40～45	RE1～6	薄小件奥氏体球墨铸铁
孕育剂	75硅铁			74～77	Ca0.5 Al1.5 Fe余量	灰铸铁与球墨铸铁

（3）浇注工艺

浇注温度：一般为1380～1460℃。对于厚壁大铸件（壁厚为50mm），浇注温度可降至1370～1400℃；对于薄壁小件，要求浇注温度为1450～1480℃。

浇注速度：镍奥氏体铸铁件一律需快浇，铁液的流动性虽然较好，但一接触到铸型内壁就会迅速凝固。

表2-123列出根据铸件质量选取浇注速度、温度的参考值。

表 2-123　镍奥氏体铸铁件的浇注温度与浇注速度

铸件质量/kg	浇注时间/s	浇注温度/℃
1～2	3～4	1450～1480
70～1140	15～80	1370～1450

（4）造型工艺　镍奥氏体灰铸铁、球墨铸铁的线收缩率远大于普通铸铁，接近于钢，如图2-100所示。

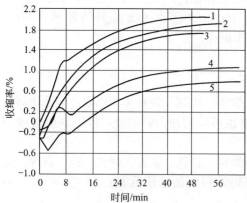

图 2-100　几种铸造合金的线收缩曲线
1—碳钢；2—镍奥氏体灰铸铁；3—镍奥氏体球墨铸铁；4—普通灰铸铁；5—普通球墨铸铁

模样的缩尺应视铸件的复杂程度和收缩受阻程度而定。一般镍奥氏体灰铸铁取1.4％～1.8％，镍奥氏体球墨铸铁取1.6％～2.2％。

镍奥氏体球墨铸铁的体收缩率较大。镍奥氏体球墨铸铁的体收缩率是镍奥氏体灰铸铁的1.5～2倍，接近于碳钢。所以，生产奥氏体球墨铸铁件时，其冷铁、冒口工艺可参照铸钢工艺进行设计。

造型材料：镍奥氏体铸铁的线收缩率和体收缩率均明显大于普通铸铁，而浇注温度又高，因此要求造型材料具有较高的耐热性、透气性，紧实率以及良好的溃散性。大中型奥氏体铸件最好采用刚度高、透气性好的铸型，如水玻璃砂铸型、树脂砂芯和铸型以及干砂型；小件可采用湿砂型，其性能指标见表 2-124。

表 2-124　湿砂型的型砂性能

名称	最低性能	名称	最低性能
透气性	70	水分/%	4～4.5
湿压强度/MPa	0.03	铸型硬度	85

浇注系统过流铁液的能力与铸件的大小有关。当铸件质量为 70～1140kg 时，浇道通过铁液的能力＞1kg/(s·cm²)；当铸件质量＜70kg 时，浇口过流能力为 0.7kg/(s·cm²)。

浇道截面积应根据浇道通过铁液的能力来确定。镍奥氏体铸铁件的浇注时间和内浇道截面积大致可按下式计算：

$$T = 0.97 \sqrt{W}$$
$$F = 0.98 \sqrt{W}$$

式中　　T——浇注时间，s；

　　　　W——铸件质量，kg；

　　　　F——内浇道截面积，cm²。

造型工艺实例之一如图 2-101 所示。铸件为循环泵叶轮；铸件重 3.8kg，最大壁厚

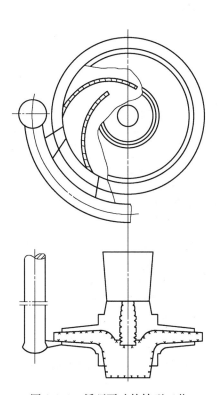

图 2-101　循环泵叶轮铸型工艺

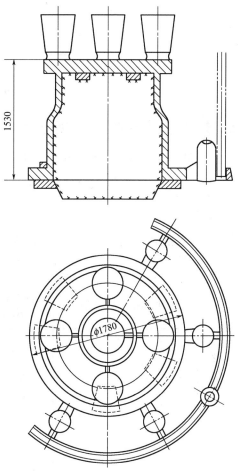

图 2-102　蒸发器管道造型工艺

36mm，最小壁厚 3mm。

使用条件：输送高温碱液。

造型工艺：在轮毂部位放置冷铁和顶冒口，叶轮轮缘壁较薄且均匀，采用分散内浇道达到快浇与挡渣好的效果。

造型工艺实例之二如图 2-102 所示。铸件为"三效逆流"的蒸发器管道，铸件重978kg，最大壁厚68mm，主要壁厚25mm。

使用条件：输送浓度 45%、温度 140℃的碱液。

浇注系统：内浇道通过暗冒口从底法兰注入型腔，顶法兰安置明冒口补缩。

（5）时效处理工艺　镍奥氏体铸铁件，特别是奥氏体球墨铸铁件，铸造残余应力较大，铸件一般均需进行时效处理，以降低残余应力，防止出现应力腐蚀开裂。时效处理工艺如图2-103 所示。

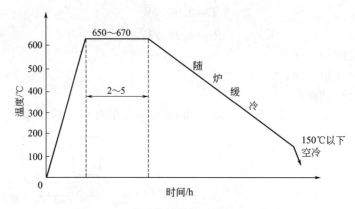

图 2-103　奥氏体铸铁件时效处理工艺图

2.4.4　典型缺陷、形成原因及其防止方法

高硅、高镍铸铁的典型缺陷与防止措施见表 2-125。

表 2-125　高硅、高镍铸铁件的典型缺陷及防止措施

材质	典型缺陷	形成原因	防止措施
高硅耐酸铸铁件	裂纹常发生于壁厚悬殊大的铸件	(1)合金脆性大 (2)线收缩率大 (3)800℃以下冷速过高	(1)控制碳量<0.9% (2)添加少量硅铁 (3)750℃以上开箱缓冷 (4)加少量铜
	加工时边角脱落式开裂	(1)铸铁残余应力过大 (2)硬度偏高	(1)消除应力热处理 (2)硅含量取中下限 (3)加 Cu3%～8%
	皮下气孔	含氢量超过固溶度	(1)熔池充分烘干 (2)预热炉料(>110℃) (3)控制砂型水分宜用干型 (4)用少量稀土或稀土镁脱气 (5)吹氮精炼 (6)充分搅拌
	夹渣	铁液表面上的二氧化硅等浮渣随铁液流进入铸型	(1)采取撇渣浇注系统 (2)采用底注式或其他液流平稳的浇注系统 (3)避免大平面朝上放置

材质	典型缺陷	形成原因	防止措施
镍奥氏体铸铁件	缩孔、缩松、缩陷(裂)	(1)浇注温度过高 (2)碳化物量过多 (3)砂型刚度偏低	(1)适当提高碳当量,降低铬量 (2)强化孕育 (3)控制浇注温度 (4)提高铸型刚度 (5)采用冒口与冷铁最佳搭配
	冷隔	(1)铁液氧化 (2)浇注温度低 (3)浇注速度低	(1)降低熔炼温度 (2)提高浇注温度 (3)提高浇注速度 (4)采取分散内浇道快浇
	侵入式气孔	(1)型腔排气通道不畅通 (2)浇注温度低 (3)铁液流速快且不平稳	(1)提高浇注温度 (2)避免铁液流的飞溅和旋涡 (3)砂型、砂芯应排气充分

第3章

可锻铸铁

　　可锻铸铁是由一定化学成分的铁液浇注成白口坯件，再经退火而成的。与灰铸铁相比，可锻铸铁有较好的强度和塑性，特别是低温冲击性能较好；耐磨性和减振性优于普通碳素钢；铸造性能较灰铸铁差；切削性能则优于钢和球墨铸铁而与灰铸铁接近。可锻铸铁广泛应用于电力线路金具、管类零件和汽车、拖拉机、农机具及建筑扣件等大批量生产的薄壁中小件，是一种历史悠久的重要结构材料。

3.1 可锻铸铁的分类及特征

3.1.1 分类

　　可锻铸铁的分类见表 3-1。按照产品的特殊要求，还可以加入合金元素和采用不同的热处理工艺，以获得不同基体组织（如奥氏体、贝氏体、马氏体等）的合金可锻铸铁。球墨可锻铸铁未包括在本节分类之内，将在本章 3.8 中单独介绍。

表 3-1　可锻铸铁的分类

分　　类		特　　点	应　　用
石墨化退火可锻铸铁	铁素体可锻铸铁（黑心）	（1）坯件在非氧化性介质中进行石墨化退火，莱氏体、珠光体皆分解，即 $Fe_3C \longrightarrow 3Fe(\gamma \cdot \alpha)+G$，$P \longrightarrow Fe(\alpha)+G$ （2）组织为：铁素体+团絮状石墨，以高韧性为其特点	国内各专业可锻铸铁厂，90％以上产品都是黑心可锻铸铁，它广泛用于汽车、拖拉机、农机、铁路、建筑、水暖管件、线路金具等
	珠光体可锻铸铁	（1）坯件在非氧化性介质中进行石墨化退火只有莱氏体分解，即 $Fe_3C \longrightarrow 3Fe(\gamma \cdot \alpha)+G$ （2）以珠光体基体为主+团絮状石墨，以高强度为其特点	用得较少。国外有用作汽车发动机曲轴、连杆等零件的
脱碳退火可锻铸铁	白心可锻铸铁	（1）坯件在氧化性介质中进行脱碳退火，即 CO_2+C（坯件中）$\longrightarrow 2CO\uparrow$ （2）外缘铁素体，中心脱碳不全，有少量珠光体+团絮状石墨 （3）焊接性较好	国内用得很少，国外有用作水暖管件的

　　注：我国 GB/T 9440—2010 标准确认：经石墨化退火的铁素体基体的可锻铸铁为黑心可锻铸铁，本章以后内容皆按此分类处理。

3.1.2 牌号

国家标准（GB/T 9440—2010）规定的可锻铸铁牌号和力学性能见表3-2和表3-3。

表3-2　黑心可锻铸铁和珠光体可锻铸铁的牌号及力学性能（GB/T 9440—2010）

牌号	试样直径 $d^{①②}$/mm	抗拉强度 R_m/MPa　min	0.2%屈服强度 $R_{p0.2}$/MPa　min	伸长率 A/% min（$L_0=3d$）	布氏硬度 (HBW)
KTH 275-05[③]	12 或 15	275	—	5	≤150
KTH 300-06[③]	12 或 15	300	—	6	
KTH 330-08	12 或 15	330	—	8	
KTH 350-10	12 或 15	350	200	10	
KTH 370-12	12 或 15	370	—	12	
KTZ 450-06	12 或 15	450	270	6	150～200
KTZ 500-05	12 或 15	500	300	5	165～215
KTZ 550-04	12 或 15	550	340	4	180～230
KTZ 600-03	12 或 15	600	390	3	195～245
KTZ 650-02[④⑤]	12 或 15	700	430	2	210～260
KTZ 700-02	12 或 15	650	530	2	240～290
KTZ 800-01[④]	12 或 15	800	600	1	270～320

① 如果需方没有明确要求，供方可以任意选取两种试样直径中的一种。
② 试样直径代表同样壁厚的铸件，如果铸件为薄壁件时，供需双方可以协商选取直径6mm或者9mm试样。
③ KTH 275-05 和 KTH300-06 为专门用于保证压力密封性能，而不要求高强度或者高延展性的工作条件的。
④ 油淬加回火。
⑤ 空冷加回水。

表3-3　白心可锻铸铁的牌号及力学性能（GB/T 9440—2010）

牌号	试样直径 d/mm	抗拉强度 R_m/MPa　min	0.2%屈服强度 $R_{p0.2}$/MPa　min	伸长率 A/% min（$L_0=3d$）	布氏硬度 (HBW)　max
KTB 350-04	6	270	—	10	230
	9	310	—	5	
	12	350	—	4	
	15	360	—	3	
KTB 360-12	6	280	—	16	200
	9	320	170	15	
	12	360	190	12	
	15	370	200	7	
KTB 400-05	6	300	—	12	220
	9	360	200	8	
	12	400	220	5	
	15	420	230	4	
KTB 450-07	6	330	—	12	220
	9	400	230	10	
	12	450	260	7	
	15	480	280	4	

牌号	试样直径 d/mm	抗拉强度 R_m/MPa min	0.2%屈服强度 $R_{p0.2}$/MPa min	伸长率 A/% min($L_0=3d$)	布氏硬度 (HBW) max
KTB 550-04	6	—	—	—	250
	9	490	310	5	
	12	550	340	4	
	15	570	350	3	

注：1. 所有级别的白心可锻铸铁均可以焊接。

2. 对于小尺寸的试样，很难判断其屈服强度，屈服强度的检测方法和数值由供需双方在签订订单时商定。

3. 试样直径同表3-2中①、②。

3.1.3 金相组织特征

（1）铸态白口组织　可锻铸铁未退火前称白口生坯。正常状态下白口生坯的显微组织为亚共晶白口组织，即由珠光体加莱氏体组成（见图3-1），不允许有石墨存在。冶金因素改变时，可能形成板条状渗碳体的白口组织（见图3-2）。具有板条状渗碳体组织的生坯裂纹倾向较大，且退火时较难石墨化。

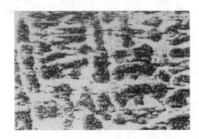

图 3-1　正常状态白口生坯
的显微组织×100

图 3-2　具有板条状渗碳体的
白口组织×100

（2）铁素体可锻铸铁（黑心可锻铸铁）的金相组织　铁素体可锻铸铁的金相组织为铁素体基体加团絮状石墨，如图3-3所示。由于退火过程中炉气的氧化作用，常使铸件表面有一脱碳层，与中心部位的显微组织有所不同，如图3-4所示。

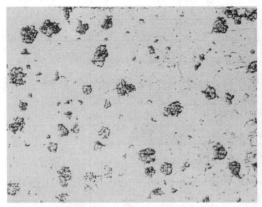

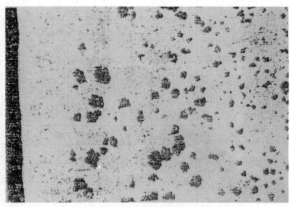

图 3-3　铁素体可锻铸铁显微组织×100

图 3-4　铁素体可锻铸铁表层至中
心的显微组织×100

可锻铸铁中心部位的石墨主要有团絮状和絮状，有时还会出现团球状、聚虫状和枝晶状等。图 3-5 和图 3-6 分别为团絮状石墨的金相组织和扫描电镜照片。

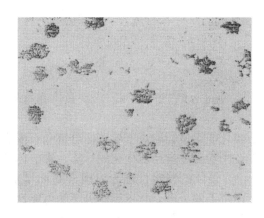
图 3-5　团絮状石墨显微组织×100

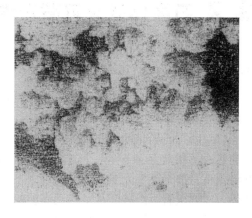
图 3-6　团絮状石墨的 SEM 照片

（3）珠光体可锻铸铁的金相组织　珠光体可锻铸铁的石墨组织与铁素体可锻铸铁的相同，基体组织由于热处理工艺不同而可为片状珠光体和粒状珠光体，如图 3-7 及图 3-8 所示。

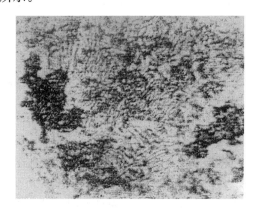
图 3-7　片状珠光体可锻铸铁显微组织×640

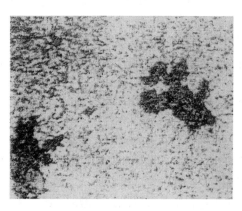
图 3-8　粒状珠光体可锻铸铁显微组织×640

根据零件的特殊要求，可处理成上贝氏体、下贝氏体及马氏体可锻铸铁。

（4）白心可锻铸铁的金相组织　由于坯料在氧化性介质中进行脱碳退火，因此组织极不均匀，表面仅是铁素体基体无石墨，由表层逐渐向内退火石墨逐步增加，如图 3-9 所示。

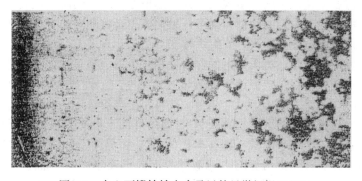
图 3-9　白心可锻铸铁由表及里的显微组织×100

3.2 石墨化退火可锻铸铁

3.2.1 固态石墨化原理

白口生坯中的渗碳体是不稳定相,只要条件具备便可分解成稳定相——铁素体和石墨,这就是固态石墨化过程。

(1) 固态石墨化的必要条件　白口铸铁固态石墨化能否进行取决于渗碳体分解和石墨成长的热力学和动力学条件两个方面。根据在实际系统中渗碳体自由能变化的计算,渗碳体从室温到高温都是不稳定的,在低于 900~950℃时,渗碳体的稳定性随着温度升高而增加;从热力学观点看,渗碳体从室温到高温的很大范围内都能够分解,且低温时分解的可能性较高温时更大。实验证明,在低于 A_1 很多的温度条件下保温,亦可发生固态石墨化过程。但渗碳体的分解能否不断进行,石墨化过程能否最终完成,则在很大程度上取决于渗碳体分解后碳原子的扩散能力和可能性、旧相消失与新相形成的各种阻力因素等动力学条件。

在均匀的 α 及 γ 固溶体内,往往存在着较大的能量及成分起伏,这有可能成为形成石墨晶核的条件。但渗碳体内部不可能形成石墨核心,因为石墨的形核过程将引起体积急剧膨胀,由此产生的巨大应力将阻碍转变的进行。因此,在有渗碳体及基体多相存在的情况下,石墨晶核最容易在渗碳体与周围固溶体的界面上产生,原因是周围固溶体的可塑性较大,而且在界面上可能存在较多的空位等晶体缺陷。

如果有现存的"基底"存在,石墨晶核的形成就比较容易,铸铁内各种固有的硫化物、氧化物等夹杂物微粒,包括石墨微粒在内都可能成为石墨晶核的"基底"。

要使白口铸铁中存在的石墨晶核继续长大,必须具备碳原子能强烈扩散的条件。

纯的铁碳合金较难于石墨化。有硅、铝、铜、镍等促进石墨化的元素存在时,能加速石墨化进程。促进石墨化的元素如硅,能削弱铁碳联系,强化扩散,因而加强了碳原子互相接触的可能性。铸铁内含硅量增加,增加了与碳化物及石墨处于平衡状态的奥氏体内的碳浓度差,从而可促进石墨晶核形成以及增加继续长大的动力。当存在阻碍石墨化的元素如铬时,则石墨化困难。因为 Fe_3C 中的铁原子能被铬置换,其结果是增强了 Fe(Cr)-C 间的结合能力,因而使渗碳体将变得更加稳定,难于分解。另外,铬在渗碳体中是一个反偏析元素,偏析系数 $x_a/x_g =$ 1.5 (x_a、x_g 分别表示渗碳体中心及边缘部分的铬含量),在退火过程中,奥氏体中的铬将通过 γ-Fe_3C 界面向 Fe_3C 迁移。因此,在石墨化初期,渗碳体的分解速率还是较快的,但当铬的偏聚(即向 Fe_3C 中心迁移)达一定量值时,渗碳体可达到相当的稳定程度而难于分解。

关于铸铁固态石墨化机理的许多观点,大多是根据传统的两阶段退火工艺提出的。近年来,由于低温石墨化退火工艺的问世,固态石墨化机理必将随之而有所发展。

(2) 高低温两阶段石墨化退火时的组织转变　白口组织是按亚稳定系共晶凝固而成的,当加热到奥氏体温度区域时,奥氏体中的含碳量相对于稳定系呈过饱和状态,因此有向稳定系转化的倾向,奥氏体中在一定温度下的碳量浓度差 C_a-C_b 即成为碳原子由奥氏体-渗碳体界面向奥氏体-石墨界面扩散的驱动力(见图 3-10)。在此条件下,渗碳体周围的碳浓度降低而使渗碳体不断向奥氏体中溶解,在奥氏体-石墨的界面上则有石墨的不断长大。因此,这一固态石墨化过程由 4 个环节组成,即在奥氏体-渗碳体界面上形核;渗碳体溶解于周围的奥氏体中;碳原子在奥氏体中由奥氏体-渗碳体界面向奥氏体-石墨界面扩散;碳原子在石墨核心上沉淀导致石墨长大。这些过程可由图 3-11 示意说明。在退火过程中,渗碳体不断地溶解，石墨就不断地长大，直至渗碳体全部溶解完毕，第一阶段石墨化过程便告结束，此时铸铁的平衡组织为奥氏体加石墨，进入第二阶段后则发生转变成铁素体的共析转变，最后形成铁素体加石墨的平衡组织。

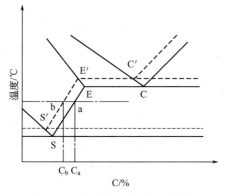

图 3-10　局部铁-碳相图的示意图

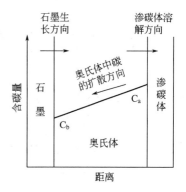

图 3-11　石墨化过程中碳在奥氏体中扩散的示意图

（3）低温石墨化退火时的组织转变　低温石墨化退火过程的特点主要在于退火的加热温度不高于 A_1 温度，而仅有 $720 \sim 750℃$ 的一阶段保温，渗碳体的分解和石墨的长大在没有奥氏体形成的情况下进行，铸铁组织由原来的珠光体加莱氏体直接转变为铁素体加石墨。

从热力学条件看，渗碳体在较低温度下分解即石墨化是可能的，关键是要改善较低温度下的石墨化动力学条件，以及加强铸铁内在的石墨化因素。

在临界温度 A_1 附近保温，共晶渗碳体和珠光体几乎同时分解；碳原子通过 α 固溶体、晶粒边界、晶内缺陷（主要是位错）进行扩散；碳原子沉淀在石墨晶核上导致石墨长大。

虽然碳原子在较低温度下通过 α 相的扩散速度比通过 γ 相的扩散速度大得多，但是由于 α 相对碳原子的溶解能力很小，因而碳原子的扩散主要依靠通过晶粒边界和晶内缺陷进行。

因此实现低温石墨化退火的重要条件，是细化渗碳体，细化晶粒增加界面，增加位错密度，从而增加初始石墨核心数以减少扩散距离。

3.2.2　影响石墨化退火过程的因素

3.2.2.1　化学成分的影响

铸铁中各种元素对石墨化的影响包括对铸态石墨形成的影响和对退火过程中石墨化的影响两个方面。一些元素对上述两个方面的影响是一致的，而另一些元素对两个方面的影响大小则不同。许多元素在不同的含量范围内，其作用也有所不同，有时甚至起相反的作用。这种现象在一定程度上与元素间的相互作用有关。

各种元素对固态石墨化的影响见表 3-4。

表 3-4　各种元素对固态石墨化的影响

元素	对石墨化的影响
碳	促进石墨化。能增加退火后的石墨核心数，缩短石墨化时间，特别是缩短第二阶段石墨化的时间
硅	强烈促进石墨化，能促进渗碳体的分解，故在允许限度以内提高铁液中的含硅量，能有力地缩短第一、第二阶段的退火时间，在炉前加硅铁或含硅的复合孕育剂孕育可造成较大的浓度起伏，有利于实现低温石墨化
锰	能与硫生成 MnS，故在适当含量范围内能缩短石墨化时间，但当自由锰量（锰与硫化合生成 MnS 以外的多余锰量）超过一定值（>0.15%～0.25%）或不足（负值）时则阻碍石墨化，尤其是阻碍第二阶段石墨化（见图 3-12）

元素	对石墨化的影响
硫	强烈阻碍石墨化。当含量不很高（<0.25%）时,可用锰中和其有害作用;当含量较高时,使石墨化退火困难
磷	磷在凝固时微弱地促进石墨化,对退火过程中的固态石墨化影响不大。超过一定量时对第二阶段石墨化稍有阻碍作用
铬	强烈地阻碍石墨化,当含量超过0.06%时,使石墨化退火困难
铋	较强烈地阻碍凝固过程中的石墨形成,但对固态石墨化影响不大,常用作孕育剂,一是可以保证白口坯料不出现麻口组织,二是可以促进莱氏体状白口组织的形成,有利于固态石墨化,常用量为0.006%~0.02%
铝	强烈促进石墨化,用少量的铝作孕育剂(0.01%~0.015%),可增加石墨核心,有利于缩短退火时间。当用铝与铋或碲复合孕育时,铝既有促进固态石墨化的作用,又能产生提高铸态白口倾向的"增效"作用
硼	用少量硼(0.002%~0.003%)作孕育剂,可起到增加石墨核心、缩短退火时间的作用,当含量过高时则起阻碍石墨化作用
氮、氧、氢	阻碍石墨化,当含量超过一定值时,使石墨化退火困难
钼、钒	均有强烈的阻碍石墨化作用
镁、稀土	能脱氧除硫,故少量的镁和稀土元素有明显的促进石墨化的作用
锑、砷、锡	对一阶段石墨化几乎无影响,但对二阶段石墨化有阻碍作用
碲	是强烈的反石墨化元素,目前有用碲代替铋作孕育剂的
钛、镍、铜、钴、铅、银	有较弱的促进石墨化作用,钛的石墨化作用与Mn/S有关,当铁液中含锰量增加,且Mn/S比值增大时,钛对第一阶段和第二阶段的石墨化作用均有减弱趋势
锌、钽、钨、镉	对石墨化影响甚小(含量在0.2%以下)
锆、钙	有较强的促进石墨化作用

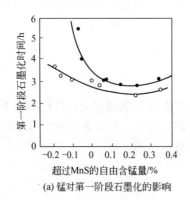
(a) 锰对第一阶段石墨化的影响

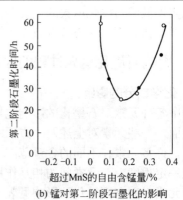
(b) 锰对第二阶段石墨化的影响

图 3-12　锰对石墨化的影响

○ 低硫;● 高硫

　　图 3-13 表示各种元素对第一阶段石墨化的影响,图 3-14 表示各种元素对第二阶段石墨化的影响。

3.2.2.2　石墨化退火工艺的影响

　　第一阶段和第二阶段石墨化退火温度的作用和影响见表 3-5,低温预处理的作用及影响见表 3-6。

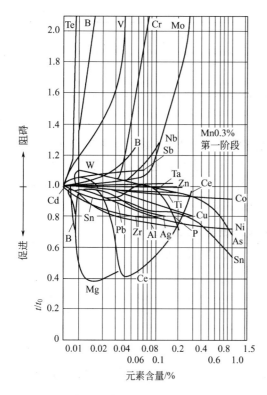

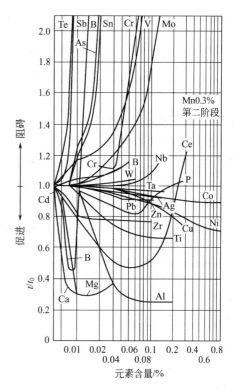

图 3-13　各种元素对第一阶段石墨化的影响

t_0—无添加元素的试棒石墨化完了时间；t—添加元素的试棒石墨化完了时间

Mn＝0.3％；S＝0.015％

图 3-14　各种元素对第二阶段石墨化的影响

t_0—无添加元素的试棒石墨化完了时间；t—添加元素的试棒石墨化完了时间

Mn＝0.3％；S＝0.015％

表 3-5　第一阶段和第二阶段石墨化温度的作用及影响

第一阶段石墨化	
常用温度	920～980℃保温（需加热到奥氏体温度区）
作用	使莱氏体中的共晶渗碳体不断溶入奥氏体而逐渐消失，团絮状石墨逐渐形成
温度过高或过低的影响	温度越低，碳原子扩散速度越慢，石墨化时间越长。温度越高，石墨化速度越快，但温度过高时，石墨形状趋于松散，严重时石墨分枝分杈，使铸铁的力学性能下降，温度过高还会引起铸件氧化、过烧，故不宜采用 1000℃以上的温度
第二阶段石墨化	
常用温度	710～730℃保温，或者由 750℃缓慢（3～5℃/h）降温至 700℃
作用	使珠光体转变为铁素体与团絮状石墨，或者使奥氏体在缓冷过程中直接转变为铁素体与石墨
温度过低或过高的影响	温度低则转变慢，需要的时间长，温度过低则可能长时间不能完成石墨化。温度高，使奥氏体长时间保留，不但浪费时间、浪费能源，而且可能最终难于转变为铁素体

表 3-6　预处理的作用及影响

常用温度	低温预处理（低温时效）在 300～450℃保温 3～5h 高温预处理在 750℃左右保温 1～2h
作用	增加石墨颗粒数，减小碳原子扩散距离，缩短退火周期，改善石墨形态
特点	预处理与孕育处理二者有重要联系，例如，采用铝铋孕育与低温预处理联合措施可得到较佳效果，亦可同时采用低温与高温预处理，但当低温预处理时间足够时，高温预处理的作用即不明显

低温预处理与石墨核心数的关系	在 400℃保温时间/h	0	1	2	3	4	5
	退火后石墨核心数/mm²	34	154	209	226	251	273
	是未经低温处理核心数的倍数	—	4.5	6.1	6.6	7.4	8.2

3.2.2.3 石墨核心数的影响

低温预处理能增加石墨核心数，铸件壁厚也会影响到石墨核心数。在化学成分、孕育处理、退火制度相同的条件下，铸件壁厚越大则形成的石墨核心数越少，当然退火时间越长。如采用不同的孕育剂进行孕育处理，对壁厚的敏感性不一样，当然就会影响到退火周期的长短。表 3-7 为不同孕育剂及其剂量与核心数及壁厚的关系。

表 3-7　复合孕育时石墨核心数与断面厚度的关系

孕育剂加入量	断面厚/mm			
	5	15	30	65
	石墨核心数/(个/mm²)			
Bi0.01%，Al0.02%	840	70	40	13
Bi0.01%，B0.002%	500	280	77	90
Bi0.01%，Al0.01%，B0.001%	660	82	74	—
Bi0.01，Al0.01%，B0.002%	680	130	90	60

表 3-8 表明了石墨化所需时间与石墨核心数的关系，随着石墨核心数的增加，退火所需时间缩短。

表 3-8　石墨核心数与退火时间的关系

石墨核心数/(个/mm²)	10	20	40	100	200
第一阶段所需时间/h	6～7	3.5～5	2～3.5	1～2.5	0.5～1.5
第二阶段所需时间/h	16～22	9～14	5～9	2～5	1～3

图 3-15、图 3-16 分别为采用二种退火方式时，第一阶段和第二阶段石墨化所需时间（分别为 t_1 及 t_2 与石墨核心数 N_4 的关系）。

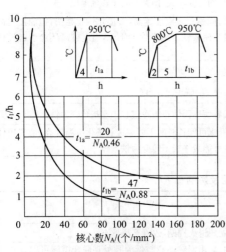

图 3-15　石墨核心数与第一阶段退火时间的关系

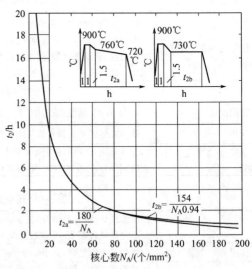

图 3-16　石墨核心数与第二阶段退火时间的关系

3.2.3 加速石墨化退火过程的措施

为了加速石墨化退火过程和缩短退火周期，可采用表 3-9 中的一些措施。关于孕育处理的作用可见表 3-10，孕育剂量可见表 3-11。

表 3-9　加速石墨化的措施

措施	内容和控制要点
合理选择铁液化学成分	在保证获得白口组织的前提下，适当提高碳硅总量（以提高硅量为主）。正确控制硫锰的含量，硫以控制在 0.12% 以下为宜，自由含锰量应控制在 0.1%～0.3%，硫低时取下限，硫高时取上限 低的含铬量（<0.06%）。控制铁液中的氧、氮和氢的含量，可溶氮应控制在 0.01% 以下。采用高碳、硅和低锰，降低氮在铸铁中的溶解度，可以控制可溶解氮量。加入氮化物形成剂，如 Al 和 Ti、B 能够与可溶氮结合成不可溶氮 白口生坯中可容许有 0.001%～0.002% 的氧存在，但氧不应以 FeO 的形式存在，否则将明显地阻碍石墨化 氢在白口生坯退火中会显著地阻碍石墨化过程，因而应控制在 2ppm(0.0002%)以内
适当提高石墨化退火温度	适当提高第一阶段退火温度，以不高出 1000℃ 为宜
采用金属型铸造生坯	金属型铸造铸件的凝固冷却速度快，可相应提高碳硅含量。由于快速凝固使晶粒细化，故可增加石墨结晶核心，加速石墨化过程
在液体介质中退火	例如在盐液中退火，第一阶段石墨化时间仅需 30min，第二阶段石墨化时间仅需 40min
采用预处理的石墨化退火工艺	采用低温预处理(300～450℃保温 3～5h)或高温预处理(750℃保温 1～2h)均能增加石墨核心，缩短退火时间。适当的孕育处理与预处理相配合(如 Al-Bi 孕育与低温预处理相配合)效果更加明显
进行有效的孕育处理	可根据情况分别采取 Al-Bi、B-Bi、B-Bi-Al、硅铁-Al-Bi 等复合孕育剂，还可以采用型内孕育或二次孕育等孕育方法，详见表 3-10、表 3-11
其他方法	采用预先淬火、预先冷作硬化、用电流加热等均可不同程度地加快石墨化过程，但过程太复杂，在生产上均较难采用

表 3-10　各种复合孕育剂的作用

序号	孕育剂	作　用
1	Al-Bi	Al 可细化晶粒，增加珠光体与碳化物界面的比表面积；可形成 Al_2O_3 及 AlN，起脱氧去气作用；Al_2O_3 及 AlN 可成为石墨核心基底，因此可缩短退火时间 Bi 可抑制铸态石墨的生成，因此可选择较高的碳、硅含量，Al 与 Bi 同时加入，有增强 Bi 的白口倾向的作用，但在石墨化退火过程中又有促进固态石墨化的效果
2	B-Bi	B 抑制铸态石墨的生成，增加珠光体与碳化物之间界面处的比表面积，生成 BN 可成为石墨核心基底，既能减少固溶氮量，又可加速碳沿奥氏体-碳化物边界的扩散，故能缩短退火时间
3	Al-B-Bi	作用与前相同，Al 与 B 的作用相似
4	硅铁-Al-Bi	Al、Bi 作用与前相同，硅能引起铁液中成分起伏，增加石墨核心，缩短退火时间
5	其他复合孕育剂，如 RE-Bi、Al-Te、B-Te、Ti-Te 等	主要利用 RE、Mg、Te 抑制铸态石墨生成的作用而形成的各种复合孕育剂

注：均采用包内孕育方法。

表 3-11　常用的孕育剂及其加入量

序号	孕育剂	加入量/%
1	Al-Bi	Al0.01～0.015；Bi0.006～0.02
2	B-Bi	B0.0015～0.0030、Bi0.006～0.02
3	B-Bi-Al	B0.001～0.0025、Bi0.006～0.02、Al0.008～0.012
4	Si-Fe-Al-Bi	Si-Fe0.1～0.3、Al0.008～0.012、Bi0.01～0.02

3.3 铁素体可锻铸铁

3.3.1 铁素体可锻铸铁的性能

(1) 力学性能及影响因素

① 拉伸性能。拉伸性能（如抗拉强度、屈服点及伸长率）及硬度见表 3-2（GB/T 9440—2010），图 3-17 为试棒直径与拉伸性能的对应关系。

② 弹性模量。铁素体可锻铸铁的弹性模量为 $1.57 \times 10^5 \sim 1.70 \times 10^6$ MPa（157～170GPa），弹性模量随组织中石墨数量的增加和紧密圆整度的降低而减小。

泊桑比为 0.25～0.28。

③ 疲劳性能。铁素体可锻铸铁光滑试样的对称弯曲疲劳极限为 175～210MPa，σ_{-1}/σ_b 比约为 0.5，较钢和球墨铸铁高些（见图 3-18）。缺口形式对疲劳值的影响如图 3-19 所示，铁素体可锻铸铁的缺口敏感系数 K 为 1.30～1.67 左右（$K = \sigma_{-1}$/带缺口的疲劳极限）。

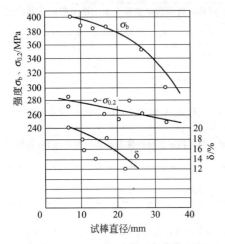

图 3-17 试棒直径与拉伸性能的关系

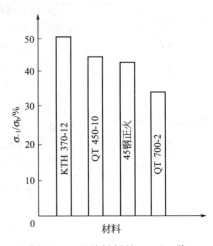

图 3-18 几种材料的 σ_{-1}/σ_b 值

图 3-20 为几种不同基体的可锻铸铁的冲击吸收功，图中虚线表示开始产生裂纹的冲击次数。

④ 高、低温性能。可锻铸铁的抗拉强度和屈服点自室温至 370℃无明显变化。铁素体可锻铸铁在高温下的持久强度随温度升高而降低（见图 3-21）。

可锻铸铁的硬度随温度升高而有所变化，当温度超过 400℃后，硬度明显下降（见图 3-22）。

在低温下可锻铸铁的强度随温度下降而增高，伸长率则下降，此种变化情况与韧性-脆性转变有关（见图 3-23）。

铁素体可锻铸铁有较高的冲击韧性，自室温至 100℃之间变化不大，低温下出现由韧性到脆性的转变（见图 3-24）。影响脆性转变温度的主要元素是硅（见图 3-25）和磷（见图 3-26）。硅磷含量高则转变温度提高，磷的影响远大于硅。如果转变温度高于零件的使用温度，零件就处于脆性状态，容易引起突然失效。在低温下工作的动载荷零件的硅含量一般不应超过 1.7%（磷含量在 0.05% 以下）。

对可锻铸铁断裂韧性的测定表明，即使在较低温下可锻铸铁仍有良好的断裂韧性见表 3-12。

⑤ 影响因素。影响力学性能的因素主要有金相组织、化学成分、断面效应等。

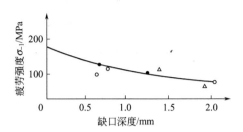

图 3-19 缺口形式对铁素体可锻铸铁
疲劳极限的影响

缺口半径：• 0.127mm；○ 0.254mm；△ 0.762mm

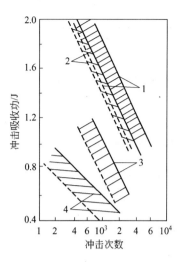

图 3-20 几种基体可锻铸铁的冲击吸收功
1—粒状珠光体；2—片状珠光体；
3—铁素体-珠光体；4—铁素体

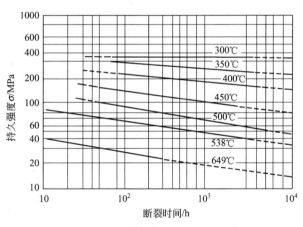

图 3-21 铁素体可锻铸铁的持久强度

(300~500℃的试样成分：C2.5%~2.7%、Si1.39%~
1.58%、Mn0.40%~0.46%、S0.10%~0.126%、P0.046%~
0.058%、Cr0.032%~0.040%；538~649℃的试样成分：
C2.19%~2.50%、Si1.01%~1.32%、Mn0.29%~0.43%、
S0.074%~0.159%、P0.024%~0.148%、Cr0.017%~0.029%)

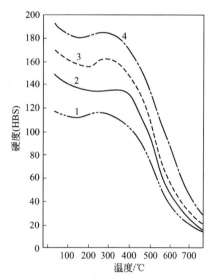

图 3-22 温度对可锻铸铁硬度的影响
1—铁素体可锻铸铁；2—含 Cu0.12%的
可锻铸铁；3—珠无体可锻铸铁；4—含
Cu0.3%＋Mo0.4%的可锻铸铁

表 3-12 可锻铸铁的断裂韧性

可锻铸铁种类	屈服点/MPa	测试温度/℃	断裂韧性(MPa√m)
铁素体可锻铸铁(充分退火)	230	24	44.3
	241	−19	41.4
	251	−59	43.5
珠光体可锻铸铁(空淬+回火)	359	24	54.9
	377	−19	48.1
	392	−57	29.7

可锻铸铁种类	屈服点/MPa	测试温度/℃	断裂韧性(MPa$\sqrt{m}$)
珠光体可锻铸铁(液淬+回火)	410	24	44.6
	431	-19	51.7
	542	-58	29.3
珠光体可锻铸铁(液淬+回火)	516	24	54.0
	552	-19	38.9
	574	-58	39.3

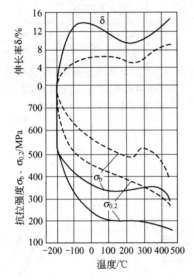

图 3-23　可锻铸铁在高温及低温下的抗拉性能
——铁素体可锻铸铁；----珠光体可锻铸铁

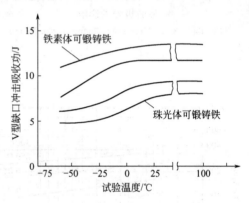

图 3-24　可锻铸铁的 V 型缺口冲
击吸收功转变曲线

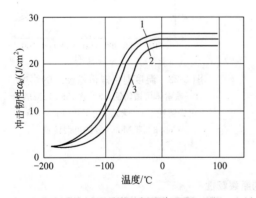

图 3-25　硅对铁素体可锻铸铁脆性
转变温度的影响

1—Si1.21%；2—Si1.34%；3—Si1.6%
可锻铸铁化学成分，C2.54%、Mn0.42%、
S0.103%、P0.064%

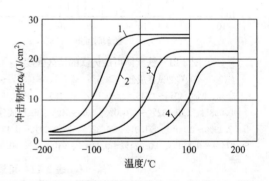

图 3-26　磷对铁素体可锻铸铁脆性
转变温度的影响

1—P0.064%；2—P0.098%；3—P0.216%；4—P0.318%
可锻铸铁化学成分，C2.5%、Si1.20%、
Mn0.42%、S0.103%

a. 金相组织对力学性能的影响（见表 3-13～表 3-15）。

表 3-13 金相组织与力学性能的关系

金相组织		要求	控制方式
石墨	形状	要紧密、坚实圆整 球状石墨、球团形石墨能有最好的力学性能 团絮状石墨最常见,能满足一般性能要求 絮状石墨和聚虫状、枝晶状石墨对性能有不利影响	加入稀土、镁处理及采用低温预处理退火可使石墨圆整;Si 过高、升温过快、第一阶段石墨化温度过高会使石墨形状恶化,所以 Si 量、第一阶段退火温度都不宜太高,一般分别以 Si1.8% 及 980℃ 为限
	数量	100~150 粒/mm² 左右较为合适,综合力学性能较好 但由图 3-27、图 3-28 可见,石墨颗粒数对抗拉强度的影响较小,对伸长率的影响则大些	Si 高、壁薄、金属型铸造、退火前淬火、孕育处理、低温预处理等皆可增加石墨颗粒数 加热速度过快、退火温度过高,铸件壁厚则使石墨粗大,颗粒少
	分布	要求均匀、无方向性分布	孕育剂要适当、孕育剂量太多(如 Bi>0.01%,Al>0.01%)会使石墨呈串状分布
	大小	一般以 0.02~0.07mm 直径较好	与对颗粒度的控制同
基体	铁素体	要求大部分或全部为铁素体;亦可根据牌号要求控制保留适当珠光体。残留渗碳体不能超标 如能获得粒状珠光体,则可得到较好的综合力学性能及切削加工性能	主要根据化学成分、性能要求控制退火工艺,从而保证珠光体或渗碳体分解完
	晶粒大小	一般要求 60~250 个/mm²,太粗会使力学性能降低	孕育处理能使石墨细化,从而细化铁素体晶粒

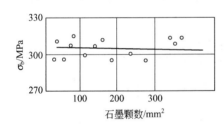

图 3-27 石墨颗粒数和抗拉强度的关系

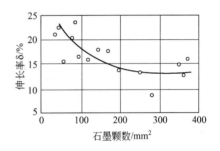

图 3-28 石墨颗粒数对伸长率的影响

表 3-14 铁素体可锻铸铁的牌号要求与石墨形状级别的关系

石墨等级	1 级	2 级	3 级	4 级	5 级
对应牌号	KTH370-12	KTH350-10	KTH330-08	KTH300-06	级外

表 3-15 铁素体可锻铸铁中珠光体允许残留量   单位:%

牌号	KTH300-06	KTH330-08	KTH350-10	KTH370-12
片状珠光体	<30	<20	<15	<10
粒状珠光体	<50	<40	<30	<20

b. 化学元素对力学性能的影响(见表 3-16)。

表 3-16 化学元素对力学性能的影响

元素	对力学性能的影响
碳	增高碳量能使石墨数量及尺寸增加,使强度、伸长率下降。碳和可锻铸铁力学性能的关系见图 3-29
硅	硅能增高可锻铸铁的强度及伸长率,但 Si>1.8% 以后有可能恶化石墨形态,导致力学性能下降。当 Si、P 两元素同时处于高水平数量时,则易引起回火脆性及低温脆性,并使脆性转化温度上升

元素	对力学性能的影响
磷	当磷含量＞0.1％时,可能因偏析而出现磷共晶,导致伸长率下降,脆性倾向亦增高
锰、硫	锰、硫含量超过规定值,会因退火时间不足而残留渗碳体及珠光体,因而常使伸长率不合格
铬	应限制在 0.06％以下,否则易使残留渗碳体超标,导致伸长率下降

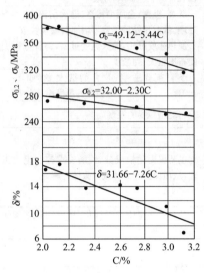

图 3-29　碳对铁素体可锻铸铁力学性能的影响

c. 铸件壁厚对力学性能的影响　可锻铸铁铸件壁厚大小的极限值,除应考虑能否充分填充和补缩等工艺因素之外,还应考虑到铸件壁厚对组织及力学性能的影响,随着壁厚的变化,力学性能的变化如图 3-29 所示,壁厚越大,组织均匀性越低,石墨颗粒越粗大,因而强度和伸长率越低。故可锻铸铁铸件的壁厚在一般情况下,以不超过 30mm 为宜。

（2）物理性能　可锻铸铁的物理性能见表 3-17。可锻铸铁的物理性能与温度有关。比热容随温度增加而增加,热导率随温度增加而减小,427℃时仅为室温的一半;电阻率随温度增加而增加,427℃时电阻率约为室温时的 2 倍;线膨胀系数也随温度的增加而增加。铁素体可锻铸铁的磁导率高,矫顽力和磁滞损耗较小。当化合碳增加时,磁导率降低,矫顽力和磁滞损耗增加。

表 3-17　可锻铸铁的物理性能

项　　目	铁素体可锻铸铁	珠光体可锻铸铁
密度 ρ/(g/cm^2)	7.2～7.4	7.2～7.4
比热容 C(0～100℃)/[J/(kg・K)]	510.8	510.8
热导率 λ(26.7℃)/[W/(m・K)]	50.8	50.8
线膨胀系数 α(20～200℃)/(10^{-3}/℃)	10.6	13.5
电阻率(室温)ρ/($\mu\Omega$・cm)	28～34	37～41
最大磁导率 μ_{max}/(μH/m)	2890	540
饱和磁感强度 I_a/T	1.8	＜1.8
磁滞损失 P_H/[J/(m^3・Hz)]	690	1000～1650
剩余磁感 B_r/T	0.54	0.65～0.85
矫顽力 H_c/(A/m)	183.1	597～1194

（3）工艺性能

① 铸造性能见表 3-18。

表 3-18　可锻铸铁的铸造性能

性　能	特　　点
流动性	碳、硅含量低,液相线温度高,凝固温度范围较大,故流动性较差,要求较高的浇注温度,薄壁件在 1350℃以上,中厚件在 1320℃以上

性　能	特　点
收缩	铸态组织为白口,收缩较大,体收缩为 5.3%～6.0%,线收缩为 1.5%～1.8%。要求采用足够尺寸和数量的冒口进行补缩,冒口形式多采用顶部 120°(角)的暗冒口,白口坯件退火时,产生石墨化膨胀,其值因碳含量而异。铁素体可锻铸铁退火时,如碳含量为 2.2%时长度增加 1.4%,碳含量为 2.8%时长度增加 1.8%,同时应考虑铸造时的收缩和退火时的膨胀,铁素体可锻铸铁件模样的缩尺采用 0～1.0%,具体数值应根据铸件结构、铸型硬度、铁液含碳量等决定
缩孔和缩松倾向性	可锻铸铁浇注温度较高,结晶凝固过程中收缩较大、结晶温度范围较宽,故易产生缩孔和缩松,当结晶过程中形成树枝状结晶和板条共晶组织时,缩松倾向尤为突出,且补缩能力较差,易产生缩松
应力和裂纹倾向性	可锻铸铁收缩大,故应力倾向也较大。裂纹倾向性大是可锻铸铁不同于其他铸铁的特点之一。裂纹倾向与铸铁结晶凝固温度范围较大、易生成树枝状晶、形成板条状结构、补缩性能较差、某些气体含量、收缩较大等特性有关

② 切削加工性能。铁素体可锻铸铁具有良好的切削性能,其性能优于灰铸铁和易切削钢。珠光体可锻铸铁硬度较高,切削加工性能较差,粒状珠光体切削加工性较好。可锻铸铁退火时产生的表皮层由于组织不均匀,对可锻铸铁的切削性能极为有害。

几种黑色金属材料的切削加工性能指数见表 3-19。

表 3-19　几种黑色金属材料的切削加工性能指数

材料	切削加工性能指数/%[①]	硬度(HBS)	材料	切削加工性能指数/%[①]	硬度(HBS)
铁素体可锻铸铁	120	110～145	灰铸铁(中等硬度)	65	193～220
珠光体可锻铸铁	90	180～200	灰铸铁(硬)	50	220～240
灰铸铁(软)	80	160～193	美国钢铁学会 BI112 钢	100	179～229
铸钢(C0.35%)	70	170～212			

① 用高速钢刀具,适当的冷却液冷却,以 180m/min 的切削。速度切削美国钢铁学会 BI112 酸性转炉冷拔螺纹钢作为 100%的指数为基准,以 5%为一个等级。

③ 焊接性能。黑心可锻铸铁的焊接性很差。焊接时在焊件的熔化部位会产生白口组织、性脆,且收缩大,因而焊接应力大,易开裂,不易得到优质的焊接接头。因此,黑心可锻铸铁件一般不宜焊接。承受拉伸、弯曲、冲击载荷较小的铸件,如需焊接,需采用专门的焊接工艺,焊前需将工件预热,焊接后要保温缓冷,必要时要重新退火处理。铸件必须进行焊补时,可采用国标 GB/T 10044—2006 推荐的焊丝和工艺进行。

(4) 使用性能

① 耐磨性能。铁素体可锻铸铁的耐磨性比珠光体可锻铸铁的差,一般不用作耐磨件。

② 耐蚀性。可锻铸铁在大气和水及盐水中的耐蚀性均优于碳素钢。铁素体可锻铸铁的耐蚀性比珠光体可锻铸铁的好。加入 Cu0.25%～0.75%可进一步提高它对大气腐蚀的抗力,改善在含 SO_2 气氛中的耐蚀性。表 3-20 表明在大气中可锻铸铁与低碳钢腐蚀量的差别。

表 3-20　可锻铸铁与低碳钢在大气中的腐蚀量

材料（未切削加工试样）	三年中的腐蚀量/(g/dm²)		
	耕作地区	海岸地区	工业地区
可锻铸铁	3.44	6.04～7.68	5.17～6.63
低碳钢(C0.2%)	5.70	22.01～24.75	8.18～8.85

③ 耐热性。铁素体可锻铸铁和珠光体可锻铸铁的耐热性均优于灰铸铁和碳钢。由于石墨呈团絮状，氧化不易沿石墨向内部深入，故抗氧化生长优于灰铸铁。铁素体可锻铸铁的耐热性比珠光体可锻铸铁更好一些。

④ 减振性。由于石墨形状的影响，黑心可锻铸铁的减振性低于灰铸铁而比球墨铸铁及铸钢优。在较低应力下，黑心可锻铸铁的减振性与球墨铸铁大致相同，但在应力较高的情况下，可锻铸铁的减振性较好。表 3-21 表明在 108MPa 及 207MPa 的应力作用下，铁素体可锻铸铁的减振能力约为铸钢的 3 倍、球墨铸铁的 2 倍。

表 3-21   几种材料的减振性   单位：%

材料	载荷 108MPa 时	载荷 207MPa 时	材料	载荷 108MPa 时	载荷 207MPa 时
铁素体可锻铸铁	4.20	6.30	珠光体球墨铸铁	2.20	2.95
珠光体可锻铸铁	3.30	4.55	铸钢	1.45	1.90
铁素体球墨铸铁	2.50	3.30			

3.3.2 铁素体（黑心）可锻铸铁的金相组织

铁素体可锻铸铁的典型金相组织参见图 3-3、图 3-4。JB2122—77 金相标准中规定了石墨形状、形状分级、石墨分布、石墨颗粒数分级、珠光体残余量、渗碳体残余量分级、表皮层厚度分级等，可分别见表 3-22～表 3-28。

表 3-22   石墨形状（JB2122—77）

名称	说　　明
团球状	石墨较致密、外形近似圆形，周界凹凸
团絮状	类似棉絮团，外形较不规则
絮状	较团絮状石墨松散
聚虫状	石墨松散，类似蠕虫状石墨聚集而成
枝晶状	由颇多细小的短片状、点状石墨聚集呈树枝状分布

表 3-23   石墨形状分级（JB2122—77）

级别	说　　明
一级	石墨大部分呈团球状，允许有不大于 15% 的团絮状等石墨的存在，但不允许有枝晶状石墨
二级	石墨大部分呈团球状、团絮状，允许有不大于 15% 的絮状石墨存在，但不允许有枝晶状石墨
三级	石墨大部分呈团絮状、絮状，允许有不大于 15% 的聚虫状及小于试样截面积 1% 的枝晶状石墨存在
四级	聚虫状石墨大于 15%，枝晶状石墨小于试样截面积的 1%
五级	枝晶状石墨大于或等于试样截面积的 1%

注：在未侵蚀的金相试样上评定，放大倍数为 100。

表 3-24   石墨分布（JB2122—77）

级别	说　　明
一级	分布均匀或较均匀
二级	分布不均匀但无方向性
三级	有方向性

表 3-25 石墨颗粒数分级 (JB2122—77)

表 3-25　石墨颗粒数分级 (JB2122—77)

级别	石墨颗粒数	说　明
一级	>150	测试时应取足够的视场进行平均,有条件的最好在图像分析仪上进行
二级	110～150	
三级	70～100	
四级	30～70	
五级	≤30	

注: 1. 单位面积内的石墨数称为石墨颗粒数,以粒/mm² 计。

2. 对石墨颗粒数级别的评定,应在未侵蚀的金相试样上进行,放大倍数为 100 倍。

表 3-26　珠光体残余量分级 (JB2122—77)

级别	一级	二级	三级	四级	五级
珠光体残余量/%	≤10	>10～20	>20～30	>30～40	>40

表 3-27　渗碳体残余量分级 (JB2122—77)

级别	一级	二级
渗碳体残余量/%	≤2	>2

表 3-28　表皮层厚度分级 (JB2122—77)

级别	一级	二级	三级	四级
表皮层厚度/mm	≤1.0	1.0～1.5	1.5～2.0	>2.0

注: 1. 对于 ϕ16mm 试棒而言。

2. 表层厚度是指从试棒外缘至无石墨的全铁素体层结束处止。

3.3.3　铁素体可锻铸铁的生产工艺

（1）化学成分的选定　化学成分因零件的结构特点、牌号要求、熔炼条件等不同而有所差异。铁素体可锻铸铁常用的化学成分范围如下:

$$C2.4\%～2.8\%　Si1.2\%～1.8\%$$

$$Mn0.3\%～0.6\%　P<0.1\%　S<0.2\%$$

高的碳、硅成分有利于改善铸造性能,缩短退火周期,但易引起力学性能降低,还可能出现铸态石墨。碳当量偏低时易产生充型不足、缩松、裂纹等缺陷,且退火周期延长。

碳硅总量的选择主要取决于铸件壁厚及牌号要求,常用值见表 3-29 及表 3-30。

表 3-29　铁素体可锻铸铁中碳硅总量

铸件主要壁厚 /mm	$\Sigma(C+Si)$/%		铸件主要壁厚 /mm	$\Sigma(C+Si)$/%	
	不加铋	加铋0.008%		不加铋	加铋0.008%
<5	3.9～4.2	4.2～4.5	15～20	3.6～3.9	3.8～4.1
5～10	3.8～4.1	4.0～4.3	20～40	3.5～3.8	3.7～4.0
10～15	3.7～4.0	3.9～4.2	40～60	3.4～3.6	3.6～3.9

表 3-30　黑心可锻铸铁牌号与化学成分的关系

牌号	一般工艺					采用 Al-Bi 孕育处理				
	C	Si	Mn	P[①]	S	C	Si	Mn	P[①]	S
KTH300-06	2.7～3.1	0.7～1.1	0.3～0.6	<0.2	0.18	2.75～2.95	1.25～1.45	0.35～0.65	<0.12	≤0.25
KTH330-08	2.5～2.9	0.8～1.2	0.3～0.6	<0.2	0.18	2.65～2.85	1.35～1.55	0.35～0.65	<0.12	≤0.2

牌号	一般工艺					采用 Al-Bi 孕育处理				
	C	Si	Mn	P①	S	C	Si	Mn	P①	S
KTH350-10	2.4~2.8	0.9~1.4	0.3~0.6	<0.2	0.12	2.45~2.65	1.45~1.65	0.35~0.65	<0.12	≤0.15
KTH370-12	2.2~2.5	1.0~1.5	0.3~0.6	<0.2	0.12	2.35~2.55	1.55~1.75	0.35~0.65	<0.12	≤0.10

① 尽可能控制 P≤0.1%。

含硅量过高会使可锻铸铁的脆性转变温度升高,引起低温脆性。此种作用与含磷量有关联,当含磷量较高时应特别注意。因为在可锻铸铁中硅含量较低,所以磷在基体中的固溶度较大,加之铸件冷却较快,故在一般光学显微镜中不易观察到磷共晶存在,但当磷含量超过 0.1%时,仍有可能以磷共晶的形式析出,而引起铸件的韧性降低。同时应特别控制退火后期(铸件在 400~550℃范围内)的冷却速度(速度要快),以防止产生回火脆性。

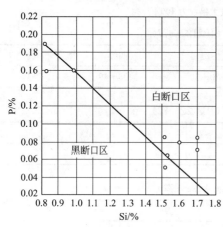

图 3-30 磷、硅含量与铸件断口的关系

在-40℃下使用的铁素体可锻铸铁,磷、硅含量希望控制在图 3-30 所示斜线以下的黑断口区。

硫较强烈地阻碍石墨化,且会形成 FeS-Fe 共晶体(C0.17%、S39.7%、其余为 Fe)分布在晶界上,既阻碍碳扩散,又降低可锻铸铁的塑性,因此要求硫含量尽量低。由于低碳铁液在冲天炉中容易增硫,加之一些地区的焦炭含硫量较高,浇冒口多次回炉,故有时可锻铸铁的含硫量可高达 0.2%~0.3%。生产中常利用锰和硫的相互作用来抑制硫的不良影响,并根据下式来决定锰的含量:

$$Mn(\%)=1.7×S(\%)+(0.1\%~0.3\%)$$

(2) 熔炼方法、孕育工艺和炉前质量控制 可根据表 3-31 来选择可锻铸铁的熔炼方法。

表 3-31 可锻铸铁熔炼方法及其特点

熔炼方法	特点及要求
冲天炉熔炼	设备通用性强,投资小。冲天炉铁液化学成分波动较大,应严格控制操作过程和炉料管理,宜采用浅炉缸(≤300mm)带前炉的冲天炉结构,设计和操作应满足铁液温度高、渗碳率低、氧化吸气性小、元素烧损小的要求
感应电炉熔炼	铁液化学成分及温度易控制,环境污染小,但应注意铁液浇注后的裂纹倾向性和形成板条状渗碳体的白口组织的倾向性
冲天炉-感应电炉双联熔炼	成本低(与感应电炉熔炼比较),铁液化学成分和温度易于调整。是可锻铸铁熔炼的较好方式

孕育工艺一般采用包内孕育。为减少孕育衰退也可采用型内孕育或二次孕育。Bi 是低熔点(271℃)金属,故不宜过早地投入赤热的铁液包中,以免烧损而影响孕育效果。B 如果以硼铁的形式加入,应注意硼铁的成分偏析,避免孕育效果的不稳定。

炉前质量控制一般有以下两种方法。

① 圆柱形试棒检验断口。将铁液浇入 ϕ40mm×150mm 的砂型中,待冷却到暗红色,入水激冷。若断口为全白,可浇各种铸件;若有轻微麻点,可视情况浇注薄小铸件;若为灰口,则不能浇注。

② 热分析法控制碳硅量。用热分析仪测出铁液冷却曲线，在 30s 内测得碳当量，以其高低，浇注相应的铸件（如厚薄大小、砂型或金属型铸件）。

（3）石墨化退火工艺的选定　退火的目的是把共晶渗碳体、二次渗碳体和共析渗碳体全部分解为铁素体和石墨。

① 退火炉。用于黑心可锻铸铁石墨化退火的退火炉种类和形式很多，有电炉、油炉、煤气炉、天然气炉、煤粉炉、煤块炉。生产中使用较多的为用煤粉作燃料的台车式室状退火炉和连续式退火炉（隧道窑）。

为了尽可能减小退火炉的上下温差，生产中采用一种装有高位和低位两个喷煤粉的燃烧室的退火炉。为了充分利用退火炉的余热，实现热装炉以缩短退火周期，煤粉炉的容量以 5~25t 较为普遍。对退火炉的要求是：节能、升降温快、保温性能好、炉温均匀、操作方便、劳动条件好、对环境污染小。

退火箱可为圆形或长方形，用白口铸铁铸造。用高铬耐热铸铁浇注的退火箱虽价格较高，但使用寿命可为普通退火箱的数倍。

铸件装箱时，一般不用填料，故应注意防止高温作用下铸件变形。装炉时在退火炉台车上，各叠退火箱之间留 100~200mm 的距离；退火箱至侧墙之间有 150~200mm 的距离；退火箱至火墙之间有 300mm 的距离；靠燃烧室一侧，退火箱的高度不得超过燃烧室下沿，其他部位的退火箱可适当放高，但最高不得超过拱顶下弦，以保证炉气顺利流通。

② 退火工艺。铁素体可锻铸铁的退火过程及其组织转变，可用图 3-31 所示的退火曲线及组织变化示意图来说明。其过程可分为如下五个阶段。

a. 升温阶段（0—1）。"1"点温度一般为 950℃ 左右或稍高些，此时铸铁组织由珠光体加莱氏体转变成奥氏体加莱氏体。

在加热过程中，也可在 400℃ 左右稍加停留，即低温预处理，经低温预处理后可以增加石墨核心，缩短退火时间。实际生产中，由于较大的退火炉升温较慢，加热到 900℃ 以上需要 10~20h 以上，虽然在规定的石墨化退火工艺规范中，没有专门的预处理阶段，但是实际上经过 300~500℃ 的时间超过了 3~5h，已含有预处理的作用。延长低温预处理的时间，更可以增加厚大断面可锻铸铁的石墨核心数。

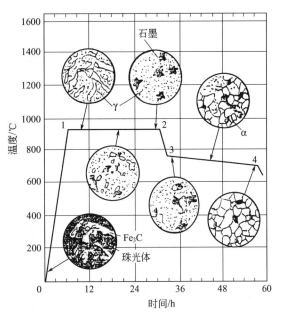

图 3-31　退火曲线及组织变化示意图

b. 石墨化第一阶段（1—2）。在第一阶段保温，自由渗碳体不断溶入奥氏体而逐渐消失，团絮状石墨逐渐形成，第一阶段结束时（到"2"点），组织为奥氏体加团絮状石墨。这个阶段所需的时间长短以自由渗碳体能全部分解完为准，过长无益且有害。

c. 中间阶段（2—3）。指从高温冷却到稍低于共析温度（710~730℃ 的范围）的阶段。随着温度的降低，奥氏体中的碳逐渐脱溶，附着在已生成的团絮状石墨上，使石墨长大。到"3"点的组织为珠光体加团絮状石墨。这阶段冷得太慢会延长退火周期，太快会出现二次渗碳体。

d. 第二阶段石墨化（3—4）。在710～730℃处保温，可使共析珠光体逐渐分解成铁素体加石墨，石墨继续向已有的团絮状石墨上附着生长。到"4"点时，组织为铁素体加团絮状石墨。这阶段所需时间的长短根据珠光体是否能分解完而定。

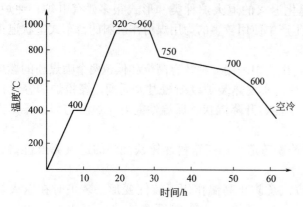

图 3-32　二阶段退火工艺的实际曲线

这个阶段亦可采用从 750℃ 左右开始，以 3～5℃/h 的缓慢速度通过共析区，这样奥氏体可直接转变为铁素体加石墨。这个方法石墨化速度可快些，但控制冷却速度是个关键因素。

e. 冷却阶段（4—室温）。到"4"点以后，再继续保温并不发生组织变化，可用较快速度冷却。为防止回火脆性，冷到 500～600℃ 时即可出炉空冷。至此整个退火过程即告结束。

图 3-32 为二阶段退火工艺的实际曲线。

表 3-32 为黑心可锻铸铁退火过程中组织及性能转变的实例。

（4）典型铁素体可锻铸铁件　铁素体可锻铸铁具有良好的塑性及韧性，同时具有适当的强度。这种铸铁广泛应用于管类零件、线路金具、建筑零件和某些汽车、拖拉机零件。

典型铁素体可锻铸铁件的工艺要点见表 3-33。

表 3-32　铁素体可锻铸铁退火过程中的组织转化

序号	热处理过程	宏观组织	微观组织	抗拉强度 σ_b /MPa	伸长率 δ /%	硬度 (HBS)
1	可锻铸铁坯件	亮白色断面	基体为珠光体、渗碳体和莱氏体组成。渗碳体分布在枝晶间，占 40%～50%	525	0	499
2	300～350℃ 保温 5h	亮白色断面	基体为珠光体、渗碳体和莱氏体组成，渗碳体分布在枝晶间，约占 40%	540	0.2	485
3	经过保温后升至 750℃ 取样	亮白色带灰色	基体为珠光体、渗碳体和莱氏体组成，渗碳体约占 35%，有部分细小石墨核心出现	595	0.4	464
4	经过保温后升至 910℃ 取样	银灰色及亮灰色	渗碳体尚有 20%～30%，团絮状石墨为 20～30 颗/mm²，基体为珠光体	650	0.4	404
5	第一阶段 910～920℃ 保温 5h	银灰色，边缘有少量亮白色	基体珠光体，分布有 ϕ0.03mm 的小团絮状石墨，边缘尚留有 10%～20% 左右渗碳体	710	1.0	306
6	第一阶段 910～920℃ 保温 7h	银暗灰色	基体为珠光体，分布有 ϕ0.03mm 左右的小团絮状石墨，边缘有极少量脱碳层	820	1.5	298
7	经过第一阶段保温后降至 750℃	中部有小黑圈出现，外圈暗灰色	基体为珠光体，石墨周围有极少量铁素体出现，团絮状石墨 20～30 颗/mm²，表皮稍有脱碳	705	2.6	278
8	第二阶段保温 5h	中部黑圈扩大，外圈暗灰色	基体为珠光体，石墨呈牛眼状，铁素体约占 10%，均匀分布在石墨周围，边缘有少量脱碳	695	3.4	255

序号	热处理过程	宏观组织	微观组织	抗拉强度 σ_b /MPa	伸长率 δ /%	硬度 (HBS)
9	第二阶段保温16h	中部黑心连续扩大,外圈暗灰色	团絮状石墨呈牛眼状,数量为70颗/mm²,基体为铁素体,珠光体占40%,表皮脱碳层深度为0.15mm	475	3.8	198
10	第二阶段保温22h	中部呈黑心,边缘有一白色圈	石墨呈团絮状,数量为60颗/mm²,基体为铁素体。有20%~30%珠光体,表皮脱碳层深度为0.17~0.18mm	430	12.5	174
11	第二阶段保温24h,慢冷后出炉	呈月牙形银白色断面	石墨呈团絮状,分布尚均匀,数量为180颗/mm²,基体为铁素体,表皮脱碳层深度为0.2mm	365	9.0	145
12	第二阶段保温24h后630℃出炉快冷至200℃以下取出	黑心及外缘脱碳层	石墨呈团絮状,分布均匀,直径0.035~0.04mm,数量120颗/mm²基体为铁素体,表皮脱碳层深度为0.2mm	400	20	148

注：序号11的化学成分为C2.60%、Si1.81%、Mn0.71%、S0.19%；其余成分为C2.55%、Si1.55%、Mn0.56%、S0.22%。

表 3-33 典型铁素体可锻铸铁件的工艺要点

件名	工艺说明	退火工艺图
汽车底盘零件、线路金具、铁路配件、管件、阀等	牌号:KTH370-12、KTH350-10 成分(%):C2.4~2.6、Si1.55~1.75、Mn0.5~0.7、P<0.1、S0.2~0.25、Cr<0.05 孕育剂:Bi0.006~0.012、Al0.004~0.008 退火:传统退火工艺见图1,用台车式燃煤炉 组织:团絮状石墨(100个/mm²,φ0.05~0.07mm)加铁素体(晶粒度5~6级),边缘有5%珠光体 出铁温度1410~1440℃,炉前取φ40mm×150mm试样看断口	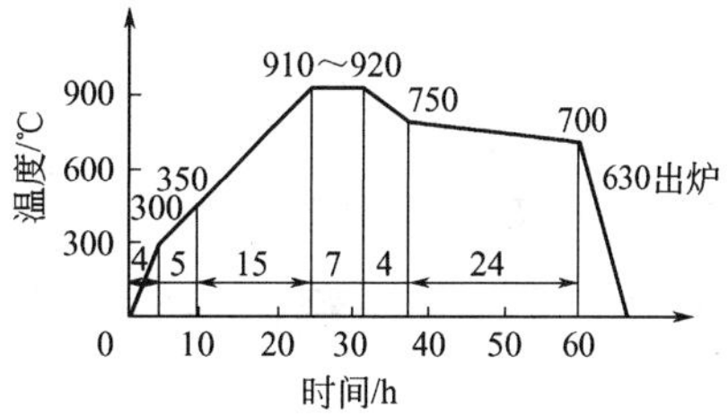 温度/℃：910~920，750，700，630出炉，350，300；时间/h：4、5、15、7、4、24，0 10 20 30 40 50 60；图1
汽车、拖拉机零件、铁路配件、水暖管件	牌号:KTH370-12、KTH350-10 成分(%):C2.3~2.6、Si1.6~1.9、Mn0.4~0.6、P<0.1、S0.2 孕育剂:Bi0.004~0.01、Al0.01 退火:传统退火工艺如图2,总周期67h,650℃出炉,隧道式退火炉,四台煤粉机,6~8个喷火口对吹,炉内共容一排24节小车,每车2.5t铸件,2.5h进一车、出一车 组织:团絮状石墨加铁素体 熔炼:8t/h冲天炉,每20min炉前化验一次C、Si、Mn、S的含量。配料为:废钢50%、回炉料40%、生铁10%	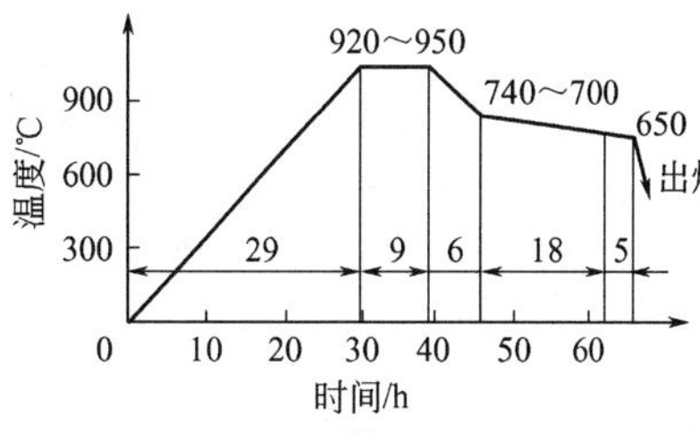 温度/℃：920~950，740~700，650出炉；时间/h：29、9、6、18、5，0 10 20 30 40 50 60；图2

件名	工艺说明	退火工艺图
铁帽、线路金具、管件扣件	牌号：KTH350-10、KTH330-08 成分（%）：C2.4～2.7、Si1.4～1.8、Mn0.4～0.6、S<0.20、P<0.1 孕育剂：Bi0.006～0.1、Al0.01～0.15 退火：埋入式电极盐浴炉快速退火工艺：400℃/5h、(960～980℃)/30min、720℃/40min 组织：铁素体加团絮状石墨	
管件、线路金具、扣件等	牌号：KTH330-0.8、KTH300-06 成分（%）：C2.4～2.8、Si1.5～1.9、S<0.2、Mn1.7、S0.2、P<0.1 孕育剂：硅铁、Al、Bi 退火：低温退火工艺见图3 组织：铁素体＋团絮状石墨	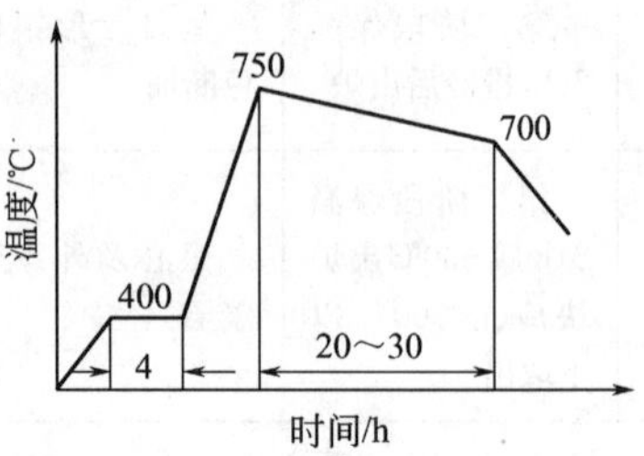 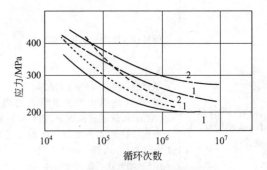 图 3

3.4 珠光体可锻铸铁

珠光体可锻铸铁也是采用石墨化退火而成，由于其成品铸件是以珠光体基体为主，因而其强度、硬度和耐磨性都较高。

3.4.1 珠光体可锻铸铁的性能

珠光体可锻铸铁的力学性能包括抗拉强度、屈服点、伸长率、硬度等，见表3-2。弹性模量为155～178GPa，泊桑比为0.26～0.28。

珠光体可锻铸铁光滑试样的对称弯曲疲劳极限为220～260MPa、σ_{-1}/σ_b为0.4～0.35；低于铁素体可锻铸铁（见图3-18）。不加工的铸态表面或带缺口的表面均将降低疲劳强度，如图3-33所示。珠光体可锻铸铁的缺口敏感系数为1.2～2。

珠光体可锻铸铁的冲击吸收功如图3-20及图3-24所示，其断裂韧性见表3-12。

珠光体可锻铸铁的持久强度见图3-34（a）所示。加入少量Mo和Ni可以提高其持久强度，如图3-34(b)所示。

温度对珠光体可锻铸铁的硬度和抗拉性能的影响分别如图3-23、图3-24所示。珠光体可锻铸铁的物理性能见表3-17。

珠光体可锻铸铁的耐磨性优于一般碳素

图 3-33 铸态表面、加工表面和缺口对珠光体可锻铸铁疲劳性能的影响
1—强度较低的可锻铸铁、相当于 KTZ550-04；2—强度较高的可锻铸铁，相当于 KTZ650-02
- - - 铸态表面；- · - 加工表面；—— 有 1.25×60°缺口

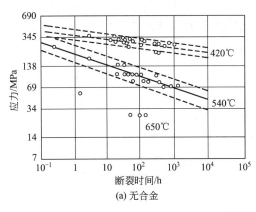

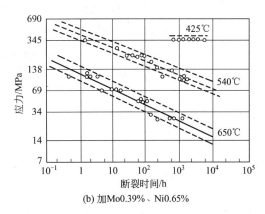

| (a) 无合金 | (b) 加Mo0.39%、Ni0.65% |

图 3-34　珠光体可锻铸铁的持久强度

钢。在淬火热处理的加热过程中，由于碳的重熔可以获得更高的硬度，在冲击韧性降低不多的情况下，可使硬度提高到 30HRC，耐磨性可以达到某些低合金钢的水平。珠光体可锻铸铁适用于要求强度和耐磨性较高的零件，如农机具、汽车、拖拉机零件等。

3.4.2　珠光体可锻铸铁的金相组织

珠光体可锻铸铁的金相组织参见本章 3.1.3 及图 3-7、图 3-8。各种牌号应有的金相组织见表 3-34。

表 3-34　珠光体可锻铸铁的金相组织

牌号	KTZ450-06	KTZ550-04	KTZ650-02	KTZ700-02
金相	团絮状石墨	团絮状石墨	团絮状石墨	团絮状石墨
组织	珠光体>70%	珠光体>80%	细片状珠光体>90%	细片状珠光体>95%

3.4.3　珠光体可锻铸铁的生产工艺

（1）化学成分的选定　珠光体可锻铸铁常用的成分范围除锰可允许较高外，其余的成分和铁素体可锻铸铁的基本一样，薄件可取较高的碳硅量，厚件则应取较低的碳硅量；另外还可根据孕育与否或孕育剂的作用来决定碳硅量。由于团絮状石墨对金属基体的割裂作用远远小于片状石墨，因而碳量对力学性能的影响就退居次要地位，相反通过热处理可以在较大范围内控制基体中的珠光体数量，因而不同牌号的珠光体可锻铸铁往往通过热处理制度的控制来保证应有的力学性能。

珠光体可锻铸铁常用的化学成分范围见表 3-35。

表 3-35　珠光体可锻铸铁常用的化学成分范围　　　　　　　　　单位：%

C	Si	Mn	P	S
2.3～2.8	1.3～2.0	0.4～0.65	<0.1	<0.20

为了稳定珠光体，亦可在铁液中加入少量铜、锡、钼、钒、钛、铬等合金元素，此时一可增加珠光体量，二可细化珠光体，对提高铸件的强度性能及硬度均有好处。一般铜加入 0.1%～0.5%，钛加入 0.01%～0.20%，锡加入 0.05%～0.10%。

（2）孕育处理　孕育处理要点和铁素体可锻铸铁一样，但孕育剂量稍有差异（见表3-36）。

（3）石墨化退火工艺　通常可用表3-37的工艺途径来制取珠光体可锻铸铁。

表 3-36　孕育剂加入量及其作用

孕育剂和加入量	作用
Bi0.01%～0.02% Al0.01%～0.012% B0.003%～0.008%	抑制铸态石墨的出现，对要求力学性能高的厚大断面铸件尤为必要。促进石墨化，对保证必要的石墨颗粒数有一定作用

表 3-37　制取珠光体可锻铸铁的常用工艺方法

方法	要点	所得结果
调整成分得到片状珠光体可锻铸铁	减少碳硅含量，提高含锰量，必要时加入锡、钼、钒等合金元素。由白口铸铁直接退火	片状珠光体可锻铸铁
调整工艺制取片状珠光体可锻铸铁	使用成分适用于铁素体可锻铸铁的铁液浇成白口坯件，再采用不同于铁素体可锻铸铁的热处理工艺，以获得不同结果	（注：必要时亦可适当提高锰量或加入合金元素）
	热处理工艺Ⅰ：随炉加热至910℃，经10～15h缓慢升温至950℃，强制冷却（鼓风或喷雾），冷却速度应大于30℃/min	细片状珠光体基体＋团絮状石墨，可达到KTZ650-02或KTZ700-02牌号
	热处理工艺Ⅰ：随炉加热至910℃，经10～15h缓慢升温至950℃，然后随炉降温至800℃。出炉空冷，冷却速度应大于30℃/min	珠光体＋铁素体混合基体＋团絮状石墨（牛眼状），一般可达到KTZ450-06或KTZ550-04牌号
	热处理工艺Ⅱ：先按铁素体可锻铸铁退火工艺进行石墨化退火后，再加热至820～850℃进行正火处理	珠光体＋碎块状铁素体混合基体＋团絮状石墨，一般可达KTZ450-06或KTZ550-04牌号
制取粒状珠光体可锻铸铁	热处理工艺：进行第一阶段石墨化之后，再进行油淬及高温回火	粒状珠光体＋团絮状石墨。具有较好的综合力学性能和切削性能

（4）典型珠光体可锻铸铁件　表3-38为三个珠光体可锻铸铁的典型零件工艺。

表 3-38　典型珠光体可锻铸铁件的工艺

零件	工艺条件及性能
高吨位铁帽	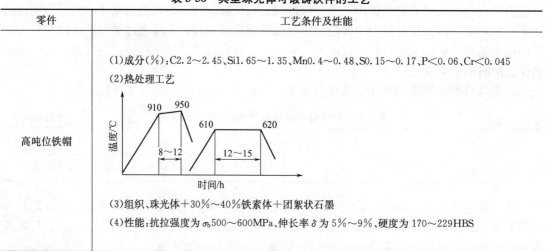 (1)成分(%)：C2.2～2.45、Si1.65～1.35、Mn0.4～0.48、S0.15～0.17、P＜0.06、Cr＜0.045 (2)热处理工艺 (3)组织、珠光体＋30%～40%铁素体＋团絮状石墨 (4)性能：抗拉强度为σ_b500～600MPa、伸长率δ为5%～9%、硬度为170～229HBS

零件	工艺条件及性能
连杆	(1)成分(%):C2.3~2.5、Si1.3~1.5、Mn0.3~0.6、P<0.10、S0.15~0.13、B0.003+Bi0.025复合孕育 (2)热处理工艺 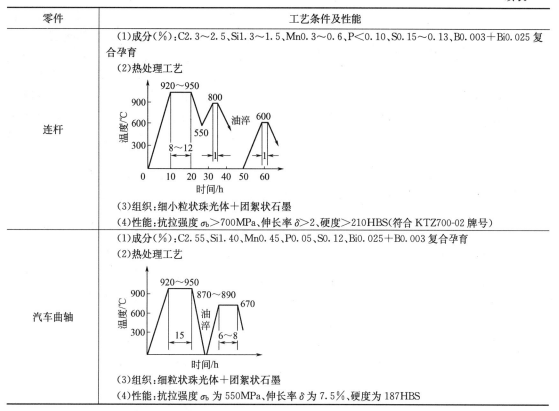 (3)组织:细小粒状珠光体+团絮状石墨 (4)性能:抗拉强度σ_b>700MPa、伸长率δ>2、硬度>210HBS(符合 KTZ700-02 牌号)
汽车曲轴	(1)成分(%):C2.55、Si1.40、Mn0.45、P0.05、S0.12、Bi0.025+B0.003复合孕育 (2)热处理工艺 (3)组织:细粒状珠光体+团絮状石墨 (4)性能:抗拉强度σ_b为550MPa、伸长率δ为7.5%、硬度为187HBS

3.5 脱碳退火可锻铸铁

3.5.1 脱碳退火原理

白口坯件在氧化性气氛中进行退火处理,高温时 Fe_3C 分解出碳,被炉气氧化成 CO 及 CO_2,表层碳氧化去除后,在铸件断面上形成碳的浓度梯度,使碳不断由里及表地扩散,不断地被氧化,这就是脱碳退火的过程。

(1) 脱碳过程的基本反应 炉气中的氧与炽热的白口坯件表面的碳反应生成 CO_2:
$$C+O_2 \Longrightarrow CO_2$$

高温下部分 CO_2 与白口坯件表面的碳进一步反应,CO_2 被还原,白口坯件进一步脱碳,一定条件下达到平衡。
$$C+CO_2 \Longrightarrow 2CO$$

通过给氧使炉气中和铸件周围的一氧化碳氧化成二氧化碳,从而保证脱碳过程中二氧化碳的供应,使脱碳反应不断地进行下去。

$$\left.\begin{array}{l} CO+FeO \Longrightarrow CO_2+Fe \\ CO+Fe_3O_4 \Longrightarrow CO_2+3FeO \end{array}\right\} (矿石脱碳法)$$

$$\left.\begin{array}{l} 2CO+O_2 \Longrightarrow 2CO_2 \\ CO+H_2O(汽) \Longrightarrow CO_2+H_2 \end{array}\right\} (气体脱碳法)$$

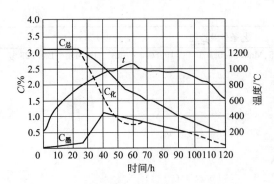

图 3-35　白心可锻铸铁脱碳退火时的碳量变化
$C_总$—总碳量；$C_化$—化合碳量；$C_墨$—石墨；
t—脱碳退火温度

（2）碳的扩散　脱碳反应仅能作用于二氧化碳所能渗入的铸件表面层很浅的区域。铸件内部的脱碳是通过碳由内部向表面扩散而后被氧化完成的。脱碳的同时也发生石墨化过程，由于表面脱碳和碳自里向外扩散的结果，使奥氏体内形成外低内高的碳浓度梯度。这一过程又促使白口坯件中的渗碳体不断地向周围的奥氏体中溶解。这样不断地溶解、扩散使脱碳一直进行下去。

图 3-35 表示退火过程中铸件含碳量的变化。

3.5.2　影响脱碳退火过程的因素

（1）脱碳气相组成的影响　以空气作给氧源进行脱碳时，空气送入量少则脱碳缓慢，过多则会使铸件氧化。只用空气作给氧源，含有大量氮气带入炉内而降低 CO、CO_2 浓度，影响脱碳过程，因而与空气同时送入水蒸气进行脱碳。水蒸气也应控制适宜的浓度，否则不仅碳而且铁也将发生氧化。

脱碳过程的实质是一个氧化过程，并都存在着氧化-还原和脱碳-再渗碳的可逆反应：

$$\left.\begin{array}{l} Fe+CO_2 \Longrightarrow FeO+CO \\ Fe+H_2O_{(汽)} \Longrightarrow FeO+H_2 \end{array}\right\}（氧化-还原）$$

$$\left.\begin{array}{l} C_{\gamma\text{-}Fe}+CO_2 \Longrightarrow 2CO+Fe_\gamma \\ C_{\gamma\text{-}Fe}+H_2O_{(汽)} \Longrightarrow CO+Fe_\gamma+H_2 \end{array}\right\}（脱碳-再渗碳）$$

为使铸件既不氧化又能迅速脱碳，控制退火炉内的气相组成极为重要。对矿石法和不输入水蒸气的气体脱碳退火，应控制 CO/(CO_2+CO) 的比值。对输入水蒸气的气体法脱碳还应控制 $H_2/(H_2+H_2O)$ 的比值。如图 3-36 所示，二者比值应分别控制在曲线 a 或 b 的上方并与各自的曲线相接近的范围内，如比值在各自的曲线下方，铸件将被氧化。如在曲线上方较远的范围内，虽然不会发生氧化，但是脱碳作用将大为降低，甚至产生渗碳。

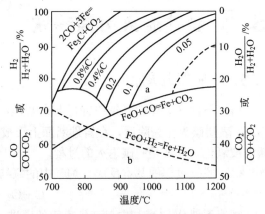

图 3-36　脱碳过程物理化学平衡条件

（2）碳的熔入及碳在奥氏体中扩散速度的影响　碳的熔入过程主要受温度、坯件表面脱碳速度以及碳在奥氏体中的扩散速度三个因素的制约和影响，尤其以碳的扩散速度影响较大。

奥氏体中的碳由坯件内部向其外表面的扩散速度对脱碳退火过程有重要影响。以此为基础确定的退火高温保温时间 t 为

$$t=\frac{(C_o-C_t)^2}{DC_o^2}=L^2$$

式中　C_o 和 C_t——脱碳前后铸件的含碳量；
　　　　L——铸件壁厚的一半；

D——碳在奥氏体中的扩散系数,见表3-39及图3-37。

由此可见,铸件越厚,扩散系数越小,脱碳程度越大,则脱碳所需时间愈长。

图3-37表明碳在奥氏体中的扩散系数与温度的关系。温度越高,扩散系数D越大。

表3-39 奥氏体中碳的扩散系数D

单位:mm/s

温度	平均残留碳量/%	
	1.0	1.5
1000℃	2.84×10^{-7}	2.88×10^{-7}
1050℃	4.54×10^{-7}	5.27×10^{-7}

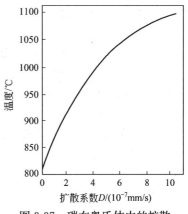

图3-37 碳在奥氏体中的扩散系数与温度的关系

3.6 白心可锻铸铁

3.6.1 白心可锻铸铁的性能

抗拉强度和伸长率可分别达到350~550MPa及4%~16%,硬度为200~230HBS,见表3-3。由于铸件表面深度脱碳,故具有良好的焊接性。白心可锻铸铁只适宜铸造壁厚在15mm以下的铸件。

3.6.2 白心可锻铸铁的金相组织

白心可锻铸铁在组织上最大的特点是具有不均匀性,参见图3-9。一般情况下,6mm以下的薄壁件外层为全铁素体,心部则有珠光体,没有退火态石墨。壁厚6~15mm的铸件外层为铁素体,心部有珠光体,并有团絮状石墨,甚至有少量残留的自由渗碳体。

3.6.3 白心可锻铸铁的生产工艺

(1)化学成分的选定 化学元素对脱碳速度的影响比对石墨化的影响小,故白心可锻铸铁对化学元素限制较宽。常用的化学成分为C2.8%~3.4%、Si0.7%~1.1%、Mn0.4%~0.7%、P<0.2%、S<0.2%。

(2)固体(氧化铁、矿石)脱碳法

① 脱碳剂。脱碳剂选用赤铁矿,轧钢或锻钢的氧化铁皮(铁鳞)。要求Fe_2O_3含量高,杂质少,S<0.2%,粒度一般为3~9mm,厚壁件可用9~12mm。脱碳剂重用时应按照旧:新=(2~5):1加入新脱碳剂。

② 装箱(罐)。脱碳剂占铸件重70%~120%,分层与铸件装箱,加以密封。

③ 退火工艺如图3-38所示。脱碳时间可用经验公式计算:

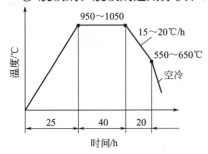

图3-38 白心可锻铸铁退火曲线

$$t = AL(C_o - C_t)^m$$

式中　A 和 m——温度系数，见表 3-40；

　　　　L——铸件壁厚之半；

　　　　C_0——铸件脱碳前的含碳量；

　　　　C_t——铸件脱碳后的平均含碳量。

脱碳退火时间亦可参考图 3-39。图中表明了所需时间与脱碳程度、温度与铸件厚度的关系。

图 3-40 表明了白心可锻铸铁在退火过程中组织与含碳量在铸件不同部位随时间而变化的情况。

表 3-40　系数 A 和 m 值

温度/℃	975	1000	1025	1050
A	1.12	0.88	0.64	0.48
m	2.50	2.75	3.0	3.25

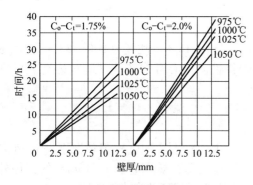

图 3-39　白心可锻铸铁脱碳退火时间
与脱碳程度、温度和铸件厚度的关系

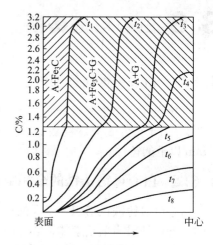

图 3-40　白心可锻铸铁件在退火过程中
组织与含碳量随时间的变化

（3）气体（空气、水蒸气）脱碳法　气体脱碳法主要是通过控制和调节炉内气氛以达到脱碳的目的，并自始至终可以将炉气控制在最佳状态，因而退火时不需要退火箱及脱碳剂，可以保证铸件质量，节约能源，是今后的发展方向，但对退火炉及相应的控制设备要求较高。

①炉内气相组成实例见表 3-41。

②空气和水蒸气的送入。采用箱式炉时，根据铸件重量、白口坯件含碳量和铸件欲达到的含碳量，把一定量空气通过温度为 90℃ 左右的水槽、将饱和水蒸气带入炉内。可通过调节水槽水温来调节水蒸气浓度。

采用连续式退火炉时，根据单位时间白口坯件的装入量，相应将一定量空气和水蒸气送入炉内。

③各种壁厚白心可锻铸铁的退火温度和时间。一般选择 1000～1050℃ 的脱碳退火温度，厚壁件选上限。退火时间实例见表 3-42。

④残留含碳量。白心可锻铸铁经脱碳退火以后，含碳量有大幅度的降低，其残留量主要与铸件壁厚有关，铸件壁厚越厚，则残留碳量越高，见表 3-43。

（4）典型白心可锻铸铁件　水暖配件是白心可锻铸铁的典型件，其典型工艺见表 3-44。

表 3-41　气体脱碳法气相的组成实例

序号	CO /%	CO₂ /%	H₂ /%	H₂O /%	N₂ /%	CO/CO₂	H₂/H₂O	退火温度/℃	备注
1	14～19	7～8	—	—	其余	2.0～2.5	—	1000	空气送入箱式炉
2	25～28	7～9	20～30	12～8	其余	3.1～3.5	≈1.7	1050	空气、水蒸气连续式退火炉
3	26～28	8	24～26	10～12	其余	3.20～3.5	2.2～2.4	1030～1050	同 2
4	10～12	4～5	8	5～6	其余	2.4～2.5	1.3～1.6	1050	—

表 3-42　各种壁厚白心可锻铸铁气体脱碳退火周期实例

壁厚/mm	1.6	3.2	4.8	6.4	9.5	12.7 以上
高温保温时间/h	10	16	24	36	40	48
退火周期/h	23	29	36	51	56	60

表 3-43　白心可锻铸铁中残留含碳量与铸件壁厚的关系

壁厚/mm	残留含碳量/%	游离石墨量	壁厚/mm	残留含碳量/%	游离石墨量
1.6～3.2	0.08～0.2	无游离石墨	6.4～12.7	0.6～0.9	心部有少量游离石墨
3.2～6.4	0.2～0.5	无游离石墨	12.7 以上	>1.8	0.9% 以上的碳以游离石墨形式存在

表 3-44　白心可锻铸铁件典型工艺

化学成分/%	C	Si	Mn	P	S	Cr
	2.7～3.2	0.4～1.0	0.4～0.8	≤0.10	≤0.20	≤0.10

性能	抗拉强度 σ_b/MPa	伸长率 δ/%	硬度 HBS	焊接性
	320～340	5～7	162	有较好的焊接性

熔炼	配料：废钢 10%～20%，回炉铁 60%，生铁 20%～30% 熔化：采用冲天炉，出炉温度为 1380～1420℃，浇注温度为 1340～1360℃ 炉前控制：白口断面，不出现灰、麻口组织		

脱碳退火	矿石脱碳	用箱式炉 赤铁矿作脱碳剂 退火曲线见图 3-38	

脱碳退火	气体脱碳	炉气成分 CO₂　4% CO　11.2% H₂　8% H₂O　5.5% 其余 N₂ 退火曲线见右图	

3.7　可锻铸铁的常见缺陷及防止方法

可锻铸铁常见缺陷包括铸造缺陷、退火过程造成的缺陷和镀锌过程的缺陷三个方面。铸造缺陷有缩孔、缩松、疏松、气孔、裂纹、粘砂、铸件表面粗糙、缩陷、偏芯、错箱、浇不足、漏箱、灰口、麻点、反白口等。热处理缺陷有裂纹、氧化层过厚、白边过厚、过烧、树枝状晶间疏松、回火脆性、变形、退火不足，花心断口等。热镀锌缺陷有锌粒、气泡、表面粗糙、皱皮、缺锌（露铁）、表面色泽不符要求（如发白、发黄、发黑）、锌层不均或过厚、镀锌脆性等。

属于可锻铸铁特有的一些缺陷，其产生原因和防止方法见表3-45。

表3-45 可锻铸铁件常见缺陷产生原因及防止方法

缺陷名称	特征	产生原因	防止方法
裂纹	热裂——在高温时形成，断口呈氧化色，裂纹曲折而不规则，是沿晶界断裂所致 冷裂——在较低温度下形成。裂纹系穿晶断裂，故常呈连续直线状，表面干净，具有金属光泽或有较轻微的氧化色	(1)机械损伤 (2)铸件凝固收缩过程中收缩受阻 (3)铸件结构造成的内应力过大 (4)某些冶金因素，如含气量高 (5)铁液碳硅量太低，含硫量过高，浇注温度过高 (6)复杂铸件打箱过早，退火时加热速度过快，第二阶段石墨化或高温脱碳退火后空冷温度过高	(1)改善导致热裂倾向增大的冶金因素 (2)适当提高铁液中碳硅含量，控制含硫量及浇注温度 (3)防止机械损伤 (4)改善型、芯砂退让性，正确设计浇冒口 (5)改善铸件结构 (6)控制打箱温度，控制退火时的加热速度和退火后的冷却速度
缩孔、缩松	在铸件热节处存在表面粗糙不平，带有树枝状晶的孔洞即为缩孔，呈分散、细小的许多小缩孔即为缩松	(1)浇冒口设计不当，补缩不足，不能实现顺序凝固 (2)铁液含碳量过低、收缩大，孕育不当，凝固后形成板条状白口组织、补缩性能差	(1)改善浇冒口系统的结构和尺寸 (2)控制铁液化学成分在规定范围内；对形状复杂，补缩困难易产生缩孔缩松的铸件，适当提高碳硅含量，并采用冷铁等工艺措施
麻点（麻口）、灰口	在铸件断面上，出现灰黑色小点，或断面呈灰黑色。用显微镜观察，有铸芯片状石墨出现	铁液碳、硅量过高；孕育不当	适当降低铁液碳、硅含量；控制孕育用的铝量，提高铋量
铸件硬、脆，性能不合标准	力学性能不符合牌号要求，尤其韧性不足，硬度过高；金相组织中有过量的渗碳体或珠光体；黑心可锻铸铁件断口往往呈白色或花心	(1)铸件化学成分不当，硅含量低或硫含量高或锰含量高 (2)铁液含铬量或氧、氮、氢量超过限度 (3)石墨化退火规范不正确或控制不当；第一或第二阶段石墨化不完全 (4)采用低温石墨化退火工艺时控制不当 (5)脱碳退火温度过低或脱碳气氛控制不当	(1)正确控制铁液化学成分和气体含量 (2)正确控制石墨化退火或脱碳退火工艺
铸件变形	退火后铸件形状、尺寸发生明显的改变	(1)铸件装箱不当 (2)第一阶段退火温度过高，时间过长 (3)退火炉内局部温度过高	(1)注意装箱方式，增加隔板或填料 (2)适当降低第一阶段退火温度 (3)改进退火炉结构和操作，使炉温尽量均匀 (4)改用低温石墨化退火工艺

缺陷名称	特征	产生原因	防止方法
铸件氧化严重	铸件表面形成较厚的氧化皮	(1)炉气氧化性强 (2)退火箱密封不好 (3)退火温度过高,时间过长	(1)退火箱密封好 (2)硅含量高时,适当降低退火温度 (3)合理控制锰硫化 (4)采用低温石墨化退火工艺
过烧	铸件表面粗糙,边缘熔化,断口晶粗大,石墨粗大且形状差。铸件变脆,硬度增高。铸件表层出现一层含氧铁素体,有时局部熔化	(1)第一阶段石墨化退火温度过高,时间过长 (2)退火炉温度差较大,局部区域的炉温过高,大大超过工艺规定	(1)控制第一阶段退火温度 (2)改进退火炉结构和操作,使炉温均匀 (3)改用低温石墨化退火工艺
回火脆性	铸件呈白色断口,冲击韧性、伸长率明显降低	(1)第二阶段石墨化退火后或低温退火后,在550~400℃范围内降温太慢,停留时间过长,沿铁素体晶界析出碳化物或磷化物 (2)铸铁含磷量较高,特别在含硅量高时,更易出现回火脆性 (3)在发生回火脆性的温度范围内(400~550℃)进行热镀锌	(1)退火后在600~650℃出炉快冷 (2)适当控制铁液中磷、硅、氮含量 (3)镀锌作业避免回火脆性温度区。当出现镀锌回火脆性后,工件可以进行返镀,消除脆性 (4)已发生回火脆性的铸件可重新加热到650℃以上(650~700℃)短时间保温,然后出炉快冷,韧性即可恢复
低温脆性	低温脆性转变温度升高	铸件成分中硅、磷含量过高	控制铸件中硅、磷含量。对在低温下工作并承受冲击载荷的可锻铸铁件,含硅量不宜超过1.7%,含磷量不宜超过0.05%
石墨形状分布不良	石墨形状分布不良,导致力学性能达不到标准牌号要求	(1)铁液化学成分选择不当 (2)孕育处理和石墨化退火工艺不当	(1)控制化学成分在规定范围内防止出现铸态石墨 (2)孕育剂的加入量要适当,加硼量超过0.02%时会出现串状石墨 (3)退火温度不宜过高,特别是第一阶段石墨化温度要严加控制,过高时会出现石墨形状恶化,颗粒数减少 (4)采用适当的低温预处理工艺
树枝状晶间疏松	铸件退火后有可见的或肉眼不能发现的微小裂纹,里面有明显氧化色泽的树枝状疏松结构,从表面指向中心	铸件凝固时,由于凝固补缩不足以及结构和结晶等条件,形成微小的热裂及枝晶疏松。在退火过程中,炉气沿裂纹及枝晶间隙侵入,引起疏松处严重氧化和进一步扩大	改善孕育处理,细化晶粒,消除枝晶组织,优化补缩条件,防止板块状白口组织和热裂产生

3.8 球墨可锻铸铁

球墨可锻铸铁是将一定化学成分的铁液进行球化处理,浇注成白口坯件,然后进行石墨化退火而获得具有球状石墨的可锻铸铁。由于它兼用了两种铸铁的生产工艺，因此亦保留了两种铸铁的某些特点。一方面，它具有可锻铸铁生产稳定、质量齐一、去除浇冒口方便等一系列优点，另一方面又具有高于可锻铸铁而接近球墨铸铁的铸造性能和力学性能、物理性能。低碳球墨可锻铸铁的力学性能更可超过球墨铸铁。

此外，与铸态球墨铸铁相比，球墨可锻铸铁对炉料的要求可稍放宽。例如，铸态铁素体球墨铸铁要求铁料含锰量低于0.3%，而球墨可锻铸铁可放宽至0.5%。又如对炉料的携带元素As、Sb、Bi、Ti、Cr等含量亦可较铸态铁素体球墨铸铁稍宽，从而给生产带来方便。

3.8.1 球墨可锻铸铁的性能

(1) 力学性能

① 常温拉伸性能。球墨可锻铸铁的常温拉伸性能见表3-46及表3-47。

表3-46 铁素体球墨可锻铸铁的常温拉伸性能

抗拉强度 σ_b/MPa	伸长率 δ/%	弹性模量 E/MPa	硬度(HBS)
380~451	10~22	165000~178000	131~169

注：化学成分为（%）C2.76~3.19、Si1.45~2.01、Mn0.42~0.67、P0.02~0.07、S0.03~0.04、RE$_残$ 0.03~0.05、Mg$_残$ 0.03~0.04。

表3-47 不同基体组织的常温拉伸性能

基体组织	热处理规范	抗拉强度 σ_b/MPa	伸长率 δ/%	硬度(HBS)	冲击韧性 a_k/(J/cm²)(无缺口)
铁素体＋少量粒状珠光体＋球状石黑	950℃ 2h 730℃ 4h 空冷	530	17.3	125	154
65%珠光体＋破碎铁素体＋球状石墨	950℃ 2h 900℃ 1h,空冷 580℃回火 2h	740	8.1	216	94
90%珠光体＋少量牛眼状铁素体＋球状石墨	950℃ 2h 900℃ 1h,空冷 580℃回火 4h	870	2.8	256	36
下贝氏体＋少量残余奥氏体＋球状石墨	950℃ 2h 880℃ 1h 300℃等温 1h 350℃回火 4h	1320	2.1	HRC 41.2	73

注：化学成分为（%）：C3.20、Si1.92、Mn0.554、P0.044、S0.021、RE$_残$ 0.044、Mg$_残$ 0.041。

② 冲击韧性。球墨可锻铸铁的高温及低温冲击韧性见表3-48及表3-49。

表3-48 球墨可锻铸铁高温冲击韧性

试验温度/℃	冲击韧性/(J/cm²)[①](无缺口)			备　注
300	84	97	100	化学成分为(%):C3.02、Si1.82、Mn0.48、
500	63	68	85	P0.042、S0.025、Mg$_残$:0.049、RE$_残$:0.038
700	134	104	94	金相组织:铁素体＞80%

① 以下为三个试样的冲击韧性值。

表 3-49　球墨可锻铸铁低温冲击性能

试验温度/℃	冲击韧性/(J/cm²)[①] （无缺口）		备　注
0	117	125	化学成分为(%)：C3.01、Si1.90、
−10	101	113	Mn0.50、P0.053、
−20	118	94	S0.02、RE残0.045、
−30	101	93	Mg残0.03
−40	102	84	
−50	77	80	基体组织：铁素体>80%
−60	85	83	
−80	69	72	

① 以下为两个试样的冲击韧性值。

③ 断裂韧性。球墨可锻铸铁的断裂韧性见表 3-50，测定条件为：用三点弯曲疲劳试样，试样尺寸为 30mm×60mm×240mm，初始裂纹平均长度为 30mm，试样取自楔形试块。化学成分（%）：C3.01、Si2.02、Mn0.54、P0.044、S0.021、RE0.044、Mg0.041。

表 3-50　球墨可锻铸铁的断裂韧性

试样编号	抗拉强度 σ_b/MPa	屈服点 $\sigma_{0.2}$/MPa	伸长率 δ/%	断裂韧性 /(MPa$\sqrt{m}$)	基体组织
Ⅰ-1 Ⅰ-2 Ⅰ-3	810	640	9.8	39.2[①]	珠光体80%
Ⅱ-1 Ⅱ-2 Ⅱ-3	740	630	8.1	35.4[①]	珠光体70%+破碎铁素体
Ⅲ-1 Ⅲ-2 Ⅲ-3	1230	840	1.8	61.3[①]	下贝氏体+少量残余奥氏体

① 三次测试结果的平均值。

（2）物理性能

① 线膨胀系数。在 HTV 光学膨胀仪上测定并计算出的膨胀系数见表 3-51，试样尺寸为 $\phi2.5mm×50mm$，测定时试样端面镀铬保护。

表 3-51　球墨可锻铸铁的线膨胀系数

试样编号	试验温度/℃	平均膨胀系数 /(×10⁻³/℃)	试样化学成分/%
Ⅰ	29~96 685~715	11.40 16.72	C:2.83　Si:1.98　Mn:0.57　P:0.04 S:0.016　Mg:0.052　RE:0.041
Ⅱ	26~56 685~715 741~776	15.20 16.50 18.50	C:3.20　Si:1.82　Mn:0.58　P:0.042 S:0.017　Mg:0.048　RE:0.032
Ⅲ	26~56 685~715 735~765	10.10 16.80 18.50	C:2.89　Si:1.76　Mn:0.57　P:0.052 S:0.018　Mg:0.051　RE:0.032

② 热扩散率与热导率（见表 3-52）。由于热扩散率绝对值的测定精度很难保证，因此除球墨可锻铸铁的数据外，还列出了其他几种材料数据，以作对比，数据由激光脉冲热导率仪测定。

表 3-52　几种材料的热扩散率与热导率

材料名称	测试温度/℃	热扩散率/(m²/s)	热导率/[W/(m·K)]	化学成分/%
铁素体球墨可锻铸铁	20	0.112×10^{-4}	48.15	C:3.17　Si:1.50　Mn:0.28 P:0.040　S:0.013　RE:0.050 Mg:0.036
	300	0.091×10^{-4}	46.90	
	500	0.070×10^{-4}	39.36	
	700	0.042×10^{-4}	33.50	
珠光体球墨可锻铸铁	20	0.074×10^{-4}	36.00	C:3.29　Si:1.74　Mn:0.31 P:0.036　S:0.010　RE:0.046 Mg:0.024
	300	0.069×10^{-4}	38.09	
	500	0.057×10^{-4}	34.75	
	700	0.038×10^{-4}	35.58	
V-Ti蠕墨铸铁	20	0.101×10^{-4}	46.05	C:3.34　Si:2.80　Mn:0.31 P:0.04　S:0.012 球化率80% 珠光体35%
铁素体球墨铸铁	20	0.088×10^{-4}	39.77	C:3.43　Si:2.04　Mn:0.38 P:0.10　S:0.20　RE0.037 Mg:0.048 球化2级,珠光体<10%
珠光体球墨铸铁	20	0.064×10^{-4}	30.56	同铁素铁球墨铸铁,珠光体>98%

③ 电磁性能。

a. 电阻率。几种球墨可锻铸铁的电阻性能见表 3-53。

b. 磁性能。几种球墨可锻铸铁的磁性能见表 3-54。

表 3-53　几种球墨可锻铸铁的电阻性能

材料	基体组织	电阻率/(μΩ·m)	测试温度/℃	电阻温度系数/(1/℃)
高碳球墨可锻铸铁	铁素体	4.550×10^{-5}	55	1.220×10^{-3}
中碳球墨可锻铸铁	铁素体	4.432×10^{-5}	49	1.201×10^{-3}
低碳球墨可锻铸铁	铁素体	4.588×10^{-5}	55	1.225×10^{-3}

表 3-54　几种球墨可锻铸铁的磁性能

材料	矫顽力 H_σ/(A/m)	剩余磁感 B_r/T	最大磁导率 β_{max}/(μH/m)	磁场强度 H/(A/m)	饱和磁感 I_a/T	磁滞损耗 P_H/[J/(m³·Hz)]
高碳球墨可锻铸铁 F	79.6	0.72	2142	276.2	1.32	968
高碳球墨可锻铸铁 P	931.3	0.65	362.9	1592	1.14	3840
中碳球墨可锻铸铁 F	143.3	0.73	2368.8	254.7	1.38	1540
中碳球墨可锻铸铁 P	835.8	0.75	466.2	1273.6	1.28	3920
低碳球墨可锻铸铁 F	238.8	0.79	1600	501.5	1.40	1540
低碳球墨可锻铸铁 P	780.1	0.74	483.8	1377.1	1.22	3630

注：F 代表铁素体基体，P 代表珠光体基体。

（3）使用性能

① 抗氧化性能。采用增重法测定的球墨可锻铸铁等几种材料的抗氧化能力见表 3-55。

表 3-55　几种材料在 750℃下的抗氧化能力对比

氧化时间/h	增重量/(mg/mm²)		
	球墨可锻铸铁	蠕墨铸铁	球墨铸铁
4	0.080	0.085	0.011

氧化时间/h	增重量/(mg/mm²)		
	球墨可锻铸铁	蠕墨铸铁	球墨铸铁
8	0.099	0.128	0.017
10	0.121	0.196	0.023
25	0.148	0.265	0.028
60	0.187	0.334	0.037
75	0.230	0.474	0.040
100	0.284	0.507	0.047

注：表中数据均为 3 根试样的平均值。

② 抗生长性能。抗生长性能的数据见表 3-56，试验在 SRJX-8-18 型电炉内进行，试样尺寸为 $\phi10mm \times 100mm$，两端镀镍保护，在 750℃ 下保温 130h 后，测定原始长度 L_0 和加热后长度 L，生长率为 $\varepsilon = (L - L_0)/L_0 \times 100\%$。

表 3-56　几种铸铁的抗生长能力对比

材料	试验温度/℃	保温时间/h	生长率/%
中碳球墨可锻铸铁	750	150	0.344
可锻铸铁	750	150	0.422
蠕墨铸铁	750	150	0.581
球墨铸铁	750	150	0.128

③ 冷热疲劳性能。冷热疲劳试验方法较多，表 3-57 中所列数据是在板材冷热疲劳试验机上取得的，试样尺寸如图 3-41 所示。

表 3-57　球墨可锻铸铁与蠕墨铸铁、可锻铸铁、球墨铸铁冷热疲劳性能对比

材料	试样编号	循环周期/次	裂纹长度/mm	平均裂纹长度/mm
中碳球墨可锻铸铁	2-2	60	0.69	
	2-3	60	1.17	0.850
	2-4	60	0.69	
低碳球墨可锻铸铁	1-1	60	0.36	
	1-2	60	0.92	0.503
	1-3	60	0.23	
球墨铸铁	4-1	40	0.16	
	4-2	40	0.05	0.107
	4-3	40	0.11	
	4-1	60	0.19	
	4-2	60	0.08	0.140
	4-3	60	0.15	
可锻铸铁	5-1	60	2.13	
	5-2	60	1.41	1.310
	5-3	60	0.39	
蠕墨铸铁	6-1	40	1.55	1.065
	6-3	40	0.58	
	6-1	60	2.11	1.43
	6-3	60	0.72	

试验方法：在 (900±20)℃ 下加热 55s，然后浸入 20℃ 的循环水中冷却 5s，试验频率 1 次/min，由裂纹长度评定其冷热疲劳性能。由表可见球墨可锻铸铁的冷热疲劳性能优于蠕墨铸铁和可锻铸铁，次于球墨铸铁。

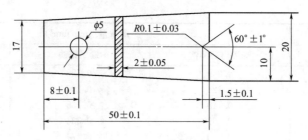

图 3-41　冷热疲劳试样

（4）铸造性能

① 流动性。球墨可锻铸铁属亚共晶白口凝固，流动性介于可锻铸铁与球墨铸铁之间，测定结果见表 3-58。

表 3-58　球墨可锻铸铁的流动性

| 序号 | 化学成分/% | | | | | | | $T_{浇}$/℃ | 螺旋线长度/mm |
	C	Si	Mn	P	S	RE	Mg		
1	3.09	2.05	0.53	0.051	0.024	0.026	0.013	1390	1025
								1360	1010
								1330	990
2	3.10	2.10	0.50	0.042	0.020	0.016	0.039	1280	340
								1280	275
								1280	390

应当说明，用螺旋线试样测定流动性仅具有对比性和统计性，工艺参数如铸型条件、浇注温度、压头和化学成分等对流动性均有重要影响，其间精确的定量关系尚难以确定。

② 线收缩。经测定，球墨可锻铸铁一次结晶时的线收缩值在 1.46%～1.80% 之间，图 3-42 为一典型成分球墨可锻铸铁的线收缩曲线。

③ 体收缩。用球形试样测定的体收缩值见表 3-59。

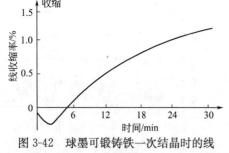

图 3-42　球墨可锻铸铁一次结晶时的线
收缩曲线

化学成分　C：2.95%，Si1.90%，Mn0.4%，
P0.033%，S：0.011%，Mg0.035%，RE0.048%

表 3-59　球墨可锻铸铁的体收缩值

| 化学成分/% | | 缩孔率/% | 浇注温度/℃ |
C	Si		
2.81	1.97	2.89	1380
2.89	1.76	2.38	1360
2.89	1.76	2.50	1380
2.83	1.98	2.71	1380
3.20	1.32	2.69	1380

3.8.2　球墨可锻铸铁的金相组织

（1）铸态组织　基体组织为珠光体加共晶莱氏体。当球化元素残留量偏高或含有微量 As、Sb、Bi、Te 等元素时，亦常出现板条状渗碳体。

与可锻铸铁不同的是，球墨可锻铸铁允许出现少量球状石墨的麻口组织，即麻口区的石墨质点在显微镜下观察呈球状，这些球状石墨的核心或质点在热处理后仍长成球状，对性能并无影响。当然，因处理失败而出现带有片状石墨的麻口组织是不允许的。在实际生产中，可从三角试块或圆形试棒的断口分辨出带有球状石墨或片状石墨的麻口组织，前者色泽发亮，类似于球墨铸铁断口；后者发暗，类似于灰铸铁的断口。

（2）热处理后的组织　在一般情况下，铸件的金相组织与力学性能有密切的相关性，因而检验并控制金相组织是控制力学性能的有效手段。

3.8.3　球墨可锻铸铁的生产工艺

（1）化学成分的选定　球墨可锻铸铁常用化学成分如下：C2.0%～3.2%、Si1.2%～2.2%、Mn0.1%～0.6%、S＜0.06%、P＜0.1%、RE0.03%～0.06%、Mg0.03%～0.05%。

由此可见，碳硅含量的范围较宽，它覆盖了可锻铸铁以及可锻铸铁到球墨铸铁之间的区域。一般将含碳量分为三个区段：含C2.0%～2.4%的称为低碳球墨可锻铸铁，其铸造性能近似可锻铸铁，仅在较少情况下采用；含C2.4%～2.8%的称为中碳球墨可锻铸铁，为最常用的成分；含C2.8%～3.2%的称为高碳球墨可锻铸铁，在生产薄壁件时采用。含碳量高于3.2%的成分较少采用。含硅量的情况与此类似。

锰含量范围亦较宽，一般说来，含锰量达0.5%时仍可获得100%铁素体基体。珠光体基体球墨可锻铸铁的锰含量可进一步放宽。

硫含量亦可略高于球墨铸铁，因固态石墨化时石墨由团絮状进化至球状，形状系数变化较小。铸铁中含硫量达0.06%时仍可获得球状石墨。一般原铁液含硫量控制在0.1%以下。

磷含量亦可稍高于球墨铸铁，因亚稳系凝固时冷却速度较快，不易形成磷共晶。

残余稀土量及残余镁量亦可略高，其对石墨的形状恶化并不显著，但残余量过高将延长一、二阶段石墨化时间，且增加成本。

（2）熔炼工艺及变质处理　熔炼工艺与可锻铸铁基本一致。变质剂采用稀土镁硅铁合金。处理后一般不需进行孕育处理。当碳当量偏高时有可能出现麻口或灰口组织，此时可在球化剂中加入0.005%～0.01%的Te以增加其白口倾向。

（3）热处理工艺　球墨可锻铸铁的热处理工艺与可锻铸铁基本相似，唯石墨化速度较快。获得不同基体组织的热处理工艺见表3-60。

表3-60　球墨可锻铸铁的各种热处理工艺

处理种类	主要目的	处理规范	金相组织	备注
铁素体化退火	消除渗碳体，获得高韧性	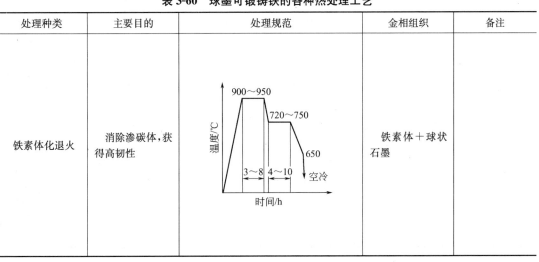	铁素体＋球状石墨	

处理种类	主要目的	处理规范	金相组织	备注
高温石墨化退火	消除渗碳体,获得较高的综合性能	温度/℃：900～950，保温3～8h，后降至600，空冷；时间/h	珠光体＋牛眼状铁素体＋球状石墨	
高温石墨化退火——正火	消除渗碳体,获得强度较高的珠光体组织	温度/℃：900～950，保温3～8h后空冷，500～600保温1～2h后空冷；时间/h	珠光体＋球状石墨	
高温石墨化退火——中温回火	消除渗碳体,获得较好的综合力学性能	温度/℃：900～950保温3～8h，800～820保温0.5～1.5，600～620保温1～1.5，空冷；时间/h	珠光体＋破碎铁素体＋球状石墨	
高温石墨化＋等温淬火	消除渗碳体,获得高强度,同时保持一定的韧塑性	温度/℃：900～950保温3～8h后快冷，250～380保温1～3后水冷；时间/h	贝氏体＋残余奥氏体＋马氏体＋球状石墨	可利用铸件余热进行高温石墨化处理,再快冷后进行等温淬火
高温石墨化＋表面处理	消除原始渗碳体,获得具有高抗磨能力的表层组织	温度/℃：900～950保温3～8h，1000～1300，致冷；时间/h	马氏体＋残余奥氏体＋残余贝氏体＋球状石墨 激光熔凝处理后为莱氏体＋隐针马氏体＋小粒状石墨	包括用火焰等离子,高中频电接触,以及激光等高能粒子束表面处理,处理深度为几 μm 至1mm,内部仍保持原来组织,表面处理包括表面合金化处理

3.8.4 典型球墨可锻铸铁件

玻璃制品成型模具在承受较高温度和在快速热冲击条件下工作。以成型模为例,料滴温度约在1000℃,模具内表面温度约在700℃,因而模具内表面极易氧化。特别是铸铁模具,氧化烧损后的石墨孔穴将成为氧深入内层的通道。此外,由于模具内温度分布的不均匀性和急冷急热造成热应力,因而生成热疲劳裂纹,当氧化层深度和疲劳裂纹的长度和密度达到某一数值时,模具内表面将产生龟裂和剥落,进而导致模具失效。另外,由于频繁的开合而导致模具配合面合缝处支口的碰伤亦为模具损坏的重要原因。

根据以上情况,模具材质的选择应考虑到以下几个方面:良好的耐热疲劳性和抗氧化性、抗生长性,也需要考虑到一定的强度和韧性,此外,材质的热导率对使用性能也有重要影响。热导率高时,在同一周期下工作的模具内腔平衡温度较低,这就提高了模具的热疲劳寿命。或者可在同一内腔平衡温度下提高机速,从而提高生产率。而球墨可锻铸铁玻璃模具正好具备了这些性能。

目前国内外铸铁玻璃模具材质大多采用普通灰铸铁、低合金(Cr、Mo、Cu等)灰铸铁和蠕墨铸铁。如以成型模为例,其寿命分别为20万次、30万次、40万次左右。如果改用球墨可锻铸铁,则寿命可高达60万次,V、Ti球墨可锻铸铁成型模寿命已达80万次。

球墨可锻铸铁玻璃模具寿命长的原因是,在模具内腔表层(激冷层)形成退火石墨球,球墨结构具有较高的抗氧化性和耐热疲劳性能,而在外层则由于缓慢冷却而形成畸变石墨和絮状石墨(渗碳体分解而来),具有较高的热导率,由于性能得到了互补,而获得了满意的效果。球墨可锻铸铁玻璃模具已在一些玻璃模具厂投产。640mL啤酒瓶玻璃模具具体工艺资料见表3-61。

表 3-61　640mL 啤酒瓶玻璃模具实际工艺资料

项目	内　容
零件特征	高267.8mm,直径152mm,最大壁厚64mm,最小壁厚30mm
化学成分/%	C2.8～3.2、Si1.8～2.0、Mn0.3～0.5、P<0.08、S0.02、RE0.03～0.05、Mg0.03～0.05
炉前处理工艺	出铁温度1430～1450℃,变质剂 RE-Mg-Si-Fe 合金加入量1.4%,用包底凹坑冲入法
铸造工艺	砂型铸造,型腔内壁放置成型冷铁
热处理规范	950℃/4h→720℃/4h→炉冷至600℃出炉
组织	内壁:球状石墨+球絮状石墨+铁素体 外壁:球状石墨+畸变石墨+铁素体
使用效果	总寿命平均40～60万次/副模

3.8.5 常见缺陷及其防止方法

球墨可锻铸铁在工业生产中,最常见的缺陷有以下几种。

(1)片状石墨麻口及其防止　片状石墨麻口系因球化剂加入不足或因处理工艺不当而致。其特征是试块断面过渡区呈暗灰色,在显微镜下可观察到麻口区出现片状石墨。可针对其产生原因采取相应措施。

(2)收缩缺陷及其防止方法　收缩缺陷包括凹陷、缩松、缩孔等类型。

凹陷缺陷可由于铁液成分不当,凝固收缩量过大而导致;也可由于工艺不当而补缩不足所致。可通过控制铁液成分、浇注温度和合理的工艺设计来解决。

缩孔常产生于热节或壁厚不均处，由凝固收缩阶段体积改变所致，缩孔与凹陷有一定的相关性。缩松分宏观缩松和微观缩松两类。宏观缩松形成部位及原理与缩孔有相似之处，它主要位于热节等最后凝固部位，其不同之处是在枝晶间铁液凝固时未能得到充分的补缩，故孔壁粗糙而细小，贯穿着树枝晶。微观缩松又称显微缩松，它主要由于最后残余在枝晶空间的铁液进行分散的孤立凝固而形成。对薄壁件，微观缺陷不太严重，其措施是：控制铁液的碳当量在较高的水平；采用合理的工艺设计。

（3）皮下气孔及其防止方法　皮下气孔也是球墨可锻铸铁的常见缺陷，其成因较复杂，与铁液含气量及铸型的含水量、透气性均有较大的相关性。防止措施如下。

① 提高铁液的浇注温度，使铁液中气体有时间排出。

② 控制球化剂加入量。

③ 铸型中加入较多的煤粉或表面喷锭子油，形成 CO 还原性气氛，减缓 H_2O 与 MgO 的反应及冲破氧化膜对析出气体的封闭作用。

④ 改善铸型的透气性。

⑤ 降低铸型含水量至合适范围。

3.8.6　质量控制

质量控制包括以下诸环节：

① 炉前检验三角试块或圆柱形试棒，呈纯白口或银灰色带球状石墨的麻口时即可认为铁液合格。

② 在清理浇注系统时，浇口断面色泽与试块断口相同时可认为白口坯件合格。

③ 退火后按工艺要求检查金相组织及力学或物理性能。

④ 退火后按工艺要求检查铸件外形尺寸及外观质量。

第4章

球墨铸铁

4.1 球墨铸铁件性能和牌号

球墨铸铁是指铁液经过球化剂处理而不是经过热处理，使石墨大部或全部呈球状，有时少量为团状等形状石墨的铸铁。球墨铸铁是在灰铸铁基础上发展起来的一种结构材料。

我国目前不但生产一般用途的球墨铸铁，而且通过各种热处理和合金化，还生产高强度、耐热、耐蚀、耐磨、无磁性等特殊性能要求的球墨铸铁。球墨铸铁的牌号和性能见表4-1和表4-2。

表4-1 球墨铸铁单铸试样的牌号、力学性能及主要基体组织（摘自 GB/T 1348—2009）

材料牌号	抗拉强度 R_m/MPa (min)	屈服强度 $R_{p0.2}$/MPa(min)	伸长率 A/% (min)	布氏硬度 (HBW)	主要基体组织
QT350-22L	350	220	22	≤160	铁素体
QT350-22R	350	220	22	≤160	铁素体
QT350-22	350	220	22	≤160	铁素体
QT400-18L	400	240	18	120～175	铁素体
QT400-18R	400	250	18	120～175	铁素体
QT400-18	400	250	15	120～175	铁素体
QT400-15	400	250	15	120～180	铁素体
QT450-10	450	310	10	160～210	铁素体
QT500-7	500	320	7	170～230	铁素体+珠光体
QT550-5	550	350	5	180～250	铁素体+珠光体
QT600-3	600	370	3	190～270	珠光体+铁素体
QT700-2	700	420	2	225～305	珠光体
QT800-2	800	480	2	245～335	珠光体或索氏体
QT900-2	900	600	2	280～360	回火马氏体或屈氏体+索氏体

注：1. 如需求球铁 QT500-10 时，其性能要求见附录 A。

2. 字母"L"表示该牌号有低温（−20℃或−40℃）下的冲击性能要求；字母"R"表示该牌号有室温（23℃）下的冲击性能要求。

3. 伸长率是从原始标距 $L_0=5d$ 上测得的，d 是试样上原始标距处的直径。其他规格的标距见 9.1 及附录 B。

表 4-2　球墨铸铁附铸试样的牌号力学性能及主要基体组织（摘自 GB/T 1348—2009）

材料牌号	铸件壁厚/mm	抗拉强度 R_m/MPa(min)	屈服强度 $R_{p0.2}$/MPa(min)	伸长率 A/%(min)	布氏硬度(HBW)	主要基体组织
QT350-22AL	≤30	350	220	22	≤160	铁素体
	30～60	330	210	18		
	60～200	320	200	15		
QT350-22AR	≤30	350	220	22	≤160	铁素体
	30～60	330	220	18		
	60～200	320	210	15		
QT350-22A	≤30	350	220	22	≤160	铁素体
	30～60	330	210	18		
	60～200	320	200	15		
QT400-18AL	≤30	380	240	18	120～175	铁素体
	30～60	370	230	15		
	60～200	360	220	12		
QT400-18AR	≤30	400	250	18	120～175	铁素体
	30～60	390	250	15		
	60～200	370	240	12		
QT400-18A	≤30	400	250	18	120～175	铁素体
	30～60	390	250	15		
	60～200	370	240	12		
QT400-15A	≤30	400	250	15	120～180	铁素体
	30～60	390	250	14		
	60～200	370	240	11		
QT450-10A	≤30	450	310	10	160～210	铁素体
	30～60	420	280	9		
	60～200	390	260	8		
QT500-7A	≤30	500	320	7	170～230	铁素体＋珠光体
	30～60	450	300	7		
	60～200	420	290	5		
QT550-7A	≤30	550	350	5	180～250	铁素体＋珠光体
	30～60	520	330	4		
	60～200	500	320	3		
QT600-3A	≤30	600	370	3	190～270	珠光体＋铁素体
	30～60	600	360	2		
	60～200	550	340	1		
QT700-2A	≤30	700	420	2	225～305	珠光体
	30～60	700	400	2		
	60～200	650	380	1		

材料牌号	铸件壁厚/mm	抗拉强度 R_m/MPa(min)	屈服强度 $R_{p0.2}$/MPa(min)	伸长率 A/%(min)	布氏硬度（HBW）	主要基体组织
QT800-2A	≤30	800	480	2	245～335	珠光体或索氏体
	30～60	由供需双方商定				
	60～200					
QT900-2A	≤30	900	600	2	280～360	回火马氏体或索氏体＋屈氏体
	30～60	由供需双方商定				
	60～200					

注：1. 从附铸试样测得的力学性能并不能准确地反映铸件本体的力学性能，但与单铸试棒上测得的值相比更接近于铸件的实际性能值。

2. 伸长率在原始标距 $L_0=5d$ 上测得，d 是试样上原始标距处的直径，其他规格的标距，见 9.1 及附录 B。

3. 如需球铁 QT500-10，其性能要求见附录 A。

4.2 影响性能的因素及成分的选定

4.2.1 化学成分

（1）基本元素

① 碳。碳促进石墨化，减小白口倾向，即减少渗碳体、珠光体、三元磷共晶，增加铁素体，因而降低硬度，改善加工性。碳促进镁吸收率的提高，改善球化。它改善韧性，使脆性转变温度略有降低。由于石墨呈球状，适当提高含碳量并不削弱力学性能。碳改善流动性，增加凝固时的体积膨胀。CE4.6%～4.7%时流动性最好，凝固时体积膨胀大，铸型刚度大时促使减少缩松，刚度小时则增加缩松。碳提高吸振性、减摩性、导热性。含碳量过高引起石墨漂浮，恶化力学性能。

② 硅。硅明显促进石墨化，以孕育剂方式添加的硅作用更显著。对于铸态球墨铸铁，增加含硅量有双重作用。一方面它使渗碳体、珠光体、三元磷共晶减少，铁素体量增加，因而降低强度和硬度，改善塑性；另一方面硅固溶强化铁素体，使屈服点和硬度提高，两种因素的综合作用使力学性能与含硅量之间呈非线性关系，如图 4-1 所示。

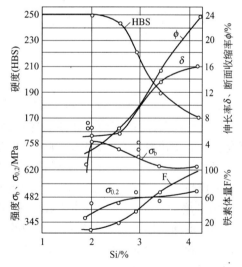

图 4-1　铸态球墨铸铁力学性能与含硅量的关系

在退火状态下含 Si2.0%～2.8% 范围内，硅对强度影响不明显，却明显改善塑性；Si＞2.8%时硅明显提高抗拉强度和屈服点，伸长率达到最大值（见图 4-2）。

在正火状态下硅提高强度，尤其是屈服点。随含硅量增加，塑性有下降趋势（见图 4-2）。

对于调质状态（淬火-回火 300～325HBS），硅略提高强度，降低塑性（见图 4-2）。

在等温淬火状态下，例如含硅量由 2.7％增加到 3.3％，抗拉强度由 840MPa 提高到 1050MPa，伸长率约提高 1 倍；进一步提高含硅量，则使强度、塑性、韧性下降。

硅降低常温冲击韧性，提高脆性转变温度。例如退火状态含硅量由 2.35％提高到 2.8％时，脆性转变温度由−56℃提高到−22℃。对于正火状态，每增加 Si0.5％，脆性转变温度提高 10℃。含硅量提高，使断裂韧性比（应力强度上限 K_{max} 与屈服点 $\sigma_{0.2}$ 之比）下降。温度降低时，硅使断裂韧性比下降更显著。

硅改善铸造流动性，增大凝固时的体积膨胀，铸型刚度大时，增加硅量可减少缩松，如图 4-3 所示。含碳量固定，在含硅量 2.0％～3.5％范围内，随含硅量增加，总缩孔体积呈直线关系减少。此外，硅能改善耐热耐蚀性。

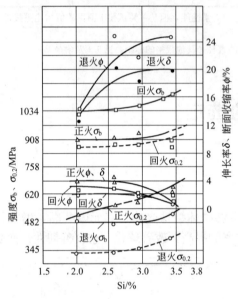

图 4-2　退火、正火、调质球墨铸铁
力学性能与含硅量的关系

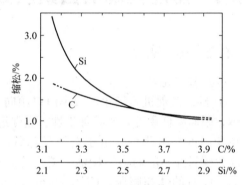

图 4-3　碳和硅对未补缩圆柱形
试棒缩松的影响

③锰。锰在一次结晶过程中强烈增加渗碳体稳定性，促进形成（Fe、Mn）$_3$C。含 Mn1.1％～1.3％时形成的一次渗碳体需经高温长时间（950℃，14～16h）退火才能分解。锰易在共晶团边界上产生偏析，例如其浓度可达共晶团内部的 10 倍，即使热处理也难以消除，厚大件偏析更严重。锰使韧性降低。对于铁素体球墨铸铁，每增加 Mn0.1％使脆性转变温度提高 10～12℃，常温冲击吸收功也降低。对于等温淬火贝氏体球墨铸铁，如含锰量由 0.07％增加到 0.74％，冲击吸收功由 78.5J 降低到 36.3J。

锰稳定珠光体，其作用约相当于铜的 1/3 或锡的 1/20。壁厚≥75mm 时仅靠添加锰不能在铸态下获得完全珠光体组织。边长 100mm 立方体试样含 Mn1％时只获得 35％的珠光体（见图 4-4）。对珠光体、铁素体或二者混合基体球墨铸铁，锰提高强度（见图 4-5）、硬度，降低韧性和塑性，中小铸件可适量添加锰（≤1.0％）改善正火状态的强度、硬度。

锰虽可提高淬透性，但极易产生偏析。在共晶团边界，铸态下易形成碳化物，淬火回火时形成黑色网状组织，等温淬火时形成马氏体和残余奥氏体。因此对于铸态、调质、等温淬火状态，增加含锰量都将恶化其力学性能，尤其是韧性。对于厚大铸件锰的恶劣影响更严重。

锰稳定奥氏体，促使形成奥氏体基体时可成为非（弱）磁球墨铸铁。含 Mn5％～

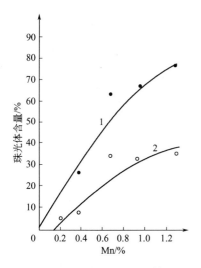

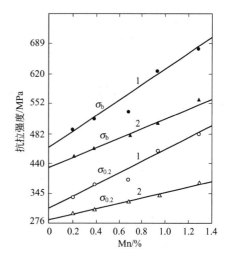

图 4-4　含锰量对珠光体
含量的影响

1—φ25mm 圆棒试样；2—边长 100mm 立方体试样

图 4-5　含锰量对铸态球墨铸铁
抗拉强度的影响

1—φ25mm 圆棒试样；2—边长 100mm 立方体试样

9.5％、Si3.3％～5.0％时可形成针状组织和残余奥氏体，具有良好抗磨性。

④ 磷。磷在铸铁中溶解度很低。P＜0.05％时固溶于铁，对球墨铸铁力学性能没有明显的不良影响。P＞0.05％时易偏析于共晶团边界形成二元或三元、复合磷共晶，严重恶化力学性能。例如含磷量由 0.04％～0.05％提高到 0.12％，抗拉强度由 800～850MPa 降低到 650～700MPa，伸长率由 3.5％～4％下降到 1.5％～2.0％。促进白口化元素含量增加、冷却速度快、孕育不充分等加剧白口化的因素都会加剧磷的有害作用。磷强烈降低冲击韧性，尤其是降低低温韧性，含磷量每增加 0.01％，脆性转变温度提高 4～4.5℃，如图 4-6 所示。

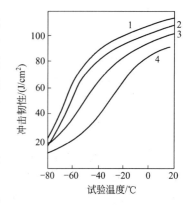

图 4-6　含磷量对脆性
转变温度的影响

1—P0.01％；2—P0.03％；
3—P0.05％；4—P0.1％

磷提高硬度，改善耐磨性。例如含 P0.6％～1.1％、Cu2.2％～5.7％的磷铜铁素体球墨铸铁具有良好的耐磨性。磷能增加缩松倾向。

⑤ 硫。硫与镁、稀土亲和力很强，消耗铁液中的球化元素镁和稀土形成 MgS、RES 渣。由于硫的消耗作用使有效的残留球化元素含量过低则降低球化率。由于原铁液含硫量过高引起硫化物夹渣增多，即使球化处理后初期球化合格，但是随后的球化衰退速度加快。此外硫还促进形成夹渣、皮下气孔等缺陷。由于硫降低球化率、加快球化衰退以及形成显微夹渣等使力学性能下降或不稳定。

以上五元素对抗拉强度和伸长率的影响示于图 4-7 中。

（2）合金元素

① 镍（Ni）。镍促进石墨化，其能力相当于硅的 1/3。镍稳定奥氏体，降低共析转变温度使 S 曲线和 CCT 曲线右移。因此镍稳定和细化珠光体，达到一定含量可在铸态下获得贝氏体组织，不仅提高强度和硬度，而且改善韧性和塑性，如图 4-8 所示。镍与钼或钒同时添加效果更好。Ni、Mo、V 对 12.5～152.4mm 厚试样的铸态和正火态硬度的影响示于

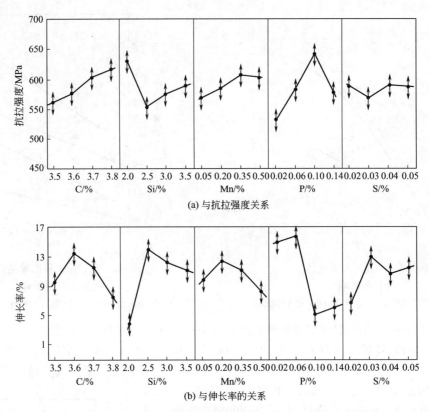

(a) 与抗拉强度关系

(b) 与伸长率的关系

图 4-7　抗拉强度和伸长率与五元素的关系

图 4-9、图 4-10 中。镍促进珠光体的作用能力比铜、锡、锑等缓和且微弱，但提高力学性能的作用明显，不产生因偏析而引起的不良作用。镍改善大断面铸件的组织、强度和硬度的均匀性，降低断面敏感性。

少量镍可强化铁素体基体、提高屈服点。例如铁素体球墨铸铁中添加 Ni0.5％使屈服点提高 172MPa。镍使含 Si2％～3％的球墨铸铁脆性转变温度降低。

进一步添加镍获得高强度和较好韧性的珠光体球墨铸铁。例如含 Si2.25％、Mn0.75％、Ni2％和 25mm 厚铸态试块的抗拉强度为 785～853MPa，屈服强度为 585～573MPa，伸长率为 3％～7％。加 Ni2％～2.75％，经淬火-回火处理可获得强度和韧性良好的针状组织球墨铸铁，见表 4-3。Ni 与 Mo 同时添加获得铸态贝氏体球墨铸铁，其添加量和 315℃回火后的力学性能列于表 4-3。

表 4-3　含镍球墨铸铁的化学成分和力学性能

类别	化学成分/％				力学性能			
	C	Si	Mn	Ni	抗拉强度/MPa	屈服点/MPa	伸长率/％	硬度(HBS)
退火铁素体	3.90	2.00	0.50	1.00	414	310	24	155
15％珠光体+铁素体	3.90	2.50	0.35	0.60	448	310	18	165
珠光体	3.90	2.25	0.75	2.00	759	552	4	265
淬火-回火针状组织	3.90	2.25	0.75	2.00	828	621	6	285
淬火-回火针状组织	3.90	2.26	0.75	2.75	1138	965	2	350

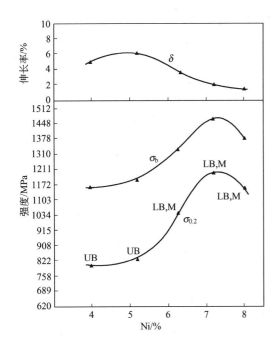

图 4-8　含镍量对铸态球墨铸铁基体
组织强度和伸长率的影响

名义成分：C3%、Si2.3%、Mn0.2%、Ni4/8%、
Mo0.2%、Mg0.05% ϕ25mm 截面　UB—上贝
氏体 LB，M—下贝氏体和马氏体

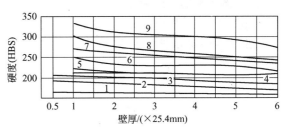

图 4-9　镍、钼、钒对不同壁厚铸态球墨
铸铁硬度的影响

1—非合金化；2—Ni%；3—Ni2%；4—Ni2%、
Mo0.25%；5—Ni2%、Mo0.5%；6—Ni2%、
Mo0.55%、V0.25%；7—Ni3.75%；8—Ni3.75%、
Mo0.25%；9—Ni3.75%、Mo0.55%

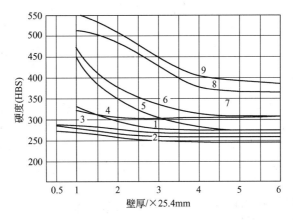

图 4-10　镍、钼、钒对不同壁厚正火球墨
铸铁硬度的影响（件号同图 4-9）

　　加 Ni18%～36% 获得奥氏体球墨铸铁，具有优良的耐蚀性、耐热性、耐磨性、耐热疲劳性、在低温下有良好的力学性能和非磁性。

　　Ni<2% 不影响球化。添加 Ni1% 有助于消除厚大断面中的碎块状石墨。Ni≥12% 显著影响球化，可促进形成碎块状石墨。

　　② 铜（Cu）。在一次结晶时铜是中等石墨化元素，石墨化能力约为硅的 1/10。它稳定奥氏体，使过冷奥氏体的珠光体型转变曲线右移。在共析转变时铜显著地稳定和细化珠光体，促进珠光体能力为锰的 3 倍。添加 Cu0.5%～1.0% 可使直径 12.5～64mm 试样获得全

部珠光体组织。含铜量与各种尺寸试样中珠光体数量的关系列于表4-4。

表 4-4　各种尺寸试样的含铜量与珠光体数量

试样直径 /mm	珠光体数量/%			
	Cu0.04%	Cu0.25%	Cu0.5%	Cu1.0%
12.5	98~100	98~100	100	100
25.4	67.6	86.3	97.9	100
38	36.5	62.8	96.7	100
50	24.4	54	95.3	100
64	17.6	49.7	93.1	100

注：试样化学成分：C3.69%~3.77%、Si2.54~2.57%、Mn0.17%~0.28%、Cr0.03%~0.046%、Ni0.04%~0.10%、S0.006%~0.016%、P0.011%~0.026%、Mg0.044%~0.054%。

由于铜稳定和细化珠光体，因此改善铸态球墨铸铁的强度，但伸长率相应降低，如图4-11所示。

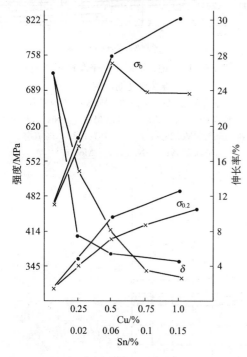

图 4-11　含铜量和含锡量对铸态球墨
铸铁拉伸性能的影响
•加 Cu；×加 Sn

铜固溶强化铁素体，最大固溶度为1.4%。对于铁素体球墨铸铁含Cu<1.5%时，随含铜量增加强度和硬度增加，Cu>1.5%时强度下降。对于已获得100%珠光体组织的球墨铸铁，略过量增加铜（≤2%）时强度仍有提高。例如当 C3.67%~3.69%、Si2.33%~2.56%、Mn0.01%~0.06%时，添加 Cu1%使抗拉强度提高42%，屈服点提高50%；添加 Cu2%使抗拉强度提高64%，屈服点提高73%。

Cu≤2%时不影响球化。添加 Cu3%可减少大断面铸件心部的碎块状石墨；含 Cu4%时基体组织中出现游离铜，使强度和塑性下降。

铜改善疲劳强度，添加 Cu0.5%~0.8%使正火状态疲劳强度由260MPa提高到294MPa，二次正火后提高到360MPa。铜显著改善正火状态的多次冲击韧性。铜明显改善断面组织均匀性，提高淬透性、淬硬性和回火稳定性。添加 Cu0.5%~0.3%使抗回火稳定性提高20~30℃。铜还能改善耐蚀性。

③ 铬（Cr）。铬强烈促进形成碳化物，而且十分稳定，强烈稳定珠光体。含铬量低时不影响球化，但含铬量会降低韧性和塑性。铬提高强度和硬度，但加入量以不出现游离碳化物为限。对于高韧性铁素体球墨铸铁要严格限制含铬量。一般珠光体球墨铸铁也不宜使用过多的铬。但也有人认为添加 Cr0.15%~0.25%，可促进形成粒状珠光体，用于制造曲轴。在高镍奥氏体球墨铸铁中使用铬，添加量范围为 0.2%~5.5%。

④ 钼（Mo）。钼强烈促进形成碳化物，它与碳的亲和力仅次于钒，超过铬。少量钼（<1%）可以固溶于铁素体。钼提高铸态珠光体、铁素体的显微硬度和球墨铸铁的硬度，见表4-5。

钼稳定和细化珠光体，含 Mo0.52%可明显提高铸态和正火态的强度，虽塑性降低，但仍保持较高的水平。含 Mo0.78%使正火状态的屈强比由 0.7 提高到 0.9。含钼量对铸态和正火球墨铸铁力学性能的影响如图 4-12 所示。钼改善高温力学性能，如图 4-13 所示。

表 4-5　钼含量对基体显微硬度和铸铁硬度的影响

Mo/%	显微硬度/MPa		铸铁硬度 (HBS)
	珠光体	铁素体	
0	2620	1610	190
0.52	3130	1770	241
0.78	3280	1880	255

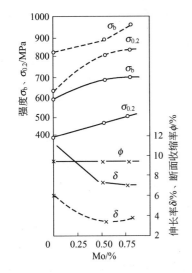

图 4-12　含钼量对铸态和正火球墨铸铁
力学性能的影响
——铸态；----正火

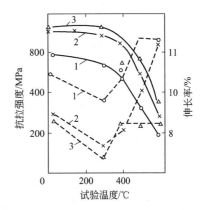

图 4-13　含钼量对球墨铸铁高温力学
性能的影响
1—无 Mo；2—Mo0.52%；3—Mo0.78%
——抗拉强度；----伸长率

⑤ 钒（V）。钒强烈促进形成碳比物，强烈稳定珠光体。V<0.5%时不影响球化。钒可明显提高强度和硬度，同时降低塑性。如图 4-14 所示。

⑥ 钛（Ti）。Ti<0.25%促进石墨化。钛阻碍球化。稀土含量不足以抑制钛的反球化作用时，降低球化率，严重降低力学性能。

⑦ 锡（Sn）。锡强烈稳定珠光体，其作用能力是铜的 8～12 倍。添加 Sn0.06%～0.10%时使厚度 64～75mm 铸件在铸态下获得珠光体，还可阻止形成一次渗碳体，锡使珠光体增加，强度也随之增加。当达到全部珠光体后再增加含锡量，使抗拉强度下降，屈强比增加，伸长率下降，并出现晶间石墨，引起脆性。含 Sn0.005%～0.23%范围内，随含锡量增加，铸态和正火球墨铸铁的冲击吸收功下降，脆性转变温度提高，如图 4-15 所示。

Sn 提高共析转变温度，增加 Sn0.12%使上临界点由 875℃提高到 910℃，下临界点由832℃提高到 845℃。Sn 提高淬透性，例如含 Sn0.08%在 860℃淬火时的淬硬层比不含 Sn者提高 1 倍。Sn 提高抗回火稳定性，含 Sn0.11%的铸件经 550℃4 周的退火后硬度不降低。不含 Sn 者经 3～5 天回火后硬度下降，锡阻碍球化，添加量不超过 0.10%。

⑧ 钨（W）。钨形成莱氏体，稳定和细化珠光体。W<3%不影响球化。少量添加可提高强度和硬度。

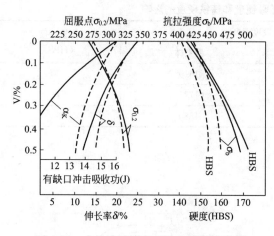

图 4-14　含钒量对铸态和退火铁素体球墨
铸铁力学性能的影响
——铸态；----退火

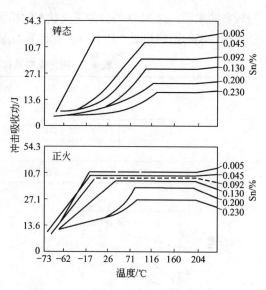

图 4-15　含锡量对球墨铸铁韧性的影响

⑨ 锑（Sb）。微量锑可细化石墨，改善石墨形态，抑制厚大断面中出现碎块状石墨。对于稀土镁球墨铸铁，含 Sb$150×10^{-6}$ 可获得细小圆整石墨，不引起畸变。对于镁球墨铸铁，允许与炉料一起加入 Sb$20×10^{-6}$～$50×10^{-6}$，残留镁量＞0.06％时取上限，＜0.05％时取下限。允许与孕育剂一起添加 Sb$100×10^{-6}$，超出此限可引起石墨畸变。少量添加 Sb（$50×10^{-6}$）可改善 200mm 厚断面的石墨形态。

锑强烈稳定珠光体。微量 Sb 与 Mn 复合添加可改善铸态强度，Sb＞$300×10^{-6}$ 会引起脆性。

稀土与锑复合孕育可获得铸态珠光体球墨铸铁并防止产生石墨畸变。

（3）微量元素、反球化元素和气体元素　微量元素及合金元素的反球化作用及其临界含量列于表 4-6。添加稀土可抑制某些反球化元素的作用，允许放宽其临界含量。

表 4-6　微量元素和合金元素的反球化作用及其在球墨铸铁中的临界含量

类型	元素	反球化作用	临界含量/%		备　注
			铁素体基	珠光体基	
消耗型	硫（S）	√	0.04	0.04	—
	氧（O）	√	—	—	—
	硒（Se）	√	0.03	0.03	—
	碲（Te）	√	0.01	0.01	—
晶界偏析型	钛（Ti）	√	0.05	0.05	添加 RE 时，一般 Ti≤0.16％；对韧性要求较低时 Ti≤0.25％
	砷（As）	√	0.02	0.10	—
	硼（B）	√	0.005	0.05	
	铝（Al）	√	0.02	0.02	
	锑（Sb）	双重作用	0.002	0.03	球化处理时复合添加 Sb0.005％～0.01％，RE0.005％～0.05％（残留量）可改善大断面铸件球化
	锡（Sn）	√	0.02	0.10	—
	铜（Cu）	弱	0.15	2.0	大型厚断面件允许 Cu≤3.0％

类型	元素	反球化作用	临界含量/%		备　　注
			铁素体基	珠光体基	
混合型	铝(Pb)	√	0.002	0.001	—
	铋(Bi)	双重作用	0.001	0.03	作为孕育剂与RE复合添加可增石墨球数,改善球化
	镉(Cd)	√	0.005	0.005	—
	锌(Zn)	弱	0.10	0.20	—

注: √为反球化作用。

有些强烈稳定珠光体的元素,如 Sn、Sb、As、Cu 等,在铁素体球墨铸铁中限制含量较严,而在珠光体球墨铸铁中允许或需要较高含量。

氮是促进白口化元素,电炉熔炼或炉料中废钢量增加均使铁液溶氮量增加,增大白口倾向。氮溶入奥氏体,降低共析温度,稳定和细化珠光体,提高强度和硬度。氢阻碍球化和石墨化。氧是重要的反球化元素。球化和孕育处理使铁液脱氧,铁液中溶解氧量越低则球化率越高。孕育处理使铁液中溶解氮量降低,从而使白口倾向减小。

4.2.2　基体组织

球墨铸铁主要通过控制各种基体组织及其形态分布和比例获得不同力学性能和使用性能。

(1) 铁素体　改善韧性、塑性,降低强度和硬度,降低耐磨性,加工性良好。高硅铁素体有良好耐热性和耐蚀性,但恶化韧性和加工性。

(2) 珠光体和索氏体　提高强度和硬度,弥散度越高,力学性能越好,塑性和韧性降低。但粒状珠光体、破碎辐射分布珠光体可适当改善韧性、耐磨性,加工性较好,但不如铁素体,耐热耐蚀性不如单相组织。

(3) 奥氏体　改善韧性、塑性,降低强度和硬度,没有脆性转变,在超低温(-253~-80℃)下有良好韧性,耐蚀性、耐热性良好,非磁性,加工性较好,但有加工硬化现象,可改善耐磨性。

(4) 马氏体　明显提高硬度,改善强度,显著降低塑性和韧性。细马氏体性能较好,它提高耐磨性,降低加工性、耐热性、耐蚀性。

(5) 回火马氏体　明显提高强度,可提高硬度,改善耐磨性,但低于淬火马氏体,降低塑性和韧性,降低幅度小于淬火马氏体,其综合力学性能优于淬火组织,加工性较差,降低耐热耐蚀性。

(6) 回火托氏体　提高强度,硬度较高,弹性极限高,有较好的综合力学性能,改善耐磨性,切削加工性尚可,降低耐热耐蚀性。

(7) 回火索氏体　具有较高的硬度和韧性相配合的综合力学性能,高强度,改善耐磨性、切削性较好,降低耐热耐蚀性。

(8) 上贝氏体　明显提高强度、硬度,也有较好的韧性,降低塑性,常与奥氏体混合伴生,获得良好的综合力学性能,改善耐磨性,切削性稍差,降低耐热耐蚀性。

(9) 下贝氏体　很显著地提高强度和硬度,有良好韧性,降低塑性。与上贝氏体相比,强度和硬度较高、韧性和塑性稍低。常与残余奥氏体伴生,具有高强度和优良的综合力学性能。能改善耐磨性,切削性较差,降低耐热耐蚀性。

(10) 渗碳体　显著提高硬度,严重恶化韧性和塑性,引起脆性,对强度有不良影响,网状分布影响更加恶劣;呈分散块状分布时提高抗磨性,降低耐热耐蚀性,恶化切削性能。

(11) 磷共晶　显著提高硬度，严重恶化韧性和塑性，网状分布时尤为恶劣，提高耐磨性，降低耐热耐蚀性及切削性能。

4.2.3 石墨

球化率与抗拉强度、伸长率的综合统计关系示于图 4-16 中。例如在此条件下抗拉强度 σ_b（y）与球化率（x）的回归方程为线性关系。

$$y = 2.56x + 232.3$$
$$(x = 108,\ y = 0.730)$$

式中　y——抗拉强度，MPa；

　　　x——球化率（×100）。

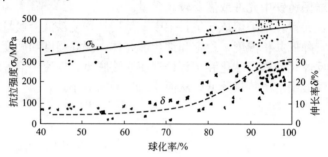

图 4-16　球化率与抗拉强度、伸长率的关系
CE = 3.61% ~ 4.93%

球化率对伸长率、冲击韧性的影响更为显著。高韧性球墨铸铁的球化率应高于 80%。提高球化率可提高强度、塑性、韧性、硬度、弹性模量、声波传播速度、耐热性、耐磨性，但是降低热导率、耐热疲劳性、减振性。

石墨总量增加将使强度、伸长率略有下降。通过孕育增加石墨球数将使铸态时的铁素体数量增加，伸长率提高，强度和硬度下降，见表 4-7。

表 4-7　石墨球数与铁素体量及力学性能的关系

石墨球数 /（个/mm²）	铁素体量 /%	抗拉强度 /MPa	伸长率 /%	硬度 (HBS)
60~70	15	715	3.2	286
70~80	15~20	723	2.6	273
80~90	20~25	678	3.5	201
90~100	40~50	610	4.3	191
110~120	60~70	526	6.5	180

注：含 V0.24%~0.37%、Ti0.11%~0.15%。

对于铁素体球墨铸铁，平均石墨球径增加使抗拉强度和硬度略有下降，伸长率增加（见图 4-17），疲劳极限下降。对于各种不同硬度的基体，平均石墨球径增加都使疲劳极限下降，如图 4-18 所示。

4.2.4 冷却速度

冷却速度对球墨铸铁的组织和性能也有影响。冷却过快产生渗碳体或碳化物、三元磷共晶，提高硬度和耐磨性，恶化韧性、塑性、切削性。提高碳当量和石墨化元素含量、加强孕育，可减弱其影响。退火可消除白口组织及其影响。

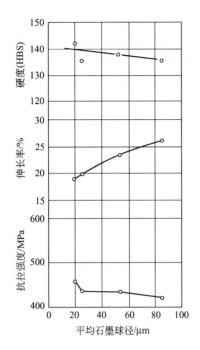

图 4-17　铁素体球墨铸铁石墨球径与静载
荷力学性能的关系

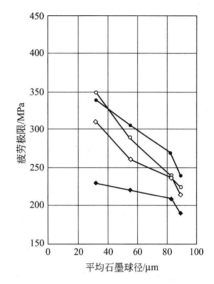

图 4-18　各种基体球墨铸铁平均石墨
球径对疲劳极限的影响

基体硬度：○169～181HV；●262～322HV；
◇500～517HV；◆638～687HV

冷却过慢引起石墨和共晶团尺寸增大，降低韧性、塑性、疲劳极限。加强孕育可在一定程度上减轻其影响。它还引起共晶团边界上元素偏析更加严重，特别是锰、铬、磷等的偏析降低韧塑性，可采用纯净炉料、加强孕育以减轻偏析。冷却过慢引起石墨畸变，产生碎块状石墨，恶化力学性能。在高碳当量时缓冷促进石墨漂浮。

4.2.5　球墨铸铁成分的选定

4.2.5.1　各种成分选定的一般原则

主要依据下列四项条件选定化学成分：

① 铸铁牌号和各种性能要求；

② 铸件形状、尺寸、重量及冷却速度；

③ 生产工艺条件，如是否热处理，采用何种铸型类别（砂型、金属型、金属型覆砂），是否用无冒口工艺，球化和脱硫工艺等；

④ 原材料条件。

（1）基本元素

① 碳当量和碳。可参照表 4-8 选定碳当量。采用纯净的低锰炉料时取下限。如果促进碳化物形成元素（如 Mn、Cr、V、Mo 等）含量较高，或者残留镁和稀土较多，或者孕育不充分时，碳当量应取上限。在不引起石墨漂浮的条件下适当提高碳当量，有利于改善流动性和石墨化膨胀补缩。

选定碳当量以后，一般采取高碳低硅强化孕育的原则。含碳量选取 3.5%～3.9%，薄小件取上限，厚大件取下限，以保证充分石墨化和防止石墨漂浮及改善铸造性能为原则。

② 硅。对于铁素体球墨铸铁，在满足石墨化要求的条件下尽可能控制较低的终硅量，

使用低磷、低锰炉料时，硅含量略高影响不大；如炉料含磷、锰较高，含硅量更应严格控制，不可偏高，以防脆性。珠光体球墨铸铁含硅量低于铁素体球墨铸铁。贝氏体球墨铸铁可适当提高含硅量，但不超过 3.3%。中锰球墨铸铁、耐热耐蚀球墨铸铁要求较高的含硅量。薄壁快冷铸件或者炉料中含有较多的促进白口化元素时，应适当提高含硅量。

表 4-8　推荐碳当量范围　　　　　　　　　　　单位：%

类别		铸件壁厚/mm			
状态	基体	<25	25~50	50~100	>100
铸态	铁素体	4.6~4.7	4.4~4.6	4.3~4.5	4.1~4.4
	珠光体	4.5~4.7	4.4~4.6	4.3~4.5	4.1~4.4
热处理	铁素体	4.5~4.7	4.4~4.6	4.3~4.5	4.1~4.4
	珠光体	4.4~4.6	4.4~4.6	4.3~4.5	4.1~4.4

采用高效强化孕育工艺，例如型内孕育、浇口杯随流孕育等，可以减小孕育增硅量，在保证获得预定基体组织的同时降低最终含硅量。或者允许原铁液含硅量提高，可为大量使用回炉料提供条件。

③ 锰。除中锰球墨铸铁外，各种类型球墨铸铁都要求选用低含锰量，尤其是铸态铁素体球墨铸铁件、大型厚断面球墨铸铁件。锰虽然能稳定珠光体，但是对于珠光体球墨铸铁一般不希望利用锰保证珠光体组织，而推荐用铜或用正火工艺稳定珠光体。降低贝氏体球墨铸铁的含锰量对改善性能十分重要。

④ 磷。低温下工作的铁素体球墨铸铁应严格控制含磷量，一般球墨铸铁也应尽量降低含磷量。对于韧性要求较低、常温下工作的铸件，采取特殊工艺措施，如强化孕育、部分（或低碳）奥氏体化正火等，可放宽含磷量至 P≤0.13%。

⑤ 硫。应尽力降低原铁液含硫量，以保证球化稳定，减少夹渣、皮下气孔等缺陷。一般要求冲天炉熔炼 S≤0.06%~0.10%，电炉熔炼 S≤0.04%。对于特殊要求铸件，如重要铸件、离心球墨铸铁管、连续铸造型材，需脱硫处理。脱硫后原铁液 S≤0.02%，有些场合可达 S≤0.01%。

（2）球化元素　在保证球化合格的条件下应尽力降低稀土和镁的添加量和残留量，原铁液含硫量越低则允许残留镁和稀土量较低而不致迅速出现球化衰退。冷却速度快的薄壁小件或金属型铸造允许残留镁量和稀土量较低，尤其希望降低稀土量。含有反球化元素较多时，例如以钒钛生铁为炉料时，要适当增加稀土量。使用高纯炉料制造大型厚断面铸件时，则应严格限制含 Ce 量以防止出现碎块状石墨。对薄壁急冷铸件、铸态高韧性铁素体球墨铸件应以镁为主，可少用或不用稀土以减少白口倾向。

可参照表 4-9 控制各种壁厚砂型铸造稀土镁球墨铸铁件的球化元素残留量。镁球墨铸铁中残留镁量可比稀土镁球墨铸铁提高 0.01%~0.02%。采用型内球化工艺时允许残留镁量较低，因为它不存在衰退现象。

表 4-9　稀土镁球墨铸铁件球化元素残留量

壁厚/mm	<25	25~50	50~100	100~250
Mg/%	0.030~0.040	0.030~0.045	0.035~0.050	0.040~0.080
RE/%	<0.02	0.02~0.03	0.03~0.04	0~0.006①

① 采用重稀土允许≤0.018%。

（3）合金元素　常用合金元素的选用目的和含量范围列在表 4-10 中。

表 4-10　合金元素的选定

合金元素	使用目的和场合	含量范围/%
镍	(1)奥氏体耐蚀、低温、非磁球墨铸铁,稳定奥氏体	18～36
	(2)铸态贝氏体球墨铸铁。提高淬透性,改善韧性,组织均匀性,细化组织,与Mo同时使用	中小件 2～3 大件 2～5
	(3)等温淬火贝氏体球墨铸铁提高淬透性,改善组织均匀性,与Mo同时使用	0.5～5
	(4)珠光体或索氏体球墨铸铁,稳定和细化珠光体	0.5～2
铜	(1)铸态珠光体球墨铸铁,稳定和细化珠光体	0.5～1.0
	(2)大断面正火珠光体球墨铸铁件,稳定珠光体,与Mo同时添加	0.5～1.0
	(3)等温淬火贝氏体球墨铸铁,改善淬透性,同时加Mo	0.5～1.0
	(4)铸态贝氏体球墨铸铁,常与Mo、Ni同时使用	0.5～2.0[①]
	(5)合金中锰抗磨球墨铸铁,提高淬透性	≤0.5
钼	(1)大断面正火或铸态珠光体球墨铸铁件,提高淬透性	0.2～1.0
	(2)等温淬火贝氏体球墨铸铁件,提高淬透性	0.2～0.75
	(3)铸态贝氏体球墨铸铁件,提高淬透性	0.2～1.5
	(4)提高 400～600℃高温强度,防止回火脆性,改善综合力学性能	0.2～0.4
钛	珠光体球墨铸铁,强烈稳定珠光体,提高耐磨性	0.1～0.2[②]
钒	(1)珠光体球墨铸铁,强烈稳定珠光体,提高耐磨性	
	(2)中锰抗磨球墨铸铁,提高耐磨性	0.2～0.5
钨	退火铁素体球墨铸铁,提高强度、韧性和 350～650℃时的力学性能	0.6
锑	铸态珠光体球墨铸铁,强烈稳定珠光体,同时添加一定比例的稀土	0.03～0.08
锡	铸态珠光体球墨铸铁,强烈稳定珠光体	0.05～0.10
铋	铁素体球墨铸铁,增加石墨球数,改善韧性	0.001～0.002

① 在镁球墨铸铁中 Cu≤1.5%。
② 需采用高稀土球化剂,保持较高的残留稀土量。

根据球墨铸铁成分选定的基本原则,希望采用干扰元素、促进白口化元素、杂质元素(如 P、S)含量尽可能低、硅锰含量低或可控制的炉料。因此推荐采用表 4-11 的球墨铸铁用生铁。在炉料中生铁应占一定比例,但是在没有高纯生铁时也可采用纯净的废钢经增碳和调节硅量获得适用的铁液(主要用于大型厚断面铸件)。

表 4-11　球墨铸铁用生铁(GB/T 1412—2005)

牌号			Q_{10}	Q_{12}
化学成分 (质量分数)/%	C		≥3.40	
	Si		0.50～1.00	1.00～1.40
	Ti	1档	≤0.050	
		2档	0.050～0.080	
	Mn	1组	≤0.20	
		2组	0.20～0.50	
		3组	0.50～0.80	
	P	1级	≤0.050	
		2级	0.050～0.060	
		3级	0.060～0.080	

牌号			Q_{10}	Q_{12}
化学成分 (质量分数)/%	S	1类	≤0.020	
		2类	0.020～0.030	
		3类	0.030～0.040	
		4类	≤0.045	

4.2.5.2 各种类型球墨铸铁的成分选定

（1）铁素体球墨铸铁 表4-12列出各类铁素体球墨铸铁推荐化学成分。

表4-12 各类铁素体球墨铸铁的推荐化学成分

类别	化学成分/%						
	C	Si	Mn	P	S	Mg	RE
退火铁素体球墨铸铁	3.5～3.9	2.0～2.7	≤0.6	≤0.07	≤0.02	0.03～0.06	0.02～0.04
铸态铁素体球墨铸铁	3.5～3.9	2.5～3.0	≤0.3	≤0.07	≤0.02	0.03～0.06	0.02～0.04
低温用铁素体球墨铸铁	3.5～3.9	1.4～2.0	≤0.2	≤0.04	≤0.01	0.04～0.06	

生产铸态铁素体球墨铸铁应遵循下列原则。

① 使用低锰低磷的纯净炉料，严格限制白口化元素和反球化元素含量。

② 强化孕育，如采用型内孕育、浇口杯孕育等后期孕育工艺或使用含铋孕育剂等强烈增加石墨球数的孕育剂。

③ 控制终硅量，在保证铁素体量的条件下尽量降低硅量。

生产高韧性牌号（如 QT400-18）及低温下使用的铸件除遵循上述原则外，要求限制 Si、Mn、P 含量更低。采用镁球化剂，不宜用稀土，仅在炉料中含有干扰元素时少量添加稀土。一般应采用退火工艺。

常温下使用对韧性要求较低的不重要铸件允许放宽对 Si、Mn、P 及干扰元素（如 Ti 等）的限制。例如，允许 P≤0.10%，如采取下列措施并严格限制 Si、Mn 含量时，允许放宽到 P≤0.13%。

① 提高碳量 C3.8%～3.9%、CE4.5%～4.7%。

② 强化孕育，防止三元磷共晶，使磷共晶分散分布。

③ 在保证球化的条件下尽量降低 RE、Mg。

④ 950～980℃高温退火，消除三元磷共晶或复合磷共晶，改善其分布。

⑤ 金属型铸造形成麻口，980℃退火。

采用高温退火时允许放宽 Mn 到 0.3%～0.8%。采用含硅较高的铁液（Si2.0%～2.5%，甚至达 2.6%～3.0%），可用纯镁处理后不孕育，再经高温退火也可获得高韧性球墨铸铁。

（2）珠光体球墨铸铁 表4-13列出推荐化学成分范围。

表4-13 珠光体球墨铸铁推荐化学成分 单位：%

状态	C	Si	Mn	P	S	Cu	Mo
铸态	3.6～3.3	2.1～2.5	0.3～0.5	≤0.07	≤0.02	0.5～1.0	0～0.2
热处理	3.5～3.7	2.0～2.4	0.4～0.8	≤0.07	≤0.02	0～1.0	0～0.2

含硅量：小件取上限，大件取下限，只要不出现渗碳体，终硅量尽量低。由于锰易偏析和形成碳化物，不宜依靠添加锰获取珠光体组织，尤其大断面或特别薄小铸件的含锰量应按下限控制。对于要求韧性较低的铸件允许放宽P≤0.10%。对于铸态或大断面铸件，应添加Cu或同时添加Cu和Mo，也可以添加Ni（≤2.0%）、V（≤0.3%）、Sn（0.05%～0.10%）等以稳定珠光体。

铸态珠光体球墨铸铁生产应遵循下列原则。

① 严格控制炉料避免含有强烈促进形成碳化物元素如Cr、V、Mo、Te等，含锰量也不宜过高，避免铸态下形成渗碳体。

② 强化孕育防止形成碳化物，可采用稳定化孕育剂。

③ 根据铸件壁厚和牌号要求适量添加稳定珠光体、但不促进形成碳化物的元素，如Cu、Ni、Sn等。

生产高强度高韧性珠光体球墨铸铁时应选用纯净炉料，严格控制碳化物形成元素、干扰元素、有害杂质元素（如P、S等）。

（3）贝氏体球墨铸铁　它指基体组织以贝氏体为主的球墨铸铁，一般经奥氏体化（850～950℃保温）处理后以较快速度冷却，避免过冷奥氏体在高温区（A_{c1}至500℃）进行珠光体型转变，直接进行中温贝氏体型转变而获得。国外大多称之为ADI（Austempering Ductile Iron），即奥氏体化等温淬火球墨铸铁。但是添加Mo、Cu、Ni等合金元素使过冷奥氏体珠光体转变曲线右移，可在连续冷却条件下获得贝氏体球墨铸铁。

以上贝氏体基体为主者称之为上贝氏体球墨铸铁。过冷奥氏体在上贝氏体转变区（350～450℃）不能完全转变为上贝氏体，一般残留30%～40%的稳定性较好的奥氏体，对改善韧性十分重要，国内也称为奥贝球墨铸铁。

以下贝氏体基体为主者称之为下贝氏体球墨铸铁。过冷奥氏体在下贝氏体转变区（230～350℃）也不易完全转变为下贝氏体，一般也残余奥氏体，但数量较少，稳定性较差，因此，它比上贝氏体球墨铸铁强度、硬度高，而韧塑性较低。

① 上贝氏体球墨铸铁。表4-14列出推荐的贝氏体球墨铸铁基本化学成分，适当提高含硅量可抑制碳化物，细化贝氏体，改善性能，Si＞3.4%韧性下降，尤其应尽量降低含锰量。

表4-14　上贝氏体球墨铸铁基本化学成分　　　　　单位：%

C	Si	Mn	P	S
3.5～3.8	2.4～3.4	＜0.30	＜0.07	＜0.02

用等温淬火工艺生产薄小件可不添加合金元素。采用空冷工艺或厚大铸件需添加Mo、Cu、Ni等合金元素。例如含C3.3%、Si2.4%、Mn0.32%时推荐合金元素含量列于表4-15中。

钼提高淬透性，但是它抑制铁素体能力较弱，而且容易产生偏析，单独添加量不宜过多，一般为0.2%～0.3%。铜、镍均不易产生偏析，但单独添加铜或镍的作用较弱。钼与铜或者钼与镍共同添加，可缓和钼的偏析，允许增大含钼量，极显著地改善淬透性，但主要适用大型厚断面铸件。镍和铜能减小贝氏体等温转变产物对转变时间的敏感性，抑制碳化物的形成。

添加少量锡（0.04%～0.07%）可促进贝氏体转变，几乎不产生偏析。铬强烈产生偏析，极易生成碳化物，不宜使用。

铸态贝氏体球墨铸铁需添加Mo、Cu、Ni等合金元素。表4-16列出含镍钼铸态贝氏体球墨铸铁315℃回火后的力学性能。

表 4-15　上贝氏体球墨铸铁合金元素推荐含量

铸件壁厚/mm	盐浴等温淬火工艺	空气中强制冷却工艺
8	0	Mo0.3%
10	0	Mo0.35%＋Cu1% Mo0.48%
25	Mo0.3%	Mo0.3%＋Cu1% Mo0.3%＋Cu1.5%
37	Mo0.5% Mo0.35%＋Cu1%	Mo0.7%＋Cu1% Mo1%＋Ni0.0%
50		Mo0.5%＋Ni2.3%

表 4-16　铸态贝氏体球墨铸铁的力学性能（315℃回火）

楔形试块壁厚/mm	合金元素/%		力学性能					
	Ni	Mo	抗拉强度/MPa	屈服点/MPa	伸长率/%	疲劳强度/MPa	硬度(HBS)	冲击吸收功(V形缺口)/J
25	2.7	0.50	955	714	5	357	320	5
	3.3	0.25	996	721	5	357	320	4
75	3.7	0.50	879	694	4	316	290	6
	4.4	0.25	955	762	2.5	316	335	6
150	4.5	0.50	900	760	1.5	302	340	7
	5.0	0.25	927	755	2	286	335	7

含 Si 2.5%、Mn 0.17%～0.18%、P 0.044%～0.052%、S 0.011%～0.18%的铸态 25mm 试块，要获得 $\sigma_b \geqslant 900$MPa、$\delta \geqslant 3\%$ 的性能，推荐添加 Cu 0.6%～1.8%、Ni 2.1%～3.2%、Mo 0.4%～0.8%合金。

上贝氏体球墨铸铁件化学成分列于表 4-17。

表 4-17　上贝氏体球墨铸铁件化学成分

名称	化学成分/%								热处理工艺	力学性能	
	C	Si	Mn	P	S	Cu	Mo	Ni		σ_b/MPa	δ/%
4102 柴油机曲轴	3.5～3.6	2.76～2.34	2.27～0.33	＜0.07	≤0.02	0.45～0.58	0.28～0.31	0.50～0.53	930℃×2.5h 360～380℃×2h	≥100	≥5
冷轧管轧辊	3.42	2.62	0.47	0.036	0.022	0.4～0.8	0.15～0.3		940×1h 360×1.5h	920	6
塔吊升降螺母	3.91	2.54	0.15	0.043	0.025	1.29	0.304	1.71	铸态	826～830	2～3

② 下贝氏体球墨铸铁。基本成分与上贝氏体球墨铸铁相同，见表 4-19。根据壁厚不同可添加 Cu、Mo、Ni、V 等合金元素。

钼：中小件 0～0.2%，厚壁件 0.2%～0.4%。

铜：中小件 0～0.2%，厚壁件 0.5%～0.8%，其含量约相当于含钼量的 2 倍。

钒：Mn＜0.2%、Si3.1%～3.4%时可添加 V0.08%～0.15%，或与 Cu、Mo 同时添加。

下贝氏体球墨铸铁件化学成分举例如表 4-18。

含铜、钼的贝氏体球墨铸铁用于制造汽车减速齿轮。

表 4-18　下贝氏体球墨铸铁件的化学成分

名称	化学成分/%					热处理工艺	力学性能	
	C	Si	Mn	P	S		σ_b/MPa	HRC
凸轮轴	3.81~3.9	2.37~2.42	0.67	<0.06	<0.013	860℃×30min 300℃×45min	≥1100	38~48

4.3 球墨铸铁生产的理论基础

在球墨铸铁的生产中，我国铸造工人积累了丰富的生产经验。生产球墨铸铁都要进行孕育处理。以往的经验仅认识到它可以消除渗碳体促进石墨化（这一经验是从孕育铸铁的生产中得来的）。但是对在球墨铸铁生产中的孕育作用，它不仅仅起到促进石墨化消除渗碳体的作用，它还能有助于石墨球化、克服球化衰退现象。今天，很多工厂已广泛采用大孕育量、多次孕育的办法提高球墨铸铁的性能。

4.3.1 球墨铸铁的结晶特点

球墨铸铁与灰铸铁有很大的差异，性能上的区别来源于组织上的结晶特点。人们应该很好研究球墨铸铁的结晶的特点，从而认识球铁的本质。

球墨铸铁区别于灰铸铁的结晶特点有以下几方面。

4.3.1.1 过冷倾向大

镁球墨铸铁或稀土镁球墨铸铁的球化元素主要是镁以及稀土元素铈。镁和铈都是特别强烈的脱硫、脱氧、去气、去除杂质的元素。它们进入铁液后，净化了铁液，减少了结晶核心，使共晶转变在很大的过冷（所谓过冷是指液体金属冷却至平衡结晶温度以下某一温度方才结晶，所低的温度称为过冷度）下进行，球墨铸铁比普通灰铸铁要低 20~40℃或更多才能进行共晶转化。从它们的冷却曲线（见图 4-19）可明显地看出。

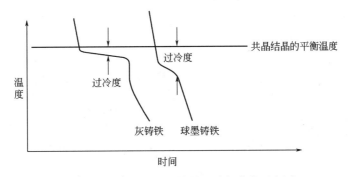

图 4-19　灰铸铁及球墨铸铁的冷却曲线示意图

球墨铸铁过冷倾向大这一客观事实使球墨铸铁具有较大的过冷敏感性。例如，在薄厚不均的铸件上，薄壁易出现渗碳体。另外，在球墨铸铁组织中经常可以出现珠光体＋铁素体＋渗碳体＋石墨的混合组织。在相同的成分下，球墨铸铁比灰铸铁的渗碳体要多。这些现象都是出自过冷倾向大的原因。为解决这一矛盾，采取了很多措施，如提高铁液的硅含量（所以球墨铸铁的硅含量比灰铸铁普遍要高）、采取孕育处理、加大孕育剂用量、实行多次孕育和选用强石墨化作用的孕育剂。至今一些工厂已经在铸态下生产无渗碳体的球墨铸铁件。

4.3.1.2 晶粒细化

铸铁的晶粒度与钢不同，不能用奥氏体的大小、多少来量度。因为铸铁不是一种纯金属或固溶体的多面体结晶，它存在有石墨＋奥氏体两种组分的共晶结晶。因此更适宜用石墨＋奥氏体共晶混合体（又称"共晶团"）来量度铸铁的晶粒度（见图4-20）。

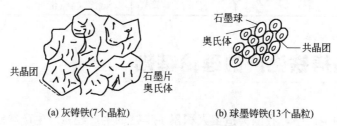

(a) 灰铸铁(7个晶粒)　　　　　　　(b) 球墨铸铁(13个晶粒)

图 4-20　铸铁的晶粒度示意图

由于镁扼制了共晶的生长（用过冷观点解释：在低温度下结晶，原子扩散能力降低；用吸附观点解释：在晶核上吸附一层阻碍晶核长大的薄膜）以及球状石墨晶核是在奥氏体壳包围中长大，故使其共晶团的结晶大大细化，比灰铸铁细 100～200 倍。

4.3.1.3 共晶点右移

众所周知，球墨铸铁的碳硅量都比较高，尤其在稀土镁球铁中，C＋1/3Si＝4.6％～4.7％比之正常铸铁的共晶碳当量 4.3％而言，它已是过共晶成分。但它的性质却如同共晶成分的铸铁一样。

这是因为球墨铸铁共晶碳当量比普通灰铸铁（4.3％）要高，为 4.5％～4.7％，即球墨铸铁的共晶点右移了。生产上用这一特点来确定适当的碳当量。镁球墨铸铁仅当碳当量超过4.6％时方会产生石墨漂浮。稀土镁球墨铸铁在同样碳当量下易产生石墨漂浮，则可以认为是加入稀土后，共晶点往右移得较少的结果。

4.3.1.4 球状石墨的长大

在球墨铸铁中，石墨球核心在开始长大后就在各个方向都被奥氏体所包围，不能同液体接触。此时，石墨的长大要依靠液体或碳化物通过奥氏体进入的碳来生长。灰铸铁则不必经过奥氏体（见图4-21）。因此球墨铸铁长大速度要比灰铸铁慢 4～9 倍。这样一来，球状石墨的尺寸就远比片状石墨为小。

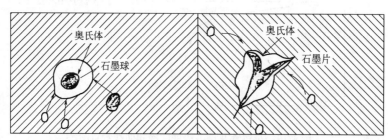

图 4-21　球状石墨与片状石墨长大示意图

球状石墨与片状石墨尺寸比较：片状石墨瓣的长度多半是 300～500μm，球状石墨的直径多半是 20～50μm。

在生产上有这样的现象，在镁球墨铸铁尤其是在稀土镁球墨铸铁中，直径小的石墨形状较为圆整。石墨越大，越倾向于团块状，或不圆整的外形。这说明球状石墨在成长的初期是球形的，在成长过程中石墨失掉规则的球状，获有半球形结构的嵌块（见图4-22）。不过，

图 4-22　球状石墨长大示意图

在各种因素都控制较好的情况下（如球化元素、冷却速度、碳当量等）也可以长大成近似球状的石墨。当人们掌握了球状石墨长大后会变形的这一规律后，把握了主动权。在生产上尽力限制石墨球长大的条件，克服破坏石墨球生长的因素，现在广泛地采用加强孕育处理，通过增加石墨个数限制石墨长大从而减小石墨球径、提高了球化率。

4.3.2　球化理论简说

在球墨铸铁生产的大量感性认识的基础上，得出了一些对球化理论的各种看法，不同程度地解释了一些生产现象。但是，球化理论的发展至今仍是很不够的，一则各种理论还存在不少矛盾，二则拿这种理论去能动地改造世界还有距离。为了完善以及发展球化理论，特将各种球化理论作一简略介绍（表 4-19）。

表 4-19　球化理论

球化理论	基本要点	不能解释的现象
核心理论	石墨形状取决于初生晶核的结构或形状，如六方晶格的晶核促使生成片状石墨。而立方晶格的晶核则易生成球状石墨 　　六方晶格晶核　　　　立方晶格晶核 　　SiO_2　　　　　　　MgO　CaO　BaO 　　FeS　　　　　　　　MgO　CaS　BaS 　　MnO　　　　　　　MgC_2　CeO_2 　　SiC　　　　　　　　Mg_2C_3　Li_2O 　　　　　　　　　　　　　　　Li_2S 球化元素(如 Mg、Ce、Ca)的氧化物、硫化物、碳化物多为立方晶格，故使石墨球化	为什么存在中间状石墨？镁蒸发后为什么形成片状石墨 高硫球铁的晶核是 FeS 属六方晶核，但为什么退火后呈球状石墨析出
吸附理论	作为表面活性物质的球化剂以原子或化合物的形式吸附在生长速度较大的晶体界面上，形成吸附层阻止其生长，使各晶面的生长速度趋于均匀，从而使石墨形成球状 Mg、Ca、Ce 等都是些表面活性元素	用放射性同位素 Ca^{45}、Ce^{114} 加入，发现这些元素未吸附在球状石墨的表面上。白口球铁退火为什么能获得球状石墨。为什么纯金属在真空熔炼也能使石墨球化
表面张力理论	提高母液与石墨分界面的相间张力，可使石墨结晶成各面均匀的球状。相间张力的规律变化可反映在铁液的表面张力上 　　　　普通铁液　　　球墨铸铁 　约 900×10^{-7}/cm　　1500×10^{-7}/cm 加 Mg、Ce 处理铁液，能脱氧、脱硫(氧、硫是降低表面张力的活性物质)，从而提高表面张力使之球化。处理后的球铁铁液长时间停留，由于镁蒸气的蒸发使表面张力降低所以产生球化失效现象	硫是降低表面张力的元素，但为什么高硫铸铁经退火后，能得到球状石墨
过冷理论	Mg、Ce、Ca 等球化剂能去硫、脱氧、增加液体金属结晶的过冷度。金属在较大过冷度下结晶的晶体形状易呈球状。另外，由于过冷大，石墨核心不在液态生成，而是通过首先形成碳化铁，然后在稍低于共晶温度下进行"自身退火"，碳原子经周围的固相扩散到核心上长大成球 球铁之所以有较大收缩，是与它先形成碳化铁有关。球铁的硅含量要求比较高，是促进"自身退火"所必需的	锌不是强的增加过冷元素，为什么有球化作用
精炼与去气理论	铁液中形成真空是形成球状石墨的主要原因。去气脱氧的结果使铁液形成真空。故用 Mg、CO_2、Ca 处理或真空熔炼，向铁液中吹入氯、氢、氮等气体都能改变石墨的形状	高硫并未使铁液形成真空，为什么能促使球化

球化理论	基本要点	不能解释的现象
气泡理论	镁或其他一些沸点较低的球化元素,加入铁液中产生大量气泡,在气泡的表面上,镁蒸气和铁液的 CO、CO_2、O_2 反应,即 $$Mg_{汽}+CO_{汽}=\!\!=MgO_{固}+C_{固}+Q$$ 其中固体碳就成为核心长在气泡的表面上,表面层长满后再一层一层地从外向气泡内填充长大,最后成为球状石墨。所以,凡是在铁液中能够汽化并能进行上述反应的物质都能作球化剂。如 Mg、Ca、Si、Ba 吹甲烷也能球化	沸点高的铈(约 1457℃)和钇(3030℃)为什么能使石墨球化 硫不能汽化,但为什么能球化 高纯度铁在真空中熔炼为什么石墨球化

从所介绍的几种球化理论来看,无论哪一种理论都解释了球化现象的一个侧面。过去,各国的一些学者在这个问题上互相争论不休,从他们的观点出发,都在试图全盘否定对方,把自己所持的观点说成是"天衣无缝""绝对真理"。铸铁中的石墨变成球状这一事情是复杂的,成球的原因也可能是好几个,由几方面的因素决定。

4.3.3 球墨铸铁的孕育处理原理

在灰铸铁的生产中,孕育处理已广泛地被用来改善力学性能,控制碳当量低的高强度铸铁的白口倾向以及减少碳当量高的软灰铸铁在薄断边缘的白口。

对孕育理论的一般认识有核心理论、去气理论、吸附理论(见表 4-20)。

表 4-20 孕育理论

孕育理论	基本要点	不能解释的现象
核心理论	孕育剂加入铁液后,形成一种高熔点、高弥散度的悬浮物质,它们是石墨结晶的核心 由于这些非自身晶芽的加入使石墨化程度加强,并且生成的石墨细小、均匀 这种理论解释了一些生产现象,如提高过热可使铁液净化,停置时间过长可使孕育失效	液体孕育现象无法解释。有些元素(如 Mg)加入铁水后也形成高熔点的悬浮物质,但为什么没有孕育作用
去气理论	孕育剂加入铁液后,减少了熔于金属中的气体(O_2、H_2、N_2),因而促进石墨化,起孕育的效果。因为氧、氮都是使碳化物稳定的元素。目前大多数的孕育剂都是较好的去气、脱氧剂。铁液长时间保持使氧又重新进入到铁液中,故孕育作用降低,满意地解释了孕育失效现象	液体孕育现象无法解释。镁铈有更强烈的去气效果,但为什么没有石墨化的孕育作用
吸附理论	孕育剂本身或它的反应物成为一种表面活性物质,吸附在石墨核心周围,从而减缓了石墨的生长速度,延长了石墨晶核长大的时间,石墨细化了。另外,由于石墨结晶的时间加长,使石墨的核心出现得更多,也使石墨细化	液体孕育失效现象无法解释。孕育作用为什么会发生失效现象

在球墨铸铁的生产过程中,孕育处理是极其重要的工序。有的进行一次孕育(即在出铁槽中加入),有的进行二次孕育(在大包转倒小包过程中加入,或用钟罩压入浇包中),甚至有的进行型中孕育(加入到浇口杯中)。球墨铸铁的孕育处理作用有二:一是类如一般灰铸铁的孕育作用,目的是减小过冷度,消除碳化物,改善力学性能;二是促使石墨形成球状,提高球化率。后者是球墨铸铁的孕育特性,在稀土-镁球铁中,直径小的石墨形状倾向于圆整的外形。球墨铸铁经孕育处理造成大量的石墨核心,使球状石墨个数增多,球径减小,抑制石墨强烈长大,有助于石墨最终成为球状。一般而言,球化剂促进铁液过冷,使铁液反石墨化的作用加强,而孕育剂则相反。

球化剂促使石墨在过冷条件下结晶,生成球状核心。孕育剂则可抑制过冷,增多球状核心，从而降低石墨的生长速度，球径变小，改善了形状。

诚然，球化剂和孕育剂二者是个相反的东西，但却起到共同的作用。

4.3.4 稀土镁球化处理过程中的冶金反应

（1）脱硫反应 镁加入铁液后，会首先发生 Mg 的脱硫反应，即

$$Mg_气 + FeS_液 = Fe_液 + MgS_固$$

按照理论上的计算，去硫 0.1%，需要消耗的镁量为

$$\frac{24.32}{32.06} \times 0.1 = 0.076\%$$

故在球化处理时，去硫所消耗的镁量，可用下式表示：

$$Mg 去硫 = 0.076(S_1 - S_2)$$

式中 S_1——原铁液中含硫量；

S_2——铸铁液残留的硫量。

镁的脱硫作用与处理温度关系很大。经计算和实践证明铁水温度越高，去硫能力越弱。

稀土加入铁水后，发生下列脱硫反应：

$$RE + FeS_液 = Fe_液 + RES$$

由于稀土和硫的原子量比为 3.3（主要以生成 RE_3S_4 化合物计算），所以，去硫所消耗的稀土总量为

$$RE 去硫 = 3.3(S_1 - S_2)$$

（2）脱氧反应 铈和镁都是强烈的脱氧剂。稀土、镁与 O_2、S 的反应生成自由能随温度的变化如图 4-23 所示。由图可知，脱硫的强弱顺序为 Ce>Ca>Mg，脱氧的强弱顺序为 Ca>Ce>Mg。

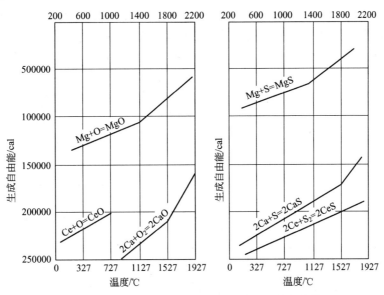

图 4-23 Mg、Ce、Ca 同氧、硫反应的生成自由能

（3）除气反应 稀土镁中的镁沸点很低，在一个大气压下为 1107℃，镁的饱和蒸气压与温度的关系为

$$\ln p = \frac{-7111.3}{T} + 5.158$$

式中　p——饱和蒸气压；

　　　T——热力学温度。

球化处理时，铁液温度在 1360～1400℃，换算成热力学温度即 $T=273℃+(1360～1400℃)$ 代入，求得饱和蒸气压为 7～7.5 个大气压，远比铁液表面上的一个大气压要大。因而镁在铁液中形成很多小气泡上浮，镁蒸气翻腾铁液。在液体金属的整个体积内，都有镁的小气泡。在这些气泡中，没有氢、氮、氧的分子，相对于它们来说是真空。于是便从四面八方扩散进入镁气泡中，随气泡一同上浮逸出，结果达到除气效果（见图 4-24）。

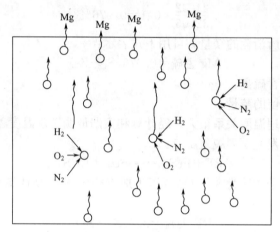

图 4-24　镁处理铁液过程示意图

　（4）净化作用　稀土（铈或镧）、镁与氧、硫所形成的化合物性能见表 4-21，它们大多数是相对密度小于铁、熔点较高的化合物。如果铁液温度较高并经适当的静置，这些杂质是能上浮至铁液表面的。在用镁处理时，由于降温严重，在铁液表面形成了一层浓膏状稠而黏滞的金属，在改用稀土镁冲浇处理后，铁液温度提高了，氧化物、硫化物的综合熔点降低了，因而铁液的净化作用更强了，"黑渣"缺陷便得到显著的克服。

表 4-21　某些氧化物及硫化物的性能

化合物	熔点/℃	密度/(g/cm³)	25℃时的生成热/(kcal/mol)
La_2O_3	2250±40	5.84	−425.57
Ce_2O_3	1690	6.38	−435
FeO	1420	5.7	−63.5
MgO	2800	3.65	−143.8
CaO	2570	3.32	−152.1
LaS	2200	5.75	
La_2S_3	2095±30	4.92	−284
Ce_2S_3	1890	5.07	−300.5
CeS	2450	5.88	−118
FeS	985	5.70	−23.0
MgS	2000	2.8	−84.4
MnS	1600	3.6～4.0	−47
CaS		2.8	−113.3

4.3.5 球墨铸铁的凝固特征

球墨铸铁经常容易产生缩孔、缩松等缺陷，这是所有从事球墨铸铁生产的工人师傅都了解的现象。在生产实践中为了防止产生收缩缺陷，常使用冒口补缩或其他工艺措施（如控制浇注温度、调整化学成分、进行孕育处理）。也可以采用提高铸型刚度等措施，在这些措施中有些是控制外因条件，有的是改变内因条件。为了克服收缩缺陷的问题必须很好地掌握球墨铸铁的凝固规律。

球墨铸铁的凝固特性表现如下。

① 共晶凝固区间较大。从液相线到固相线之间的凝固过程与灰铸铁相比没有特殊的差异。因为球墨铸铁的化学成分属于共晶范围，所以液-固线区间也较窄。但到了共晶凝固阶段，由于球状石墨晶核被一层奥氏体壳包围，碳从液体扩散到核心受到阻碍，使共晶团生产发生困难，长大过程推迟。必须进一步降低温度以增加石墨析聚的推动力，使石墨球长大。因此，共晶液体的结晶就需要一个相应扩大的温度区间方能完成，即扩大了共晶凝固区间。有资料介绍球墨铸铁共晶凝固温度区间约为46℃，而灰铸铁约为16℃，几乎相差2倍。由于球墨铸铁共晶凝固不同于灰铸铁，灰铸铁主要是逐层凝固，而球墨铸铁则是同时进行"体积凝固"（又称"糊状凝固"、"海绵状凝固"）。

② 铸件外壳完全凝固的时间较长。由于共晶凝固区间较大，当外壳中的共晶反应尚未全部完成时，铸件中心就可能产生共晶反应。这说明球墨铸铁在凝固期间外壳的坚实程度远比灰铸铁小。

③ 共晶凝固过程中，球墨铸铁的铸造膨胀比灰铸铁大，使得外壳向外胀出，增加了球墨铸铁的体收缩值。如使用刚性铸型，则可使其向内挤压，可大大减少缩松、缩孔体积。无冒口铸造工艺就是根据这一原理创造出来的。

④ 石墨球及奥氏体的球状生长。无论石墨的长大是靠液体中直接析出碳通过奥氏体扩散，还是依靠碳化铁的分解，当球状石墨在长大时，外层奥氏体壳也在长厚，一直到互相接触为止（见图4-25）。此时，在共晶团之间就形成了很小的空洞，假使这些空洞得不到补缩的话，就生成缩松，这是球墨铸铁所以具有较大的缩松倾向的内因。

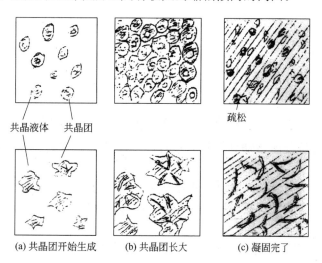

共晶液体　共晶团　　　　　　　　　　疏松

(a) 共晶团开始生成　　(b) 共晶团长大　　(c) 凝固完了

图 4-25　灰铸铁、球墨铸铁石墨及奥氏体长大示意图

亚共晶灰铸铁和共晶球墨铸铁凝固的某一瞬间情况（见图4-26）。

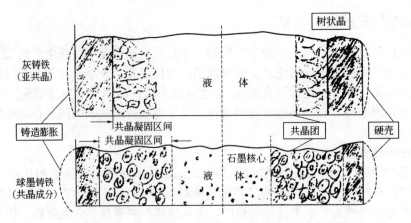

图 4-26　亚共晶灰铸铁和共晶球墨铸铁凝固的比较图

4.3.6　球墨铸铁的铸造特性

（1）流动性　灰铸铁、镁球墨铸铁、稀土镁球铁的流动性比较见表 4-22。

表 4-22　灰铸铁、镁球墨铸铁、稀土镁球铁的流动性比较

球墨铸铁	灰铸铁	镁球墨铸铁	稀土镁球铁
流动性比较	一般	稍好	最好
理由		镁能净化金属，减少高熔点的氧化物、硫化物，另外，碳当量高，接近共晶点。越接近共晶成分，其流动性越好，因为流动时无树状晶阻碍	铈稀土净化金属的作用更强。另外，铈是表面活性物质，使铁液表面结皮较少，降低氧化膜的熔化温度

碳当量与流动性的关系如图 4-27 所示。

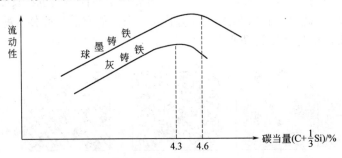

图 4-27　球墨铸铁、灰铸铁的流动性与碳当量的关系

（2）收缩　铸件从凝固冷却到室温的铸件体积变化，反映为铸件的线尺寸所发生的缩减，即线收缩。

线收缩是从晶体形成骨架，能保持铸件外形时才开始的。对于共晶成分的铸铁，开始线收缩的温度即为共晶温度，对亚、过共晶铸铁，则高于共晶温度。

铸铁的线收缩过程分四个阶段。

① 开始膨胀——凝固开始后，外壳渗碳体自身退火石墨化所引起。C、Si、P 量越高，此值越大。

② 珠光体前的收缩——从凝固末了到形成珠光体之前，随温度下降所产生的收缩。此两阶段的膨胀与收缩，决定了铸件产生热裂的倾向性。如膨胀值越大，收缩值越小，则产生

热裂的倾向就越小。

③ 珠光体转变的膨胀——由奥氏体相变所引起。负值说明存在有铁素体与石墨，正值说明有渗碳体，零说明为纯珠光体。

④ 形成珠光体后的收缩——取决于合金的线膨胀系数。

后两阶段的数值，将引起产生内应力、冷裂与变形。线收缩过程的四个阶段对不同铁碳合金值是不同的，如图4-28所示。

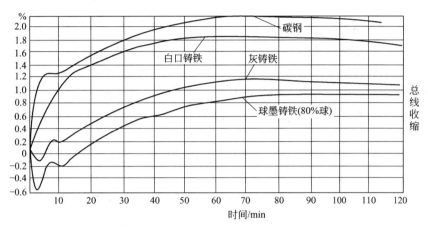

图4-28　自由线收缩曲线

由图4-28可见，球墨铸铁收缩前的膨胀比普通灰铸铁大2～4倍。所以热裂少，缩孔体积大。总的线收缩数值与灰铸铁一样，甚至还要小。人们也试图利用这一特性制造刚性铸型限制球墨铸铁的向外膨胀，强返向里面压缩。填补缩孔与疏松即无冒口铸造。表4-23中所列的数值是几种铁碳合金的自由线收缩大致范围。

表4-23　几种铁碳合金的自由线收缩数值

材料名称	自由线收缩/%					受阻级收缩
	开始膨胀	珠光体前收缩	珠光体转变膨胀	形成珠光体后的收缩	总线收缩	
碳钢	0	1.06～1.47	0～0.11	0.9～1.07	2.03～2.4	1.8～2.0
白口铸铁	0	0.7～1.35	0	0.92～1.01	1.6～2.3	1.5～1.8
灰铸铁	0～0.3	0～0.4	0.1	0.94～1.06	0.9～1.3	0.8～1.0
镁球墨铸铁	0.4～0.94	0.3～0.6	0～0.08	0.94～1.09	0.5～1.2	0.7～1.0

缩孔——球墨铸铁具有很大的形成缩孔的倾向性。其缩孔体积往往比白口铸铁和钢要大（见表4-24），原因有：存在较大的"收缩前膨胀"；结晶时部分液体先按白口凝固，此时，无石墨化膨胀，故体收缩增大。

在球墨铸铁中，增加碳含量，缩孔体积就会减小。这与球墨铸铁在凝固时石墨化程度的增大和凝固范围的改变有关。硅作为石墨化元素，促进了石墨的析出，从而降低了凝固的收缩，即减小了缩孔的体积，从表4-24中能明显看出。

浇注温度的影响有两方面，提高浇注温度能够增加液态收缩，球铁在过热100℃下浇注，铁液的液态收缩要增加1.6%。另外，提高浇注温度由于热的作用，可使石墨化条件改善，又可减少收缩。但综合效果仍是提高浇注温度后使缩孔、缩松体积增加。

缩松——球墨铸铁有较大的缩松倾向，这与它们的凝固特点有关。

表 4-24　几种铁碳合金的缩孔体积

材料	浇注温度	化学成分/%						缩孔体积/%
		C	Si	Mn	P	S	Mg	
碳素钢	1540	0.24	0.01	0.05	0.05	0.04		6.45
白口铸铁	1250	2.65	1.10	0.48	0.16	0.09		5.70
灰铸铁	1280	3.19	1.70	0.55	0.12	0.02		3.00
镁球墨铸铁	1290	3.15	2.27	0.47	0.12	0.008	0.050	8.40

（3）内应力　内应力分铸造应力及相变应力。铸件各部分发生不均匀、不同时间的收缩所产生的应力称为铸造应力。当石墨析出（析出 1% 石墨能增加 2% 体积）时，由于相转化使铸件体积变化所引起的应力称为相变应力。

铸造应力取决于铸造合金的弹性模数、热导率及温差。表 4-25 为几种铁碳合金的弹性模数。

表 4-25　几种铁碳合金的弹性模数 E

材　　料	弹性模数/(kgf/mm^2)
珠光体球墨铸铁	17200~18600
铁素体球墨铸铁	14300~17400
可锻铸铁（珠光体）	16000~17000
可锻铸铁（铁素体）	15000~17000
铸钢（焖火后）	20000~21000
灰铸铁	8000~9000

球墨铸铁件与灰铸铁比较，有较高的内应力。球墨铸铁件具有较大的冷裂和变形的倾向。因为球墨铸铁的弹性模数比灰铸铁高，白口敏感性大。

根据应力计算公式：

$$\sigma = \varepsilon E$$

式中　E——弹性模数；

　　　ε——变形量。

计算或实测得出，球墨铸铁的内应力比灰铸铁大 2~3 倍。碳和硅能增加石墨化程度，减少铸件各部分的组织方面的差别，因而减少了球铁的内应力值，从而减少冷热倾向。

为了消除内应力的作用，减少产生冷裂的危险，重要的球墨铸铁件都要进行低温退火。即加热到 550℃ 左右，在此温度下保温 3~5h，随炉冷却到 200℃ 之后在空气中冷却。

球墨铸铁的热裂倾向较小，因为在浇注以后结晶的初期，产生的不是收缩而是膨胀，这个过程可以减少收缩压力。但当含磷量较高时，冷却得越慢，则它发展热裂的可能性就越大。

4.4　球墨铸铁的性能

4.4.1　力学性能

（1）静载荷性能　各种牌号球墨铸铁的力学性能指标列于表 4-26~表 4-28 中。

① 硬度。球墨铸铁的硬度主要取决于基体组织，而且硬度与抗拉强度、伸长率等静载荷性能之间有相应的关系。基体组织与硬度的关系列于表 4-26 中。

表 4-26　各种基体组织球墨铸铁的硬度

基体组织	硬度（HBS）
铁素体	149～187
铁素体-珠光体	170～207
珠光体-铁素体	187～248
珠光体	217～269
贝氏体或针状体	260～350
回火马氏体	350～550
奥氏体	140～160

硬度与拉伸性能的关系取决于基体组织。

a. 铁素体基体和（或）珠光体基体，如图 4-29 所示。

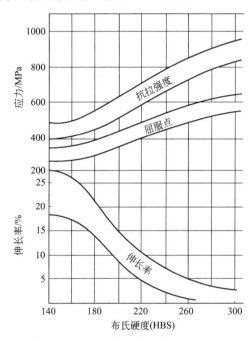

图 4-29　铸态、退火或正火的铁素体和（或）珠光体基体
球墨铸铁硬度与拉伸性能的关系

b. 调质处理的马氏体回火组织基体，如图 4-30 所示。

c. 经正火-回火处理的针状组织基体镍钼合金球墨铸铁，如图 4-31 所示。

② 强度和塑性。球墨铸铁的强度和塑性主要取决于基体组织，即下贝氏体或回火马氏体球墨铸铁强度高，其次是上贝氏体、索氏体、珠光体球墨铸铁。随铁素体量增多，强度下降、伸长率增加。奥氏体或铁素体球墨铸铁强度较低，塑性较好。

与珠光体球墨铸铁相比，相同硬度的马氏体回火组织球墨铸铁具有较高的强度；贝氏体球墨铸铁也具有较高的强度，但其伸长率低于马氏体回火组织球墨铸铁。

球墨铸铁在应力应变时不发生明显屈服变形，用发生 0.2% 塑性变形时的应力计算屈服强度。

在各种应力状态下的力学性能列于表 4-27 中。

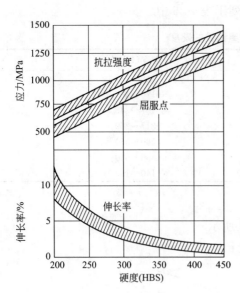

图 4-30 经淬火-回火处理的回火马氏体基
体球墨铸铁硬度与拉伸性能的关系

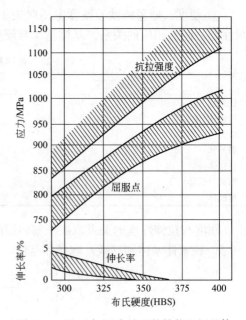

图 4-31 经正火-回火处理的针状组织基体
镍钼合金球墨铸铁硬度与拉伸性能的关系

表 4-27 在各种应力状态下力学性能的关系

应力状态	各种力学性能的关系
拉伸	$\dfrac{0.2\% \text{拉伸屈服点}}{\text{抗拉强度}} \approx 0.6 \sim 0.7$
压缩	$\dfrac{0.2\% \text{压缩屈服点}}{0.2\% \text{抗伸屈服点}} \approx 1.1 \sim 1.2$
	铁素体基体 0.1%压缩弹性极限应力≈0.1%拉伸弹性极限应力+20MPa 珠光体基体或调质处理 0.1%压缩弹性极限应力≈0.1 拉伸弹性极限应力+12MPa 混合基体 0.1%压缩弹性极限应力≈0.1%拉伸弹性极限应力+(12～20)MPa
	$\dfrac{\text{压缩比例极限}}{0.1\% \text{压缩弹性极限应力}} \approx 0.8$
扭转(剪切)	$\dfrac{\text{抗扭强度}}{\text{抗拉强度}} \approx 0.9$ $\dfrac{\text{扭转屈服点}}{\text{拉伸屈服点}} \approx 0.75$ $\dfrac{\text{扭转比例极限}}{\text{拉伸比例极限}} \approx 0.75$ $\dfrac{\text{扭转比例极限}}{\text{拉伸屈服点}} \approx 0.5 \sim 0.55$

稀土镁球墨铸铁抗拉强度与伸长率的关系（25mm Y 型试块）如图 4-32 所示。

③ 弹性模量。影响球墨铸铁弹性模量的最重要因素是球化率。球化率降低使弹性模量降低，如图 4-33 所示。石墨数量增加也可降低弹性模量。珠光体或铁素体数量并不影响弹性模量。由于含碳量变化，弹性模量在 159～172GPa 范围内变化，剪切模量为 63～64GPa，泊松比 0.275～0.285。

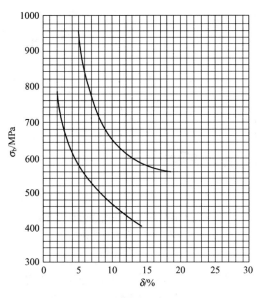

图 4-32　稀土镁球墨铸铁抗拉强度
与伸长率的关系

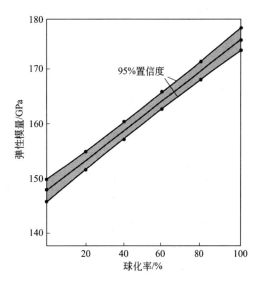

图 4-33　球墨铸铁球化率
与弹性模量的关系

（2）动载荷性能

① 冲击韧性。按照 GB/T 1348—2009《球墨铸铁件》标准的规定，V 形缺口单铸试样在室温和低温下的冲击功如表 4-28 所示。

表 4-28　V 形缺口单铸试样的冲击功（GB/T 1348—2009）

牌号	最小冲击功/J					
	室温(23±5)℃		低温(−20±2)℃		低温(−40±2)℃	
	三个试样平均值	个别值	三个试样平均值	个别值	三个试样平均值	个别值
QT350-22L	—	—	—	—	12	9
QT350-22R	17	14	—	—	—	—
QT400-18L	—	—	12	9	—	—
QT400-18R	14	11	—	—	—	—

注：1. 冲击功是从砂型铸造的铸件或者导热性与砂型相当的铸型中铸造的铸块上测得的。用其他方法生产的铸件的冲击功应满足经双方协商的修正值。

2. 这些材料牌号也可用于压力容器，其断裂韧性见附录 D。

图 4-34 为试样有无缺口及试验温度对铁素体球墨铸铁冲击吸收功的影响。图 4-35 表示各种基体组织球墨铸铁的脆性转变温度。

表 4-29 列出各种基体组织球墨铸铁在常温下无缺口试样冲击韧性范围，铁素体球墨铸铁由于含硅量变化，贝氏体球墨铸铁由于上下贝氏体及奥氏体数量变化，其冲击韧性变化范围较大。

表 4-29　各种基体组织常温冲击韧性（无缺口试样）

基体组织	铁素体	珠光体	贝氏体	回火索氏体
冲击韧性/(J/cm²)	50~150	15~35	30~100	20~60

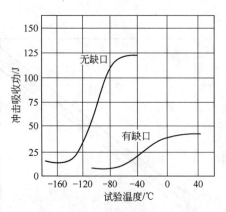

图 4-34　铁素体球墨铸铁有缺口及
无缺口试样冲击吸收功-温度曲线

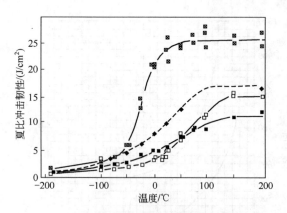

图 4-35　各种基体组织球墨铸铁的脆性转变温度
基体：⊠铁素体；◆铁素体和珠光体；
□粒状珠光体；■珠光体

② 小能量多次冲击韧性。很多零件如曲轴在工作时承受小能量多次冲击载荷。小能量多次冲击试验结果如图 4-36 所示，冲击吸收功小于 2.40J 时珠光体球墨铸铁的小能量多次冲击韧性优于 45 正火钢。图 4-37 表明铁素体球墨铸铁在各种多次冲击试验中韧性优于铁素体可锻铸铁。

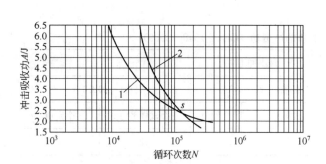

图 4-36　珠光体球墨铸铁和
45 正火钢的 A-N 曲线
1—珠光体球墨铸铁；2—45 正火钢

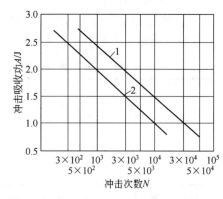

图 4-37　铁素体球墨铸铁和铁素体
可锻铸铁的 A-N 曲线
1—铁素体球墨铸铁；2—铁素体可锻铸铁

珠光体量对球墨铸铁小能量多次冲击韧性的影响列于表 4-30 中。珠光体球墨铸铁的小能量多次冲击韧性优于铁素体球墨铸铁，但常规一次冲击韧性则相反。

表 4-30　珠光体量对球墨铸铁小能量多次冲击韧性的影响

冲击吸收功/J	2.35	1.57	0.78	0.49	一次冲击韧性
珠光体量/%	\multicolumn{4}{c}{冲击次数($N×10^4$)}			（无缺口)/(J/cm²)
100	0.797	38.9		8770	23.62
95	0.804	17.3	1610	7310	20.29
85	0.505	10.9	1260	5390	33.81
75	0.546	9.8	900	3140	33.61

③ 疲劳强度。各种基体组织球墨铸铁的弯曲疲劳强度列于表 4-31 中。珠光体球墨铸铁

汽车曲轴实物疲劳强度达 84MPa，与 45 正火钢曲轴相同。

表 4-31　各种基体组织球墨铸铁弯曲疲劳强度

材料	抗拉强度/MPa	无缺口试样		有缺口试样(45°,V 型缺口)		
		疲劳强度/MPa	疲劳强度抗拉强度	疲劳强度/MPa	疲劳强度抗拉强度	缺口敏感系数[1]
铁素体球墨铸铁	461	206	0.45	—	—	—
铁素体球墨铸铁	470	245	0.52	—	—	—
珠光体球墨铸铁	735	255	0.347	—	—	—
珠光体球墨铸铁	760	269	0.35	—	—	—
珠光体球墨铸铁	710	262	0.37	—	—	—
贝氏体球墨铸铁	1176～1470	304～343	0.23～0.26	—	—	—
铁素体球墨铸铁	490	210	0.43	145	0.30	1.4
珠光体-铁素体球墨铸铁	621	276	0.44	166	0.27	1.7
回火马氏体球墨铸铁	931	338	0.36	207	0.22	1.6
上贝氏体球墨铸铁	1088	412	0.38	353	0.32	1.2

[1] 缺口敏感系数 $=\dfrac{\text{无缺口疲劳强度}}{\text{有缺口疲劳强度}}$。

④ 断裂韧性。各种基体组织球墨铸铁的平面应变断裂韧性 K_{10} 列于表 4-32 中。其中铁素体球墨铸铁由 J 积分换算而来，其余为测定值。试样为 15mm×30mm×120mm 三点弯曲试样。上贝氏体球墨铸铁在具有高强度的同时还有很好的断裂韧性。

表 4-32　各种基体组织球墨铸铁的 K_{10} 值

基体组织	铁素体	珠光体	下贝氏体	上贝氏体[1]
断裂韧度	81.3	31.0	55.5	83.9
$K_{10}/MPa\sqrt{m}$	74.8	37.5	55.7	85.3
		34.4	61.4	90.4

[1] 等温淬火（890℃×30min，360℃×120min）。

在各种温度下不同种类球墨铸铁的 K_{10} 值列于表 4-33 中。

表 4-33　不同温度下各种球墨铸铁的 K_{10} 值

类　别	温度/℃	屈服点/MPa	$K_{10}/MPa\sqrt{m}$	K_{10} 试样厚度/mm
铁素体球墨铸铁 Si3%	−40	—	35.2	21.1
	−107	—	30.3	21.1
	−107	—	46.0	31.8
铁素体球墨铸铁 Si1.55%、Ni1.5%、Mn1.2%	24	269	42.8	25
	−55	310	48.3	25
	−73	324	59.3	25
铁素体[1]球墨铸铁	24	331	48.3	25
	−55	372	61.5	25
	−73	385	53.8	25

类 别	温度/℃	屈服点/MPa	K_{10}/MPa$\sqrt{m}$	K_{10}试样厚度/mm
珠光体[1] 球墨铸铁 Mo0.5%	24 −12 −55	483 493 503	48.3 50.5 22.0	25 25 25
珠光体-铁素体 球墨铸铁 80-60-03	24 −19 −48	432 458 476	27.1 25.4 26.2	25 25 25
珠光体球墨铸铁[2] D7003	24 −19 −59	717 727 740	51.7 47.9 50.5	25 25 25
高镍奥氏体耐蚀球墨铸铁	24 −59	324 325	64.1 67.1	25 25

① 除另有说明者外，铸铁成分为 C3.6%、Si2.5%、Ni0.38%、Mo0.35%。

② 美国 SAE 标准 No.J434C（汽车铸件）。

⑤ 疲劳裂纹扩展门槛值及疲劳裂纹扩展速率。各种基体球墨铸铁疲劳裂纹扩展门槛值 ΔK_{th} 列于表 4-34 中，其应力比 $R=\dfrac{\sigma_{min}}{\sigma_{max}}=\dfrac{1}{3}$。铁素体球墨铸铁的疲劳裂纹扩展门槛值最高，随材料强度提高门槛值降低，下贝氏体球墨铸铁门坎值最低。

表 4-34   各种基体球墨铸铁 ΔK_{th} 值

基体	铁素体	珠光体	下贝氏体	上贝氏体-奥氏体
ΔK_{th}/MPa$\sqrt{m}$	8.62	6.82	3.41	5.21

各种基体球墨铸铁的疲劳裂纹扩展速率 $\dfrac{da}{dN}$ 与应力强度因子范围 ΔK 的关系曲线如图

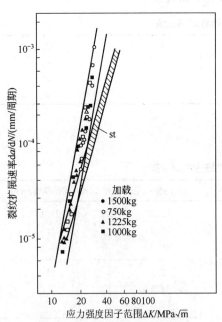

图 4-38   退火铁素体球墨铸铁的
疲劳裂纹扩展速率
st—作为对比的铁素体、珠光体锻钢

4-38、图 4-39 所示。在相同的 ΔK 下珠光体球墨铸铁的裂纹扩展速率最高，铁素体球墨铸铁裂纹扩展速率最低，上贝氏体球墨铸铁介于二者之间。在较高的应力强度因子幅度（ΔK）下，上贝氏体球墨铸铁的裂纹扩展速率最低。

（3）高温性能

① 硬度。四种退火球墨铸铁的高温硬度如图 4-40 所示，其成分列于表 4-35 中，珠光体球墨铸铁在温度高于 540℃时珠光体开始粒状化，温度高于 650℃时珠光体开始分解，因此硬度开始下降并逐渐接近铁素体球墨铸铁的硬度。

② 高温短时力学性能。图 4-41 表示铁素体球墨铸铁和球光体球墨铸铁自室温至 760℃的高温短时力学性能，图中表明铁素体球墨铸铁在低于 315℃时强度没有明显变化，高于此温度时强度明显降低，760℃时抗拉强度降低到 41MPa；伸长率从室温到 540℃时降低至 8%，高于 540～760℃时随温度上升急剧增加。珠光体球墨铸铁抗拉强度随温度上升迅速降低，760℃时降至 52MPa；伸

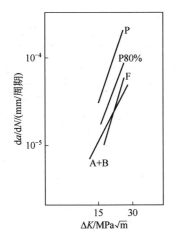

图 4-39　各种基体球墨铸铁的疲劳裂纹
扩展速率（加载制度 11760/1960N）
P—珠光体球墨铸铁；F—铁素体球墨铸铁；
A+B—上贝氏体球墨铸铁

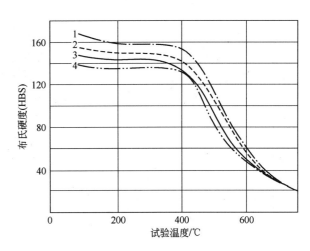

图 4-40　四种退火球墨铸铁
的高温硬度

表 4-35　图 4-40 中球墨铸铁成分　　　　　　　　　　　　　　单位：％

编号	Si	Ni	Mn
1	2.63	1.45	0.59
2	2.41	0.72	0.42
3	2.30	0.96	0.26
4	1.85		0.57

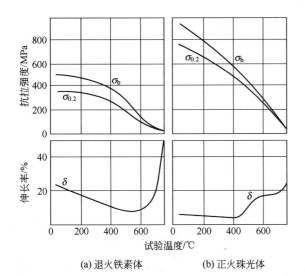

(a) 退火铁素体　　　(b) 正火珠光体

图 4-41　球墨铸铁高温短时
力学性能（室温至 760℃）

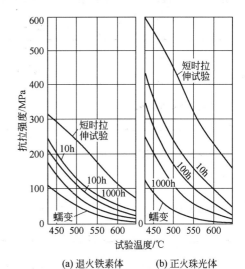

(a) 退火铁素体　　　(b) 正火珠光体

图 4-42　球墨铸铁高温短时强度、持久
强度、蠕变强度（425～650℃）

长率自室温上升至 425℃时逐渐降低至 3％，自 425℃上升至 760℃时明显增加。

　　图 4-42 是球墨铸铁 425～650℃的高温短时强度、持久强度、蠕变强度的比较。

　　图 4-43 是温度对球墨铸铁及钢的弹性模量的影响。

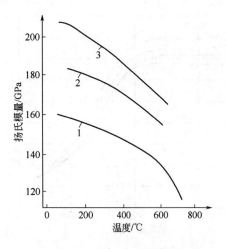
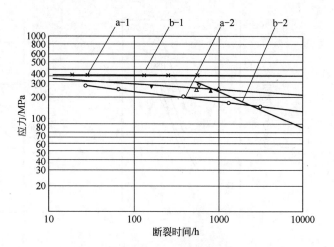

图 4-43　温度对球墨铸铁弹性
模量的影响（与钢对比）
1—铁素体-珠光体球墨铸铁；
2—铁素体球墨铸铁；3—钢

图 4-44　稀土镁铁素体球墨铸铁与
25 铸钢的高温持久强度
a-1—375℃，QT400-15 球墨铸铁；
a-2—400℃，QT400-15 球墨铸铁；
b-1—375℃，ZG230-450 铸钢；
b-2—400℃，ZG230-450 铸钢

③ 蠕变和持久强度。球墨铸铁高温持久强度参考表 4-36 和图 4-44。稀土镁铁素体球墨铸铁在 370~650℃时的应力与最小蠕变率的关系曲线如图 4-45 所示。图 4-46 是珠光体球墨铸铁的应力与最小蠕变率关系曲线。比较图 4-45 和图 4-46 可知，在较高最小蠕变率下珠光体球墨铸铁蠕变强度高于铁素体球墨铸铁。但在较高温时珠光体分解，二者差别减小。添加 Mo0.8% 的铁素体球墨铸铁 425℃时的蠕变强度有明显改善。

表 4-36　球墨铸铁高温持久强度

材料	常温力学性能，20℃		试验温度/℃	高温持久强度/MPa	
	抗拉强度/MPa	伸长率/%			
退火铁素体球墨铸铁	443.0	22	427	210.7	169.5
			538	68.3	51.5
			649	22.7	15.2
正火珠光体球墨铸铁	901.6	5	427	352.8	6.2
			538	115.2	62.2
			649	27.4	16.7
奥氏体球墨铸铁	429.2	35	427	277.3	236.2
			538	176.4	142.1
			649	81.8	60.8
			760	38.0	22.7

图 4-47、图 4-48 是铁素体球墨铸铁和珠光体球墨铸铁的 Larson-Miller 图，它表示高温蠕变、持久强度与温度、时间的函数关系。这些图表明珠光体球墨铸铁在较低温度（<650℃）下比铁素体球墨铸铁具有更好的蠕变和持久强度。

图中 Larson-Miller 参数 $T(20+\lg t)\times10^{-3}$ 是试验温度 T（单位：K）与破断时间 t（单位：h）的函数，在组织不变的条件下，可根据短时高温持久强度推算长时间持久强度，如图 4-42 所示。

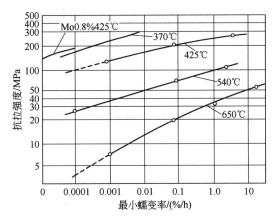

图 4-45　铁素体球墨铸铁的应力
与最小蠕变率关系
370~650℃（对数坐标）

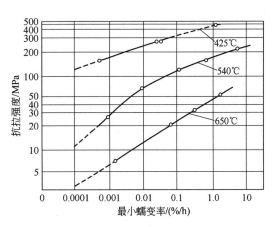

图 4-46　珠光体球墨铸铁的应力
与最小蠕变率关系
（对数坐标）

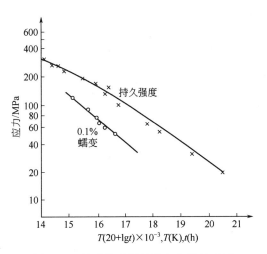

图 4-47　铁素体球墨铸铁在高温长时间
条件下的蠕变和持久强度 Larson-Miller 图

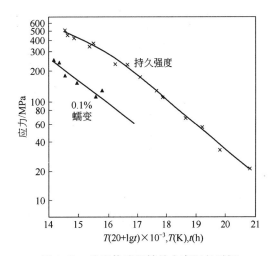

图 4-48　珠光体球墨铸铁在高温长时间
条件下的蠕变和持久强度 Larson-Miller 图

　　图 4-49、图 4-50 分别表示铁素体球墨铸铁和珠光体球墨铸铁的持久强度。珠光体球墨铸铁持久强度高于铁素体球墨铸铁，在 650℃珠光体呈粒状化后，二者持久强度差别减小。

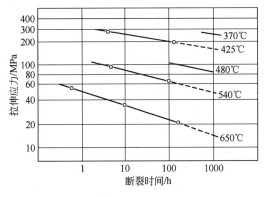

图 4-49　铁素体球墨铸铁
（Si2.5%、Ni1.0%）的持久强度

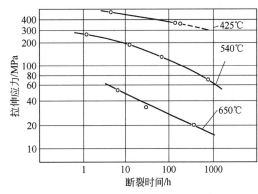

图 4-50　珠光体球墨铸铁
的持久强度

在球墨铸铁中增加 Si（达 4%）、添加 Al、Mo 都可以提高蠕变强度和持久强度，如图 4-51～图 4-54。

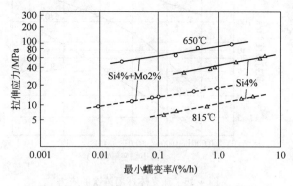

图 4-51　含 Si4% 和含 Si4%Mo2% 球墨铸铁的蠕变强度（650℃，815℃）

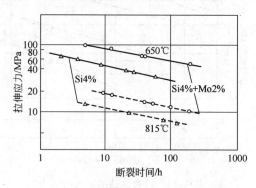

图 4-52　含 Si4% 和含 Si4%Mo2% 球墨铸铁的持久强度（650℃，815℃）

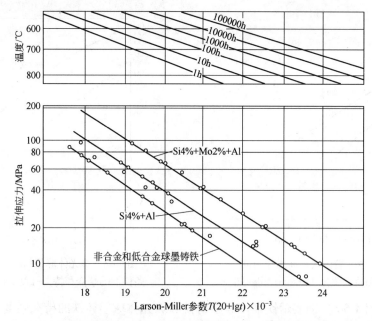

图 4-53　Si，Mo，Al 对球墨铸铁持久强度的影响

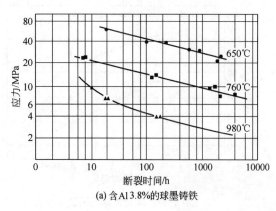

(a) 含 Al3.8% 的球墨铸铁

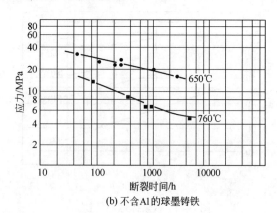

(b) 不含 Al 的球墨铸铁

图 4-54　Al 对球墨铸铁持久强度的影响

　　　　铸铁生产实用手册

图 4-53 用法举例：非合金和低合金球墨铸铁在 28MPa 应力下，在 590℃ 的持久时间可达到 1000h。

④ 高温疲劳强度。表 4-37 是铸态珠光体球墨铸铁和退火铁素体球墨铸铁的高温疲劳强度。表 4-38 是正火珠光体球墨铸铁的高温疲劳强度。

表 4-37　铸态珠光体球墨铸铁和退火铁素体球墨铸铁的高温疲劳强度

温度/℃	高温疲劳强度 σ_{-1}/MPa	
	铸态珠光体	退火铁素体
20	223.4	183.3
250	203.8	183.3
400	176.4	132.3
550	170.5	132.3

表 4-38　正火珠光体球墨铸铁高温疲劳强度

温度/℃	20	100	200	300	400
高温疲劳强度/MPa	247.0	235.2	215.6	196	168.6

（4）低温性能　图 4-55 和表 4-39 是两组铁素体球墨铸铁和珠光体球墨铸铁的低温拉伸性能。随温度的下降，球墨铸铁逐渐发生由韧性向脆性的转变，尤其在脆性转变温度以下，冲击值急剧下降。随温度的降低，其屈服强度提高，伸长率下降，对应力集中的敏感性明显增加，表现为屈服以后变形量较小即断裂。因此对于常温下伸长率较小的珠光体球墨铸铁，在低温下抗拉强度降低。而对于常温上塑韧性良好的铁素体球墨铸铁，低温下抗拉强度提高。

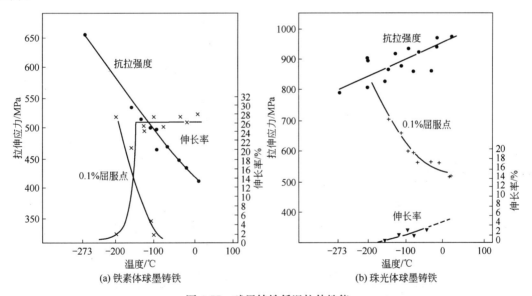

图 4-55　球墨铸铁低温拉伸性能

图 4-56 是铁素体球墨铸铁与铁素体可锻铸铁小能量多次冲击低温试验 T-N 曲线（T——试验温度，N——破坏时的冲击次数）的比较。冲击能力为 1.5J。随温度的下降，小能量多次冲击韧性略有提高。这是由于在小能量冲击的条件下，强度对提高多次冲击韧性起主导作用，而随温度下降，铁素体球墨铸铁的强度有所提高。

在低于 -253～-40℃ 的极低温度下推荐采用高镍奥氏体球墨铸铁。

表 4-39　含 Si2.1%、P0.09%球墨铸铁的低温拉伸性能

温度/℃	正火珠光体球墨铸铁		退火铁素体球墨铸铁	
	抗拉强度/MPa	伸长率/%	抗拉强度/MPa	伸长率/%
20	803.6	2	470.4	24
0	759.5	2	492.9	24
−25	744.8	1	515.5	24
−50	739.9	1	539.0	19
−75	744.8	1	554.7	13
−100	769.3	0.5	564.5	9
−125	784.0	0.5	548.8	5
−150	754.6	0.5	558.6	3
−196	700.7	0.5	627.2	0.5
−269	629.16	0	605.6	0

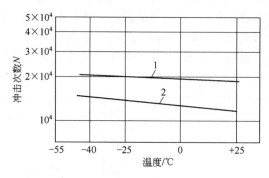

图 4-56　低温下铁素体球墨铸铁小能量多次冲击的 $T\text{-}N$
曲线及其与铁素体可锻铸铁的比较
1—铁素体球墨铸铁；2—铁素体可锻铸铁

4.4.2　物理性能

（1）密度　常温下球墨铸铁密度列于表 4-40 中，熔融状态镁球墨铸铁的密度列于表 4-41中。增加石墨化元素则促使密度减小，增加阻碍石墨化元素则密度增加。镁、碳、硅含量对密度的影响列于表 4-42 中。

表 4-40　常温球墨铸铁的密度

材　　料	密度/(g/cm³)
铁素体球墨铸铁	6.9~7.2
珠光体球墨铸铁	7.1~7.5
中硅耐热球墨铸铁①	7.10

① 含 Si 4.5%~5.5%。

表 4-41　熔融状态镁球墨铸铁的密度

温度/℃	1225	1250	1300	1335	1350	1375	1400	1415	注
密度/(g/cm³)	7.05	—	6.94	6.91	6.85	6.78	—	6.75	①
	—	6.90	6.87	—	6.83	—	6.80	—	②

① 成分：C3.44%、Si2.56%、Mn0.22%、P0.11%。

② 成分：C3.3%～3.6%、Si1.6%～2.6%、Mn0.4%～0.5%。

表 4-42　镁、碳、硅含量对镁球墨铸铁密度的影响

镁的影响			碳的影响					硅的影响				
Mg/%	C+1/3(Si+P)/%	密度/(g/cm³)	C/%	Si/%	C+1/3(Si+P)/%	Mg/%	密度/(g/cm³)	Si/%	C/%	C+1/3(Si+P)/%	Mg/%	密度/(g/cm³)
—	4.16	6.801	1.94	3.27	3.03	0.074	7.381	1.21	3.16	3.56	0.045	7.441
0.034	4.08	7.214	2.70	3.37	3.82	0.055	7.351	2.00	3.123	3.78	0.050	7.411
0.075	4.13	7.371	2.96	3.28	4.05	0.066	7.349	2.57	3.23	4.09	0.058	7.353
0.085	4.16	7.392	3.35	3.35	4.45	0.067	7.200	2.89	3.16	4.12	0.068	7.344
0.117	4.19	7.452	3.60	3.28	4.69	0.060	7.061	4.40	2.96	4.30	0.064	7.071

（2）热膨胀系数　热膨胀系数受温度影响如图 4-57 所示。各温度范围的热膨胀系数列于表 4-43。

表 4-43　球墨铸铁热膨胀系数　　　　　　单位：×10⁻⁶/℃

温度范围/℃	铁素体球墨铸铁	珠光体球墨铸铁	奥氏体球墨铸铁①
20～100	11.5	11.5	
20～200	11.7～11.8	11.8～12.6	4.19
20～300	—	12.6	—
20～400	—	13.2	—
20～500	—	13.4	—
20～600	13.5	13.5	—
20～700	—	13.8	—

① 含 Ni20%～26%。

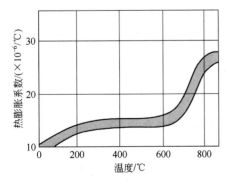

图 4-57　温度对球墨铸铁热膨胀系数的影响
成分：C2.55%～3.72%、Si2.59%～3.47%、
Mn0.24%～0.50%

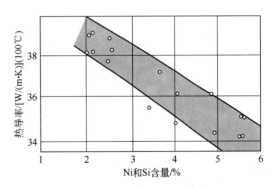

图 4-58　Si 和 Ni 对铁素体
球墨铸铁热导率的影响

（3）热导率　热导率取决于成分、组织、石墨形态和温度。石墨化基体组织的导热性好，石墨沿基面又比沿 c 轴的导热性好。因此球墨铸铁热导率高于钢，但是低于灰铸铁。在100℃时它比灰铸铁降低 20％～30％，高温时差别更大。表 4-44 列出球墨铸铁的热导率。Si、Ni 降低热导率如图 4-58 和表 4-45。Al、Mn、P、Cu 也降低热导率。例如 Mn1.5％降低热导率 3.3％，P1.0％降低热导率 6％，Cu1.0％降低热导率 5％。Cr、Mo、W、V 降低热导率作用微弱。碳增加热导率，热导率随温度升高而降低，如图 4-59 所示。

表 4-44　球墨铸铁的热导率

材料	化学成分/%				热导率/[W/(m·K)]	
	C	Si	Ni	Mg	100℃	400℃
铁素体球墨铸铁	3.52	2.05	0.05	0.066	38.89	38.14
珠光体球墨铸铁	3.22	2.44	1.35	0.056	31.06	30.06
奥氏体球墨铸铁	2.95	1.85	20.7	0.12	19.05	18.29

表 4-45　硅对镁球墨铸铁热导率的影响

编号	化学成分/%							基体组织/%			石墨尺寸/×10⁻²mm	热导率/[W·(m·K)]
	Si	C	Mn	S	P	Mg	Ni	珠光体	铁素体	石墨		
1	1.12	3.57	0.33	0.004	0.035	0.06	1.33	61	30	9	4.71	37.67
2	2.27	3.56	0.33	0.010	0.025	0.06	1.30	40	50	10	3.07	37.17
3	3.52	3.47	0.29	0.012	0.030	0.06	1.30	35	55	9	2.44	36.21
4	4.34	3.36	0.40	0.010	0.030	0.06	1.23	5	85	10	2.06	35.16
5	2.28	3.33	0.50	0.010	0.055	0.06	1.12	85	5	10	4.44	35.67

球化率降低，热导率提高，如图 4-60 所示。

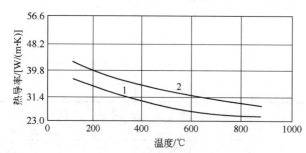

图 4-59　温度和含碳量对球墨铸铁
热导率的影响
1—含 C2.52％；2—含 C4.12％

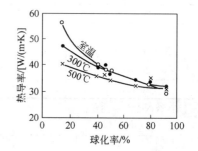

图 4-60　球化率对铁素体球墨铸铁
热导率的影响
C3.35％～3.65％、Si1.84％～2.20％

1300℃熔融铸铁热导率为 37.26W/(m·K)。

（4）比热容　球墨铸铁比热容与灰铸铁大体相同，常温为 500～700J/(kg·K)，一般取554J/(kg·K)。温度上升使比热容增大，如图 4-61 所示，图中对应的成分和组织列于表4-46 中。含碳量增加使比热容增大，见图 4-61 之 1 号。熔融状态比热容列于表 4-47 中。

（5）熔化潜热　铸铁熔化潜热列于表 4-48 中。它与石墨形态无关。

（6）电阻率　球墨铸铁电阻率低于灰铸铁，高于可锻铸铁。铁素体球墨铸铁电阻率略低于珠光体球墨铸铁，见表 4-49 和图 4-62。

表 4-46　图 4-61 中的铸铁成分和组织

编号	石墨状态	基体组织/%		化学成分/%		
		珠光体	铁素体	C	Si	Mn
1	球状＋片状	50	50	3.72	2.60	0.24
2	球状＋5%片状	10	90	3.05	3.47	0.59
3	球状	25	75	2.65	2.59	0.28
4	片状	20	80	3.45	2.65	0.29
5	片状	20	80	3.30	2.63	0.26

表 4-47　熔融铸铁的比热容

温度/℃	1200	1300	1350
比热容/[J/(kg·K)]	917	913	963

表 4-48　铸铁熔化潜热　　　　　　　　　　　　单位：J/g

各种合金和非合金铸铁	铸铁成分为 C4.22%、Si1.48%
193～247	193

表 4-49　球墨铸铁电阻率

材料	化学成分/%				电阻率/μΩ·cm
	C	Si	Mn	P	
铁素体球墨铸铁	3.60	2.40	0.50	0.087	55
珠光体球墨铸铁	3.62	2.40	0.50	0.087	59

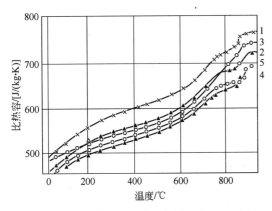

图 4-61　球墨铸铁比热容与温度的关系及其与
灰铸铁的比较（成分和组织见表 4-49）

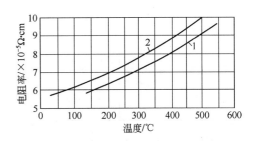

图 4-62　温度对球墨铸铁电阻率的影响
1—铁素体球墨铸铁；2—珠光体球墨铸铁

　　温度升高使电阻率增加，如图 4-62 所示。C、Si 增加电阻率。硅的影响如图 4-63 所示。含量 0.5%～1.0% 范围的 Al、Mn、Ni 略降低电阻率，Al、Mn 含量超过 1% 或 Ni 含量超过 3% 时电阻率增大。

　　（7）磁性　球墨铸铁的磁性见表 4-50。

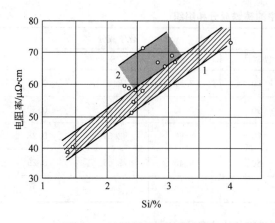

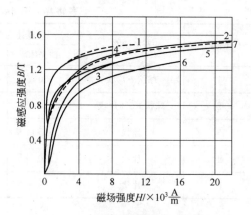

图 4-63　含硅量及基体组织对
球墨铸铁室温电阻率的影响
1—铁素体球墨铸铁 C2.9%~4.1%；
2—珠光体球墨铸铁 C2.8%~3.6%

图 4-64　铁素体球墨铸铁与珠光体
球墨铸铁磁化曲线的比较
1~5—铁素体球墨铸铁；
6,7—珠光体球墨铸铁

表 4-50　球墨铸铁的磁性

材料	矫磁力 H_c /(A/m)	剩磁 Br /T	最大磁导率 μ_m /(μH/m)	μ_m 时的磁场强度 H/(A/m)	饱和磁感/T	
					$H=5968(A/m)$	$H=7162(A/m)$
铁素体球墨铸铁	191	0.51	1.76	437.3	1.61	1.91
珠光体球墨铸铁[1]	716	0.80	0.69	1114	1.85	4.93

[1] 成分：C3.6%、Si2.5%、Mn0.6%、P0.08%、S0.009%。

表 4-51　图 4-64 的球墨铸铁成分和磁滞损失

材料			铁素体球墨铸铁					珠光体球墨铸铁	
图中代号			1	2	3	4	5	6	7
化学成分 /%		总碳量	3.64	3.3	2.84	—	3.3	2.90	—
		化合碳量	0.06	0	0.19	—	—	0.7	0.72
		Si	1.41	2.4	2.61	3.1	2.4	2.61	3.1
		Ni	0.03	0.7	2.23	—	0.7	2.18	—
磁滞损失/ [J/(m³·Hz)]	磁感应强度/T	1.00	448	—	729	544.6	—	3250.7	1985.6
		1.21	—	—	—	—	2974.2	—	—
		1.31	—	735.6	—	—	—	—	—
		1.50	—	—	—	687.3	—	—	3233.2

　　图 4-64 和表 4-51 是 5 种铁素体球墨铸铁和 2 种珠光体球墨铸铁的磁化曲线、化学成分和磁滞损失。从中可见，与珠光体球墨铸铁相比，铁素体球墨铸铁的磁导率和磁感应强度较大，矫顽力和磁滞损失较小。

　　表 4-52 列出某些元素对球墨铸铁磁性的影响。

　　(8) 减振性及声学性能　球墨铸铁的减振性优于钢，劣于灰铸铁，如图 4-65、图 4-66 所示。球化率越高，减振性越不好，如图 4-67 所示。温度上升，灰铸铁减振性下降，但是对球墨铸铁影响很小，如图 4-68 所示。

表 4-52 某些元素对球墨铸铁磁性的影响

磁性 \ 元素	C	Si	Mn	Cr	Ni	Cu
饱和磁感	−	−	−	−		
磁导率	−	+	−	−	−	−
矫顽力	+	−	+	+		
剩余磁感	+					
磁滞损失	+	−	+	+	+	+

注：＋增加，－减少。

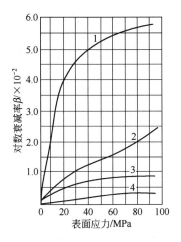

图 4-65 珠光体球墨铸铁的减振性
及其与其他钢铁材料的比较

1—灰铸铁；2—合金灰铸铁；3—珠光体球墨
铸铁；4—45 正火钢（纵坐标为对数衰
减率，即相邻振幅比值的对数）

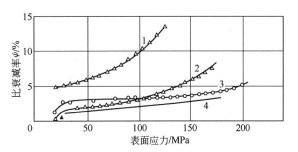

图 4-66 铁素体和珠光体球墨铸铁
的减振性及其与其他钢铁材料的比较

1—灰铸铁（$\sigma_b \approx 280MPa$）；2—珠光体球墨铸铁；
3—铁素体球墨铸铁；4—低碳钢（C0.08%）（纵坐标
为振动一个周期所吸收的能量与原有能量的比值）

表 4-53 列出球墨铸铁的弹性性能及其与钢、灰铸铁的比较。球墨铸铁弹性模量高于灰铸铁，因此其声波和超声波传播速度、固有频率都高于灰铸铁（见表 4-54）。利用其声学性能的差别，可检验球化等级。

表 4-53 球墨铸铁的弹性模量和对数衰减率

材料	球墨铸铁 156~214HBS	冷轧钢		灰铸铁 $\sigma_b \approx 210MPa$
		纵向	横向	
弹性模量/GPa	172.38	210.63	211.78	122.11
切变模量/GPa	67.18	82.06	81.54	48.67
泊松比	0.283	0.283	0.299	0.254
对数衰减率 $\beta / \times 10^{-4}$	8.316	1.31	1.23	68.67

表 4-54 球墨铸铁的声学性能及其与灰铸铁的比较

材料	声波传播速度/(m/s)	超声波传播速度/(m/s)
球墨铸铁	5640~5735	5700
灰铸铁	3660~4800	<5000

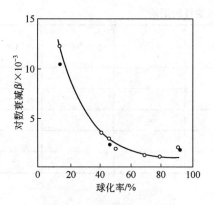

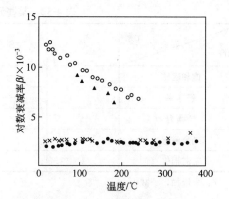

图 4-67　铁素体球墨铸铁
减振性与球化率的关系
C3.35%～3.65%、Si1.84%～2.20%
∘应变振幅 10^{-5}；•应变振幅 10^{-6}

图 4-68　铁素体球墨铸铁
减振性与温度的关系
∘灰铸铁 C3.51%、Si1.94%；▲细共晶石墨铸铁
•球墨铸铁 C3.65%、Si2.20%；×蠕墨
铸铁 C3.54%、Si1.84%

（9）熔融状态的物理性能（见表 4-55）　降低球墨铸铁表面张力的元素有 S、Te、Ti、P。脱氧则提高其表面张力，例如加 Mg 或 Al。但是如含 Al 达 0.1% 时表面张力下降到最低值。

表 4-55　球墨铸铁熔融状态物理性能

材料	1400℃表面张力/(N/cm)	1500℃黏度/(Pa·s)
球墨铸铁	0.008～0.012	0.0045～0.0052

4.4.3　工艺性能

（1）铸造性能　球墨铸铁流动性优于较高牌号的灰铸铁，但低于相同碳当量的灰铸铁，添加稀土可改善其流动性，见表 4-56、表 4-57。

表 4-56　球墨铸铁的流动性及其与灰铸铁的比较

材料	灰铸铁(Cr0.3%)	稀土镁球墨铸铁		镁球墨铸铁
碳当量/%	4.0	4.6～4.7		
浇注温度/℃	1295	1270	1260	1250
螺旋试样长度/mm	380	1107	1106	750

表 4-57　相同碳当量的灰铸铁与球墨铸铁流动性比较

材料	化学成分/%					浇注温度/℃	螺旋试样长度/mm
	C	Si	Mn	P	S		
灰铸铁	3.62	1.85	0.27	0.064	0.035	1296	978
						1247	684
球墨铸铁①	3.62	1.91	0.27	0.064	0.027	1338	980
						1296	660
						1280	410

① 球墨铸铁含 Cu0.4%、Mg0.052%、RE0.043%。

一般认为球墨铸铁共晶点右移。球墨铸铁碳当量 4.6%～4.7%时流动性最好。提高浇注温度可明显改善其流动性。如图 4-69 所示。

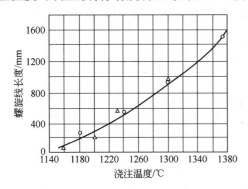

图 4-69 流动性与浇注温度的关系
○灰铸铁（CE4.26%～4.41%）；
△球墨铸铁（CE3.98%～4.16%）

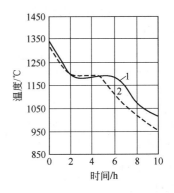

图 4-70 相同成分球墨铸铁
和灰铸铁的冷却曲线
1—球墨铸铁；2—灰铸铁

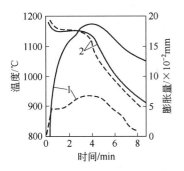

图 4-71 球墨铸铁与灰铸铁的
凝固层增长速度
（自 φ80/φ40mm 圆筒内表面测定）
1—球墨铸铁；2—灰铸铁

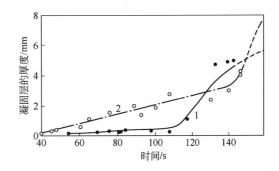

图 4-72 球墨铸铁的凝固膨胀曲线和
热分析曲线及其与灰铸铁的比较
C3.5%、Si2.8%，浇注温度为 1300℃
——球墨铸铁；----灰铸铁
1—热膨胀曲线；2—热分析曲线

与灰铸铁相比，球墨铸铁过冷度大，共晶凝固时间长（见图 4-70），共晶团数量多（为灰铸铁的 50～200 倍），趋向于同时在很大断面上固-液相共存的糊状凝固。在一段时间内凝固层增长较慢，如图 4-71。石墨析出引起的体积膨胀向铸型壁传递，表现为凝固膨胀压力较大，湿型时为 0.29～0.69MPa，刚性铸型时为 3.95～4.93MPa。球墨铸铁凝固膨胀量大于灰铸铁，如图 4-72 所示。对照该图中热分析曲线和膨胀曲线可知在共晶凝固过程中析出大量石墨引起膨胀。图 4-73 是共晶度与膨胀量的关系曲线，灰铸铁碳当量 4.3%时凝固膨胀量最大，而球墨铸铁碳当量 4.65%时凝固膨胀量最大。

由于上述凝固特点，球墨铸铁件易产生缩松和尺寸增大，应采用刚性大的铸型。利用其共晶

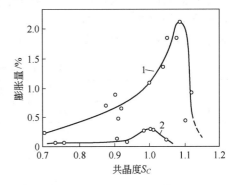

图 4-73 球墨铸铁共晶度对凝固膨胀量
的影响及其与灰铸铁的比较
1—球墨铸铁；2—灰铸铁

凝固膨胀特性，控制成分、浇注温度、浇注系统尺寸，采用刚性铸型和同时凝固工艺方案，可实现无冒口铸造工艺而获得健全铸件。

球墨铸铁的自由线收缩及其与灰铸铁、铸钢的比较列于表 4-58 中，示于图 4-74、图 4-75 中。

表 4-58　球墨铸铁的线收缩及其与灰铸铁、铸钢的比较

合金种类	自由收缩/%					受阻收缩/%
	收缩前膨胀	珠光体前收缩	共析膨胀	珠光体后收缩	总收缩	
灰铸铁	0～0.3	0～0.4	0.1	0.94～1.06	0.7～1.3	0.8～1.0
球墨铸铁	0.4～0.94	0.3～0.6	0～0.03	0.14～1.00	0.6～1.2	0.7～1.0
未孕育球墨铸铁	0	0.7～1.35	0	0.92～1.01	1.6～2.3	1.5～1.8
碳钢	0	1.06～1.47	0～0.011	0.9～1.07	2.03～2.4	1.8～2.0

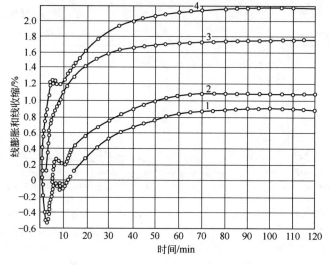

图 4-74　自由线收缩曲线

正值—收缩；负值—膨胀

1—孕育后球墨铸铁；2—灰铸铁；3—未孕育球墨铸铁；4—碳钢

缩孔缩松体积与碳当量、铸型刚度、浇注温度、稀土镁残留量等因素有关，对于和非刚性铸型浇注的铸件体收缩率为 3%～9%。表 4-59 列出某些成分铸铁的收缩率。球墨铸铁的含碳量与碳当量较高时，体收缩率较小。

表 4-59　某些成分球墨铸铁的收缩率

化学成分/%						缩孔体积率/%	浇注温度/℃
C	Si	Mn	P	S	Mg		
3.15	2.27	0.47	0.12	0.008	0.053	8.40	1290
3.32	2.60	0.52	0.09	0.01	0.053	7.63	1280
3.27	3.21	0.49	0.11	0.009	0.060	6.75	1290
3.22	3.70	0.51	0.09	0.010	0.060	5.50	1290

球墨铸铁铸造应力为灰铸铁的 2～3 倍，与铸钢相近。例如在一定条件下铸造应力测定值为：镁球墨铸铁 39.2～108MPa，灰铸铁 19.6～49MPa，铸钢 49～108MPa。因此球墨铸

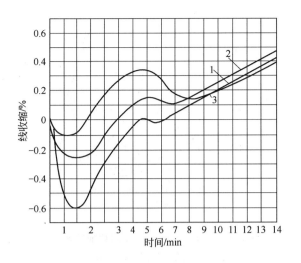

图 4-75　自由线收缩曲线
1—原铁液（总收缩 0.995%）；2—稀土镁球墨铸铁；
3—镁球墨铸铁（总收缩 0.9%）

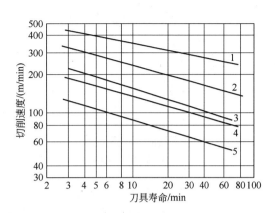

图 4-76　球墨铸铁的切削速度与刀具
寿命的关系及其与其他钢铁材料的比较
1—黑心铁素体可锻铸铁；2—铁素体球墨铸铁；
3—25 铸钢；4—珠光体灰铸铁；
5—珠光体球墨铸铁

铁有冷裂倾向。提高碳硅含量、降低磷含量可减小冷裂倾向。退火可消除应力，铸造工艺可采取措施以减小应力防止冷裂。

（2）切削性能　球墨铸铁含有较多的石墨，起切削润滑作用，因而切削阻力低于钢，切削速度较高，见图 4-76 和表 4-60。球墨铸铁切屑产生塑性变形使刀具温度升高。如图 4-77 所示。珠光体增多使切削性能下降（见图 4-78），贝氏体球墨铸铁切削性能较差。珠光体球墨铸铁、珠光体-铁素体球墨铸铁、铁素体球墨铸铁的切削速度与切削力的关系如图 4-79~图 4-81。用硬质合金刀切削铁素体球墨铸铁，当切削速度达到某一临界速度时，刀具后刀面产生黏着现象。黏着物含有高硬度的碳化物和马氏体使切削力增大并发生振动，加工表面恶化。避开这一临界速度或采用含钛硬质合金刀具或陶瓷刀具，适当增大刀具后角或使用切削液都可防止此现象。

表 4-60　图 4-76 中各种钢铁材料的成分和力学性能

材料名称	图 4-76 中编号	化学成分/%						力学性能		
		C	Si	Mn	S	Cr	Mg	抗拉强度/MPa	伸长率/%	硬度（HBS）
黑心铁素体可锻铸铁	1	2.47	0.98	0.36	0.107	0.029	—	345	15.1	116
铁素体球墨铸铁	2	4.00	2.51	0.58	0.017	—	0.053	479	20.3	143
铸钢	3	0.250	0.45	0.72	0.02	—	—	467	23.7	128
珠光体灰铸铁	4	3.91	1.80	0.55	0.028	—	—	286	—	149
珠光体球墨铸铁	5	4.00	2.51	0.58	0.017	—	0.053	581	2.5	241

（3）焊补性能　焊缝及近缝区，当镁和稀土含量较高时易产生白口或马氏体，形成内应力和裂纹，当镁和稀土不足时焊缝呈现灰铸铁组织，使力学性能降低。国家标准 GB/T 10044—2006 规定了球墨铸铁补焊用、电焊用电焊条及气焊丝。此外，可根据铸件焊补要求选择下列焊条及工艺。

① 球墨铸铁焊条及工艺。焊芯成分：C3.0%~3.6%，Si2.0%~3.0%，Mn0.40%~

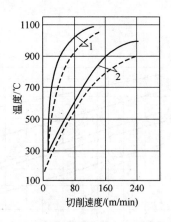

图 4-77　球墨铸铁切削速度
与切削温度的关系
1—珠光体球墨铸铁（含 Cr2.41%，335HBS）；
2—铁素体球墨铸铁（187HBS）——吃刀深度
2mm，走刀量 0.4mm/r

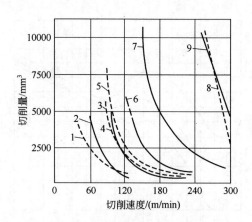

图 4-78　球墨铸铁基体组织对切削性能
的影响及其与灰铸铁的比较
1—针状组织灰铸铁（263HBS）；2—珠光体
（80%）球墨铸铁（265HBS）；3—珠光体灰铸铁
（225HBS）；4—珠光体（50%）-铁素体球墨铸铁
（215HBS）；5—粗片珠光体灰铸铁（195HBS）；
6—铁素体-珠光体（40%）球墨铸铁（207HBS）；
7—铁素体球墨铸铁（183HBS）；8—铁素体灰铸
铁（100HBS）；9—铁素体球墨铸铁（170HBS）

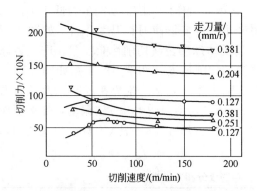

图 4-79　珠光体球墨铸铁的
切削速度与切削力的关系
硬质合金刀，吃刀深度 2.54mm

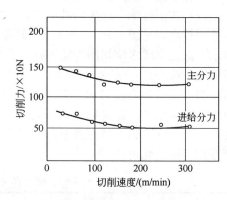

图 4-80　珠光体-铁素体球墨铸铁
的切削速度与切削力的关系
硬质合金刀，吃刀深度 2.54mm，
走刀量 0.254mm/r

0.80%，P≤0.10%，S≤0.03%，Mg0.10%～0.14%。

药皮配方：石墨 85%，钝化硅铁粉 15%，另外再加钾钠水玻璃 30%～35%。水玻璃成分：SiO_2 30.5%～32.5%，K_2O 13.5%～15.5%，Na_2O 3.2%～4.5%，S≤0.04%，P≤0.04%，密度 1.56～1.59g/cm²，模数 2.4～2.6。

焊补工艺：将铸件预热至 600～700℃，清除氧化皮后用交流或直流电焊，电流 150～230A。铸件温度在 350～700℃范围内时焊补。焊后 900～920℃保温 2.5h 后炉冷至 730～750℃，然后出炉空冷正火处理，可获得高强度珠光体球墨铸铁焊缝。

② 重稀土镁球墨铸铁焊条。

a. 气焊条。焊条成分：C3.7%～4.1%，Si3.5%～3.9%，Mn0.5%～0.8%，P≤0.10%，S≤0.05%，钇基重稀土 RE0.08%～0.096%。

焊条规格：ϕ6mm×400mm，ϕ8mm×400mm。

焊剂：碳酸钠加少量硼砂，或用铸铁焊粉。

b. 电焊条。焊芯成分：C3.6%～3.8%，Si1.0%～1.1%，Mn0.4%～0.6%，P≤0.10%，S≤0.05%。

药皮成分（占焊芯质量百分数）：石墨2.5%～3.0%，铝粉20%～25%，氟石40%，硅钙1.0%，白泥3%，碳酸钡2%，硅铁10%～20%，钇基重稀土硅铁3%～3.5%。涂料系数（药皮重/焊芯重）21.5%～22.3%。

焊条规格：ϕ5mm×350mm，ϕ6mm×400mm，ϕ3mm×400mm。

③ 镍铁（铸408）焊条，铜铁（铸607）焊条和镍铜焊条。可预热 150～200℃ 或不预热

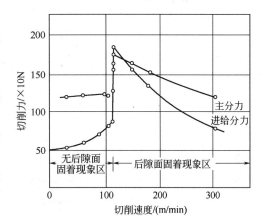

图 4-81　铁素体球墨铸铁的切削
速度与切削力的关系

硬质合金刀，吃刀深度 2.54mm，
走刀量 0.254mm/r

时焊接。焊缝塑性好，强度较低，可减少或避免白口、裂纹。用于焊补中小件缺陷。表4-61 为日本工业标准球墨铸铁焊补用镍基电焊条成分。

表 4-61　日本工业标准球墨铸铁焊补用电焊条成分　　　　　　　单位：%

牌号	C	Si	Mn	P	S	Ni	Cu	Fe
DFCNi	<1.8	<2.5	<1.0	<0.04	<0.04	>92	—	—
DFCNiFe	<2.0	<2.5	<2.5	<0.04	<0.04	40～60	—	其余
DFCNiCu	<1.7	<1.0	<2.0	<0.04	<0.04	>60	25～35	<2.5

④ 低碳钢芯球墨铸铁用焊条。焊条药皮中含有球化剂和孕育剂，保证焊缝为球墨铸铁组织。焊药皮组成为鳞片石墨30%，75硅铁10%，硅钙10%，稀土镁硅铁（含 Mg10%、RE%）5%，大理石23%，氟石15%，碳酸钡7%，另加水玻璃适量。焊前将工件预热至550～600℃，焊后经 920～950℃ 退火，获得铁素体组织。用 ϕ5mm 焊条时电流为 180～220A，用 ϕ4mm 时为 120～150A。

也可采用吉林工业大学等单位研制的铸 238F 冷焊焊条，其焊芯为低碳钢 H08A，外涂球化、石墨化、合金化药皮，焊缝成分采用新型含铋合金体系；RE（轻稀土）-Mg-Ba-Ca-Bi（$100×10^{-6}～120×10^{-6}$）。在适当工艺配合下，冷焊后焊缝球化率达 1～2 级，基体铁素体量为 80%～90%，无渗碳体，硬度为 197～207HBS，熔合区仅少量继续渗碳体，从而有好的抗裂和切削性能，其力学性能达到 QT500-5 和 QT420-10 指标，已在拖拉机前梁、越野车桥壳、差速器上应用。

⑤ 含钒焊丝及焊条。高钒管状焊丝 CO_2 气体保护焊，管状焊丝为 08 钢带拔制而成。内装焊药组成为钒铁60%，铝铁7%，钛铁2%，氟石23%，大理石6%，冰晶石2%。冷焊工艺为电压 22～24V，电流 120～140A，CO_2 保护气流量 12L/min，焊接速度 11～13m/h，焊缝抗拉强度达 400MPa。

钢芯高钒焊条（铸116、铸117）的焊药中含有大量钒铁。采用焊条 ϕ3.2mm 时，焊接电流为 110A；采用焊条 ϕ4mm 时，焊接电流为 130～140A。焊接速度为 12m/h，可用冷焊

工艺。焊缝强度接近球墨铸铁，但其伸长率低。

使用含钒焊丝或焊条的目的是改善焊缝强度。

（4）表面涂镀性　和其他铸铁件一样，球墨铸铁表面也可涂镀以改善外观或提高使用性能，如耐蚀、耐磨性等。涂镀前要清理氧化皮、粘砂和飞翅等，方法列于表 4-62 中。

表 4-62　涂镀前的清理方法

名称	清理方法及目的
机械法	喷丸、抛丸、装磨料的滚筒用于清砂和氧化皮
酸洗法	硫酸 5％，氢氟酸 5％，水 90％，50～65℃浸洗清锈 硫酸 9％，氢氟酸 3％，水 88％，40～50℃浸洗清锈
盐浴法	苛性钠水溶液中加 1％～3％氯化钠，370℃浸泡，用于内腔复杂铸件，除砂除锈
电解盐浴法	上述盐浴 420～650℃通电流，用途同盐浴法
化学法	碱性清洗剂、有机溶剂、乳剂(烃熔剂中加表面活性剂)用于清洗油脂等

可电镀表 4-63 所示的各种镀层。热镀层特性列于表 4-64 中。此外还可用火焰喷镀金属或金属陶瓷，渗入铝、氮、碳、铬的化合物，涂喷漆等各种方法涂镀保护层。

表 4-63　电镀层特性

电镀层	硬度	电阻率/$\mu\Omega \cdot cm$	耐磨性	色泽	厚度/μm	特性及用途
铝	30～90HV	2.8	劣	白	6.4	扩散于铁中，耐热
镉	30～50HV	7.5	中	白亮	3.8～12.7	户外装饰，不变色
铬	900～1100HV	14～66	优	白	装饰 0.3～1.5 耐磨 1.3～304.8	极为耐磨、耐蚀、减摩、光亮
钴	250～300HS	7	良	灰	2.5～25.4	高硬度、反射
铜	41～220HV	3～8	劣	粉红亮	5.1～50.8	导电导热
铅	5HBS	10	劣	灰	减摩 12～203 耐蚀 1270	耐酸，耐热气体腐蚀、耐大气腐蚀
镍	140～500HV	7.4～10.8	良	白	装饰 2.5～38 耐磨 127～500	耐化学腐蚀及气体腐蚀，也用于镀铬底层
铑	400～800HBS	4.7	良	白亮	0.025～25.4	导电、装饰、耐蚀
锡	5HBS	11.5	劣	白亮	0.38～12.7	耐蚀，食品及生活用具装饰
锌	40～50HBS	5.8	劣	灰	2.5～12.7 12.7～50.8	耐蚀

表 4-64　热镀层特性

类别	镀层组织	厚度或重量	用途
锌	铁锌化合物上覆盖锌层	9～35g/cm²	耐大气腐蚀
锡	锡-铁金属间相上覆盖锡	7.6～38μm	防锈、轴承用钎焊用
铅或铅锡	机械接合	5.1～15.2μm	耐蚀，特别是耐硫酸和盐酸
铝	铁-铝金属间相上覆盖铝	50～100μm	耐蚀、耐热(≤540℃)抗高温氧化

4.4.4　使用性能

（1）耐热性　球墨铸铁中的球状石墨彼此分离，与片状石墨铸铁相比阻碍了高温下氧的扩散。因此球墨铸铁的抗氧化性和抗生长性优于灰铸铁（见表 4-65），也优于可锻铸铁（见

图 4-82）。

表 4-65 球墨铸铁的抗氧化性、抗生长性及其与灰铸铁的比较

材料	氧化速度/[g/(m²·h)]		生长率/%	
	300℃	600℃	350℃	600℃
孕育灰铸铁	0.038	3.91	0.13	0.69
合金灰铸铁	0.023	3.28	0.05	0.39
球墨铸铁	0.015	2.41	0.03	0.31

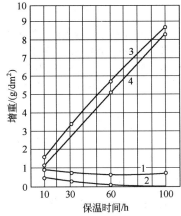

图 4-82 球墨铸铁的抗氧化性及其
与可锻铸铁、灰铸铁的比较

1—镁球墨铸铁（Mn0.9%）；

2—镁球墨铸铁（Mn3.9%）；

3—灰铸铁；4—可锻铸铁

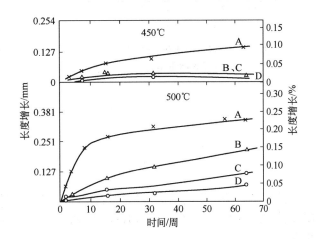

图 4-83 球墨铸铁与灰铸铁高温生长
性比较及铬钼对抗生长性的影响

A—未处理的灰铸铁；B—A 灰铸铁加（Cr0.3%）；

C—与 B 灰铸铁成分相同的球墨铸铁（含 Cr0.3%）；

D—C 球墨铸铁中再加 Mo0.45%

各种球墨铸铁在 815℃流动空气中 500h 的抗高温氧化性试验结果列于表 4-66。

表 4-66 球墨铸铁在 815℃空气中 500h 高温氧化试验结果

材料	合金元素成分/%					氧化净增重[1]/(mg/cm²)	氧化层深度/mm
	Si	Al	Ni	Cr	Mo		
铁素体球墨铸铁	2.8	—	—	—	—	119.9	0.47
	4.0	0.8	—	—	—	6.3	0.09
	4.2	0.6	—	—	1.9	22.8	0.15
	3.8	1.0	—	—	2.0	15.2	0.09
	4.0	0.9	—	—	2.0	6.2	0.07
奥氏体球墨铸铁	2.5	—	22.5	0.4		81.6	0.61
	5.5	—	30.0	5.0		7.2	0.04
	2.2	—	35.0	2.5		30.0	0.24
灰铸铁	2.0	—	—	0.14		217.2	0.90

① 氧化净增重：氧化增重减去脱碳损失。

图 4-83 为球墨铸铁与灰铸铁高温生长性的比较及铬钼对抗生长性的影响。图 4-84 是球墨铸铁在 250～500℃的氧化增重情况。

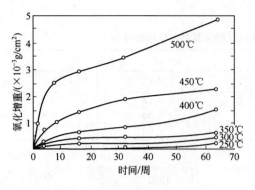

图 4-84　球墨铸铁在 250～500℃
下氧化增重情况

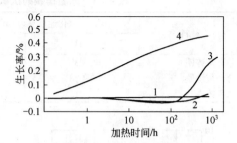

图 4-85　A_1 点以下高温时球墨铸铁的生长
1—铁素体球墨铸铁（500℃）；2—铁素体
球墨铸铁（550℃）；3—珠光体球墨铸铁
（550℃）；4—珠光体球墨铸铁（650℃）

成分/%	C	Si	Mn	P	Ni
1	3.3	2.5	0.7	0.21	—
2、3、4	3.7	2.6	0.4	—	1.0

　　铁素体球墨铸铁的高温抗生长性优于珠光体球墨铸铁，如图 4-85 所示。450℃以上时球墨铸铁中的珠光体稳定存在，超过此温度时珠光体粒状化，温度继续升高，石墨化引起体积膨胀。

　　提高含硅量或含铝量可改善球墨铸铁的抗氧化性及耐热性，如图 4-86、图 4-87 所示。提高含硅量改善共析温度以下的抗生长性，并使急剧生长的临界温度提高，如图 4-88 所示。

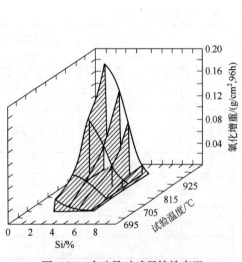

图 4-86　含硅量对球墨铸铁高温
（650～950℃）氧化增重的影响

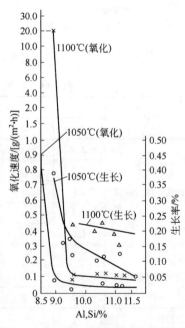

图 4-87　含硅铝总量对稀土镁
球墨铸铁耐热性的影响

　　热疲劳：图 4-89 是各种球墨铸铁与蠕墨铸铁、灰铸铁在 650℃和 20℃之间反复加热冷却时平板试样两孔之间产生热疲劳裂纹循环次数的比较，其试样成分列于表 4-67 中。它表明球墨铸铁，尤其是合金球墨铸铁具有较好的热疲劳性能。但由于球墨铸铁比灰铸铁具有较高的弹性模量和较低的热导率，在较激烈的急热急冷条件下，其热疲劳性能不如灰铸铁（如浸水冷却的钢锭模）。

表 4-67　图 4-89 中热疲劳对比试验的铸铁成分　　　　　单位：%

代号	材料	C	Si	Mn	P	Mg	合金元素
A	珠光体灰铸铁	2.96	2.90	0.78	0.07		0.12Cr
B	铁素体球墨铸铁	3.52	2.61	0.25	0.05	0.015	
C	珠光体蠕墨铸铁	3.52	2.25	0.40	0.05	0.015	1.47Cr
D	铁素体球墨铸铁	3.67	2.55	0.13	0.06	0.030	—
E	珠光体球墨铸铁	3.60	2.34	0.50	0.05	0.030	0.54Cu
F	合金铁素体球墨铸铁	3.48	4.81	0.31	0.07	0.030	1.02Mo

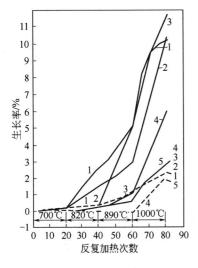

图 4-88　含硅量对反复加热球墨铸铁和
灰铸铁生长性的影响（每次加热 30min）

编号	1	2	3	4	5
成分 C	3.51	3.29	3.16	2.93	2.44
/% Si	2.61	3.22	4.01	1.95	5.94

实线—灰铸铁；虚线—镁球墨铸铁

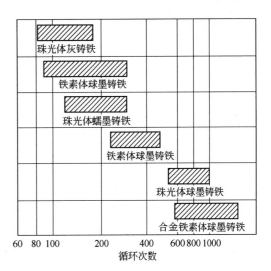

图 4-89　球墨铸铁在 650℃ 和 20℃ 之间
反复加热冷却至产生裂纹的循环次数
及其与蠕墨铸铁、灰铸铁的比较

（2）耐蚀性　在大气中球墨铸铁耐蚀性优于钢，与灰铸铁、可锻铸铁相近，见表 4-68 和图 4-90。图 4-91 为海滨大气腐蚀试验结果，其耐蚀性也优于含铜（0.2%）钢。

表 4-68　球墨铸铁在大气中的腐蚀速度及其与其他钢铁材料的比较　　　　单位：mg/(dm²·天)

材料	郊区	城市			工业区				矿区	
		1	2	3	1	2	3	4	1	2
熟铁	—	25	—	—	—	—	15~19	—	—	—
钢	10	—	12	—	—	34	24~32	—	36	27
灰铸铁	—	14~21	—	—	—	32	11~12	—	6	—
白口铸铁	—	1~3	—	—	—	13	—			

材料		郊区	城市			工业区				矿区	
			1	2	3	1	2	3	4	1	2
可锻铸铁	铁素体	6～7		21	49	10～19	—	—	33～56	—	9～12
	珠光体	5	—	—	—	11	—	—	—	—	10
球墨铸铁	铁素体	9	—	—	—	12	—	—	—	—	16
	珠光体	6	—	—	—	13	—	—	—	9	10

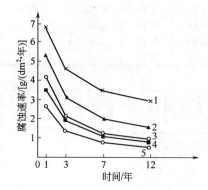

图 4-90　球墨铸铁与其他钢铁材料在
大气中腐蚀速率的比较
1—AISI1020 钢；2—含铜轧钢板；
3—球墨铸铁；4—可锻铸铁；
5—含铜可锻铸铁

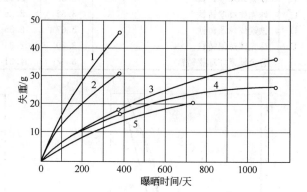

图 4-91　球墨铸铁海滨大气腐蚀试验
结果及其与其他钢铁材料的比较
试样 100mm×150mm 离海洋 24m 的海滩上
1—含 Cu0.02％钢；2—含 Cu0.2％；3—球墨铸铁；
4—灰铸铁；5—低合金高强度钢

　　球墨铸铁在海水或淡水中，尤其是流动水中的耐蚀性优于低碳钢，与灰铸铁相近，见表 4-69 和表 4-70。在高流速（80m/s）高温（90℃）水中，球墨铸铁耐蚀性优于灰铸铁。

表 4-69　球墨铸铁在海水中的腐蚀速率及其与其他钢铁材料的比较　　　单位：g/(m²·d)

地点	英国	德国	法国	美国	人造海水
试验周期	2 年	6 个月	380 天	3 年	220 天
珠光体球墨铸铁	—	1.0	—	5.5	1.4
铁素体球墨铸铁	—	2.1	1.6	—	0.5
钢	—	4.4	2.4	—	1.6
灰铸铁	1.2	1.7	1.7	1.6	0.6
白口铸铁	—	—	—	—	0.65
可锻铸铁	1.6	—	—	—	0.9

表 4-70　球墨铸铁在各种水中的腐蚀速率及其与灰铸铁、钢的比较　　　单位：mg/(cm²·d)

材料	通入气体的水			平静的蒸馏水
	天然海水	人造海水	蒸馏水	
球墨铸铁	15.3	15.8	19.1	6.1
含 Ni1.5％球墨铸铁	15.6	15.6	18.9	5.9
灰铸铁	17.0	19.4	19.3	6.2
低碳钢	23.5	25.4	24.5	7.5

　　注：腐蚀周期 380 天。

球墨铸铁在土壤中的耐蚀性远优于钢，与灰铸铁相近。表 4-71 是 φ150mm 球墨铸铁和灰铸铁管在土壤中的耐蚀性，二者腐蚀重量损失速度相近，球墨铸铁抗点蚀能力略强，但球墨铸铁管经腐蚀后的强度损失则远远小于灰铸铁管。

表 4-71 φ150mm 球墨铸铁管的土壤腐蚀及其与灰铸铁管的比较

土壤	埋入年限（年）	平均重量损失/[mg/(dm² · d)]		平均最深点蚀/(mm/年)		平均破裂强度损失/%	
		球墨铸铁	灰铸铁	球墨铸铁	灰铸铁	球墨铸铁	灰铸铁
炉渣土	3.7	12.2	10.6	0.889	0.889	<10	20
	5.9	15.9	16.0	0.813	0.813	<10	30
	7.9	12.5	13.8	0.686	0.711	<10	31
	9.4	10.6	11.7	0.457	0.559	<10	27
	13.5	9.3	11.3	0.279	0.508	<15	40
碱性土	3.7	7.2	5.4	0.559	0.406	<10	10
	6.0	4.3	3.2	0.330	0.254	<10	10
	8.0	3.2	2.3	0.254	0.356	<10	24
	9.9	2.3	1.6	0.254	0.229	<15	42
	12.0	2.6	2.2	0.203	0.254	<15	41
	14.0	2.4	1.9	0.229	0.330	<9	39

注：铸铁管成分/%　　　C　　Si　　Mn　　P　　S　　Mg
　　球墨铸铁　　　　3.40　2.40　0.30　0.05　0.01　0.04
　　灰铸铁　　　　　3.40　1.50　0.50　0.60　0.08　—

球墨铸铁在室温 0.5% 的硫酸溶液中的耐蚀性与灰铸铁大体相同，开始阶段球墨铸铁的腐蚀速率低于灰铸铁，但在灰铸铁表面形成石墨化层后腐蚀速率下降，球墨铸铁则无下降倾向而在后期高于灰铸铁，如图 4-92 所示。在 0.05% 的硫酸溶液中二者相同。

球墨铸铁和灰铸铁在碱溶液中的耐蚀性良好，与钢相近。在稀释碱溶液中无明显腐蚀，在浓度大于 30% 的热碱溶液中被浸蚀。在温度低于 80℃浓度不超过 70% 的碱溶液中，其腐蚀速率低于 0.2mm/年。在浓度大于 50% 的沸腾碱溶液中腐蚀速率达 20mm/年，而且腐蚀速率逐渐提高。在高浓度碱溶液中球墨铸铁对应力腐蚀裂纹的敏感性高于灰铸铁。

球墨铸铁（含 Ni1.5% 或不含 Ni）在流速为 5m/min 的含饱和空气的 1.5% 和 3% 食盐水溶液中的腐蚀速率分别为 0.9mm/年和 0.7mm/年。碱金属的氯化物或硫化物对其腐蚀很弱。氨盐溶液腐蚀球墨铸铁，游离氨的存在将降低其腐蚀速率。

球墨铸铁对有机物、硫化物、熔融金属（低熔点者）的耐蚀性与灰铸铁相近。

（3）耐磨性　球墨铸铁是良好的耐磨和减磨材料，耐磨性优于同样基体的灰铸铁、碳钢和低合金钢。

① 润滑磨损。球墨铸铁曲轴的耐磨性优于 45 锻钢曲轴，见表 4-72。球墨铸铁的耐磨性也优于灰铸铁，二者分别对 GCr15 的钢的润滑磨损对比列于表 4-73 中。

表 4-72 柴油机曲轴运转磨耗量比较

曲轴材质	运转时间/h	主轴颈磨耗量/mm	曲轴销颈磨耗量/mm	热处理状态
45 锻钢	1000	0.020~0.064	0.030~0.110	正火、表面淬火
稀土镁球墨铸铁	1000	0.002~0.006	0.001~0.004	正火

表 4-73 球墨铸铁与灰铸铁对 GCr15 钢的润滑磨损对比

材料	热处理状态	硬度（HBS）	运转 50 万次磨耗量/mg
HT300 灰铸铁	铸态	229	34.0
珠光体球墨铸铁	正火	277	5.5

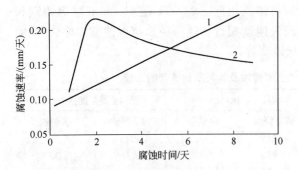

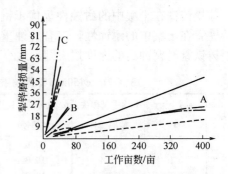

图 4-92　球墨铸铁在室温 0.5%的
硫酸溶液中的腐蚀速率与腐蚀时间
的关系及其与灰铸铁的比较
1—球墨铸铁；2—灰铸铁

图 4-93　不同材质犁铧的磨损量
A—壤土地区；B—细砂土地区；C—砾质砂土地区
—— 280℃等温淬火普通球墨铸铁；---- 65Mn
钢淬火回火；---- 65Mn 钢等温淬火；—·—犁铧
局部堆焊（高铬白口铸铁）

②磨料磨损。球墨铸铁在磨料磨损条件下也有一定的应用。但与白口铸铁、低合金钢相比（见图 4-93），普通球墨铸铁的耐磨性并不太好，只有合金球墨铸铁或合金贝氏体球墨铸铁有良好的耐磨性（见表 4-74）。

表 4-74　不同材质抗磨试验结果

材　　质	磨前硬度（HRC）	磨后硬度（HRC）	平均失重/mg	相对耐磨系数/%
45 号热轧钢	13.7	14.4	192.0	100
普通球墨铸铁正火、回火	30	—	196.0	98
普通球墨铸铁 280℃等温淬火	41	—	131.0	147
中锰球墨铸铁	45.9	47.4	127.03	152
合金贝氏体球墨铸铁	52.0	52.2	106.0	182
65Mn 钢油淬，200℃回火	57.8	—	55.5	347

注：MLS-23 型湿砂橡胶轮磨损试验机试验结果，转速为 210r/min，新会砂 40～70 目，载荷为 69N。

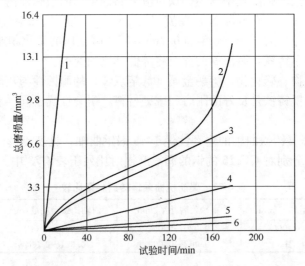

图 4-94　球墨铸铁及 5 种材料与淬火 SAE52100 钢干滑动磨损的比较
（滑动速度 25.4m/s）
1—冷拉黄铜；2—铍青铜；3—铝合金；4—铸造青铜 83-7-7-3；5—高强度球墨铸铁
（σ_b550MPa）；6—特种活塞环灰铸铁（含 P0.60%，240HBS）

③ 干磨损。图 4-94 是各种减摩材料与淬火 SAE52100 钢无润滑滑动摩擦时，耐磨性的比较（相对滑动速度为 25.4m/s，摩擦副温度达 315℃）。可见，高强度球墨铸铁的耐磨性和用于特种活塞环的灰铸铁（C 3.95%、Si 2.95%、Mn 0.60%、P 0.60%、240HBS）相近，而优于 83-7-7-3 铸造青铜、铝合金、铍青铜和 65-35 黄铜。

4.5 厚大断面球墨铸铁生产质量控制技术实例

大断面球铁性能优良，成本较低，常用来制造大型重要零件，如重为 37.5t、壁厚为 340mm 的厚大断面球墨铸铁球磨机端盖，球墨铸铁核乏燃料储运容器，大型风电铸件等。生产厚大断面球墨铸铁的铁液，经过长时间的液态凝固和共晶凝固，导致球化衰退、球墨畸变、石墨漂浮、元素偏析、晶碳化物墨渣、缩松、缩孔等缺陷。有些大型球墨铸铁铸件要求高强度、高韧性和高断裂韧性，且要求较高的低温性能，在生产中为克服上述缺陷，一般采用多种途径来解决，如严格控制化学成分、改进球化和孕育处理工艺、合金化（加 Cu、Mo、Ni 等）、添加微量的所谓干扰元素（如 Sb、Bi、Sn、Te、Al 等）以及改进工艺如采用强制冷却铸造工艺等（强制冷却是用于铸件的厚壁部位，加速冷却速度，创造顺序凝固或同时凝固的条件，从而保证铸件质量的工艺措施）。

4.5.1 厚大断面球墨铸铁件生产主要问题

（1）厚大断面球墨铸铁件的特点　一般认为铸件壁厚 100mm 以上的球墨铸铁件称为厚大断面球墨铸铁件，如大型柴油机机体、高炉冷却壁、大型轧钢机机架、大型汽轮机轴承座、大型注塑机模板、风电设备中的轮毂及底座、核电设备中的废渣罐等。生产上述大断面球墨铸铁件，要考虑如何获得健全、致密、尺寸合格的铸件，要考虑特别厚重，大多数要求铁素体基体力学性能必须满足标准数据或超标准；有时外加低温性能要求，多数铸件要作超声波（UT）、渗透探伤（PT）检测。

（2）厚大断面球墨铸铁件生产主要问题　由于大断面球墨铸铁件尺寸大，重量大，壁厚大，铸造时的热容量大，凝固缓慢，极易造成球化衰退与孕育衰退，从而导致铸件的组织和基体发生变化，特别是在铸件的心部更加严重。主要表现为石墨球粗大，石墨球数量减少，石墨漂浮，石墨球产生畸变，形成各种非球状石墨。由于凝固时溶质元素的再分配出现严重的元素偏析及晶间碳化物、反白口及缩孔、缩松等一系列问题，其结果使得球墨铸铁的力学性能变差，特别是伸长率、塑性及低温性能明显降低。随着制造业的快速发展，对大断面球墨铸铁件的内外质量、技术条件要求越来越高。

4.5.2 厚大断面球墨铸铁件铸造工艺

（1）设置冷铁的 6 个原则

① 当铸件中热节比较分散又难以安放冒口时可设置冷铁，以防止缩孔、缩松等缺陷。

② 当铸件局部壁厚时，要求加速冷却，使之与铸件其他部分同时凝固，或者在铸件厚壁和薄壁的转角处（应力集中）应安放冷铁，以防止裂纹和变形缺陷的产生。

③ 当铸件的热节部位设置冒口后，补缩能力尚感不足或为了减小冒口体积，提高铁液利用率时，应安放冷铁，一般设在冒口的相对位置处，不要设在冒口的附近，以免影响冒口的补缩。

④ 在铸件某部位要求改善金相组织、提高表面硬度、增加耐磨性时，可在该处安放冷

铁。加冷铁时应适当考虑由此而产生的冷层深度，保证在加工时去掉. 获得良好的金相组织。

⑤ 外冷铁一般安放在铸件下部或侧面，尤其是大的冷铁若安放在铸件上部，会影响型腔排气。

⑥ 冷铁在球铁工艺中的使用特点与灰铁有区别，在普通灰铸铁工艺中，为了加快局部地方的冷却或为了得到激冷组织，以提高硬度，常使用冷铁，但冷铁厚与铸件壁厚比受到限制，一般是壁厚的铸件取 0.4～0.6。冷铁过厚会产生渗碳体组织加工困难，这是因为灰铸铁碳硅含量都比球墨铸铁低。

（2）球墨铸铁使用冷铁的特点

① 加快厚断面冷却速度，改变厚断面，特别是中心部位球化效果，抑制球化衰退和畸变石墨的产生。在大断面球墨铸铁心部，由于冷却缓慢常出现石墨变得不圆整，严重时出现所谓碎块状石墨的现象，明显降低力学性能特别是冲击韧性和伸长率。如果使用外冷铁或内冷铁，以加速冷却或借助冷铁造成很大温度梯度，就可能有效防止石墨的畸变和碎块状石墨的产生。

② 克服收缩的缺陷。球墨铸铁容易出现收缩缺陷，在大铸件表面以及铸件壁的厚薄过渡区，容易出现表面缩瘪现象，在热节部位加工后出现所谓黑点即分散的缩松。这两种现象常是大件球墨铸铁或厚壁处遇到的缺陷。使用冷铁后造成的温度梯度，可以人为地将体积凝固变为方向性的逐层凝固，先凝固的部位可得到充分的液态补缩，出现无缩松的致密区。另一方面，冷铁将铸件壁激冷成坚实固体外壳，可以利用石墨球的膨胀来补缩液态和凝固收缩，少用冒口，提高工艺出品率。

③ 抑制石墨漂浮。冷却加速了结晶过程，相当于减薄铸件的断面厚度，因此有抑制石墨漂浮的作用。

④ 冷铁附近的金相组织得到细小、圆整的石墨球加铁素体基体。关于外冷铁的厚度选择：由于其特殊的结晶特点，不仅不易形成渗碳体，反而易使石墨球变圆、变多，铁素体量增加。因此，其与铸件壁厚比不受片状石墨铸铁的限制。实践证明。冷铁与铸件壁厚比为 0.6～1.2 是合适的。

（3）使用冷铁的注意事项

① 冷铁表面要求光滑平整，不能有孔、裂纹等表面缺陷，不能有锈，为了防锈，内冷铁常镀锡或锌、或现做现用，外冷铁需涂涂料、可避免铸件产生气孔等缺陷。

② 为避免外冷铁在铸型内脱落，冷铁较大或较厚时在其背面可以有钉子、钩子或吊攀等。

③ 一般板形外冷铁的四面应做成 45°斜角，以免冷铁与型砂交界处冷却速度差别较大而引起裂纹。

④ 干型用内冷铁应在铸型烘干后放入（放内冷铁的位置应在铸型烘干前做好），湿型用的内冷铁一般在合箱时放入，放入前应干燥。

（4）厚大断面球墨铸铁用的外冷铁

① 石墨冷铁和挂砂冷铁是生产大型厚壁球墨铸件的极好外冷却材料，吸热、导电都很理想，同时，它还可以避免铸件表面铁豆和皱皮等缺陷。

② 厚大断面球墨铸铁使用外冷铁壁厚与铸件壁厚的比值等于 K，采用单侧冷铁时，K 值可选用 0.7～0.8；采用双侧冷铁时，K 值可选用 0.8～1.2，超过这一范围，继续增大冷铁厚度，对缩短凝固时间将失去激冷作用。石墨型具有高的导热性，是一般冷铁的 3 倍，石墨型的蓄热能力小，在强制冷却的条件下，作为铸型材料较适宜。冷铁附带增加风冷系统和

水冷系统是生产特大型厚壁球墨铸铁的极有利手段，采取这样的措施必须要注意安全。

4.5.3 厚大断面球墨铸铁熔炼生产

熔炼过程的质量控制是防止产生石墨漂浮、球化及孕育衰退、缩孔缩松、夹渣、石墨变异、反白口等的一道关键工序，所以原材料选择、熔炼控制、化学成分确定、球化、孕育处理工艺和球化剂、孕育剂选择及加入量的控制等是防止产生以上缺陷的基础。

（1）原材料生铁及废钢的选择　厚大断面球墨铸铁固有的特点对原材料的要求较为严格，无论怎样精选炉料都是值得的。原材料干扰元素要尽可能的低，要特别注意生铁来源、废钢品种、增碳剂的选用。

① 生铁的选用。尽量采用高碳、低硅、低磷、低硫、低微量元素的生铁，要求 C 4.1%～4.7%、Si0.6%～1.4%、Mn<0.3%、P<0.05%、S<0.02%，特别是 Ti<0.045%。基于目前我国生铁资源的考虑，提出生铁中的微量元素总量≤0.1%，这样有利于获得合格成分的铁液，减少杂质元素晶界的偏析程度，削弱干扰元素对石墨球化的影响，减少碳化物，降低球化剂的损耗，增加镁的吸收率，可有效控制最终 $RE_残$、$Mg_残$ 量，以获得性能良好、塑性、韧性优异的铸件。

② 废钢的选用。采用普通碳素钢，严格控制杂质元素 Ti、V、Cr、Sn、Pb、B、Sb、Mo 等，防止反球化元素及偏析元素过量带入铁液。特别是采用废钢和回炉料为主要原料的合成铸铁熔炼工艺，更应注意，以确保力学性能、基体组织和加工性能的良好。

（2）厚大断面球墨铸铁化学成分选择

① C、Si、CE 的选择。对于厚大断面球墨铸铁来说，CE 的范围选择既要保证充分的石墨化要求，又要考虑到发生石墨漂浮的风险。为获得良好的补缩性能和健全的铸件，一般将其选在共晶点的成分 4.3%～4.4%附近。具有共晶成分的铁液流动性好、缩松倾向最小、集中缩孔倾向最大、易于补缩。总之，CE 的上限以不出现石墨漂浮、下限以不出现渗碳体为前提，尽可能提高，以便获得致密的铸件。

有研究表明增加 CE 有助于减轻碎块状石墨问题；但也有研究显示随着 CE 尤其 Si 含量的增加，会促进碎块状石墨的形成。尤其对于有低温性能要求的铸件，Si 含量必须加以限制。研究显示，每提高 0.1%Si，脆性转变温度就提高 5.5～6.0℃。所以，一般选择 C3.5%～3.7%、Si1.8%～2.4%。

② Mn、S、P 的选择。对于厚大断面球墨铸铁，Mn、S、P 元素要特别严格控制。即使在珠光体球墨铸铁中，也因为 Mn 具有严重的正偏析倾向，富集于共晶团晶界处促使晶界碳化物形成而降低韧性，很少用 Mn 来促进珠光体的形成，特别是对于有低温性能要求的厚大断面球铁。因为每提高 0.1%Mn 量，球铁的低温转变温度会提高 10～20℃，所以要严格限制和控制 Mn 含量，选择 Mn<0.3%。

球墨铸铁中 P、S 都属于严格限制元素。P 在球墨铸铁中有着严重的偏析倾向，易在晶界产生磷共晶而降低韧性，尤其对于有低温性能要求的球墨铸铁更应严格控制，一般选择 P<0.05%。众所周知，S 是反石墨化元素，不仅消耗球化剂和造成球化不稳定，而且使夹杂物增多，球化衰退快，所以要尽可能降低 S 含量。S 含量的下降可以减少球化剂的加入量，减少 RE 残量而避免它所带来的危害。控制 S 含量一般为 S<0.02%。

③ RE 的控制。RE 具有脱硫、中和反球化元素和提高铁液抗衰退能力的作用，但 RE 有碳化物形成元素，有很大的过冷倾向，如果量太高还会使铸件加工表面产生灰斑及夹杂物等缺陷，还会促进碎块状石墨的形成。对于厚大断面球墨铸铁来说，RE 的不利因素更为明显。一般 RE0.010%～0.030%是合适的。

（3）厚大断面球墨铸铁熔炼控制　熔炼方式一般推荐双联熔炼或感应炉，充分发挥冲天炉铁液成核能力强、电炉热效率高便于控制的特点。无论哪种熔化方式都必须严格控制 S 含量。使原铁水 S 含量在 0.02% 以下。同时要有足够的熔化过热温度，过热温度大于 1500℃。

（4）厚大断面球铁的球化孕育处理

① 厚大断面球铁专用球化剂、专用孕育剂的选择。Mg 元素是球化的核心元素，是使石墨球圆整的最主要元素，对大断面球铁能减缓球化衰退，Mg 阻碍石墨析出，Mg 残量高增加收缩和脆性，Mg 元素易氧化，在铁液表面形成氧化膜，进入砂型易使铸件产生夹渣和皮下气孔。保证球化的前提下 Mg 残量越低越好，考虑大件凝固时间长，应提高抗衰退能力，Mg 量应高些，使最终铁液控制在 Mg0.05%～0.06%。

RE 通过抵消干扰元素的有害作用，间接地起球化作用，但在厚大铸件中，RE 残留量高容易造成碎块状石墨增多，一般控制在 0.03% 以下。为了提高抗衰退能力，特别设计专用球化剂，既可以保证起球化作用的 Mg 的含量，也可以保持较高的抗衰退能力，高碳孕育良好时，亦不会出现渗碳体。专用球化剂可使磷共晶减少并弥散，从而进一步提高球铁的伸长率。在球化处理时为了提高镁的吸收率，控制反应速度及提高球化效果，采用特有的球化工艺。对球化处理的控制主要是在反应速度上的控制，控制球化反应时间在 2～3min 左右，综合范围 1.6%～2.3%，而且加入一定量的钇基重稀土（原则是低稀土），依据炉料的组成及纯净度调整其含量。

厚大断面球墨铸铁件的特点是低温处理、低温浇注，Ca 元素可以比常规产品较低。在冲天炉和电弧炉熔炼的条件下，可控制在 2.0% 以下，以适当地脱氧、脱硫；在感应电炉条件下，Ca 元素含量可以更低。Ca 的溶解性差，容易形成夹渣等铸造缺陷，因此，必须考虑一方面延缓球化衰退，另一方面促进异质形核。

厚大断面球墨铸铁件专用球化剂的特点是高镁、低稀土、中低钙、适度的钡，注重各元素之间的比例组合。

用于生产厚大断面球墨铸铁的球化剂、孕育剂必须严格精心选择，应注意以下原则：

a. 高效稳定的球化及孕育效果。这一方面取决于球化剂、孕育剂本身的成分性能稳定，主要元素如 Mg、RE、Ca、Ba 等元素质量分数偏差范围应小于 ±0.3%；另一方面是铁液的质量稳定，如出铁温度和 S、O 含量的稳定等；再次就是球化处理工艺的稳定。

b. 较强的抗衰退能力。厚大断面球墨铸铁固有的凝固特点，铸件尺寸大，重量大，壁厚大，铸造时的热容量大，凝固缓慢，极易造成球化衰退与孕育衰退，从而导致铸件的组织和基体发生变化。

c. 较强的石墨化能力。Mg、RE 是主要的球化元素，同时又是较强的白口形成元素，应合理搭配 Ca、Ba 等石墨化元素。

d. 较低的形渣能力。一方面要减少球化剂、孕育剂中的渣含量，如 MgO、稀土的氧化物及外来渣；同时球化剂、孕育剂中的 Ca、Ba 量要适中。

重稀土的抗衰退能力优于轻稀土。钇基稀土保持二级球化时间为 180min，Ce 基稀土为 50min。大断面球墨铸铁件在液态高温（>1300℃）保持期间内的球化衰退状况决定了整个铸件球化级别下降少，则共晶阶段保持球化级别就会相应提高，抵抗石墨畸变的保持时间就长。而且，重稀土白口倾向小，抗球化干扰元素能力强，易于与这些干扰元素形成无害的高熔点化合物，随渣去除。

钇基重稀土具有较强的抗球化衰退、抗石墨畸变、脱硫与脱氧能力强、细化基体组织的特点。

表 4-75 是原铁液含硫量与球化剂加入量的关系表。

表 4-75 原铁液硫量与球化剂加入量的关系

原铁液 $w(S)/\%$	0.03～0.04	0.04～0.05	0.05～0.06	0.06～0.07	0.07～0.08	0.08～0.09	0.09～0.10
球化剂加入量/%	1.3	1.4	1.5	1.6	1.7	1.8	1.9

根据以上原则选用重稀土球化剂。由于原铁液冶金质量的改善，S 含量相对低。对于铁素体基体的选择 Mg7.5%～8.5%、RE0.5%～1.5% 的重稀土球化剂。

孕育剂选择原则是异质核心的晶格的匹配性、高温的化学稳定性，要求具有强烈的促进石墨化作用，并能维持时间较长，吸收率高而稳定，具有很好的延缓孕育衰退。对于厚大件更主要的是孕育的长效性，所以孕育分为炉前孕育和瞬时孕育，两者缺一不可。炉前使用含 Ba、Ca 等元素的防衰退长效孕育剂，浇注随流使用特殊成分的孕育剂，主要是表面活性低熔点元素的应用，其中应用于风电铸件时配入适量 Bi、Sb 元素，能改善断面中心部位的球化状况，使得球径小，球数多，并能提高铁素体含量，提高铸态性能。

选择含有锶、钡、钙的长效孕育剂作为厚大断面球墨铸铁件的孕育剂。据生产经验，锶、钡、钙的加入对加强孕育、减缓球化衰退的作用较大。粒度根据包中铁液量而定，炉前使用一般有 3～8mm 和 5～12mm 的两种粒度，随流使用一般有 0.3～0.8mm 和 1～3mm 的两种粒度。

② 球化孕育处理工艺。球化处理方式的不同对 Mg 的吸收率有很大的影响。不同厂家可根据各自的条件选择不同的处理方式，目前国内大部分球墨铸铁生产厂家均采用冲入法处理，稳定性差，环境污染大，建议有条件的厂家适当作以改变，盖包法是不错的选择，其改造投资少，易于实现。处理温度一定要根据铸件结构适当调整，一般范围为 1420～1460℃。在生产过程中要控制球化剂的起爆时间和球化反应时间。球化起爆时间应为 20～25s，球化反应时间应为 90～120s 为宜。浇注温度要合适（1320～1350℃），不要太高，要充分利用球墨铸铁的石墨化膨胀进行铸件的自补缩，以减轻冒口负担，确保铸件内部致密。

孕育是最主要的工艺技术措施之一，合理的孕育处理是增加石墨球数的有效途径，孕育的成败对球墨铸铁件起着至关重要的作用。一般认为厚大断面球墨铸铁件的孕育有以下特点：孕育量大，通常在 0.4%～1.0%，有的甚至更高，这都是为了强化孕育，延缓衰退；多次孕育包括出铁孕育、包内孕育、浇口杯孕育等。减少孕育量，孕育时间尽量短（即瞬时孕育）。对于有低温性能要求的铸件，除了高的球化率外，石墨球数也是很重要的因素，这种少孕育量的方法对控制 Si 含量是有效办法。总之，孕育要滞后、要瞬时，效果好，剂量也可大大减少。

（5）合金及微量元素 厚大断面球墨铸铁件一般考虑的合金有 Ni 及 Cu，Ni 既能提高强度又能促进韧性，资料介绍一般加入 Ni 在 0.2%～2.0%，Ni 价格比较昂贵，生产成本高。对于珠光体基体的厚大断面球墨铸铁件，加 Cu 是完全可行的。至于微量元素 Bi 加入 0.008%～0.010%，使 RE/Bi＝1.4～1.5 的比例，对增加石墨球数、降低出现碎块状石墨的危害性有利。加 Bi 后球墨铸铁基体中铁素体量增多，因此，可用于生产以铁素体基体为主的高韧性球墨铸铁件。加入 0.005%～0.007% 的 Sb 可以抑制铁液中有过量 Ti 及 RE 的有害作用，并能改善断面中心部位的球化状况，使得球径小，球数多，提高铸态性能。与 Bi 不同的是，Sb 强烈促使基体中形成珠光体。加入微量 Sb 后，基体中珠光体量大幅增多，强度、硬度明显增加。因此可用在以珠光体基体为主的高强度球墨铸铁件的生产中。

（6）预处理技术的应用 预处理就是在球化处理之前通过加入预处理剂，使铁液中的 S、O 含量控制在较低的和稳定的水平，并形成稳定的形核质点，为球化及孕育提供良好的条件。方法：出铁→脱硫→倒回电炉→1/4 时加入 0.2%～0.3%的预处理剂→全部倒回电炉升温→球化处理→孕育处理→浇注。需注意。一般的孕育处理剂都会使 C 增加 0.02%左右。

（7）工艺途径　加速冷却缩短凝固时间，特别是缩短共晶阶段的凝固时间，想方设法使共晶凝固阶段缩短至 2h 以内是有力的措施。围绕这个原则可采取各种方法：金属型挂砂、使用冷铁、强制冷却，甚至于采用风冷、雾冷或水冷结晶器装置等。

4.5.4　预防厚大断面球墨铸铁石墨畸变的措施

对于厚大断面球墨铸铁而言，石墨畸变是一种主要缺陷，会严重恶化其力学性能。常见石墨畸变发生时的三种形式是石墨漂浮、开花状石墨、碎块状石墨。

（1）石墨漂浮　石墨漂浮是大断面球墨铸铁件常见的缺陷之一。石墨漂浮的特征是在铸件的上表面聚集了大量的石墨，宏观断口呈均匀黑斑状。宏观观察与夹渣类似，断面与金属断口黑白分明有清晰可见的分界，在显微镜下观察，该区石墨数量比一般断面多 3～7 倍，石墨形貌多种多样，体积也较大。在石墨漂浮的密集区域，多数球状石墨形态遭严重破坏成为开花状，而且通常与镁和镁的化合物聚合在一起。一般化学分析 C、Mg、RE 及 S 含量有偏高的现象。

石墨漂浮的主要危害是严重降低铸件的力学性能。大大降低强度、伸长率、冲击韧性（几乎下降 50%以上），也使铸件的耐磨性、耐压性能显著恶化，使铸件加工后的光洁度和精度丢失；同时恶化铸件的表面质量；容易在铸件的上表面或砂芯拐角处形成 CO/CO_2 气孔，使多数球状石墨形态遭到严重破坏，成为开花状石墨；甚至对过滤器造成堵塞。

CE 高是产生石墨漂浮的主要原因。实践结果表明，石墨漂浮带的深度将随碳当量增加（尤其是碳量的增加）和铸件壁厚、浇注温度的增加而加大。石墨漂浮的出现厚度与浇注温度有关，浇注的温度越高产生石墨漂浮的程度越严重；碳当量对石墨漂浮的影响对铸件壁厚很敏感，有一个临界碳当量值，但这个临界值不是固定的，它还与铸件厚度和浇注温度有关，铸件壁厚越大，随碳当量增加石墨漂浮增加的幅度越大。选择合适的 CE 是防止这类缺陷的主要措施。有时也可以使用冷铁等方式增大冷却速度来解决。

石墨漂浮防止措施如下。

① 严格控制碳当量，这是解决石墨漂浮的根本途径，一般情况下碳当量控制在 4.3%～4.7%。薄小件偏上限，厚大件偏下限。

② 加快铸件的冷却速度，在厚大部位处放置冷铁。有时可加入一些反石墨化元素（如钼）。

③ 球化剂稀土含量不宜太高。

（2）碎块状石墨　碎块状石墨通常位于铸件的厚大部位和热节处（尤其冒口根部），看上去是一些散在基体组织中的细小的石墨碎块，但实际上在共晶团内是相互连接的。它们可能呈晶间状分布，周围有球状石墨包围的团簇状分布，而且可能较粗大也可能较细小。在铸件剖切面上，碎块石墨区由于呈暗灰色或阴影，很容易识别。正常生产中难以估计铸件中可能存在的碎块石墨的体积分数，唯一的方法是从铸件上切取试块进行检查。因此，试块位置非常重要，它要具有代表性并能反映出铸件性能的变化，并且可以持续监控石墨组织及力学性能的变化。

开花状石墨是一种过球化的石墨形态，在光学显微镜下石墨为花瓣状。在电镜下观察开花状石墨由放射状轴心对称的石墨锥体组成，锥体的包络面为球形。在铸件断口的上表面可见到一层清晰、密集的黑斑，金相检查可发现断面顶部石墨球聚集，聚集层下部有时有连续的或者个别的开花状石墨。

开花状石墨的形成原因是由于［0001］方向生长的速度与沿［1010］方向生长的速度的比值比球状石墨大。故球状石墨的角锥体之间紧密结合，组成一个致密球体，开花状石墨的角锥体之间沿径向距离越来越大。生产经验表明，大断面球墨铸铁中的碎块状石墨缺陷和铁液中的 RE残 特别是 Ce 的含量有较明确的对应关系，RE残 越高，大断面球墨铸铁件中出现碎块状石墨缺陷的可能性越大，所以建议 RE残 量控制在较低的范围。Si 含量高会促进形成碎块状石墨，有目的地控制含 Si 量尤其对于有低温性能要求的大断面球墨铸铁。

（3）碎块状石墨　在光学显微镜下观察，碎块状石墨是彼此孤立的，并且伴随着有圆整的球状石墨。

石墨-奥氏体共晶团在形成及长大过程中不可避免产生应力，石墨受到压应力，奥氏体受到拉应力；奥氏体壳受力状况是石墨是否发生畸变的主要因素。发生多个共晶团的奥氏体壳破裂时，各自裸露出的石墨就可能连接为一个整体，成为一个大的石墨群，这就是碎块状石墨。厚大铸件中 RE 残留量高容易造成碎块状石墨增多，一般控制在 0.015%～0.03%。

（4）球化衰退　凝固时间长是大断面球墨铸铁生产中出现各种问题的根源。球化处理结束后，由于铁液停留时间长，铁液中的游离 Mg 会逐渐以蒸气的形式从铁液中逃逸，还会和其中的氧、硫进一步反应，如果熔渣没有及时扒除，MgS 熔渣漂浮到铁液表面后会与大气中的氧反应形成游离镁（即所谓的回硫反应），这些硫会与铁液中的游离镁再次反应，所有这些都在消耗铁液中的镁，导致 Mg残 下降，使石墨球衰变为不规则的团絮状、蠕虫状直至片状石墨，这种现象被称为球化衰退。对于大断面球墨铸铁，由于其缓慢的冷却速度，凝固时间长，铁液长时间处于液态或半液态，球化衰退趋向更为严重。

在生产中的所谓球化衰退，更多时是由于孕育衰退而引起的球化衰退，尤其在大断面球墨铸铁生产中更为明显。为防止球化衰退，球化剂量可以适当的高一些，以保证铁液中有足够的 Mg残（实际有用的是游离态的 Mg）。对于大断面球墨铸铁，保证 0.04%～0.05% 的 Mg残 是合适的，如果再高些反而会带来一系列问题，如夹渣、缩松、白口等。研究及生产实践表明，重稀土具有抗球化衰退能力，也可以选用抗衰退的重稀土球化剂。

厚大断面球墨铸铁件由于冷却速度慢、凝固时间长，容易出现石墨漂浮、碎块状石墨、球化孕育衰退、缩孔缩松、反白口等诸多缺陷，为此熔炼质量控制要从三个方面做好，是完全可以稳定生产出高质量的大型及特大型球墨铸铁件。

① 选择微量元素低的高纯生铁和废钢，确定合理的化学成分。C3.5%～3.7%、Si1.8%～2.4%、Mn＜0.3%、P＜0.05%、S＜0.02%、Mg0.025%～0.050%、RE0.010%～0.030%。

② 选用钇基重稀土球化剂和长效孕育剂。采用适合自己工厂的球化孕育工艺方式。球化要平稳，有效控制球化起爆和反应时间；孕育要滞后，要瞬时。

③ 适当利用微量合金元素及新的预处理技术。

使用钇基稀土镁球化剂处理铁液时，添加微量 Sn，可增加石墨球数、细化石墨球、控制石墨畸变发生。大断面件应适当降低稀土含量，必要时可加入少量锑和稀土。厚大断面球墨铸铁件的质量控制，在物理模拟技术、强制冷却技术、计算机数值模拟、球化机理、球化衰退、石墨漂浮、铁水净化、微量元素作用等，加快冷却速度，造型采用成型冷铁工艺，强制快冷是必要的。

在实际生产中球墨铸铁件还会产生缩孔、缩松影响铸件的质量，为避免铸造缺陷的产生，生产中常采取放置安全冒口。

第 **5** 章

等温淬火球墨铸铁（ADI）

5.1 ADI 概述

20 世纪 30 年代初，E. S. Davenpon 和 E. C. Bain 在研究钢的冷却速度与性能的关系时，发现钢在奥氏体化处理后并经一定温度保持，得到针状铁素体和一定界面上沉淀的碳化物共析组织，具有良好的综合性能，这种组织后来被称为贝氏体。在较低温度保持，形成针状铁素体和铁素体内部一定晶面上沉淀的碳化物的混合物称为下贝氏体；在较高温度保持，形成板条状铁素体和板条周围沉淀的碳化物的混合组织称为上贝氏体。按现在对贝氏体的分类还有其他各类的贝氏体，这种热处理工艺称为等温淬火。一定成分的球墨铸铁经等温淬火后得到的铸铁材料，就是等温淬火球墨铸铁（ADI）。目前，ADI 已经成为 21 世纪人们选用的热点材料之一，是一种在球墨铸铁的运用基础上发展起来的值得大力推广的优良工程材料。

5.1.1 ADI 的性能特点

（1）成本低 ADI 价格比锻钢、铸钢、铸铝要低，如果以屈服强度的成本计算，ADI 是最便宜的材料。

（2）密度比钢小 ADI 由于在其组织中有近 10% 左右的石墨，故同一体积的零件比铸锻钢件大约要轻 10%。

（3）综合性能优良 强度与伸长率都很高，具有优良的动态力学性能，比锻钢、铸钢以及微合金钢要好很多，在数百万次交变载荷作用后抗疲劳性仍保持不变。因为 ADI 的缺口敏感性（敏感系数为 2.2~2.4）小，这是综合性能高的有利因素。

（4）减声性能好 ADI 中的石墨具有很强的吸声能力，故 ADI 零件工作时噪声小，这种特性对汽车与各种其他运转的机器十分有利。

（5）吸振性好 ADI 弹性模量（$E=1700\text{MPa}$）比钢的弹性模量（$E=2100\text{MPa}$）低 20%，所以吸振性好，组织中有石墨球，能快速吸收振动，使机件运转平稳。

（6）好的抗摩擦磨损性能 因 ADI 中存在有石墨球，能降低摩擦系数和运转温度，

ADI 零件在表面应力作用下，奥氏体中的高碳奥氏体有一部分转变为微晶或微晶马氏体，提高了表面层硬度，改善抗磨性，而新的次表面又不断发生以上过程，因此与同样硬度的钢比较，它的中晚期寿命更长。

（7）通过热处理即能获得 ADI　在一般球墨铸铁的基础上（指化学成分、熔炼方法、浇注处理、铸造工艺等），增加了一个二阶段等温热处理工序后就可生产出 ADI。热处理给 ADI 带来力学性能高的优点，同时又保留了原有铸造工艺的好处，如可制造复杂形状的零件，可对材料进行回用，生产成本低，可批量生产等，在很多场合，可取代钢或铝的零件。其优点有：

① 减轻机器重量；

② 减少燃料、动力消耗；

③ 提高机器效率；

④ 改善环境污染；

⑤ 节约成本开支，提高经济效益。

（8）铸造工艺多样　除球墨铸铁件常用的黏土砂、树脂砂、水玻璃砂等造型外，为适合铸件需要，也采用消失模铸造工艺、V 法铸造工艺等，使 ADI 铸件的发展如虎添翼；另外，根据球墨铸铁的凝固特性，采用金属型铸造和金属型覆砂铸造。总之，生产 ADI 的铸造制型工艺是多种多样的，根据铸件的特性要求而决定。少数特殊要求 ADI 管件、套件，还可以采用离心铸造。

5.1.2　ADI 的材料分类

（1）普通抗磨件　多用于矿山、建筑、电力、农业等机械上的抗磨零件，如磨球、衬板、锤头、锤片等。主要利用 ADI 高硬度、高抗磨性和一定的韧性。

（2）机械承载构件　多用于汽车、拖拉机、铁路车辆、农用机械等要求耐磨及一定性能的零件，这类零件一般需要加工，但是尺寸精度要求不太高，性能主要要求高强度的同时兼具一定韧性以及良好的耐磨性和抗磨性。

（3）高性能、高精度要求的重要构件　典型零件为高疲劳性能的多缸柴油机曲轴和高精度、高性能各类齿轮，由于这些零件均为机械的重要构件，受力复杂、负载重，对材料性能和产品尺寸精度要求高，且为大批量生产，要求稳定性好，这就对 ADI 构件生产过程中的铸造、热处理、机加工、检测等各方面提出了严格的要求。

5.1.3　ADI 的生产工艺流程

ADI 工艺流程：球墨铸铁原件→预热→奥氏体化→等温淬火→清洗→机加工→承办。

5.1.4　化学成分对 ADI 性能的影响

生产优质球墨铸铁对毛坯铸件的质量要求也适用于 ADI 原件，如石墨球化好、组织致密、健全、均匀，无缩松、夹渣和气孔等铸造缺陷。要求球化 1～2 级，球化率≥85%，石墨球数≥100 个/mm²，对重要铸件球化率应≥90%，石墨球数≥20 个/mm²。

化学成分对 ADI 性能的影响具体如下。

（1）碳（C）　碳促进石墨化，提高 Mg 的吸收率，利于球化，产生多而细的石墨球，热处理时，碳具有稳定奥氏体、阻碍贝氏体转变作用，并改变上贝氏体的下限温度，能获得较多的残余奥氏体量及 $w(C)$ 量。除了影响强度和韧性外，还影响着铸件的加工硬化程度、抗应变马氏体转变能力以及低温组织的稳定性。$w(C)$ 高，除可阻碍渗碳体的析出外还可形成更多的细小石墨球，而提高 ADI 铸件的减摩、抗磨及减振性能，故在防止石墨漂浮的条件下，应尽量提高 $w(C)$。

（2）硅（Si）　可以增加基体铁素体含量，能固溶于铁素体，强烈促进石墨化，细化石墨球和增加石墨球数，并抑制碳化物的形成，使 ADI 的性能随着 $w(Si)$ 量的提高而提高，特别是当 $w(Si)$ 量比较低时更显著；随着 $w(Si)$ 量的增加，抗拉强度、伸长率和冲击韧性都显著增加，但当 $w(Si) \geqslant 3.4\%$ 时则使室温冲击韧性下降。硅对于拓宽 ADI 的热处理工艺具有明显的作用，较高的 $w(Si)$ 量可以抑制贝氏体转变中碳化物的析出，使其周围的奥氏体富 C。提高奥氏体的稳定性，增加其数量，从而改善材料的塑性和韧性。$w(Si)$ 量的增加，提高了奥氏体化温度，增加低温脆性，反而降低韧性，同时要注意与 $w(C)$ 的匹配，控制 CE 范围。

（3）锰（Mn）　强烈阻碍石墨化，恰与 Si 相反，它能促进碳化物沿晶界析出，降低伸长率和冲击韧性，因此锰量应低些为好。但 Mn 能稳定奥氏体，降低贝氏体（或针状铁素体）转变温度，提高铸件淬透性。因 Mn 扩大奥氏体区，降低过冷奥氏体分解，使奥氏体稳定，对较大截面铸件有利。但 Mn 延缓第一阶段转变的结束，缩小了热处理工艺带，且易偏析到共晶团周界，在最后凝固区聚集，导致碳化物析出。此外由于转变动力学的改变，也增加了白亮区（残余奥氏体＋马氏体）范围，使 ADI 塑性降低、强度减弱。因此在满足性能要求的条件下，以控制 $w(Mn)$ 尽可能低为宜，尤其是对塑性韧性和强度要求高的 ADI 铸件。但对一些高强度牌号的 ADI 铸件，为提高淬透性，可以选择较高 $w(Mn)$ 量（$0.5\% \sim 0.8\%$）以代替部分合金而降低成本。

（4）磷（P）　熔点低，最后凝固，也会沿晶界析出 P 共晶，其基体组织硬而脆，是球墨铸铁中的有害元素。P 提高韧性-脆性转变温度，降低伸长率，晶界的磷共晶使球墨铸铁的力学性能下降，特别是韧性塑性，尤其对要求低温性能的球墨铸铁危害更大，P 含量高是低温冲击韧性下降的主要原因，应严格限制 $w(P)$ 量。

（5）硫（S）　S 是反球化元素，在铁素体中的溶解度很小，$w(S)$ 量过高时，产生低熔点 FeS，分布在晶界上，降低强度和韧性。$w(S)$ 高会增加球化剂 Mg 的消耗，影响球化效果；它能与稀土（RE）作用，影响效果。因而 $w(S)$ 量要严格控制。

（6）镁（Mg）和混合稀土（RE）　Mg 与 RE 是主要的球化元素，Mg 加入使铁液先脱硫、脱氧，然后才起球化石墨化的作用；其他球化元素如混合稀土中的铈、镧等仅起代替球化元素镁和中和某些干扰元素的作用；RE 残留量高，白口倾向加大，球墨铸铁中易产生碳化物。因此要控制镁和其他球化元素的残留量，其和不得超过 0.06%，尽量采用低稀土球化剂。

（7）合金化常用元素铜、镍、铬、钼等　铜在 α-Fe 中溶解度较低，少量的铜在铸态下以固溶或分散形式存在于基体中，促进珠光体形成，细化晶粒和石墨球，改善厚大断面组织的均匀性，提高等温淬火转变温度，延缓转变过程，提高淬透性，抑制贝氏体中碳化物的形成，增加残余奥氏体量，能显著提高 ADI 的塑性和韧性，但过高的含铜量因 Cu 易于晶界析出，反而降低伸长率、冲击韧性和强度。

镍的作用与铜相近，但促进石墨化的作用比铜强，而促进珠光体的作用比铜小。它可以与铜搭配使用，相辅相成，也可与铬搭配使用，当然也可单独使用。对厚壁高韧性 ADI 加入少量的镍能改善综合力学性能，过多反而降低力学性能。

钼少量能溶解于铁素体和渗碳体中，强化基体，细化晶粒，均匀组织，具有良好的淬透性。它增加过冷奥氏体和稳定性，使奥氏体等温转变的 S 曲线右移，拓宽热处理工艺带，是碳化物形成元素，偏析程度比锰更强烈，故 $w(Mo)$ 量过多，产生 MoC，偏析于晶界或晶内且难以消除，显著降低塑性和韧性。

铬是促进碳化物的元素，对 ADI 提高耐磨性、抗磨性的铸件有利，但降低塑性和韧性。

总之，合金元素只有在必要时加入，过量的合金元素将使热处理转变过程变得复杂，反而不利于 ADI 铸件性能的提高。

5.1.5 ADI 热处理工艺

热处理是获得 ADI 的关键步骤，其工艺合理与否直接决定 ADI 产品的质量好坏。ADI 热处理工艺主要包括奥氏体化和等温淬火两个阶段。

(1) 奥氏体化 根据铁碳相图，其完全奥氏体化温度为 865℃，考虑到炉内测温点高于铸件的温度及转变动力学，故适宜的完成奥氏体化温度为 880~920℃，当 Si、P 含量较高时，采用较高的奥氏体化温度。对于低合金的 ADI，合金元素 Cu、Ni、Mo 等可以降低奥氏体转变的临界温度，可适当降低 10~30℃ 的奥氏体化温度。铸态组织中若含有碳化物，则奥氏体化加热温度和保温时间应适当提高。ADI 工件奥氏体化处理工艺过程应根据加热炉的工况、工件装载量、壁厚、升温速度、炉内温度均匀程度等具体情况而定，以使每个工件的最大断面完成奥氏体化为准，必要时可采用分段加热方式。奥氏体化保温时间视需求可在 60~240min。

对于双相 ADI，其奥氏体化处理在称为临界奥氏体温度区间内进行，这温度在 780~850℃。此时，处在 ($\alpha+\gamma$) 两相区内，加热时，奥氏体先在共晶团内的铁素体间的界面形核长大，形成间断或连续的网状组织，其生长速度受碳扩散速度控制，故一切影响碳扩散速度的因素皆影响奥氏体的生长速度。在临界奥氏体化温度区间内，随着温度的升高保温时间延长，奥氏体数量增加，先析出铁素体数量少。根据对性能的不同要求，保温时间在 120~180min。

(2) 等温淬火 贝氏体铁素体在 230~500℃ 范围内形成，在此转变温度范围内的下限淬火，获得下贝氏体和残余奥氏体，强度、硬度高，塑性低，在上限温度获得上贝氏体强度、硬度低，塑性高。这是由于温度升高使过冷奥氏体转变的孕育期缩短，转变速度加快，碳原子的扩散速度增加，使奥氏体富碳，形成高碳的奥氏体，趋于稳定，使奥氏体数量增加，使塑性韧性增加，强度、硬度下降。在等温处理时，ADI 转变经历两个阶段：第一阶段奥氏体分解成贝氏体铁素体加碳过饱和的高碳奥氏体（残余奥氏体），这个产物也称为奥铁体；第二阶段过饱和的高碳奥氏体进一步分解为碳化物，这些碳化物在晶界上析出，对 ADI 工件塑性和韧性产生影响。故要获得理想的 ADI 组织，应是在第一阶段转变结束、第二阶段刚开始的时间间隔内。这个等温处理时间称为时间窗口。在同一等温温度下，随着等温时间的延长，残余奥氏体的量不断减少，贝氏体铁素体的量不断增加且组织趋于均匀。当等温温度低且等温时间短时，组织中将出现低碳奥氏体，因此残余奥氏体在室温下将转变为马氏体，而使工件塑性、韧性下降，故最宜的保温时间以残余奥氏体中碳达到过饱和为佳。

在临界奥氏体化处理后，双相 ADI 组织中含有先析出铁素体和奥氏体相，在随后的等温过程中奥氏体转变为新铁素体（区别先析铁素体）及高碳奥氏体。新铁素体具有高塑性、低强度，其生长速度与等温时间、碳的扩散及奥氏体中 $w(\mathrm{C})$ 量有关，$w(\mathrm{C})$ 量越高，其生长速度越慢甚至消失，因而形成单相的奥氏体区。新铁素体的数量不仅与等温时间有关，而且与临界奥氏体化处理温度有关。临界奥氏体化处理温度越低，新铁素体的量就越多，因为随着奥氏体化处理温度的升高，基体中的奥氏体 $w(\mathrm{C})$ 量增加。为增加双相 ADI 的塑性，可适当提高新铁素体的数量。

总之，了解了 ADI 的特点、性能、发展、用途、特性、生产工艺路线、化学成分、铸型工艺特点、热处理工艺等，只要严格地采用优质炉料、相应化学成分、合理的冶炼工艺，以获得球化良好的铸坯原件；选择合适的热处理工艺参数，严格按热处理工艺条件操作和选用合格的热处理加热炉设备，且采用多种检测手段进行各道工序的质量控制，即可获得所需ADI产品。

5.2 ADI及其性能

5.2.1 贝氏体相变

（1）相变　在金属相变学中存在3种形式的相变：珠光体相变（扩散型相变）、贝氏体相变（半扩散型相变）和马氏体相变（无扩散型相变）。珠光体相变的产物是由交替的铁素体和渗碳体片所组成的层状组织，其试样经抛光和腐蚀后呈珠母色泽，故被称为珠光体，对应的相变称为珠光体相变。贝氏体是一种独特的针状组织，为纪念美国冶金学家贝茵（Bain）而得名。马氏体是一种板条状和透镜状的组织，为纪念德国冶金学者马丁（Adolph Martens）而得名。它们对应的相变分别称为贝氏体相变和马氏体相变，在钢的过冷奥氏体等温转变动力学图中（见图5-1），它们分别处在高、中、低三个温区。

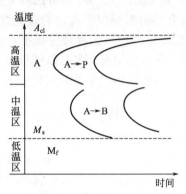

图 5-1　奥氏体等温转变动力学示意图

　　贝氏体相变的定义就是经加热和保温的奥氏体迅速冷却到珠光体形成的温度以下、马氏体形成的温度以上的温度范围进行等温，在等温过程中发生的相变称之为贝氏体相变。

与其他两种相变相比，贝氏体相变具有如下特征。

① 相变温度处在中温区，故又称中温相变。

② 贝氏体相变，在相变时只有碳原子的扩散，无合金元素原子扩散，包括无铁原子的扩散，碳原子的扩散能力低于珠光体相变时碳原子扩散。

③ 贝氏体相变过程中铁素体生长按共格切变机制（Hehemam）或台阶机制（Aaronson）进行。

④ 贝氏体相变产物的抛光表面呈现浮凸。

⑤ 等温转变动力学图也是C形，存在孕育期。

⑥ 贝氏体相变存在不完全性，即相变不能进行到终了，总有一部分残余奥氏体存在。

（2）贝氏体及其分类　1930年前后Rebertson、Devenport和Bain首先发现钢在中温相变的产物具有独特的针状组织形态，原先称为针状托氏体，20世纪40年代被命名为贝氏体，50年代Mehl又将钢中贝氏体分为上贝氏体和下贝氏体，应用至今。20世纪60～70年代随着研究的进展又发现了一些形式的贝氏体，现今根据钢的化学成分和等温温度的不同将贝氏体归纳为六种形式，其中前三种形式的形成过程如图5-2所示。

① 无碳化物贝氏体（无碳贝氏体）。它是等温温度较高时贝氏体相变的产物，某些高硅钢在较高温度等温时，碳原子扩散能力较强，碳原子能够较快和较充分地从铁素体向奥氏体扩散，而奥氏体溶碳能力较大，钢中含硅量又较高，抑制碳化物形成的能力增加，致使贝氏体相变时在铁素体和奥氏体内均没有碳化物析出，故称之为无碳化物贝氏体。Heheman曾

报道高 Si 钢贝氏体相变时"贝氏体铁素体的板条中不伴有碳化物",即无碳化物贝氏体。另外,Bhadeshia 和 Edmons 报告说 $w(C)$ 0.34%、$w(Si)$ 2.12%、$w(Mn)$ 3%的钢在 350℃等温 74h 铁素体中也未能发现碳化物,$w(C)$ 0.6%、$w(Si)$ 2.0%的钢在 400℃等温也可得到无碳化物贝氏体。

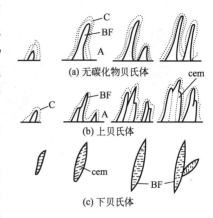

图 5-2　不同温度的贝氏体形成示意图

② 上贝氏体。它是稍低温度等温时的贝氏体相变产物,在此温度,碳在奥氏体内扩散变得困难,通过界面由铁素体扩散到奥氏体的碳原子已不可能进一步向奥氏体纵深扩散,当两条铁素体之间奥氏体含碳量随着铁素体长大而增高到一定值时,自奥氏体析出碳化物,形成铁素体条之间分布该碳化物的组织形态,用金相显微镜观察时呈羽毛状,这种组织称为上贝氏体。

③ 下贝氏体。它是较低温度等温时的贝氏体相变产物,由于等温温度低,碳原子不但在奥氏体内扩散困难,即使在铁素体内也难以做较长距离的扩散,铁素体的含碳量高,过饱和度大,过饱和的碳既然不能通过界面进入奥氏体,就只能以碳化物的形式在铁素体内析出,其颗粒很细,起着沉淀强化的作用,在铁素体长大时,铁素体呈单个片状或条状,并相互交遇。成分为 $w(C)$ 0.78%、$w(Cr)$ 1.00%、$w(Mo)$ 0.5%、$w(B)$ 0.002%的钢在 350℃等温形成下贝氏体组织。在光学显微镜下,下贝氏体为黑色的针状(竹叶状)组织,如图 5-3 所示。

④ 粒状贝氏体。某些低、中碳合金钢在较高的温度等温形成铁素体时碳原子通过相界部分地扩散到奥氏体内,不均匀分布,使奥氏体部分区域富碳,不再转变成铁素体,这种奥氏体区域一般如孤岛(粒状或长条状)为铁素体所包围,称之为粒状贝氏体,如 18Mn2CrMoB 经 902℃奥氏体化后,在 480℃等温可得粒状贝氏体。

⑤ 反常贝氏体。过共析钢以渗碳体为领先相,其周围形成的铁素体称为反常贝氏体,如 $w(C)$ 1.17%、$w(Ni)$ 4.9%的钢在 450℃等温时可获得反常贝氏体。

⑥ 柱状贝氏体。高碳钢和高碳合金钢在较高的温度等温,在原奥氏体晶界上形成柱状形态的铁素体,碳化物分布在其中。如成分为 $w(C)$ 1.78%或 1.4%的碳钢、$w(C)$ 1.02%、$w(Mn)$ 3.5%或 $w(C)$ 1.12%、$w(Ni)$ 5.28%、$w(C)$ 1.14%、$w(Cr)$ 2.7%的合金钢等温淬火可得柱状贝氏体。

可见,不同化学成分和不同等温温度时贝氏体相变产物(贝氏体)的组织形态是不同的。另外,铁素体是贝氏体不可缺少的组成部分,其特征如下。

a. 贝氏体相变温度处在中温区,铁原子不能扩散,通过共格切变或台阶机制,而面心立方的奥氏体转变为体心立方的铁素体,铁素体的形态为针状、条状、透镜形片状、柱状。铁素体内存在高密度的位错,铁素体被位错强化。

b. 铁素体含有过饱和的碳,被固溶强化,Hehoman 预计为 $w(C)$ 0.1%~0.15%。

c. 抛光和腐蚀的表面呈现浮凸现象。

由于以上特征,有时在文献资料中称之为贝氏体型铁素体,以区别平衡状态或接近平衡状态下的铁素体,如退火处理获得的铁素体及正火处理获得的珠光体内的铁素体。

在较高的温度等温处理,无论是奥氏体还是铁素体内,都不析出碳化物,形成无碳化物贝氏体和粒状贝氏体,在稍低温度等温碳化物自奥氏体内析出,分布在平行的铁素体条与条之间,呈羽毛状上贝氏体,在较低温度等温铁素体内析出细粒颗粒状碳化物沉淀在铁素体片

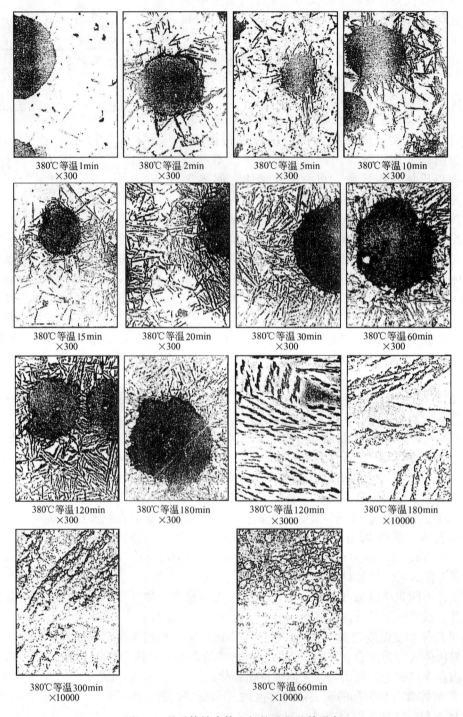

图 5-3　贝氏体铁素体生长的过程及其形态

上，使铁素体片被弥散强化，在贝氏体中可能存在碳化物，也可能不存在碳化物，因此判断是否是贝氏体，碳化物的存在与否不是必要的依据。

　　贝氏体的定义，早期传统的定义：贝氏体＝针状铁素体＋碳化物（上贝氏体、下贝氏体）。广义的定义：贝氏体相变的产物即贝氏体。

（3）贝氏体的性能与应用　贝氏体的性能取决于其组织形态。由于铁素体具有方向性，且脆性的碳化物分布在铁素体条与条之间，使得上贝氏体的强度低，韧性差。

由于碳化物弥散分布在铁素体内，铁素体片细小，无方向性，并仍保持有一定的碳过饱和度，因而下贝氏体强度高，韧性也好，而且因为钝化作用，其疲劳强度也好，因此具有良好的综合性能。对于贝氏体钢而言，已形成了一个共识，即避免出现上贝氏体组织。下贝氏体因具有良好的综合力学性能以及热处理时变形小而被广泛地应用。

（4）有色合金贝氏体相变与贝氏体　贝氏体相变和贝氏体并非为钢铁金属材料所独有。在许多有色合金中也存在，如 Cu-Zn、Cu-Al、Ag-Zn、Cu-Sn 合金，它们在等温处理时也发现贝氏体相变，产生贝氏体。

5.2.2　ADI 的相变过程

等温淬火处理工艺过程是将球墨铸铁原件加热到临界温度 A_c 上限以上，进行一定时间的保温，使它的基体组织成为均一的奥化体组织。再在淬火介质中迅速冷却到某一温度，使高温时的奥化体迅速地过冷到所规定的温度，在这个温度作等温保温后，取出空冷。这时所获得的为与等温温度相应的显微组织。

（1）化学成分与工艺　试验球墨铸铁的化学成分为 C 3.61%、Si 2.58%、Mn 0.25%、S 0.015%、P 0.045%、Mo 0.21%、Cu 0.69%、RE 0.031%、Mg 0.032%、CE 4.47%。

与普通正火处理的珠光体球墨铸铁相比，该成分的特点为三高二低，即高碳、高硅、高碳当量、低硫、低锰。高碳量可以提高奥氏体的稳定性，高硅可以提高抑制碳化物形成的能力，这是因为硅原子可以置换奥氏体晶格中的铁原子形成置换式固溶体，硅原子和铁原子之间亲和力大于碳原子与铁原子之间的亲和力，因而抑制了碳化物析出，从而在等温时形成无碳化物贝氏体。这与高硅钢类似。

等温淬火工艺：920℃，90min；380℃，1~660min。

（2）试验结果

① 应用 X 射线衍射方法测定奥氏体化处理结束，等温转变开始以前，奥氏体的含碳量，称为原奥氏体含碳量 $w(C_0)$。在 920℃时奥氏体化，$w(C_0)$ 为 0.95%~0.97%。

② 等温相变的过程。图 5-3 表示贝氏体铁素体生长的过程及其形态。孕育期很短，1min 以内。等温 1min 时，在奥氏体的晶界和石墨球界面贝氏体铁素体开始形核生长。1~5min，贝氏体铁素体缓慢生长，生核数量增多。10~30min，贝氏体铁素体较快长大，数量迅速增多。碳原子不断扩散，贝氏体铁素体按共格切变成台阶移动的方式长大。60~120min，贝氏体铁素体生长趋缓。180~300min，析出碳化物。660min，碳化物颗粒化并长大。

贝氏体铁素体在低放大倍数时呈针状，高倍时为条状（不连续），奥氏体分布在贝氏体铁素体条与条之间，在等温 120min 以前未鉴别出碳化物，等温 180min 以后在放大倍数为10000 倍时观察到碳化物析出，等温 300min 时碳化物颗粒长大。

图 5-4、图 5-5 表示残余奥氏体体积分数 f_τ 的变化，$f_{\tau max}$=43%。残余奥氏体含碳量为 C_τ 的变化，$C_{\tau max}$=1.60%，残余奥氏体内总含碳量 $f_\tau C_\tau$ 的变化 $f_\tau(f_\tau C_\tau)$=0.69%。

与钢的等温淬火相比，等温淬火球墨铸铁内存在大量高碳残余奥氏体。对于提高韧性、塑性和疲劳强度十分有利。

球墨铸铁等温转变的过程通常分为三个阶段，如图 5-6 所示，一般认为在第Ⅱ阶段内无碳化物析出，淬火过程应终止在第Ⅱ阶段以内，则可得到高碳奥氏体和无碳化物贝氏体混合的基体组织。

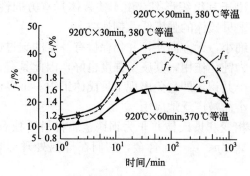

图 5-4 等温时间与残余奥氏体
含量及其含碳量的关系

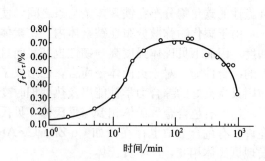

图 5-5 等温时间与 $f_\tau C_\tau$ 的关系

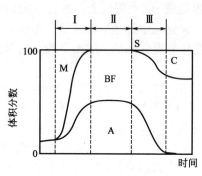

图 5-6 等温淬火组织变化示意图

对于第Ⅱ阶段是否有碳化物析出，也有不同的意见，W. J. Dubensky 和 K. B. Rundman 在研究等温淬火球墨铸铁中碳化物形成的报告中指出成分为 w(C) 3.6%、w(Si) 3.09%、w(Mn) 0.172% 的球墨铸铁，982℃，60min 奥氏体化，400℃等温 10min 的薄膜透射电镜试样 w(B) 0.002% 的薄膜透射电镜试样，发现颗粒很细的第二相粒子，根据碳含量平衡原理计算认为该粒子即碳化物，是等温 300min 析出的碳化物的早期产物，认为少量的碳化物在早期就已经出现，但由于数量很少，颗粒细，难以用 X 射线衍射技术和电子显微镜鉴别出，而光学金相显微镜更是无能为力。

根据含碳量平衡方程式，对上述试验结果估算如下。

若在第Ⅱ阶段不存在碳化物，则有

$$C_0 = f_\gamma C_\gamma + f_\alpha C_\alpha$$

测试结果为

$C_0 = 0.97\%$，$f_\gamma C_\gamma = 0.69\%$，$C_\alpha = 0.20\%$，$f_\alpha C_\alpha = 0.114\%$。

$$\Delta C = C_0 - (f_\gamma C_\gamma + f_\alpha C_\alpha) = 0.17\%$$

由此推断，在第Ⅱ阶段可能有极少的碳化物析出，如图 5-6 所示。资料报道球墨铸铁

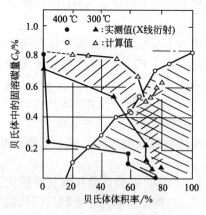

图 5-7 贝氏体中固溶碳量的变化

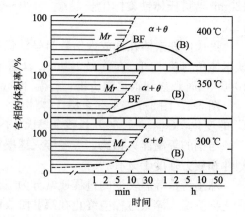

图 5-8 等温淬火的组织变化

在 300℃、350℃、400℃等温淬火时贝氏体含碳量的变化（见图 5-7）和等温淬火的组织变化（见图 5-8），指出在 350℃和 400℃等温淬火时只在转变的早期没有碳化物析出，形成无碳化物贝氏体铁素体，而在残余奥氏体达到最大值以前，就已经开始析出碳化物。在 300℃等温淬火时碳化物的析出与转变同时进行。并明确指出"不产生碳化物析出的贝氏体型铁素体（BF）是在 350℃和 400℃等温淬火时才存在"。ΔC 值与等温温度和等温时间有关，图 5-9 表明，随等温时间越长，贝氏体量增加，ΔC 越大，形成的碳化物数量会越多。影响 ΔC 值的因素有奥氏体化的温度和时间、等温温度和时间及化学成分。

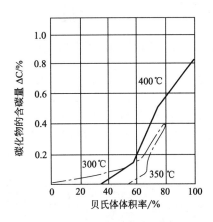

图 5-9　碳化物的碳含量变化

从碳化物的存在导致韧性、塑性下降的角度考虑，C 的值应越小越好，这就需要合理确定化学成分与工艺，但真正做到不析出碳化物是比较困难的。

5.3 ADI 的机械加工性能

材料的机械加工性能可以认为是通过机械加工除去多余的材料将坯件或坯料变成最终产品的相对难易程度，人们都希望所加工的坯件或坯料既具有好的力学性能，同时也具有好的机械加工性能，总的要求是用最少的成本达到所要求的尺寸形状。评价机械加工性能，通常考虑加工过程中的刀具寿命、表面光洁度、切削力和切削中所产生的切屑的形式。相对于钢来讲，机加工性能好是普通球墨铸铁的主要优点之一。

对等温淬火球墨铸铁的加工性能应该从两个方面认识：一是等温淬火球墨铸铁有可预测的长大特点，部分甚至全部的机加工可以在热处理前的铸态或退火态进行，此时它仍具有普通球墨铸铁良好的加工性能；二是考虑到等温淬火球墨铸铁特有的基体组织和性能，选择合适的刀具，调整和优化了刀具和加工参数，等温淬火球墨铸铁标准 1 级、2 级完全可以成功地进行机加工，甚至等温淬火球墨铸铁标准 3 级也可以进行相当的机加工。

然而，等温淬火球墨铸铁的高强度、高硬度和高韧性的确使其在机加工时切削刀口受到更高的应力，切削具有高硬度、高耐磨性、刀具磨损大，对机加工造成一定困难。这种困难在我国似乎更为严重，因为我国目前等温淬火球墨铸铁的应用多数为低水平、低要求的耐磨件，高水平的、要求机加工的关键部件与先进国家相比差距较大，然而，说等温淬火球墨铸铁的机械加工性能差，实际上多数是由于不适当的刀具、不适当的刀具参数或机加工参数，或是由于等温淬火球墨铸铁不合适的微观组织造成的。如果等温淬火球墨铸铁具有了本该有的合适的微观组织，又考虑了等温淬火球墨铸铁特有的性能和基体组织，调整和优化了刀具和加工参数，等温淬火球墨铸铁完全可以成功地进行机加工。图 5-10 给出了各种不同类型材料的机加工性能，解决等

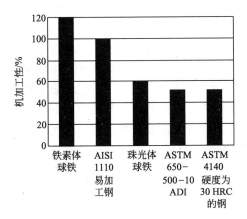

图 5-10　几种铁基合金材料的机加工性

温淬火球墨铸铁的加工问题，可以扩大等温淬火球墨铸铁的应用。

5.3.1　ADI的微观组织特点

ADI是球墨铸铁经过等温淬火热处理后获得的一种高强度、高韧性的新型球墨铸铁材料。典型球墨铸铁奥氏体等温淬火工艺过程是首先将球墨铸铁加热至奥氏体化温度（840～950℃）保温1～2h，然后将其迅速淬入奥氏体等温转变温度（250～400℃）的盐浴中，要迅速淬入，以避免产生珠光体转变。接着是在这个温度下保温1～2h，随后出炉空冷至室温，经清洗后获得ADI。正确的等温热处理将获得充分反应的、高碳（1.8%～

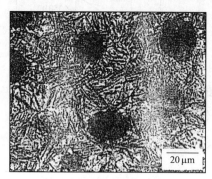

图5-11　ADI 1级的典型
微观组织

2.2%）热力学上稳定的、力学上也稳定的奥氏体加上针状铁素体的混合组织，则奥氏体才是ADI所期望的组织。

图5-11为ADI标准1级的微观组织，显示了针状铁素体以及针状铁素体之间的近似等轴状的块状奥氏体，即图5-11中的浅色块状区域。高碳奥氏体在室温是热力学稳定的，力学上也是稳定的，使用中受力时，不会转变成马氏体，这才是等温淬火球墨铸铁所期望的奥氏体。取决于等温淬火温度，高碳稳定奥氏体的含量可在20%～50%，奥铁体中的高碳奥氏体在温度几乎接近0K也是稳定

的。不过在受力超过屈服点而产生塑性变形时，充分反应的、热力学上稳定的、力学上也稳定的奥氏体也会转变为马氏体。一般来说，除了耐磨件的表面外，结构工件在使用时是不允许产生超过屈服点的应力而产生永久变形的。如果超过屈服点而产生永久变形，工件就失效了。

5.3.2　ADI的机械加工性能特点

ADI在机械加工时所呈现的所有特点都在于特有的机体组织奥铁体，其中含有20%～50%高碳稳定奥氏体。

如上所述，ADI在受力超过屈服点产生塑性变形时，充分反应的、热力学上稳定的、力学上也稳定的奥氏体也会转变为马氏体而产生硬化现象。为了定量确定这种硬化现象，并与其他材料比较，Kristin Brandenberg制备了特殊的试样，在压力机上进行了压缩试验，图5-12给出了试样的尺寸，图5-13给出了普通球墨铸铁的压力和变形位移试验结果。由图5-13可以看出，在材料屈服以前，几种材料的表现相近，曲线的斜率大体上一样。但超过屈服点以后ADI显示具有其他材料不同的特点，曲线的斜率表示对一定形变的压力的增量，因此，铁素体、珠光体和Q&B stent显示有类似的较低硬化效果，ADI具有较高的硬化效果。唯一不同的是所有的铸铁材料都在第一条裂纹出现后随即断裂，压力迅速降低，而Q&T钢在第一条裂纹出现后并不导致试样断裂，还可以继续变形。与其他材料相比，ADI的曲线比较陡峭，这是由于较强的硬化效果，在受力而产生塑性变形时，充分反应的、热力学上稳定的、力学上也稳定的奥氏体转变为马氏体而使硬度提高。上述的结果表示了一种级别的等温淬火球墨铸铁在受力时的特点，但是其结果可以认为适用于其他级别等温淬火球墨铸铁和其他受力情况，因为不同级别的ADI都具有类似的组织，上述在受压力时的特点也适用于机械加工时的受力。

材料在机加工时切口处材料受力必然超过断裂强度而被除去，受力也超过屈服强度。

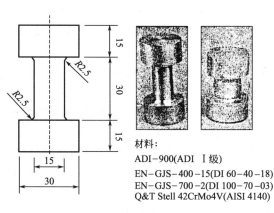

材料:
ADI−900(ADI Ⅰ级)
EN−GJS−400−15(DI 60−40−18)
EN−GJS−700−2(DI 100−70−03)
Q&T Stell 42CrMo4V(AISI 4140)

图 5-12　研究机加工受力所用的
压力试验试样

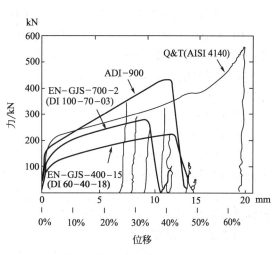

图 5-13　ADI、Q&T 钢和两种普通球墨
铸铁受压时压力和位移的关系

但是这种应变硬化只发生在临近切口处，远离切口处的受力小，不会产生应变硬化，成功加工 ADI 的关键就在于避免直接接触发生应变硬化的高硬度马氏体，区别于钢和普通球墨铸铁，加工的诀窍就在于进刀量要适当加大，避免直接接触因应变硬化的高硬度马氏体；切削速度要小，以减小对刀具的压力；增加进给量，降低转速。这样，任何转变的材料当转变正在出现时都会被加工掉，硬化层就不会在刀头下产生出来。曾有一家机加工厂反映所供应的 ADI 加工困难，经常发生扎刀、打刀，即使可以加工，刀具也磨损严重。经分析发现他们不了解 ADI 的特点，采用加工钢的切削参数加工 ADI。采用上述工艺改进后，ADI 的加工一直顺利，未曾反馈任何问题。

图 5-14 给出了 371℃ 等温淬火处理的 ADI 的显微组织。图 5-15 显示了在钻削时由于加工参数选择不当，压力过大产生的马氏体。虽然 ADI 的屈服强度比钢高，但杨氏弹性模量比钢小 20%，所以在机加工时 ADI 工件容易振动，因此在加工 ADI 时，需要刚度好的夹具将 ADI 紧紧夹牢，刀具也一定要夹紧，尽量使工件承受较小的弯矩，如果未能注意这一点，不仅造成工件的振动，刀具磨损大，而且工件加工表面质量差。

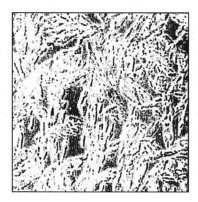

图 5-14　371℃ ADI 显微组织

图 5-15　钻削时由于参数不当，
压力过大产生的马氏体

因为含有 20%～50% 高碳稳定奥氏体，ADI 的热导率较普通球墨铸铁和钢要低，因此机加工时工件/刀具界面温度要比普通球墨铸铁、灰铸铁和铝要高。最好大量使用冷却液以

降温，如果不允许使用冷却液，必须干切削时，则应使用能承受高温的刀具。

因为 ADI 含有 20%～50% 高碳稳定奥氏体，ADI 的热胀系数较普通球墨铸铁和钢要高，所以机加工时工件的温升会造成膨胀，这在钻深孔等加工时需要注意。

对于需要进行机加工的零件，根据加工尺寸精度和表面光洁度的要求，可以考虑以下三种加工方案。

① 对于加工精度和表面光洁度要求不高的零件可采用：铸态球墨铸铁原件→ 机加工 → 等温淬火 →热处理 →成品包装。

② 对于加工精度和表面光洁度要求较高的零件可采用：铸态球墨铸铁原件→等温淬火热处理→机加工→其他处理（根据需要，采用滚压、磨削、喷丸等）→成品包装。

③ 对于加工精度和表面光洁度要求更高的零件采用：铸态球墨铸铁原件→低温热处理，得到铁素体基体→机加工→等温淬火热处理→精加工→其他处理（根据需要，采用滚压、磨削、喷丸等）→成品包装。

图 5-16 给出了两种不同级别的 ADI（齿轮）机加工过程参考流程图。

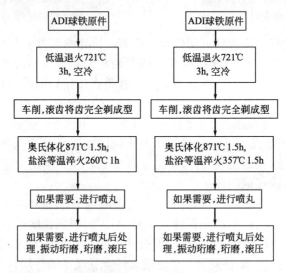

图 5-16　两种不同级别的 ADI（齿轮）机加工流程

虽然回火将会增加成本，但相对说来，更加可以预测等温热处理后的尺寸变化，并且回火能改善机加工性能，又大大抵消了回火成本，使得总成本费用大大降低。需要指出的是，铸态球墨铸铁件组织中铁素体珠光体比例要有良好的齐一性，才能使热处理引起的尺寸变化可以预测，使尺寸接近裕量，这样 ADI 就可以完全在热处理前成功地进行机加工。美国通用汽车公司用 ADI 代替表面渗碳锻造 8620 钢制造齿轮，大大降低了机加工成本，明显延长了刀具寿命，见表 5-1。由表 5-1 可以看出，由于是对铁素体球墨铸铁加工，采用不同的加工方法，刀具寿命延长从 20% 到超过 900%，总的成本降低 20%。

5.3.3　ADI 的加工刀具与加工参数

近年来，国外不少企业和研究机构对加工 ADI 的刀具和加工参数进行了实验研究，并成功地大批量加工 ADI。例如意大利 Franco 铸造厂于 2002 年生产 4500t ADI，占其铸件总产量的 32%。由该厂的加工等温淬火球墨铸铁的经验表明：1、2 级甚至 3、4 级都可以加工，见表 5-2。图 5-17～图 5-20 给出了在车、铣、钻和螺纹加工时，不同硬度应选择的切削速度。图 5-21 和图 5-22 表示了不同级别 ADI 硬度和切削速度对刀具寿命的影响，表 5-3 给

表 5-1　ADI 替代表面渗碳锻钢刀具寿命的延长

机加工工艺		刀具寿命的延长/%
小齿轮毛坯	打中心点	30
	钻孔	35
	粗车	70
	精车	50
	磨削	20
后齿轮毛坯	布拉德机床车削	200
	钻孔	20
	铰孔	20
格里森机床加工	小齿轮-精加工	900
	小齿轮-精加工	233
	齿圈-精加工	962
	齿圈-精加工	100

表 5-2　意大利 Franco 铸造厂加工 ADI 的经验

加工工艺	ADI800	ADI900	ADI1050	ADI1200	ADI1400
车削	可以	可以	可以	可以	R&D
铣削	可以	可以	可以	可以	R&D
钻孔	可以	可以	可以	可以	R&D
螺纹加工	可以	可以	可以	可以	R&D
拉削	可以	NA	NA	NA	NA
钻深孔	R&D	R&D	R&D	R&D	R&D

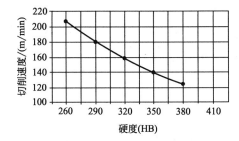

图 5-17　车削孔时切削速度与硬度的关系

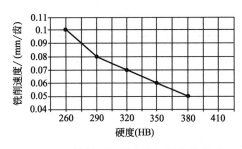

图 5-18　铣削时切削速度与硬度的关系

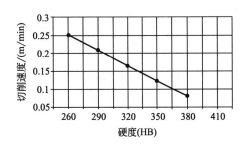

图 5-19　钻孔时切削速度与硬度的关系

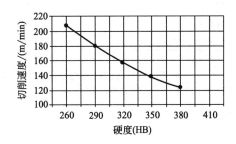

图 5-20　加工螺纹时切削速度与硬度的关系

出加工低强度（美国等温淬火球墨铸铁牌号 1 和 2 级）ADI 的参考数据和条件，表 5-4 给出加工低锰低强度 ADI 推荐的加工条件，表 5-5 给出采用带涂层的硬质碳化物刀具切削等温淬火球铁时参考加工参数。

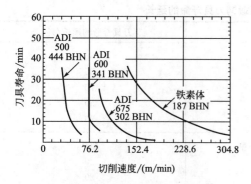

图 5-21 不同级别 ADI 硬度和切削
速度对刀具寿命的影响（一）

（图中 ADI500、600、700，
指华氏等温淬火温度℉）

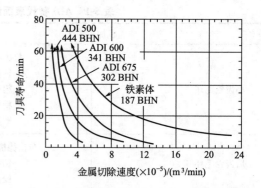

图 5-22 不同级别 ADI 硬度和切削速度对
刀具寿命的影响（二）

（图中 ADI500、600、700，
指华氏等温淬火温度℉）

表 5-3 低强度（美国 ADI 牌号 1 和 2 级）ADI 加工的参考数据（ASTM897-90）

加工工艺	刀具	切削速度/(m/min)	进给量/(mm/r)
车削	K20 刀头带 TiC 角度 $\gamma = -6°$，无切削油 刀具受力 1.6～1.8kN/mm²	50～70	粗加工：0.5～1.0 精加工：0.15～0.3
钻孔	硬质合金钻头	12～15	0.05～0.3
拉键槽	高速钢 $\gamma = 10°$, $\alpha = 5°$有切削油	3～6	0.05～0.08
滚刀加工	滚刀加切削液	8～20	1.5～2.5 根据模数
磨削	等级 37C16-P4B		

表 5-4 低锰低强度 ADI 机加工推荐的加工条件

机加工	车削		钻孔	
	高速钢	SiN₂	高速钢	碳化物
切削速度/(m/min)	100	100	20	50
进给量/mm	0.355	0.25	0.25	0.18
切削深度/mm	2	4	12.5(直径)	11.5(直径)
磨损/mm	0.7	6	2	
刀具寿命/min	12	>10	20	25
冷却液	有	有	有	有

表 5-5 采用带涂层的硬质合金刀具车削 ADI 和铸态 80-55-06 球铁时参考加工参数

合金	切深/mm	切削速度/(mm/min)	进给速度/(mm/r)
ASTM A536 等级	1.016	17.78	0.254
80-55-06As 铸态	3.810	13.97	0.508
	7.620	11.43	0.762
ASTM A897-90 等温淬火	1.016	6.35	0.127

如果加工普通球墨铸铁采用硬质合金或陶瓷刀具并加冷却液：

$S_0 =$ 成功加工普通球墨铸铁件的切削程度；

F_0＝成功加工普通球墨铸铁件的进给速度；

M_0＝成功加工已知硬度普通球墨铸铁件的加工速度系数。

加工等温淬火球铁：

$$S_{ADI}=S_0(M_{ADI}/M_0)$$

应用上述参数 S_{ADI} 和 F_0 加工，如果效果很好，刀具寿命和表面质量都不错，则增加进给速度 $F_新=F_0\times1.05$；如果结果还是很好，再增加进给 5%，如此重复，直到刀具寿命和表面质量开始变差，这样，就可以找到满足表面质量要求的切削速度和最大进给速度。

密烘公司（Meehanite Metal Corp）认为除了小于 6mm 的攻螺纹以外，只要铸件不含过多的冶金和铸造缺陷，所有的机加工都可以加工等温淬火球墨铸铁件。对于加工等温淬火球墨铸铁，总结出如下经验。

① 车削：车削时会产生不连续的短切削，这与钢相比是有利的。车削最好使用硬质合金刀头，选择刀具角度，如后角 5°～6°，前角 0°～6°，切角（楔角）60°～90°。细晶粒、高密度的硬质合金刀头会使零件得到很好的光洁度。

② 钻削：钻头通常由高速工具钢制成，其临界上工作温度为 500℃。无冷却液钻孔时，必须除去钻屑以除去热量；此外，要保持低的钻削速度。钻削过程中如果遇到硬质点（碳化物或马氏体），刀刃会损坏，要防止这种损坏，刀具钢需要有马氏体两倍的硬度，约 1700HV。这种硬质合金耐高温达 1000℃。这种钻头有 3 个切刃以减小切削力。

③ 铣削：就切屑形成而言，铣削是一种最难的加工方法，虽然有各种不同类型的高速工具钢和硬质合金铣刀，但是每个工时的刀具费用比用车削高得多，切屑的形成和均质材料是铣削等温淬火球墨铸铁的最重要的因素。其次是确定铸件已加工硬化的面积，以确定要加工、尚未加工硬化的面积。硬度尺寸达 10m 的球墨铸铁件如果符合以下条件可以用滚刀加工：铸件在冶金学和技术上正确，滚刀是有氧化钛涂层的高速钢，切削速度比钢低 30%，进给比钢要大；润滑液充足；粗滚和精滚都沿顺时针方向铣削；如果需要，两次铣削之间滚刀要调整方向 90°。对大型工件，最好的办法是在等温淬火前进行铣削，其次，零件根部抛丸，侧面用工具钢滚刀滚削。另一种方法是用氮化硼刀具，可耐高温达 1400℃。用氮化硼刀具切削速度可提高到致使刀刃前被切材料达到熔化的温度，切削力只有正常切削力的很小一部分，不用润滑液，冷却液要充分使用以降低切削的温度。

④ 攻螺纹（攻丝）：在通孔上攻螺纹要容易些，因为切屑能从通孔中漏出去。在盲孔上攻螺纹时，需要能使切屑排出的丝锥，不过即使如此，还是很难的，解决办法之一是盲孔留出足够深度以存放切屑，并留出攻丝空间。目前，市场上已经可以得到氮化钛丝锥，使攻丝效率更高，当使用能退屑的丝锥时，刀具应当是锥形，这样丝锥不至于因为粘连塞住而损毁。对 ADI 推荐的攻螺纹速度是钢的 30%～40%。

⑤ 切键槽：切键槽时采用氮化钛涂层的硬质合金刀具能取得好的效果。加工参数：前角为 0°，后角为 5°，速度为 6～10min，每行程进给为 0.10～0.14mm。

⑥ 拉削：内齿轮、行星齿轮箱的齿轮和孔带有几个键槽是通常需要拉削的例子，拉刀由高速钢制成，通常涂有氮化钛涂层，拉削速度必须低（1～2m/min），以消除温升问题，拉削时持续更长的时间，拉削时切削温度超过一定限度，工件硬化效果变弱，拉削奥氏体钢时也有类似的效果，通常拉削速度要低（3m/min），进给值要高。

以上这些图和表给出的加工等温淬火球墨铸铁的刀具、参考曲线和参数，由于各自情况不同，可能不尽相同。加工企业在加工等温淬火球墨铸铁工件时可以作为参考，但总起来讲，与钢和普通球墨铸铁相比，进刀量应适当加大，切削速度应适当减小。

5.3.4 提高 ADI 加工性能的措施

加工金属材料最忌讳材料中出现硬质点和缩孔、缩松等冶金铸造缺陷，这常常会造成打刀，因此，提高组织均匀性是提高机械加工性能的最基本措施，这就需要严格控制铁液成分，控制球化处理和孕育过程，提高球化率，减少碳化物含量，减少缩（松）孔，提高铸态组织均匀性和齐一性。这是提高等温淬火球铁的机械加工性能的最基本措施。有人对国产和进口 ADI 风镐缸体的机械加工进行了研究分析，发现进口缸体的加工性能比国内的好。例如用端面铣刀加工缸体端面，进口缸体一个刃可以加工 10～12 件，国产缸体一个刃只能加工 6～8 个缸体，其主要原因就是进口缸体碳化物含量少，缩松缩孔少，组织均匀性和齐一性好。

严格控制热处理工艺也是非常重要的，如果等温时间不够充分，奥氏体的含碳量不够高，则该奥氏体是热力学不稳定的，力学上也是不稳定的，在室温时，或稍微受力时就会转变为马氏体，不仅于使用性能不利，于机加工也不利。此外，如果等温温度控制不严，温度变化太大，也在一定程度上造成组织不均匀，于机加工不利。

某柴油机有限公司对柴油机齿轮加工进行了研究，由于齿轮键槽加工困难，曾经对键槽部位用火焰和中频加热的办法来改变组织降低硬度，改善加工性能。后来又采取齿轮加套再等温处理来改变组织降低硬度，改善加工性能。总之，是通过改善局部组织来改变局部的加工性。对于特定情况、特定零件，这不失为一种解决问题的好方法。但是，这种方法可能不利于大批量生产，此外，如果该局部部位仍然需要同样的组织和硬度，这种办法就不合适了。因此最好的办法是，从材料来讲，严格控制铁液成分和铸态组织，提高球化率，减少碳化物含量，提高组织均匀性，以提高加工性；从刀具来讲，选择合适的刀具，调整和优化刀具和加工参数。

总之，提高 ADI 加工性能的措施有五方面。

① 根据 ADI 特有性能和基体组织，调整和优化刀具及加工参数。

② 在热处理前的铸态或退火态进行机加工，可以大大节约成本，提高加工效率。

③ 加工 ADI 的诀窍在于：与加工钢、普通球墨铸铁相比，进刀量要适当大，切削速度要小。

④ 严格控制铁液成分、控制球化处理和孕育处理、提高球化率、减少碳化物含量、减少缩（松）孔、提高铸态组织的均匀性和齐一性是提高 ADI 机械加工性能的基本措施。

⑤ 严格控制热处理工艺，保证足够的等温时间，严格等温温度范围，有利于 ADI 的组织均匀性，有利于改善 ADI 的机加工性能。

5.4 ADI 的疲劳强度

疲劳是材料在长期承受交变或波动载荷，而交变或波动载荷的最大值远低于材料的极限强度条件下发生失效的一种现象。如果这个最大载荷是以静态方式加在材料上，材料就不会失效，而且其作用几乎看不出来。疲劳是一个逐渐的过程，从一个微小的裂纹开始，在交变或波动载荷下逐渐扩展，直至完全失效。疲劳试验就是要寻找交变或波动载荷循环次数与材料不产生疲劳失效的应力大小的关系，从而确定材料不产生疲劳失效的最大强度。疲劳试验对材料所施加的循环应力包括拉力、压力、扭转、弯曲以及这些应力的组合。疲劳强度就是可施加无限循环次数交变应力的最大值。通常在试验中，交变应力循环次数超过一百万次，即认为是无限次。材料的疲劳强度不仅与材料有关，而且与材料的表面状况以及是否有缺口有关。

由于疲劳强度指标的重要性，人们对于 ADI 的疲劳强度，特别是对齿轮、曲轴等的工作条件已经进行大量的测量工作，循环应力包括拉力、压力、扭转、弯曲以及这些应力的组合。所有的数据表明，ADI 的疲劳强度比普通球墨铸铁要好，具有与锻钢相当或更好的疲劳强度。表 5-6 为美国 ADI 的标准及其所能达到的疲劳强度，表 5-7 为欧洲 ADI 的标准及其所能达到的疲劳强度，表 5-8 为 120 马力（14920W）四缸汽油发动机 ADI 和锻钢曲轴性能。ADI 曲轴本体的屈服强度、疲劳强度均高于锻钢曲轴本体的性能，只有伸长率比锻钢差。不过，零件或构件在设计时不会考虑允许其伸长或变形，绝大多数零件、构件在设计时，考虑其设计应力与安全系数（根据实际情况在 1.2～2.0）的乘积不超过屈服应力。如果零件或构件在使用中所受应力超过其屈服强度，它们就会产生永久变形，在有配合的情况下就失去配合精度，即使没有配合关系，在绝大多数情况下，零件构件也就已经失效。

表 5-6　美国标准 ADI　1～3 级的疲劳强度，10^6 循环

典型疲劳强度/MPa	850-550-10 1 级	1050-700-07 2 级	1200-850-04 3 级
旋转弯曲疲劳(试棒加工)	450	485	415
逆向弯曲疲劳(试棒加工)		415	380
轴向推拉疲劳		385	

表 5-7　欧洲标准 ADI 的疲劳强度，10^6 循环

ADI(EN1564)	800-8	1000-5	1200-2	1400-1
Wöhler 疲劳极限（旋转弯曲，ϕ10.6mm 无缺口试棒/MPa）	375	425	450	375
Wöhler 疲劳极限（旋转弯曲，ϕ10.6mm 带缺口试棒/MPa）	225	260	280	275

表 5-8　四缸 120 马力汽油发动机 ADI 和表面感应淬火锻钢曲轴性能

性能	ADI	锻钢感应淬火	性能	ADI	锻钢感应淬火
极限强度/MPa	935	625	外壳深度/mm	0.07[①]	2.1
0.2%屈服点/MPa	730	475	旋转弯曲疲劳强度/MPa	420	317
伸长率/%	10	21	强性模量/×10^3MPa	167	204
无缺口冲击功/J	125	190	重量/kg	15.1	16.8
心部硬度(HB)	296	229	固有频率 Hz[②]	260	270
外壳硬度(HB)	494[①]	675	加工性能	优良[③]	非常好[④]

① 5000km 路试后检测。

② 自由-自由条件。

③ 退火条件。

④ 正火条件。

图 5-23 以典型的 Wöhler 曲线，即应力-循环次数曲线给出了欧洲 ADI 标准 1000-5 牌号和几种锻钢的疲劳性能。ADI1000-5 的疲劳强度高于微合金钢。表面滚压可以增加 ADI 的疲劳强度，其疲劳强度高于微合金钢。图 5-24 以应力-循环次数曲线给出了美国 ADI 标准 1 和 2 级牌号与锻钢和球墨铸铁 550-6 和 400-18 疲劳性能，ADI1 和 2 级的疲劳强度比锻钢和球墨铸铁 550-6 和 400-18 的要高。

图 5-25～图 5-28 对欧洲 ADI 标准 800-8 和 1000-5 牌号分别以应力-循环次数曲线和 Haigh-Goodman 图给出了平板弯曲和轴向拉压条件下的疲劳曲线，Haigh-Goodman 图给出

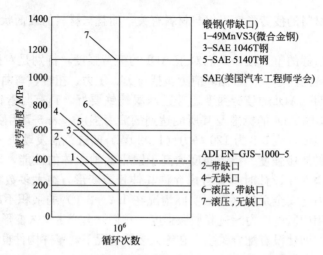

图 5-23 ADI 和几种锻钢的疲劳强度，最终循环周期 10^6

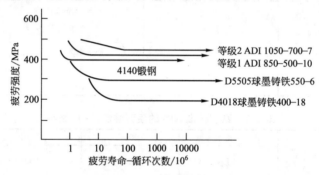

图 5-24 ADI、普通球墨铸铁和锻钢的疲劳强度
（引自美国 Advanced Cast Prouducts 公司）

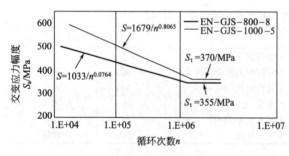

图 5-25 以 Wöhler diagram 表示的 ADI 的疲劳强度
［受力条件：拉-压（$R=-1$，$f=40\text{Hz}$，$K_t=1$）］

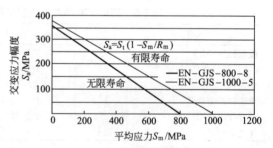

图 5-26 以 Hargh-Goodman diagram
表示 ADI 的疲劳强度
（受力条件：拉-压）

了循环应力和平均应力对疲劳寿命的影响。构造 Haigh-Goodman 疲劳曲线需要大量的数据，在 Haigh-Goodman 图中连接最大极限强度 S_m 和最大疲劳强度 S_a 的连线将整个区域分成两部分，如果应力处于连线的左下区域，构件将有无限的安全使用寿命，如果应力处于连线的右上区域，构件将只有有限寿命。

图 5-29 以 Smith 图给出欧洲标准 ADI 800-8、1000-5 以及普通球墨铸铁 500-7 等三种材料的疲劳强度。在该图中，横坐标为平均应力，纵坐标给出了最大到最小的循环工作应力。对每一种材料的曲线，上半曲线上的每一点是材料可以无限循环工作的平均应力与最大应力

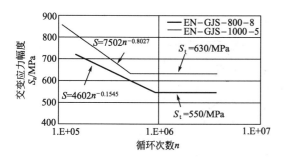

图 5-27　以 Wöhler diagram 表示 ADI
的疲劳强度

［受力条件：平面弯曲，（$R=0.1$，
$f=15\text{Hz}$，$K_t=1$）］

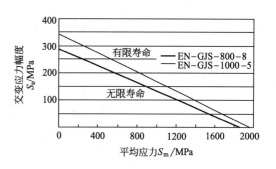

图 5-28　以 Haigh-Goodman diagram
图表示 ADI 的疲劳强度

（受力条件：平面弯曲）

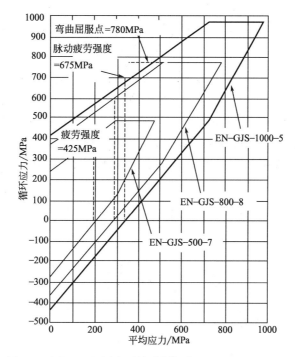

图 5-29　以 Smith 图表示的欧洲标准 ADI 800-8、1000-5
和普通球墨铸铁 500-7 的疲劳强度

的组合值，下半曲线上的每一点是平均应力和最小应力的组合值，任一垂直线与其曲线相交的两个点表示了最大循环应力和最小循环应力。因此，在该封闭曲线内的任何一个应力点，材料都可以无限安全的工作。Smith 图和 Haigh-Goodman 图在确定材料和零件承受循环应力与非零应力叠加的作用效果时，如车辆的减振系统和飞机的构件时，是非常有用的。

　　ADI 的疲劳强度具有中等程度的缺口敏感性。对一定的缺口形状，缺口敏感比（无缺口疲劳强度与缺口疲劳强度之比）为 1.2～1.6，如图 5-30 所示。普通铁素体和珠光体球墨铸铁的缺口敏感比为 1.6。与 ADI 同样疲劳强度的钢的缺口敏感比则是 2.2～2.4。为避免由缺口敏感性造成的问题，尖棱尖角的零件应该重新设计，给以较大的圆角、倒角，如果需要可以进行圆角滚压或喷丸以进一步增加疲劳抗力。

　　与普通球墨铸铁不一样，ADI 的无缺口疲劳极限与抗拉强度不呈现简单的增减关系，

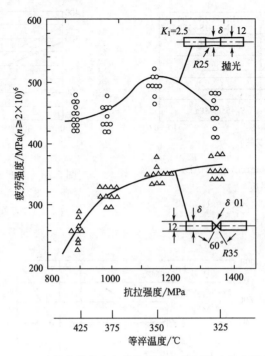

图 5-30　ADI 的疲劳强度与抗拉强度和等温淬火温度的关系

ADI 在强度较低、生长率较高和基体中奥氏体含量最大时具有最高的疲劳强度，如图 5-31 所示。疲劳持久比（疲劳强度/抗拉强度）在抗拉强度较低时为 0.5，在抗拉强度达到最高时为 0.3。

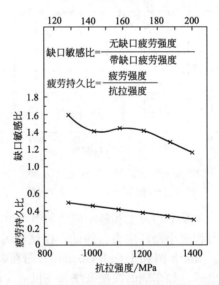

图 5-31　ADI 的持久比、缺口敏感性与抗拉强度的关系

图 5-32 和图 5-33 给出了 ADI、普通球墨铸铁和几种钢材应用于齿轮时的齿根弯曲疲劳强度和接触疲劳强度。对于齿轮应用喷丸处理的 ADI 单齿齿根弯曲疲劳强度和接触疲劳强度优于球墨铸铁 600-3、400-18 以及铸钢和淬火钢。图 5-32 还表明经喷丸处理的 ADI 可以与气体氮化钢和表面碳化钢相匹敌。

为了更好地模拟承受动力学载荷的零件、构件的状况，设计工程师使用某些系数和指数

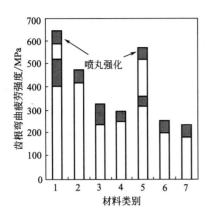

图 5-32 ADI、普通球墨铸铁和几种
钢的齿根疲劳强度

1—外层渗碳 16MnCr5；2—气体氮化
42CrMo4；3—透淬 42CrMo4；4—铸钢
GS52；5—欧洲标准 EN-GJS-1000-
5ADI；6—欧洲标准 EN-GJS-600-3 球墨铸
铁；7—欧洲标准 EN-GJS-400-18 球墨铸铁

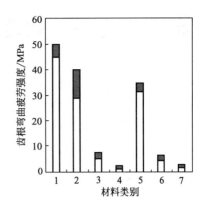

图 5-33 ADI、普通球墨铸铁和几种钢的
齿轮接触疲劳强度

1—外层渗碳 16MnCr5；2—气体氮化
42CrMo4；3—透淬 42CrMo4；4—铸钢
GS52；5—欧洲标准 EN-GJS-1000-5ADI；
6—欧洲标准 EN-GJS-600-3 球墨铸铁；7—欧洲
标准 EN-GJS-400-18 球墨铸铁

去预测零件、构件的疲劳行为。表 5-9 给出了硬度为 300BHN 的 ADI 的典型疲劳系数和疲劳指数。表 5-10 给出了欧洲标准 ADI 1～4 级的典型动力学性能。

表 5-9 硬度为 300BHN 的 ADI 的疲劳系数和疲劳指数

（引自 Ford Motor Company and Meritor Henvy Vehictelfe Systeros）

强度系数 K/(ksi/MPa)	218/1503	应变硬化指数 n'	0.1330
应变硬化指数 n	0.143	疲劳强性系数 S_f'/(ksi/MPa)	211/1455
真实断裂强性 S_f	150/1032	疲劳强性指数 b	−0.0900
真实断裂韧性 e_f	0.082	疲劳韧性系数 e_f'	0.1150
强度系数 K'/(ksi/MPa)	253/1744	疲劳韧性指数 c	−0.5940

表 5-10 欧洲标准 ADI 1～4 级的一些典型动力学性能

典型性能		850-550-10 1 级	1050-700-07 2 级	1200-850-04 3 级	1400-1100-01 4 级
静态性能	抗拉强度/MPa	966	1139	1311	1518
	屈服点/MPa	759	897	1104	1242
	伸长率/%	11	10	7	5
	无缺口夏比冲击功(21℃测试)/J	90～120	90～120	70～93	60～80
	带缺口夏比冲击功(21℃测试)/J	9～12	8～10.6	7～9.3	6.5～8.6
	硬度(BHN)	269～321	302～364	341～444	388～477
动态性能	强度系数 K'/MPa	1744			
	强度硬化指数 n'	0.1330	0.1376	0.1465	0.1600
	疲劳强度系数 S_f'	1455	2720	3100	5020
	疲劳强度指数 b	−0.0900	−0.1460	−0.1600	−0.2050
	疲劳韧性系数 e_f'	0.1150	0.1780	0.3960	0.4880
	疲劳韧性指数 c	−0.5940	0.6280	−0.7520	−0.8480

对 ADI 的疲劳强度已经进行了大量详尽的试验研究工作，由以上部分图表数据可以看出 ADI 具有比普通球墨铸铁更好的疲劳强度，具有与锻钢相当或更好的疲劳强度。

5.5 ADI 的冲击韧性与断裂韧性

夏比冲击试验是一种比较材料韧性的简单、方便、价格低廉的常用试验方法。而断裂韧性是材料对裂纹扩展的固有抗力,对设计者来说越来越成为重要的材料性能。断裂韧性已经广泛用于设计断裂安全的构件。对于 ADI 的冲击韧性和断裂韧性,人们进行了大量深入的研究。

5.5.1 ADI 的冲击韧性

冲击功是夏比或艾左(Izod)冲击试验中使材料断裂所需要的能量。冲击功中包括弹性应变能屈服所做的塑性功以及产生新断面的功。弹性应变能只占冲击能的一小部分,塑性功占大部分。

对 ADI 的冲击韧性已经进行大量的研究和测量,文献中有大量的数据。表 5-11 和表 5-12分别给出了美国和欧洲标准的 ADI 冲击韧性。实际生产的 ADI 冲击韧性要高于表中所列数值。总的来说,室温有缺口和无缺口 ADI 的冲击韧性比铸钢、锻钢要差一些,但约是普通珠光体球墨铸铁的 3 倍,见表 5-13。

表 5-11 美国标准 ADI(ASTM897-1990)的性能

典型性能	ADI 级别				
	850-550 -10 1 级	1050-700 -07 2 级	1200-850 -04 3 级	1400-1100 -01 4 级	1600-1300 -00 5 级
抗拉强度/MPa	966	1139	1311	1518	1656
屈服点/MPa	759	897	1104	1242	1449
伸长率/%	11	10	7	5	3
21℃无缺口夏比冲击韧性/(J/cm^2)	90～120	90～120	70～95	60～80	40～53
21℃带缺口夏比冲击韧性/(J/cm^2)	9～12	8～10.6	7～9.3	6.5～8.6	6～9
硬度(HB)	269～321	302～364	341～444	388～477	444～555
断裂韧性 K_{IC}/MPa $\sqrt{m}$	100	78	55	48	40

表 5-12 欧洲标准 ADI(EN 1564)的性能

ADI (EN 1564) 性能指标	EN-GJS- 800-8 (EN-JS1100)	EN-GJS- 1000-5 (EN-JS1110)	EN-GJS- 1200-2 (EN-JS1120)	EN-GJS- 1400-1 (EN-JS1130)
	性能的最低值[①](标准值)			
抗拉强度/MPa	800	1000	1200	1400
0.2%屈服点/MPa	500	700	850	1100
伸长率/%	8	5	2	1
(23±5)℃带缺口夏比冲击韧性/(J/cm^2)10[②](9[③])				
	性能的最低值[①](非规范)			
(23±5)℃夏比冲击韧性/(J/cm^2)	100	80	60	30
断裂韧性 K_{IC}/MPa $\sqrt{m}$	62	58	54	50

① 最低值可在最大为 50mm 的壁厚获得。
② 三次试验平均值。
③ 单次值。

表 5-13　铸钢、珠光体球墨铸铁和 ADI（1050/700/7）牌号的力学性能比较

力学性能	材　料		
	铸钢	珠光体球墨铸铁	ADI(1050/700/7)
屈服强度/MPa	520	480	830
强度/MPa	790	690	1100
伸长率/%	10	3	10
硬度(HB)	262	262	286
无缺口冲击韧性/(J/cm²)	175	55	165

　　许多设计者和公司测量了 ADI 的低温冲击韧性。图 5-34 表示了美国的 Advanced Cast Products 公司测量的未等温热处理的原始球墨铸铁和 ADI 在不同温度时的冲击韧性。图 5-35 和图 5-36 给出了由 Euro ADI Promotion 所提供的不同温度时 ADI 的无缺口和有缺口冲击韧性。表 5-14 给出由美国 Applied Process 公司于 20 世纪 80 年代完成的对 ADI、普通球墨铸铁、可锻铸铁、碳钢、合金钢和热处理钢在不同温度下冲击韧性的测量结果。表 5-15 给出了由澳大利亚 Monash 大学测量的美国 ADI 牌号 1 及 1.5 级在不同温度下的冲击韧性。从上述图表的数据看出，与普通球墨铸铁和钢一样，ADI 的冲击韧性随温度降低而降低。但在 −40℃ 条件下的 ADI 仍保持大约 70% 的室温冲击韧性。这与强度相当的钢比起来是相当好的。

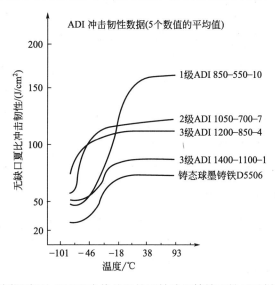

图 5-34　不同温度下 ADI 和未热处理的原始球墨铸铁无缺口试样的冲击韧性
（引自 Advanced Cast Products USA）

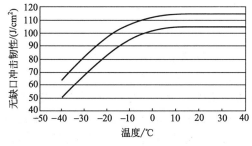

图 5-35　ADI 的无缺口冲击韧性
与温度的关系

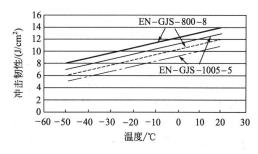

图 5-36　ADI 的有缺口试样的冲击韧性
与温度的关系

表 5-14　美国 Applied Process 公司所测量的不同材料的夏比冲击实验值　　　单位：J/cm²

材料		测量温度/℃					
		21		−12		−79	
		有缺口	无缺口	有缺口	无缺口	有缺口	无缺口
铸钢	SAE030	33.5	—	24.5	—	4.1	—
	SAE090	29.4	—	16.7	—	3.1	—
	SAE0170	29.9	254	15.8	160	13.6	—
	SAE1045	112.0	—	77.9	—	35.4	—
	AISI8620	11.3	355	8.6	324	4.9	296
	CARB8620①	4.1	17.1	2.7	24.9	2.7	16.7
可锻铸铁	NH MALL	5.9	35.8	4.5	30.1	3.1	15.4
	TH MALL	3.5	25.8	4.1	23.1	3.1	22.2
	VH MALL	3.1	18.1	11.3	18.1	3.1	17.1
等温淬火可锻铸铁	AMI-1	5.4	43.5	4.9	37.5	4.1	21.0
	AMI-2	3.5	34.8	4.1	27.2	2.7	19.5
	AMI-3	4.5	44.3	4.1	40.8	3.1	23.5
	AMI-4	3.1	32.1	3.1	23.5	2.7	20.4
	AMI-5	4.0	43.0	5.0	34.0	3.1	31.4
普通球墨铸铁② （ASTM A36-84）	100-70-03	4.1	52.5	3.1	31.7	2.7	11.3
	80-50-06	6.8	59.3	3.5	25.8	2.7	16.7
	65-45-12	19.0	131	9.9	137	3.1	28.0
ADI	ADI-1	13.1	158	9.5	140	6.3	49.0
	ADI-2	11.7	155	10.3	140	8.2	88.0
	ADI-3	9.9	120	8.3	91.1	5.9	80.0
	ADI-4	9.0	97.4	9.9	98.3	5.4	67.1
	ADI-5	8.6	50.3	6.8	53.0	5.9	29.0
CrMo 钢	4140　Rc30	99.3	—	—	—	—	—
	4140　Rc40	34.8	—	—	—	—	—
	4140　Rc50	25.5	—	—	—	—	—

① 渗碳钢。

② 美国球铁标准，单位为 klbf/in² （6895Pa）。

表 5-15　ADI 的平均夏比无缺口冲击韧性

测量温度/℃	冲击能/J	
	美国牌号 1	美国牌号 1.5
41	147	117
14	163	168
−22	128	107
−45	129	117
−64	63	103
−85	54	55

　　虽然在有些情况下零件承受相当大的冲击载荷，如重物落下或两部件冲击相撞，但大多数零件或构件几乎不大可能因为一次冲击负载就失效，在实际使用中承受的是较小能量而多次重复的冲击，即小能量多次冲击。对小能量的多次冲击的抗力是与夏比冲击实验的冲击韧性是完全不同的。例如，珠光体球墨铸铁的夏比冲击韧性比铁素体球墨铸铁要低，但珠光体球墨铸铁的小能量多次冲击韧性比铁素体球墨铸铁的要高。珠光体球墨铸铁的夏比冲击韧性比 45 号正火钢低，但其小能量多次冲击韧性要高于 45 号正火钢，关于 ADI 的小能量多次冲击韧性的报道文献较少，因此需要对 ADI 的小能量多次冲击韧性进行研究。不过根据材

料性能的一般规律，如果塑性高则夏比冲击韧性高，小能量多次冲击韧性低；强度高则夏比冲击韧性低，小能量多次冲击韧性高。因此，ADI 的小能量多次冲击韧性要比普通球墨铸铁高。

5.5.2 ADI 的断裂韧性

夏比冲击试验施加在试样上的高应变速度远远超过了大多数材料在使用中所承受的应变情况。夏比冲击实验所获得的信息在比较和选择材料时并不能确定零件和构件在使用中实际需要的性能。

通常，零件或构件的设计依据是防止产生塑性变形。为此设计者在确定材料的性能时使用屈服强度，设计零件允许的工作应力乘以一个安全系数应少于材料的屈服强度。即使如此，有些构件仍然有可能产生脆性断裂。采用安全系数并不能防止这种因为脆性断裂而引起的失效。而断裂韧性是材料对裂纹扩展的固有抗力成为越来越重要的材料性能。断裂韧性由于普通冲击试验室断裂韧性的数据可以用于结构设计中。断裂韧性是测量材料抵抗材料中预先设计的裂纹和缺陷（实际上所有材料中都存在裂纹或缺陷）的能力。它已经广泛用于设计断裂安全的构件。

长期以来人们对 ADI 的断裂韧性进行了大量的研究和测量工作。所有有关断裂韧性的参数，如平面应变断裂韧性 K_{IC}、动力学断裂韧性 K_{ID}、短杆断裂韧性（$SPFT$）、裂纹扩展门槛值 ΔK_{th}、裂纹扩展速度 da/dN、J 积分、裂纹开口位移（COD）、齿轮应用中的齿根冲击韧性等都进行了研究。这些结果表明 ADI 具有较好的断裂韧性。总起来说，ADI 的断裂韧性有以下特点。

① ADI 的断裂韧性比普通球墨铸铁要好得多，相当于或优于相应强度的锻钢和铸钢。

② ADI 的断裂韧性与其微观组织（牌号）有关。低牌号（低强度）的 ADI 较之高牌号的 ADI 具有更好的断裂韧性。这与普通球墨铸铁一样。

③ ADI 具有与普通珠光体球墨铸铁和淬火回火钢相当或更大的缺陷容忍度。

K_{IC} 是最重要和最常用的测量材料断裂韧性的参数，它是材料常数，只与材料本身特性有关。美国和欧洲的标准 ADI 的一些断裂韧性数据见表 5-11 和表 5-12。图 5-37 给出了欧洲标准 ADI 的平面应变断裂韧性 K_{IC} 与屈服强度的关系。图 5-38 为美国 Advanced Cast Products 公司测量的美国标准 ADI 的平面应变断裂韧性 K_{IC} 和硬度的关系。由图 5-37 和图 5-38 可见，ADI 的断裂韧性随强度和硬度的增加而降低。图 5-39 比较了 ADI、珠光体球墨铸铁和回火马氏体球墨铸铁的屈服强度以及平面应变断裂韧性 K_{IC}，并且表明 ADI 具有最好的断裂韧性。图 5-40 显示 K_{ID} 随含锰量增加和温度降低而降低。

美国 ASME 的齿轮研究学会使用短杆断裂实验（$SPFT$，即 Short Rod Fracture test）

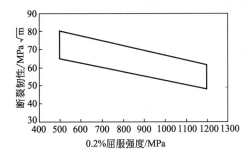

图 5-37　ADI 的断裂韧性与屈服强度的关系

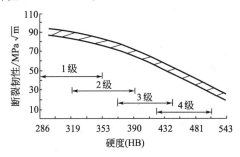

图 5-38　ADI 的平面应变断裂韧性
K_{IC} 与硬度的关系

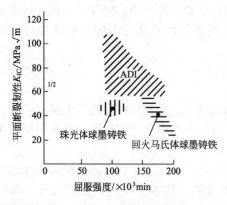

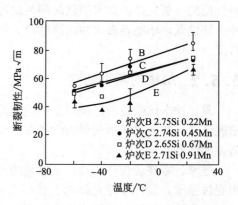

图 5-39　ADI、珠光体球墨铸铁和回火马氏体球
墨铸铁的屈服强度以及平面应变断裂韧性
注：1psi=6894.76Pa

图 5-40　ADI 的动力学断裂韧性 K_{ID}

和非标准的单齿冲击试验评价了 ADI 在齿轮方面的应用，并与 8620 渗碳钢及淬火钢进行了比较。图 5-41 表示了等温淬火温度和测量温度对 ADI 的短杆断裂韧性的影响。室温时的 ADI 短杆断裂温度在 $55\sim105MPa \cdot m^{1/2}$ 之间，与 8620 渗碳钢及淬火钢的短杆断裂韧性为 $22\sim33MPa \cdot m^{1/2}$ 相比，ADI 的指标要好得多。

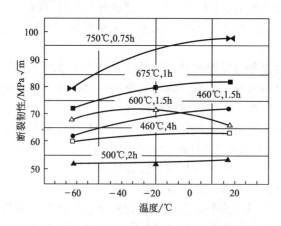

图 5-41　等温淬火温度和测量温度对 ADI 的
短杆断裂韧性的影响（ASTM 标准 SRFT）

　　图 5-38～图 5-41 还表明，等温淬火温度高，伸长率高，强度低，硬度低，则断裂韧性高，反之则断裂韧性低。图 5-42 为测试温度对 ADI 断裂韧性的影响。

　　图 5-43 为 ADI 和渗碳齿轮钢室温和－40℃时的单齿冲击韧性，表明单齿冲击试验结果与短杆断裂韧性数据一致。对于峰值负载判据和能量判据，在室温和－40℃条件下 ADI 都优于 8620 渗碳钢及淬火钢。

　　表 5-16 比较了 ADI、普通球墨铸铁、淬火回火钢 4140 和 4340 的屈服强度和断裂韧性 K_{IC}。ADI 的断裂韧性 K_{IC} 在 $59\sim86MPa \cdot m^{1/2}$ 之间，比所有球墨铸铁都好（除含镍球墨铸铁外），相当于或优于大多数淬火回火钢。表 5-16 还比较了这些材料的 K_{IC} 与屈服强度的比值的平方。当材料承受小于屈服强度的应力时，该比值和材料可能允许的缺陷尺寸成正比。由表 5-13 可见，ADI 较之珠光体球墨铸铁和淬火回火钢对缺陷有相同或更大的容忍度。

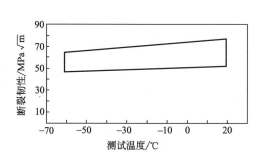

图 5-42　ADI 在不同测试温度下的断裂韧性

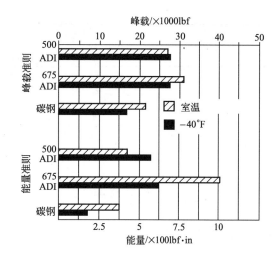

图 5-43　ADI 和渗碳齿轮钢室温和
－40℃时的单齿冲击韧性

注：1lbf＝4.448N；1lbf·in＝0.11J

表 5-16　ADI（A2-C5）、普通球墨铸铁、奥氏体球墨铸铁和淬火回火钢的
屈服强度、断裂韧性及缺陷允许度

合金	热处理		σ_y /MPa	K_{IC} /MPa$\sqrt{m}$	$(K_{IC}/\sigma_y)^2$ /mm
	淬火工艺	回火温度/℃			
A-2(ADI)	850℃,1h 盐淬	260[①]	1205.4	73.49	3.72
		300	1107.4	68.62	3.84
		350	989.8	72.10	5.30
		400	744.8	72.91	9.58
		430	744.6	74.52	10.00
B-5(ADI)	850℃,1h	260	1029.0	75.18	5.34
		300	980.1	75.40	5.92
		350	793.7	73.68	8.62
		400	756.0	76.01	10.08
C-1(ADI)	850℃,1h	300	1151.5	86.00	5.58
C-3(ADI)	850℃,1h	300	1199.5	78.20	4.25
		350	900.3	61.60	4.68
		400	908.8	59.40	4.27
C-5(ADI)	850℃,1h	300	118.2	85.74	5.88
铁素体球墨铸铁,1.55%Si,1.5%Ni,1.2%Ni			269	42.8	25.3
铁素体球墨铸铁,3.6%C,2.5%Si,0.38%Ni,0.35%Mo			331	48.3	21.3
珠光体球墨铸铁,0.5%Mo			483	48.3	10.0
球墨铸铁,80-60-03			432	27.1	3.9
球墨铸铁,D7003			717	51.7	5.2
球墨铸铁 Ni 抗 D-5B			324	64.1	39.1

（上述数据引自：Irom casting Handbook,1981,P357）

合金	热处理		σ_y /MPa	K_{IC} /MPa $\sqrt{m}$	$(K_{IC}/\sigma_y)^2$ /mm
	淬火工艺	回火温度/℃			
AISI4140[②]	870℃,1h 油淬	204	1449	43.80	0.92
		280	1587	55.00	1.2
		396	1518	55.60	1.34
	1100℃,1h 油淬	204	1380	65.05	2.22
		246	1449	57.25	1.56
	1200℃,1h 油淬	204	1380	89.12	4.18
		246	1449	72.64	2.52
		323	1414.5	53.30	1.42
		348	1393.8	58.46	1.76
AISI4340[②]	870℃,1h 油淬	200	1345	65.38	2.36
		280	1504.2	66.81	1.97
		350	1497.3	87.69	3.43
		400	1449.0	100.22	4.78
	1200℃,1h 油淬	246	1380.0	90.55	4.31
		280	1393.8	69.01	2.45
	843℃,1h 油淬回火	260	1642.2	48.79	0.88
		427	1421.4	84.47	3.53

注: 1. 等温转变时间: 1h。

2. 数据来自: Damage Telerance Design Haudbook, Metal and ceramics Information, Battle columbus Laboratores, Janunry 1975。

大量的研究工作比较了 ADI 和 4140 的性能。就标准的夏比冲击实验值来说, ADI 不如 4140 钢, 但就断裂韧性来说, 两者的差别不大。事实上, 冲击实验的应变速率与钢比对 ADI 有更大的影响。而夏比冲击实验施加在试样上的高应变速度远远超过了大多数材料在使用中所承受的应变情况。

为了设计安全和精确的失效分析, 应该采用断裂力学性能, 如断裂韧性等作为设计和分析依据。多年的研究和测量已经证明, 无论哪一种断裂韧性, ADI 的实验数据都好于普通球墨铸铁, 相当于或好于相应强度的铸钢和锻钢。

5.6 ADI 的耐磨性

5.6.1 ADI 的摩擦磨损试验结果

ADI 具有优良的耐磨性, 图 5-44 和图 5-45 的结果均表明, 在磨料磨损的条件下, ADI 耐磨性要比同样硬度下钢的耐磨性好。硬度为 30~40HRC 的 ADI 耐磨性相当于硬度 60HRC 的淬火回火钢。ADI 优越的耐磨性是因为 ADI 中金属基体的实际硬度要比测量的硬度高, 通常硬度测量方法测量的是基体和石墨的平均硬度。优越的耐磨性和低的磨损与整体硬度的敏感性的另一个重要因素是: ADI 微观组织中确定的奥氏体经历了应变引发的相变硬化, 奥氏体转变成为马氏体, 大大增加了表面硬度 (见图 5-46), 从而总是有一层高硬度耐磨工作表面。这一点不同于表面淬火或其他表面硬化处理, 当表面硬化层磨掉以后, 留下软的不耐磨的金属基体，工件的磨损就会急剧地恶化。另外与钢不同的是，ADI 的稳定奥氏体含碳量（1.8%～2.2%）较钢中的奥氏体（小于 0.8%）要高得多，ADI 中奥氏体转变成马氏体的硬度也高得多。表面硬度大大提高，从而进一步增加了耐磨性。

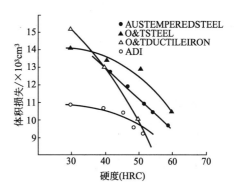

图 5-44　ADI 球铁和不同耐磨钢耐磨性的比较

5.6.2 ADI 在齿轮、衬套、链轮上的应用

在需要传送动力或控制运动的机构中，工件既需要小的摩擦力以减少摩擦损耗，又需要高耐磨性以获得长的使用寿命。典型的动力传送机构如齿轮与齿轮、曲轴与轴承、链轮与链条、轴或活塞与衬套，典型的控制运动机构如凸轮轴与凸轮、轴与衬套等。ADI 替代表面渗碳钢、表面淬火钢、青铜，具有明显优势。

（1）齿轮　齿轮是 ADI 最早应用的零件。很多国家生产了不同类型的齿轮，大至 $\phi 12m$ 的齿轮组块，轻载、重载质量范围在 0.7～1000kg，取代各种铸钢、锻钢、表面渗碳淬火锻钢，应用于各个工业部门。

① 美国康明斯公司于 1983 年开始生产 B and C 系列的柴油机 ADI 正时齿轮，质量 0.7～4.1kg，$\phi 101$～222mm。年产量超过 30000 套，与表面渗碳淬火钢 1022 钢齿轮相比，有下列优点：加工车间生产率增加 40%，重量减轻10%；降低噪声；提高齿轮抗擦伤能

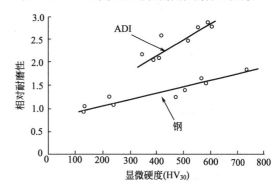

图 5-45　ADI 和不同耐磨钢相对耐磨性的比较

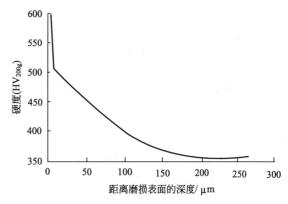

图 5-46　经过磨料磨损的 ADI 样品的显微硬度

力；降低成本 30%；齿轮铣刀寿命延长 10 倍。表 5-17 是 ADI 齿轮与表面渗碳淬火锻钢 1022 钢齿轮生产能耗对比。表 5-18 比较了机加工 ADI 对表面渗碳锻钢的刀具寿命的影响。

表 5-17　ADI 齿轮与表面渗碳淬火锻钢 1022 钢齿轮生产能耗对比

工艺	每吨能耗/(kW·h/t)	
	ADI	锻钢
毛坯生产退火	2500	4500 500
等温淬火	600	—
表面淬火	—	800～1200
总消耗	3100	5800～6200

表 5-18　ADI 替代表面渗碳锻钢延长了刀具寿命

加工操作	刀具寿命延长
齿轮组块	
中心压力	30
钻床	35
粗加工车床	70
精加工车床	50
磨床	20
环形齿圈	
车削	200
钻孔	20
扩孔	20
格里森机械加工	
小齿轮	
粗加工	900
精加工	233
齿圈	
粗磨	962
抛光	100

② 芬兰 SANTASALO 公司生产的第四代 SANTASALO "C" 系列齿轮箱，其特点是有很多螺旋齿轮。一些大齿轮和复杂的中空轴齿轮是 ADI 一体铸成。

③ 比利时 N. V. Ferromatrix 公司原来的剪草机齿轮由三件合金钢（轴 42CrMo4、凸齿 58CrV4、齿轮 16MnCr5）加工组装而成。采用 ADI 改为一件铸成，不仅降低了成本，齿轮寿命也大大延长。

④ 美国 Farrar Corp 公司与用户合作将原来的剪草机齿轮组件设计成 ADI 铸件，明显降低了噪声，改进了割草机转向性和操作性，质量减小 14.9kg，降低成本，提高了零件强度。

⑤ 美国通用汽车公司用 ADI 替代表面渗碳钢传动准双曲面齿轮（汽车后桥螺旋伞齿轮），每套减重 0.6～0.9kg，降低了噪声，节约能源 50%，降低成本 20%，改善加工性，大大延长刀具寿命。

（2）衬套　在许多机器和机械中，特别是车辆中有许多衬套。衬套磨损了就要更换。一般来说，衬套价格相对不贵，但是更换衬套的费用却高得多。芬兰 KEMENITE 公司从 1976 年就开始进行 ADI 衬套的应用试验。试验效果显著。ADI 连杆衬套的寿命是进口钢衬套（用德国标准的 DIN1498 钢制造）的 2 倍。感应淬火钢轴在 ADI 衬套的磨损量是在钢衬套中磨损量的 1/3（试验时间为 7 个月，不加润滑）。

ADI 衬套与特殊耐磨青铜的试验衬套的对比试验在 KUUSANNIEMI 工厂进行。ADI 衬套的和特殊耐磨青铜衬套安装于该厂的 Pettibone 前装载机的液压缸连杆。试验结果表明，特殊青铜衬套在工作 800～1000h 后自由间隙超过 4mm，而 ADI 衬套在工作 5000h 后间隙仅为 0.3mm。就线磨损相比较，ADI 衬套的寿命是青铜衬套的 60 倍。

中国戚墅堰机车车辆研究所研究了铁道车辆上大量使用的 ADI 衬套，其寿命大大长于 A3 钢、45 钢、20Cr、20CrMnTi 钢。我国西安理工大学华安型材铸造有限公司研究了高速列车机车转向架 ADI 衬套专用水平连铸铸铁型材，取得很好的效果，已经批量生产。

（3）链轮　ADI 链轮在各传动机构中获得了广泛的应用。例如 Advanced Cast Products 公司生产的矿用车链轮替代原来的钢组装件，磨损降低 50%。美国 Smith 铸造厂为 Toro

Co. 公司生产的 ADI 驱动轮铸件，这件履带驱动系统，原设计为 84 件钢零件装配而成，新设计为整体一件，湿型铸造。重量减轻 15%，成本降低 55%，用户每年节约成本 19 万美元，新设计是 ADI 铸件，比原组装件节省 30min 的装配时间。耐磨性提高，更耐用，外形也更美观。英国多年来代替表面硬化钢生产了主战坦克 ADI 链轮，明显提高了材料的利用率，显著降低了成本，延长了使用寿命。

5.6.3 ADI 在车轮、制动件上的应用

需要摩擦力工作又要求高耐磨性的典型应用如车轮与轮轨、制动机构的运动摩擦件（刹车盘等）和静止摩擦件（制动块、制动楔等）。

（1）车轮 考虑到火车车轮当前的最大生产方法已经较经济，ADI 车轮未必比目前大量生产的火车车轮更为便宜。但奥铁体组织有可能经不住车轮在急刹车时由于过热而发生相变而降低性能。因此 ADI 车轮更适用于各种低速运行的轨道运行机构件。例如 ADI 轮子已经在车间和仓库中的天车、在地面轨道运行的物料搬运装卸车辆以及矿业和运输设备车辆等上广泛应用。

（2）制动件 芬兰国家铁路和芬兰赫尔辛基城市交通在火车、货车车厢和城市铁路上运用 ADI 制动块和制动蹄片。6 年的运行表明与传统的灰铸铁相比，ADI 制动块和制动蹄片耐磨性提高了 6 倍，同时车轮磨损减少，运行费用降低，提高了设备利用率。此外由于低速时略低的摩擦系数，制动平稳，未见咬住车轮的现象。当增加制动压力时摩擦系数不像灰铸铁那样有明显的降低。

我国戚墅堰机车车辆研究所研究并在铁道车辆上应用了 ADI 斜楔，耐磨性提高，质量由 10kg 减至 7.5kg，取得较好的经济效益。

5.6.4 ADI 在磨料磨损条件下的应用

磨料磨损的典型应用如磨球、犁尖、挖掘机斗齿、破碎机衬板、物料输送机衬板、履带板等。此时只考虑零件的耐磨性，摩擦对象（如泥土、矿料、地面等）的磨损一般不必考虑。ADI 与调质球铁、调质钢和等温淬火钢相比在同样硬度时耐磨性更好。

例如美国 JOHN DEER 拖拉机生产厂使用 ADI 反向齿。反向齿每件重 5lb（2.27kg）。用 ADI 替代铸钢件，每件节省 2 美元，此外还提高了耐磨性。英国 Willian Lee 铸造厂是英国生产农业机械铸造的主要厂家，生产 ADI 耐磨铸件几十种，应用于农业、运输、车辆、建筑、矿业、军工等部门。英国公司生产的 ADI 零件齿尖，牌号为 ADI1200，原来铸造方法为铸钢件，整体淬火，采用 ADI 零件具有较好的耐磨性，运行费用降低。ADI 在犁尖、挖掘机斗齿、破碎机衬板、物料输送机衬板以及履带板等已有广泛的运用，取得良好的经济效益。

美国近年来开发的含碳化物的 ADI，因为基体组织中含有碳化物，具有更好的耐磨性，并且已经在农业机械上获得很好的应用。含碳化物的 ADI 耐磨性更好，但是韧性和耐冲击性降低。对于要求韧性和耐冲击性不高但耐磨性高的零件，含碳化物的 ADI 是很好的应用。工业化生产的关键是控制碳化物的数量、形状和分布，这样才能生产出性能稳定、齐一性好的 ADI 铸件。

5.6.5 ADI 在特殊磨损条件下的应用

冲剪机剪切刀片在对钢筋进行截短加工时工况十分恶劣，振动大，噪声大。刀片需要高强度、高韧性、高耐磨性。传统的 T10 钢经加工并经热处理的剪切刀片磨损快，容易卷刀、

变形，有时会发生崩口。

采用水平连铸球墨铸铁型材加工后经等温淬火获得 ADI 剪切刀片，以取代采用 T10 钢经热处理的传统剪切刀片，取得超乎想象的成功。同样在工矿下，刀片的寿命延长 1.24 倍，综合成本降低 55%。

摩擦和磨损在实际应用中是十分复杂的。在需要减少摩擦力，需要摩擦力工作的滚动摩擦、滑动摩擦工作条件中，很可能有摩擦脱落的颗粒或外来的沙尘进入摩擦界面形成某种程度的磨料磨损。但是无论在哪一种条件下，ADI 都显示了优越的耐磨性。

5.7 ADI 的微观组织与力学性能

5.7.1 ADI 的热处理工艺

球墨铸铁等温淬火的典型工艺过程如下：首先将 ADI 原件加热升温至奥氏体化温度（840～950℃），保温 1～2h，使之完全转变成富碳奥氏体，然后迅速淬入奥氏体等温转变温度（250～400℃）的盐浴中，在这个温度下保温 1～2h，然后出炉空冷至室温。

（1）奥氏体阶段　奥氏体化温度下保温将球铁铸态组织转变为均匀的富碳奥氏体组织，这主要取决于奥氏体化温度、时间、化学成分、球化级别、球径大小。在此阶段，奥氏体 w（C）量可增至 0.6%～1.2%。奥氏体化温度越低，时间越短，奥氏体含碳量越低，反之则越高。

（2）奥氏体等温转变反应过程　球墨铸铁淬火奥氏体等温盐浴中，起初奥氏体没有变化（反应），经过一短暂孕育期，针状铁素体在奥氏体中形成并生长。随着针状铁素体的生长，所排出的碳向奥氏体扩散，从而增加奥氏体含碳量（关于铁素体的形成是生核长大过程还是共格转变过程还有争议，但是，碳扩散至针状铁素体周围的奥氏体，使奥氏体富碳已经被实验证实）。

大约经过 20～30min，奥氏体中的 w（C）增至 1.2%～1.6%。这个含碳量的奥氏体在室温时是稳定的，但力学上仍不稳定，例如在机加工受力或使用受力情况下，仍会转变为马氏体。另外，把温度降至室温以下，它也可能转变为马氏体；如果继续在等温盐浴中保温至 1～2h，奥氏体等温转变过程继续进行，针状铁素体继续长大，所排出的碳继续扩散到邻近的奥氏体中。在这一阶段，奥氏体的 w（C）量可以增至 1.8%～2.2%。实践表明：这种含碳量的奥氏体，不但热力学上是稳定的，力学上也是稳定的，受力时，如机加工受力或使用时受力，不再会转变为马氏体。这种富碳、热力学上稳定、力学上也稳定的奥氏体加上针状铁素体的混合组织，才是 ADI 所应有的组织。

ADI 中的高碳稳定奥氏体有两种形态：一种是存在于针状铁素体之间的近似于等轴形的块状奥氏体（图 5-47 中的浅色块状区域）；一种是存在于针状铁素体片之间的薄片形的条状奥氏体。

上述等温转变反应，一般称为奥氏体等温转变反应的第一阶段。

如果在等温盐浴中保温时间超过 2～3h，高碳奥氏体将分解为更加稳定的铁素体和碳化物，这一反应类似钢中的贝氏体。碳化物的出现对于 ADI 的力学性能是非常有害的，特别是明显地降低伸长率和韧性。所以应该尽量避免碳化物的出现。碳化物从高碳奥氏体中析出的反应一般称为奥氏体等温转变反应的第二阶段反应。理想的奥氏体等温转变时间应该是：在第一反应即将结束而第二反应尚未开始时出炉空冷。

图 5-47 为一级等温淬火球铁的微观组织，显示了针状铁素体以及铁素体之间的近似于等轴形的块状奥氏体，即图中的浅色块状区域。值得一提的是，这种块状奥氏体在形状上看，容易被误认为磷共晶。

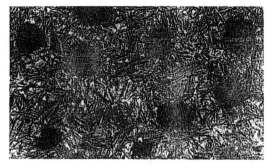

图 5-47　一级等温淬火球铁的微观组织

5.7.2　ADI 的金相组织分析

ADI 具有高的抗拉强度、屈服强度，同时又具有优越的伸长率。这是由 ADI 的特殊显微组织决定的。从奥氏体等温转变反应过程来讲，ADI 中的奥氏体有未反应的奥氏体、未充分反应的介稳定奥氏体和充分反应的稳定奥氏体。

（1）未反应的奥氏体　在等温转变过程中未参加反应的奥氏体，其特征是含碳量为奥氏体化时的含量，没有变化。未反应的奥氏体多存在于或接近于共晶晶粒边界区域。

（2）未充分反应的介稳定奥氏体　其 $w(C)$ 为 1.2%～1.6%。这个含碳量的奥氏体室温时是稳定的，但力学上不稳定。受力时，如机加工受力或使用时受力，仍会转变为马氏体。另外，当温度降至室温以下，它也可能转变为马氏体。这些都不是等温淬火球墨铸铁所期望的奥氏体。

（3）充分反应的奥氏体　奥氏体的 $w(C)$ 量为 1.8%～2.2%，甚至高达 2.4%。这个含碳量的奥氏体室温时热力学上是稳定的。受力时，如机加工受力或使用时受力，也不会转变为马氏体。这才是 ADI 所期望的奥氏体。性能优越的 ADI 主要取决于球墨铸铁本身球化级别、球径大小、数量。奥氏体化阶段均匀化程度，奥氏体的含碳量和等温淬火温度、时间。

$w(C)$ 为 1.6%奥氏体的马氏体转变温度 M_s 为 -80℃。英国 RUSSELL 公司做过如下实验：化学成分 $w(C)$ 3.58%、$w(Si)$ 2.63%、$w(Mn)$ 0.22%、$w(Cu)$ 0.51%的球墨铸铁，奥氏体化 900℃ 保温 90min，300℃ 盐浴等温 90min。两组 ADI 试棒力学性能为：抗拉强度 σ_b =1240/1227MPa，屈服强度 σ_s =962/954MPa，伸长率 δ =8.6%。将另外两组 ADI 试棒置于 -40℃ 保持 10min，然后在室温下测试力学性能。试棒力学性能为：抗拉强度 σ_b =1240/1227MPa，屈服强度 σ_s =959/900MPa，伸长率 δ =8.57%/7.14%。金相分析结果也证实，组织没有变化，表明 ADI 具有良好的低温性能和组织定性。

（4）发生塑性变形的 ADI　图 5-48 所示为发生塑性变形的 ADI 断口试样经热腐蚀后的微观组织。深灰区域为马氏体，这是由高碳稳定奥氏体转变成的。ADI 中充分反应的稳定奥氏体转变成的马氏体的含碳量高，因而这种马氏体硬度更大，更耐磨。

ADI 在受力发生塑性变形期间，等轴形的块状奥氏体会发生相变诱发的塑性变形（Transformation-Induced Plasticity，TRIP），能够吸收较多能量。另一方面奥氏体转变成马氏体而显著强化，从而提高了加工硬化能力。这也是 ADI 所具有的特性。

5.7.3　ADI 微观组织分析

如果对 ADI 的显微组织进一步进行分析可以发现，普通光学显微镜下观察到的 ADI 组织中的一束束针状铁素体不同于普通的铁素体。每一束针状铁素体其实由很多位向大体相同的薄铁素体片组成，每一薄铁素体片具有完全相同的晶体学位相，厚度约 0.2μm，长度约 10μm。薄铁素体片之间或者由小角度晶界分开，或者由更薄的条形奥氏体分开。这种条形奥氏体也含有过饱和的碳，如图 5-49 所示。对于等温温度较低的高强度 ADI，薄铁素体片

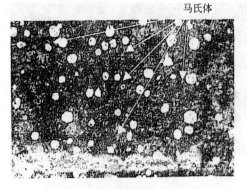

图 5-48　ADI 发生塑性变形后
的金相组织

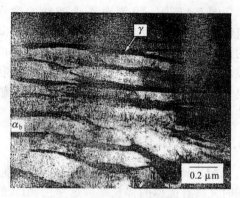

图 5-49　ADI 组织中由薄铁素体片
组成的针状铁素体

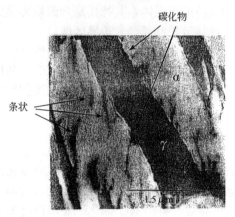

图 5-50　ADI 组织中，铁素体片内极细小的
碳化物和铁素体内奥氏体

内还有极细小的碳化物颗粒析出。这种碳化物不是普通渗碳体，而是 T 型、ε 型富硅的或 Hagg 型介稳态的碳化物，如图 5-50 所示。

美国 Applied Progess 公司的 John Keough 将 ADI 称为高科技铁-硅-石墨的纳米复合材料。严格来讲，材料中含有小于 100nm 的一维、二维、三维颗粒，并且性能较之未含有上述颗粒的母材料性能产生显著变化的材料才能称得上为纳米材料。John Keough 的说法如果从晶粒尺寸数量级来说并不过分，针状铁素体的厚度约为 200nm，而铁素体内奥氏体的厚度仅为几纳米到 10nm 数量级。至于介稳定碳化物，其晶粒尺寸更小，而且 ADI 较铸态球墨铸铁性能确有显著的提高。

5.7.4　ADI 的力学性能

金属材料的力学性能包括抗拉强度、屈服强度、伸长率、冲击韧性、疲劳强度、断裂韧性等，这些都是工程技术上最重要的力学性能。其中抗拉强度、屈服强度、伸长率是最重要的力学性能指标。其中屈服强度的实际意义在于：作为防止因材料过量塑性变形而导致机件失效的设计和选材依据；根据屈服强度与抗拉强度之比衡量材料的进一步塑性变形的能力。

①　铸铁的基本机体组织由铁素体、珠光体和奥氏体组成。铁素体是碳在 α 铁中的间隙固溶体，体心立方晶格，固溶的碳量极低，723℃时最大溶碳量为 0.034%（质量分数），室温时溶碳量几乎为零。铁素体具有良好的塑性和韧性、强度和硬度较低。球墨铸铁中含有 2%～3% 的硅（质量分数）。这些硅可以完全以置换形式溶于铁素体，并且减少碳在铁素体中的溶解度，提高铁素体的强度，降低塑性。典型铁素体球墨铸铁的力学性能可达 σ_b＝400MPa，伸长率 δ＝20%。

②　珠光体由交错的铁素体和渗碳体层片组成，其中渗碳体 $w(C)$ 量为 6.69%，具有复杂的正交晶格、很高的硬度，但是很脆，几乎没有塑性和韧性。由交错的铁素体和渗碳体层片组成的珠光体具有良好的力学性能。通过控制不同比例的铁素体和珠光体可以获得不同的强度、塑性、韧性和硬度的组合。高强度珠光体的力学性能 σ_b 可达 1000MPa，伸长率 δ

为 2%。

③ 奥氏体是碳在 γ 铁中的置换固溶体，面心立方晶格，通常存在 727～1493℃ 之间，1147℃ 时最大溶碳量为 2.14% （质量分数）。具有良好塑性，强度和硬度高于铁素体。通过加入合金元素镍可以在室温获得奥氏体基体球墨铸铁，抗拉强度 σ_b 为 490MPa，伸长率 δ 为 20%。

④ ADI 的性能比由铁素体、珠光体和奥氏体基体组成的球墨铸铁的性能高得多是由 ADI 特有的微观组织、力学特点所决定的。

a. 金属材料的屈服过程主要是位错的运动。纯金属单晶体的屈服强度理论上讲是位错开始运动的临界切应力，其值由位错运动所受到各种阻力所决定。这些阻力包括了晶格阻力、位错间相互作用产生的阻力等。位错运动所受的阻力越大，一般屈服强度和极限强度越大。相比而言，普通铁素体是在较为稳定的状态下形成的，或者是炉内缓慢冷却，或者是在较高的温度进行等温转变获得的。在这种条件下，碳可以进行较为自由的长程扩散，最终扩散至石墨球上。铁素体的形状为较为规则的等轴形，晶粒内部的位错密度较小，因此，屈服强度和极限强度较低。

b. 电镜研究显示，钢中针状铁素体晶粒的形状是高度不规则的，并有大约 1×10^{10} cm^{-2} 高位错密度，针状铁素体在拉伸时可以提供大量的可动位错。贝氏体钢中针状铁素体位错密度高达 $1 \times 10^{15 \sim 16}$ cm^{-2}。在不同工艺条件下 ADI 中针状铁素体位错密度可达 $6 \times 10^9 \sim 1 \times 10^{10}$ cm^{-2}，并且位错密度随等温温度降低而增加。

c. ADI 中的铁素体非常细小，每一薄铁素体片具有完全相同的晶体学位向，厚度大约为 $0.2\mu m$。薄铁素体片之间或者由小角度晶界，或者由更薄的条形奥氏体分开。由于薄铁素体片非常细小，因而存在大量的晶界。晶界是位错运动的最大障碍，晶界越多对强度的贡献越大。另外，针状铁素体内尺寸更小的薄条形奥氏体和极细小的碳化物颗粒有第二相强化作用。

d. ADI 中的奥氏体为充分反应的稳定奥氏体，其 $w(C)$ 为 1.8%～2.2%，甚至高达 2.4%。这种过饱和间隙固溶的碳造成奥氏体晶格畸变，形成畸变应力场。这种畸变场会与位错应力场产生交换作用阻碍位错运动，产生强化。实际上，奥氏体的 $w(C)$ 量就是通过 X 射线衍射测量奥氏体的晶格畸变量来间接测量的。虽然其他合金元素也可以通过置换固溶造成奥氏体晶格畸变来强化，但是效果明显不如过饱和间隙固溶的碳造成的强化效果好。

e. 对 ADI 强度的位错强化机制分析表明，造成高位错密度、多晶粒边界、细小针状铁素体加过饱和碳奥氏体组织，其主要原因在于球墨铸铁的高碳、高硅含量及特殊的等温热处理工艺。其中，合金元素的作用似乎并不大，合金元素有细化针状铁素体的作用，但是等温温度的作用似乎更大。降低等温温度能明显细化针状铁素体片。合金元素能产生置换和固溶强化，但根据金属理论，通常间隙固溶强化效果更好。事实上，合金元素对 ADI 的力学性能影响并不大。合金元素主要作用是提高淬透性，保证厚断面获得奥铁体组织。

5.7.5 保证或提高 ADI 性能的措施

为保证和提高 ADI 的性能，达到和超过美国和欧洲的 ADI 标准（见表 5-19 和表 5-20），要从球墨铸铁原件本身和等温淬火热处理两方面考虑。

① 球墨铸铁铸件要提高球化率，提高石墨球数，适当降低硅 [$w(Si)<2.8\%$]，锰 [$w(Mn)<0.4\%$] 含量。不言而喻，这些就是对于普通球墨铸铁也是非常重要的。提高石墨球数能显著降低合金元素偏析。通常，普通合格的球墨铸件，只要球化率大于 90%，石墨大于 100 个/mm^2，渗碳体小于 0.5%，缩松小于 0.5%，经适宜的等温淬火热处理，其

表 5-19　美国 ADI 标准（A 897/A 897M-03）

等级	极限强度/MPa	屈服强度/MPa	伸长率/%	冲击韧性/(J/cm)	典型强度(BHN)
1	≥900	≥650	9	100	269~341
2	≥1050	≥750	7	80	302~375
3	≥1200	≥850	4	45	341~444
4	≥1400	≥1100	2	35	388~477
5	≥1600	≥1300	1	20	402~512

表 5-20　欧洲和英国 ADI 标准（BS EN1564：1997）

材料牌号		抗拉强度 /MPa	0.2%屈服强度 /MPa	伸长率 /%	布氏硬度 (BHN)
代号	编号				
EN-GJS-800-8	EN-JS1100	≥800	≥500	8	260~320
EN-GJS-1000-5	EN-JS1110	≥1000	≥700	5	300~360
EN-GJS-1200-2	EN-JS1120	≥1200	≥850	2	340~440
EN-GJS-1400-1	EN-JS1130	≥1400	≥1100	1	380~480

带缺口夏氏冲击值			
材料牌号		温度为(23±5)℃时的冲击抗力/J	
代号	编号	3 次测量平均值	个别值
EN-GJS-800-8S-RT	EN-JS1109	10	9

力学性能都可以达到和超过美国和欧洲 ADI 标准。

② ADI 的微观组织主要由稳定的高碳奥氏体和针状铁素体组成，因而 ADI 具有比珠光体更好的塑性、伸长率和韧性。ADI 的伸长率和韧性主要依赖于针状铁素体之间的近似于等轴形的块状奥氏体。块状奥氏体数量多，则伸长率和韧性高。较高等温淬火温度获得的高韧性 ADI 含有较多的奥氏体。

③ 保证奥氏体阶段的温度和时间，保证充分奥氏体化的含碳量，选择适当的等温温度和时间。理性的奥氏体等温转变时间应该是：在第一阶段反应即将结束而第二阶段反应尚未开始时出炉空冷，有利于得到高碳、热力学及力学上均稳定的奥氏体加针状铁素体，有利于获得更均匀的组织，提高力学性能。

④ 水平连铸球墨铸铁型材球化级别高，球径（7±1）级，石墨球数平均在 200 个/mm² 以上，缩松小于 0.3%，因此是理想的 ADI 基材。

⑤ 近年来相变理论应用于开发新型的高强度钢。这些钢含有适度的碳、硅、锰，经低温等温热处理可以获得 2500MPa 的抗拉强度。这种钢的微观组织类似于 ADI，相信对 ADI 的继续研究，将会进一步提高 ADI 性能并扩大 ADI 运用。

表 5-21 是不同等级 ADI 的热处理参数，表 5-22 是按表 5-21 参数热处理后获得的 ADI 的力学性能。

表 5-21　ADI 热处理参数

ADI 等级	奥氏体化		等温淬火	
	温度/℃	时间/h	温度/℃	时间/h
1	885	1.67	357	1.5
2	885	4	329	2
3	885	4	313	2.5
4	885	4	293	2.5
5	885	2	271	2.5

注：试样化学成分：$w(C)$ 3.60%~3.65%、$w(Si)$ 2.50%~2.60%、$w(Mn)$ 0.25%~0.30%、$w(Mg)$ 0.04%~0.06%；尺寸：203.2mm×203.2mm×12.7mm；铸态组织为 60%珠光体+铁素体，球化率 90%。

表 5-22　按表 5-21 参数热处理后获得的 ADI 的力学性能

等级	抗拉强度/MPa	屈服强度/MPa	伸长率/%	冲击韧性/(J/cm²)	硬度(HBS)
1	1089	827	11	127	292
2	1069	841	10.5	118	301
3	1345	1041	7	96	357
4	1427	1200	3.5	73	388
5	1469	1267	3	38	404

5.7.6 结论

① ADI 的显微组织中由奥铁体（即高碳、热力学稳定、力学上也稳定的奥氏体加细小针状铁素体的混合组织）组成。其每一束针状铁素体由许多位相大体相同、厚度大约为 200nm 的薄铁素体片组成。高碳稳定奥氏体有两种形态：一种是存在于针状铁素体之间的近似于等轴形的块状奥氏体，一种是存在于针状铁素体之间的薄片形奥氏体。从晶粒尺寸数量级来说，针状铁素体的厚度约为 20nm，而铁素体内奥氏体的厚度仅为几纳米到 10nm。

② 金属强化的主要方式：细晶强化、位错强化、晶界与亚结构强化、第二相强化、固溶强化以及 TRIP 强化等都在 ADI 中得到了体现。正是由于 ADI 这种特有的微观组织使其具有了特有的、优越的力学性能。

③ 为保证和提高 ADI 的综合力学性能，一方面球墨铸铁原件要保证高级别球化率，提高石墨球数，减少偏析，适当降低硅、锰含量；另一方面为获得理想的奥铁组织，需要稳定可靠的热处理工艺和相应设备来保证。

5.8 等温淬火温度对 ADI 中残余奥氏体及其力学性能的影响

5.8.1 试验方法

（1）球墨铸铁的熔炼　熔炼采用 0.5t 的中频感应电炉，试验所用材料有生铁、废钢、钼铁、电解铜。采用堤坝式浇包冲入法进行球化处理，球化剂加入量为 1.6%，球化处理温度为 1500～1550℃。孕育剂选 FeSi75，采用包内孕育＋勺内孕育的复合处理工艺，加入量为 0.8%。铁液的化学成分控制在 $w(C)$ 3.6%～3.8%、$w(Si)$ 2.6%～2.8%、$w(Mn)$ 0.3%、$w(S)$ <0.02%、$w(P)$ <0.05%、$w(Mo)$ 0.2%～0.3%、$w(Cu)$ 0.4%～0.6%。

（2）试样制备　采用树脂砂造型并浇铸标准 Y 形试块，浇注温度为 1400～1450℃。力学性能检测试样从 Y 形试块上截取直径 10mm 标准拉伸试棒和 10mm×10mm×55mm 冲击试块（带 U 型缺口）。

（3）热处理工艺设计　以等温淬火温度为单因素变量，设计了 5 套热处理试验方案。每套方案都做 3 根拉伸试棒和 3 个冲击试块。热处理试验方案见表 5-23。

拉伸试棒和冲击试块在箱式电阻炉中加热（为了防止脱碳、氧化，采用埋碳处理方法）至奥氏体化温度后，快速转移至盐浴炉（成分：55%KNO₃＋45%NaNO₃）中进行等温淬火处理，等温一段时间后，取出空冷。

（4）残余奥氏体量（体积分数）及其含碳量（质量分数）计算方法　按 GB/T 8362—1987 标准对试样进行 X 射线衍射物相定量检测，分别选取 γ 相的（220）和 α 相的（211）晶

表 5-23　热处理试验方案

编号	奥氏体化温度/℃	奥氏体化时间/min	等温淬火温度/℃	等温淬火时间/min
1	900	60	270	90
2	900	60	300	90
3	900	60	330	90
4	900	60	360	90
5	900	60	380	90

面峰进行慢扫描，记录峰高，并计算残余奥氏体的含碳量（质量分数）及奥氏体量（体积分数）。

在计算残余奥氏体含量时，采用公式

$$V_\gamma = \frac{(1-V_c)}{\left(1+K\dfrac{I_\alpha}{I_\gamma}\right)}$$

式中　V_γ——残余奥氏体的体积分数；

V_c——碳化物的体积分数；

K——参比强度；

I_α——α 相峰的强度积分；

I_γ——γ 相峰的强度积分。

其中，由于碳化物含量太少，这里不考虑，设定 $V_c = 0$：

$$C_\gamma（或 C_\alpha）=[P \times F^2 \times V^{-2} \times \phi(\theta) \times e^{-2M}]$$

式中　P——多重性因素；

F^2——点阵的结构因素；

V——单个晶包的体积；

$\phi(\theta)$——角因子；

e^{-2M}——拜德瓦洛温度因素。

在计算残余奥氏体含碳量时，采用公式：

$$X = 1.6 + \frac{\alpha - 3.612}{0.044}$$

式中　α——残余奥氏体的晶格常数。

5.8.2　试验结果

（1）等温淬火温度对残余奥氏体量（体积分数）及其含碳量（质量分数）的影响

① X 射线分析结果。试样的 X 射线分析结果见表 5-24。

表 5-24　X 射线分析结果

等温淬火温度/℃	$w(C)/\%$	残余奥氏体(体积分数)/%
270	1.9088	22.44
300	2.0816	24.81
330	2.1201	38.98
360	2.1392	44.15
380	2.0662	37.26

② 等温淬火温度对残余奥氏体含碳量的影响。等温淬火温度对残余奥氏体含碳量的影响见图 5-51。从图中看出，随着等温淬火温度的升高，残余奥氏体的 $w(C)$ 量先增加后减

小，360℃等温淬火时，残余奥氏体的w(C)量最大。这主要是由于等温淬火温度升高，碳原子的扩散系数和扩散激活能增大，因而有利于获得更均匀、w(C)量更高的奥氏体。当等温淬火温度超过360℃后，由于碳的扩散速度明显加快，大大缩短了形成富碳奥氏体的时间，高碳奥氏体中多余的碳易在奥氏体和铁素体晶界周围形成碳化物，因而导致残余奥氏体的w(C)量降低。

③ 等温淬火温度对残余奥氏体量（体积分数）的影响。等温淬火温度对残余奥氏体量（体积分数）的影响如图5-52所示。从图中看出，随着等温淬火温度的升高残余奥氏体量先增加后减小，360℃等温淬火时，含量最大。

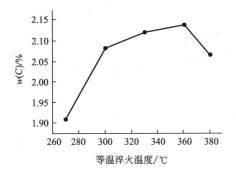

图5-51　等温淬火温度对残余
奥氏体w(C)量的影响

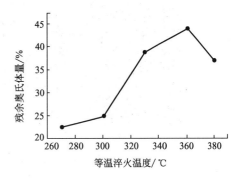

图5-52　等温淬火温度对残余
奥氏体量（体积分数）的影响

残余奥氏体在ADI中根据它的稳定性可以分为三类：不稳定的奥氏体、介稳定的奥氏体和稳定的奥氏体。残余奥氏体的稳定程度主要由它的w(C)量决定，当残余奥氏体的w(C)量达到1.8%～2.2%时，室温下的残余奥氏体在热力学和力学上是稳定的。残余奥氏体的w(C)量越高，稳定性越高，含量就越大。因此，随着等温淬火温度的升高，残余奥氏体的体积分数变化规律与w(C)量的变化规律一致，呈现出先增大后减小的规律，当等温淬火温度为360℃时，含量最大。

（2）等温淬火温度对ADI力学性能的影响

① 等温淬火温度对ADI抗拉强度的影响如图5-53所示。

从图中看出，在所试验的温度范围内随着等温淬火温度的升高，抗拉强度逐渐减小。

随着等温淬火温度的升高，残余奥氏体的体积分数逐渐增加，形态由针状逐渐转变成羽毛状

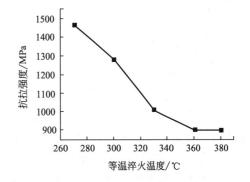

图5-53　等温淬火温度对ADI
抗拉强度的影响

且晶粒逐渐变得粗大（见图5-54）。因此，随着等温淬火温度的升高，抗拉强度逐渐降低。

② 等温淬火温度对ADI伸长率的影响如图5-55所示。从图中看出，在所试验的温度范围内，伸长率随着等温淬火温度的升高先增大后降低，在360℃等温淬火时，伸长率最大。

影响ADI伸长率的主要因素为基体中的残余奥氏体量（体积分数）。随着等温淬火温度的升高，基体的形态由细小的针状逐渐过渡到较大的羽毛状，残余奥氏体量（体积分数）逐渐增加，因而伸长率随着等温淬火温度的升高而增大。但是当等温淬火温度超过360℃后，碳的扩散速度明显加快，大大缩短了形成富碳奥氏体的时间，高碳奥氏体中多余的碳易在奥氏体和铁素体晶界周围形成碳化物，同时晶粒长大，因而造成ADI的伸长率下降。

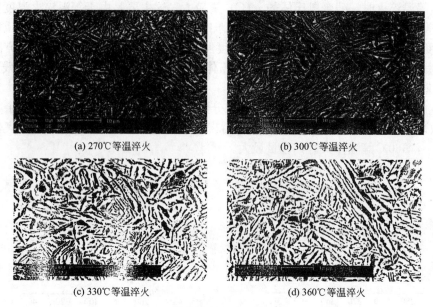

(a) 270℃等温淬火   (b) 300℃等温淬火

(c) 330℃等温淬火   (d) 360℃等温淬火

图 5-54   ADI 金相形貌（4‰硝酸酒精浸蚀）2000×

③ 等温淬火温度对 ADI 硬度的影响如图 5-56 所示。从图中可以看出，在所试验的温度范围内，硬度随着等温淬火温度的升高先降低后增加，360℃等温淬火时，硬度最低。

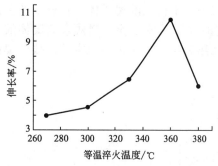

图 5-55   等温淬火温度对 ADI 伸长率的影响

④ 等温淬火温度对 ADI 冲击韧性的影响如图 5-57 所示。从图中看出，随着等温淬火温度的增加，ADI 的冲击韧性先增大后减少，在 330℃等温淬火时，冲击韧性最大。

通过对比冲击试样的断口扫描照片（见图 5-58）可以看出：随着等温淬火温度的升高，断口形貌中韧窝的数量逐渐增加，解理面逐渐减少。当等温淬火温度超过 330℃后，韧窝数量减少，解理面的数量增加。

等温淬火温度升高，"C"曲线左移，转变速度加快，碳的扩散速度也加快，有利于形成富碳奥氏体，残余奥氏体的含量增大，因而冲击韧性增大。当等温淬火温度超过 330℃后，碳的扩散速度明显增大，富碳奥氏体中多余的碳易在奥氏体及铁素体针的周围聚集形成碳化物，因而造成冲击韧性降低。

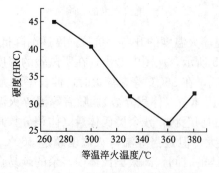

图 5-56   等温淬火温度对 ADI 硬度的影响

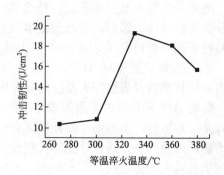

图 5-57   等温淬火温度对 ADI 冲击韧性的影响

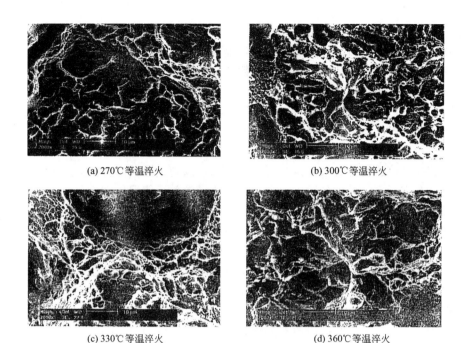

| (a) 270℃等温淬火 | (b) 300℃等温淬火 |
| (c) 330℃等温淬火 | (d) 360℃等温淬火 |

图 5-58　ADI 冲击试样断口形貌 2000×

由以上结果可以得出以下结论。

① 抗拉强度随着等温淬火温度的升高而降低。

② 硬度随着等温淬火温度的升高先降低后增加，360℃等温淬火时，硬度最低。

③ 冲击韧性和伸长率随着等温淬火温度的升高先增加后降低，分别在等温淬火温度为330℃和360℃时，出现峰值。

④ 残余奥氏体的 $w(C)$ 量及体积分数的变化规律一致，随着等温淬火温度的升高先增大后减小，360℃等温淬火时，出现峰值。

5.9 等温淬火对球墨可锻铸铁力学性能的影响

奥贝球铁（ADI）具有良好的综合力学性能，已成功应用于康明斯发动机正时齿轮及拖拉机末端传动齿轮，且具有重量轻、噪声小、成本低等优点。但奥贝球铁对原材料中的Mn、P 及球化干扰元素限制较严，为使组织和性能稳定，要求使用优质原材料并严格控制熔炼、铸造和热处理工艺。因此，奥贝球铁推广应用受到了一定程度的限制。

球墨可锻铸铁兼用球墨铸铁和可锻铸铁的生产工艺，保留了两种铸铁的一些特点。与球墨铸铁相比，球墨可锻铸铁对炉料的要求可适当放宽，对反球化元素的限制也不像球墨铸铁那样严格，给生产带来一定程度的方便。

球墨可锻铸铁已经把石墨形态由团絮状改善为球状，若在此基础上利用等温淬火工艺改变基体组织，可进一步提高其力学性能。

5.9.1 试验过程与方法

（1）化学成分设计　等温淬火球墨可锻铸铁的化学成分选择原则为：铸态能获得白口组织；石墨化退火时间要短，等温淬火时能促使形成奥氏体和贝氏体组织；具有较高的综合力学性能水平。

碳：碳量高可改善白口铸铁的铸造性能，提高流动性，减少缩松及热裂倾向。但碳量过高不利于获得白口组织。因此，选择质量分数 3.0％左右的中碳成分。

硅：硅强烈促进石墨化，显著缩短退火周期。硅降低碳在奥氏体中的溶解度，降低过冷奥氏体的稳定性，从而促进贝氏体转变，并抑制转变中碳化物的析出，有利于形成无碳化物的上贝氏体和富碳奥氏体组织。硅是负偏析元素，对基体有强化作用。但硅量过高不利于铸态获得白口。一般质量分数采用 1.8％左右的中硅成分。

锰：锰是提高淬透性的有效元素，可适当提高，以满足厚断面获得奥贝组织的要求。

磷、硫是有害元素。考虑到国内地方生铁的质量较差，依据化学成分对组织和性能的影响研究结果，增加了对磷、硫含量的限制。

(2) 熔铸及热处理工艺 基于化学成分的设计原则，针对地方生铁中磷、硫有害元素较高的特点，白口毛坯的化学成分（w_B/％）为 3.0 C、1.8 Si、0.4 Mn、0.1 P、0.1S。在中频感应电炉中熔化，于 1500℃左右向炉内加入 1.5％的稀土镁硅铁合金进行球化处理，经 Bi 加 FeSi 复合孕育处理后浇注拉伸试棒和冲击试块，所有试样均不加工。

将含有大量细小石墨球的白口毛坯加热至 900℃±10℃保温 120min，使渗碳体完全分解，石墨球相应长大，完成第一阶段石墨化，并使基体转变为单一的奥氏体组织。然后分别在 370℃、325℃、280℃和 235℃等温淬火 60min，以研究等温淬火温度对球墨可锻铸铁性能的影响。为研究等温淬火时间对球墨可锻铸铁性能的影响，分别选择在 370℃下等温淬火 15min、30min、60min 和 120min。在 325℃下等温淬火 30min、60min、90min 和 120min。

拉伸试验按国标 GB/T 228—2002 进行，平行试棒两根。冲击试验按 GB/T 229—2007 进行，试样每组三块，并在冲击试样上测定洛氏硬度值。采用定量金相法测定残余奥氏体的含量。

5.9.2 试验结果与讨论

(1) 等温淬火温度对性能的影响

① 等温淬火温度变化时的组织转变。对不同等温淬火温度（等温淬火时间为 60min）时的金相组织观察表明：在 235℃时等温淬火，其组织为针状的下贝氏体与残余奥氏体及少量的马氏体；280℃等温淬火获得下贝氏体，贝氏体针较 235℃时粗大，组织中残余奥氏体量有所增加；325℃等温淬火时贝氏体形态发生突变，从针状下贝氏体转变为平行板条状上贝氏体组织；370℃等温淬火获得的上贝氏体板条较粗大，残余奥氏体量进一步增多。因此在 325～370℃等温淬火获得的组织为上贝氏体和残余奥氏体，而在 235～325℃等温淬火得到的组织为下贝氏体、残余奥氏体和少量的马氏体，325℃为上下贝氏体转变的临界点。

等温淬火温度与残余奥氏体含量的关系如图 5-59 所示，可见，等温淬火球墨可锻铸铁中的残余奥氏体含量随等温淬火温度的升高而增加。这是因为随等温淬火温度的升高，碳原子的扩散越容易，奥氏体中的碳含量则越高，其 M_s 点越低，因而使残留的富碳奥氏体增多。

② 等温淬火温度对力学性能的影响。如图 5-60 所示，随等温淬火温度的提高，强度和硬度下降，而伸长率和冲击韧性提高。由于在 325℃以下

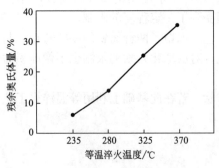

图 5-59 等温淬火温度与残余
奥氏体含量的关系

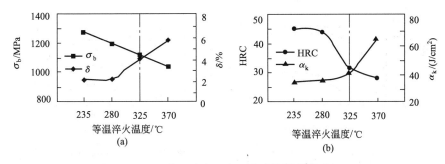

图 5-60 等温淬火温度对力学性能的影响

等温淬火得到的是下贝氏体（图中左边区域），而在 325℃以上等温淬火得到的是上贝氏体（图中右边区域），下贝氏体具有较高的强度和硬度，但伸长率和冲击韧性较低，上贝氏体则与之相反。在 235℃等温淬火时，组织中出现了少量的马氏体，使强度和硬度进一步提高，而伸长率和冲击韧性大幅度下降。影响力学性能的另一个主要因素是残余奥氏体的含量，随残余奥氏体含量的增加，材料的强度和硬度下降而伸长率和冲击韧性上升。在 370℃等温淬火得到由上贝氏体和大量残余奥氏体（30%～40%）组成的奥贝组织，虽然强度和硬度偏低，但具有较高的伸长率和冲击韧性，综合力学性能水平较高。

（2）等温淬火时间对性能的影响

① 等温淬火时间对组织的影响。在 370℃等温淬火 30min 以后，组织中白亮区已经消失，贝氏体相变第一阶段已基本完成。由于不含合金元素，贝氏体相变速度较快，保温 30min 即可获得理想的奥贝组织。等温淬火时间对残余奥氏体含量影响如图 5-61 所示。在 370℃等温淬火 15min 组织中残余奥氏体含量较少，说明此时正在进行贝氏体转变的第一阶段，贝氏体转变的量较少，奥氏体中的含碳量还较低，所以冷却到室温时，部分奥氏体将转变成马氏体，只有部分富碳奥氏体保留下来；等温淬火 30min 时残余奥氏体量已经较高（高于 30%），贝氏体转变已基本完成，随等温淬火时间进一步延长

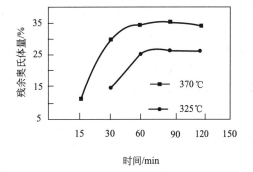

图 5-61 等温淬火时间与残余
奥氏体含量的关系

至 120min，其残余奥氏体含量变化不大（30%～40%），也就是说贝氏体转变的第二阶段，即富碳奥氏体进一步分解为贝氏体和碳化物的反应并未开始。因此，在 30～120min 等温淬火均能获得理想的奥贝组织。

325℃等温淬火与 375℃等温淬火有类似的规律，只是由于转变温度较低，残余奥氏体总量较低，第一阶段完成的时间稍长。因此，325℃等温淬火 30min 时还有白亮区，但等温淬火 60min 后第一阶段基本完成。

② 等温淬火时间对力学性能的影响如图 5-62 所示。在 370℃等温淬火时，在 30min 以下，由于贝氏体转变不完全，含碳量较低的奥氏体转变为马氏体，因而抗拉强度、伸长率和冲击韧性均较低，而硬度较高，等温淬火转变超过 60min 以后，第一阶段转变基本完成，获得理想的奥贝组织，综合力学性能达最高水平，以后随等温淬火时间的延长，组织无变化，因而力学性能比较稳定。

在 325℃等温淬火与 370℃等温淬火有类似的规律，只是完成贝氏体转变的时间稍长。

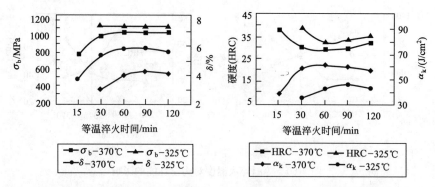

图 5-62 370℃和 325℃等温淬火时不同等温淬火时间对力学性能的影响

在 60min 以前，由于贝氏体转变不完全，在组织中同样存在马氏体，因此，伸长率和冲击韧性较低，强度和硬度较高；等温转变 60min 以后，可获得较理想的奥贝组织，综合力学性能水平最高。在所试验的等温淬火时间范围内，其组织变化不大，性能也较稳定。

370℃等温淬火与 325℃等温淬火相比，前者的强度和硬度不及后者，但伸长率和冲击韧性较高；为获得最佳的综合力学性能，建议选取 370℃等温淬火 60min，但等温淬火温度在 325～370℃变化，仍能获得较高的性能。

(3) 奥贝球墨可锻铸铁与奥贝球铁性能比较

① 奥贝球墨可锻铸铁可适当放宽对 Mn 量的限制。等温淬火球墨可锻铸铁的铸态组织为白口，含有大量的莱氏体共晶，凝固时 Mn 可溶解于共晶渗碳体中，其分布较均匀；含 w(Mn) 量为 0.4%～0.7%时，组织中无白亮区存在。w(Mn) 量对力学性能的影响变化不大（见图 5-63）。然而，在 w(Mn) 量为 0.4%～0.7%的奥贝球墨铸铁中，由于 Mn 的正偏析作用导致晶界处产生网状的白亮区组织，使材料的塑性和韧性显著下降，因此，奥贝球墨铸铁常要求 w(Mn) 量低于 0.3%。

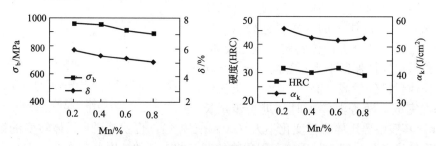

图 5-63 锰含量对力学性能的影响

② 奥贝球墨可锻铸铁可放宽对磷量的限制。磷在奥贝球墨铸铁中偏聚于共晶团晶界形成硬而脆的磷共晶，使塑性和韧性显著降低。磷对等温淬火球墨可锻铸铁的影响则不相同，当 w(P) 在 0.05%～0.16%之间变化时，经扫描电镜和能谱分析，组织中未出现磷共晶，仅有部分未分解的含磷碳化物存在，可用延长石墨化时间的方法加以消除。w(P) 小于 0.1%的等温淬火球墨可锻铸铁，其力学性能可维持在较高的水平，如图 5-64 所示。

由以上结果可以得出以下结论。

① 将含有大量细小石墨球的白口毛坯加热至（900±10）℃保温 120min，完成第一阶段石墨化，使基体转变为单一的奥氏体组织，然后在 370℃等温淬火 60min，获得的奥贝球墨可锻铸铁的力学性能为 $\sigma_b \geq 950$MPa，$\delta > 5$%，$\alpha_k > 50$J/cm²。

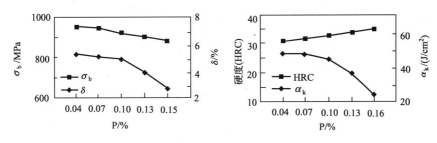

图 5-64 磷含量与力学性能的关系

② 等温淬火温度在 325~370℃ 之间波动，等温时间在 30~120min 变化，奥贝球墨可锻铸铁的力学性能仍可维持在较高的水平，表明此种材料具有较好的等温淬火工艺性。

5.10 高韧性 ADI 的力学性能

5.10.1 获得高韧性 ADI 的技术条件

高韧性 ADI 因具有高的伸长率、冲击韧性及较高的抗拉强度，生产工艺有其特殊性。要稳定生产高韧性 ADI，需严格控制以下几个环节。

(1) 铸造优质的球墨铸铁原件 生产高韧性 ADI，首要条件是获得优质的球墨铸铁原件，要求具有适当的化学成分，良好的铸态金相组织，内部致密，无缩松、气孔、夹渣、偏析等铸造缺陷。为此必须做好以下工作。

① 根据工件的性能要求，设计合理的化学成分。应选用低 P、S、Mn 的生铁，配加少量 Cu、Mo、Ni 等合金元素。

② 宜用稀土低的稀土镁球化剂 [w(RE) 2%~4%，w(Mg) 7%~9%]，大孕育量 [总孕育 w(Si) 量 1%~1.6%]，确保球化率>85%，石墨大小 5~7 级，石墨球数≥120 个/mm²。

③ 出铁温度控制在 1480~1520℃。首先进行脱硫及净化铁液处理，尽量降低磷、硫含量，排出铁液中的气体及夹渣物。球化处理后及时扒渣，防止回硫。

④ 设计合理的铸造工艺，在浇注系统中用过滤网撇渣，设计明出气孔以利于排出型腔中的气体，厚大部位用冷铁提高冷却速度，防止缩松。湿型砂造型应确保较高的铸型紧实度，且型砂的透气性要好。

(2) 合理的热处理工艺 在获得优质球墨铸铁原件的前提下，ADI 所具有的良好的强度和韧性主要取决于等温淬火热处理工艺，热处理决定 ADI 的最终力学性能和加工性能。合理的热处理工艺是在根据球墨铸铁原件的化学成分、金相组织、几何尺寸进行理论设计的基础上，并对样件试验和生产实践所获得的大量数据进行统计分析，经过不断改进完善而得到的。

奥氏体化温度一般选用 880~920℃，保温时间 2~2.5h，具体根据工件铸态化学成分、铸态金相组织和工件的重量、壁厚及每次装炉量而定。

盐浴等温淬火温度和保温时间是关键，应根据力学性能要求而定。表 5-25 为相同化学成分的试样，采用不同的热处理工艺得到的试验结果。

由试验结果可知，热处理工艺对 ADI 的力学性能起着十分关键的作用。不同的热处理参数所得到的力学性能差异极大，要获得高韧性 ADI，一般采用等温淬火温度为 350~370℃，等温时间 1~1.5h。

表 5-25　等温淬火参数对力学性能的影响

等温淬火时间/h	等温淬火温度/℃	抗拉强度/MPa	伸长率/%	硬度(HBC)
1	310	1283	6.5	321
	330	1204	8.8	314
	350	1078	11.7	293
	370	986	13.3	276
2	310	1197	5.2	329
	330	1103	6.8	307
	350	977	9.9	276
	370	908	12.7	272

5.10.2　高韧性 ADI 的生产实例

（1）生产工艺条件　某铸造厂承接某公司 ADI 产品，该类产品要求本体取样的力学性能为 $\sigma_b \geqslant 900MPa$，$\sigma_{0.2} \geqslant 650MPa$，$\delta \geqslant 9\%$，$\alpha_k \geqslant 122J/cm^2$，269～321HB，铸件重约 30kg，壁厚 10～65mm，要求完全淬透，表面与心部金相组织一致，金相组织为贝氏体（针状铁素体）＋残余奥氏体＋球状石墨。

由于该产品综合力学性能高于一般标准，尤其是伸长率和冲击韧性要求高，属于韧性 ADI，故配加少量合金元素 Cu、Mo、Ni 等。

根据性能要求，采用中频电炉熔炼，湿型砂造型，树脂砂芯。按要求的成分配料熔炼后，检测原铁液的化学成分，严格控制原铁液的主要元素含量，并进行脱硫及净化处理。

球墨铸铁铸件的热处理工艺根据产品的重量、壁厚、化学成分和铸态组织而定，参照 5.9 节的热处理工艺与力学性能的关系，选取能获得高韧性 ADI 的热处理工艺规范。

（2）检测数据及分析　在 ADI 本体上切取试样。拉伸试样加工成 $\phi 12.7mm$，标距 50mm；冲击试样加工成 10mm×10mm×55mm（无缺口），并在试样上检测金相组织及其化学成分。生产过程抽检的 32 组试样的数据，汇总于表 5-26 中。试样的抗拉强度 $\sigma_b =$ 908～1054MPa，平均 $\sigma_b = 967.5MPa$。根据检测数据，在这一范围内，试样的屈服强度 $\sigma_{0.2}$、伸长率 δ、冲击韧性 α_k、硬度（HB）与抗拉强度 σ_b 的对应关系如图 5-65～图 5-68 所示。

表 5-26　ADI 试样检测结果

项目	抗拉强度 σ_b/MPa	屈服强度 $\sigma_{0.2}$/MPa	伸长率 δ /%	冲击韧性 α_k/(J/cm²)	硬度 (HB)	w_B/%							
						C	Si	Mn	P	S	Cu	Mo	Ni
最小值	908	660	8.9	105	253	3.40	2.30	0.12	0.02	0.004	0.50	0.11	0.67
最大值	1054	858	16	175	302	3.90	2.95	0.25	0.038	0.019	0.85	0.26	0.83
平均	967.5	744	11.8	136	271	3.65	2.55	0.16	0.027	0.011	0.78	0.16	0.74

由表 5-26 和图 5-65～图 5-68 的检测结果可以看出以下几点。

① 高韧性 ADI 抗拉强度 σ_b 在 908～1054MPa 时，伸长率 δ、冲击韧性 α_k、屈服强度 $\sigma_{0.2}$ 均高于 EN1564 标准，而硬度低于 EN1564，有利于机加工。性能最好的试样为 $\sigma_b =$ 1054MPa，$\sigma_{0.2} = 744MPa$，$\delta = 15\%$，$\alpha_k = 164J/cm^2$，268HB，各项性能指标均大幅度优于标准值，说明合金化的高韧性 ADI 可以达到优异的综合力学性能。

② δ、硬度、α_k、$\sigma_{0.2}$ 随 σ_b 的提高改变规律与 EN1564 标准不同，不是随 σ_b 的提高，δ、α_k、$\sigma_{0.2}$ 减小，硬度增加，而是在 σ_b 提高时改变大小，且其 α_k 值反而略有提高，这主要是由于合金元素的强化作用，以及采取了铁液净化、合适的热处理工艺的结果。这一规律，有

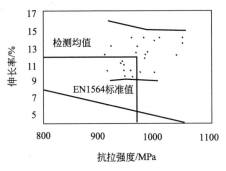

图 5-65　伸长率与抗拉强度的对应关系

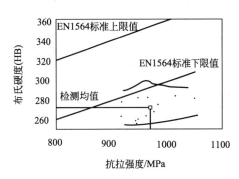

图 5-66　布氏硬度与抗拉强度的对应关系

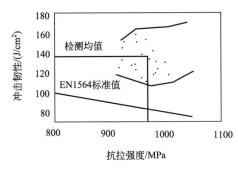

图 5-67　冲击韧性与抗拉强度的对应关系

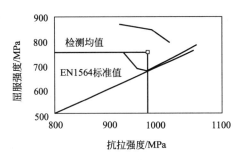

图 5-68　屈服强度与抗拉强度的对应关系

利于指导高韧性 ADI 的生产。

③ 从以上图表说明在铁液中合理地添加适量合金元素和铁液净化处理可以有效地改善铸件的力学性能,再通过适当的热处理工艺,能稳定获得高韧性 ADI。

5.11 奥贝球铁中白亮区的形成及影响因素

奥贝球铁具有优异的综合力学性能和良好的耐磨性能,在齿轮、曲轴等受力复杂结构件的应用中显示出较大的潜力,是一种廉价的优质工程结构材料。但是,该材料在组织中沿晶界处易产生白亮区,使其力学性能尤其是塑性和韧性显著降低。因此,研究奥贝球铁中白亮区的形成原因及其影响因素,对减少和控制组织中白亮区的数量,并对力学性能降低造成的不利影响具有重要意义。

5.11.1　试验方法

原材料采用低锰(0.03%)本溪生铁,以废钢、75SiFe、65MnFe 调整成分。用 1.6% 的稀土镁球化剂在炉内球化处理,用 0.5%75FeSi 在包内进行孕育处理。在湿砂型中浇注 25mm 标准楔形试块,从中加工出拉伸试棒(ϕ10mm×50mm)和冲击试样(10mm× 10mm×55mm)。在 900℃保温 2h 进行奥氏体化后在 370℃等温淬火 1.5h,取出空冷。采用 36 点网格计数定量金相法确定组织中的白亮区,力学性能取 3 个试样的平均值。

5.11.2　试验结果及分析

(1) 白亮区的形成　对奥贝球铁基体、白亮区和浮雕状化合物进行显微强度测定,结果见表 5-27。白亮区的显微硬度明显高于基体，说明除残余奥氏体外，还可能含有部分马氏体，其中浮雕状化合物的显微硬度最高。

表 5-27　奥贝球铁组织的显微硬度

组织	基体	白亮区	化合物
显微硬度（HV）	404	789	1171

对奥贝基体、白亮区和其中所含化合物进行能谱定点分析，结果发现奥贝基体成分比较单纯，仅含 Si、Mn、Cu 等常规元素和合金元素，而白亮区特别是其中的化合物，成分较复杂，见表 5-28。数据表明，在 Mn 和 Mo 的质量分数均不超过 0.3% 的奥贝球铁中，白亮区中锰的质量分数高达 3.25%，而 $w(\text{Mo})$ 更是高达 32.59%～50.43%。此外，化合物中还含有较多的 P、Cr、Ti（其中 Cr、Ti 为生铁所含微量元素）。由此说明沿共晶团边界分布的白亮区中存在着严重的偏析，对奥贝球体的组织和性能产生影响。

表 5-28　奥贝球铁中化合物的成分分析

试样号	化学成分（w_B）/%						
	Si	Mn	P	Mo	Cr	Ti	Fe
1	2.01	0.68	1.23	50.43			45.65
2	2.66	3.25			28.84		65.24
3	1.44	0.35	0.36	32.59		28.66	36.6

由此可见，在奥贝球铁中，Mn、Mo 等合金元素在球墨铸铁凝固过程极易于晶界处形成正偏析，导致晶界中心与边缘处的浓度差别很大，这种高浓度的富 Mn、Mo 区域在晶界最后凝固。由于 Mn、Mo 强烈稳定奥氏体，阻碍非原子的扩散，因而显著降低贝氏体转变速度。据文献介绍，贝氏体转变第一阶段（奥氏体分解为贝氏体型铁素体和富碳奥氏体）完成 60%～80% 所需时间 t 的表达式为

$$t = -55.5 + 0.71T_r - 0.025T_A + 11.844w(\text{Mn}) + $$
$$9.142w(\text{Mo}) + 6.882w(\text{Ni})$$

式中　　　　　　　T_r——奥氏体温度，℃；

　　　　　　　　　T_A——等温淬火温度，℃；

$w(\text{Mn})$、$w(\text{Mo})$、$w(\text{Ni})$——球墨铸铁中合金的质量分数。

由于 Mn 和 Mo 的影响系数较大，因而显著降低贝氏体转变速度。正是由于 Mn、Mo 的偏析和影响，使得晶界处贝氏体转变速度大大低于共晶团内部，如果晶界处贝氏体转变尚未完成，在随后的空冷中，部分残余奥氏体由于含碳量低转变为硬而脆的马氏体，形成由残余奥氏体、马氏体及碳化物组成的白亮区。因此，白亮区常沿共晶团晶界分布，其数量随锰量和钼量的增加而增加。

（2）影响白亮区大小的主要因素

① 合金元素。合金元素 Mn、Mo、Si 对奥贝球铁中白亮区大小影响较大，如图 5-69 所示。由于 Mn、Mo 易偏析于共晶团晶界处，且强烈稳定奥氏体，使贝氏体转变速度降低，因此，Mn、Mo 质量分数的增加造成白亮区的显著增加。由图 5-69(a)、(b) 可知，欲使组织中白亮区的面积分数小于 5%，Mn、Mo 合金元素的质量分数均应小于 0.3%。合金元素 Si 减少碳在奥氏体中的溶解度，使贝氏体的稳定性降低，因而提高贝氏体转变速度，使贝氏体转变较完全；此外，Si 的质量分数增加有利于细化共晶团，因此可减轻 Mn、Mo 等合金元素的偏析，使组织中白亮区的面积分数减少。由图 5-69(c) 可知，$w(\text{Si})$ 由 2.1% 增加

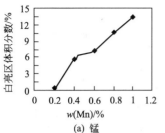
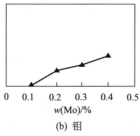
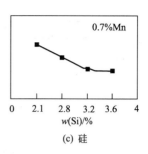

(a) 锰 (b) 钼 (c) 硅

图 5-69　合金元素对奥贝球铁组织中白亮区含量的影响

到 3.2% 减少白亮区的效果较显著。然而，过高的硅量使贝氏体组织变脆，对性能产生不利影响。因此，Si 的质量分数适当增加能部分抵消 Mn、Mo 合金元素所产生的不利影响。

② 石墨球数。在 Bi 复合孕育处理球墨铸铁 [w(Mn) 约为 0.7%] 中，统计分析结果表明，其石墨球数与白亮区之间有良好的对应关系（见图 5-70），随石墨球数的增加，白亮区数量明显减少。由于强化孕育处理增加了球铁单位面积的石墨球数，缩小了石墨球的直径，使共晶团数量增加，因此，组织中 Mn、Mo 元素的分布更均匀，使白亮区的面积分数减少。在 w(Mn) 为 0.7% 的奥贝球铁中，为保证组织中白亮区的面积分数小于 5%，要求石墨球的数量不低于约 500 个/mm（图中带箭头的虚线所示）。

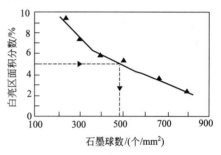

图 5-70　石墨球数与白亮区大小的关系

③ 奥氏体化温度。奥氏体化温度对组织中白亮区大小的影响如图 5-71 所示。随奥氏体化温度的增加，组织中白亮区不断增大，当温度达到或高于 900℃ 时，白亮区大于 5%。因此，为保证组织中白亮区低于 5%，奥氏体化温度不得高于 900℃。由于奥氏体化温度升高导致奥氏体中含碳量增加，奥氏体的稳定性增加，使贝氏体相变速度减慢，从而使组织中白亮区增加。但奥氏体化温度过低（如低于 820℃），难得到单一的奥氏体组织，同样会使性能下降，并降低淬透性。因此，在保证获得单一奥氏体组织的前提下，选择较低的奥氏体化温度，有利于减少组织中白亮区的面积分数。

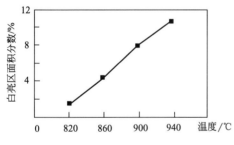

图 5-71　奥氏体化温度与白亮区大小的关系

（3）白亮区对奥贝球铁力学性能的影响　白亮区面积分数对力学性能的影响如图 5-72 所示。随白亮区增大，其强度变化不大，略呈下降趋势，硬度略呈上升趋势，而塑性和韧性均大幅度下降。由于白亮区主要由残余奥氏体以及硬而脆的马氏体和碳化物组成，是裂纹形成和扩展的主要途径。因此，白亮区的增大必然使材料的塑韧性下降。为减小组织中白亮区的面积，必须限制材料中 Mn、Mo 等正偏析合金元素的质量分数（<0.3%），并适当增加 Si 的质量分数（2.8%～3.5%）；熔铸工艺中，应加强孕育处理，提高铸态组织中的石墨球数，以使 Mn、Mo 等合金元素在组织中均匀分布；在热处理工艺中，在保证获得单一奥氏体组织的前提下，适当降低奥氏体化温度以增加贝氏体转变速度。以上措施均有利于减小组织中白亮区的面积，使奥贝球铁达到较高的性能水平并维持组织和性能的稳定。

由以上结果可得出以下结论。

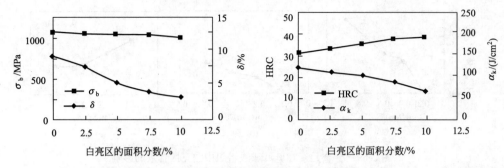

图 5-72　白亮区面积分数对力学性能的影响

① 奥贝球体组织中沿共晶团晶界分布的白亮区是凝固时的严重偏析区，由残余奥氏体、马氏体和 Mn、Mo、Cr、Ti 等合金元素形成的碳化物组成，是奥贝球铁组织的薄弱环节。

② 合金元素 Mn、Mo、Si 的质量分数对白亮区的大小产生显著影响，Mn、Mo 含量增加白亮区的面积分数，而 Si 含量减少白亮区的面积分数；通过强化孕育处理增加石墨球数，可以减少组织中白亮区的含量；奥氏体化时，在保证获得单一奥氏体组织的前提下适当降低奥氏体化温度，可以减少组织中的白亮区。

③ 白亮区对奥贝球铁的力学性能产生不利影响，尤其使材料的塑性和韧性显著降低。为保证奥贝球铁获得较高的力学性能并维持性能的稳定性，应采取有效措施对组织中白亮区的含量予以严格控制。

第6章

蠕墨铸铁

蠕墨铸铁是近30多年迅速发展起来的一种新型铸铁材料。由于蠕墨铸铁的石墨大部分呈蠕虫状，间有少量球状，其组织和性能处于球墨铸铁和灰铸铁之间，具有良好的综合性能。

6.1 蠕墨铸铁金相组织特点

6.1.1 石墨

（1）形态特征　蠕墨铸铁的石墨形态是蠕虫状和球状石墨共存的混合形态，蠕虫状石墨是介于片状石墨和球状石墨之间的中间石墨形态。在光学显微镜和电子显微镜下观察到的蠕虫状石墨二维和三维形态特征见表6-1。

表 6-1　蠕虫状石墨形态

形态	特征
二维形态	（1）在用光学显微镜低倍下观察,一般成簇分布,且与球状石墨共存,两者比例,因蠕化处理和凝固的条件不同而异 （2）蠕虫状石墨长与宽的比值较片状石墨小,一般为2～10,其侧面高低不平,端部圆钝,互不相连(见图6-1) （3）在偏振光下观察,在蠕虫状石墨端部和转折处往往显示出如球状石墨那样的辐射状结构特点,在其枝干上的某些部位呈现亮暗相间,也有类似球状石墨的偏光效应
三维形态	（1）蠕虫状石墨在每个共晶团内是互相连接在一起的,且有很多分枝(见图6-2) （2）石墨枝干两侧呈层叠状结构,其端部圆钝,有的呈球状结构,且有明显的螺旋位错生长特征(见图6-3) （3）在光学显微镜下观察到的球状石墨,有一部分不一定就是石墨球,它可能是蠕虫状石墨的端部或分枝上某一局部的截面

（2）蠕虫状石墨形态的评定　具有上述同样特征的蠕虫状石墨，仍可能有不同的形态。如有些蠕虫状石墨较细长，近似于片状石墨；有些较粗短，近似于球状石墨。精确地描述各个蠕虫状石墨形态，目前尚无统一的标准。研究中有采用图像分析仪进行评定的。常用的几种评定方法见表6-2。

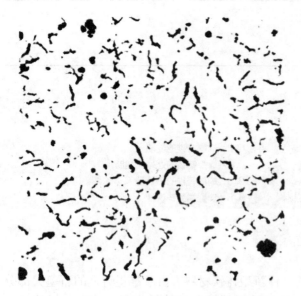

图 6-1　蠕虫状石墨　×100

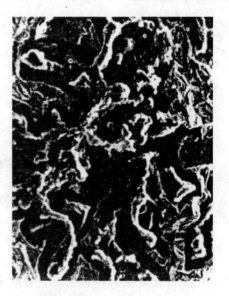

图 6-2　蠕虫状石墨　×300

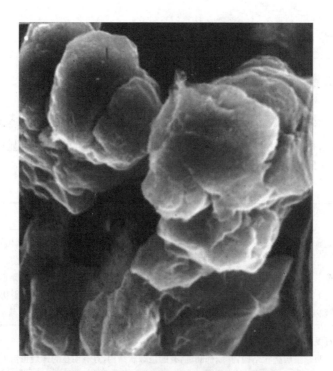

图 6-3　蠕虫状石墨在高倍下形貌　×2600

　　(3) 蠕化率的评定　蠕化率表示蠕墨铸铁中蠕虫状石墨数（或面积）占总石墨数（或总石墨面积）的比例。我国在生产上通常都采用对比方法进行评定，在一般光学显微镜下对未浸蚀的试样放大 100 倍进行观察，按大多数视场与我国蠕墨铸铁金相标准（JB/T 3829—1999）中所列标准蠕化率的金相图片作比较（见表 6-3）。

　　在评定蠕化率时，允许出现小于 5％的片状石墨。

表 6-2　蠕虫状石墨形态的评定方法

方法名称	说明	方法名称	说明
形状面积率法	测定石墨面积与外接圆面积之比值 S'，即 $$S'=S/S_0\times100\%$$ 式中　S——石墨的面积 　　　S_0——石墨外接圆的面积 当 $S'=0.21\sim0.40$ 时，为蠕虫状石墨	形状系数法	当 $K=1$ 时，为球状石墨 $K=0.2\sim0.8$ 时，为蠕虫状石墨
形状系数法	形状系数 $K=4\pi S/L^2$ 式中　S——石墨的面积 　　　L——石墨的周长	轴比法	轴比率 $$R=l/d$$ 式中　l——石墨的最大长度 　　　d——石墨的厚度 当 $R=2\sim10$ 时，为蠕虫状石墨

表 6-3　蠕化率的分级 （JB/T 3829—1999）

蠕化率级别	蠕虫状石墨数量	蠕化率级别	蠕虫状石墨数量
蠕　95	$>90\%$	蠕　45	$40\%\sim50\%$
蠕　85	$80\%\sim90\%$	蠕　35	$30\%\sim40\%$
蠕　75	$70\%\sim80\%$	蠕　25	$20\%\sim30\%$
蠕　65	$60\%\sim70\%$	蠕　15	$10\%\sim20\%$
蠕　55	$50\%\sim60\%$		

6.1.2　共晶团

蠕墨铸铁的共晶团包括蠕虫状石墨-奥氏体共晶团和球状石墨-奥氏体共晶团两部分，它兼有灰铸铁与球墨铸铁两者的特点。

① 在每个蠕虫状石墨-奥氏体共晶团内石墨互相连接，与灰铸铁的结构相似。当蠕墨铸铁中含有较多石墨球时单位面积上的共晶团数要比灰铸铁多很多，但其中蠕虫状石墨-奥氏体共晶团尺寸仍与灰铸铁中的片状石墨-奥氏体共晶团尺寸大体相当。

② 在蠕虫状石墨-奥氏体共晶团中蠕虫状石墨成簇聚集，相邻的共晶团中的石墨一般被奥氏体隔开，共晶团近似于球状。蠕墨铸铁中含石墨球越多，越难显示共晶团边界。

在共晶凝固过程中部分蠕虫状石墨-奥氏体共晶团周围往往被变质元素和杂质元素富集的铁液所包围，后者易凝固成球状石墨-奥氏体共晶团，这也说明了蠕墨铸铁中往往伴随有一些球状石墨的原因。而且这部分的基体组织在铸态室温下往往是以珠光体为主。

6.1.3　基体组织

一般铸态蠕墨铸铁基体组织具有强烈形成铁素体的倾向，这导致强度和耐磨性有所降低。

蠕墨铸铁中铁素体的形成主要取决于碳的扩散条件、基体中某些元素的显微偏析程度以及冷却速度等（见表 6-4）。

表 6-4　促进形成铁素体的影响因素

影响因素	对铁素体形成的影响
碳的扩散	碳的扩散受制于石墨的分枝程度，在同一共晶团内，蠕虫状石墨的高度分枝，缩短了碳扩散的途径。对在型内冷却到室温的（球墨铸铁和蠕墨铸铁）试样，分别测定围绕球状石墨和蠕虫状石墨的铁素体环的平均厚度，球墨铸铁中的铁素体环要比后者薄 $15\%\sim20\%$，可见在基体形成过程中碳的扩散作用
元素偏析	用电子探针测定 Si、Mn 的显微分布，结果表明，由于合金元素的浓度偏析，导致了共晶团内铁素体化的倾向

影响因素	对铁素体形成的影响
元素偏析	图1表示了蠕墨铸铁共晶团中随着从铁素体区过渡到珠光体区，Si、Mn含量的急剧变化，在共晶团边界上Si的降低和Mn的增加达到了极限值；Cr的偏析类似于Mn，铁素体环中含Cr量极少，而珠光体中Cr的含量竟达到0.4% 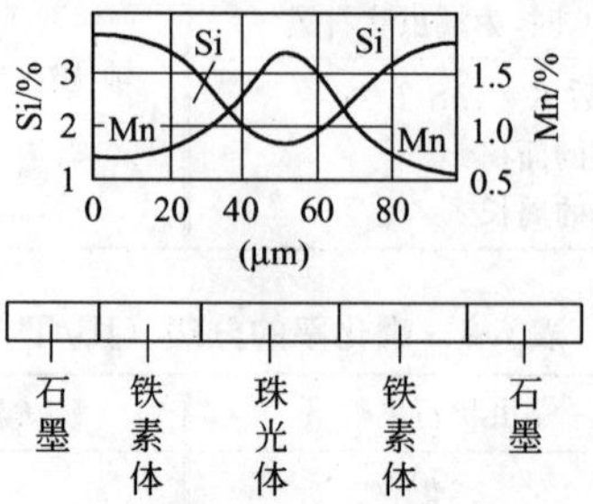 图1　蠕墨铸铁Si、Mn的分布
石墨结晶取向	由于球化元素在蠕虫状石墨生长前沿浓度的变化，石墨结晶取向以a向为主，a向和c向同时结晶，并在一定条件下a向与c向相互转换(见图2)，所以蠕虫状石墨表面粗糙不平，且有一部分表面由(1010)晶面组成，因而显著增大了石墨与奥氏体的界面，增强了蠕虫状石墨从奥氏体获取碳原子的能力，致使蠕墨铸铁具有强烈形成铁素体的倾向 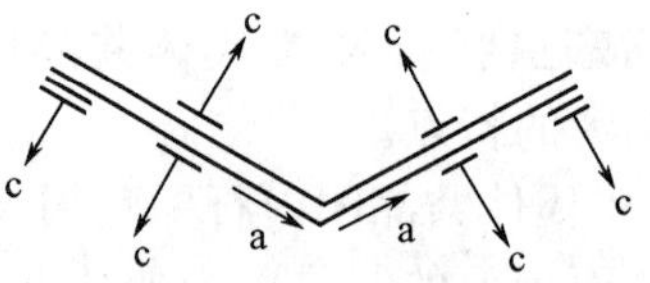 图2　石墨结晶取向

（1）珠光体数量的评定　珠光体数量的百分数，按大多数视场对照《蠕墨铸铁金相》标准（JB/T 3829—1999）的图片进行评定，试样用2%～5%硝酸酒精溶液浸蚀，放大倍数为100倍（表6-5）。

表6-5　蠕墨铸铁珠光体数量（JB/T 3829—1999）

名　　称	珠光体数量/%
珠95	＞90
珠85	80～90
珠75	70～80
珠65	60～70
珠55	50～60
珠45	40～50
珠35	30～40
珠25	20～30
珠15	10～20
珠5	≤10

（2）蠕墨铸体中磷共晶类型及碳化物类型评定　参照JB/T 3829—1999金相标准进行。试样用2%～5%硝酸酒精溶液浸蚀，放大400倍观察。

6.2 蠕墨铸铁的性能

蠕墨铸铁的力学性能介于灰铸铁与球墨铸铁之间（见表6-6、表6-7）。蠕墨铸铁的铸造性能比球墨铸铁好，与灰铸铁接近。因此形状复杂的铸件也能用蠕墨铸铁制造。

表6-6 蠕墨铸铁的典型力学性能

力学性能($\phi 30mm$试棒)	基体类型		
	珠光体型	混合型	铁素体型
珠光体含量/%	>90	10~90	<10
最小抗拉强度 σ_b/MPa	380	300	260
最小屈服点 $\sigma_{0.2}$/MPa	300	240	195
最小伸长率/%	0.75	1	3
布氏硬度(HBS)	193~280	140~249	121~197

表6-7 蠕墨铸铁和球墨铸铁铸态试样性能比较

材料		蠕墨铸铁	球墨铸铁	材料		蠕墨铸铁	球墨铸铁
化学成分	C/%	3.61	3.56	伸长率 δ/%		6.7	25.3
	Si/%	2.54	2.72	弹性模量 E/MPa		158000	176000
	Mn/%	0.05	0.05	硬度 (HBS)		150	159
	共晶度 S_C	1.04	1.05	冲击韧性			
石墨形状	球状/%	<5	80	有缺口试样/(J/cm^2)			
	团状/%	<5	20	+20℃		9.3	24.5
	蠕虫状/%	95	0	-20℃		6.6	9.8
	片状/%	0	0	无缺口试样/(J/cm^2)			
基体	铁素体/%	>95	100	+20℃		32.1	176.5
	珠光体/%	<5	0	-20℃		26.5	148.1
抗拉强度	σ_b/MPa	336	438	-40℃		26.7	121.6
屈服点	$\sigma_{0.2}$/MPa	257	285	弯曲疲劳极限/MPa		210.8	250.0

此外，蠕墨铸铁尚有良好的致密性、耐热性和耐磨性。

6.2.1 力学性能

（1）常温力学性能 蠕墨铸铁的典型力学性能见表6-6。

① 抗拉强度。表6-7中系蠕化率较高时的强度，如蠕化率稍低，则强度会有些提高。

生产中不应对蠕墨铸铁要求过高的强度。蠕化率低时强度高，但会妨碍其他性能，如降低热导率等，从而失去综合性能好的特点。

蠕墨铸铁的抗拉强度因基体不同而异。同样的蠕化率，珠光体基体的抗拉强度大于混合基体的抗拉强度，又大于铁素体基体的抗拉强度。

对产品设计师来说，特别注重材料的屈服点，蠕墨铸铁的 $\sigma_{0.2}/\sigma_b$ 比值在常用铸造工程材料中属最高，见表6-8。

表6-8 蠕墨铸铁、球墨铸铁和铸钢的 $\dfrac{\sigma_{0.2}}{\sigma_b}$ 值

材料	蠕墨铸铁	球墨铸铁	铸钢
$\dfrac{\sigma_{0.2}}{\sigma_b}$ 值	0.72~0.82	0.6~0.65	0.5~0.55

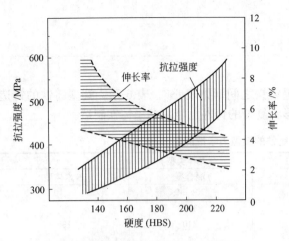

图 6-4 蠕墨铸铁的抗拉强度、伸长率
和硬度之间的关系

② 伸长率。蠕墨铸铁的伸长率比球墨铸铁低。蠕墨铸铁的伸长率大小随蠕化率和基体不同而有差异，蠕化率低或基体中铁素体量多，则伸长率相对提高。

③ 硬度。蠕墨铸铁硬度见表 6-6，它首先取决于基体，其次取决于石墨形貌。蠕墨铸铁的抗拉强度、伸长率和硬度间的关系如图 6-4 所示。

④ 疲劳性能。蠕墨铸铁的疲劳强度 σ_{-1} 受蠕化率、基体及有无缺口的影响。

表 6-9 及图 6-5 表明无缺口及带缺口的蠕墨铸铁试样在悬臂式旋转弯曲疲劳试验机上的试验结果。可见降低蠕化率或增加基体中珠光体比例，会提高疲劳强度。但基体对疲劳强度的影响不很明显，而当存在缺口时，疲劳强度则明显降低。

表 6-9 蠕墨铸铁的弯曲疲劳性能

材料	抗拉强度 σ_b /MPa	无缺口疲劳极限 /MPa	持久比[1]	V 型缺口疲劳极限 /MPa	缺口敏感系数[2]
铁素体	388	178	0.46	100	1.78
珠光体	414	185	0.45	108	1.71
珠光体（球状石墨较多）	473	208	0.44	116	1.8

[1] 持久比 $=\dfrac{\text{无缺口疲劳极限}}{\sigma_b}$。

[2] 缺口敏感系数 $=\dfrac{\text{无缺口疲劳极限}}{\text{V 型缺口疲劳极限}}$。

⑤ 弹性模量。蠕墨铸铁在一定应力下呈弹性变形，但其比例极限低于球墨铸铁。图 6-6 为蠕墨铸铁在抗拉及抗压时的典型应力-应变曲线。

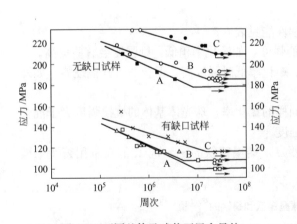

图 6-5　不同基体及球状石墨含量的
蠕墨铸铁的疲劳性能

A—铁素体；B—珠光体；C—含较多球状石墨的珠光体

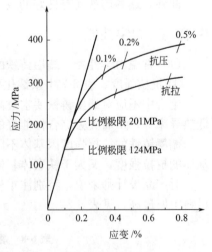

图 6-6　蠕墨铸铁在抗拉及抗压时的
典型应力-应变曲线（CE＝4.35％）

蠕墨铸铁因蠕化率、截面尺寸及基体不同，其弹性模量在 $138 \times 10^3 \sim 165 \times 10^3 MPa$ 范围内变化。蠕化率低、截面薄、基体中珠光体量多则弹性模量值较高，如图 6-24。

蠕墨铸铁的泊松比为 0.27～0.28。

⑥ 冲击韧度。表 6-7 列出了蠕墨铸铁及球墨铸铁的冲击韧性值。

蠕墨铸铁与球墨铸铁相似，当温度降低时有从韧性到脆性的转变点，如图 6-7 所示。

蠕墨铸铁的冲击吸收功随珠光体量增加而下降（见图 6-8），随碳当量增加而提高，随磷量的增加而降低。

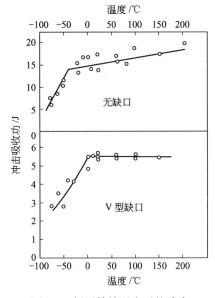

图 6-7 蠕墨铸铁退火后的冲击
吸收功转变曲线

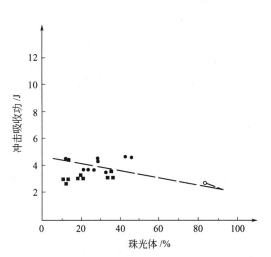

图 6-8 珠光体量对铸态蠕墨铸铁室温下
V 型缺口冲击吸收功的影响
■用灰铸铁原铁液做成；●用球墨铸铁原
铁液做成；○加 Cu0.67％合金化

(2) 高温力学性能

① 高温下的拉伸性能。温度对退火铁素体蠕墨铸铁的抗拉强度和屈服点的影响如图 6-9。随着温度上升，其强度下降，伸长率有所提高。

② 蠕变。珠光体蠕墨铸铁试样在 350℃时的蠕变及应力松弛试验结果如图 6-10 及表 6-10。

表 6-10   350℃时各种铸铁在不同应变下经 1000h 应力及断裂时的应力数据

应变/% 或断裂	1000h 的应力及断裂时应力/MPa				
	灰铸铁	可锻铸铁	铁素体球墨铸铁	珠光体球墨铸铁	珠光体蠕墨铸铁
0.1	100	114	159	178	136
0.5	165	222	195	170	193
1		247	210	207	216
断裂	182	292	264	370	259

6.2.2 物理性能

(1) 密度　蠕墨铸铁的密度随基体而异，铁素体基体的为 $7.05g/cm^3$，珠光体基体的为 $7.10g/cm^3$。

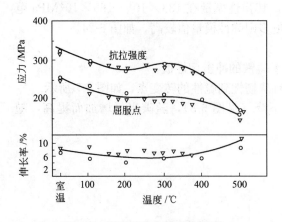

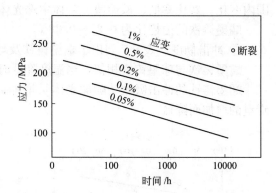

图 6-9　温度对退火铁素体蠕墨
铸铁力学性能的影响

▽ C3.46％，Si2.55％，140HBS；

○ C3.40％，Si2.67％，148HBS

图 6-10　珠光体蠕墨铸铁在 350℃时
的蠕变特性

（2）热膨胀系数　在同一条件下测定各种铸铁的热膨胀系数结果如图 6-11 所示。

（3）热导率　蠕墨铸铁的热导率居于灰铸铁和球墨铸铁之间。在不同温度下，不同蠕化率的蠕墨铸铁的热导率如图 6-12 所示。

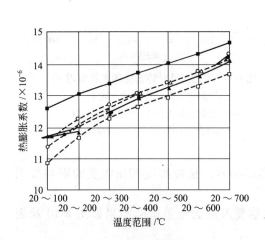

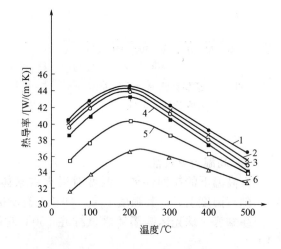

图 6-11　蠕墨铸铁等在不同
温度下的热膨胀系数

□ 灰铸铁相当于 HT250；■ 灰铸铁相当于 HT300

○ 蠕墨铸铁（铁素体）；● 蠕墨铸铁（珠光体）

△ 球墨铸铁（铁素体）；▲ 球墨铸铁（珠光体）

图 6-12　不同蠕化率的蠕墨铸铁
在不同温度下的热导率

1—片墨和蠕墨混合的铸铁；2—蠕化率为 95％的蠕墨铸铁；

3—蠕化率为 86％的蠕墨铸铁；4—蠕化率为 70％的蠕墨铸铁；

5—蠕化率为 40％的蠕墨铸铁；6—蠕化率为 0％，即球墨铸铁

可见蠕化率下降，热导率下降，当蠕化率＜70％时尤为明显。

由于石墨的热导率比基体高得多，基体中铁素体又比珠光体和渗碳体的热导率高，因此增加碳当量和铁素体量会增加蠕墨铸铁的热导率。

6.2.3　工艺性能

（1）铸造性能

---

① 流动性。蠕墨铸铁碳当量高，接近共晶成分，又经加蠕化剂去硫去氧，因此具有良好的流动性。

图 6-13 和表 6-11 所示为不同铸铁的流动性。

② 收缩性。蠕墨铸铁的线收缩率和体收缩率见表 6-12。由表可见，蠕墨铸铁的缩前膨胀大于灰铸铁，在共晶转变过程中有较大的膨胀力，因此，对铸型刚度要求较高。

蠕墨铸铁的体收缩率与蠕化率有关，蠕化率越高，体收缩率越小，最终接近灰铸铁；反之蠕化率越低，体收缩率越大，最终接近球墨铸铁。蠕墨铸铁收缩性受蠕化率与浇注温度的影响分别见表 6-13、表 6-14。增加含碳量可减少体收缩。

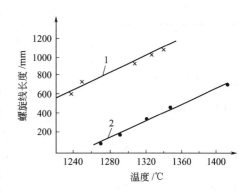

图 6-13　蠕墨铸铁和灰铸铁在
不同浇注温度下的流动性
1—蠕墨铸铁；2—灰铸铁（HT300）

蠕墨铸铁型壁移动倾向也介于灰铸铁和球墨铸铁之间，因而获得无内外缩孔的致密件比球墨铸铁容易，但比灰铸铁仍然困难些。避免不必要高的浇注温度及采用共晶成分都能改善铸件的致密性。

表 6-11　蠕墨铸铁、球墨铸铁和合金灰铸铁的流动性

材料	化 学 成 分/%											浇注温度 /℃	螺旋线长度 /mm
---	C	Si	Mn	P	S	RE	Mg	Ti	Cr	Cu	Mo		
蠕墨铸铁	3.36	2.43	0.6	0.06	0.028	0.024	0.014	0.13	—	—	—	1330	960
球墨铸铁	3.45	2.62	0.51	0.07	0.027	0.024	0.04	—	—	—	—	1315	870
合金灰铸铁	2.95	1.85	0.89	0.07	0.044	—	—	—	0.35	0.95	0.92	1340	445

表 6-12　蠕墨铸铁和灰铸铁的收缩性　　　　　　　　单位：%

收缩 ＼ 材质	灰铸铁	蠕墨铸铁
缩前膨胀	0.05～0.25	0.3～0.6
线收缩率	1.0～1.2	0.9～1.1
体收缩率	1～3	1～5

表 6-13　蠕化率对体收缩率的影响　　　　　　　　单位：%

蠕化率	90	80	70	60	50	40	30
体收缩率	3.61	4.24	4.45	4.19	4.49	5.13	7.1

表 6-14　蠕墨铸铁在不同浇注温度下的缩孔体积

浇注温度/℃	1240	1313	1323	1340
缩孔体积/cm³	0	2.8	2.35	3.5

③ 铸造应力。采用圆形断面的应力框测定铸造应力，各种铸铁的铸造应力见表 6-15。

蠕墨铸铁的铸造应力比合金铸铁稍大，但比球墨铸铁小。用蠕墨铸铁生产汽缸盖等复杂铸件时，应和合金铸铁一样要重视消除应力退火。

④ 白口倾向。蠕墨铸铁在薄壁及尖角处的白口倾向比灰铸铁大，比球墨铸铁小（见图6-14）。表 6-16 列出壁厚为 3mm、6mm、9mm 长条状试件在不同条件下得到的白口加麻口的深度。

表 6-15　各种铸铁的铸造应力

材质	弹性模量 E /MPa	ΔL[1] /mm	铸造应力 /MPa	材质	弹性模量 E /MPa	ΔL[1] /mm	铸造应力 /MPa
灰铸铁	76940	0.26	51.25	蠕墨铸铁	145765	0.32~0.36	119.6~134.6
合金铸铁	119433	0.34	104.2	球墨铸铁	171990	0.40	176.4

[1] ΔL 为应力框粗杆锯开后的伸长量（mm）。

表 6-16　片状、蠕虫状和球状石墨铸铁的白口加麻口深度

碳当量/%	组织和断面厚度/mm								
	片　状			蠕虫状			球　状		
	3	6	9	3	6	9	3	6	9
	固定浇注温度 1340℃								
4.3	灰口	灰口	灰口	18	3	灰口	白口[1]	14	3
4.1	灰口	灰口	灰口	21	8	灰口	22	16	灰口[1]
3.8	灰口	灰口	灰口	白口	15	灰口	白口	白口	3[1]
	在液相线上 150℃浇注								
4.3	灰口	灰口	灰口	18	3	灰口	白口	14	3
4.1	灰口	灰口	灰口	21	8	灰口	白口	白口	4
3.8	灰口	灰口	灰口	白口	15	灰口	白口	白口	6

[1] 个别数据不符合规律，可能为试验误差——编者注。

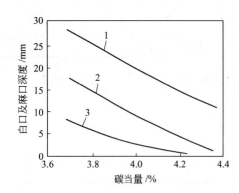

图 6-14　蠕墨铸铁、球墨铸铁和灰铸铁的白口倾向

1—球墨铸铁；2—蠕墨铸铁；3—灰铸铁

增加碳当量和加强孕育可减轻白口倾向。

蠕墨铸铁的白口倾向与所用蠕化剂有密切关系。以稀土为主的蠕化剂，白口倾向较大，镁系蠕化剂白口倾向较小。在生产薄壁蠕墨铸铁件时，应注意选用适当的白口倾向小的蠕化剂。

⑤ 断面敏感性。壁厚对蠕墨铸铁蠕化率的敏感性系用图 6-15（a）所示的阶梯试样在不同厚度处测定。试验表明 [见图 6-15（b）]：在 30mm 厚处的蠕化率＞70％时，则 10mm 与 75mm 厚处的蠕化率差不大于 10％；当 30mm 厚处的蠕化率较低（30％～40％）时，则 10mm 与 75mm 厚处的蠕化率差达 30％。按我国标准，蠕墨铸铁的蠕化率＞50％，因此可以说蠕墨铸铁的蠕化率越高，断面对蠕化率的敏感性越小。从图 6-16 可见，蠕墨铸铁强度的断面敏感性小于灰铸铁。

（2）切削性能　各种铸铁在钻削时的钻头磨损如图 6-17 所示。

蠕墨铸铁的钻削性能与球墨铸铁相似，但钻头磨损比灰铸铁的要大，铁素体越多则钻头磨损量越小。

用在不同切削速度下车刀寿命来比较各种铸铁的切削性能，如图 6-18 所示。该试验条件为：

镶刀片材料　碳化钨 SPG-422，C-2 级

走刀　0.28mm/r

切削深度　1.5mm

切削液　无

铸铁生产实用手册

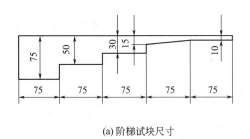

(a) 阶梯试块尺寸

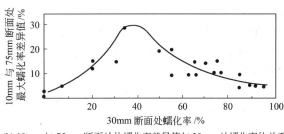

(b) 10mm 与 75mm 断面处的蠕化率差异值与 30mm 处蠕化率的关系

图 6-15　断面厚度对蠕墨铸铁蠕化率的影响

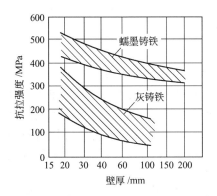

图 6-16　壁厚对蠕墨铸铁强度的敏感性

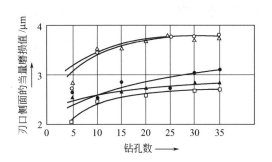

图 6-17　钻削各种铸铁时的钻头磨损

● 蠕墨铸铁, 含铁素体 25%; ○ 蠕墨铸铁, 含铁素体 5%;

▲ 球墨铸铁, 含铁素体 25%; △ 球墨铸铁, 含铁素体 5%;

□ 灰铸铁

转速 780r/min, 进给量 72mm/min　孔径 ϕ8mm, 孔深 16mm（盲孔）

刀具寿命　刃口侧面的磨损达 0.25mm 时为止

由图 6-18 可见, 加工蠕墨铸铁时的刀具寿命介于灰铸铁和球墨铸铁之间。

国内外工厂普遍对切削加工蠕墨铸铁件有以下看法。

① 多数刀具的刃口黏结比加工灰铸铁严重, 热黏结尤为严重。

② 钻深孔、盲孔与攻丝时刀具寿命很短, 并且容易卡住, 折断。

③ 单刃镶刀片的刀具使用寿命比加工灰铸铁的低。

④ 拉床的拉杆拉力显著加大。

⑤ 加工表面的粗糙度通常比灰铸铁低。

实践表明, 蠕墨铸铁的切削性能和蠕化剂有关。含钛蠕化剂生产的蠕墨铸铁, 其切削性能比用其他种类的蠕化剂差。

（3）焊补性能　蠕墨铸铁的焊补性比球墨铸铁好, 在其焊补区附近形成白口和淬火组织的倾

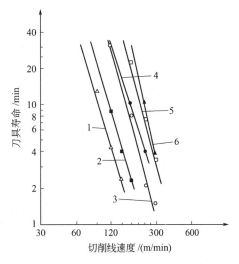

图 6-18　连续切削各种铸铁时的刀具寿命

1—珠光体球墨铸铁；2—珠光体蠕墨铸铁；

3—珠光体灰铸铁；4—铁素体球墨铸铁；

5—铁素体蠕墨铸铁；6—铁素体灰铸铁

向小。

采用含 RE0.08％左右的蠕墨铸铁焊条，最好用预热焊补法。焊补处金属冷却较快，石墨与基体晶粒均比母体处细小，因此力学性能稍高，见表 6-17。焊补后视情况再经热处理以降低应力。

表 6-17　试样焊接部位的成分与性能

试样部位	化学成分/%						石墨形状	力学性能		
	C	Si	Mn	P	S	RE		σ_b/MPa	σ/%	HBS
母体金属	3.58	2.60	0.94	0.051	0.007	0.09	蠕虫状	397	4.0	170
焊补金属	3.67	2.44	1.00	0.032	0.008	0.08	蠕虫状	431	4.5	176

6.2.4　使用性能

（1）致密性　用蠕墨铸铁制造无缩孔、缩松的致密铸件比球墨铸铁容易，比普通灰铸铁困难些。这是由于蠕墨铸铁的体收缩率和铸型移动倾向介于灰铸铁和球墨铸铁之间。但比之高牌号合金铸铁，用蠕墨铸铁获得致密件反显得较容易，这是由于合金铸铁的体收缩率比蠕墨铸铁还大。

国内外有许多用蠕墨铸铁代替合金灰铸铁做耐压件取得良好效果的实例。如做大功率柴油机缸盖、液压阀体和集成块等，显著提高了铸件的致密性，提高了工艺出品率，减少了耐压试验中渗漏的废品。

（2）耐磨性　蠕墨铸铁具有良好的耐磨性。在 MM-1M 型试验机上进行了对比蠕墨铸铁和灰铸铁的滚动摩擦的耐磨性试验（试样直径 ϕ50mm，与淬火的硬度为 56HRC 的钢轮配对，轮上压力为 100kgf 和 150kgf）。两种材质的磨损特征相同，但片状石墨铸铁的磨损量比蠕墨铸铁的大 50％～70％，如图 6-19 所示。

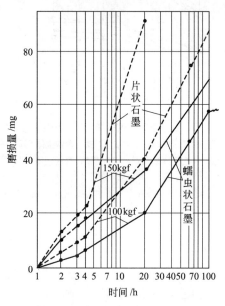

图 6-19　滚动摩擦时（用柴油机油润滑），铸铁的磨损曲线（与钢轮配对）

滑动摩擦时的特征也相似，当灰铸铁磨损量为 1.3mg/h 时，蠕墨铸铁仅为 0.6mg/h。

长期实际使用也证明蠕墨铸铁比灰铸铁具有较高的耐磨性。用蠕墨铸铁制作 B2151 和 B2152 型龙门刨床床身，测量其机床导轨面刻度的结果表明：蠕墨铸铁的耐磨性是灰铸铁（HT300）的 2～2.8 倍，见表 6-18。

表 6-18　B2152 型龙门刨床床身磨损量

导轨名称	床身材质	最大磨损量/μm	平均磨损量/μm	耐磨性系数①
平导轨	蠕墨铸铁	8.0	5.0	2.0
	灰铸铁	40.9	10.0	1.0
V 形导轨	蠕墨铸铁	9.0	5.0	2.8
	灰铸铁	16.0	14.0	1.0

① 耐磨性系数＝$\dfrac{灰铸铁平均磨损量}{同组对比的蠕墨铸铁的平均磨损量}$。

在干摩擦条件下，各种铸铁的耐磨性试验结果列于表 6-19 中。

表 6-19　干摩擦条件下各种铸铁的磨损性能

材　质	灰铸铁	蠕墨铸铁	球墨铸铁
重量损失/%	35～40	18～33	12～15

注：试样尺寸：直径为 10mm，长为 10mm。
压力：8kgf。
磨盘速度：5.4m/s。
经历磨程：6.5km。

（3）耐热疲劳性能　铸铁件在反复加热冷却引起交变热应力的条件下工作时，失效的形式一般有开裂、龟裂和变形。

测定耐开裂性的方法不一，一般是将测试材料加工成一定尺寸的试样，在特定的加热装置中加热至指定温度，然后激冷，如此反复循环，直至试样边角出现可见的裂缝，根据当时冷热循环次数来衡量耐开裂的能力。各种铸铁的耐开裂性见表 6-20。

表 6-20　各种铸铁的耐开裂性能

材质	成分/%					珠光体 /%	出现裂缝循环数/次		
	C	Si	S	RE	其他		250～500℃	250[①]～750℃	250[①]～950℃
灰铸铁 HT200	3.30	1.52	0.04			100	7900	383	120
蠕墨铸铁蠕化率90%	3.80	2.67	0.018	0.07	Ca 0.0013	30	11200	1362.5	513
球墨铸铁	3.67	2.51	0.005	0.085	Mg 0.034	75	18000	1433	636

① 系3个测试数据的平均值，余为一个测试数据。

另一种方法是将不同试样在相同加热冷却制度下，经过固定的循环次数，通过测量裂纹长度比较各种铸铁的耐开裂性。

材料的耐龟裂性的测定和上述相似，只是在较大的试样平面上来比较和观察龟裂的严重程度。

英国铸铁研究协会测定了大断面的铁素体、珠光体和混合基体的灰铸铁、蠕墨铸铁及球墨铸铁的耐开裂、耐龟裂和耐热变形的性能。结果如图 6-20 所示。

结果表明，材质由灰铸铁到蠕墨铸铁再到球墨铸铁，铸件的变形增加，而龟裂和开裂减轻。

对于蠕墨铸铁和球墨铸铁，基体中铁素体增加，会使铸件变形增加，而开裂则减轻。

一般来说，蠕墨铸铁表现出比球墨铸铁和灰铸铁为优的综合耐热疲劳性能，因此特别适宜于制造大功率内燃机的汽缸盖等耐热件。

（4）抗氧化、抗生长性能　经测定各种铸铁在 850℃保温 150h 的氧化增重见表 6-21。

表 6-21　铸铁的氧化增重

材质	灰铸铁	蠕墨铸铁	球墨铸铁
氧化增重/[g/(m² · h)]	13.6	11.8	6.2

在上述条件下，蠕墨铸铁的生长率为 0.46%，灰铸铁为 1.59%。

有试验表明，大断面蠕墨铸铁试样和灰铸铁试样在空气中连续加热 32 周，在 500℃时两者的生长和氧化无显著差别；而在 600℃时，蠕墨铸铁的生长和氧化比灰铸铁小得多，如图 6-21 所示。

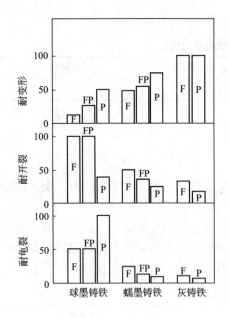

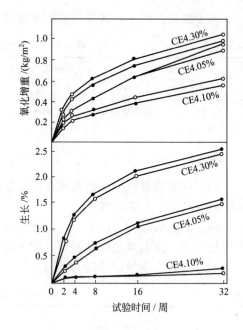

图 6-20　英国铸铁研究协会对各种大断面
铸铁耐热变形、耐开裂、耐龟裂性能的比较
基体组织：F＝铁素体；P＝珠光体；
FP＝铁素体/珠光体

图 6-21　厚断面铸铁试样在 600℃时
不同保温时间的氧化和生长
●—灰铸铁；○—蠕墨铸铁

　　（5）减振性　各种铸铁的相对减振性比较见表 6-22。蠕墨铸铁的减振性不因碳当量或基体的改变而有明显的变化，但蠕化率提高，减振性增加。

表 6-22　各种铸铁的相对减振性比较

材质	灰铸铁	蠕墨铸铁	球墨铸铁
相对减振性	1.0	0.6	0.35

　　（6）耐腐蚀性　在 5％硫酸溶液中试验表明，球墨铸铁的耐腐蚀性比灰铸铁好 3～4 倍，蠕墨铸铁介于二者之间，在海水中的耐腐蚀能力试验也得到同样的结果。

6.3　影响性能的因素及化学成分的选定

6.3.1　蠕化率

　　影响蠕墨铸铁抗拉强度和伸长率的因素主要是蠕化率。
　　蠕墨铸铁中球状石墨数量增加，蠕化率下降，强度和伸长率都随之提高。与此同时，热导率和收缩性将恶化。
　　蠕化率对抗拉强度、伸长率、硬度和弹性模量的影响如图 6-22～图 6-24 所示。
　　蠕化率不仅影响蠕墨铸铁的强度，也影响蠕墨铸铁的硬度，如图 6-24 所示。试验表明：在化学成分和基体基本相同的条件下，球墨铸铁的硬度大于蠕墨铸铁，蠕墨铸铁的硬度又大于灰铸铁。
　　蠕化率也影响到蠕墨铸铁的物理性能，特别是热导率，蠕墨铸铁的热导率随着蠕化率的

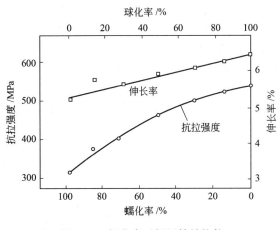

图 6-22 蠕化率对蠕墨铸铁抗拉
强度和伸长率的影响

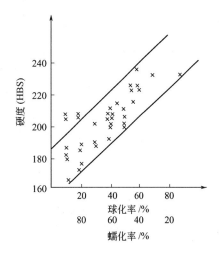

图 6-23 蠕化率对蠕墨铸铁硬度的影响

提高而提高，最终逐渐接近于灰铸铁的热导率。

　　同样蠕化率下，蠕墨铸铁的抗拉强度和伸长率还受蠕墨形态（即蠕墨的长/宽比）的影响。蠕墨较细长（长/宽比较大），则其强度和伸长率都较蠕墨粗短的为低。而蠕墨形貌则因蠕化剂不同而稍有变化。但这对性能的影响远比蠕化率的影响小。

　　综上所述，在蠕墨铸铁生产中，适当控制蠕化率是非常重要的。

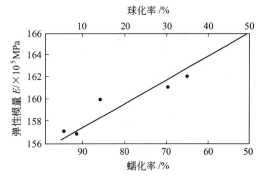

图 6-24 蠕化率对蠕墨铸铁弹性模量的影响

6.3.2 基体

　　同样蠕化率时，珠光体基体的蠕墨铸铁的抗拉强度、屈服强度和硬度大于混合基体（珠光体＋铁素体）的，混合基体的又大于铁素体基体的。而铁素体基体的蠕墨铸铁的伸长率大于混合基体和珠光体基体的，见表 6-6 和表 6-7。

6.3.3 化学成分

　　化学成分对蠕墨铸铁的影响包括对获得蠕虫状石墨和对基体的影响，这两者进而影响蠕墨铸铁的力学性能和其他性能。成分尚影响蠕墨铸铁的铸造性能，应根据这些影响选择蠕墨铸铁的化学成分。

　　（1）碳、硅及碳当量　蠕墨铸铁生产中一般采用共晶附近的成分以有利于改善铸造性能，常用的 CE＝4.3%～4.6%。

　　碳当量对获得蠕墨的影响甚微。

　　碳当量对蠕墨铸铁抗拉强度的影响与灰铸铁和球墨铸铁类似，如图 6-25 所示。随着碳当量的增加，蠕墨铸铁的抗拉强度将因石墨增加、珠光体减少而有所下降，但下降速率比灰铸铁小得多。

　　碳：一般取 3.0%～4.0%，较常用 3.6%～3.8%，薄件取上限值，以免产生白口；厚

<hr />

<hr />

<hr />
第 6 章　蠕墨铸铁　　　　　　　　　　　　　　**337**

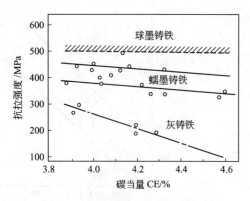

图 6-25 碳当量对灰铸铁、球墨铸铁
和蠕墨铸铁抗拉强度的影响

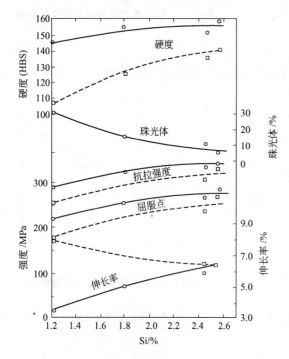

图 6-26 含硅量对蠕墨铸铁力学性能的影响
○铸态　□退火

大件则取下限值，以免产生石墨漂浮。

硅：对基体影响十分显著，主要用来防止白口，控制基体。随着硅量增加，基体中珠光体量逐渐减少，铁素体量增加。与此同时，硅强化了铁素体，并有使球墨稍增的趋势。综合上述诸作用，硅对蠕墨铸铁力学性能的影响如图 6-26 所示。

为获得以珠光体为基体的蠕墨铸铁，仅靠降低硅量仍不足以防止在蠕墨四周析出铁素体，而且硅含量过低会产生白口，因此要获得珠光体蠕墨铸铁尚需采取其他措施，如加合金元素或热处理。

（2）锰　锰在常规含量内对石墨蠕化无影响。

锰在蠕墨铸铁中起稳定珠光体的作用，因蠕墨分枝繁多而减弱。锰<1％时对蠕墨铸铁的强度、硬度和石墨形态都无明显作用，生产混合基体的蠕墨铸铁可以对 Mn 含量作某些调整。如果要求铸态下获得韧性较高的铁素体基体蠕墨铸铁，则宜 Mn<0.4％；如果希望获得强度与硬度较高、耐磨的珠光体基体的蠕墨铸铁件，则必须将锰含量增至 2.7％左右，但这时易产生较多的渗碳体。为此，不能单凭调整锰含量，而必须采取降硅和附加合金元素来达到。

（3）磷　磷对石墨蠕化无显著影响。

磷量过高会形成磷共晶体，降低冲击韧性，提高脆性转变温度，使铸件易出现缩松和冷裂。磷对蠕墨铸铁力学性能的影响如图 6-27 所示。

磷含量一般宜控制在 0.08％以下。

对于耐磨件可将磷含量提高到0.2％～0.35％。

（4）硫与氧

① 硫。硫量极低时（S<0.002％），快速冷却可获得蠕虫状石墨。

硫和所有蠕化元素都有很大亲和力，蠕化元素加入铁液中首先消耗于脱硫及脱氧，将铁液中硫含量降至≤0.03％，剩余蠕化元素才使石墨蠕化。

原铁液含硫越多，消耗蠕化剂也越多。不论是加入稀土蠕化剂还是加入镁、铈（钙、铝常量）蠕化剂，都如此（见图 6-28 和图 6-29）。蠕化剂加入量越多，形成的硫化夹渣也越多，既不经济又危害材质性能，加速蠕化衰退。这是硫对蠕墨铸铁危害的方面。

另一方面，硫在一定范围内有扩大合适的蠕化剂加入量的作用，即在较宽的蠕化剂加入量范围内均可获得蠕墨铸铁。因此,从方便生产蠕墨铸铁的角度看,不宜追求含硫过低的原铁液。此外,原铁液中硫量增加时,稀土蠕墨铸铁的白口倾向减小。这是适的硫对蠕墨铸铁的有利方面。

蠕墨铸铁生产中最关键的是原铁液中硫含量低而且保持稳定,或在处理前能迅速准确地测定铁液硫量,以保证能稳定地获得蠕墨铸铁。

② 氧。氧对蠕墨铸铁是有害无益的元素。原铁液氧化严重则消耗较多蠕化剂。处理完毕浇注时,液面如无覆盖或倒包时吸氧会加速蠕化衰退。

(5) 稀土　稀土加入铁液中首先起净化作用,去除硫、氧、氢、氮,其中消耗于去硫居多。用于脱硫所消耗的稀土量为

$$轻稀土=3(S_原-S_残)$$
$$重稀土=2.2(S_原-S_残)$$

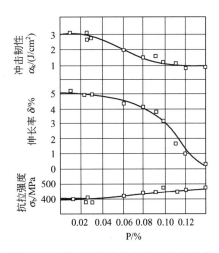

图 6-27　磷对蠕墨铸铁力学性能的影响

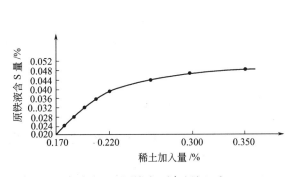

图 6-28　原铁液 S% 对稀土系
蠕化剂加入量的影响

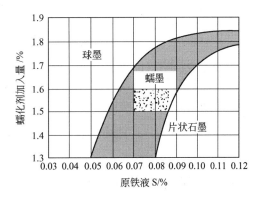

图 6-29　原铁液 S% 对镁铈
蠕化剂加入量的影响

净化铁液后,剩余的稀土方起石墨变质作用。要使石墨变质为蠕虫状,铁液中应含残留稀土量大致在 0.045%～0.075% 之间。此值尚因铸件壁厚等因素不同而稍有差异。

如果残留稀土低于临界量的下限,石墨仍为片状;如果在上下临界量范围内,则为不同蠕化率的蠕墨铸铁(蠕化率>50%);如果超出临界量的上限,则团球状石墨数量过半,超出蠕墨铸铁的范围,逐渐趋向球墨铸铁。

在此临界量的范围内,随着残留稀土量的增加,蠕墨铸铁的蠕化率逐渐下降,如图6-30所示。

生产中希望残留稀土量上下临界量范围宽些,以便较易获得蠕墨铸铁。

稀土的蠕化含量范围为 0.075%－0.045%＝0.03%,较镁的蠕化含量范围宽,且稀土不易导致较圆整的球墨,特别在厚大件中。因此,它是较常用的蠕化元素。

残留稀土量过高,会在较薄铸件中形成渗碳体。

稀土硅铁合金或混合稀土中含有多种稀土元素,经研究:La、Ce、Pr、Nd 四种单一稀土元素获得蠕墨铸铁的适宜含量范围大小次序是 La＞Pr＞Nd＞Ce,所以作为单一稀土元素,La 是较好的蠕化元素。

(6) 镁　镁加入铁液中,首先起脱硫作用,它所消耗的镁量为

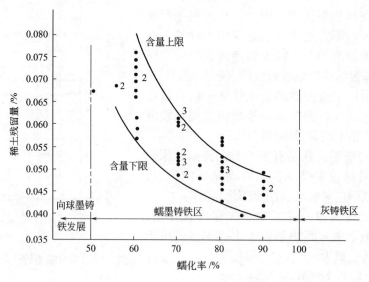

图 6-30　稀土残留量与蠕化率的关系
（曲线中数字表示重合次数）

$$Mg_{硫}=\frac{24.321}{32.04}(S_{原}-S_{残})=0.76(S_{原}-S_{残})$$

处理中镁沸腾烧损的损耗量为 $Mg_{损}$，残留在铁液中的镁量为 $Mg_{残}$，则有

$$Mg_{总}=Mg_{损}+Mg_{硫}+Mg_{残}$$

生产中常用镁的吸收率（$A\%$）来表示镁被吸收利用的程度：

$$吸收率=\frac{Mg_{硫}+Mg_{残}}{Mg_{总}}=\frac{0.76(S_{原}-S_{残})+Mg_{残}}{Mg_{总}}$$

镁的吸收率视镁的加入形式（纯镁还是合金镁等形式）、加入方法和铁液温度而异，生产中镁的吸收率为 30%～50%（冲入法）。

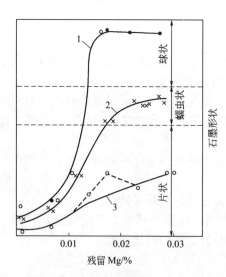

图 6-31　单加镁及加镁钛合金对
蠕化范围的影响

1—单加镁；2—加镁钛稀土合金；3—含
干扰元素但采用不含稀土的镁合金

在所有元素中镁的球化变质能力最强，但单用镁作蠕化剂却十分困难，因镁的蠕化含量范围极窄，仅在 0.005% 以下（见图 6-31 中曲线 1），故在生产中难于实现。

但若外加干扰元素钛和微量稀土，则镁的蠕化含量范围可扩大到 0.015%，甚至更宽（见图 6-31 中曲线 2），因此此法得到生产应用。图中曲线 3 为不适当成分的蠕化剂。

稀土和镁的综合作用：稀土硅铁合金常与一部分稀土硅铁镁合金一起作蠕化剂，后者起引爆和搅拌作用；用镁钛稀土合金处理蠕墨铸铁时也兼含稀土和镁两种蠕化元素，稀土和镁的综合蠕化作用如图 6-32 所示。

图中铁液含 $S_{残}=0.02\%\sim0.03\%$。A、B 线为蠕墨铸铁上下临界线，其间的石墨形态多数为蠕虫状；黑框内是蠕虫状石墨的稳定区。

稳定蠕墨区的成分：

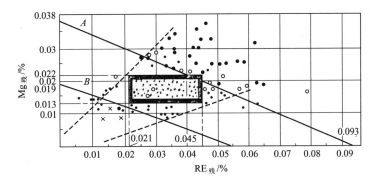

图 6-32　石墨形态与残留 Mg、RE 含量的关系

·蠕虫状石墨>50%，余为团球状；○团球状石墨>50%，余为蠕虫状；×片状石墨

$$Mg_{残} = 0.013\% \sim 0.022\%$$

$$RE_{残} = 0.021\% \sim 0.045\%$$

上临界线 A 的回归方程为

$$Mg_{残} = 0.038 - 0.41RE_{残}$$

下临界线 B 的回归方程为

$$Mg_{残} = 0.019 - 0.35RE_{残}$$

(7) 钙　钙加入铁液中首先脱硫、脱氧。脱氧能力的顺序为 Ca>Ce>Mg，脱硫能力的顺序为 Ce>Ca>Mg，而使石墨变质能力的顺序为 Mg>Ce>Ca。由于钙的原子半径与铁的相差较大，钙在铁液中的溶解度很低，铁液中加入含钙合金时，钙的吸收率仅 3%，所以钙的变质能力最低。生产中很少单独用钙作蠕化元素，一般都与其他蠕化元素配合使用。正因为钙的吸收率甚低，因此按合金加入量计，钙的蠕化临界范围较宽。

钙是石墨化元素，用含钙蠕化剂处理的铁液，白口倾向较小。

(8) 合金元素和干扰元素

① 合金元素。蠕墨铸铁基体在铸态下一般含较多铁素体。为提高铸态蠕墨铸铁的珠光体量及其硬度和强度，可加入适当的合金元素。

作为合金使用的元素有 Cu、Mn、Sb、Sn、Ni、Cr、Mo、V、Ti、B 等。

Cu、Mn、Sb、Sn 四种合金元素各种加入量对蠕墨铸铁珠光体量的影响如图 6-33 所示，

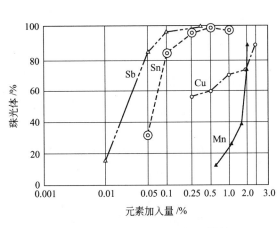

图 6-33　各元素加入量对蠕墨铸铁珠光体量的影响

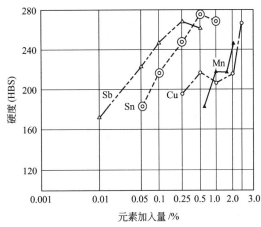

图 6-34　各元素加入量对蠕墨铸铁硬度的影响

对硬度的影响如图 6-34 所示，对抗拉强度的影响如图 6-35 所示，加入合金后珠光体量对抗拉强度的影响如图 6-36 所示。

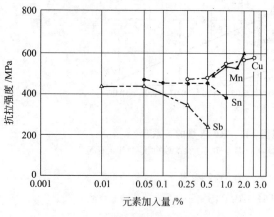

图 6-35　各元素加入量对蠕墨铸铁
抗拉强度的影响

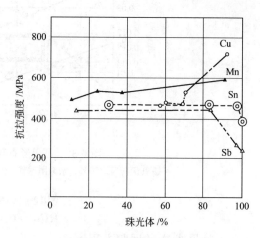

图 6-36　各元素加入后珠光体量
对抗拉强度的影响

由图 6-33、图 6-34 可见，加入上述合金元素能增加蠕墨铸铁的珠光体量和硬度，但由图 6-35 和图 6-36 可见，Sn、Sb 加入过多会使蠕虫状石墨端部变尖且分叉，使抗拉强度反而下降。

此外，也可加入常用的 Ni、Cr、Mo、V 等合金来增加并细化和稳定珠光体。

常用合金元素见表 6-23。单一合金元素对基体的强化作用不如两种或两种以上合金元素的作用强烈，因此生产中有时采用加入多种合金元素，见表 6-24。

表 6-23　蠕墨铸铁常用合金元素

元素	常用量/%	效　用	特　点
Cu	0.5～1.5	(1)提高强度、硬度 (2)提高耐磨性 (3)提高铸件均匀性	(1)增加并细化珠光体 (2)降低白口倾向 (3)加入量较多
Mn	1～2.4	(1)提高硬度、强度 (2)提高耐磨性	(1)增加并细化珠光体 (2)易偏析、白口倾向大 (3)加入量较多
Sb	0.03～0.07	(1)提高硬度 (2)提高耐磨性	(1)增加珠光体作用强烈 (2)加入量宜少，过量会危害石墨形貌而变脆
Sn	0.05～0.10	(1)提高硬度 (2)提高耐磨性	(1)增加并细化珠光体 (2)加入量少，作用大 (3)较贵，不提倡用
Ni	1～1.5	(1)提高硬度、强度 (2)提高耐磨性 (3)提高铸件均匀性	(1)增加并细化珠光体 (2)减少白口倾向 (3)加入量较多，较贵，不提倡用
Cr	0.2～0.4	(1)提高硬度、强度 (2)提高耐磨性 (3)提高耐热性	(1)增加并细化稳定珠光体 (2)增加白口倾向
Mo	0.3～0.5	(1)提高强度、硬度 (2)提高耐磨性 (3)提高耐热性	(1)有效地增加、细化、稳定珠光体 (2)过量则增加白口倾向 (3)较贵，必要时使用

元素	常用量/%	效　用	特　点
V	0.2~0.4	同 Mo	(1)增加、细化、稳定珠光体 (2)增大白口倾向 (3)常用 V-Ti 生铁带入
Ti	0.1~0.2	提高耐磨性	(1)与碳氮形成化合物,呈硬质点弥散分布 (2)常由 V-Ti 生铁或含 Ti 蠕化剂带入 (3)属于干扰元素(见表 6-25)
B	0.02~0.04	提高硬度、耐磨性	形成硼碳化合物呈硬质点

表 6-24　低合金蠕墨铸铁件应用举例

铸件	生产厂	合金用量/%	特征
机床件	武汉重型机床厂	Sb0.03~0.07	耐磨
机床件	北京第一机床厂	Sn0.03~0.07	耐磨
内燃凿岩机缸件	上海风动工具厂	Cu0.6~0.8,Cr0.1~0.2 Mo0.3~0.5,B0.044	耐磨、耐热
玻璃模具	沙洲玻璃模具厂	Cu0.4~0.6,Cr0.2~0.4 Mo0.4~0.6,V0.2~0.3 Ti0.1~0.2	耐磨、耐热
刹车鼓	第一汽车厂	B0.02~0.05	耐磨

表 6-25　蠕墨铸铁中干扰元素的控制

类型	代表元素	控　制
消耗型	S、O、Se、Te	控制含量范围严格,出入过大会导致蠕化失败
晶界偏析型	Ti、Al	有利于放宽蠕化范围,有时故意保留或加入,见图 6-31
混合型	Sb、Sn、Cu、B	蠕墨铸铁中不求石墨圆整,故可放宽限制。有时为强化基体故意以合金元素加入

② 干扰元素。干扰元素即反球化元素,分为消耗型、晶界偏析型和混合型三种。它们在蠕墨铸铁中的作用和控制与在球墨铸铁中有所不同,见表 6-25。

6.3.4　冷却速度

在相同的化学成分下,随着铸件壁厚增加,冷却速度就减小,则得到的蠕墨铸铁件的蠕化率增大（见图 6-37）,同时铁素体量也增加,这两者都将导致材料的抗拉强度和硬度略有下降（见图 6-22、图 6-23）。反之,铸件减薄,珠光体略增加,蠕化率降低,强度和硬度提高。这种差异的大小,也随所用蠕化剂不同而不同。

当铸件过薄、冷却速度甚大时,则会出现游离渗碳体。

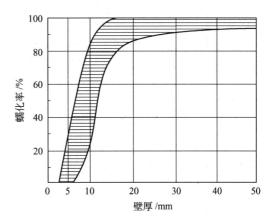

图 6-37　阶梯试样中壁厚对蠕化率的影响
（用不同蠕化剂作型内处理）

6.4 蠕墨铸铁的处理和控制

6.4.1 蠕化剂及蠕化处理工艺

蠕化剂和蠕化处理的方法有多种，为在生产中稳定地获得合格的蠕墨铸铁件，必须根据生产条件（如熔炼设备、铁液成分和温度以及蠕墨铸铁件的生产批量）和铸件特征（如大小、壁厚）来选定蠕化剂品种、加入量以及处理方法。

（1）蠕化剂

① 镁系蠕化剂。单用镁作蠕化剂的处理范围极窄，所以镁系蠕化剂中都加钛和微量稀土，使之成为处理范围较宽、白口倾向小、在铁液中能自沸腾的蠕化剂。蠕化处理时无需搅拌铁液，操作简便。

镁系蠕化剂中镁和稀土为蠕化元素，钛为干扰元素有利于放宽蠕化范围。如所用生铁本身含有较高的干扰元素钛，则可酌量减少蠕化剂中的钛量。几种典型的镁系蠕化剂列于表6-26中。

表 6-26　镁系蠕化剂

蠕化剂	化学成分/%	特　　点	应　　用
镁钛合金	Mg4.0～5.0 Ti8.5～10.5 Ce0.25～0.35 Ca4.0～5.5 Al1.0～1.5 Si48.0～52.0 Fe余量	熔点约为1100℃，密度为3.5g/cm³，合金沸腾适中，操作方便，白口倾向小，渣少；适用于接近共晶成分、大量生产S<0.03%的铁液，合金加入量0.7%～1.3%；但其回炉料残存Ti，会引起Ti的积累和污染问题	英美等国应用较多。商品名为FooteCG合金（英国铸铁研究协会和美国Foote矿业公司研制并生产）
镁钛稀土合金	Mg4～6 Ti3～5 RE1～3 Ca3～5 Al1～2 Si45～50 Fe余量	基本同镁钛合金。与前项镁钛合金相比，RE量提高后有利于改善石墨形貌及提高耐热疲劳性能，延缓蠕化衰退，扩大蠕化范围；由于生铁本身已含一些钛，因此酌量减少蠕化剂中含钛量，减少外界带入的钛的污染和累积	第二汽车制造厂采用该合金在流水线上生产薄壁铸件
镁钛铝合金	Mg4～5 Ti4～5 Al2～3 Ca2.0～2.5 RE0.3 Si约50 Fe余量	利用Mg作为蠕化元素，以Ti、Al作为干扰元素以增加生产稳定性	应用于试生产大型钢锭模和液压阀体

② 稀土系蠕化剂。以稀土为主的蠕化剂大致可分为四类：稀土硅铁合金、稀土钙硅铁合金、稀土镁硅铁合金和混合稀土金属。它们都有较强的蠕化能力，其中稀土硅铁合金在我国蠕墨铸铁生产中应用最多，几种典型的稀土系蠕化剂列于表6-27中。

表 6-27　稀土系蠕化剂

蠕化剂	化学成分/%	特 点	应 用
稀土硅铁合金（如 FeSiRE21、FeSiRE24、FeSiRE27、FeSiRE30）	RE20～32 Mg<1 Ca<5 Si<45 Fe余量	蠕化处理反应平衡，铁液无沸腾，稀土元素自扩散能力弱，需搅拌。回炉料无钛的污染，但白口倾向较大 合金加入量主要取决于合金中稀土含量、原铁液硫量 稀土硅铁合金（RE21.5%）临界加入量见下表 {S/%: 0.03, 0.05, 0.07, 0.09, 0.11; 加入量/%: 0.82, 1.14, 1.47, 1.79, 2.15} 一般稀土残留量为 0.045%～0.075%	在我国应用广泛，适用冲天炉和电炉熔炼条件。生产中等和厚大铸件
稀土钙硅铁合金（如 RECa10～13）	RE12～15 Ca12～15 Mg<2 Si40～50 Fe余量	克服了稀土硅铁合金白口倾向大的缺点，但蠕化处理时合金表面易生成 CaO 薄膜，阻碍合金充分反应，剩余的往往漂浮到铁液表面卷入渣中。处理时需加氟石等助熔剂并搅拌铁液	最适用于电炉熔炼的高温低硫铁液制取薄、小蠕墨铸件，也有个别厂用于冲天炉铁液生产大中铸件
稀土硅铁镁合金	FeSiMg8RE7 合金 RE6～8 Mg7～9 Ca<4 Si40～45 Fe余量	有搅拌作用，但合金适宜加入量范围窄。若处理工艺不稳定易引起残余 Mg、RE 量超过临界含量，影响蠕化效果的稳定性	国内有部分厂使用，也有的厂将该合金与稀土硅铁、稀土钙复合处理，作引爆剂
	FeSiMg8RE18 合金 RE17～19 Mg7～9 Ca3～4 Si40～44 Fe余量	有搅拌作用，蠕化效果稳定	日本商品名为 CVR-8，适于冲天炉高硫铁液
	FeSiMg3RE8 合金 RE7.5～8.5 Mg3～4 Ca1.5～2.5 Si43～47 Fe余量	有搅拌作用，蠕化效果稳定	日本商品名为 CVR-3
稀土镁锌合金	14REMgZn3-3 合金 RE13～15 Mg3～4 Zn3～4 Ca<5 Al1～2 Si40～44 Fe余量	浮渣最少，有自沸腾能力，并且石墨球化倾向小，但适宜加入量范围比稀土硅铁稍窄，且有烟雾	适于冲天炉铁液
混合稀土金属	大多采用低铈混合稀土金属，稀土总量＞99%，其中含铈约50%	较容易获得蠕墨铸铁，加入量取决于铁液中含氧及含硫量 如冲天炉铁液，经 CaC₂ 脱 S 后，含 S 量为 0.03%则加 0.25%。感应炉铁液，含 S 量 0.012%，加 0.10% 混合稀土金属价格贵，白口倾向较大。在原铁液含硫量很低时使用才合理	德国、奥地利等国使用，我国生产上较少使用

③ 钙系蠕化剂。钙是一种球化（蠕化）变质能力最弱的元素，兼具石墨化孕育作用。沸点高，在铁液中不能沸腾，且溶解度很低。因此钙系蠕化剂处理范围较宽，白口倾向小。

钙系合金处理中不能沸腾，一般用撒入法或人工搅拌。钙系合金与铁液作用后表面形成一层氧化物、硫化物组成的渣膜，阻碍与铁液进一步反应。为此可在合金中拌入焙烤过的氟石粉或食盐之类氟或氯化物作助溶剂，以利合金充分溶解和作用。

几种典型的钙系蠕化剂列于表 6-28 中。

表 6-28　钙系蠕化剂

蠕化剂	化学成分/%	特　　点	应　　用
钙镁硅铁合金	Ca15 Mg≈3 Si45 RE<2 Fe余量	反应平稳,白口倾向小,蠕化效果稳定,回炉料无钛的污染 原铁液 S 量:0.01%~0.03% 合金加入量:0.8%~1.2% FeSi75 孕育加 0.4% 适用于制造薄壁小铸件	日本有的工厂用于生产汽车零件
稀土钙硅铁合金 (如 RECa13~13)	同稀土钙硅铁合金系蠕化剂(见表 6-27)		

(2) **蠕化处理方法**　蠕墨铸铁生产工艺与球墨铸铁相似,但工艺控制要求更为严格。若"过处理"(蠕化剂加入量或变质元素残留量过多),则易出现过多球状石墨;若"处理不足"(蠕化剂加入量或变质元素残留量过少),则易产生片状石墨。为确保蠕墨铸铁生产稳定,合理选择蠕化剂及其处理工艺,以及尽量保持蠕化处理中各项工艺因素的稳定(尤其是原铁液含硫量、处理温度和处理铁液量),是不可忽视的两个重要环节。几种常用的蠕化处理方法见表 6-29。

表 6-29　蠕化处理方法

处理方法	适用蠕化剂	优　缺　点
包底冲入法	(1)有自沸腾能力的合金,如 Mg-Ti 合金、FeSiMgRE 合金、REMgZn 合金	操作简便,但有烟尘。一般采用堤坝式包底冲入法(见图1)。为减少烟尘和提高吸收率,采用加盖处理包进行蠕化处理,收效明显,但此法必须与铁液定量装置配合使用,否则铁液量难以控制(见图2)  堤坝 蠕化剂 图 1　包底冲入法处理 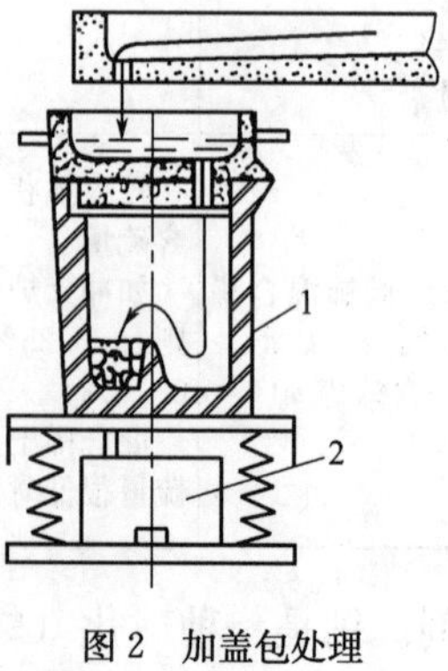 1 2 图 2　加盖包处理 1—加盖处理包;2—铁液定量电子秤

处理方法	适用蠕化剂	优　缺　点
包底冲入法	(2)无自沸腾能力的合金,如FeSiRE合金	合金底部必须放少量的FeSiMg或REMgZn合金起引爆作用 操作较简便,处理效果稳定适用于冲天炉铁液
炉内加入	FeSiRE合金	适用于感应电炉铁液生产。出铁前(铁液温度>1480℃)将合金加入炉内,使其呈熔融状态,出铁时利用铁液在包中的翻动。可得到充分搅拌,此法简便稳定,但一炉只处理一包铁液
出铁槽随流加入	无自沸腾能力的合金,如Fe-SiRE及RECa合金	适于冲天炉熔炼条件,出铁时将粒状合金均匀撒在铁液流中,操作简便,吸收率高(见图3) 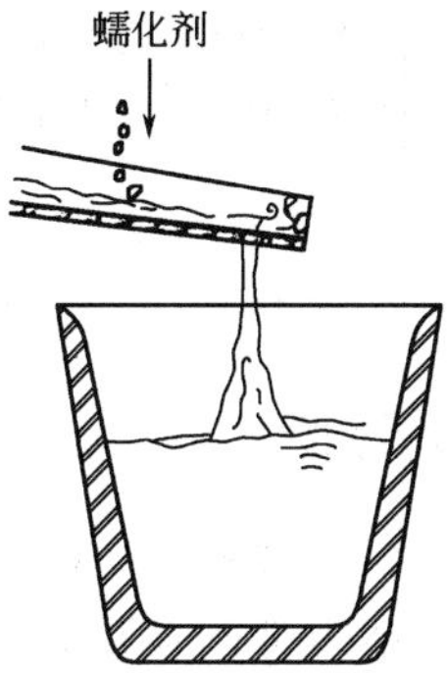 图3　出铁槽随流加入
中间包处理	无自沸腾能力的合金,如Fe-SiRE、RECa合金	铁液在流入包内前先与蠕化剂在中间包内混合。此法吸收率高,处理效果稳定,但需增添一个中间包,操作较麻烦(见图4) 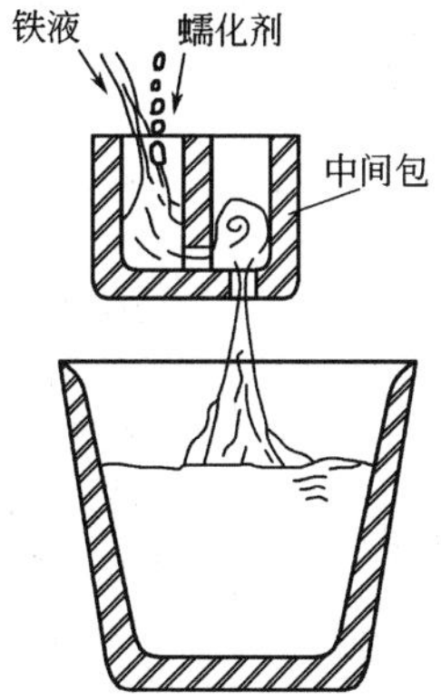 图4　中间包处理

6.4.2　蠕墨铸铁的孕育处理

　　虽然一般蠕化剂中含有较多的硅,但孕育处理仍是一项必不可少的工艺操作。根据蠕化处理方法不同,孕育处理方法也不尽相同。

　　孕育处理的要点见表6-30。

表 6-30 孕育处理要点

处 理 效 果	孕育剂选用	工 艺 因 素
(1)消除或减少由于镁和稀土元素的加入引起的白口倾向,防止在基体组织中出现莱氏体和自由渗碳体 (2)提供足够的石墨结晶核心,增加共晶团数,使石墨细小并分布均匀,提高力学性能 (3)延缓蠕化衰退	(1)普遍采用含Si75%的硅铁 (2)除加入硅铁外,再加入0.10%~0.15%的硅钙对改善组织有一定效果 (3)采用硅钙孕育,在蠕化处理不足时可有效地促成蠕虫状石墨,而用硅铁孕育将导致产生片状石墨	(1)根据原铁液的碳硅含量,确定孕育剂加入量,一般为铁液重量的0.5%~0.8% (2)处理工艺一般采用随流孕育或浮硅孕育,必要时(如薄壁铸件)可采用二次孕育工艺 (3)稀土蠕墨铸铁对孕育较敏感,当稀土残留量足以形成蠕虫状石墨组织时,若孕育不足,则白口倾向大,难以消除碳化物;若孕育过多又易促成球状石墨的形成,降低蠕化率 (4)对于出现在碳化物的厚大断面铸件,也可以不进行孕育处理 (5)用高硫铁液制取蠕墨铸铁时,也可不进行孕育处理,这是由于铁液中生成大量的CeS、MgS等颗粒,它们可成为析出石墨核心的基底,甚至可使铸件薄壁处的过冷度减少到很小,从而减少或消除碳化物

6.4.3 蠕化率的检测

炉前能快速而准确地判断蠕化处理效果,则当处理不足或过处理时,能及时采取调整补救措施,此外在炉后还应进行必要的组织和性能检测。

目前关于蠕化率的检测方法,除了常用的炉前三角试样判断和快速金相检验方法外,还有热分析法、氧电势法以及音频检测法和超声波检测法等。这些方法虽至今仍不很完善,但它们各有特点,有的已在生产上获得应用,并取得了较好的效果。表6-31和表6-33分别介绍了几种典型的炉前和炉后蠕化率的检测方法,表6-32为炉前调整补救措施。

表 6-31 炉前检测方法

名称	方法简述	蠕 化 鉴 别	优 缺 点
三角试样判断	炉前浇注三角试块	1.蠕化良好 (1)断口呈银白色,有均匀分布的小黑点 (2)两侧凹陷轻微 (3)悬空敲击试样,声音清脆 2.球墨过多 (1)断口呈银白色 (2)两侧凹陷严重 (3)敲击试样,声音清脆 3.处理不成,石墨为片状 (1)断口呈灰色 (2)两侧无凹陷 (3)敲击试样,声音闷哑	操作简易,但不能区分蠕化等级,检测时间较长
快速金相检查	用显微镜观察蠕化等级	(1)参照蠕墨铸铁金相标准评定石墨等级 (2)由于铸件一般比试样大,金相试样上观察到的蠕化率与铸件本体有差异,应根据经验找出两者的对应关系	此法直观,但需配备专人检查,且一般需2~3min才能测得结果

名称	方法简述	蠕化鉴别	优缺点
热分析法	浇注 $\phi30mm \times 50mm$ $(\phi40mm \times 60mm)$ 试样,用热分析仪记录冷却曲线,根据冷却曲线上各特征点,算出石墨的蠕化率	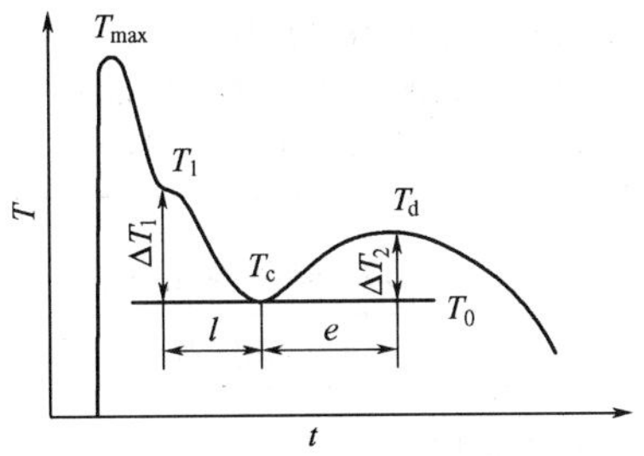 图1 典型冷却曲线及特性值 T_{max}—最高温度;T_1—初晶温度; T_c—共晶最低温度;T_d—共晶最高温度; $\Delta T_1 = T_1 - T_0$;$\Delta T_2 = T_d - T_0$; l—从 T_1 至 T_c 的时间;e—从 T_c 至 T_d 的时间 **判据 1** 试样浇注温度为 $1360 \sim 1420℃$,浇注量为 $220 \sim 250g$,根据上述 8 个特性值、原铁液 C、Si 成分,以及冷却曲线所属类型的回归方程,利用微处理机测出蠕化率,精度为 $\pm5\%$ **判据 2** T_c 或 T_d 为区分灰铸铁和球墨铸铁的判断,ΔT_2 和 T_c 至 T_d 段温度回升速度 dT/dt 为蠕化率判据 蠕化率 $50\% \sim 70\%$ 时,dT/dt $6 \sim 24℃/min$,ΔT_1 $4 \sim 10℃$ 蠕化率 $>70\%$ 时,dT/dt $24 \sim 60℃/min$,ΔT_2 $10 \sim 35℃$ (稀土硅铁合金处理,样杯尺寸 $\phi40mm \times 70mm$)	(1)利用微处理机可以简便迅速地自动测定 (2)由于影响冷却曲线形状特征的因素较多(特别是浇注温度、铁液量和原铁液成分),给实际应用带来一定困难,目前应用较少
氧电势法	采用改进后的氧浓差电池测氧技术进行检测,将测头插入铁液后在 10s 内即可测得铁液和参比极之间氧浓度差电动势 E_0(简称氧电势)。E_0 反映了铁液与氧的亲和力大小和变质状态,根据 E_0 与蠕化率之间的良好对应关系,可以较精确地测报出蠕化等级,测头结构简图见图 2	在生产条件(如铁液成分,蠕化剂成分)基本稳定的情况下,随着测得的氧电势 E_0 值的增加(表明铁液溶氧能力低),对应的石墨组织蠕化率下降,球化率上升 如用稀土镁锌合金蠕化剂处理铁液,生产上的判据见下表 表格: 蠕化率/% | 氧电势/mV 片状石墨 | <455 95 | 455~460 85 | 461~468 75 | 469~475 65 | 476~479 55 | 480~483 46 | 484~486 35 | 487~489 25 | 490~492 15 | 493~495 <5 | ≥496	快速、简便、精确度高(误差 $\pm10\%$),适于批量生产时自动测报,但对测氧探头质量和测试操作工艺要求严格;如本方法实施前,必须针对具体生产条件(蠕化剂种类和铁液 Si、S 量波动范围),先做工艺试验,以确定 E_0 与蠕化率的对应关系

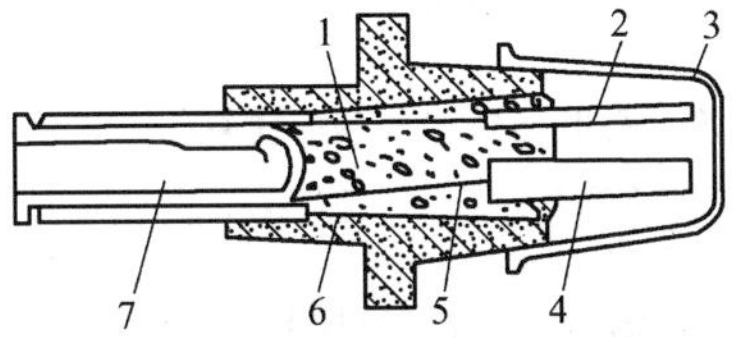

表格明细:

蠕化率/%	氧电势/mV
片状石墨	<455
95	$455 \sim 460$
85	$461 \sim 468$
75	$469 \sim 475$
65	$476 \sim 479$
55	$480 \sim 483$
46	$484 \sim 486$
35	$487 \sim 489$
25	$490 \sim 492$
15	$493 \sim 495$
<5	$\geqslant496$

图2 氧电势测头结构简图
1—绝缘耐火填料;2—回路极;3—防渣帽;4—参比极;
5—引线;6—外保护套;7—插接件

表 6-32　炉前调整补救措施

处　理　不　足	过　处　理
现象:蠕虫状石墨过多,甚至出现片状石墨 措施:补加少量蠕化剂或调整剂 Fe-Si-Mg (含 Mg1%～2%)合金	现象:球状石墨过多 措施:补加适量铁液(最常采用)或添加调整剂 Fe-Si-Ti(含 Ti4.5%)合金,有时也可加入少量 FeS

表 6-33　炉后检测方法

名称	方法简述	蠕化鉴别	优缺点
断口分析法	待铸件自然冷却后根据浇冒口的断口特征判断是否处理成功	(1)蠕化良好 断口呈银白色,有均匀分布的小黑点;蠕化率越高,冷却速度越快,则黑点细而密,断口呈黑白相间的网目状,蠕化率越低则黑点越少 (2)处理不成 断口呈灰色,表明石墨为片状,黑色则为过冷石墨 (3)处理过头 断口呈银白色,无黑点,表明球状石墨过多	简便易行,能正确区分处理成功与否,但难以评定蠕化等级,并且当蠕虫状、片状石墨共存时也难以区分
音频检测法	将被测铸件置于支撑架上,敲击一端利用音频检测仪,根据因振动而发出的声音测出该铸件的固有频率,从而间接反映其组织特征	每一种有固定结构的铸件的固有频率主要取决于材质的弹性模量及其密度,它与蠕化率大小有良好的对应关系。根据生产要求通过试验确定蠕化率合格时的频率范围,如某厂排气管的固有频率为 蠕化率>50%,510～580Hz 蠕化率<50%,>580Hz 片状石墨,<510Hz	操作简便,不带主观性,适于大量生产,但此法目前尚不能对蠕化率分级
超声波速度检测法	浇注一定尺寸的试样,测出其超声波速度,根据超声波速度与石墨形态,抗拉强度良好的对应关系确定蠕化率;有时也可使用专用胎具,将铸件固定,逐个进行超声波速度的测定	试样直径为 ϕ30mm 的超声波速度与石墨形态、抗拉强度的关系如下图所示:蠕墨铸铁的超声波速度与铸件的形状无关(但应校准断面厚度),超声波速度在 5.2～5.4km/s 范围内,对于非常大的铸件(如钢锭模),则在 4.85～5.10km/s 之间 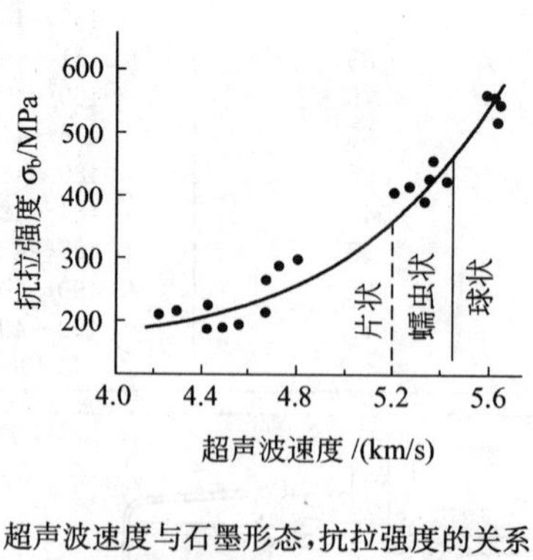 超声波速度与石墨形态,抗拉强度的关系	简便易行,适于批量生产,但因受基体组织的影响,要精确测定蠕化率等级尚有困难
金相检测法	金相试样系从力学性能试棒上切取,使用光学显微镜观察	根据铸件的技术条件,定出金相试样上蠕化等级要求,按蠕墨铸铁金相标准评级	准确可靠,直接反映力学性能试棒的组织特征,应用最普遍

6.5 蠕墨铸铁的缺陷及防止方法

蠕墨铸铁的缺陷特征、原因分析和防止方法及补救措施见表6-34。

表 6-34　蠕墨铸铁的缺陷分析及防止方法

缺陷	特征	原因分析	防止方法及补救措施
蠕化不成	(1)炉前三角试片断口暗灰,两侧无缩凹,中心无缩松 (2)铸件断口粗,暗灰 (3)金相组织,片状石墨≥10% (4)性能:σ_b<260MPa,甚至低于 HT150 灰铸铁 (5)敲击声哑如灰铸铁	(1)原铁液硫高 (2)铁液氧化严重 (3)铁液量过多 (4)蠕化剂少或质差 (5)蠕化剂未发挥作用(包底冲入法蠕化剂粘熔于包底;出铁槽冲入法蠕化剂块度大或铁液温度低) (6)含 Mg 蠕化剂烧损大 (7)干扰元素过多	(1)严格掌握原铁液含硫量使之稳定,用低硫生铁或作脱硫处理 (2)调整冲天炉送风制度,防止铁液氧化 (3)铁液及蠕化剂准确定量 (4)蠕化剂分类存放,成分清楚,按原铁液含硫量计算蠕化剂加入量 (5)包底冲入法处理时有足够的镁、锌等搅拌元素,并不熔粘包底;出铁槽冲入处理时蠕化剂块度适当,铁液温度不过低,处理时作充分搅拌,液面覆盖 (6)含 Mg 蠕化剂在包底压实、覆盖;铁液温度不过高 (7)防止或减少干扰元素混入 补救措施:若发现炉前三角试片异常,判断为蠕化不成。立即扒渣,补加蠕化剂(一般为加入量的1/3~1/2)及孕育剂,搅拌,取样,正常后浇注
蠕化率低 (球化率高)	(1)炉前三角试片断口细,呈银灰色 (2)两侧缩凹或中心缩松严重(特点与球墨铸铁相同或接近) (3)铸件金相组织:球墨≥60% (4)铸件缩松、缩孔多	处理过头、蠕化剂过多或铁液量少	(1)蠕化剂及铁液定量要准确 (2)掌握并稳定原铁液含硫量 (3)严格掌握蠕化剂成分并妥善管理 补救措施:若炉前判断为处理过头,可补加原铁液,根据三角试片白口宽度决定孕育与否及孕育剂加入量
蠕化衰退	(1)处理后炉前三角试片较正常,浇注中、后期三角试片有蠕化不良的现象 (2)铸件断口暗灰 (3)金相组织:片状石墨>10% (4)敲击声哑如灰铁 (5)性能:σ_b<260MPa,甚至低于 HT150 灰铸铁	(1)处理后浇注时间过长 (2)处理后覆盖不好,氧化严重(特别是使用含 Mg 蠕化剂时) (3)铸件壁厚大,冷却过慢	(1)操作迅速准确,处理后及时浇注 (2)处理后覆盖好 (3)厚大蠕墨铸铁件要适当过量蠕化处理并在厚壁部位采取速冷工艺措施 补救措施:浇注后期再取三角试片复检,若发现衰退,如铁液较多、温度较高,可补加蠕化剂及孕育剂,按常规炉前三角试片检验合格后浇注。如温度低、铁液不多,则停止浇注并倾出
白口过大、铸件局部白口、反白口	(1)三角试片白口宽度过大甚至全白口 (2)铸件边角甚至心部存在莱氏体 (3)机加工困难 (4)强度低	(1)孕育剂量不足 (2)加孕育剂后搅拌不充分 (3)蠕化剂过量 (4)原铁液成分不合适,如 C、Si 量低,Mn 或反石墨化元素过高、产生偏析	(1)孕育足够:采用瞬时孕育(特别是薄铸件) (2)搅拌充分 (3)蠕化处理不过量 (4)严格控制原铁液化学成分 补救措施如下 ①若发现白口宽,补加孕育剂,充分搅拌 ②如发现全白口,大部分因蠕化剂过量,要补加铁液及孕育剂搅拌、取样,合格后浇注 ③已铸成的白口件进行高温退火

缺陷	特 征	原因分析	防止方法及补救措施
孕育衰退	(1)炉前三角试片正常,随着时间延长,白口宽度增加 (2)铸件边角有渗碳体并随浇注时间延长,白口增厚	(1)孕育量不够充分 (2)孕育剂吸收差 (3)孕育后停留时间长	(1)充分孕育 (2)孕育剂块度适当,并有足够高的铁液温度 (3)采取浮硅孕育等瞬时孕育方法
石墨漂浮	(1)多发生在蠕墨铸铁件上表面 (2)宏观断口有黑斑 (3)金相组织:有开花状石墨 (4)局部强度低	(1)碳当量高 (2)铸件壁厚 (3)浇注温度高	(1)控制碳当量 (2)控制铸件冷却速度 (3)控制浇注温度
表面片状石墨层	(1)铸件表层断口有黑边 (2)金相显微镜下有片状石墨	(1)铸型表面的硫化物与铁液接触时,部分镁、稀土被消耗掉 (2)铸型表面气相(如O_2、N_2、CO、H_2)等作用于Mg、稀土,使之消耗 (3)铸型材料SiO_2与镁及稀土发生反应 (4)铁液中残留镁及稀土量居下限 (5)镁-钛合金处理比稀土硅铁合金处理更易出现片状石墨层 (6)浇注温度高,冷却速度低易出片状石墨层 (7)浇注系统过于集中处易出现片状石墨层	(1)使铸型表面硫含量低,刷涂料 (2)铁液中有足够的残留Mg及稀土量 (3)对表面层要求强度高或不加工表面多的铸件,尽量少用或不用含Mg蠕化剂 (4)控制浇注温度 (5)工艺上合理安排浇注系统及提高冷却速度
夹渣	(1)铸件上表面处有溶渣层,其周围石墨为片状 (2)铸件中有夹渣	(1)渣中硫、氧等与蠕化剂作用,降低了蠕化剂残留量 (2)铁液温度低,杂质不易上浮,而流入铸型 (3)铁液中裹入氧等气体与稀土、镁等作用形成微粒状夹渣	(1)降低原铁液中硫、氧含量 (2)提高铁液浇注温度 (3)浇注系统合理,加挡渣过滤措施

6.6 蠕墨铸铁的热处理

　　蠕墨铸铁的热处理主要为改善基体组织和力学性能,使之符合技术要求。除了铸件相当复杂或有特殊要求外,一般蠕墨铸铁件可不作消除铸造应力的热处理。

　　当铸态铸件在薄断面处有游离渗碳体时,可以通过热处理予以消除。

　　由于蠕墨铸铁应用尚不很广泛,而且蠕虫状石墨本身限制了力学性能的提高,因此目前很少对蠕墨铸铁进行淬火、回火、等温淬火等热处理。

　　蠕墨铸铁含硅量较高,因此其共析相变点在一个较宽的范围内变化,奥氏体转变为珠光体的速度减慢。用金相法和硬度法对不同含硅量的蠕墨铸铁测得的共析相变临界温度见表6-35。

表 6-35　蠕墨铸铁的共析相变临界温度

含硅量/%	A_{c1}^S	A_{c1}^Z	A_{r1}^S	A_{r1}^Z
3.02	805℃	860℃	805℃	720℃
2.64	800～810℃	870～830℃	800～810℃	730～720℃
2.38	790～780℃	860～870℃	800～790℃	720～710℃

注：S—开始；Z—终了。

6.6.1　蠕墨铸铁的正火

（1）正火目的　普通蠕墨铸铁在铸态时，其基体具有大量铁素体，通过正火热处理可以增加珠光体，以提高强度和耐磨性。

受蠕虫状石墨形貌所限，且由于化学成分及组织的特点，经正火后其基体较难获得90%以上的珠光体，因此普通正火后强度提高的幅度不会很大（见表6-36），但耐磨性能约可提高1倍（见表6-37）

表 6-36　正火蠕墨铸铁与铸态蠕墨铸铁的抗拉强度

试样编号	抗拉强度/MPa		试样编号	抗拉强度/MPa	
	正火蠕墨铸铁[1]	铸态蠕墨铸铁		正火蠕墨铸铁[1]	铸态蠕墨铸铁
1	424	397	4	430	397
2	402	393	5	447	399
3	430	373			

[1] 正火工艺：加热至880℃，保温1h，空冷。

表 6-37　正火蠕墨铸铁与铸态蠕墨铸铁的磨损量

磨损试验时间/h	磨损量/g		磨损试验时间/h	磨损量/g	
	正火蠕墨铸铁[1]	铸态蠕墨铸铁		正火蠕墨铸铁[1]	铸态蠕墨铸铁
10	0.0224	0.0516	30	—	0.0574
20	0.0274	0.0570			

[1] 正火工艺：加热至980℃，保温2h，空冷。

（2）正火工艺　由于蠕墨铸铁的共析转变临界温度较高，且随含硅量增加及偏析加重，共析转变时间延长，因此蠕墨铸铁正火时要提高加热温度且保温时间需适当延长，如图6-38所示。

所用试样化学成分：C3.69%、Si2.89%、Mn1.02%、S0.036%、P0.098%、RE0.058%。

试样尺寸：$\phi20mm\times20mm$ 圆形试块。

常用的正火工艺有全奥氏体化正火，如图 6-39 所示。两阶段低碳奥氏体化正火如图 6-40 所示。

两阶段低碳奥氏体化正火后，在强度、塑性都较全奥氏体化正火的高。

6.6.2　蠕墨铸铁的退火

（1）退火目的　为了获得85%以上的铁素体基体或消除薄壁处的游离渗碳体，可进行

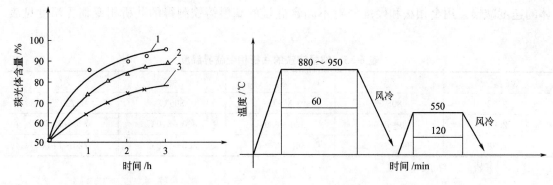

图 6-38　不同正火温度、保温时间
和基体组织的关系

1—1000℃；2—880～900℃；3—840℃

图 6-39　全奥氏体化正火

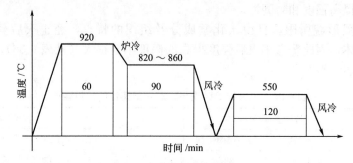

图 6-40　两阶段低碳奥氏体化正火

退火热处理。

（2）退火工艺　铁素体化退火如图 6-41 所示，消除渗碳体退火如图 6-42 所示。

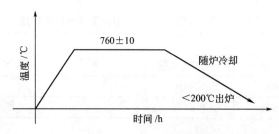

图 6-41　铁素体化退火

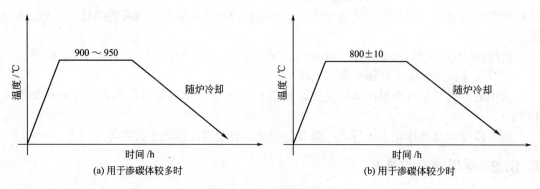

(a) 用于渗碳体较多时　　　　　　　　(b) 用于渗碳体较少时

图 6-42　消除渗碳体退火

6.7 蠕墨铸铁的标准、牌号及其选用原则

6.7.1 蠕墨铸铁的牌号

按 JB/T 4403—1999《蠕墨铸铁件》标准，蠕墨铸铁根据单铸试块的抗拉强度，分为 5 种牌号，见表 6-38。

表 6-38 蠕墨铸铁的牌号

牌号	抗拉强度 /MPa	屈服点 /MPa	伸长率 /%	硬度值 HBS	蠕化率 VG/% ≥	主要基体组织
	不小于					
RuT420	420	335	0.75	200~280		珠光体
RuT380	380	300	0.75	193~274		珠光体
RuT340	340	270	1.0	170~249	50	珠光体＋铁素体
RuT300	300	240	1.5	140~217		铁素体＋珠光体
RuT260	260	195	3	121~197		铁素体

国际上许多国家或专业委员会都按照蠕墨铸铁的不同基体组织反映的力学性能来划分牌号等级，而不是根据蠕化率来划分牌号等级。

除抗拉强度外如需方对屈服点、伸长率、硬度提出要求时，可按表 6-38 验收，或协商另订技术条件。牌号 RuT260 的伸长率必须作为验收依据。

铸件金相组织中的蠕化率按表 6-38 中规定的验收。根据铸件不同用途和特点，也可协商另订。

蠕墨铸铁件的力学性能和基体可经热处理达到，对热处理有特殊要求的蠕墨铸铁件，可由供需双方商定。

6.7.2 关于蠕墨铸铁蠕化率的规定

根据蠕墨铸铁件的性能要求与我国生产条件，规定蠕墨铸铁的蠕化率为≥50％。

美国、德国、瑞士、罗马尼亚以及铸造技术协会国际委员会都曾规定蠕墨铸铁的蠕化率＞80％。这是由国外生产条件所决定的，如一般都用电炉熔炼，能严格控制出铁温度、出铁量以及铁液成分（主要为硫）等。

必须从蠕墨铸铁件的技术要求来考虑蠕化率。我国生产的蠕墨铸铁件中有一部分是用来代替高强度灰铸铁件，如规定过高的蠕化率，则反会降低强度。另一部分承受热冲击的零件，如排气管、钢锭模、汽缸盖、玻璃模具等，往往由工作循环温度、冷却方式、铸件大小及壁厚以及零件本身复杂的工况决定各自应有的最适合的蠕化率。以钢锭模为例，4.5t 水冷钢锭模上试验结果，认为蠕化率以 20％～40％为最佳，28cm 开口钢锭模和 50.8cm 带帽钢锭模，喷水雨淋冷却下，蠕化率以 10％～50％为最佳，空冷下球墨铸铁最佳，冷水冷却下灰铸铁最佳。第二汽车制造厂蠕墨铸铁排气管生产中，综合考虑各种因素确定蠕化率≥50％。

上海新中动力机厂引进 VTR 系列大型增压涡轮废气进气壳因要求热导率高，规定该铸件蠕化率＞80％。

根据国内 54 个生产蠕墨铸铁件单位的调查统计，有 51 个单位生产的蠕墨铸铁件的蠕化

率≥50%，占94.6%；有3个单位的蠕化率＜50%。

国际蠕墨铸铁委员会在1981年伦敦会议上也规定了对某些蠕墨铸铁件允许蠕化率≥50%。

综上所述，我国标准规定蠕墨铸铁蠕化率≥50%是符合客观要求的。

6.7.3 牌号选用原则

对于要求强度、硬度和耐磨性较高的零件，宜用珠光体基体蠕墨铸铁。对于要求塑韧性、热导率和耐热疲劳性能较高的铸件，宜用铁素体基体蠕墨铸铁。介于二者之间的则用混合基体。具体参见表6-39。

表6-39　各种牌号蠕墨铸铁的性能特点和应用举例

牌号	性 能 特 点	应 用 举 例
RuT420 RuT380	强度、硬度高，具有高耐磨性，铸件材质中需加入合金元素或经正火热处理，适用于制造要求强度和耐磨性高的零件	活塞环、汽缸套、制动盘、玻璃模具、刹车鼓、钢珠研磨盘、吸淤泵体等
RuT340	强度、硬度较高，具有较高的耐磨性和热导率，适用于制造要求较高强度、刚度及要求耐磨的零件	带导轨面的重型机床件、大型龙门铣横梁、大型齿轮箱体、盖座、刹车鼓、飞轮、玻璃模具、起重机卷筒、烧结机滑板、液压阀体等
RuT300	强度和硬度适中，有一定的塑韧性，热导率较高，致密性较好，适用于制造要求较高强度及承受热疲劳的零件	排气管、变速箱体、汽缸盖、纺织机零件、液压件、钢锭模、某些小型烧结机算条等
RuT260	强度一般，硬度较低，有较高的塑韧性和热导率，铸件一般需退火热处理，适用于制造承受冲击负荷及热疲劳的零件	增压器废气进气壳体、汽车、拖拉机的某些底盘零件

6.8 典型蠕墨铸铁件

6.8.1 柴油机缸盖及实例

某柴油机厂在冲天炉条件下采用蠕墨铸铁生产中功率柴油机缸盖，代替原设计的低合金铸铁缸盖收到明显成效，现已批量稳定投产，某技术经济效果和简要工艺见表6-40和表6-41。

表6-40　用蠕墨铸铁做柴油机缸盖的技术经济效果

铸件名称	6110柴油机(104kW)缸盖		
毛坯质量	80kg	尺寸	897mm×249mm×110mm，主要壁厚5.5mm，最大壁厚40mm
技术要求	该铸件结构复杂，系六缸一盖连体铸件，工作时承受较高机械热应力，要求材质具有良好力学性能，抗热疲劳性能、铸造性能和气密性		
原设计材质存在问题	原设计材质为HT250(CuMo合金铸铁)，主要问题：(1)缸盖上喷油嘴座旁的气道壁因热疲劳最易开裂，该部位加工后仅3~4mm，工作温度为250~370℃；(2)缸盖渗漏严重，在导杆孔、螺栓孔等热节处(均为非铸出孔)易产生缩松(孔)缺陷，经加工钻孔后铸壁有微孔穿透造成渗漏；(3)因铸件热节多达50处，尺寸精度高，内腔结构复杂，难以采用冒口补缩和内外冷铁工艺		

铸件名称	6110柴油机(104kW)缸盖
改用蠕墨铸铁后技术经济效果	(1)由于蠕墨铸铁的抗拉强度、抗蠕变能力和塑性均明显优于原材质,故采用蠕墨铸铁缸盖开裂倾向大为降低,使用寿命显著延长 (2)缸盖渗漏率下降15%,当蠕化率>50%时,其体收缩率<HT250低合金铸铁,其气密性又与球墨铸铁相近 (3)低合金灰铸铁的抗热疲劳性能、气密性和铸造性能、加工性等对碳当量和合金元素的敏感性大,尤其对薄壁复杂件更为突出,冲天炉生产适应性差;而蠕墨铸铁的上述性能对碳当量敏感性小,加之采用稀土蠕化剂又有较宽的蠕化范围,冲天炉生产条件下缸盖质量易于控制 (4)节省贵重合金元素,定额成本下降21%

表 6-41　蠕墨铸铁柴油机缸盖的简要工艺

蠕化处理工艺	熔化炉	原铁液化学成分/%					处理温度/℃	蠕化剂加入量	蠕化处理方法	孕育
		C	Si	Mn	P	S				
	5t/h酸性冲天炉	3.6～3.9	1.5～1.8	0.5～0.8	<0.1	0.06～0.09	1420～1460	稀土硅铁合金(RE30)1.4%～1.6%	出铁槽随流加入,每包处理0.8～1t	出铁槽随流加FeSi75 0.8%～1.6%,液面加FeSi75 0.3%浮硅孕育

铸造工艺	中间分型,温砂,外形和组合式砂芯装配工艺,铸件收缩率1%,半封闭式浇注系统,直浇道下设有集渣包,起撇渣和缓冲液流作用

蠕墨铸铁牌号	要求金相组织	
	蠕化率	基体
RuT300	≥50%	铁素体+珠光体

此外,某车辆工厂采用1.5t工频感应电炉生产12V240型2248kW大功率蠕墨铸铁柴油机缸盖(毛坯单重124kg,壁厚8～45mm),以取代CrMoCu合金铸铁(HT300)缸盖也收到了明显效果。采用蠕墨铸铁制造后,缸盖耐水压试验合格率从73%提高到95%,改善了加工性能,冒口重量减少20%,且延长了使用寿命。生产的蠕墨铸铁牌号为RuT300,蠕化率≥60%,使用稀土硅铁合金作蠕化剂;当原铁液S≤0.04%时,合金加入量0.75%～1.0%。当铁液温度为1510℃时,将合金置于炉内铁液表面,约过1min,合金呈熔融状态后即可倒入浇注包内。采用FeSi75大孕育量二次孕育和浮硅孕育,以消除稀土合金的白口倾向和孕育衰退的问题。

6.8.2 液压件

某液压件厂在冲天炉条件下稳定生产蠕墨铸铁液压件,与原使用的HT300灰铸铁相比成品率高,成本低,为液压件向小型、高压方向发展提供了优质毛坯。蠕墨铸铁液压件的技术经济效果、简要工艺及性能见表6-42～表6-44。

表 6-42　蠕墨铸铁液压件的技术经济效果

铸件名称	集成块
毛坯重量	最小12kg(壁厚92mm),最大136kg(壁厚280mm)
技术要求	要求铸件致密、耐高压(7～32MPa)、耐磨、表面粗糙度高、加工性能好

铸件名称	集成块
原设计材质存在问题	(1)由于 HT300 高牌号灰铸铁碳硅含量低,所以铸造性能差,铸件易产生缩裂或晶间缩松而报废,废品率高达 60% (2)工艺出品率低,只 55%左右,压边浇冒口的重量占铸件重量的 0.8 以上
改用蠕铁后技术经济效果	(1)废品率大幅度下降 (2)工艺出品率提高到 75%,压边浇冒口重量比原来的减轻 2/5 (3)经济效益明显,扣除蠕墨铸铁生产成本比 HT300 灰铸铁增加约 8%外,仅废品率下降、工艺出品率提高两项,使蠕墨铸铁件成本降低 1/3 以上

表 6-43　蠕墨铸铁液压件的简要工艺

熔化炉	原铁液成分	处理温度/℃	蠕化剂加入量	蠕化处理方法	孕育	铸造工艺
无前炉,1t/h 热风三排小风口冲天炉	高 C 低 Si,低 P、S、Mn 视基体要求确定	1380~1410	稀土硅铁合金约 2.4%	随流冲入法	因铸件壁厚而不进行孕育	同 HT300 工艺采用压边浇冒口

表 6-44　蠕墨铸铁液压件的组织与性能

金相组织		力学性能			耐 压 性 能	耐 磨 性 能
蠕化率	基体	抗拉强度/MPa	伸长率/%	硬度(HBS)		
>80%	铁素体50%~60%,适当加入微量 Sn 或 Sb 可增加铸态珠光体量(>70%)	360~480	1.3~2.4	200	爆破压力:蠕墨铸铁为198~262.4MPa,比 HT300 高60%~1.0%。渗漏压力:两者均接近爆破压力,小于爆破压力10MPa 时均未发现渗漏	在 M-200 型磨损试验机上与环形 40Cr 钢对磨40min 加载 1500N,转速200r/min,磨痕宽度比HT300 减少 29%

6.8.3　汽车排气管

某汽车制造厂年产蠕墨铸铁排气管十余万支,与原使用的 HT150 牌号的铸铁排气管相比大幅度延长了使用寿命,从根本上解决了排气管开裂的问题。蠕墨铸铁排气管技术经济效果和简要工艺见表 6-45 和表 6-46。

表 6-45　蠕墨铸铁排气管的技术经济效果

铸件名称	EQ140 汽车发动机排气管		
毛坯质量	14.2kg	尺寸	总长 676.5mm,主要管壁 5mm,局部最大壁厚 22mm
技术要求	该零件服役温度差别大(室温~1000℃)承受较大的热循环载荷,要求材质有良好的抗热疲劳性能		
原设计材质存在的问题	原设计材质 HT150,主要问题是寿命短,汽车行驶不到 10000km,管壁开裂严重;若改用球墨铸铁排气管,虽不发生开裂,但变形严重,通道口错开漏气		
改用蠕墨铸铁后技术经济效果	(1)延长寿命 3~5 倍以上,根本上解决了排气管开裂问题 (2)取消了加强肋,铸件自重减轻了 10%		

表 6-46　蠕墨铸铁排气管的简要工艺

熔化炉	原铁液化学成分/%					处理温度 /℃	蠕化剂 加入量/%	蠕化处 理方法	孕育	铸造工艺
	C	Si	Mn	P	S					
10t 无芯 中频感 应电炉	3.6～ 3.9	1.7～ 2.0	≤0.5	<0.1	≤0.04	1520±20	低稀土镁钛 （2RETiMg3～ 5），加 1.1～1.4	包底凹坑 冲入法，每次 处理 500± 50kg	FeSi75 孕 育随流冲入	基本同 TH150 工艺

注：排气管用蠕墨铸铁要求：牌号为 RuT300，蠕化率≥50%，基体为铁素体>50%。

第7章

铸铁感应电炉及冲天炉熔炼

7.1 铸铁生产应用感应电炉

7.1.1 冲天炉熔炼到感应电炉熔炼

感应电炉熔炼铸铁与冲天炉相比，有利于获得低硫铁液，此点对于生产球墨铸铁具有冲天炉所无法比拟的优越性。熔炼灰铸铁，对于铁液质量的影响，两者相差不大；对于熔炼工艺的控制，电炉熔炼相对简单、稳定；而且采用电炉熔炼，可以减少环境污染，具有良好的社会效应；电炉熔炼的炉前工作环境、劳动强度总体上要好于冲天炉熔炼；利用夜间供电熔炼，可以大幅度降低熔炼成本。

需要考虑的是电炉设备投资较大，电炉熔炼对于炉料的清洁程度、干燥要求较高。

基于以上综合考虑，某厂利用搬迁扩建新厂的机会，将树脂砂大件车间熔炼方式由冲天炉改为电炉熔炼，电炉为 2 台容量 7t、熔化率 7t/h 的中频感应炉。

(1) 增碳剂的使用与灰铸铁的生产问题

① 增碳剂的质量要求及使用方法。增碳剂主要需满足吸收率和 $w(N)$ 量的控制这两个主要指标。

a. $w(S)$ 量及其控制。对于感应电炉熔炼的灰铸铁，在使用正常炉料的情况下，原铁液中的 $w(S)$ 一般不超过 0.05%，此时假设使用 $w(S)$ 量为 1.0% 的增碳剂 [目前市售增碳剂 $w(S)$ 量一般低于 0.5%]，加入量 1.5%，即使 S 的吸收率为 100%，也只增加 $w(S)$ 0.015%，不会对灰铸铁的性能产生负面的影响，而且 S 与 Mn 相互作用时可促进石墨化，铁液中适量的 S（一般质量分数不低于 $0.05\%\sim0.06\%$）还可以改善孕育效果，故生产灰铸铁时可以不用考虑增碳剂 $w(S)$ 量指标。甚至可以认为，在正常情况下增碳剂中加入少量的 S 对于改善灰铸铁的性能是有益的。

生产球墨铸铁时，因废钢的使用量对于球墨铸铁的性能无明显影响，完全可以通过调整炉料配比来达到合适的 $w(C)$ 量，而无需使用增碳剂；目前市售专用低 S 增碳剂，价格太贵，性价比太差，而且现在可用于感应电炉熔炼的优质废钢与新生铁价格相当，从经济性上考虑也没必要使用增碳剂增碳，即没必要考虑 $w(C)$ 量指标。

b. $w(N)$ 量及其控制。理论上 N 在铁液中的平衡浓度为 100×10^{-6}，铁液中 $w(N)$ 大于此值，特别是高于 140×10^{-6} 时，可导致形成 N_2 气孔缺陷，在平衡浓度以下的 N 可以提高铸铁的性能。人们认为控制铁液中 $w(N)$ 量最有效的办法是将铁液在高温下保温，铁液保温时，随着时间延长，$w(N)$ 量将会逐渐下降，有资料认为恢复到原始 $w(N)$ 量（加增碳剂前的含量）需 10～60min。关于保温时间的实际控制是从铁液温度达到 1450℃ 开始计算，此时取样分析，然后升温到 1510℃ 左右，炉内保温 10min，总计有 15～18min 的辅助作业时间作为铁液有效保温时间用来消除 N 的影响。其次是使用优质增碳剂，以尽可能减小增碳剂中 N 对铁液的影响。限于工厂生产条件（也许对大多数铸造厂均为如此），在熔炼现场对 N 作定量分析控制，甚至利用加 Ti 一类的方法来消除 N_2 的不良影响，是不现实的，也是不必要的。

c. 增碳剂的吸收率和使用方法。增碳剂的吸收率首先与增碳剂的 $w(C)$ 量直接相关，$w(C)$ 量越高，灰分越低，则吸收率越高；其次是使用方法，推荐方法是随炉加入法，即首先在炉底加入一定量的轻薄炉料，然后将增碳剂按配料需要量全部加入。如果增碳剂先加，有时增碳剂会黏附在炉底。如果在熔炼后期加入增碳剂，有两点不利：

第一，增碳剂易烧损，如果炉中渣未扒净，即使是少量的炉渣也会严重影响增碳剂的吸收，此时增碳剂将成为表面的浮渣。

第二，降低生产效率，后期加入的增碳剂吸收需要额外的时间。有资料表明，使用电极碎块的增碳速度，在铁液温度为 1400～1470℃ 时，每分钟只能吸收 0.12%，作者认为此时还需通电搅拌、升温方式方可有效吸收，但对于功率密度大的电炉，铁料完全熔化为铁液后，每分钟温度可以上升 20～30℃，而容易扒渣的铁液温度至少在 1400℃。从 1400℃ 到正常保温温度为 1500～1550℃，在正常情况下只需 5～8min，如此短的时间是不能充分满足增碳要求的。故增碳剂随炉装入最好，此法简便易行，生产效率高，实际增碳剂吸收率有90% 左右，如果在熔炼后期取样分析发现 $w(C)$ 量偏低，则加点新生铁即可。

② 关于灰铸铁生产中的一些问题。生产中发现，在废钢加入量较少（35%以下）的情况下，同样炉料即新生铁、废钢、回炉铁配比下，在成分基本相同时，电炉熔炼的灰铸铁性能要比冲天炉的性能低，加强孕育，效果也不明显。资料介绍，$w(S)$ 量过低将影响孕育效果，据此怀疑铁液是否孕育不良，与 $w(S)$ 量低可能有关系，于是尝试加 FeS 的措施，将 $w(S)$ 量调到 0.07%～0.08%，但效果仍不明显。于是仍采取 CE 不变、增加废钢使用量的方法提高灰铸铁性能，$w(C)$ 量不足部分仍用增碳剂解决，发现效果良好。

当废钢用量超过 50% 时，在正常情况下，可以稳定生产 HT300 牌号，而用冲天炉废钢40% 即可。灰铸铁性能随着废钢使用量的增加而增加，此特性与冲天炉一致，只是在冲天炉条件下大量使用废钢时，需要大幅提高铁焦比方可稳定炉况，获得高的增碳率和高的熔炼温度，否则生产高牌号灰铸铁就有一定困难，而电炉则无此问题，只要增碳剂质量有保证，再加上合适的熔炼保温制度，大量使用废钢无困难。毫无疑问，利用电炉熔炼，各种合金加入量的准确控制，也是一件简单的事。从这两个方面考虑，电炉熔炼使高牌号或有特殊要求的灰铸铁的生产控制变得相对简单。

至于微量元素对于灰铸铁性能的影响，一般资料均有介绍，在此不作赘述，并且实际生产中也不常化验，控制的最好方法是不要轻易变换生铁的来源，尽量采购优质的炉料，否则在一般工厂常规控制手段下，对于使用存在不合格因素的炉料而可能引起的质量问题将防不胜防。

（2）感应电炉熔炼的生产组织和可控制问题

① 电炉的生产效率问题。大件车间以零星小批量的铸件生产为主，生产制度为阶段工作制，白天造型，夜班熔炼浇注，每天开单炉熔炼。初期熔炼浇注按冲天炉习惯正常采用一只浇包浇注，浇注人员配制也相同；一包浇完后，再继续出铁浇注，浇注时炉子处于保温状

态等待。试生产一段时间后发现由于等待时间太长，导致熔炼效率很低，有效熔炼时间只有50%~60%，不能满足生产要求。尝试过采用批料熔化法即在半炉状态下加料继续熔化，由于生产、调整、等待时间的关系，并不能有效缩短熔炼时间。此外，成分调整也较麻烦。于是改变生产方式，增加浇注人员1人，采用双包同时出铁浇注，原3t浇包改为3.5t浇包，保证每炉铁液（7t）熔化、调整完毕后，能在最短时间内将铁液倒空，然后两包分头浇注。出铁时，其中第1包铁液因车间布局问题，需要等待几分钟，但因铁液温度本身很高，温度下降有限不影响正常浇注。如此，可将熔炼效率提高到65%~70%，基本上可以满足生产需求。

② 铁液浇注温度的控制。在电炉试生产初期，曾经出现由于浇注温度过高，使一些厚大铸件产生了严重粘砂缺陷，由于无法清理而只能报废，造成不小的损失。

传统认为"高温出炉，低温浇注"最好，对于"吃百家饭"的专业铸造厂来说，要做到这点，其实是有相当难度的。感应炉熔炼温度较冲天炉高40~60℃，控制难度更大，不同壁厚、重量的铸件有着各不相同的理想浇注温度，要做到全部合适是不可能的，但不控制也不行，重点铸件（主要是厚大件）低温浇注必须确保。目前，主要采取倒包加静置的方法降温，单纯静置，对于3~3.5t满包铁液在不覆盖保温聚渣材料的情况下，每分钟只能降3℃左右，如要大幅度降温则等待时间太长，影响生产效率，只能与倒包相结合（即将此包铁液倒入到另一个空包中），通过倒包，可使铁液温度迅速降低。如忽视低温浇注，对于树脂砂生产的厚大件，粘砂将是必须面对的问题。

（3）铸铁熔炼用材料　铸铁熔料用材料包括生铁（高质量低杂质，满足高质量铸铁生产的要求）、废钢增碳剂（以废钢为主要原料熔炼铸铁必备原材料）、脱硫剂、增碳剂、净化剂、细化剂、清渣剂、焦炭、孕育剂、球化剂（与电炉熔炼工艺相匹配）、变质剂、铁合金等其他预处理的材料。

7.1.2　中频感应电炉铁液特性及对策

某厂完成了5个铸造车间中频感应电炉熔炼工艺的技术改造，每个铸造车间配备两套KGPS-5000/0.3GW-10型中频无芯感应电炉，双炉同时运行，一台熔炼，另一台保温出铁液，连续生产，不仅提高了生产效率、铸件的质量和成品率，而且改善了厂区的工作环境，降低了工人的劳动强度，创造了良好的经济效益和社会效益。但在采用电炉熔炼生产中，发现电炉铁液与冲天炉铁液在特性上存在许多差异，电炉铁液有优良特性，如温度、成分易于控制，相对纯净度较高等，但也存在不良特性，主要表现为铸件质量的波动。针对采用电炉熔炼工艺后生产中出现的问题，进行深入细致的研究，并探索出一些经验和对策。

（1）电熔铁液的不良特性　在相同原材料的条件下，电炉熔炼的铁液与冲天炉熔炼的铁液的铸件基体组织与石墨形态有一定的差异；而且相关电炉直熔工艺技术资料较少，实践、研究起来难度也较大。

① 电熔铁液与冲天炉铁液相比晶核数量少，过冷度增加，白口倾向大。

② 在亚共晶灰铸铁中，A型石墨数量极易减少，D、E型石墨增加，并且使D、E型石墨伴生的铁素体数量增加，珠光体数量减少。

③ 具有较大的收缩倾向，铸件厚壁处易产生缩孔和缩松现象，薄壁处易产生白口和硬边等铸造缺陷。

（2）不良特性的影响及分析

① 铸件缺陷。各车间电炉投产后，在生产过程中陆续出现以下几个比较典型的质量

问题。

a. 发动机机体、拖拉机箱体铸件出现裂纹缺陷，废品率达 15%。

b. 发动机缸盖铸件渗漏，个别工作日渗漏废品达到 50%。

c. 发动机齿轮室盖铸件，白口严重，废品曾达到 40% 以上。

大部分铸件曾不同程度地发生石墨形态不良、珠光体含量低的缺陷。

② 缺陷分析。采用电炉熔炼工艺后，熔炼所用原辅材料基本没有变化，并且材料进厂都有严格的检验程序，因此，由原材料因素造成的此类差异基本排除。

铸件质量问题出现后，技术人员跟班作业，对每一种配料、操作过程中的每一个细节精心推敲，对缺陷铸件的成分、金相等进行记录分析，发现一个现象：凡是发生裂纹缺陷的铸件，石墨形态大都为 E 型石墨或 E 型石墨含量较多；白口缺陷铸件石墨形态以 D 型为主。针对这种现象，分析原因如下。

a. 铁液含硫量低。"硫化物核心理论"认为铁液含硫量低时白口深度较大，随着含硫量增加，白口深度逐渐减小到一个最小值（此时含硫量为 0.05%~0.06%），然后随着含硫量增加白口深度再度增加。

有资料指出："低硫时共晶团数少，即成核度很小，随着含硫量的增加，共晶团数急剧增加，当含硫量达到 0.05% 左右时，共晶团数增加趋向减缓"。该厂电炉熔炼灰铸铁铁液含硫量在一般情况下只有 0.03% 左右。实践证明，当电炉铁液含硫量在 0.05% 以下时，常规孕育效果极不明显；当含硫量≤0.03% 时，铸件白口倾向增大。分析认为，由于硫及硫化物含量低，晶核数量减少，形核能力低，白口增大，A 型石墨减少，D、E 型石墨增加。

b. 含硫低的主要因素是铁液高温保温时间长。在冲天炉熔炼过程中，由于焦炭中硫分的影响，出现铁液增硫；而电炉熔炼过程中没有增硫源，不存在增硫反而由于硫和其他元素极易化合成硫化物形成熔渣上浮于铁液表面，与渣子一起扒除，含硫量不但没有增加，反而相应减少。电熔铁液由于本身的熔炼特点，高温保温时间较长，作为形核晶粒，硫的化合物在保温期间大量熔融，从而导致硫化物晶核减少，石墨成核能力降低，并且随着铁液保温时间的不断延长，过冷度继续增大。越是高牌号铸铁，保温温度、时间对过冷度的影响越显著，而且不管是否孕育，都随着铁液温度的提高、保温时间的延长，导致过冷度的增大、白口深度增加。

（3）改善不良特性的措施

① 原料、成分的选择及使用方法。

a. 强化"精料出精品"的观念，加强对原辅材料的管理。首先针对原来冲天炉所用生铁供应厂家较多、质量差别较大的现实，分别对不同牌号、不同厂家的生铁在电炉上进行试验，试验印象：生铁生产厂家规模大，熔炼高炉容量大，铁矿石质量好、来源稳定，工艺先进，生铁有害元素就低，用这样的生铁生产的铸件，内在质量好，并且稳定。其次，严格禁止使用锈蚀严重的废钢，并对回炉料在投料前进行抛丸清理。最后就是选用经过高温石墨化处理过的增碳剂，并且在炉料熔炼过程中要尽量早加，使增碳剂与铁液直接接触且有充足的时间熔融，后期成分微调时，如 C 量偏低可加入生铁调整，如 C 量偏高可加入废钢调整。

b. 成分的选择控制方面，原则是 C_E 含量略高于冲天炉。车间生产的铸件大都为 HT200，采用炉前快速热分析仪与理化分析相结合检测手段，要求严格炉前分析仪的成分控制，原铁液 3.95%~4.10% C_E、3.37%~3.45%C、1.85%~1.90%Si，孕育量为 0.2%~0.3%，出炉温度为 1520~1550℃。铸件化学成分为 3.35%~3.45%C、1.8%~2.1%Si、0.8%~1.2%Mn、≤0.10%P、0.05%~0.12%S。

② 工艺创新的措施。

a. 创新、完善工艺操作规程。为改善铁液在高温长时间保温下带来的不良因素，在熔炼工艺规程上添加制订并强调"快熔快出"的工艺操作方法，进一步强化工艺的指导作用。提高员工对执行工艺的自觉性。同时对造型时间进行调整，使造型速度与电炉的熔化率相匹配。铁液在炉内经成分调整、升温后尽快出炉，并加快浇注速度，最大限度地缩短铁液在炉内、包内的保温时间。

b. E型石墨的有害作用及长效孕育剂的应用。发动机机体、拖拉机箱体裂纹缺陷曾非常严重。跟踪调查发现，裂纹大部分发生在箱口部位，长度 20mm 左右，裂痕微小，顺裂痕砸开没有氧化色，因此确定为冷裂。其原因为：在清理铸件用锤击打时，部分铸件产生裂纹，经金相分析凡产生裂纹的铸件均为 E 型石墨。由于 E 型石墨的方向性较强，机械强度低，冲击韧性小，铸件易产生裂纹缺陷。

为改善这种状况，避免 E 型石墨的出现，引进使用了 FeSi70Ba5 长效孕育剂，增加了二氧化硅质点，给 A 型石墨的形成提供了必要的条件；同时由于硅铁中钡的加入，延长了有效孕育时间，抑制了 E 型石墨的产生，铸件的裂纹缺陷明显减少。

钡硅孕育剂应用到生产上后，石墨形成与珠光体含量都得到一定程度的改善和提高，但需要加入孕育剂含量较大，成本较高。当孕育剂加入量偏多时，基体中珠光体含量极易降低，铁素体含量增加，铸件的强度、切削性能均受影响。

一旦高温保温时间略长，硫及硫化物含量又低，晶核减少，不良石墨再次出现。

c. 增硫剂的应用。为克服含 S 量低形核数量少的现象，引进使用了增硫剂，使铁液 S 含量由 0.03% 增加到 0.06%～0.08%，形核数量增加，此时铸件金相组织中全部为 A 型石墨或以 A 型石墨为主，石墨长度为 2～3 级，两端变钝；基体组织珠光体含量由原来的 30%～50% 增加到 90% 以上；由于珠光体含量的增加，改善了铸件的强度和切削性能。

由于成分的稳定和石墨形态的改善，减少了铸件的裂纹缺陷，同时铸件缩松、缩孔倾向得到改善，力学性能得到了相应提高。在不加其他合金元素的前提下，$\phi 30mm$ 试棒的抗拉强度均在 250MPa 左右，硬度为 185～220HB，高于 HT200 的要求。

d. 薄壁铸件白口消除的措施。当同一炉铁液浇注不同壁厚的铸件时，壁薄的铸件白口极易增大，有时甚至不能使用，例如发动机上的齿轮室盖，其壁厚大部分只有 5mm，白口缺陷造成的废品率高达 40% 以上。针对这一问题，首先加大孕育量至 0.4%～0.5%。其次，依据"未溶石墨质点理论"，出铁液前，在包内加入 2% 的干净无锈原生铁块，有效增加石墨质点，使薄壁铸件白口消除，改善了切削性能，避免了铸件白口缺陷。但这一措施仅仅用于同一成分铁液而不同铸件壁厚的情况，在正常熔炼铸件单一的情况下，一般不提倡使用这样的方法，以免引起基体组织中石墨粗大，降低铸件强度。

上述工艺技术实施后，发动机基体、拖拉机箱体的裂纹缺陷基本得到克服，缸盖的渗漏缺陷控制在 3% 以下，发动机齿轮室盖白口缺陷消除。金相组织中石墨形态以 A 型为主，珠光体含量在 90% 以上。

(4) 结论

① 电熔铁液要得到合格健全的铸件，除了要求纯净炉料外，C_E 要略高于冲天炉。

② 电熔铁液要得到正常的石墨形态，要有合适的 S 含量，建议控制在 0.05%～1.2% 之间，S 含量 ≤0.05% 使用硫化剂，并且增硫剂最好在熔炼后期升温时加入。

③ 要求"快熔快出"的操作工艺，减少铁液在炉内的保温时间尤其是高温保温时间。

④ 使用长效孕育剂，加入量一般在 0.2%～0.3%，如铁液含 S 量在 0.05% 以下，孕育量可增至 0.4%。

⑤ 薄壁铸件白口较大时除加大孕育量外，另加2％的原生铁，以增加石墨质点，消除白口。

7.1.3 工频无芯感应电炉熔炼作业铁液特性与故障对策

（1）工频无芯感应电炉的熔炼作业 根据熔炼开始时的状态，工频无芯感应电炉的熔炼作业分为放入起熔块后再加入金属炉料的"冷料熔炼"方式和不用起熔块而在炉内保留一部分铁液的"残留铁液熔炼"方式两种。

① 冷料熔炼通常按图7-1所示的程序作业。

a. 起熔块的制作及选择。工频无芯感应电炉在炉内没有残留铁液时，必须用起熔块。起熔块是利用浇注过程中的残余铁液用金属型浇注而成的。起熔块的形状有图7-2所示的3种。利用金属型浇注时，宜做成图7-2(b)所示的形状，脱型容易且不必担心放入炉内时碰到下部的倾斜部位。图7-2(c)所示的形状也是为了避免放入炉内时碰到下部的倾斜部位。从通电效率来看，起熔块的直径大些为好。但太大放入时会撞伤炉壁，起熔块受热时因膨胀还会造成对炉壁的加压。由于工频感应电炉感应电流的透入深度大，因此没有必要大得连与炉径都没有一定间隙的程度。

一个起熔块的质量可按图7-3选取，也可利用图中回归线的公式进行计算。此外，一次熔炼时装入起熔块的总质量，也可从图7-3中选用，或利用图中的回归线公式另行计算。

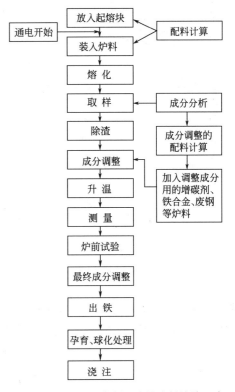

图 7-1 工频无芯感应电炉的冷料熔炼程序

对于小型炉，由于用图7-3(a)、（b）中两回归公式计算的结果近似，可以把一个起熔块的质量看作总的起熔块质量。但对于数吨以上的大型炉，则可选用2～3个小尺寸的起熔块。只要总质量在图7-3(a) 的范围内即可。这与使用大的起熔炉相比，不仅在制作和搬运上容易，装运时也不易损伤炉壁。

如30t容量那样的大型炉，起熔块的质量并不在图7-3的延长线上选取，而是使用1个5t或10t的起熔块。5t以下的使用2个。

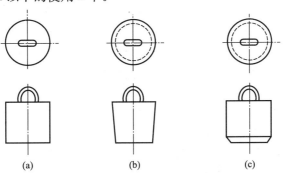

(a)　　　　　　　(b)　　　　　　　(c)

图 7-2 工频无芯感应电炉用的起熔块形状

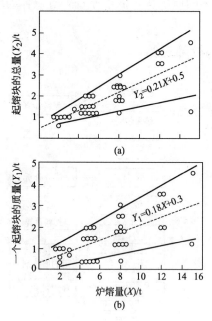

图 7-3　工频无芯感应电炉
起熔块质量计算图

b. 起熔块及金属炉料的装入。用行车吊入起熔块时应小心，不能碰伤炉壁。在炉底预先铺少量钢板（如 5t 炉约 50kg）或铁屑，有防止炉底损伤的效果。另外，每次连续熔炼的前一天装入起熔块，让电源自动设定温度为 900℃，可以对起熔块进行预热。这样可缩短第二天首次熔炼时间。

加入金属炉料，一般放入斗内用行车装入或是采用电磁吸铁盘装入。待炉料装满后即可通电熔炼。但在使用易于搭棚的炉料时，应等起熔块熔化后再装入。

c. 炉料配比、成分调整、升温。常用的炉料有回炉料、废钢、生铁和铁屑。灰铸铁一般的炉料配比为回炉铁 30%、废钢 50%、生铁和铁屑各为 10%。黑心可锻铸铁的炉料配比为回炉铁 50%～55%、废钢 45%～50%。除特殊情况外，一般不用生铁（或仅用 5%～10% 生铁）。配料时预先根据炉料配比及材料成分，计算出 C、Si、Mn 等含量；不足的部分用增碳剂和铁合金等来调整。元素烧损率为了简化起见，回炉铁等主要金属炉料均以 0 计算。增碳剂为 10%～20%，添加合金的配料元素烧损率可从表 7-1 中选取。灰铸铁 HT250 的配料计算举例如表7-2，最终成分调整采用热分析仪、直读光谱仪等分析仪器，迅速分析出 C、Si、Mn 等含量，然后添加增碳剂、铁合金、废钢等进行调整。

表 7-1　感应电炉熔炼时的元素烧损率　　　　　　　　　　　　　　　　单位：%

铜 (Cu)	镍 (Ni)	锰铁 (Fe-Mn)	硅铁 (Fe-Si)	铬铁 (Fe-Cr)	钼铁 (Fe-Mo)	钒铁 (Fe-V)	磷铁 (Fe-P)	钛铁 (Fe-Ti)	回炉铁、生铁 废钢、铁屑
0	0	10	5～10	5～10	5～10	10～20	10～20	40～50	0

注：1. 本表为简化配料计算而用。

2. 为了防止铬铁的加入过量，一般在配料时作 5% 的烧损，在铁液成分分析后再补加不足的部分。

表 7-2　用工频感应电炉熔炼 HT250 铸铁的配料计算

炉料	配比 /%	质量 /kg	$w(C)/\%$		$w(Si)/\%$		$w(Mn)/\%$	
			炉料	铁液	炉料	铁液	炉料	铁液
废钢	50	500	0.04	0.020	0.04	0.020	0.45	0.225
回炉铁	30	300	3.30	0.990	2.00	0.600	0.60	0.180
生铁	10	100	4.42	0.442	1.23	0.123	0.65	0.065
铁屑	10	100	3.30	0.330	2.00	0.200	0.60	0.060
合计	100	1000		1.782		0.943		0.530
不足分				1.518		1.057		0.27
增碳剂	1.687	16.9		1.687				
Fe-Si(75%)	1.484	14.8				1.484		
Fe-Mn(65%)	0.462	4.6						0.462

注：1. HT250 的成分（w_n）为 3.3%C、2.0%Si、0.8%Mn。

2. 废钢、回炉铁等主要金属炉料的元素烧损按 0 计算，而增碳剂、硅铁、锰铁的元素烧损率分别按 10%、5% 和 10% 计算。

升温速度通常为 $7 \sim 8 ℃/min$，并尽可能用最大功率。最高熔炼温度及出铁温度根据铸铁的工艺要求而定，一般情况下在 $1500℃$ 左右。

② 残留铁液熔炼。对于工频感应电炉应择优采用残留铁液熔炼方式，这样不仅可以提高生产效率，还可避免铁液性质异常。主要理由如下。

a. 在残留铁液中补加金属炉料，使炉内铁液温度降低。

b. 金属炉料在熔化过程中可以增加石墨核心产生。

c. 固体金属炉料在铁液中熔化时可抑制熔化前的氧化。

对于中频感应电炉来说，利用残留铁液熔炼也并不是没有意义。如果炉内有残留铁液，即使是开始通电的初期，由于负荷变动少，一开始就可以投入高电力，因此至少可缩短金属炉料的熔化时间。

在准确掌握残留铁液的质量、成分及温度的前提下，采用残留铁液熔炼时的炉料配比、成分调整、升温等操作方法与冷料熔炼时相同。残留铁液量约为炉子容量的 $1/2$。但在工频有芯感应电炉或双联熔炼时，炉内残留铁液量有时少至 $1/10$，而有时多至 $9/10$，是根据生产状况而定的。

从加入金属炉料至出铁的一个周期时间，因残留铁液量的不同而有所差异，但以 $1 \sim 1.5h$ 为好。所以一天熔炼 $8h$ 的熔炼周期为 $5 \sim 8$ 次。

在夜间或两班制作业的班间时间的铁液保温，有满炉和少至 $1/4 \sim 1/2$ 的铁液，此时的保温温度以 $1300 \sim 1400℃$ 为佳。

（2）感应电炉熔炼作业的注意事项

① 生铁的加入。目前，对于灰铸铁的熔炼，不仅是中频感应电炉，就连工频感应电炉的生铁配比都有增加的现象。对于工频感应电炉，生铁通常在熔炼后期加入。这是从生铁中含有初晶石墨而有生成石墨核心的作用上来考虑的。生产实践也表明，加入少量生铁后立刻出铁浇注，有减少白口倾向的作用。但与其相反的是，生铁配比量过大，会导致强度下降。从金属炉料的一部分早些熔化能提高通电效率上来看，把熔点低的生铁全部放在后期加入也不能说是恰当的方法。因此，生铁何时加入为好，应根据生产实际情况综合考虑。

此外，大型炉为多的工频感应电炉，常用料斗加入金属炉料。若在已升温的大量液体中，加入带有锈蚀和水分的生铁，当其沉浸在铁液深处时会发生爆炸而引起铁液飞溅。从安全方面来看，在熔化后期加入生铁也并不是好的措施。

而对于以快速熔炼为优势的中频感应电炉，一致认为在熔炼初期加入生铁为好。这是因为生铁形状比较一致，易于获得高的感应电流，从而有利于提高熔炼速度。

② 增碳剂的选择与加入。铸铁中的含氮量一般在 100×10^{-6} 以下。当含氮量在 $(150 \sim 200) \times 10^{-6}$ 或更高时，易产生龟裂、缩松和裂隙状皮下气孔。这对于厚壁件则更容易产生。其产生原因是，随着废钢配比增加，增碳剂的加入量增大。焦炭系增碳剂，特别是沥青焦炭的含氮量高。例如，电极石墨的 $w(N)$ 有 0.6%。假若含氮 0.6% 的增碳剂，添加量为 2%，仅此就添加了 120×10^{-6} 的氮。为此作为增碳剂，宜选择含氮量低的电极石墨为好。

至于增碳剂的加入方法，对于中频感应电炉，最好在金属炉料加入时逐步加入。加入过早，易黏附于炉底附近；加入过迟，不仅导致成分调整的延迟，还有可能造成过度升温的失误。

③ 硅铁的添加。试验表明铁液中含 Si 量越高，加入增碳剂时，增碳速度迟缓。因此对于搅拌力弱的中频感应电炉来说，硅铁迟一些加入为好。但加入硅铁过迟，也会与增碳剂一样，造成炉内铁液成分分析和调整的延迟。而对于搅拌强烈的工频感应电炉，不必担心含

Si 高而导致的增碳速度缓慢，硅铁可在早期加入。但加入硅铁过早，金属炉料尚未熔化，也会起到促进氧化的相反作用。

④ 金属炉料加入。采用感应电炉熔炼，炉料搭棚现象很少发生。但在工频电炉上使用松散炉料，诸如横浇道那样的多分叉炉料、粘砂及生锈易产生熔渣的炉料及全部采用铁屑熔炼时，容易出现搭棚，应引起注意。防止搭棚的最好办法是控制加料量，以便于经常看到部分金属液面。

薄钢板和铁屑应加在洁净的铁液中，以防被电磁力拉向炉壁而造成熔渣卷入，使其难以熔化。对于中频感应电炉，虽然不用起熔块，若从通电开始就装满炉料，会使负荷变动增大而妨碍频率变化，为此，对金属炉料还是逐次加入为好。

⑤ 升温时的注意事项。与中频感应电炉不同，工频感应电炉升温速度慢。为了避免这段时间铁液性质的变化，应尽量关闭炉盖，以防止铁液表面散热，实现快速升温。可在炉盖上设置辐射式温度计，不需打开炉盖便于测温。

（3）工频感应电炉熔炼铁液的特性、成因及改善措施

① 工频感应电炉熔炼铁液的特性。大量生产实践表明，用工频感应电炉熔炼的灰铸铁铁液与冲天炉熔炼的铁液相比，有铁液花纹不易呈现、白口和收缩倾向大及强度和硬度稍高之差别。工频感应电炉与冲天炉铁液的白口深度与缩孔深度的比较如图 7-4 和图 7-5 所示。

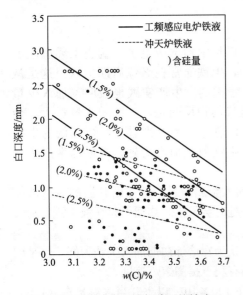

图 7-4 工频感应电炉与冲天炉铁液
的白口深度比较

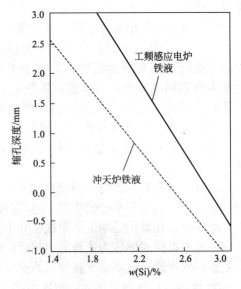

图 7-5 工频感应电炉与冲天炉铁液用圆筒形
金属型试验时缩孔深度的比较

上述工频电炉熔炼铁液的性质，中频感应电炉也有。但由于中频感应电炉比工频感应电炉升温及熔炼快速、铁液搅拌力低，因此白口及缩孔倾向比工频感应电炉小。

② 工频感应电炉熔炼铁液的成因。形成工频感应电炉熔炼铁液性质的原因主要有如下 3 个方面。

a. 冲天炉以焦炭作为硫的主要来源，而工频感应电炉在熔炼时没有增硫的机会，铁液的含硫量即为金属炉料中的合计含硫量，因此含硫量低。在废钢配比高时，铁液 $w(S)$ 只有 $0.02\%\sim0.03\%$。铁液含硫量对铸铁的石墨化有较大的影响。试验表明，在纯 Fe-C-Si 合金中，当 $w(Mn)$ 为 0 时 $w(S)$ 为 0.04% 左右的石墨化能力最大，而在含有一定量 Mn 时，

$w(S)$ 为 $0.05\%\sim0.06\%$ 时对石墨化的促进作用最大。有的工厂在工频感应电炉熔炼时，加入含有 S 较高的回炉铁，从而获得含 S 较高的铁液；铁液花纹也同冲天炉熔炼时一样，易于呈现。

b. 冲天炉内金属炉料熔化到出炉的时间十分短促，仅 10min 左右。而工频感应电炉熔炼时在这期间的升温至少要 1h，铁液高温保持时间长，加上感应加热所特有的铁液搅拌作用强，有减少形成石墨核心的倾向。因此，如图 7-6 和图 7-7 所示的那样铁液产生过冷现象；并随铁液保温时间的延长，过冷度增大。越是共晶度小的高牌号铸铁，保温时间对过冷度的影响就越显著。并且，不管孕育与否，都随铁液加热温度的上升过冷度增大。

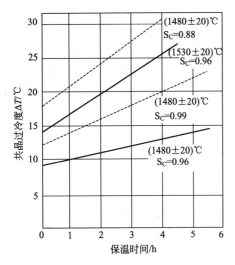

图 7-6 工频感应电炉的铁液
保温时间与过冷度

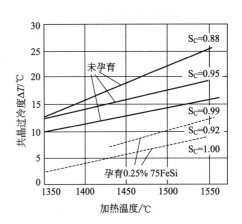

图 7-7 工频感应电炉的
铁液温度与过冷度

图 7-8 表示了铁液保温时间与白口深度的关系。其中图 7-8(a) 为不调整成分而就此保温，成分随着时间延长有一定的变化。而图 7-8(b) 为逐次进行成分调整并保持同一化学成分。从图中可以看出随铁液保温时间延长，白口深度增加。

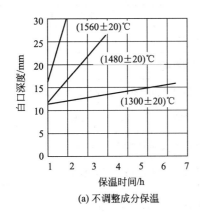

(a) 不调整成分保温

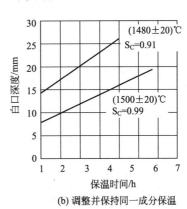

(b) 调整并保持同一成分保温

图 7-8 铁液保温时间与白口深度的变化

c. 含氮量的影响。感应电炉与冲天炉在铸铁熔炼上另一个不同之处是金属炉料配比有大的变化，即废钢加入量大。为此，必须加入增碳剂来满足铁液成分的要求。增碳剂中含氮量高时，也就带来铁液含氮量高的问题。

与空气中氮平衡的铁液中氮的浓度约为 100×10^{-6}（计算值）。若在该平衡浓度以上 [实际上 $(150 \sim 200) \times 10^{-6}$] 时，则会使铸件产生裂纹、缩松或裂隙状皮下气孔。即使在平衡浓度以下的氮量，由于氮促使珠光体细化，并对铁素体有硬化作用，因此影响强度和硬度。通常，对于灰铸铁，薄壁件控制在 0.013% 以下，而厚壁件则应不超过 0.008%。含氮量过低，随着壁厚增加，强度有明显下降的趋势，淬透性也不好。所以，定期分析铸铁中的含氮量也是很有必要的。

③ 改善铁液性质所采取的相应措施。

a. 适当调整化学成分。随着铁液保温时间增加，铁液中的含碳量有所波动，为此要适当增碳。通常 $w(C)$ 比冲天炉熔炼时高出 0.05% ~ 0.1%，并应严格控制 Cr 的含量，以减少白口倾向。

b. 炉料的选择与加入。为了改善灰铸铁的石墨形态，通常配入 10% 的生铁，并在熔炼后期加入炉内。在生产铁素体基体的球墨铸铁时，宜选择低锰生铁。为了防止氮过量而形成的缺陷，尽量不用沥青焦炭作为增碳剂，而最好选用电极石墨。因为电极石墨的含氮量低。

c. 熔炼温度及保温时间。熔炼温度不宜过高，要尽量避免铁液在炉内的保温。若铁液必须保温，则尽可能采用低温保温。这些都是为了避免脱氧反应过度，以致所产生的石墨核心减少。

d. 孕育处理。铁液保温时间的长短带来了白口深度的变动。对此，添加石墨系孕育剂是一种有效的方法。对于大件，可用含 $w(Si)$ 为 50% 的 Fe-Si 进行二次孕育。

综上所述，为使工频感应电炉铁液特征正常化，可采用调整碳量、控制氮量，防止铁液过热和缩短保温时间及采用孕育等措施。

(4) 工频无芯感应电炉的常见故障及排除　由于工频无芯感应电炉结构比较复杂，操作者必须熟悉炉体结构和性能，坚持日常和定期的检修和保养，严格遵守操作规程，以防患于未然。一旦发现问题要立即采取果断措施，并及时排除。工频无芯感应电炉的常见故障、产生原因及排除方法见表 7-3。

表 7-3　工频无芯感应电炉的常见故障、产生原因及排除

故障及现象	产生原因	排除方法
冷却水管破损	水垢堵塞	定期更换、清扫
水冷电缆损坏	长期使用而老化	定期更换
	管子开裂	立即更换和定期更换，检查是否漏水
炉体冷却水温度上升	管道内附着水锈或有异物堵塞	酸洗或在空炉时用压缩空气吹净
	水泵排水量未达泵供量	修理水泵，确认水量是否适量
	部分炉衬已烧损	检查炉衬的烧损情况及时修补
线圈接地事故	外来铁豆和异物附着在线圈表面而造成短路	日常清扫，用防尘胶带保护
	外来铁豆等钻入线圈与轭铁的空隙附着而短路	安装防尘帘，整修炉台和炉周边的间隙，刷绝缘清漆增强线圈层间的绝缘
	重新筑炉时由于钻入线圈的铁豆等金属炉料未完全清除而造成短路	清除铁豆等易造成短路的金属物

故障及现象	产生原因	排除方法
粘铁液	炉衬修补时未捣实	采用正确的捣固方法,更换筑炉工具
	烧结不当(残留水分,未完全烧结)	遵守烧结工艺采用无水硼酸,加入适量
	混入异物	严禁异物混入
	修补耐火材料不妥	选好和混制好修补材料
	使用时间过长	每周检查一次炉径和高度,控制炉龄,再筑炉
	炉衬龟裂	根据龟裂大小进行修补或重新筑炉
变压器故障	油温上升自发热(负荷时)	加油定期检查,对绝缘油作气体分析
	油劣化(混入水分,自然劣化等)而造成耐压下降	检查冷却风机的风量,是否有堵塞
电容器烧坏、击穿	油温上升自发热(负荷时)	拆去更换、警报时电压下降应注意操作,不要超过温度设定值
	由于油的氧化、自然劣化等造成耐压下降	检查冷却风机的风量和有无堵塞,1月1次对外观定期检查(夏季要特别注意)
漏铁液检测器	电路断	更换
	接触点不良	每周1次检查漏铁液检测器,接触点每月检查1次
母线连接部	母线紧固部接触不良	调整功率因数或相平衡
过电流	功率因数或相平衡失调	调整功率因数或相平衡
	机械相间短路	修理更换

7.1.4 感应电炉熔炼灰铸铁（球墨铸铁）注意事项

利用废钢、废铁（灰铸铁、球墨铸铁）、钢铁切屑、回炉铁、新生铁为原料,以感应电炉来熔炼灰铸铁（球墨铸铁）,其铁液与冲天炉熔炼铁液相比过热温度高,熔炼保温时间长,极易引起脱碳。同样化学成分,同样铸型浇成的铸件,比冲天炉的强度、硬度高;激冷白口倾向大;石墨长度较短,且易于产生 D、E 型石墨;铁液的流动性较差,收缩增大,易引起各种铸造缺陷（如气孔、冷隔、缩陷、蜂窝状气孔、缩松等）。当配用废钢量大于 50% 时,铁液的熔化保温时间增加,上述现象更加严重。究其原因,有几种解释:N 说（附 O 说）,感应炉与冲天炉熔化铁液中 N 的含量不同;核-共晶团说,结晶核心在长期过热和保温中消失,从而使共晶团数量减少,激冷深度增加,收缩加剧。

利用便宜的废钢为原料,要满足灰铸铁（球墨铸铁）牌号的含碳量,在熔炼过程中必须加碳质增碳剂（或废电极棒）增碳,使其含碳量达到牌号要求（含碳量上限或略微超过）。经过增碳之后的灰铸铁铁液中存在大量弥散分布的非均匀质结晶核心,降低了铁液的过冷度,促使生成以 A 型石墨为主的石墨组织;同时,因生铁配量的减少,其不良的遗传作用减少,因此使 A 型石墨片分枝不易长大,使石墨短小且均匀。废钢的配量增多（不同废钢的含 N 量也不一样）,使 N 的含量增加,N 通过改变铸铁中石墨结晶核心,为石墨创造形核成长条件,灰铸铁中含较高 N,不仅可以稳定珠光体,而且石墨端部也较秃。

用感应电炉熔炼灰铸铁（球墨铸铁）,在保证灰铸铁（球墨铸铁）牌号的化学成分要求前提下,还要牢牢掌握其石墨的数量、大小、分布、形状及基体组织特性,因此要注意掌握以下几点。

① 用感应电炉熔炼球墨铸铁、灰铸铁,因为可利用大量价廉的废钢（废钢切屑）时,

尽量缩短熔化时间，加快熔化速度，高温保温时间要短，切忌以熔化铸钢的工艺来熔化铸铁，在1300℃左右要加覆盖层保温。

② 废钢、钢铁切屑、回炉料等尽量要用滚筒除去锈蚀、杂质；要注意废钢、回炉料、回收机件的成分和特殊元素；如果加废钢量大于50%，可以配入含有Ti、Al、B等与N化合亲和力较大的回炉料，以便扼制N量的增加。配料时最好加入部分新生铁（或球墨铸铁回炉废铸件），可以在加料时一起加入；也可以熔化后，扒渣前加入。

③ 废钢量增加，必须加增碳剂（碳质增碳剂或废电极块，但含N量要低），根据熔炼铸件的牌号要求，达到其碳当量，增碳剂可以在装料时加入；也可以在铁液1400~1430℃时加入，其碳当量要比冲天炉熔炼的高0.2%~0.4%。

④ 用废钢、废铁、回炉铁、钢铁切屑熔化铁液，对C、Si、Mn、P、S的影响，一般感应电炉熔炼无增硫过程，其含S量比较低，接近钢液的含硫量时，将导致孕育困难，使用75FeSi对铁液孕育作用不甚显著；改用含少量Mg和RE的孕育剂或在铁液中加入高硫生铁，熔化后可提高含S量，从而改善孕育性能。

⑤ 由于各厂的废钢、废钢铁切屑、回炉铸件各种原材料不一样，感应电炉又有酸性炉衬（SiO_2）、碱性炉衬（MgO或Al_2O_3）的不同；尽管牌号化学成分要求是标准的，在熔炼灰铸铁（球墨铸铁）时，根据本厂的实际出发，以不同熔炼工艺，综合C、Si、Mn、P、S的影响，然后在浇注前用FeSi或FeSiCa孕育处理和稀土镁球化剂球化处理。

7.1.5 感应电炉熔炼使用增碳剂的实践与注意事项

(1) 用木炭增碳 某厂由于受当地条件限制，没有增碳剂和生铁，却有大量的废钢和木炭，前者非常昂贵，有钱也难买到；后者非常便宜，唾手可得。所以就用木炭增碳熔炼废钢，以生产矿山用的低铬铸铁磨球。

① 木炭加入方法试验。木炭的主要化学成分是碳，和增碳剂比较，硫、磷含量较低，从理论上讲，应该是很好的增碳剂。但木炭密度较小，在钢液中容易漂浮上来，另外木炭燃点低，在升温过程中提前燃烧掉，如果不采取措施，钢液的增碳率就非常有限。为了因地制宜解决生产中的实际问题，做了以下试验：熔炼设备为1t中频感应炉，原材料为矿山报废结构件A3钢，木炭为阔叶杂木焙烧，用国产滴定法碳硫分析仪化验。

a. 炉底加约1/3小废钢，炉子中间段加木炭，木炭上面再加废钢压住，每1%木炭增碳率为0.60%~0.70%。

b. 先开炉熔化约1/3的钢液，再加木炭，木炭上面加废钢压住，继续熔化，在熔炼期间一直用造渣剂覆盖住钢液。每1%木炭的增碳率为0.60%~0.70%。

c. 先开炉熔化1/3的钢液，木炭上面加造渣剂，然后加废钢压住，继续熔化，在熔炼期间一直用造渣剂覆盖住钢液。每1%木炭的增碳率为0.7%~0.83%。

根据长期实践，采用方法c增碳效果较好，碳的吸收率最高。熔化1t钢液加22kg木炭，金属液的含碳量可达1.9%左右。出炉前化验后，有时需要调整成分。微量调整含碳量，用木炭就不太容易，这时就需要生铁、废电极或者增碳剂来增碳。

木炭的大小对增碳率也有很大的影响，太大太小吸收率都比较低。以50mm的块度增碳率最高，也便于操作。尤其是长条状和大块的木炭加入炉内，由于很难覆盖严实，所以增碳率较低。

② 生产应用与经济性分析。该厂生产的矿山用磨球，金属模浇注，打磨后低温退火，定期剖开磨球作检查，平均硬度为45~50HRC，抗拉强度σ_b为500~600MPa，冲击韧性α_k为8~15J/cm^2。

经球磨机磨矿石长期使用统计，磨球破碎率<0.5%，磨耗<500g/t矿粉，满足用户需要。

实际生产配料为：废钢 800kg，回炉料 200kg，木炭或者增碳剂 22kg，锰铁 6kg，硅铁 5kg，铬铁 5kg。

(2) 感应电炉使用增碳剂的注意事项

① 增碳剂中未熔解微粒的石墨化作用。在熔化的铁液中，增碳剂除了有已溶入铁液的碳以外，还有残留的、未溶入的石墨形式的碳，并以粒状被卷入搅拌的液流之中。未熔解、粗大的石墨粒子，在通电时大部分悬浮在炉壁附近的铁液液面，一部分则附着在相当于搅拌死角的炉壁中部。此时，一旦通电停止，这些粗大的石墨粒子由于浮力，会被缓缓地悬浮出来。超出光学显微镜所能观察范围的极微小的粒子在石墨熔解的过程中，不但在通电时，即使在通电停止时都能悬浮在铁液之中。

据介绍，越是接近于构成共晶晶核的物质，即使所添加的石墨与共晶石墨的结晶度有些不同，与其他能够推断为形成石墨核心的物质相比较，势必耦合度要大些。从此观点出发可认为：悬浮的微细石墨粒子有利于形成石墨核心，可起到防止铸铁过冷和白口化的作用。

② 增碳剂粒度对增碳效果的影响。

a. 增碳剂粒度对增碳时间的影响。增碳剂粒度是影响增碳剂熔入铁液的主要因素。用表 7-4 中成分大致相同而粒度有所不同的 A、B、C 增碳剂做增碳效果试验，其结果如图 7-9 所示。尽管经过 15min 后的增碳率是相同的，但达到

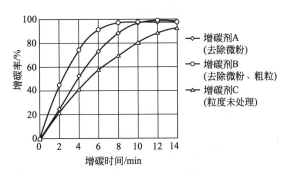

图 7-9　增碳剂粒度对增碳时间的影响

90%增碳率的增碳时间则大有区别。使用未经粒度处理 C 增碳剂要 13min，除去微粉的 A 增碳剂要 8min，而除去微粉和粗粒的 B 增碳剂仅需 6min。这说明增碳剂的粒度对增碳时间有较大的影响，混入微粉和粗粒都不好，尤其在微粉含量高时。

表 7-4　试验用增碳剂的成分及粒度分布（1）　　　　单位：mm

增碳剂的种类	成分 w_n/%					粒度分布 w_B/%				备注
	碳	挥发物	氮	硫	灰分	<0.5mm	0.5~1 mm	1~3 mm	<3mm	
A	99.80	0.10	0.01	0.02	0.10	—	0.4	35.0	64.6	除去微粉
B	99.80	0.10	0.01	0.02	0.10	3.6	2.8	78.4	14.8	除去微粉,粗粒
C	99.76	0.11	0.01	0.01	0.13	58.2	28.8	12.7	0.7	未处理

b. 增碳剂粒度对增碳量的影响。据研究，对于质量分数 99.8%的 C 和质量分数 0.023%的 S 粒度分布见表 7-5，增碳剂粒度对增碳量的影响如图 7-10 所示，粒度偏于微粉粗的增碳剂 G 的增碳效果较好，而适当除去微粉和粗粒的增碳剂 A 的增碳效果最好。

表 7-5　试验用增碳剂的成分及粒度分布（2）　　　　单位：mm

增碳剂的种类	成分 w_B/%		粒度分布 w_B/%				
	碳	硫	0.50~1.00	1.00~2.38	2.38~4.76	4.76~6.73	6.73~9.52
A	99.80	0.023	10	40	50		
E	99.80	0.022	50	50			
G	99.80	0.023			15	35	50

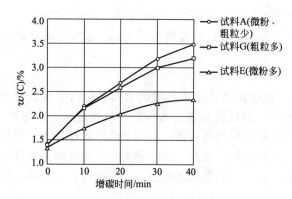

图 7-10　增碳剂粒度对增碳量的影响

因此为了提高增碳效果，对增碳剂应作除去微粉和粗粒的粒度处理。

③ 铁液化学成分对增碳剂增碳效果的影响。

a. 硅对增碳剂增碳效果的影响。铁液中的硅对增碳效果有较大的影响。硅含量高的铁液增碳性不好。有人让铁液中的 Si 质量分数在 0.6%～2.1% 的范围内变化，并添加表 7-4 所示的 A、B 两种增碳剂，观察加入增碳剂后增碳时间的区别，其结果如图 7-11 所示，铁液中 Si 的质量分数高时，增碳速度慢。

b. 硫对增碳剂增碳效果的影响。正如铁液中的硅质量分数对增碳剂效果的影响那样，硫的含量对增碳也有一定的影响。用表 7-5 中的 A 增碳剂，在添加前先加入试剂用的硫化铁，观察 S 的质量分数对增碳的影响。当添加硫化铁、铁液中 S 的质量分数为 0.045% 时，将它与无添加硫化铁、铁液中 S 的质量分数为 0.0014% 的低硫铁液相比较，增碳速度要迟缓得多。

④ 增碳剂的选择及加入方法。

a. 应选择含氮量少的增碳剂。铸铁铁液中通常氮的质量分数在 100×10^{-6} 以下。如果含氮量超过 $(150\sim200)\times10^{-6}$ 或者更高，易使铸件产生龟裂、缩松或疏松缺陷，厚壁铸件更容易产生。这是由于废钢配比增加时，要加大增碳剂的加入量引起的。焦炭系增碳剂，特别是沥青焦含有大量的氮。电极石墨的氮质量分数在 0.1% 以下或极微量，而沥青焦的氮质量分数约为 0.6%。如果加入质量分数为 0.6% 氮的增碳剂 2%，仅此就增加了质量分数为 120×10^{-6} 的氮。多量的氮不仅容易产生铸造缺陷，而且氮可以促使珠光体致密、铁素体硬化，强烈提高强度。

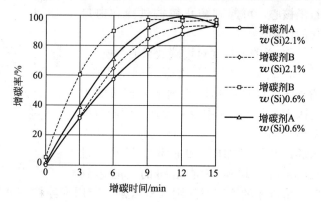

图 7-11　铁液中硅量对增碳的影响

b. 增碳剂的加入方法。铁液的搅拌可以促进增碳，因此搅拌力弱的中频感应电炉与搅拌力强的工频感应电炉比较，增碳相对困难得多，所以中频感应电炉有增碳跟不上金属炉料的熔解速度可能性。

即使是搅拌力强的工频感应电炉，增碳操作也不能忽视。这是因为，从感应电炉熔炼原理图可知，感应电炉内存在着死角。在炉壁停留附着的石墨团如果不用过度升温和长时间的铁液保温是不能熔入铁液的。铁液过度升温和长时间保温，会增大铁液过冷度，有加大铸铁白口化倾向。此外，对于炉壁附近产生强感应电流的中频感应炉熔炼时，钻进的金属被熔化，导致侵蚀和损伤炉壁。因此，在废钢配比高、加入增碳剂多的情况下，加入增碳剂要更加注意。

增碳剂的加入时间不能忽视。增碳剂的加入时间若过早，容易使增碳剂附着在炉底附近，而且附着炉壁的增碳剂又不易被熔入铁液。与之相反，若加入时间过迟，则失去了增碳的时机，造成熔炼、升温时间的迟缓。这不仅延迟了化学成分分析和调整的时间，也有可能带来由于过度升温而造成的危害。因此，增碳剂还是在加入金属炉料的过程中一点一点地加入为好。

（3）增碳剂对于铸件微观组织品质和整体生产成本的影响　目前大部分的铸造厂采用含碳百分比、含硫百分比、含挥发物百分比以及粒度范围来描述对增碳剂的规格要求。但是这种典型的描述方法并不能够确保满足规格要求的增碳剂在熔炼过程中达到一致的或相同的效果。这是因为碳可以以不同的晶体度形式存在，从组织完全不规则的玻璃态碳，到晶体度由低到高的部分晶体结构的碳，直至完全晶体结构的碳。对于晶体结构的增碳剂而言，有研究表明增碳剂晶粒的粒度取决于增碳剂是否具有形核能力和具有怎样的形核能力。出于成本方面的考虑，为数不少的铸造厂也将非晶体的增碳剂和石墨结构的增碳剂混合使用。热分析仪的测量结果和白口试验都表明，晶体结构的碳可以显著提高铁液的形核状态，因此在选用增碳剂时增碳剂的晶体度是不可忽视的因素。

① 增碳剂的分类。铸造厂通常依据化学成分来选择合适的增碳剂。表 7-6 给出了广泛使用的增碳剂的典型化学成分。

表 7-6　增碳剂化学成分

碳素类别	碳	灰分	硫	挥发物	水分	氮 /$\times 10^{-6}$	氢 /$\times 10^{-6}$	氧 /$\times 10^{-6}$
Desulco① (帝首固品牌增碳剂)	99.9	<0.10	0.015	<0.10	0	30	25	50
乙炔焦炭	99.6	0.40	- 0.030	0.03	痕量	440	2175	150
低硫煅烧石油焦炭	99.2	0.80	0.090	0.25	0.25	200	600	275
石墨电极碎屑	97.5	0.40	0.050	0.15	0.15	50	200	1400
石墨压块/粒	97.5	0.30	0.070	2.20	0.15	360	1065	9430
中硫煅烧石油焦炭	98.4	0.22	0.850	0.05	0.25	18560	1185	1180
铸造用焦	87.2	10.80	1.150	0.80	0.30	9090	2980	70600

① 是一种经过特殊高温提纯工艺加工出来的增碳剂。

在使用电炉熔炼的工艺下，通常需要添加 1%～2% 的增碳剂达到目标含碳值。增碳剂根据结构可以分为具有六方石墨结构的石墨增碳剂和非石墨增碳剂或具有不规则组织的增碳剂。石墨增碳剂和非石墨增碳剂也常常被混合使用。除此之外，碳化硅（SiC）具有和石墨相似的六方结构，也被看作是石墨增碳剂的一种特殊形态。表 7-7 列出了 2 种增碳剂的差别。

表 7-7　石墨增碳剂和非石墨增碳剂

石墨增碳剂	非石墨增碳剂
—Desulco(帝首固品牌增碳剂)	—煅烧石油焦炭
—石墨电极碎屑	—沥青焦
—石墨化焦	—乙炔焦炭压粒
—自然石墨压粒	
—SiC	

② 增碳剂对微观组织的影响。对于所有的铸铁（包括灰铸铁、球墨铸铁和蠕墨铸铁）来说，铁液中晶核的存在都有助于铁液按照铁-石墨稳定系凝固。铸铁的凝固过程有 2 种形核条件：一种是奥氏体形核（枝晶必须依据衬底生核，但目前还没有发现可用于铸铁作为"晶粒细化剂"的有效生核衬底，所以目前没有这方面的应用），另外一种是石墨形核（作为

先共晶相并存在于共晶凝固的过程中）。石墨和铸造用硅铁在 Ca、Ba、Sr、Al、Ce、Zr、Mn 等元素的促进下非常有利于后一种形核（先共晶晶核和共晶石墨晶核）。试验和生产实践都表明在存在异质核心的情况下，石墨增碳剂可以通过增加铁液中晶核点的数量来促进形核。为了提高增碳剂的形核能力，有必要了解增碳剂的晶体结构，只有石墨结构的增碳剂才能提高铁液的形核能力，而非石墨结构的增碳剂不能增强铁液形核能力。

③ 增碳剂的物理形态及其在冶金方面的影响。对于熔炼车间而言，除了组织结构以外，物理形态和颗粒大小也是决定增碳剂溶解性和适用性的重要因素。质地致密的增碳剂，例如被压成小的块、粒的材料或是石墨电极碎料，它们的体积与表面积的比值较大，而多孔的产品体积与表面积的比值则较小。在使用时，具有较大的表面面积浸润在铁液中，有利于碳的溶解。

根据作者在多个铸造厂中进行的试验和研究，灰铸铁和球墨铸铁的微观组织均受到熔炼中所使用的增碳剂的影响。在不使用珠光体稳定剂的条件下，合适的石墨增碳剂通过改变球墨形态和基体组织进行评估得出结果。

a. 铁素体/珠光体结构。图 7-12 描绘了在球墨铸铁中使用石墨增碳剂和非石墨增碳剂后得到的球墨铸铁件中铁素体的百分比情况。在图中可以看出，使用石墨增碳剂后铁素体的含量平均提高了 $10\%\sim15\%$，这对于汽车悬挂件等对伸长率有特别要求的铁素体球墨铸铁材质是非常有价值的。

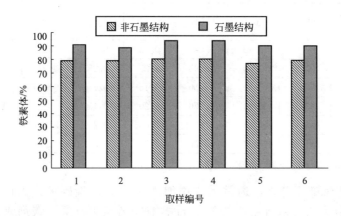

图 7-12　增碳剂的晶体度对球墨铸铁中铁素体含量的影响

b. 石墨结构。石墨和非石墨结构的增碳剂对于灰铸铁和球墨铸铁内部的石墨结构的影响研究表明，使用石墨结构的增碳剂后球墨铸铁中 5 和 6 形态的石墨百分比有所增加（见图 7-13）。

石墨结构增碳剂的形核作用在球墨铸铁中也能观察到，使用石墨结构的增碳剂后得到的球墨数量是使用非石墨增碳剂得到的球墨数量的 400%（见图 7-14）。

④ 增碳剂对生产成本的影响。此外，作者在研究增碳剂对铸件微观组织影响。下面是使用感应电炉进行熔炼的铸造厂中分别使用经过特殊高温提纯工艺生产出来的石墨增碳剂和非石墨增碳剂熔炼采集到的典型数据。

a. 碳的收得率。具有多孔结构的增碳剂由于增大了浸润在铁液中的表面积，因而溶解的速度较快；纯度较高的增碳剂扩散速度极快，因而也会加速碳的吸收。由于硫会特别阻碍碳的吸收，因此使用低硫的增碳剂会有利于碳的吸收；部分晶体化的增碳剂使碳原子更加容易分解扩散。

根据纯度和多孔结构情况，石墨结构的增碳剂通常来说比非石墨结构的增碳剂的吸收率

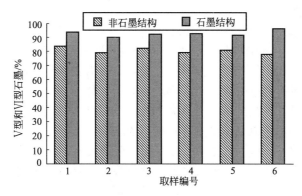

图 7-13　增碳剂结构对球墨形状的影响

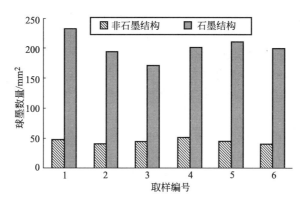

图 7-14　增碳剂结构对球墨数量的影响

高 5%～15%。

b. 能耗。迅速而精准的收得碳可以大大减少为达到铁液中目标含碳值所需要的能耗，减少微调修正碳值的次数，也不必额外升温来达到目标含碳量。与非石墨增碳剂比较，在熔炼过程中使用石墨增碳剂每吨铁液可以节省 30～80kW·h 的能耗。通常使用无芯感应电炉每吨铁液可以节省 30kW·h 电耗，而使用槽式熔炼炉每吨铁液可以节省 80kW·h 电耗。

c. 镁合金的使用量。由于石墨增碳剂中的硫含量大多不高于 0.05%，因此由增碳剂带到铁液中的含硫量被限制到最小。而由于使用低硫增碳剂后原铁液中的硫含量较低，在球化反应中可以与硫发生反应的镁合金的用量也较少。低硫铁液还有利于镁合金的有效吸收，从而避免形成弥散分布的 MgS 夹杂物，这种夹杂物由于在铁液中的弥散分布通常不会浮在铁液表面被清除，因而可能会被带到铸件中。

d. 耐火材料的消耗。由于熔炼周期缩短而碳的吸收速度提高（或需要的温度较低），使用石墨增碳剂时单位用量的炉衬可以支持的产出吨数有所增加。在使用槽式熔炼炉的条件下，耐火材料的节省达到 55%。

7.1.6　感应电炉熔炼炸炉与沸炉现象

（1）沸炉与炸炉的区别　沸炉是指在熔炼过程中由于各种原因导致铁液剧烈沸腾的现象。表现为铁液不断从炉体内涌出，并带有轻微的爆炸，其表征现象和火山喷发熔浆极为相似。而炸炉是由于在加入的炉料中含有水，炉料浸入到已熔化的钢液中时，水在 1000℃ 左右的高温下汽化，产生的气体在金属液体的空间内得不到膨胀，随即产生爆炸，同时将铁液带出炉体外。炸炉是瞬时性的，而沸炉持续的时间长，两者都具有一定的破坏性和危险性。

（2）三种沸炉现象

① 第一种沸炉现象、成因及解决措施。

a. 现象及成因。当加入炉料带有锈蚀且未经烘烤时易引发沸炉。由于操作人员的粗心或不按操作规程操作往往引发此类炉前事故。当加入带有锈蚀且未经烘烤的炉料时铁液立即沸腾并不断地涌出，带有轻微的爆炸声，沸炉停止后炉体内的铁液一多半被溢出，溢出的铁液氧化严重。由此可见，铁液的沸出有巨大的长时间的动力，同时有大量氧化性气体存在。

分析原因认为这是由于氧在铁液中存在的形态与氢氮不同。它不是以原子的形态存在，而是以它和铁的氧化物［FeO］的分子形态存在。在铁液中，含碳量和含氧化亚铁之间存在着一定的平衡关系。而平衡态是随着温度的变化而变化。这种平衡关系可以用下式表示：

$$[C][O]=m$$

式中　　［C］——铁液含碳量，%；

　　　　［O］——铁液含氧量（其值由氧化亚铁含氧量折合而成），%；

　　　　m——温度的函数（当温度一定时，m 是常数；当温度降低时，m 值随之减小）。

当未经烘烤的炉料加入时引起已熔化钢液的局部温度降低，温度降低后铁液的碳、氧失去平衡，平衡常数 m 降低，就会使得含氧量超过平衡值，原来的平衡状态被破坏，发生反应：$FeO+C \longrightarrow Fe+CO\uparrow$。同时由于温度的突然降低促使反应$[C]+[O] = CO\uparrow$剧烈发生。铁与氧形成三种氧化物：$FeO$、$Fe_2O_3$、$Fe_3O_4$。由于 FeO 只是在 570℃ 以上的温度条件下存在，所以室温下锈蚀的主要成分为 Fe_2O_3 和 Fe_3O_4。当带锈蚀的炉料进入钢液时，Fe_2O_3 和 Fe_3O_4 在高温下分解：

$$6Fe_2O_3 = 4Fe_3O_4+O_2\uparrow \quad (T_{分解}\approx875℃)$$

$$2Fe_2O_3 = 4FeO+O_2\uparrow \quad (T_{分解}\approx1275℃)$$

由此产生大量的氧气，回炉料的表面锈斑为产生气泡提供良好的条件。正如烧开水一样，气泡不是从水里面冒出来，而是在壶底、锅底上产生。这是由于液体与固体接触不良，在这些地方有现存的气体，因而成为气泡形成的核心。由于反应的持续进行，产生大量的 CO 和 O_2，从而使铁液获得了不断外涌的动力，形成火山熔浆外溢的景象。

b. 解决措施。在实际生产中必须严格按照工艺要求进行，加入炉料要经过烘烤、无锈蚀。一旦发生此类沸炉，应立即断电，以防溢出的铁液使感应圈短路，造成设备的损坏或更大的事故。断电后向炉内加入适量脱氧剂，并用除渣剂覆盖液面，可缓解此反应的发生。如果沸炉较为剧烈，必要时可将铁液直接倾倒在翻炉坑内。

② 第二种沸炉现象、成因及解决措施。

a. 现象及成因。当所加的炉料中含有低熔沸点金属及其化合物时，也容易引起沸炉现象。这是由于这些低熔沸点金属及其化合物浸入到已熔化的铁液中时，由于此时的铁液温度较高（一般为 1450～1500℃），会立即引起该金属及其化合物的汽化或分解，从而在铁液的表面产生大量气体和带有颜色的火焰。这种反应一般持续的时间短，又是在铁液的上表面发生，所以铁液一般不会被带出炉体。引发这种沸炉的炉料一般为小的碎料，由于金属废料回收时很难将这些含有低熔沸点金属及其化合物的料区分开来，这样在小而杂的料中就容易混有这种成分的料。再一种情况就是表面镀了低熔沸点金属的型材（如镀锌管），当这种料回炉时也容易引发沸炉。

b. 解决措施。在熔炼的过程中如果需要熔化小料或碎料，加料时应先将小料杂料放在炉体的底部。由于开始熔化时加热较为缓慢，低熔沸点金属及其化合物就会慢慢分解或汽化，不会像立即加到金属液中那样引发剧烈的反应。

③ 第三种沸炉现象、成因及解决措施。

a. 现象及成因。第三种就是由于穿炉而引起的沸炉，这种情况很少见。当炉壁内某部位被铁液侵蚀的较为严重时，在熔炼过程中铁液很容易穿炉，穿出的铁液造成两层感应圈之间的短路，使感应圈被击穿，由于感应圈内有 0.2～0.3MPa 的冷却水，在这样的压力下冷却水进入到炉体内，炉体内的铁液温度较高，刚进入的水不足以冷却铁液，而是被铁液汽化，形成大量的水汽，从而引发沸炉。如果水的压力不大或量少而容易导致炸炉。

b. 解决措施。生产中炉衬应不断检查和修补。在不连续操作时，冷炉开炉前均应详细检查炉顶、壁、底是否需要修补。在连续熔化时，每出铁一次，应从炉顶观察到炉底是否需要修补。裂痕在 2mm 以下的不必修补，超过 2mm 的裂痕需修补，先除掉四周炉渣，将盛有修炉材料的纸顶在裂痕下端，使用 U 形铁针将材料挤入裂口，再用混有水玻璃的筑炉材料将表面挤压抹平，以防穿炉事故发生。

沸炉现象的产生一般是由于所用炉料不合格或操作不规范引起的。无论哪一种沸炉，在实际生产过程中都可以预防。这就要求在生产中必须严格按照工艺操作规程进行。一旦出现沸炉现象，应立即断电加入脱氧剂（最好是强脱氧剂），并用除渣剂覆盖液面，必要时将铁液倾倒在炉坑内，以防更大事故的发生。

7.2 铸铁生产的感应电炉的选用

7.2.1 中频感应电炉应用实践概况

（1）中频感应电炉应用概况　中频电源具有成本低、控制方便、占地小、可与计算机控制管理系统连接等优势，见表 7-8。

表 7-8　中频感应电炉与工频感应电炉的性能比较（以铸铁为例）

比较指标	中频感应电炉	工频感应电炉	评论
功率密度	600～1400kW/t	300kW/t	中频炉每吨炉容的配置功率密度允许值随频率变化见表 7-9
熔化作业方法	批料熔化法	残液熔化法	批料熔化法和残液熔化法的比较见表 7-10
对加入料块要求	要求小	要求高	
熔化单耗	500～550kW/t	540～580kW/t	中频炉的功率密度大，热损失小，总效率较高
功率调节范围	0～100% 无级调节	有级调节	工频炉的功率调节还涉及三相平衡的调节，较复杂
功率自动调节	可以	困难	
熔液的搅拌效应	可调	大且固定	中频炉的搅拌效应大小随频率变化而逆向变化
电源占用空间比率	约40%	100%	
电源维修量	较小	较大	
故障诊断及保护功能	完全,强	部分有	
与计算机联网可能性	可以	困难	中频炉可与计算机熔化过程自动控制管理系统连接
总投资比率	约90%	100%	

电炉的工作频率越高，其允许功率密度值越高，见表 7-9。目前，国外制造的中频感应熔化炉的功率密度通常配制为 600～800kW/t，小容量熔化炉的功率密度配制高达 1000kW/t。

国内制造的中频感应熔化炉的功率密度通常配置到600kW/t以下，主要考虑炉衬的使用寿命和生产管理两个因素，因为在高功率密度下，工作的炉衬受到强烈的熔液搅拌效应的冲刷。

表7-9　不同频率下电炉的功率密度允许值（铸铁和钢）

频率/Hz	1000	500	250	125	50
电炉容量/t	0.2~1.5	0.6~6	1.1~18	2.5~60	8~100
功率密度/(kW/t)	1345	945	670	475	300

从技术性能、作业性能、投资等方面，中频感应电炉在现代化铸造厂用作熔化设备，是无可争议的。批料熔化法和残液熔化法的比较见表7-10。

表7-10　批料熔化法和残液熔化法的比较（铸铁和钢）

比较项目	批料熔化法（中频炉）	残液熔化法（工频炉）	评论
熔液倒空可能性	可以	不可，需留存1/5作下一炉次起熔用	中频炉中合金成分调整容易
冷炉起熔块	不需要	需要	残液熔化法增加了运行成本
加料要求	料块尺寸任意，允许潮湿和带油污	料块要有一定尺寸，不能带油污和潮湿	中频炉对加料要求低
熔化时间	短	较长	中频炉的功率密度高
炉料的过热	一次过热，时间短	残液多次过热	冶金学角度上的过热
熔化单耗	较低	较高	中频炉的总效率较高
对炉衬的冲刷	一般	较大	高功率密度中频炉的炉衬受到较大的冲刷

（2）电炉容量和功率的确定　电炉容量的确定应满足两个条件，一是满足最大铸件的浇注质量需要，二是与工艺对铁液的需求量相符。目前，中频电炉每炉次的熔化时间在1h以内。

电炉功率大小依据生产率确定，一旦电炉容量和生产率确定后，电炉的功率就可以根据式(7-1)计算。

（3）电源类型的选择　中频电源的类型有两类：并联逆变电路的中频电源和串联逆变电路的中频电源。

在铸造行业中，习惯对配置晶闸管（SCR）全桥并联逆变中频电源的中频感应电炉俗称为中频炉，其逆变部分电路如图7-15所示。对配置（IGBT）或（SCR）半桥串联逆变中频电源的中频感应电炉俗称为变频炉，其逆变部分电路如图7-16所示。

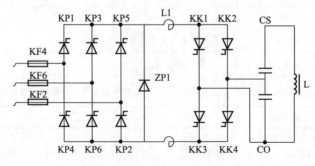

图7-15　SCR全桥并联逆变器原理图

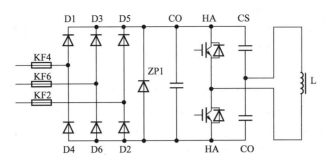

图 7-16　IGBT 半桥串联逆变器原理图

两种中频电源的性能比较及范围见表 7-11 和表 7-12。

表 7-11　两种中频电源的主要性能比较

比 较 项 目	SCR 全桥并联逆变中频电源(PS 系列电源)	IGBT 半桥串联逆变中频电源(CS 系列电源)
产品规格范围	100～6000kW	50～3300kW
电网侧功率因数	额定功率时接近于 1,功率减小时功率因数降低	始终接近于 1
变换效率	中功率时相同,大功率时略低	中频率时相同,大功率时略高
负载适应范围	一般	宽广
恒功率输出能力	冷料启动阶段输出功率较低;改进逆变控制后可接近恒功率运行,但控制技术复杂	整个熔化过程中始终可以保持恒功率运行,控制简单
工作频率范围	高至 2500Hz,主要用于感应熔化和保温	最高可达 100kHz,适用于感应熔化和保温,也适用于透热和淬火
工作稳定性	中频电流自成回路,触发可控硅必须有一定的电流,抗干扰能力强	中频电流必须通过 IGBT 构成回路,IGBT 是电压控制器件,外界干扰电压可能误触发 IGBT
器件过流容量和过流保护	过流容量大,保护电路简单	过流容量小,保护电路复杂,技术要求高
配置电源变压器的余量要求	较大。变压器配置容量约为中频电源最大输出功率的1.25 倍	小。变压器配置容量约为中频电源最大输出功率的 1.1 倍
电源功率共享可能性	不能	可以
设备价格	低	较高

表 7-12　两种中频电源的适用范围

电 炉 类 型	中频电源类型	优　　点
中、小功率熔化炉	IGBT 半桥串联逆变中频电源	高性能
	SCR 全桥并联逆变中频电源	低价格
大功率熔化炉	SCR 全桥并联逆变中频电源	高可靠性
DX 型双向供电电炉	IGBT 半桥串联逆变中频电源	唯一选择
保温电炉	IGBT 半桥串联逆变中频电源	高功率因数
透热炉	IGBT 半桥串联逆变中频电源	温度稳定
表面淬火炉	IGBT 半桥串联逆变中频电源	唯一选择

（4）中频电源与电炉的配置　为了适应不同的铸造工艺和提高电源的功率利用系数,中

频电源与电炉的配置有以下几种形式。

① 单台电炉配单炉。简单可靠，适用于电炉内金属液熔化后迅速倒空，再重新加料熔化的作业条件，或作业不频繁的场合。对小容量及较低功率的电炉适合。该方案的作用功率利用系数 K_2 低。

② 单台电源配两台电炉（开关切换）。一台电炉熔化作业，另一台炉浇注作业或维修、筑炉。在小容量多次浇注作业时，可将向熔化作业电炉供电的电源短时间内切换到浇注作业电炉作快速升温，以补偿浇注温度的下降。两台电炉的交替作业保证了向浇注作业线持续供应高温合格金属液。该方案的作业功率利用系数 K_2 较高。

③ 两台电源配两台电炉（开关切换）。两台相同功率的电源和两台相同容量的电炉配置，开关的设置实现一电供一炉，实现两台电源同时向一台电炉供电。缺点是：开关切换频繁，且两电合供一炉时的频率低于一电供一炉的频率，无法获得最佳搅拌效应。该方案的作业功率利用系数 K_2 低。

④ 两台电源配两炉（开关切换）。SCR 全桥并联逆变中频电源，通过切换开关实现两台电炉交替与熔化电源和保温电源相连，如图 7-17 所示。用户广泛采用，可达到与方案⑤相同的效果，投资降低。缺点：合金化处理时的搅拌作用较小，有时需短时间将熔化电源切换过来以增强合金化过程。该方案的作业功率利用系数 K_2 高。

⑤ 单台双供电源配两炉。称为功率共享电源系统，是目前国内外被用户广泛采用的一种先进配置方案，如图 7-18 所示，优点如下。

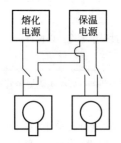

图 7-17 两台电源配两炉

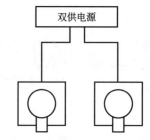

图 7-18 单台双供电源配两炉

a. 每台电炉可以根据各自的工况选择合适的功率。

b. 无机械切换开关，工作可靠比高。

c. 作业功率利用系数 K_2 高，大幅度提高了电炉的生产率。

d. 采用 IGBT 半桥串联逆变中频电源，如表 7-11 所述，在整个熔化过程中始终能以恒功率运行，其电炉功率利用系数 K_1 高。

e. 单台电源仅需一台变压器和冷却装置，主变压器的安装容量小，占用空间也小。

（5）电炉熔化率与生产率的关系 一般电炉制造商在样本或技术规格上提供的电炉熔化能力数据是熔化率。电炉的熔化率是电炉本身的特性，它与电炉功率及电源类型有关，与生产作业制度无关。电炉的生产率则除了与电炉本身的熔化率性能有关外，还与熔化作业制度有关。

① 电炉功率利用系数 K_1。它是指在整个熔化周期内电源输出功率与额定功率之比，它与电源类型有关。配置可控硅（SCR）全桥并联逆变中频电源感应电炉的 K_1 在 0.8 左右。增加逆变控制后，K_1 接近 0.9。配置（IGBT）或（SCR）半桥串联逆变器中频电源的中频感应电炉的 K_1 数值理论上可达到 1.0。

② 作业功率利用系数 K_2。它与熔化车间的工艺设计和管理水平、电炉电源的配置等有

关。K_2 数值等于整个作业周期内电源实际输出功率与额定输出功率之比。通常，K_2 取 0.7～0.8，电炉的空载辅助作业时间（如加料、取样、等待化验、等待浇注等）越短，K_2 值越大。形式⑤（双供电源配两炉系统）的 K_2 值在电炉空载辅助作业时间很低时，可达 0.9 以上。

电炉的生产率 N 为

$$N=\frac{PK_1K_2}{p} \quad (\text{t/h}) \tag{7-1}$$

式中　P——电炉额定功率，kW；

　　　K_1——电炉功率利用系数，取 0.8～0.95；

　　　K_2——作业功率利用系数，取 0.7～0.8；

　　　p——电炉熔化单耗，kW·h/t。

以 1 台 2500kW 可控硅（SCR）全桥并联逆变中频电源的 10t 中频感应电炉为例，技术规格表示的熔化单耗 p 为 520kW·h/t，电炉功率利用系数 K_1 数值可达 0.9，作业功率利用系数 K_2 数值取为 0.8，由此可得电炉的生产率为

$$N=\frac{PK_1K_2}{p}=\frac{2500\times0.9\times0.8}{520}\text{t/h}=3.462\text{t/h}$$

（6）中频感应电炉节能方面存在的问题

① 供电电压、变压器损耗的影响。在不同的供电电压下，变压器自身的损耗有所不同，采用合理的供电电压和相应变压器有利于节能。

② 中频感应电炉存在问题如下：

a. 不同容量、频率的选择；

b. 额定功率的匹配；

c. 感应线圈、水电缆的纯度和截面积对电耗的影响；

d. 水垢的影响以及怎样处理问题；

e. 冷却水温对电耗的影响；

f. 炉衬方面对节能的影响。

③ 熔炼过程中在熔炼配料、熔炼工艺、熔炼时间以及熔炼设备维护等方面的影响。

（7）中频感应电炉各部分损耗分析

① 中频感应电炉使用厂家一般都采用 S7、S9 型节能型电力变压器，但其电压低不适合中频感应电炉的节能，达不到很好的效果。

② 钢铁生产厂家选择中频感应炉的容量、频率和相匹配的额定功率不合适导致不必要的损耗。

③ 目前市场上，一方面由于电解铜产量不能满足消费者的需求；另一方面中频感应炉生产厂家为降低成本大都采用价格低廉的紫杂铜代替 1 号电解铜，导致供电线路的电阻增加，热量损耗相应提高。

④ 感应线圈是感应炉的关键部分，是传递有用功到被加热或被熔化的金属炉料的主体。其传递的能力取决于电流通过感应线圈所产生的磁场强度，即感应器的安匝数。为了得到大的加热功率，流过感应器的电流很大，历年来中频感应炉生产厂家一直沿用传统的感应线圈、水电缆截面的制作模式，普遍采用导线电流密度大于 25A/mm²，感应线圈、水电缆截面小。由于功率因数的影响经过反复实测炉体额定实际电流是中频输出电流的 10 倍（电容全并联式），铜损又与电流的平方成正比，这些将使感应线圈、水电缆产生较大的热量，温度进一步升高，大量的电能转化为热量被循环水带走浪费，以致在感应器中的电量损耗可达

到中频感应电炉有功功率的 20%～30%。

⑤ 冷却循环水水温对感应线圈的电阻有一定的影响，水温高感应线圈电阻值相应升高，导致损耗增加、产热量大，然后产生的大量热使水温升高，形成一种恶性循环，对中频感应电炉的节能很不利。

⑥ 中频感应电炉感应线圈中形成的水垢，阻碍了循环水路，冷却效果降低，使线圈表面的工作温度升高，致使耗电增加，甚至如果造成局部过热，烧坏线圈造成事故；又由于冷却水有一定电势，现有阻垢器的阻垢效果不很明显。

⑦ 中频感应电炉的炉衬使用寿命对筑炉电耗有影响，炉衬寿命长相对筑炉电耗就少，所以炉衬的材料选择、筑炉烘炉工艺应该加以改善。

⑧ 中频感应炉熔炼工艺也对电炉的耗电量有着直接关系，在配料是否合理、熔炼时间长短、是否连续熔炼方面存在着相当大的问题，致使增加了不必要的损耗。

⑨ 一些工厂对中频感应电炉的维护问题没有给予相当大的重视，使炉体、供电系统等不能正常运行，相应损耗增加。

7.2.2 节能措施

(1) 中频感应炉应采用专用变压器　现在我国由于供电政策的规定对工业用电采用的变压器一般为 S7、S9 型电力变压器，二次电压输出为 380V，而国外工业电炉用电的二次输出电压为 650～780V，可见如果采用中频感应炉专用的特种变压器使二次输出电压变成650V，当输出功率一定时输出电流减小为原来的 0.585，铜损大约降低为原来的 1/3，铜损的进一步降低又减少了变压器的产热量，使得铜线圈的电阻不至于因温度过高而导致升高，冷却系统带走热量减少，节能效果明显增加。此外又可以根据需要，在炉子运行过程中适时地调节供电电压以调节炉子的输入功率，使中频感应电炉的损耗尽量减到最小。因此，采用中频感应炉专用变压器提高电压势在必行。

另外，限制变压器的空载运行在节能方面也起到一定的作用。在实际应用中，应当在空载时间超过几小时或停止生产时，断电拉闸，及时停止变压器的运行，这样更有利于变压器的节能降耗以及提高功率因数。

(2) 正确选择中频感应炉的容量、增大匹配功率　炉子容量的选择，一般主要考虑炉子的生产率是否能满足铁液需要的要求。但是，同一铁液量，可以选择单台大容量炉也可以选择多台较小容量炉，这需根据实际要求进行分析比较确定。在只是有时需要大量铁液供生产大型铸件用的场合，不宜选用单台大容量的炉子，而应当在正常生产要求条件下选择多台适当容量的炉子。这样，既可以提高生产过程的灵活性和可靠性，解决单台大容量中频感应电炉由于事故所引起的停产问题，又可以减小熔炼少量铁液时因为容量过大达不到额定功率而引起的耗电量。

感应炉的容量与炉子的技术经济指标密切相关，一般说大容量炉子技术经济指标高，这是因为随炉子容量增大，熔化铸铁的单位能量损失相对减少。中频无芯感应炉主要技术参数和技术经济指标，见表 7-13。炉子容量由 0.15t 增大到 5t，电耗由 850kW·h/t 降低到660kW·h/t。

额定功率与额定容量的比值（即熔炼 1kg 铁所匹配的功率）是反映中频感应炉熔炼时间以及熔炼电耗的一个标志。当比值大时，熔炼时间短，耗电量小、熔化率高；反之，则熔炼时间长，耗电量大、熔化率低。

因此，在同一容量的炉种下，应增大中频感应熔炼炉的匹配功率，以提高电炉的熔化效率，降低其耗电量。

表 7-13　中频无芯感应电炉的主要技术参数和技术经济指标

技术特性	炉子容量/t				
	0.16	0.5	1	2.5	5
额定功率/kW	100	250	500	1000	2000
频率/Hz	1000	1000	1000	1000	400
工作温度/℃	1600	1600	1600	1600	1600
生产率/(t/h)	0.12	0.35	0.80	1.5	3.33
电耗/(kW·h/t)	850	750	690	680	660

（3）感应线圈、水电缆部分改进　中频感应电炉电功率的无功消耗主要是感应线圈和水电缆在电炉运行过程中所引起的铜损，其单位电阻对铜损的影响非常巨大。现在，一些电炉生产厂为降低成本，感应线圈的铜原料大都采用价格低廉的、电阻值高的紫杂铜而不是电阻值低的1号电解铜，导致感应线圈和水电缆的电阻较高，单位时间电损耗相对较大。优质高纯度铜管，表面颜色发亮，电阻低，导电性能好，而劣质铜使用的不全是铜质材料，铜管发黑偏硬，由于杂质多不能承受大电流，通电发热量高，选材时应以区分。

① 增大感应线圈、水电缆横截面积。较大截面的铜导线和铜导体电缆，不仅能减少导线的发热及电压损失，还能增加配电线路的可靠性并适应长期的发展，而且从经济的观点讲也极有好处，增加的投资能很快收回，用户在长期使用中能得到更多的效益。通过增大感应线圈、水电缆的截面积，可以大幅度降低其电流密度，减少供电线路铜耗，并有助于降低线圈、水电缆的工作温度，减小水垢的形成概率，降低故障率，节约生产成本，节能降耗，增加企业经济效益。

以 0.5t 400kW 的中频炉为例，感应线圈为（外形尺寸）30mm×25mm×2mm 矩形空心铜管，匝数为 16，线圈直径为 560mm，工作温度为 80℃，电炉功率因数为 0.1，由计算得感应线圈自身在 80℃时的耗电功率为 80.96kW。同理，水电缆直径为 60mm，长 2m，计算得线圈自身在 80℃时的耗电功率为 0.42kW。供电线路仅此两项在 80℃时的耗电功率为 81.38kW。随着感应线圈和水电缆截面积的增加，电阻变化、供电线路节能效果见表 7-14。

表 7-14　中频感应炉线圈壁厚、水电缆直径增加与节能效果对照

线圈壁厚增加量/mm	0	0.5	1	1.5	2	2.5	3
R'/R/%	100	78.46	64.15	54.97	46.36	40.48	35.79
水电缆直径增加量/mm	0	5	10	15	20	25	30
R_1'/R/%	100	85.21	73.47	64.00	56.25	49.83	44.44
节约电量/kW·h	0	17.50	29.14	36.61	43.61	48.40	52.22
两者总节电/%	0	21.51	35.80	44.98	53.59	59.47	64.17

由表 7-14 可见，如果感应线圈壁厚增加 3mm、水电缆直径增加 3cm，则感应线圈与水电缆部分每小时耗电量为 29.16kW，比增加前节电 64.17%，每小时节电 52.22kW，显著节约电能。

② 降低感应线圈、水电缆的工作温度。感应炉熔炼时感应线圈和水电缆工作升温，由于铜存在电阻温度系数，其电阻率升高，电阻变大，耗电增加，数学方程式如下：

$$R_T = (1 + \alpha \Delta T) R_{20} \tag{7-2}$$

式中 R_{20}——20℃时电解铜的电阻值，$0.0175 \times 10^{-6}\Omega$；

$\quad\quad R_T$——线圈温度上升 T℃时铜的电阻值，Ω；

$\quad\quad \alpha$——铜的电阻温度系数，$0.004/℃$；

$\quad\quad \Delta T$——线圈温度的变化量，℃。

由式(7-2) 可知，铜线圈工作温度每升高 10℃，其电阻增加 4%，电能损耗亦提高 4%。当感应线圈的工作温度从 80℃降低到 50℃时，电能损耗降低 12%，这对一个较大功率的中频感应炉来说是一个相当大的损失。所以采用有效的冷却系统高效地降低供电线路的温度，尽量避免形成温度升高→电阻升高→温度升高恶性循环，减小线路损耗。

(4) 采用新型阻垢器、封闭水冷系统

① 水垢对冷却系统冷却能力的影响。水垢对铜管使用状况影响非常大，它直接改变了铜管工作温度。对铜管水垢进行成分分析中发现，水垢的形成主要为水中含有不溶性盐类（如 $CaCO_3$、$CaSO_4$）和氧化物沉淀（还可能含有其他金属的阴阳离子和各种杂质）随着冷却水温度的升高，水中盐类逐渐超过饱和极限，发生沉淀形成导热性极差的水垢。水垢沉积在线圈内壁，将会缩小水道横截面积堵塞管道，增加水循环的阻力，阻碍正常的热交换；又由于水垢的热导率只有 $0.464 \sim 0.8 W/(m \cdot K)$，远小于铜管的热导率 $320 W/(m \cdot K)$，热交换率大大降低；同时，铜管的热流分布不同，故各处水垢厚度也不同，在铜管局部温度过高位置发生结垢过厚，就会出现局部过热现象，烧坏线圈、水电缆，甚至引起电器漏电、短路等严重安全事故。

根据有关数据计算感应线圈、水电缆内壁水垢对综合换热系数的影响规律见表 7-15。

表 7-15　水垢对冷却系统冷却能力的影响

水垢厚度 δ/mm	0.5	1	1.5	2	3	4
综合换热系数降低/%	22	37	46	54	64	70

线圈内壁的水垢是一层隔热层。当水垢厚 $0.5 \sim 4$mm 时，综合换热系数比无垢时降低 22%～70%。换热能力降低，线圈温度上升，其电阻值增大，造成无功电耗的增加，当局部温度较高，有烧毁线圈、水电缆的危险，故必须采取相应措施去除水垢。

② 采用新型阻垢器。中频感应电炉冷却水在感应线圈、水电缆中循环，其中含有大量离子，现有的一些方法生产的阻垢器对冷却水阻垢效果不很明显，例如磁化处理法受磁铁磁性的影响较大，阻垢效果不稳定；静电处理对水中钙、镁盐类的结晶沉淀作用不明显，而且此类设备的功率器件与水直接接触，以致水中产生高频脉冲电压，对永磁体有强烈的去磁效应而降低阻垢效果；化学试剂法容易造成水质变化，且因水中电势的电解作用也大大降低阻垢效果；静电场法、声法也因水中电势的干扰而降低阻垢效果。

为此，研制了一种新型阻垢器——用数个电极组成平稳电容器组，带电的冷却水经过电容器组产生电势，并且在此电容器组接上线圈形成谐振，并联谐振电路提高了电极上的电压。线圈同时也对中频直流分量短路形成法拉第笼降低直流电位差，对金属如铜、铁有阻垢作用。在金属电极上产生的电势对水中结垢物产生洛仑兹力和热效应，从而疏松、细化水垢结晶物，令其悬浮在水中并定期排出，达到抑制结晶防止水垢产生的作用。用比铜铁电极电位较负的铬锌作电极可防止铜铁的腐蚀。使用效果表明，设计的新型阻垢器阻垢效果较好，1 年清洗一次即可，大大降低水垢的产生，感应器、水电缆使用寿命大大延长。

③ 采用封闭式循环冷却水系统。感应器冷却水应清洁而无杂质，固体物含量不大于

10mg/L，水的电阻率应大于 $2.5 \times 10^3 \Omega \cdot cm$。由于硬度偏大的水中含有大量的不溶性盐类很容易析出沉淀形成水垢，所以总硬度不大于 2.8mg/L，亚硫酸盐和氯化物含量不大于 50mg/L，冷却水应该采用硬度低的软水，最好是采用蒸馏水以尽量减少水垢的形成概率。

采用封闭式循环冷却水系统，这种系统具有二级循环水系统，外回路为敞开式循环水系统，内回路为封闭式循环水系统，其间用水-水热交换器传递热量，内循环采用软水和蒸馏水，便于进行水质处理，系统可靠性大，运行费用低，对外回路水质要求不高。因此可以大大延长感应器的使用寿命。

④ 严格控制感应线圈内循环水的温度。循环冷却水的温度直接影响着线圈工作温度和线圈电阻，对感应炉的铜损有着相当大的影响。如果进水、出水水温太低，循环水冷却将消耗很大的能量，还将从炉体中带走热量，增加电耗；如果水温太高，则不利于感应圈的冷却，增加电耗。所以，选择好冷却水温是一个重要环节，冷却水进水、出水水温应控制在一个恒定的温度，进水水温一般在20～30℃为宜，出水温度以 50℃为宜。

（5）筑炉、熔炼及管理对节能的影响

① 延长炉衬寿命的分析。筑炉工艺、烘炉烧结工艺的选择应确保在炉衬烧结后获得合理的三层结构，即烧结层、半烧结层和缓冲层的初始厚度大致各占1/3，这是炉衬具有较长使用寿命和保证安全生产必不可少的条件。炉衬寿命长的每炉次所摊的筑炉电耗就少。

a. 改变中频感应炉作业条件，延长炉衬使用寿命，降损节能。由于在高温下炉衬发生坩埚反应即炉衬中的 SiO_2 被铁液中的 C 还原快速腐蚀炉衬以及不同炉渣引起化学反应使炉衬腐蚀，在高温下停留时间较长使反应加剧，炉衬使用寿命缩短。因此，加大中频感应电炉的配置功率，短时间熔化，能够有效延长炉衬使用寿命，进而节能降耗。

b. 选择中性炉衬。近些年的研究表明，中性炉衬（高铝质耐火材料）在各种黑色金属和有色金属及其合金的熔炼中推广使用，特别适应精铸行业品种多、质量高的要求。热稳定性好，耐火度高（最高可以大于1800℃），炉龄寿命大大延长，维修筑炉费用大大降低，并且免除了石英砂粉尘对人体健康的危害。

② 熔炼工艺节约能源的分析。

a. 合理配料。炉料的科学管理对提高中频炉感应炉生产效率、降低能耗具有重要意义。尽量避免因调整成分而拖延熔炼时间，杜绝因成分不合格而使铁液报废，增加物耗、电耗。炉料必须根据化学成分、含杂质情况及块度大小进行适当分类，切割大、长型废钢，有条件应对轻、薄料打包处理，保证顺利加料，缩短熔炼时间。炉料块度的大小应与电源频率相适应，感应电炉所用电源频率随炉子容量的增大而降低。感应电流透入深度层和金属炉料几何尺寸配合得当（当金属炉料直径/感应电流透入深度>10 时，炉子电效率最高），以缩短加热时间，提高热效率，降低电耗。例如，500Hz 中频电源合适的炉料块度为 8cm，1000Hz 中频电源合适的炉料块度为 5.7cm。

b. 延长连续冶炼时间。电能单耗与冶炼方式有很大关系。资料表明，在考虑炉渣的熔化和过热所需能量损失的情况下，先进的中频感应熔炼炉冷启动时，单位电耗为 580kW·h/t，热炉操作时，单位电耗为 505～545kW·h/t，如果连续加料操作，则单位电耗仅为 494kW·h/t。

因此，在有条件的情况下应当尽可能地安排集中连续冶炼，尽量增加一次冶炼炉次，延长持续冶炼时间，冷炉熔炼次数减少，降低电耗。

c. 合理的冶炼操作包括以下内容。

第一，科学装料。

第二，采用合理的供电制度。

第三，采用合理的炉前操作技术。控制后续炉料每次加入量，勤观察、勤捣料，防止炉料"搭棚"。在熔炼作业中，采用浇注前短时间升温，而其余时间铁液保持较低温度，可减少高温铁液对炉衬的侵蚀延长炉衬使用寿命降低电耗。

第四，采用可靠的温度控制与测量设备。

第五，推广直读光谱、缩短铸件成分检验时间。

第六，严格控制铁液的出炉温度。

第七，及时、足量投放保温覆盖剂、除渣剂。在铁液转移到铁液包后应立即投放适量的保温覆盖剂、除渣剂，可以减少铁液浇注过程的热损失，出铁温度就可以适当降低，以节约电耗。

d. 加强熔炼设备和管理、维护以节电降耗。加强对熔炼设备的管理，规范筑炉烘炉、烧结、熔炼等操作工艺要求和中频电源维护保养制度，有效提高炉龄，保证中频电源的正常运转，从而降低熔炼电耗。

7.2.3 感应电炉炉衬打结

铸造生产车间（厂）感应电炉炉衬有的选用成型的炉衬，但大多是自行捣打烧结。

7.2.3.1 自行打结的炉衬耐火材料要求

① 足够耐火度，对于熔炼铸铁的炉衬材料耐火度应大于 $1650\sim1700℃$，软化温度应高于 $1650℃$。

② 化学稳定性好，低温时不水解分化，高温时不易分解和还原，在熔炼过程中不易与金属合金液、渣、添加剂等产生反应，生成冶金反应物。

③ 热稳定性好，热膨胀系数小，炉衬不因受热不均匀而出现裂纹，没有剧烈的体积膨胀和收缩而使炉衬变形。

④ 力学性能好，低温时经得住炉料加料撞击，高温时能承受合金液的压力和强烈的电磁搅拌作用，在合金液的不断冲刷作用下能耐磨和耐热侵蚀。

⑤ 绝缘性能好，炉衬在低温、高温状态下不导电，否则漏电短路，甚至产生严重的事故。

⑥ 打结性能好，易修补及烧结性能好，打结及维修方便，在市场易购到材料。

7.2.3.2 常用的耐火材料和打结方法

目前，铸造生产感应电炉常用炉衬材料有氧化硅（SiO_2，酸性）、氧化铝（Al_2O_3，中性）、氧化镁（MgO，碱性）以及三者混合物料。

打结方法有湿法和干法两种，均可用于酸性、中性、碱性或混合材料。

(1) 湿法打结 炉衬耐火材料加入水、水玻璃、卤水等黏结剂进行打结，操作时粉尘少，成型性能好。缺点是不够致密，炉衬的耐火度有所下降，炉衬干燥烧结时间要长，水分汽化使感应器的绝缘性能下降，甚至会产生匝间起火而击穿，也可能引起接地短路，故对容量较大的炉衬尽量避免用湿法打结操作。

(2) 干法打结（筑炉） 不加黏结剂，最大限度发挥炉衬的耐火性能，使其烧结层减薄，粉状层加厚，散热损失减少，裂纹倾向减少，炉衬的安全可靠性提高，没有水分对感应器的损害。

7.2.3.3 打结（捣制）感应电炉炉衬（坩埚）实例

(1) 酸性坩埚（感应器内现场捣筑而成）

① 耐火材料。$SiO_2 \geqslant 98\%$ 的石英砂和硼砂干混，少许加水润湿，硼砂加入量为 $1.5\% \sim 2.0\%$。

② 检查感应器是否完好，同时准备一个外形尺寸大小与坩埚内腔形状相同的样模，其样模一般用 $2 \sim 3mm$ 厚钢板焊制形成。

③ 在感应器内壁及炉底板上紧垫上厚度 $6 \sim 8mm$ 的石棉板或石棉布，以保护感应器与坩埚内炉料之间的绝缘，并减少热量外散损失。

④ 捣筑炉底。用准备好的炉衬材料分批加在石棉板上，捣打结实，每批填入的炉衬材料的松散厚度为 $20 \sim 30mm$，逐批逐层捣实，松紧适当。如紧实过度则坩埚受热产生过大的内应力而易出现裂缝，如过松散则烧结不良。切忌层平面紧实不均匀，层与层之间紧松不均匀。捣实的厚度为坩埚底部与感应器下边缘平齐或略高出 $1 \sim 2$ 匝为止；在感应器中心放置样模并加压在固定位置，逐层捣打炉料时勿使其移动，直到捣筑到坩埚上端面与感应器平齐或低 $0.3 \sim 1$ 匝；捣筑到炉颈和炉嘴，炉颈要修饰成一定坡度并在表面涂刷一层涂料，同时修整好出铁液槽，坩埚捣制好后，取出样模（也可不取出），进行自然干燥一昼夜，然后再烘烤 $8 \sim 10h$。

⑤ 烧结炉衬。经干燥，在坩埚内放置石墨电极或装入金属炉料，逐步送电加热。烧结炉衬供电初要小功率，待水汽逐渐蒸发后提高功率，在 $600 \sim 800℃$ 时缓慢升温，以适应石英砂相变需要，不使其急剧膨胀而开裂。第一次开炉后最好连续多熔炼几炉，以使坩埚透彻烧结。在第一炉熔炼时，最好加入 $0.5\% \sim 1.0\%$ 碎玻璃，以使坩埚表面挂上一层釉面以保护炉衬。

SiO_2 在高温烧结时，加入硼砂起着助熔作用；生成硼酸盐化合物（SiO_2、B_2O_3）起着助熔物化作用，表面呈釉状发亮坚硬且结实，但降低了硅的耐火度，应少加为宜。

炉衬硅砂粒度组成：$40 \sim 70$ 目 $25\% \sim 30\%$；$20 \sim 40$ 目 $20\% \sim 30\%$；$10 \sim 20$ 目 $25\% \sim 30\%$；>180 目 $20\% \sim 30\%$；外加硼酸 $1.5\% \sim 2.0\%$ 和少量黏结剂。

炉颈部分：$20 \sim 40$ 目 30%；$40 \sim 70$ 目占 50%；粉料 20%；加水玻璃 10% 黏结剂，以增强该部位的强度。

（2）中性炉衬　常用高铝质耐火材料、硅酸铝质耐火材料（Al_2O_3 质量分数大于 46%）。Al_2O_3 质量分数大于 71.8% 时的平衡相组成为莫来石和刚玉，到 $1810℃$ 才熔化，适用于坩埚炉衬。刚玉质 Al_2O_3 质量分数大于 95%，其结晶形态 $\alpha-Al_2O_3$ 属六方晶系，高温体积稳定，化学稳定性和软化点很高，可作为 10t 以上炉衬使用。

通常适应于熔化铝及铝合金的耐火材料，必须具有好的烧结强度，细小的气孔系直径，SiO_2、Na_2O、K_2O 等含量低，表面与溶液润湿等优点，在 $800℃$ 温度下具有良好的烧结性能。

铝镁质干打料以电熔刚玉为主，适量 MgO 以及添加剂。在烘炉过程中 Al-MgS 的生成及添加剂的结构，能很好抵抗高温钢液的侵蚀，其热膨胀率比单一的 MgO 要低，再加上二次尖晶石的生成可防止龟裂发生。氧化铝尖晶石捣打料以高纯度的电熔氧化铝为主，掺入适量高纯度的氧化镁制成，具有良好的耐火性和热稳定性、低的热膨胀系数，用于 6t 左右大型铸钢炉衬，炉次可逾 200 次以上。

（3）碱性炉衬　主要熔炼高锰钢、耐热钢以及球墨铸铁等，主要炉衬材料为镁质耐火材料 MgO 优质镁砂，$MgO \geqslant 90\%$，$CaO < 4\%$，SiO_2 在 4% 左右，FeO 和 Al_2O_3 均为 1.5% 左右。为了抑制仅为镁砂打结炉衬耐急冷急热性能差、炉龄低，有些厂家加入适量刚玉粉经烘炉烧结后形成碱性尖晶石镁铝质耐火材料。

① 电熔镁砂 90%，刚玉粉（240 目）10%，硼砂 $2\% \sim 2.5\%$，水适量。

② 一级冶金镁砂 85%，刚玉粉（240目）8%，一级铝矾土（$Al_2O_3 > 70\%$，$Fe_2O_3 < 2\%$，180目）7%，硼砂 2%，水适量。

③ 一级冶金镁砂 60%～70%（粒度 1～3mm，65%～70%；粒度 3～6mm，35%～30%），电熔镁砂 30%～40%。

以上碱性炉衬（或碱中性炉料）筑炉前炉料要磁选，严防小的铁质屑粒混在炉料内。

黏结剂使耐火材料的骨料和涂料在一定温度下烧结成均匀致密稳定的结合相，使耐火材料烧结温度降低，以达到较低温度结合的目的。而过量地加入黏结剂会使炉衬的耐火度降低，影响寿命，故要严格控制黏结剂加入量。目前常用的有硼酸（硼酐）、硅酸盐、磷酸盐、氯酸盐、金属卤素化合物、树脂类、$\alpha\text{-}Al_2O_3$ 微粉等，少数镁砂用柏油。

7.2.3.4 打结炉衬的寿命

① 熔炼的合金（酸性、中性、碱性）要与炉衬材料匹配（炉衬材料的选配和黏结剂选用），比如用石英砂炉衬熔炼高锰钢或球墨铸铁则寿命急剧缩短；造渣时要掌握渣的碱度对炉衬的作用，否则碱性渣对酸性炉衬的侵蚀很厉害。

② 添加特殊材料对坩埚的影响。

a. 加锆英粉（Zr_2O_3）可以增强炉衬的高温抗磨性能，特别是在倾倒熔液的侧面和炉口部位。

b. 加碳化硅或石墨粉可以改善坩埚内壁挂渣现象。

c. 加高铬粉（Cr_2O_3）可以提高坩埚的高温抗机械冲击性能。

d. 加陶瓷纤维可增强坩埚结合强度，防止裂纹。

③ 打筑操作，烘炉烧结操作。加炉料时防止杂物混入，运用正确的捣筑工艺，使其紧密，尤其不能局部疏松留有空气。

严格按照烘炉工艺曲线操作，控制升温速度，烘炉温度至 1000℃，加入洁净规则炉料，防止撞坏坩埚，前 2～3 炉尽可能熔炼高熔点铸钢，并在高温下保温 2h，使炉衬均匀彻底烧结。

④ 熔炼操作。遵循熔炼加料操作工艺，严禁大块料直接投掷入炉，观察炉内熔化状况，及时补充加料；发生崩料要及时采取措施排除；熔清后，金属液达到出炉温度时及时出炉；遇到停电或电源故障，而短时间内无法排除需及时将坩埚炉内金属液倒净，防止冻结后穿炉。

⑤ 维护保养。熔炼完毕在炉内加入部分炉料，并盖好炉盖，避免坩埚迅速冷却产生裂纹。炉子使用一段时间后炉口高出炉盖板，上下受热不同，上层易产生疏松。炉衬出现裂纹，需用插针打紧疏松部位，修复该部位裂缝（裂纹），并重新筑打好炉口。

坩埚出现侵蚀坑凹时，必须及时进行修补以延长使用寿命。修补时，先将内壁的残渣全部清除，凿剔刮干净，待出金属液后当坩埚还处于高温状态时修补内壁，高温薄补，轻轻锤实，使补料材料在内壁自行烧结。补炉材料与坩埚材料要相一致，为了快速烧结，补修炉料有时用粉状水玻璃。

除了上述介绍的方法，要在实践中不断摸索总结经验，结合本单位用炉实际，延长炉衬使用寿命。

7.2.4 提高感应电炉炉龄的途径

感应电炉炉衬的使用寿命影响着炉龄，而炉龄直接影响着炉子的生产率、生产成本、生产周期等，因此如何延长炉衬的使用寿命，是需要着力思考的问题。

（1）炉衬材料对炉龄的影响　选择炉衬材料必须要与熔炼金属材质性能相对应，还要考虑炉衬材料的价格和性能。采用石英砂＋2％硼酸作炉衬来熔炼高铬铸铁、中低合金铸钢和高合金耐热铸钢。实践证明，由于炉衬烧结后的炉壁以 Si_2O 为主，其强度偏低，难于承受金属液的静压力、热侵蚀和加料造成的冲击，炉衬极易在早期失效；另外，出金属液的温度及熔炼保温温度与石英砂的耐火度不能相适应，使得容易受侵蚀剥落，炉龄仅有 20 炉。

采用 50％冶金镁砂＋50％电熔镁砂＋2％硼酸混合打结作炉衬，其耐高温侵蚀性能好但抗急冷急热能力差，膨胀收缩大，容易产生裂纹引起穿炉，炉龄一般在 40 炉左右。

采用厂家生产镁砂定型炉胆，使打捣和烘炉烧结方便，因它经高压压制，致密度高，经受冲击、侵蚀性能较佳。但使用时炉衬容易产生龟裂及各种横、竖裂纹，在间隙断续开炉时更为突出。出现裂纹后，又较难进行修补修复，一般炉龄在 50 炉左右。

采用镁铝尖晶石料捣打炉衬，平均炉龄可达 120～150 炉或更长。

以 $w(Al_2O_3)$ 85.5％、$w(MgO)$ 14％、其他 0.5％捣打烧结炉衬，熔化碳钢、合金铸铁、铸铁；以 $w(Al_2O_3)$ 75.5％、$w(MgO)$ 22％、其他 2.5％捣打烧结炉衬，熔化不锈钢、低合金钢、低碳钢及碱性铁合金；以 $w(Al_2O_3)$ 83.5％、$w(MgO)$ 13.7％、其他 2.8％捣打烧结炉衬，适用中性和碱性金属。

Al_2O_3、MgO 料的质量直接影响炉龄，以中刚玉、电熔镁砂为佳；用镁铝尖晶石、铝镁尖晶石的炉料捣打烧结炉衬，炉龄一样。

（2）筑炉的打结工艺影响　选定炉料之后，决定干式捣打和湿式捣打以及炉料种类、块度组成、黏结剂、助熔剂等，然后确定捣打工艺。

① 筑炉工具。常用筑炉捣打、耙平、加料、抹匀的工具有杵耙（平耙、齿耙）、撬、镘刀、锤（带柄，长短大小视操作方便）。这些工具勿用铁（钢）质，而用木质、石质，主要为了不使铁屑粒和器物混入炉料。铁质屑粒片混入电炉炉衬使用后，其炉衬中铁质熔化、凝固、膨胀、收缩作用使炉衬开裂，似蝼蚁之穴溃堤。

中小炉子用以上工具捣打，中大炉子采用手工电动筑炉机夯实、炉底气动振动器、二锤头气动锤击机等。

② 炉料捣打。所有炉料使炉衬不断经受酸性、中性、碱性过程，最好先进行磁选，以不使铁质混入炉衬。

a. 小中型炉衬，将材料按要求搅拌均匀，逐层夯打实。

b. 中大型炉衬炉底，采用手工电动筑炉机、炉底气动振动器、二锤头气动锤击机将炉壁逐层夯实，由底而上。

坩埚出料嘴打筑与炉衬材料稍有不同。

③ 烧结工艺。采用不同炉料，如石英砂（SiO_2）、刚玉（Al_2O_3）、镁砂（MgO）或多种混合耐火材料，或镁铝尖晶石、铝镁尖晶石，辅用黏结剂、助熔剂。炉衬打结好后自然干燥，开炉烘烤、烧结，务必遵循各耐火材料的特性及物化反应要求。

④ 定型坩埚。购用市供定型坩埚，供应厂家的原耐火材料质量差异、捣打压制工艺、焙烧工艺等影响着使用寿命，有 50 炉、100 炉、120 炉以上（仅指熔炼铸铁而言），其寿命差别较大。当然还包括安装、使用的影响。

（3）熔炼操作工艺的影响

① 炉衬的性质（酸性、中性、碱性）应与熔炼合金性质匹配。像一些中小厂家，感应电炉是硅炉衬，但为了生产需要，偶然也熔炼高锰钢铸件，那么钢液中的 MnO（碱性）对炉衬中 SiO_2（酸性）侵蚀，使炉衬使用寿命缩短。

② 开炉方式影响炉衬寿命。三班制寿命超过二班制，二班制寿命超过单班制；熔炼金属液总吨位也有决定性影响。

由于是硅质炉衬，SiO_2 是不良导热体，炉衬内部又存在着很大的温度梯度，炉衬断面分布烧结层、过度层、松散层，尽管捣打烧结得比较理想，但在频繁的热冷、膨胀收缩交变下，其使用寿命也将急剧缩短。

③ 熔炼温度与高温保温时间对炉衬使用寿命的影响。温度越高，保温时间越长，炉衬的使用寿命越短。尤其是超过炉衬耐火度的高温长时间保温，则炉衬侵蚀剥蚀甚厉害，寿命就更短。由反应 $SiO_2 + 2C \longrightarrow Si + 2CO$，金属液中 $w(C)$ 量越高，$w(Si)$ 量越低，炉衬蚀损加剧。熔炼球墨铸铁，$w(C)$ 量较灰铸铁高，$w(Si)$ 量则低，而熔炼温度又高，因此，炉衬寿命缩短得快。

④ 增碳剂的影响。主要是增碳剂的质量成分、熔炼时加入的工艺和废钢等相互作用对炉衬寿命有影响；增碳剂石墨团对炉壁黏着吸附铁料混合物也有影响。

⑤ 造渣反应对炉衬使用寿命的影响。

a. 造渣合金带入杂质的影响及对策。

FeO、Fe_3O_4：锈蚀废钢、铁与硅质 SiO_2 炉衬生成低熔点铁橄榄石，侵蚀炉衬。应使用处理后的洁净废钢。

SiO_2、Al_2O_3、CaO：残留炉渣凝聚物，熔炼时与炉衬发生物化反应，侵蚀炉衬。除渣剂造渣后应及时清除。

MnO：与炉衬反应生成低熔点产物，炉壁液面线侵蚀尤其厉害。应后期加入锰铁合金。

$Fe-Mn$ 氧化物：低温时就能与 SiO_2 反应。硅质炉衬应避免熔炼高锰钢。

SiO_2、Al_2O_3、Na_2O：不洁回炉料，易形成高熔点炉渣，使炉壁结瘤黏着于炉衬内，难清理。应加入洁净回炉铁（滚筒处理）。

MgO：富 Mg 炉渣、球铁，形成侵蚀。应控制球墨铸铁回炉铁用量。

Zn、Pb：铁料中的有害元素，与炉衬反应能侵蚀及浸润，低温时就影响烘炉。加废合金钢时要注意，熔炼灰铸铁的原生铁中的含量也要注意。

b. 除渣剂对炉衬使用寿命的影响。除渣剂种类繁多，成分不一，要选与熔炼合金匹配的造渣除渣剂。常用的有碎玻璃或加石英砂的碎玻璃（4∶1）。碎玻璃在液态下不溶解气体而隔绝气体效果很好。在熔炼温度下碎玻璃黏度较大不宜单独使用，否则易粘炉壁。

酸性炉渣要加有 CaO、石灰石粉、CaF_2、萤石粉等的造渣剂除渣。

（4）维护保养的影响

① 开炉完毕，炉顶面务必盖上钢（铁）板或厚石棉板，使坩埚缓慢冷却，否则，炉顶口朝天，急速剧冷空气吸吹，炉衬热灼又急冷，宛如正火，影响炉衬结构而缩短寿命。出铁口与盖板间空隙用耐火砖块和型砂、耐火泥封住。

② 炉衬的修补。熔炼人员必须经常检查炉衬（冷、热）的侵蚀状态、裂纹表面洁净的情况，测量坩埚不同高度处直径变化并进行记录，尤其到炉衬寿命中后期时，应空炉停炉检查，同时看电炉最高熔化率、电流以及金属液翻滚情况。炉衬在熔炼过程中受化学物理侵蚀和冲刷，会逐渐变薄，当内径变大则意味着炉衬壁厚度变薄，如均匀变薄到一定程度（即减少了壁厚的 1/3 左右）就要修补或停炉重打。如局部损坏则可停炉修补，防止漏沪。做到及时修补，才能达到延长运行。

a. 局部侵蚀损坏的修理。炉衬裂缝（纹）不大于 2mm 不需修补，在高温熔炼状态下可弥合。超过 2mm 的纵深裂纹及炉底和炉膛（壁）的烧蚀剥落凹陷坑洼均需修补。修补混合料与打结料相同。首先将损坏处被铁液和炉渣侵入的表面层剥离剔掉，清洁修补处的残渣，并形成燕尾状的凹坑，再填以石英砂混合料（修补炉料的粒度配比和打结炉衬材料一样，硼酸含量可略增一些），加入水玻璃（有条件可用干粉水玻璃）捣实抹平表面，并在修理面上压上一块合适钢板，用250℃/h的升温速度缓慢加热，5h后投入熔炼。

目前还有可塑胜修补料（同可塑性炉口料），更方便快捷，直接对清理好的裂纹（缝）进行填补、塞实，再进行必要的烘烤即可投入熔炼。

b. 大面积剥落修补。炉底部位用圆形铁板，炉壁部位需用铁撑横压住填补的混合料表面。1250℃前后升温速度为150~200℃/h，然后用60%额定功率升至1550℃，保温2~3h后可投入正常熔炼。因为修补地方比较脆弱，未曾与炉衬熔融结合，头几炉用60%~70%额定功率熔炼，否则修补部位的修补炉料会剥离。

c. 炉嘴局部修理。炉嘴（口）部因炉渣侵蚀或撞击或操作不当而受损坏，出铁液时观察炉壁与炉口交界处有无裂纹、开缝，此处易引起漏铁液和影响报警电极工作，务必及时修补。修补时将侵入炉衬表面层的铁液和炉渣剔除，套上合适的钢圈，原来打结炉嘴的炉料修补平滑。炉衬工作一段时间，为了强化修补上的炉料与炉嘴炉衬之间的结合力，在炉衬露出的断口处刷一层硼酸水，再加炉料，打结修筑炉嘴，完毕后适当加热该部位即可投入烧结、使用。当炉嘴部分裂纹很深，甚至上下起壳脱离时，应重新打结炉嘴部位。

（5）结束语

总之，要延长感应电炉炉衬的使用寿命，应严格遵守电炉使用操作工艺规程。炉子结构直接影响坩埚构件，要重视炉衬材料（碱、中、酸性）与熔炼合金的匹配，以及粒料的粗细、捣打工艺（工具、操作）、烧结工艺（使炉衬有烧结层、过渡层、未烧结松散层）。严格执行熔炼操作工艺（不超温、快熔快速及时造渣、除渣、增碳操作等）。有条件的最好将钢铁料加热，但不能加到灼热红亮以免氧化。还要严格检查管理措施，从多角度全方位促使炉衬寿命延长。

7.2.5 使用感应电炉必须掌握的内容

按容量或生产量购得相应的电炉后，必须了解与之配套的说明书内容，感应电炉特征、注意事项、操作要点、易损耗件、备配件、后续服务范围等；了解工作原理、加热特征、坩埚特点（材料、打结、酸中碱性炉衬，还是成型炉衬）、电源设备情况、电源效率、快速熔炼、节能、安全操作、维修保养及故障排除等。

初调的电源或运行操作时电源出现故障，整机启动失败，并伴随出现下列一些现象。

① 按中频启动按钮，调节功率电位器，电源毫无反应或只有直流电压无中频电压，其原因可能是：

a. 负载开路，即感应器未接入；

b. 逆变脉冲功率过小或无脉冲，逆变管未被触发；

c. 整流电路发生故障，无整流输出。

② 按下中频启动按钮后，过电流保护动作，整流拉入逆变状态。对新安装的电源，应检查电压极性是否正确，逆变脉冲的极性是否正确，引前角是否太小。

对已运行的电源不存在极性问题，可从以下方面分析：

a. 晶闸管有无损坏，用万用表测量判断。

b. 快熔是否熔断，若熔断即换之。

c. 负载回路是否短路、负载过重。可用示波器观察负载振荡波形加以判断。

d. 启动引前角是否过小，适当调大引前角。

e. 逆变脉冲是否有干扰，晶闸管的特性是否变坏。

f. 过电流整定值是否有变，若是需重新整定。

g. 电流反馈是否过大，反馈量过大也会使振荡停止。

h. 整流电路出现故障，直流输出太低。

i. 中频电源绝缘是否降低。

j. 电压反馈信息是否断开。

7.3 铸铁感应电炉生产铸件实例

7.3.1 感应电炉中用废钢生产 HT250 铸件（按 GB/T 5612—2008 标准）

（1）废钢 以废钢、钢铁切屑为主，加入回炉铁、废铁（废球墨铸铁、灰铸铁）、新生铁为原料，用感应电炉来熔炼灰铸铁（球墨铸铁）。废钢（ZG 200-400 至 ZG 340-640）的主要成分：$w(C)$ 0.20%～0.60%、$w(Si)$ 0.5%～0.6%、$w(Mn)$ 0.8%～0.9%、$w(S) \leqslant$ 0.04%、$w(P) \leqslant 0.04\%$ 及微量 $w(Ni)$ 0.30%、$w(Cr)$ 0.35%、$w(Cu)$ 0.30%、$w(Mo)$ 0.20%、$w(V)$ 0.05%。结构钢、热轧钢边角零料主要成分：$w(C)$ 0.10%～0.60%、$w(Si)$ 0.12%～0.30%、$w(Mn)$ 0.40%～0.65%、$w(S) \leqslant 0.055\%$、$w(P) \leqslant 0.045\%$ 等。这些废钢料经感应电炉熔化，其铁液与冲天炉熔炼铁液相比过热温度较高，熔化保温时间长，易氧化脱碳，同样的化学成分和铸型、同样浇注工艺，而浇成的铸件比冲天炉熔炼的强度、硬度高，白口倾向大，石墨长度短，易产生 D、E 型石墨；而且铁液的流动性差，收缩大，易引起各种铸造缺陷（如气孔、冷隔、缩孔、蜂窝状气孔、缩松甚至夹杂）。当废钢大于 60% 增碳后，因铁液的熔化保温时间增加，其现象更为严重。

（2）HT250 材料 灰铸铁 HT100～HT350 牌号的化学成分：$w(C)$ 3.4%～3.9% 或 2.7%～3.0%、$w(Si)$ 2.1%～2.6% 或 1.1%～1.4%、$w(Mn)$ 0.5%～0.8% 或 1.0%～1.4%、$w(P) \leqslant 0.3\%$ 或 <0.10%、$w(S)$ <0.15% 或 $\leqslant 0.10\%$。

以熔炼 HT250 为例，化学成分为 $w(C)$ 2.8%～3.1%、$w(Si)$ 1.2%～1.7%、$w(Mn)$ 0.8%～1.2%、$w(P)$ <0.15%、$w(S)$ <0.12%，85%～90% 片状石墨，5%～15% 过冷石墨（50～250μm）无定量分布（4%～7%），珠光体>98%（中细片状），二元磷共晶<2%。

配料：灰铸铁 HT250 化学成分要求计算出碳当量（随铸铁的壁厚差异而变），以碳素钢和含 Cr 结构钢为主的废钢利于珠光体的生成。废钢和增碳剂的熔炼操作直接影响铁液的质量和浇注铸件的质量。

（3）增碳剂

① 木炭。厂家受地方条件的限制，仅能用废钢、废铁、木炭来增碳生产低铬铸铁磨球，木炭主要成分为 C，含 S、P 量低，以阔叶杂木焙烧。1t 中频感应电炉，以废料结构件 A3 钢为主，熔炼增碳操作。

a. 炉底加 1/3 小块废钢，上加木炭，上面加废钢压住，每 1% 木炭增碳率为 0.55%～0.65%。

b. 先开炉熔化 1/3 钢液，再加木炭，上面加废钢压住，继续熔化，每 1% 木炭增碳率为 0.60%～0.70%。

c. 先熔化 1/3 废钢，加上木炭，上面加造渣剂，然后废钢压住，继续熔化，使造渣剂覆盖住钢液，每 1% 木炭增碳率为 0.70%～0.80%。

三种方法熔炼均可，第三种增碳效果较好，碳的吸收率高，熔化1t A3废钢液加25kg木炭，铁液的含碳量在1.8%～2.0%。出炉前化验，需微量调整含碳量。为了缩短熔炼时间，不再用木炭增碳（再增效果不大），需用废电极或增碳剂来增碳或用生铁来调整。木炭的块度以50～60mm为宜，坩埚顶面盖合紧密，使其内保持还原性气氛，以发挥增碳效果。铁液用金属型浇注磨球，球磨机磨矿石，使用效果满意。

② 广泛使用的增碳剂。在感应炉用废钢熔炼的工艺下通常需要加1%～2%的增碳剂达到铸铁件的含碳量要求，增碳剂根据结构分为石墨增碳剂（具有六方石墨结构，如Desuco品牌、石墨电极碎块、石墨化焦、自然石墨压粒块等）、非石墨增碳剂（如煅烧石油焦炭、沥青焦、乙炔焦炭压粒块等）和具有非规则组织的增碳剂。为了获得较佳增碳效果，三者常常混合使用，碳化硅（SiC）具有和石墨相似六方结构，是石墨增碳剂的一种特殊形态。增碳剂化学成分见表7-6。

③ 使用增碳剂的注意要点。

a. 未熔解微粒的石墨化作用。碳一部分进入铁液中，一部分未熔解石墨粒悬浮在铁液中，其中一些黏着于炉壁及浮入渣面，另一些微细石墨碳粒子有利于生成石墨核心，并起着防止铸铁过冷和白口化的作用。

b. 粒度对增碳效果的影响。

• 对增碳时间的影响。不同粒度的增碳剂以及不同的铁合金种类和熔炼工艺，对增碳效果的影响不同。

• 对增碳量的影响。最适宜的粒度应是去掉微粉和粗粒的增碳剂。

• 铁液化学成分影响。

C的影响：铁液中$w(C)$量低时，增碳快，增到一定量时，增碳效果甚少或不再增加。

Si的影响：$w(Si)$低，增碳效果好；$w(Si)$量高（2.0%左右），增碳效果差。

S的影响：铁液中$w(S)$量低，增碳速度快；$w(S) \geqslant 0.045\%$时，增碳效果不明显。

c. 增碳剂的选用。应当选用$w(N)$在100×10^{-6}以下的产品，如$w(N)$大于$(150 \sim 200) \times 10^{-6}$，易使铸件产生龟裂、缩短或疏松缺陷，厚壁铸件更容易产生。因为废钢配比量增加，就要加大增碳剂的加入量，从而带进更多N。多量的N不仅容易产生铸造缺陷，而且可以促进珠光体致密，铁素体碳化，强烈提高强度。

从增碳的效果来看，可用两种或以上品种的组合增碳剂，同时从成本考虑，效果相近价格便宜。

d. 增碳剂的加入方法。坩埚中的铁液搅拌可以促进增碳，搅拌力弱的感应电炉比搅拌力强的增碳速度要慢，也跟不上炉料熔化的速度，而其电力搅拌也不均匀，在其炉壁边角存有死角，其停留附着的石墨团如果不用过度升温和长时间保温是不能熔入铁液的。而铁液过度升温和长时间保温，会增加过冷度，有加大铸件白口化的倾向。如果附着炉壁的石墨团与铁液牢固黏着而附在炉壁上没有被熔清，将导致侵蚀和损伤炉壁。

加入增碳剂过早，容易使其附着在炉底附近，而且附着炉壁角落的增碳剂又不易被熔入铁液；相反，加入时间太晚，则失去了增碳的时机，造成熔炼升温时间的延长，不仅延缓了化学成分分析和调整时间，还可能由于过度升温而造成其他危害。因此，增碳剂还是在加入炉料的过程中一点一点分批加入为宜，不断在熔炼实践中，取得增碳剂加入操作与熔炼工艺相应的最佳方法。

(4) HT250刹车鼓的熔炼

配料：60%以上的废钢（含A3结构钢），少量回炉铁、增碳剂和铁合金。废钢和增碳剂是获得HT250铸件的主要因素。

熔炼工艺：增碳操作应保证碳当量变化程度小，增碳吸收率高等。按低温增碳高温补碳、先增碳后增硅的要求加料操作，炉料分 5 批入炉，顺序如下。

第 1 批：废钢＋浇冒口。

第 2 批：废钢＋浇冒口＋增碳剂。

第 3、4 批：废钢＋浇冒口＋增碳剂。

第 5 批：铁合金＋废钢＋浇冒口。

熔清后，铁液在 1450～1500℃保温 10min，快速分析化验成分，重点是 $w(C)$ 量。如 $w(C)$ 量不足，则在液面补加优质增碳剂；如 $w(C)$ 量过多，则加废钢降碳，直到 $w(C)$ 量合格为止。

孕育处理：1480～1500℃出铁液，在包内用 $w(RE)$ 1.5%、$w(Ca)$ 3.0%、$w(Ba)$ 2.0%、$w(Si)$ 65% 的复合孕育剂进行孕育处理，浇三角试片观察断口：色呈浅灰，白口宽度 0～2mm，则组织结晶致密。

铸件化学成分：$w(C)$ 3.4%～3.6%，$w(Si)$ 1.8%～2.0%，$w(Mn)$ 0.6%～0.8%，$w(Cr)$ 0.15%～0.3%，$w(P)$ ≤0.07%，$w(S)$ ≤0.1%，原铁液中 $w(Si)$ 为 1.4%～1.6%。

增碳剂：石墨电极碎块，粒度为 1～5mm，还有优质焦炭。

力学性能和金相组织：拉伸试棒 ϕ30mm×340mm，强度为 250～280MPa，外层硬度为 187～210HB，内部金相组织为石墨类型 A、大小 4～5 级、珠光体量＞95%，铁素体量＜5%，渗碳体及磷共晶量＜1%。

（5）出现问题及解决办法　电炉熔炼的铁液和冲天炉熔炼的铁液的铸件基体组织和石墨形态有一定差异。

① 电炉熔炼铁液的特性。

a. 晶核数量少，过冷度增加，白口倾向大。

b. 在亚共晶灰铸铁中，A 型石墨数量减少，D、E 型石墨增多，并且使 D、E 型石墨伴生的铁素体量增加，珠光体量减少。

c. 具有较大的收缩倾向，铸件壁厚处易产生缩孔和缩松现象，薄壁处易产生白口硬边等缺陷和基体组织不致密易渗漏，结构壁厚薄变化处易引发裂纹等。

② 提高电炉熔炼铁液特性的措施。

a. 炉料要纯净，要清除表面的氧化层，除要按标准 C、Si、Mn、P、S 配料获得成分外，碳当量要略高于冲天炉。

b. 要得到正常的石墨形态，必须有合适的 $w(S)$ 量（0.05%～1.2%）。当 $w(S)$ ≤0.05% 时要使用增硫剂并且增硫剂在熔炼后期升温时加入。

c. 熔炼操作要快熔快出，减少铁液在炉中的保温时间尤其是高温保温时间，切忌用熔炼铸钢的操作来熔炼灰铸铁。

d. 使用高长效孕育剂，加入量 0.2%～0.4%。铁液 $w(S)$ ≤0.05%，孕育剂可增至 0.4%～0.5%。

e. 薄壁铸件白口较大时除加入孕育剂外，最好另加 2% 的原生铁，以增加石墨质点，消除白口和改变废钢石墨形态的遗传性。

总之，以感应电炉利用废钢切屑为主炉料来熔炼灰铸铁时，原材料要稳定洁净，化学成分以熔炼灰铸铁牌号铸件要求为准。$w(C)$ 量可以比冲天炉的 $w(C)$ 提高 1%～2%，甚至更高；碳当量要比冲天炉高一些，因为冲天炉铁液是在焦炭气氛中熔炼，感应电炉是在低碳废钢熔液中进行增碳；要将 Mn、P、S 均调整到铸铁成分范围，同时应按铸铁熔炼升温规范来操作，辅以铸造工艺，才能得到与冲天炉熔炼一样甚至更佳的铸件质量。

7.3.2 感应电炉生产铸铁坩埚

"五金之都"制造小五金需要大量的铝合金，其周边有大大小小的废铝再生和铝渣提炼作坊、小工厂，熔炼过程均需要使用铸铁坩埚。原采用三节炉、冲天炉铸造 HT150 坩埚，尽管价格不高，但是使用寿命很短，为了满足市场需要，采用消失模铸造工艺。

坩埚材料可采用灰铸铁、耐热耐蚀铸铁、高磷铸铁、蠕墨铸铁、耐热球墨铸铁，其内壁涂刷抗腐蚀涂料。

(1) 坩埚的使用性能要求

① 耐热。根据坩埚使用条件，有的 24h 连续工作，有的二班（16h）间隙运作，故选择灰铸铁 HT150（市场上一直供应的最简易、最便宜的坩埚如 ϕ500mm×500mm，约 15kg，售价 700～800 元/只，但使用寿命很短，几次、几天、几十炉就破裂损坏）；为了延长坩埚的使用寿命，可采用蠕墨铸铁坩埚、耐热球墨铸铁坩埚以及具有耐热防腐蚀性能的高磷铸铁坩埚。

② 抗腐蚀。在熔炼铝屑和铝渣（大量从国外买进）时，由于成分很杂，含量不一，均加熔剂以熔炼出铝。一般常用熔剂由 KCl、NaCl 和几种氟盐等组成，根据铝屑和铝渣所含杂质、夹杂物不同有几种熔剂，其主要成分见表 7-16。

表 7-16　溶剂组成　　　　　　　　　　　　　　　　　单位：%

序号	NaCl	KCl	冰晶石	萤石	氟石
1	40	45	5	5	5
2	40	40	5	5	10
3	35	40	5	5	15

根据熔炼铝屑、铝渣出现的氧化夹杂黏度，为了清渣方便，可再加些低熔点氧化物如 Al_2O_3、CaO、SiO_2 等，根据每批铝屑、铝渣熔炼出现渣的酸碱度而随时选择。总之，为了熔炼回收铝在熔炼熔渣还原出铝的过程，Cl_2、F_2 及其他腐蚀性气体和物质对坩埚起着激烈的腐蚀作用。

③ 耐热抗腐。首先以铸铁为基础，选用各种不同牌号、成分的耐热铸铁；其次坩埚铸造成品后，在内壁涂玻璃状涂料防腐效果甚佳。

(2) 坩埚的浇注系统　如图 7-19 所示的坩埚，一般采用常规的消失模铸造工艺。

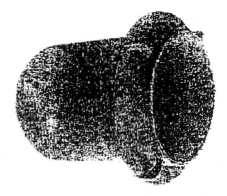

图 7-19　耐腐蚀坩埚

① 底注。坩埚底部朝上，口向下，采用反雨淋八道内浇口，顺序连接横浇道、直浇道及浇口杯。

② 阶梯注。坩埚底部朝上，口向下（稍倾斜），下、中、上三道横浇口（内浇口），连直浇口，上接浇口杯。

③ 顶注。坩埚底部朝下，口向上，采用浇口杯—直浇道（短）—横浇道—接内浇口（6口、4口、2口）等。

由于消失模铸造浇注系统的布置比较灵活机动，试制的坩埚经过客户试用后反馈，以底在下、二道内浇口（左右对称）连横浇道、接短直浇道连浇口杯为最佳。该工艺简单，浇冒系统量小。

（3）坩埚的使用寿命　对于 HT150、耐热铸铁、蠕墨铸铁、耐热合金球墨铸铁、高磷铸铁等材质，只要是采用坩埚底部朝上，无论何种浇注系统，经过用户使用后，仅比最原始、最简单的三节炉、冲天炉熔炼浇注的坩埚使用寿命略长一点，体现不出明显的优势。只有将坩埚底朝下，采用顶注（左右内浇道进铁液），不同化学成分、基体的灰铸铁坩埚内表面上涂料（玻璃陶瓷状釉层），使其使用寿命显著延长，以每天 16h 二班计可达半个月或一个月。

（4）新老铸造工艺的坩埚性能对比　消失模铸造坩埚工艺比冲天炉、三节炉熔炼，黏土砂或树脂砂造型的铸造工艺具有较大的优势。

① 品质好。采用中频炉熔炼、消失模铸造工艺，铸件化学成分、基体组织均匀。

② 产量高。用黏土砂或树脂砂木模手工造型，特别是黏土砂用刮板造型或木模造型，芯盒制芯。如果坩埚底朝下，则泥芯太大、太重，必须使用泥芯骨钢条（圆钢）吊在砂箱档（加横条）上，故产量不高，铸件品质又差，不能与消失模铸造坩埚竞争。

③ 寿命长。用消失模铸造浇注的灰铸铁坩埚，内涂抗腐蚀釉层，其使用寿命远比市场上不采用消失模铸造的坩埚长，尽管一般工艺坩埚的价格在 5000～6000 元/t，而消失模铸造坩埚的价格在 7000～8000 元/t，但其优势已现端倪。同时泡沫白模制作方便灵活，需求量大的发泡成型，而需求量小的用手工切割黏结，可满足用户不同尺寸要求坩埚的需要。

7.3.3　中频电炉熔炼高强度铸铁的炉前控制

如变速器壳体是汽车的基础件之一，它是多级齿轮的骨架，不仅要承重，还要经得起许多高强度螺栓在拧紧时所引起的局部较大压应力，铸件本身必须具有较高的耐压性及耐腐蚀性能，所以铸件不得有疏松、晶粒粗大等缺陷，以免起润滑与冷却作用的油的渗漏。传统上采用 HT150 或 HT200 的铸铁作壳体材料，其铸件质量不能适应汽车工业不断提高整体质量的要求。这就需要添加微量 Cr、Mo、Cu 等合金元素，以获得珠光体基体为主的高强度适合于壳体的使用性能。为了生产高强度、高品质的铸铁汽车基础件，在铸造时采用中频感应电炉成为必然。

（1）高强度合金灰铸铁成分的设计　变速器壳体材质为 HT250，硬度＜200HB，要求易切削加工，进行油压试验不渗漏，在铸铁中添加微量多元合金成分，选择合理的工艺参数，使铸件具有一定的化学成分和冷却速度，获得理想的金相组织和力学性能。要保证力学性能，就必须控制好基体组织和石墨形态高强度低合金化孕育铸铁的成分设计，首先要考虑铁液碳当量与冷却速度的影响。若碳当量过高，铸件厚壁处冷却速度缓慢，铸件厚壁处易产生晶粒粗大、组织疏松，油压试验易产生渗漏；若碳当量过低，铸件薄壁处易形成硬点或局部硬区，导致切削性能变差。将碳当量控制在3.95%～4.05%时，既可保证材质的力学性能，又接近共晶点，其铁液的凝固温度范围较窄，为铁液实现"低温"浇注创造了条件；而且有利于消除铸件的气孔、缩孔缺陷。

其次要考虑合金元素的作用。铬、铜元素在共晶转变中，铬阻碍石墨化、促成碳化物、促进白口；而铜则起促进石墨化作用，减少断面白口。两元素相互作用在一定程度上得到中和，避免在共晶转变中产生渗碳体而导致铸件薄壁处形成白口或硬度提高；而在共析转变中，铬和铜都可起到稳定和细化珠光体的复合作用，但各自的作用又不尽相同。以恰当比例配合，能更好发挥两者各自的作用。在含 0.2%Cr 灰铸铁中加入＜2.0%Cu，铜不仅促进珠光体转变，提高并稳定珠光体量和细化珠光体，促进 A 型石墨产生和均化石墨形态；铜还能少许提高含量＞0.2%Cr 灰铸铁的流动性，这尤其对壳体薄壁类铸件有利。复合加入铬、铜可使铸件致密性进一步提高，因此对于要求耐渗漏的铸件，加入适量的铬、铜，有利于改善材质本身的致密性，提高抗渗漏能力。

珠光体基体是高强度灰铸铁生产中希望获得的组织，因为只有以珠光体为基体的铸铁强度高、耐磨性好。锡能有效增加基体组织中珠光体含量，并促进和稳定珠光体形成。生产实践的结论是，锡含量应控制在 $0.07\%\sim0.09\%$。

（2）严把原辅材料质量关　入厂原辅材料必须进行取样分析，做到心中有数。不合格的原辅材料绝不投入使用。要保证高质量的原铁液，必须选用高碳、低磷、低硫、低干扰元素（生铁供应商要有微量元素分析报告单）的生铁；选用纯净的中碳钢，对其所含成分 Cr、Mo、Sn、V、Ti、Ni、Cu 等微量元素以化验结果决定取舍，对能稳定珠光体的废钢成分优先选用。生铁和废钢必须经过除锈处理后方能允许使用，附着油污的要经 $250^{\circ}C$ 烘烤。

对铁合金、孕育剂同样采用定点采购，力求成分稳定，块度（粒度）合格，分类堆放，避免受潮。这样可避免铸铁炉料"遗传性"带来的缺陷。

使用前的准确计量是熔炼合格铁液的质量保证。

特别指出，对于感应电炉熔炼，严禁炉料中混有密封器皿和易爆物。

（3）配料应遵循的原则

① 坚持把理论配料（配料计算）和实践经验相结合。无论采取试算法还是图解法，理论上计算的配料数据，不能确定为最终配比，还要掌握中频炉熔化过程中元素的变化规律。如果炉衬属酸性材料，铁液温度＞$1500^{\circ}C$，在 Si 的加入量上只能取下限，而碳含量必须取上限。

② 掌握各种入炉金属材料的化学成分和各元素烧损与还原规律。对回炉铁（浇冒口、报废铸件）分类堆放、编号记载，提出成分明确的严格要求。炉内还原的元素在配料时减去，炉内烧损的元素在配料时补上。

③ 合金元素以一次性配入为原则。除 Si 以外其他配料时取中限，合金（Mo、Cr、Cu、Sn 等）可在熔清扒渣后加入，在酸性炉中烧损较少。C、Si 在扒渣及孕育时还可以补充。就感应炉熔炼铸铁而言，遵循先增碳后加硅的原则。

④ 对 P、S 含量的控制。P、S 量主要来源于新生铁，可以通过选择炉料将 P、S 量控制在要求范围内，所以必需要使新生铁的 $P<0.06\%$、$S<0.04\%$，这样在配料计算时 P、S 量就可以不予以考虑（因铸件的技术要求 $P\leqslant0.06\%$、$S\leqslant0.04\%$）。

⑤ 凡入炉的所有金属材料均严格要求准确计量。

（4）中频电炉熔炼的控制　要根据中频电炉的冶金特性编制合理的熔炼工艺，从装料、温度控制及在各不同温度下加入合金、增碳剂、造渣剂以及出铁温度各个环节严格控制，力求用最短的熔炼时间、最小的合金烧损与氧化，达到控制和稳定金相组织、提高铸件质量的目的。

在生产实践中，将整个熔炼全过程分为三期温度进行控制。这里所谓的三期温度是指：熔清温度、扒渣温度和出铁温度。

① 熔清温度。即取样温度以前的熔化期，决定着合金元素的吸收与化学成分的平衡，因此要避免高温熔化加料，避免搭棚"结壳"。否则铁液处于沸腾或高温状态，碳元素烧损加剧，硅元素不断还原，铁液氧化加剧杂质增加。按工艺要求熔化温度控制在 $1365^{\circ}C$ 以下，取样温度控制在 $(1420\pm10)^{\circ}C$。取样温度低了存在铁合金未熔化完，取的试样化学成分势必无代表性；温度过高，合金烧损或还原，还会影响到精炼期的成分调整。取样后应控制中频功率，在炉前质量管理仪对化学成分显示出结果后恰好进入到扒

渣温度。

② 扒渣温度。扒渣温度是决定铁液质量的重要环节，因为它与成分稳定、孕育处理效果密切相关，并直接影响到出铁温度的控制。若扒渣温度过高加剧铁液石墨晶核烧损和硅的还原，特别对酸性炉衬，理论上铁液含硅偏高后将产生排碳作用，影响按稳定系结晶，存在着产生反白口的倾向；若扒渣温度过低，铁液长时间被裸露，碳、硅烧损严重。再次调整成分时，不仅延长熔炼时间使铁液过热，而且易使成分失控，增大铁液的过冷度，使正常结晶受到破坏。

③ 出铁温度。为保证浇注和孕育的最佳温度，一般控制在1520～1550℃。出铁温度的高与低都会对铸铁的结晶和孕育效果带来影响，如果温度过高（超过工艺规定温度30℃以上），尽管炉前快速分析结果C、Si含量适中，但试浇三角试片白口深度会过大或中心部位显现麻口。出现此种情况即使采取措施向炉内补加碳或增大孕育量，根据实践经验效果是欠佳的，且需在调低中频功率后，进行炉内降温处理，即向炉内加入铁液总量10%～15%经烘烤的新生铁，这样试片断口心部麻口就转为灰口，顶尖的白口深度变小。若持续高温时间较长，采取如上方法后，仍需履行炉内补碳措施。出铁温度按浇注温度控制，壳体类铸铁件合适的浇注温度为(1440±20)℃，能够实现"高温出铁，适温浇注"，严格掌握和控制浇注当然最好。因为出铁温度低将导致浇注温度低于1380℃，不仅不利于脱硫、除气，而且特别影响孕育处理效果。随着温度的降低，冷隔、轮廓不清等问题明显增加。

(5) 铁液的孕育处理　对生产变速器壳体用HT250进行孕育处理，赖以提高材质的耐磨性，使铸件的组织和性能得以明显改善，显著提高各断面上的硬度值，而且要在稳定厚断面上的珠光体量方面有相同作用，还可改善铸件壁厚的敏感性和铸件在机械加工时良好的切削性能，尤其是对防止壳体铸件的疏松、渗漏有特殊作用。

① 孕育剂的加入量依生产壳体铸件的壁厚、化学成分和浇注温度等因素确定，以壁厚处不出现疏松、渗漏，壁薄处不出现硬区为原则。

生产实践表明，Sr、Ba、Ca、Si-Fe孕育剂是高强度灰铸铁最为理想的孕育剂，此种孕育剂发挥Ba的抗衰退能力及提高A型石墨占有率，利用Sr的特强消除白口能力和Ca和Si所起的辅助孕育和渗透作用。这种强强组合的孕育剂，是生产高强度铸铁孕育处理中较为理想的选择。

② 孕育次数与孕育效果的关系。随孕育次数增加，铸铁内部石墨分布均匀程度改善，A型石墨占有率和石墨长度区别较大。经两次以上孕育的A型石墨占有率高，分布均匀，长度适中。更重要的是多次孕育促使非自发晶核数量增多，强化了基体，从而提高并稳定了铸铁的强度。

经随流复合孕育处理，并以漏斗式孕育包用钡硅铁+75硅铁孕育后，避免铁液随流孕育滞后于浇注是控制孕育效果的关键。孕育处理后的铁液应在限定时间内浇注完毕，一般不超过8min，包内二次孕育3～5min孕育效果最佳。硅钡孕育剂可消除HT250的白口，改善其石墨形状、分布，消除E、D型过冷石墨。因为E型石墨和铁素体组织，将使材质致密性降低，严重恶化抗渗漏性能。

(6) 生产效果　铸件上最薄处无白口产生，其抗拉强度均达到HT250以上，试棒硬度达到190～230HB，壳体本体解剖，硬度在190HB左右。铸件的品质系数显著提高，金相组织达到国外样机壳体铸造水平，珠光体为85%～90%以上，满足了减速机壳体的强度要求，其力学性能达到国外同类机型变速器壳体的材质水平。

7.3.4 中频电炉同炉生产不同牌号铸铁件的实践

某公司铸造车间熔炼设备为 10t 中频炉一台。与冲天炉相比，其优点是熔炼过程中无增硫现象，而且熔炼过程可以用渣覆盖铁液，在一定程度上能防止铁液中硅、锰及合金元素的氧化，并减少铁液吸气，从而使铁液比较纯净；缺点是对于多材质产品的生产组织，灵活性较差，配炉困难。而生产中铸铁件材质种类较多，且多以中小件为主，因此使用中频炉熔炼生产铸铁件存在生产组织较难、效率较低、生产任务难以顺利完成的问题。通过实践，该公司实现了电炉熔炼同炉生产不同牌号的铸铁件。

（1）不同牌号铸铁件同炉生产的方法　实现不同牌号铸铁件同炉生产方法主要包括两个环节，一是配料计算，二是出炉温度和处理方式的选择。

① 配料计算，即根据铁液化学成分的要求，考虑在熔炼过程中元素的变化和炉料的实际情况，计算出各种金属炉料的配合比例。同炉生产不同牌号铸铁件时，首先要计算出各牌号材质的铁液需求量，然后通过分析不同牌号之间的成分差异，选择投料方式及出铁浇注顺序，最后确定各种原材料的投料量及加料方式。

② 出炉温度主要依据不同包次中铁液牌号、铁液处理方式和铸件结构条件的具体情况来确定。处理方式主要依据不同包次中铁液牌号和铸件结构条件的具体情况来分别选择球化剂、孕育剂的种类和加入量。

（2）生产实例　以同炉生产 QT500-7 梅花套与 HT200 烘型板为例，介绍具体实施方法。

① 配料计算。由于使用的是酸性炉衬，在配料过程中不考虑碳和硅的烧损。单炉生产 QT500-7 梅花套配料计算见表 7-17，单炉生产 HT200 配料计算见表 7-18。

表 7-17　QT 500-7 梅花套配料计算

项目名称	炉料配比	化学成分/%					备注
		C	Si	Mn	P	S	
烧损		0.00	0.00	-7.10	0.00	0.00	
预计成分 1		3.70	2.80	0.35	≤0.1	≤0.05	
预计成分 2		3.70	1.45	0.35	≤0.1	≤0.05	
原铁液成分 1		3.01	0.90	0.26	0.06	0.03	
原铁液成分 2		3.71	1.48	0.35	0.06	0.03	
差值		0.69	0.46	0.09			
生铁（Q10）	0.82	4.15	0.84	0.12	0.06	0.03	硅铁 1 与硅铁 2 分别指一次孕育量与二次孕育量。FeSiMg8RE7 为加入包内球化剂
回炉料（QT）	0.08	3.60	2.50	0.50	0.07	0.03	
废钢（Q235）	0.30	0.16	0.20	0.04	0.04	0.04	
废钢（20MnSi）		0.23	0.60	1.35	0.05	0.05	
废钢（Mn13）		1.10	0.50	12.00	0.09	0.05	
增碳剂	0.0081	95.00					
碳化硅	0.0070	18.00	37.00				
硅铁 1	0.0067		77.01				
硅铁 2	0.0097		77.01				
锰铁	0.0013	6.56	0.94	71.97	0.29		
FeSiMg8RE7	0.6138		0.44				

表 7-18 HT 200 灰铸铁配料计算

项目名称	炉料配比	化学成分/%					备注
		C	Si	Mn	P	S	
烧损		0.00	0.00	-7.10	0.00	0.00	
预计成分1		3.25	1.44	0.60	≤0.1	≤0.05	
预计成分2		3.25	1.30	0.60	≤0.1	≤0.05	
原铁液成分1		3.01	0.99	0.26	0.06	0.03	
原铁液成分2		3.28	1.32	0.60	0.06	0.03	
差值		0.24	0.31	0.34			
生铁(Q10)	0.62	4.15	0.84	0.12	0.06	0.03	
回炉料(QT)	0.08	3.60	2.50	0.50	0.07	0.03	
回铁液	0.00	3.60	1.95	0.50	0.07	0.03	锰铁改为炉前孕育加入
废钢(Q235)	0.30	0.16	0.20	0.50	0.04	0.04	
废钢(20MnSi)	0.00	0.23	0.60	1.35	0.05	0.03	
废钢(Mn13)	0.00	1.10	0.50	12.00	0.09	0.05	
增碳剂	0.003	95.00					
碳化硅	0.01	18.00	37.00				
硅铁1	0.00		77.01				
硅铁2	0.002		77.01				
锰铁	0.005	6.56	0.94	71.97	0.29		

② 炉前配料浇注指令单。同炉生产 QT500-7 和 HT200 炉前配料浇注指令单见表 7-19。在确定炉前配料浇注指令单前,首先要根据生产计划和中频炉特点确定先生产哪种材质。本炉铁液量为 9150kg,可以一次加料,同时中频炉不能吹氧脱碳,因此先生产 HT200,后生产 QT500-7。在实际生产中可通过预留一部分钢铁料,先生产 QT500-7,待生产 HT200 时再根据化清的铁液成分,通过调整炉料配比加入预留的钢铁炉料来达到。

表 7-19 炉前配料浇注指令单

生产日期: 年 月 日 炉次:Z06-××-×× 材质:HT200,QT500-7   单位:kg

配料级别	总重/kg	生铁(Q10)	回炉料(QT)	废钢(Q235)	硅铁	锰铁	增碳剂	碳化硅
HT200	9300	5766	744	2790	18.6		28	9
QT500-7						9.3	38	

浇注 球化包 铁液包	合金	粒度/mm	1包	2包	3包	4包	备 注
	FeSiMg8RE7			39.1	39.1	39.1	
	FeSi75	5~10	4.0	7.6	7.6	7.6	
	碱面			8	8	8	①必须使用Q号废钢,出完第一包后加入第二批料
	锰铁		10.0				②茶壶包中FeSiMg8RE7为备用物品,视情况加入
	FeSi75 粒	5~10		17.6	17.6	17.6	③第一包为HT200,浇试棒;其余为QT500-7,每包浇注中后期取光谱样和3件Y形试块
茶壶包	FeSiMg8RE7			7.6	7.6	7.6	
试片白口/mm	前/后						
出铁温度/℃			1450 ±20	1490 ±20	1490 ±20	1490 ±20	
一次出铁量/t				1.7± 0.5	1.7± 0.5	1.7± 0.5	
总出铁量/t			2.00	2.52	2.52	2.52	

③ 浇注顺序计划指令。浇注顺序计划指令单见表 7-20。

表 7-20　铸造车间浇注顺序计划指令单

日期：　年　月　日　　　　　　　炉次：Z-2004-××-×××　　　　　　制表：×××

包次	浇注序号	零件名称	图号或工艺号	材质	出铁量/kg	出炉温度/℃	浇注件数	备注
1	1	烘型板	HXB-1	HT200	2000	1450±10	2	
2	2	梅花套	ZB321-400-2	QT500-7	2520	1490±20	6	
	3	梅花套	ST44-6B				4	
3	4	梅花套	ZB321-400-2	QT500-7	2520	1490±20	6	
	5	梅花套	ST44-6B				4	
4	6	梅花套	ZB321-400-2	QT500-7	2520	1490±20	6	
	7	梅花套	ST44-6B				4	

④ 化学成分和出铁温度的调整。由配料计算表和炉前配料浇注指令单可以看出，单从成分来看两种材质的主要差异为锰和碳。其中锰的差异：HT200 是通过在变质处理时加入锰铁实现调整的；QT500-7 锰的调整则是在出完第一包铁液后，通过往炉内加入锰铁来实现的。碳的调整：HT200 是在配料计算过程中通过调整各种金属炉料的配合比例来实现的；QT500-7 的碳较 HT200 高，为了实现增碳的目的，可在出完第一包铁液后根据化清成分加入一定量的增碳剂（需要注意的是，由于第二次加入增碳剂后无钢铁炉料覆盖，增碳剂的收得率较第一次低且不稳定，需要实践摸索）。同时从出铁温度来看，HT200 的出炉温度控制在（1450±10）℃，QT500-7 的出炉温度控制在（1490±20）℃，通常是在出完第一包铁液加入增碳剂和锰铁，利用送电熔化增碳剂和锰铁的时间来达到提温的目的。

⑤ 孕育处理。从孕育处理方式来看，HT200 只需添加孕育剂，QT500-7 需添加球化剂和孕育剂，而且两种材质添加孕育剂的种类与数量不相同。生产 QT500-7 选择的孕育剂是硅铁和稀土镁合金（兼球化剂）复合，其中硅铁分为两次加入；生产 HT200 选择的孕育剂是硅铁和锰铁复合。对 HT200 进行孕育处理是利用冲入法，将孕育剂在出铁前加入包内，利用出铁过程中铁液的冲击达到出铁后均匀的目的。对 QT500-7 进行孕育处理是利用倒包法。首先在球化包中加入球化剂和硅铁 1；接着在球化包中出铁，出铁量不少于总出铁量的 1/2；然后扒渣观察三角试片以确定是否还需要在倒包时加入球化剂和硅铁 2；最后在茶壶包中出剩余的铁液，并将球化包中铁液倒入茶壶包达到均匀成分的目的。

⑥ 铸件成分检测结果。生产出的铸件成分检测结果见表 7-21。

表 7-21　铸件成分检测结果 w　　　　　　　　　　单位：%

包次	C	Si	Mn	P	S	Mg
1	3.25	1.73	0.59	0.060	0.022	0.019
2	3.70	2.89	0.46	0.071	0.015	0.067
3	3.57	2.99	0.45	0.067	0.010	0.061
4	3.49	3.05	0.56	0.062	0.008	0.055

⑦ 试棒性能检测结果。浇注的试棒力学性能检测结果见表 7-22。

表 7-22　试棒力学性能检测结果

包次	1	2	3	4
σ_b/MPa	260	545	580	520
δ/%	10	10	9	11

总之，选择适当的工艺手段，如炉前添加合金、炉后小幅度调整配料等，可以满足铁液的不同要求，实现同炉生产不同牌号铸铁件。

7.3.5 空调压缩机 D 型石墨铸铁缸体的生产

目前，国内很多空调压缩机铸件均采用 A 型石墨铸铁生产；而在国外，则普遍采用 D 型石墨灰铸铁件。后者的优越性是强度和硬度高，耐磨性好，组织致密，加工切削性好，特别是拉削光度高。为满足国外订货的需求，部分厂已将空调压缩机缸体的材料由 A 型石墨铸铁改为 D 型石墨铸铁，现已批量生产，产品合格率达 95％以上，试验和生产实践情况如下。

(1) 铸件技术要求　铸件牌号为 HT200，化学成分要求见表 7-23。要求以正火态供货，性能要求见表 7-24。金相组织要求石墨量大于 80％，在放大 100 倍下，石墨长度不超过 4mm，正火后珠光体量为 15％～30％，无大块渗碳体和磷共晶，其余为铁素体。

表 7-23　铸件化学成分要求

牌　号	w_B/%				
	C	Si	Mn	P	S
HT200	3.45～3.65	2.45～2.65	0.6～1.0	≤0.35	≤0.15

表 7-24　铸件性能的要求

牌　号	性　能	
	σ_b/MPa	硬度(HB)
HT200	≥205	170～229

(2) 试验设备和生产设备　所用设备为两台 150kg 中频炉，八台安装有冷却系统的金属型铸造机。

(3) 工艺措施　为了保证灰铸铁 HT200 能达到上述要求，满足外商订货的需要，要想获得 D 型石墨，必须提高铸件冷却速度，同时采用合金元素提高铁液的过冷倾向。

以前生产灰铸铁件没有采用冷却装置，铸件在金属铸型中冷却，冷却速度较缓慢，使石墨有时间自由生长长大，一般很难得到 D 型石墨，为此对模具进行改造。在铸型的壁厚方向钻孔，通冷却水，对铸件实行强制冷却，结果使石墨的长度得到控制，但只能对铸件表面进行快速冷却，铸件心部冷却组织沿断面变化，为此进行加入合金元素提高铁液过冷倾向的试验，所试验的元素有 Sb、Cu、Cr、Mo、Ti 等，结果见表 7-25。试验结果表明，加 Ti 效果最好。加钛后性能达到：抗拉强度为 300～340MPa，硬度为 185～210HB，达到所需硬度和珠光体含量。但是随着 Ti 的含量增加，切削性能变坏，易粘刀使加工表面不光滑，因此 Ti 加入量要严格限制。加钛可用海绵钛，也可用钛铁合金，加入量（质量分数）一般为 0.1％～0.5％，根据所需要的硬度和珠光体的数量决定。

表 7-25　合金元素对硬度和组织的影响

炉　号	合金元素加入量(w_B)/%	硬度(HB)	金相组织[①]	热处理工艺
D7-20A	0.06Sb	189～158	D+15%P	920℃-1h→风冷
D7-18A	0.08Sb	169～159	D+15%P	920℃-1h→风冷
D9-6A	0.15Ti	185	D+20%P	920℃-1h→风冷
D9-10A	0.20Cu	170	D+20%P	920℃-1h→风冷
D910-B	0.25Cu	193	D+40%P	920℃-1h→风冷
D9-11A	0.20Mo	174	D+35%P	920℃-1h→风冷

① D—D 型石墨；P—珠光体。

D 型石墨铸铁铸件通过热处理消除内应力，还要消除白口，使奥氏体更好地弥散在 α 基体中，并得到足够量的珠光体，因此选择 920℃保温 1h，然后在强风中冷却的正火工艺，使铸件快速（不超过 2min）冷却至 650℃以下。这样的试验反复进行了很多炉次，强风冷却与自然空冷所得的硬度（HB）和珠光体（P）大不相同，见表 7-26。

表 7-26　冷却速度对珠光体量和硬度的影响

炉　　次	冷却方式	珠光体量/%	硬度（HB）
D9-11A	空冷	0	170
	强风	40	183
D9-20A	空冷	5	172
	强风	35	190

此外，还规定铸件装炉温度不高于 500℃，出炉铸件在 20s 内运到强风区进行冷却。

7.3.6　感应电炉生产钢琴铸铁琴板声学性能的提高

（1）钢琴及琴板的声学性能　全世界的钢琴琴板都是由灰铸铁制造的。灰铸铁有一定的力学性能，具有优秀的吸收振动的能力，可使琴声甘美、悦耳。

一架钢琴有 88 个琴键，每个琴键下有一根（最低音区的 15 个琴键）至三根琴弦，为安装可调琴弦松紧的弦轴，就要钻 219 个孔。加上各种固定孔，一块琴板上要钻 450 多个不同直径的圆孔。琴板张满琴弦后，要承受 2×10^4 kgf 张力，所以铸铁琴板在力学性能方面要求抗拉强度不小于 150MPa，硬度不高于 180HB，铸造尺寸要高精度，以利于向琴箱里装配；琴板表面要光洁，线条清晰。当前琴板生产厂家皆采用树脂砂型，采用孕育技术处理铁液，获得较高强度同时硬度不高、利于钻孔的铸铁。

钢琴琴键击打琴弦，使之振动，发生声波，在钢琴琴箱中产生共鸣，向空间发出声波，这就是琴声。琴弦受力振动的同时，也使琴板受力产生受迫振动，该振动的频率大于 20Hz（人耳可以听到的频率是 20~20000Hz），经过琴箱共鸣也向空间发射，这就会与主旋律形成交混回响，如同人们频频细声细语，

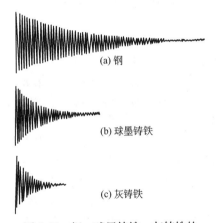

(a) 钢

(b) 球墨铸铁

(c) 灰铸铁

图 7-20　钢、球墨铸铁、灰铸铁的减振能力对比

会使钢琴家演奏的琴声不是十分甘美、清纯、悦耳。音质好的琴板，应当具有优良的吸收振动的能力，使不希望的受迫振动很快衰减下来，不与主旋律形成交混回响，保证钢琴家演奏的琴声甘美、清纯、悦耳。

（2）材料减振性能的测试方法　材料的减振性能通常在扭摆式阻尼测试仪上进行，试样长度为 150mm，有效工作长度为 100mm，直径为 6mm。试样在扭转剪切力作用下产生振动，用光线记录示波器扫描记录试样的振幅衰减曲线。图 7-20 是钢、球墨铸铁、灰铸铁的减振能力对比。图 7-21 是振动衰减轨迹图。

常用来表示材料减振能力的指标有以下 3 种。

① 比衰减率（ϕ）。它是指每两次振动循环中振幅降低的百分数，即

$$\phi = \frac{A_1 - A_3}{A_1} \times 100\%$$

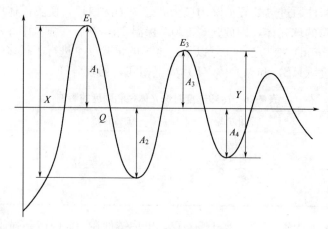

图 7-21　自由振动的衰减轨迹

② 相对减振性 (δ)。它的计算式为

$$\delta = \frac{1}{n} \ln \frac{A_1}{A_n}$$

式中　A_1——第 1 个波形的振幅；

　　　A_n——第 n 个波形的振幅。

③ 减振系数 (ψ)。它的计算式为

$$\psi = \frac{A_n^2 - A_{n+1}^2}{A_n^2} \times 100\%$$

式中　A_n——振幅衰减曲线上第 n 个波形的振幅；

　　　A_{n+1}——振幅衰减曲线上第 $n+1$ 个波形的振幅。

(3) 材料减振能力测试结果　表 7-27 是国内外专家对材料减振性能的部分研究结果汇总，其中主要以铸铁为主。

从表 7-27 中可以看到，有片状石墨的灰铸铁的减振性优于球墨铸铁，球墨铸铁优于钢。灰铸铁中的片状石墨，阻止振动的传播，吸收振动的能量，把机械能转化为热能。

同为灰铸铁，粗片状石墨灰铁 ($\delta = 100 \sim 500$) 的减振性远大于细片状石墨灰铁 ($\delta = 20 \sim 100$)。灰铸铁的抗拉强度越高减振性能越低。在表 7-27 中，日本牌号铸铁 FC25、FC30、FC35 分别相当于我国铸铁牌号 HT250、HT300、HT350，FC25 的比衰减率 (ψ) 是 FC35 的 2～3 倍。

表 7-27 举出的典型石墨形态中 A 为 A 型石墨 3 级，其减振系数 (ψ) 为 16.7%；而图中 B 为粗片状石墨，ψ 为 26.0%，是细片状石墨的 1.6 倍。

表 7-27　各种材料减振性能一览表

序号	材料名称及化学成分	相对减振性 δ
1	粗片状石墨灰铸铁	100～500
2	细片状石墨灰铸铁	20～100
3	可锻铸铁	8～15
4	球墨铸铁	5～20
5	纯铁	5
6	共析钢	4
7	白口铸铁	2～4
8	铝	0.4

序号	化学成分 w/%				相对减振性 δ
	C	Si	Mn	P	
9	3.45	1.96	—	0.09	178
10	3.45	1.96	—	0.20	93
11	3.45	1.96	—	0.50	54
12	3.31	2.5	0.61	灰铸铁 A	
13	3.28	2.25	0.61	灰铸铁 B	
14	孕育铸铁			灰铸铁 C	
15	0.08	0.06	0.34	软 钢	

序号	C	Si	Mn	Cr	Mo	Cu	Al	Zr①	原编号	减振系数 ψ/%	抗拉强度 σ_b/MPa
16	3.63	1.96	0.64					0	D-24	16.7	119.36
17	3.63	1.96	0.63					0.06	D-25	18.0	115.74
18	3.64	1.99	0.67					0.08	D-26	20.2	106.82
19	3.60	2.14	0.71					0.10	D-27	26.0	74.48
20	3.60	2.15	0.71					0.15	D-28	20.7	90.94
21	3.54	2.14	0.70					0.20	D-29	19.5	108.89
22	3.53	2.50	1.03	0.42	0.77	0.98	0.70	0.08	HD-35	22.1	178.26
23	3.40	2.50	0.99	0.58	0.77	1.36	0.65	0.10	HD-36	20.5	202.76
24	3.67	2.62	1.10	0.63	0.40	1.44	0.57	0.08	HD-37	18.2	185.91
25	3.60	2.60	1.07	0.56	0.76	1.41	0.57	0.10	HD-38	24.1	171.89

① Zr 指加入量。

除了石墨片大小外，石墨片数量也对减振性产生影响，碳当量高者，减振性能好。

表 7-28 中合金序号 9、10、11 者表明铸铁中含磷量从 0.09% 增至 0.50%，相对减振性 δ 值从 178 降至 54，降低 3 倍。

（4）提高琴板质量应采取的工艺措施　优质琴板应具备足够的力学性能，同时要具有优秀的吸收振动的能力，根据上述试验研究成果，应采用如下工艺措施。

① 采用共晶及过共晶铸铁成分，CE＞4.3%，应用低磷生铁，使之铸铁石墨形态呈粗片状石墨。

② 可通过加入微量 Sn，加入少量 Cu，提高 Mn 的含量，保证基体是细片状珠光体，提高粗片状石墨灰铁的抗拉强度。

③ 可尝试加入微量 Zr，使石墨片粗化。

采用中频感应电炉熔炼合金元素加入自如，便于获得需要的基体组织。

7.3.7　感应电炉熔炼灰铸铁件的氮气孔及其防止方法

随着铸造生产的发展，出口铸件特别是高牌号灰铸铁件的增长，我国铸造行业采用电炉熔炼、呋喃树脂等有机树脂砂造型、制芯已越来越普遍，灰铸铁熔炼废钢配比也有很大幅度的提高。因此，出现一种裂隙状的皮下气孔也增多起来了，一些工厂由于缺乏此方面的经验而感到束手无策。作者认为，这种裂隙状的皮下气孔大都是由于铁液或树脂砂中的含氮量过高而引起的氮气孔。在此介绍灰铸铁件裂隙状氮气孔的主要特征、形成机理和防止方法，以供同行参考。

（1）裂隙状氮气孔的主要特征　通常，裂隙状氮气孔产生铸件的平面和边角处，垂直于铸件的表面，深度可达皮下 2cm。裂隙状氮气孔的形状和一般的皮下气孔有所不同，不是呈圆形、椭圆形、滴水状或针状，而是呈裂隙状，如图 7-22 所示。

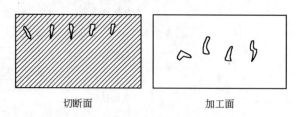

切断面　　　　　　　　加工面

图 7-22　灰铸铁件裂隙状氮气孔的形态

（2）裂隙状氮气孔的形成机理　一般灰铸铁的含氮量为 $(40\sim70)\times10^{-6}$，适量的氮有助于改善石墨形状，促进基体的珠光体化，提高抗拉强度。但当铁液在熔炼过程中吸收的氮量超过一定的临界值（通常大于 10×10^{-6}）时，在铸件凝固后期析出，周围又被已经形成固体的枝晶壁所包围、得不到铁液的补充，此时就会形成存在于枝晶间的裂隙状皮下气孔。

其实，这种裂隙状氮气孔不是直接由于氮气形成的。因为氮气是非活性气体，在铁液中的溶解量低于 0.015%。而氮的化合物受铁液高温分解，成为初生态原子氮 [N]，并可大量溶入铁液之中。

生产实践证明，铁液碳当量低、炉料中废钢配比高、采用电炉熔炼、树脂砂中树脂的 NH_2 超量是产生裂隙状氮气孔的主要原因。下面就由铁液化学成分和炉料配比、熔炼方法及呋喃树脂等氮含量而引起的裂隙状氮气孔，加以说明。

① 化学成分对灰铸铁含氮量的影响。灰铸铁含碳、硅低，即碳当量低时，氮在铁液中的溶解度增大。因此，高牌号灰铸铁件易产生裂隙状氮气孔。当熔融状态的铸铁中含有 Zr、Al、Ti、Mg 等元素时，可能形成氮化物，使铁液中的含氮量减少。

② 熔炼方式对灰铸铁含氮量的影响。熔炼方式对灰铸铁中含氮量有较大的影响。即使是 C、Si 含量相同的铁液，用工频电炉熔炼比冲天炉熔炼时的白口倾向大，含氧量也高。图 7-23 是中频电炉、工频电炉和冲天炉熔炼铁液时含 O_2、N_2 量的对比。

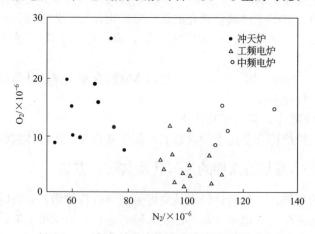

图 7-23　三种化铁炉熔炼铁液时的含 O_2、N_2 量

③ 炉料配比对灰铸铁含氮量的影响。熔炼高牌号灰铸铁通常加入大量的废钢和回炉铁，这势必增加了铸铁的白口倾向，也增加了铁液中的含氮量。图 7-24 是废钢配比对工频电炉和冲天炉熔炼铁液含氮量的影响。

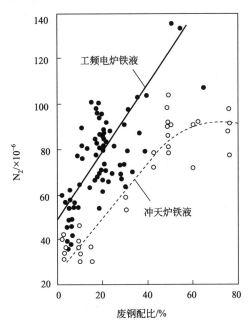

图 7-24　废钢配比对工频炉和冲天
炉熔炼铁液含氮量的影响

实际上随着废钢配比增加，增碳剂的加入量也随之增多，增碳剂中所含的氮大部分加入铁液中，特别是加入增碳剂后很快进行浇注时。

④ 用有机树脂砂造型、制芯时树脂中 NH_2 超量。为了提高呋喃树脂的黏结强度，呋喃树脂生产厂在呋喃树脂黏结剂中添加了含有 NH_2 的尿素树脂。当呋喃树脂黏结剂中氮的质量分数为 4％时，黏结剂强度最高。含氮量过多或过少，黏结强度都有所降低。为此，有些呋喃树脂生产厂为了降低成本而多加尿素树脂。相对而言，铸造厂为了保证或提高型砂强度也只得多加树脂，致使型砂、芯砂的含氮量增多。

用酚醛树脂覆膜砂制芯或酚醛脲烷树脂造型也同样会产生裂隙状氮气孔，这是因为：酚醛树脂覆膜砂所用固化剂的乌洛托品中含有 NH_2。酚醛脲烷树脂中的聚异氰酸酯的基本化合物为 NCO，其中 N 和 C 结合力弱，在浇注时形成分子状态的 H_2，H_2 易从铁液中向砂型外逃逸。但是，聚异氰酸酯在潮湿的环境下使用时，NCO 与水发生强烈反应，产生 NH_2：

$$NCO + H_2O \longrightarrow NH_2 + CO_2 \tag{7-3}$$

(3) 裂隙状氮气孔的防止方法　如上所述，产生裂隙状氮气孔的主要原因是由于铁液或有机树脂砂中的含氮量过高。因铁液含氮量过高而引起裂隙状氮气孔的防止方法如下。

① 在含氮量过高的铁液中加入钛铁。对于灰铸铁，薄壁件的 $w(N)$ 应控制在 0.013％以下，而厚壁件的应控制在 0.008％以下。当铁液中的含氮量过高时，可加入与氮结合力强的钛。

防止树脂含氮量过高而引起的裂隙状氮气孔，关键在于减少有机树脂中的含氮量。树脂含氮量越低越好。但含氮量低，树脂价格升高。为了防止氮气孔，对于一般的铸铁件可选用中氮树脂（2.0％～5.0％），而铸钢件和高级铸铁件最好选用低氮树脂（0.03％～2.0％），只有有色金属铸件才可使用高氮树脂。此外在生产中发现，使用中氮呋喃树脂时，再生旧砂中呋喃树脂含量比低氮呋喃树脂高，因此，使用再生旧砂时树脂加入量少为好。应当注意的是，在选择有机树脂的生产厂家时，要选质量信得过、获得质量体系认证的企业。此外，要求厂方提供有关含氮量等的质量保证书也是必要的。

② 在型砂或涂料中加入氧化铁粉。在型砂中加入氧化铁粉后，由于铸铁的浇注温度在 1300℃ 以上，砂型表面的温度超过 1000℃。在这样的温度下氧化铁粉促进呋喃树脂的热分解，起到将 NH_2 分解成 H_2 的催化作用。即便产生了 N_2 气体，在某种条件下产生气孔，但通常不溶入铁液和形成皮下气孔。

实践表明，在全部型砂中加入氧化铁粉是不经济的。为此，通常仅在面砂中加入 3% 的氧化铁粉就可以了。

涂料中加入氧化铁粉可防止这种皮下气孔。这是由于氧化铁粉的催化作用，在砂型表面将 NH_2 分解成不易溶入铁液的 H_2。

涂料中加入氧化铁粉的质量分数一般为 10%。它比在型砂中加入要经济得多，并能达到同样的效果，因此值得推荐。

③ 妥当保管树脂。对于酚醛脲烷树脂中的聚异氰酸酯，在潮湿的环境下使用时，NCO 与水强烈反应产生 NH_2，因此要确保聚异氰酸酯容器的密封，减少与空气的接触。

7.3.8 大中吨位变频电炉熔炼铸铁的质量控制

某公司为国内及国外客户生产各种铸件，年产量 20000～30000t，主要是铸铁件，采用 IMF 呋喃树脂砂造型线造型，两台美国 PIL-LAR 公司生产的 6t 变频电炉。熔炼铸件品种多、批量小、要求高，各种铸件对铁液的要求差别很大给熔炼和铁液质量控制带来一定难度。

(1) 熔炼生产安排　按照每天的造型完成情况来安排熔炼牌号、吨位和熔炼时间，发现有如下问题。

① 有时铁液牌号需求与熔炼安排难以协调，造成或者生产线上铸型浇不完，影响造型线运转；或者炉内铁液无铸型可浇注，致使铁液长时间在炉内保温，对质量和生产运转都不利。

② 电炉容量大，同一炉浇注多种牌号铸件会增加能耗、降低生产率，并且不利于保证质量。

③ 大小、厚度不一的同牌号铸件需要成分不同的铁液浇注，只按牌号组织熔炼不可能满足要求。

④ 同一牌号铁液可有不同配方，成本各不相同，而每种配方往往只适合某些铸件。因此，建议按照铸件生产需要，综合熔炼和造型能力，作出多种预排方案，尽量减少熔炼过程成分调整次数，使熔炼生产尽可能稳定正常进行，以提高生产效益和质量。

(2) 熔炼过程的质量控制

① 铁液保温。铁液在高温下保温会引起温度变化、元素烧损、溶入气体及其他铁液状态变化。实践证明可以采取以下对策。长时间保温应尽量降低保温温度，如加入少量干净、干燥的回炉料降温，并用玻璃等材料造渣覆盖铁液表面。

保温结束后用增碳剂、各种合金调整成分。这些添加剂完全熔化后，20min 内不能出铁，以保证铁液能充分吸收。球墨铸铁增碳剂加入量较多时，应将铁液升温至 1550℃ 以上，并且至少保温 30min，才能使铁液充分吸收。否则，铸件厚大部位宏观断面上表面会出现一层类似石墨漂浮，金相检查是以粗细、长短不等的条状为主、夹有一些块状石墨的石墨层。

灰铸铁如果在增碳剂、合金钢完全熔化后就出铁，孕育效果较差，铸件厚大部位会出现组织疏松。

② 铁液成分选择同一炉铁液要浇注几种牌号铸件时，宜按成分为中间成分、批量又较大的或较重要的牌号进行配料，并略微偏高一些，出铁时用不同的孕育剂（如碳硅孕育剂、钡硅合金、稀土钙钡合金等）及合金（电解铜或其他合金）调整牌号，效果较好。在熔炼球墨铸铁时，宜按高碳牌号配料，因为在保温、出铁过程中碳会烧损。在高碳牌号出铁完毕后，可以加入废钢降碳。这样做对铁液质量影响较小，而且速度快。如果用相反方法，也就是用增碳法调整成分，会引起铁液质量波动较大，调整时间长，容易发生增碳剂吸收不好和孕育效果不良。在出铁过程中，炉内碳量会不断降低，最好是用孕育剂进行调节，只有在碳量降低较多时才进行增碳。

③ 铁液品种改变。当炉内尚剩余有球墨铸铁铁液，而要改为熔化灰铸铁铁液时，如果剩余铁液较多，最好升温到 1550℃，并保温一段时间，否则铸件组织会出现许多杂乱、破碎的石墨条、块，即使经过孕育也难以获得 A 型石墨，影响铸件性能。如果炉内剩余的是灰铸铁铁液，需改熔炼铁素体球墨铸铁，则应考虑锰量和反球化元素量是否过高，应在选用生铁时就要注意。

④ 铁液保温溶气问题。铁液在高温保温时间较长（如超过 1h），应考虑铁液氧化和溶气问题，特别是树脂砂芯较多的缸体、箱体类铸件要防止产生氮气孔。根据经验，铁液中 $w(Ti)$ 高于 0.04% 时，就可以有效地防止氮气孔的产生。

⑤ 增碳问题。采用焦炭粉增碳价格便宜，但如果用量较大会带来问题：一是烟尘大，污染环境；二是增硫量大；三是烧损大。电极碎块含碳高、含硫低，可用于工频炉作为增碳剂；但对于 500kW 以上的变频电炉，由于熔炼时间很短，升温速度快，电极碎块在短时间内很难熔解吸收，特别是要在出铁过程中增碳时，更难以吸收。经过对几种同料对比试验后，选择了使用增碳剂。增碳剂原料和制造工艺不同，使用工艺也不同，必须认真进行试验，以免付出惨重代价。铁液加入增碳剂后一定要有足够的保温时间，时间长短与增碳剂的种类、生产工艺和铁液温度有关，否则会导致铸件石墨形态异常、材质异常等现象。一般而言，如果加入量大，建议熔炼温度要达到或超过 1520℃，保温时间在 15min 以上。熔炼过程中增碳时，宜在炉料刚开始熔化看得见铁液时，分批加入增碳剂，不要一次加入太多。在熔化期间加入总量的 90%～95%，剩余少量在成分调整时加入。

⑥ 铁液氧化问题。由于炉料不干净或熔炼控制不好会导致铁液严重氧化，影响铸件基体组织和石墨形态，引起孕育不良和球化不良、白口和缩松及缩孔倾向大、气孔与渣孔多等问题。为此要选用洁净、干燥的炉料。增碳、增硅处理带有一定脱氧作用，故当铁液氧化严重时可以考虑使用碳化硅、硅钙合金、铝硅铁、稀土镁等进行脱氧，然后适当升温和保温。

(3) 按质量和成本合理优化组织生产　实践表明，单纯从造型或熔炼角度考虑生产安排难以兼顾生产、质量和成本问题。因此，只有进行动态的、整体的平衡，才可能取得最好的经济效益。

但需要以下几个条件。

① 熔炼技术有较强的应变能力。

② 造型能力可调整性强，能快速转换造型品种。

③ 以生产组织中的瓶颈问题为突破口。

④ 协调并激发生产人员的积极性、创造性和责任心。

⑤ 生产线应保证以较低成本的产量投产。

7.3.9 感应电炉低合金铁素体灰铸铁阀体的生产

低合金铁素体灰铸铁的基体组织为单一铁素体，消除了珠光体分解所造成的体积生长，所以抗生长性较好，具有一定的耐热性。阀体单重 1.3kg，轮廓尺寸为 110mm×78mm×50mm，抗拉强度 σ_b180MPa，硬度 150～210HBS，金相组织为铁素体＋石墨，珠光体≤0.5%，石墨大小 4～6 级。为此，通过提高碳当量，合理地选择化学成分，加入适量的钛，在较低合金加入量的条件下通过合适的热处理，生产出成本低、满足上述性能及金相组织要求的铁素体灰铸铁阀体铸件。

(1) 生产、检验条件及试验方法　熔炼设备为 250kg 中频感应炉，化验设备为进口直读光谱仪及全套常规化验设备，热处理炉为 RSX2-4-10 箱式电阻炉，功率 4kW，最高工作温度为 1000℃。拉伸试验用 600kN 液压万能试验机。以拉伸试棒的残体在布洛维光学硬度计上测定布氏硬度值，并以此磨制金相试样观察显微组织。铸件本体试样作金相和硬度检测。

(2) 化学成分选择

① 碳、硅、磷：选择较高的碳当量，以获得较多的铁素体＋较少珠光体＋石墨组织，再通过一次退火处理获得铁素体＋石墨组织。由于硅能促进铁素体的生成，而且硅固溶于铁素体能够起到强化铁素体的作用。所以碳、硅量选为 3.3%～3.6% C、3.1%～3.4%Si。

磷在铸铁组织中易形成磷共晶，使铸铁的韧性降低，因此 P≤0.06%。

根据 C、Si、P 含量计算共晶度 S_C 和石墨化因子 K：

S_C＝C/[4.3－1/3(Si＋P)]＝1.08，K＝4/3Si%/[1－5/(3C%＋Si)]＝2.74，在灰铸铁组织图中靠近Ⅲ区、Ⅱb区。

② 锰、硫：锰在灰铸铁中的作用主要是平衡硫的不良影响，在超过了 Mn＝1.7S＋0.3 的关系式后的锰有稳定珠光体的作用。铁液中硫的质量分数一般不低于 0.05%～0.06%。另一方面，为了获得铁素体组织，锰含量不宜高。当锰量较低时含硫量也应较低，否则会形成三元共晶 (Fe-FeS-Fe₃C，含 C 0.17%、S 31.7%，熔点在 975℃)，或以富铁硫化物形态存在，常常位于共晶团晶界上，降低铸铁的强度性能。因此选0.3%～0.5% Mn、0.05%～0.06% S。

③ 钛：在灰铁中加入一定量的钛，由于钛影响奥氏体形核能力和增加共晶过冷度，而使灰铸铁凝固时促进 D 型石墨的形成。对于 w(CE)＝4.50%的铸铁，钛的质量分数由 0.05%提高到 0.075%，会使抗拉强度相当快地增加。为保证热处理后得到全铁素体组织和较高的抗拉强度，钛含量在 0.10%～0.25%。

(3) 熔炼、浇注　采用 250kg 中频感应电炉熔炼，按所选化学成分进行配料，炉前用进口直读光谱仪进行化学成分分析，待 C、Mn 含量合格后在炉内加入所需硅铁，出炉温度为 1450～1480℃。出炉时钛铁在浇包内冲熔，包内加入 0.4%硅铁孕育，在浇注时再加入 0.1%铁素体型随流孕育剂，浇注 φ30mm 湿砂型单铸试棒。浇注温度控制在 1330～1380℃。在 700℃以下进行开箱清理，以减少珠光体的产生。

(4) 热处理　铸态组织如图 7-25(a) 所示，其中尚有 10%～15%的珠光体。要得到全铁素体组织还需高温退火处理，其热处理工艺为 950℃保温 2h，随炉冷至 250℃保温 2h，再随炉冷至 200℃出炉空冷。

退火后铸件本体的硬度为 169～182HBS，金相组织为铁素体＋石墨，珠光体≤0.5%，石墨大小 5～6 级，如图 7-25(b) 所示。对热处理后的试棒按石墨灰铸铁进行检测，抗拉强度 σ_b≥200MPa，硬度为 165～130HBS，金相组织为铁素体＋石墨，珠光体≤0.5%，石墨大小5～6级。退火后试棒的金相组织如图7-25(c)所示。

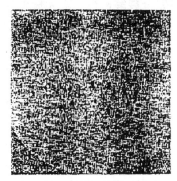 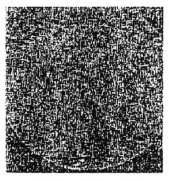 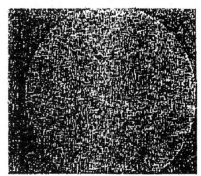

(a) A型石墨+D型石墨，石墨大小　　(b) A型石墨+D型石墨，石墨大小　　(c) A型石墨+D型石墨，石墨大小
5～6级，铁素体占85%　　　　　　　5～6级，铁素体占99.5%　　　　　　5～6级，铁素体占99.5%

图7-25　铸态组织

7.3.10　铸铁件消失模铸造对感应电炉熔炼铁液温度的要求

消失模铸造由于泡塑模（白模）汽化要消耗铁液热量，要求提高铁液浇注温度，为此必须对铁液熔炼进行适当调整，以便得到与砂型浇注一样或更优的铸件组织。

7.3.10.1　提高浇注温度

铁液浇入型腔后，首先要使带有浇注系统的铸件白模（EPS，STMMA）汽化、分解、裂解掉，为此浇注温度一般比砂型铸造提高30～50℃，对薄壁球铁件甚至提高至80℃。球墨铸铁浇注温度范围为1380～1480℃，灰铸铁为1360～1420℃，合金铸铁（Cr系白口铸铁）为1380～1450℃。提高浇注温度增加的热量应恰好消耗于烧掉白模，之后铁液温度应降低到砂型铸件的浇注温度，才能保证获得合格铸件，因此在实际生产过程中必须依据本单位工艺、设备等条件找出适合的浇注温度。

（1）浇注温度过高容易引起的缺陷

① 粘砂。过高的铁液温度易引发化学粘砂和机械粘砂。

化学粘砂：砂型中干砂含有细小砂粒、灰尘，尤其是石英砂，极易与铁液起物化矿化反应而产生化学粘砂，极难清理。

机械粘砂：过高的铁液温度造成白模涂料层脱落、开裂、软化破裂，铁液通过破裂、隙缝裂纹加上浇注速度又快，铁液渗入的温度高粘砂程度也越严重。最易发生部位是铸件底部或侧面及热节区、型砂不易紧实的地方（特别是转角处）。组串铸件浇注系统连接处容易形成铁液与型砂机械混合的机械粘砂。

② 反喷。气化模EPS（或STMMA）模样浇注时，铁液在过高的浇注温度的作用下，生产激烈的热解相反应。

a. 75～164℃：热变形，高弹态软化状，白模开始变软玻璃状并膨胀变形，泡孔内的空气和发泡剂开始逸散，体积收缩泡孔消失，产生黏流状聚苯乙烯液体。

b. 164～316℃：熔融，黏流态，分子量不变。

c. 316～576℃：解聚，汽化状态，在质量开始变化的同时长链状高分子聚合物断裂成短链状低分子聚合物，汽化反应开始，产生聚乙烯单体和它的小分子量衍生物组成蒸气状产物。

d. 576～700℃：裂解，汽化燃烧，析出气体显著增加低分子聚合物裂解成少量氢

（0.6%）和 CO_2、CO 的小分子量的饱和、不饱和的碳氢化合物。

e. 700～1350℃：极度裂解，汽化燃烧，低分子聚合物逐步完全裂解，在生产大量小分子碳氢化合物的同时，开始分解出 H 和固态的 C；在1350℃析出的 H 含量达32%；在有 O 的条件下伴随着燃烧。有游离 C 和火焰的出现。

f. 1350～1550℃：急剧裂解，燃烧汽化，低分子聚合物迅速裂解，析出 H 达到48%；同时燃烧过程更加剧烈，并析出大量的游离 C 和由挥发性气体产生的火焰。

浇注铁液与 EPS 白模接触时产生热解产物，在400℃以上的温度下聚苯乙烯（C_8CH）将裂解为丙烯（C_3H_6）、乙烯（C_2H_4）、乙烷（C_2H_6）、甲烷（CH_4）、碳（C）和氢（H_2），随着铁液温度提高和热量增加，白模裂解深度进度加剧，气体的产物体积增大，析出 C 也更多，在完全裂解成 C 和 H_2 的情况下，1个体积（104g）的苯乙烯，产生8g（4个体积）的 H_2 和96g的 C，占苯乙烯总量（104g）的92%。白模热分解时析出气体（C_nH_{2n}，H_2、CH_4 等）在800℃时发气量为165～175cm^3/g，1000℃时为500～518cm^3/g，1200℃时为738～689cm^3/g；随着白模受热温度升高，发气量增加，焦态残留物增加，而液态减少，当铸铁浇注温度为1300℃时，发气量为300cm^3/g。如浇注温度过高，分解裂解急速，气体量剧增，如果真空泵来不及吸排，气体来不及逸出，会引起反喷，可能喷溅伤人，造成事故。

③ 气孔。从上可知，白模受铁液热量后分解、裂解，产生大量气体；浇注温度过高又急剧地产生气体，气体分散扩展进入型腔、砂型，不能及时排出就会进入铁液，从而产生气孔。此类气孔大而多（丛生）且伴有炭黑。

浇注球墨铸铁，采用白模 STMMA（EPMMA）的发气量比 EPS 更大、更多、更集中一段时间内甚剧烈，更要注意及时排气。一般通过调整真空泵吸气量速度，控制铁液流股和速度来解决。此外，白模分解产生的气体量多、迅速，铸型排气速度跟不上，真空泵吸气量速度又不足，气体冲击铸型，导致铸型溃散、坍塌，铸件不能成为合格品。

④ 引发其他缺陷。浇注温度过高，还能引发消失模铸造的其他缺陷，如节瘤、缩孔、缩松、热节处气渣洞孔等。

（2）浇注温度过低引起的缺陷

① 皱皮（积炭）。浇注温度太低热量不足，不能完成分解、裂解。白模热解不彻底，气相产物减少，液相、固相产物增多更利于皱皮（积炭）的出现。薄壁球墨铸铁件更容易产生皱皮（积炭）、炭黑。

② 冷隔（对火）、重皮、浇不到。白模被加热分解要吸收大量热量，过低的浇注温度提供的热量不足以分解白模，故要从铁液中吸收热量，使铁液降温过多（往往出现在铸件壁厚处），产出的气体阻止铁液充型，从而又降低铁液的流动性，故引起冷隔、重皮、浇不到现象。

当铁液流股分二股充满铸型顶部会合时，铁液的温度已降到较低不能熔合。当铸件较薄、浇注温度更低时极易出现冷隔。

浇注温度较低时靠近铸型表面先形成薄的铁壳（膜），而后续铁液充型后，又没有足够热量熔化此膜（壳）就出现了重皮缺陷。

此外，浇注温度太低，型腔中铁液没有足够的热度，使铁液中的杂质、渣、垃圾、气体不能及时上升到顶面排掉，因此，形成夹杂、夹渣、夹气等缺陷。

7.3.10.2 铁液的调整

尽管不同种类的干砂热容量（比热）有差异，但铸型的冷却速度均比砂型铸造要慢，对灰铸铁而言，出现白口倾向较小；对球墨铸铁而言，干砂铸型刚度不及金属型（或覆砂金属型）；浇注 Cr 系白口铸铁时，铸件表面不及金属型浇注所形成的铸件硬壳耐磨，因此要调整铁液或采取相应措施。消失模铸造因要提高浇注温度，一般均采用感应电炉或冲天炉-感应电炉双联熔炼。

（1）灰铸铁 以韧性要求为主的灰铸铁件，铁液加 FeSi75 进行孕育处理，或加微量 Nb、Ni、Cu 进行微合金化。

以刚度、强度力学性能要求为主时，应降低 $w(C)$ 量，提高珠光体体积分数。Cr、Mo 微合金化可以促进珠光体量增加。

（2）球墨铸铁 用感应电炉熔炼球墨铸铁，提高了铁液温度，但必须采用适合感应电炉熔炼的原材料和孕育剂、球化剂等。

（3）Cr 系抗磨铸铁 由于消失模铸造冷却速度慢，宜用重稀土对 Cr 系白口铸铁的组织及性能进行变质细化；加 Mo-Cu、Cr-Ni、V-Ti 微合金化可改善基体组织及性能；如果耐磨性不足，通过加 Cr、V、Ti、W 等调整基体碳化物的大小、形状、分布来解决。

7.4 冲天炉熔炼铸铁

7.4.1 冲天炉基本参数及测试方法

7.4.1.1 冲天炉技术参数及技术经济指标

（1）冲天炉主要结构参数

① 冲天炉直径

a. 最大直径是指炉膛中最大截面处直径。

b. 主风口处直径是指炉膛中主风口处截面直径。

② 风口参数：风口排序、大小、个数、角度、排距及其有关计算参数。

a. 排序：由炉底向上排列，沿炉纵向。

b. 风口尺寸、个数表示方法：风口直径×个数×角度，不加注明指圆形，单位为 mm。一、二表示一、二排风口。

c. 风口比：风口面积总和与主风口处炉膛截面积之比。

d. 风口分配比：不注明时，一般指主风口与辅助风口面积分配比例，即主风口面积之和、辅助风口面积之和各占风口面积总和的百分比。

e. 风口平均射流速度：即实际送风量与风口面积总和之比（单位：m/s）。

③ 炉缸高度：炉底中心至第一排风口中心线（炉内）的垂直距离（单位：mm）。

④ 有效高度：一排风口中心线（炉内）至加料口下沿的垂直距离（单位：m）。

⑤ 有效高度比：有效高度与炉膛最大直径比。

⑥ 炉胆参数：炉胆结构的主要数据（单位：mm）。

a. 炉胆直径是炉胆内径，带锥度炉胆系指上下两个直径。

b. 炉胆高度是炉胆总高度。

c. 炉胆安装高度是一排风口中心线（炉内）至炉胆下沿的垂直距离。

（2）冲天炉主要工艺参数

① 底焦高度：第一排风口中心（炉内）至底焦顶面的垂直距离（单位：m）。

② 底焦质量：装炉底焦总质量（单位：kg）。

③ 送风量：每分钟送入炉内的空气量（单位：m³/min）。

④ 送风强度：单位时间内每平方米炉膛面积的送风量，即送风量与炉膛截面积之比。一般取最大炉径截面积计算。曲线炉型可用主风口区送风强度表示，系指主风口及主风口以下各风口送风量之和与主风口处炉膛截面之比 [单位：m³/(m²·min)]。

⑤ 风压：一般指风箱风压（单位：mmH₂O 或 mmHg，Pa）。

⑥ 炉气成分：加料口处燃烧产物（炉气）中 CO_2、CO、O_2 的容积比（单位：%）。

⑦ 燃烧比（燃烧系数）：用以反映冲天炉燃烧完全程度的参数。根据已测得的炉气成分按下式计算（单位：%）：

$$\eta_r = \frac{CO_2}{CO_2 + CO} \times 100\%$$

⑧ 炉气（废气）温度：一般指加料口处炉气温度（单位：℃）。

⑨ 热风温度：送入冲天炉内的风温，一般指风箱风温（单位：℃）。

⑩ 炉衬侵蚀：冲天炉熔化后炉衬尺寸形状变化情况。一般用以下几个参数表示：

a. $$侵蚀深度 = \frac{侵蚀后最大直径 - 修炉直径}{2} \quad （单位：mm）$$

b. 侵蚀高度：炉内侵蚀最高点距第一排风口中心线垂直距离（单位：mm）。

c. 最大侵蚀高度：炉内最大侵蚀处距第一排风口垂直距离（单位：mm）。

d. 炉衬侵蚀速度：最大侵蚀深度与实际熔化时间之比（单位：mm/h）。

⑪ 渣铁比：炉渣总量与投炉金属总量之比（单位：kg/t）。

⑫ 冲天炉用风机参数，一般应注明：风机型号、送风量、额定风压和电动机功率。

（3）冲天炉主要技术经济指标

① 生产率（熔化率）：冲天炉单位时间内生产（熔化）能力。为正确反映炉子的生产能力要求给出两个指标（单位：t/h）。

a. 名义生产率：投炉金属炉料总量与总熔化时间之比（总熔化时间指开风总时间减去中途停风总时间）。

b. 正常熔化率：炉缸或前炉见铁到投完最后一批料的投炉金属总和与此段时间的比值（此段时间应减去熔化过程中因故停风时间）。

② 熔化强度：单位炉膛截面积单位时间内的生产（熔化）能力。炉膛截面积以熔化带处计算 [即最大炉径处截面积，单位：t/(m²·h)]。与生产率同样，一般相应地表示名义与正常两个熔化强度。

③ 焦炭消耗量。

a. 焦炭消耗百分比：焦炭消耗量占炉料重量的百分数。

b. 铁焦比：每千克焦炭的化铁量。铁焦比一般有两种表示方法：总铁焦比——熔化金属炉料总量（包括铁合金）减去打炉剩铁与耗焦总量（包括底焦、层焦及接力焦总和）；层焦比——投炉金属总量与层焦总量（包括批焦、隔焦、接力焦）之比。

c. 铁碳（焦）比：将不同含碳量的焦炭换算成纯碳，即每千克碳的化铁量。

④ 铁液温度：衡量铁液质量的主要指标。为准确表达冲天炉熔化的铁液温度，应取两项指标，并作铁液温度曲线。

a. 铁液平均温度：在同样重量、同样间隔内、同样位置所测铁液温度的算术平均值（单位：℃）。

b. 铁液温度波动范围：同一炉次中，温度最高值与最低值（单位：℃）。

c. 铁液温度曲线：即取等隔时间测量铁液温度后作出时间、温度曲线。常取纵坐标为温度标，横坐标为时间标。

d. 合金元素烧损：合金在熔化中的氧化耗损量，以百分数表示。

e. 耐火材料消耗量：每吨铁料所消耗的耐火材料量，即耐火材料总耗量与熔化总铁量之比（单位：kg/t）。

7.4.1.2 冲天炉测试方法（测试装置、方法及数据处理）

(1) 冲天炉温度测量

① 铁液温度的测量。

a. 测量装置。采用快速微型热电偶、配电子电位差计。

热电偶：用 WRLB-600X 型铂铂-铂铑快速微型热电耦。

铂铑 30-铂铑 6 双铂铑快速微型热电偶。一般推荐使用双铂铑热电偶，其稳定性优于单铂铑而且不需冷端补偿（鞍山、沈阳、北京、上海等地均产）。

二次仪表：可选用 XWB、XWC、XWX 等各种型号电子电位差计。但全量程时间应小于 3s，测量范围为 0～1600℃ 及 0～1800℃，最好改装为 1000～1600℃ 及 1100～1800℃。扩大量程的测量范围，或者采用浸入式铂铑-铂热电偶及铂铑 30-铂铑 6 双铂铑热电偶，配上述各种型号二次仪表，全量程时间可提高到 5s，或用 UJ-27、UJ-36 等手动电位差计，但此装置测量铁液温度时不易掌握，误差较大。

b. 测量方法。测出铁液温度，应在出铁槽中将偶头逆铁液流方向，全部浸入铁液流中进行测量，位置应在出铁槽的中上端，用相同的时间间隔测温，最好 20～30min 测一次。开炉全过程的铁液温度都得测量，应从第一次出铁开始到投料结束后一次出铁止。

如在铁液包内和其他位置测量应注意，测温铁液包中不能有剩渣剩铁。亦可用埋管法在前炉中连续测温。

c. 数据处理。如测量二次仪表没有温度补偿装置，所测铁液温度值需用下式修正（双铂铑热电偶不需补偿）：

$$t_实 = t_测 + \frac{1}{2} t_环$$

式中　$t_实$——铁液实际温度；

　　　$t_测$——仪表指示温度；

　　　$t_环$——测温装置所在环境温度。

所测得的铁液实际温度全部数据的算术平均值为铁液平均温度。

② 加料口废气温度测量。

a. 测量装置。热电偶采用镍铬-考铜热电偶或镍铬-镍硅（镍硅-镍钼）热电偶配相应的毫伏计或电位差计。配用毫伏计时，外接电阻必须符合仪表要求。

b. 测量方法。测量点设置在料线下 400～500mm，靠近炉壁处，可连续测温或每间隔 15～30min 测量一次，从开炉后 30min 开始测量到加入最后一批料止，所测得全部数据作为有效数据。

c. 数据处理。采用二次仪表，无温度补偿装置时，用下式修正：

$$t_实 = t_测 + a t_环$$

式中　a——修正系数，对于镍铬-考铜热电偶，$a=0.82$；对于镍铬-镍硅热电偶，$a=1$。

③ 热风温度测量。因国内冲天炉风温多在 300℃ 以下，故采用 WNG-11 型、0～400℃ 带有金属保护套管的水银温度计测量，测量点设在风箱上。测量方法与数据处理与加料口测温相同。

（2）冲天炉风压和风量的测定

① 风压测量。冲天炉熔炼中常用液体压力计进行风压测量。国内冲天炉多采用小风口，阻力较大，因此可用 400mm U 形水银压力计，测压点应设置在风箱上（见图 7-26）从炉料达到料线位置开始测量到投最后一批炉料止。每间隔 15min 左右测一次，并作风压与时间变化曲线，取算术平均值为平均风压，取测量过程中的最大值与最小值为波动范围。

② 风量的测定。风量测定装置种类较多，建议采用以下常用两种装置。

a. 毕托管测量装置：标准毕托管可外购，自制简易毕托管装置如图 7-27 所示。

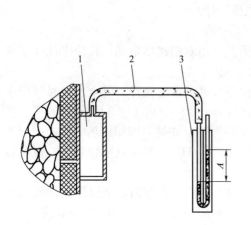

图 7-26　风压测定装置

1—风箱；2—连接胶管；3—U 形压力计

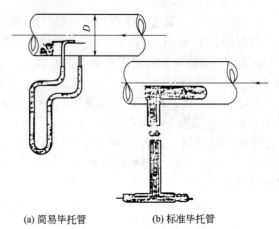

(a) 简易毕托管　　　(b) 标准毕托管

图 7-27　毕托管装置

一般用小于被测风管直径 1/10 的两根铜管，将一根管的一端弯成 90°，管口对准送风方向，弯管需与测风管壁轴线平行，将另一管与管轴向同心位置装在管壁上，但管内壁要保证光洁，不得有焊渣，将管另两端与 U 形管连接，即组成测量装置。

安装时要求，被测风管要有等于或大于风管直径 15 倍的直线段（水平段）。测点前方取风管直径 10 倍的直线段，测点后方取直径 5 倍的直线段。

风量计算如下。

毕托管测定总压力为

$$p_总 = p_静 + p_动$$

U 形管中的压力差为

$$U_差 = h = p_总 - p_静 = p_动$$

$p_动$ 与空气流速有关，即

$$p_动 = hr(v^2/2)$$

而

$$v = \frac{\sqrt{2gh}}{r} \quad (m/s)$$

式中　v——空气流动速度，m/s；

　　　g——重力加速度，9.8m/s²；

　　　r——空气密度，一般取 1.293kg/m³；

　　　h——压差，mmH₂O（1mmHg=13.6mmH₂O）。

风量为风管截面积与空气平均流速的乘积（即在 $D/3$ 处时），则 $Q = UvF$，将 r 值代入得

$$Q = UF \frac{\sqrt{2gh}}{r} \quad (m^3/s)$$

式中 F——风管截面积，m^2；

　　U——流体流动时阻力和毕托管对流动干扰的影响系数。

当 $U=0.95\sim1.00$ 时，此系数最好用标准毕托管进行校正。

将 r、g 数值代入，并将时间单位 s 换成 min，则有

$$Q=323F\sqrt{H}\quad(m^3/s)$$

如果毕托管测点装在风管中心位置测得最大流速，则风速计算式为

$$Q=1.594D^2\sqrt{h}\quad(m^3/s)$$

b. 流量孔板测量装置。在风管中装一节流装置（孔板），气体通过孔板产生一个不大的压力降，利用压降与流速的关系来测量风压点。流量孔板测定装置如图 7-28 所示。

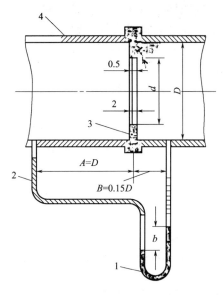

图 7-28　流量孔板测定装置
1—U 形玻璃管；2—橡皮管；3—孔板；4—风管

风量可用下式计算：

$$Q=KA\frac{\sqrt{2gh}}{r}\quad(m^3/s)\tag{7-4}$$

式中 g——重力加速度，$9.8m/s^2$；

　　r——空气重量度，取 $1.29kg/m^3$；

　　A——孔板上孔的截面积，m^2；

　　K——流量系数。

将 g、r 代入上式，将时间单位 s 换算成 min，整理后得

$$Q=183\times2d^2K\sqrt{h}$$

系数 K 与孔板径和风管直径之比（D_1/D）有关，比值越小，压力降越大，对测量有利，但是流体阻力亦随之增大，则对送风不利。因此一般以 $D_1/D=0.8$ 为准，亦可查有关手册。此板制造安装必须符合要求，测得的送风量应除掉漏风损失，并以平均燃烧比按下式计算送风量进行校核：

$$Q=\frac{G(1+\eta_V)C}{0.0135K}\quad(m^3/s)$$

式中　G——冲天炉正常熔化率，t/h；

　　　C——焦炭中固定碳含量，%；

　　　η_V——冲天炉平均燃烧比；

　　　K——铁焦比。

风量在开炉过程中连续测量，记录从炉料加满到料线开始，直到投入最后一批料为止，每15～30min记录一次，取其算术平均值为平均风量，并作风量变化曲线。

7.4.1.3　冲天炉炉气成分的测定

（1）炉气测量装置

① 炉气分析仪器。炉气分析仪器种类较多，建议采用奥氏气体分析仪。

② 炉气分析取样装置。炉气取样十分重要，直接影响分析结果。因此取气器应置于料线下400～500mm处。待炉料满后用球胆或取气瓶取气。取气前必须将取气器和球胆用炉气冲洗2～3次，再正式取样。一般取样时间在开风30min以后，每20min或30min取样一次，在最后一批料投炉后停止取样。

（2）炉气分析方法　按气体分析操作规程进行。

（3）炉气数据处理

① 加料口炉气含氧量应小于0.5%，超过0.5%的一组数据重做或舍去。

② 加料口炉气分析值应用于下式校验，分配值不符合下式范围的各组数据重做或舍去。

$$CO_2\% + O_2\% + 0.605CO\% = 19\% \sim 21\%$$

③ 全部测量数据的算术平均值为本炉次炉气成分的平均值。然后用平均值计算平均燃烧比 η_V。

7.4.1.4　原材料取样及元素烧损测定

① 原材料来源、产地以及炉料状况必须检查记录，如块度尺寸、重量应记录最大和最小值。

② 原材料取样应有代表性，取样方法应符合化学分析取样规定，每炉用焦炭都在开炉前进行水分测定，焦炭水分一律按4%含量折算，生铁取样应在同一批内选择不同断口样品10～15个进行化学分析，以其平均值计算元素含量。

③ 元素增减量测定：一般只作硅、锰烧损。

a. 可根据生产中的长期统计数据进行计算，作为烧损测定的参数。

b. 在冲天炉熔化中期加入6～10批100%的Z15或Z20新生铁作为试验料。严格控制处理好交界铁液，分前、中、后取样三组，以其化学成分平均值计算烧损。

7.4.1.5　生产率及铁焦比测定

操作时严格记录投料投焦重量、批数、投料时间以及开风、停风、打炉时间，剩铁剩焦必须称量。修炉尺寸及炉衬侵蚀情况应该由专人测量记录。如需测定渣铁比时，全部渣、铁需要称量。测试结果应按原始记录表格认真记录。

7.4.2　冲天炉工作原理

冲天炉工作时，出现着两行物质的相对流动，一行是下降的炉料，一行是上升的炉气流。这两行物质流相互接触，就产生了燃料燃烧、铁料熔化、铁液增碳、硅锰合金元素烧损等各种变化，这些变化都与炉气的温度、性质有关，故必须研究炉内底焦燃烧和炉气成分和温度的变化。

（1）炉内燃烧情况和炉气成分、温度的变化　如图7-29所示，从风口进入炉内的空气，遇到红热的焦炭，即产生燃烧（氧化）反应：

$$C+O_2 \longrightarrow CO_2+3137kcal/kg\ 炭$$

随着炉气上升和燃烧，氧越来越少，而 CO_2 越来越多，一直到氧完全消耗尽。由这一个反应放出大量的热，使上升着的炉气温度迅速升高。从进风口第一排（最底一排）起，到氧完全耗尽的地方止，这个区域称为氧化区，如图 7-29 所示。

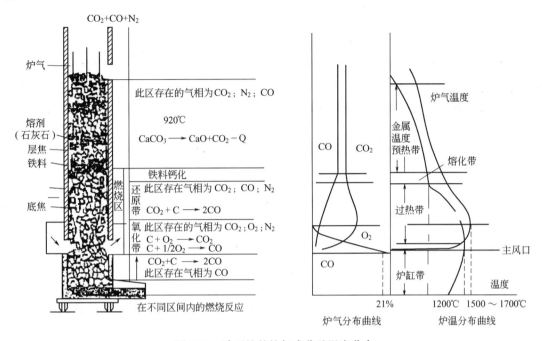

图 7-29　冲天炉的炉气成分及温度分布

当炉气继续上升时，CO_2 与红热的焦炭发生下列的还原反应：

$$CO_2+C \longrightarrow 2CO-32.33kcal/kg\ 炭$$

这个还原反应是吸热反应，即使消耗了焦炭，炉温不但不升高反而降低。炉气中 CO 含量增加。但温度降低到一定程度时，还原反应停止进行，这个区域称为还原区。

炉气再继续上升，CO_2 与 CO 含量再起变化。由于炉料吸热的缘故，炉气温度继续下降，这一区域称为预热区。

从上述变化反应过程中，焦炭消耗多，并不一定炉温就高。关键在于焦炭的热量是否得到充分的利用。

从分析加料口处炉气的成分，可以判断炉内燃烧情况是否良好。假如炉气中 CO 含量很高，则说明有相当多一部分焦炭是消耗在吸热的还原反应过程中，炉温就不高了。一般热效率利用高的冲天炉，加料口炉气成分中 CO 含量在 3%～6%，其值越低热效率越高。

第一排风眼以下的炉缸里的底焦，除顶面少部分外，其余因没有空气而不燃烧，其炉气成分几乎是 CO。但当有空气进入时（如开渣口操作，出铁、出渣等）也会发生燃烧，此时加速底焦的燃烧而消耗加大。

（2）炉料下降时的变化　炉料从加料口处往下降落，经预热、熔化、过热几个阶段进入炉缸。

在预热区，熔剂中石灰石首先分解：

$$CaCO_3 \longrightarrow CaO+CO_2$$

铁（Fe）、硅（Si）、锰（Mn）等有少量被烧损进入熔化带后金属料熔化，熔化后的铁液温度还不高，往下滴落时，通过高温区（主要是氧化区）铁液被过热到较高的温度。在熔化和过热阶段，Fe、Si、Mn 均被烧损一部分：

$$Fe + \frac{1}{2}O_2 \longrightarrow FeO$$

$$2FeO + Si \longrightarrow SiO_2 + 2Fe$$

$$FeO + Mn \longrightarrow MnO + Fe$$

SiO_2、MnO、FeO 和炉料带入其他杂质 CaO 化合形成较低熔点的炉渣。

熔化的铁水滴与灼热的焦炭接触，铁液中含碳量逐渐增加。焦炭中硫则大部分进入铁液，故铁液中含硫量也增加。高温铁液落到风口以下的炉缸时，温度略有降低。在炉缸里，因铁液仍与焦炭接触，故继续增碳、增硫。铁液经过桥流入前炉后，成分不再变化，而铁液中的渣与气在前炉里有一部分可从中逸出。

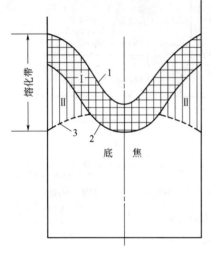

图 7-30　冲天炉内熔化带的大致形状

在底焦高度适宜的情况下，当铁料到达底焦顶面时，铁料也恰好被预热至熔化温度而开始熔化，待这批铁料熔化完毕时，底焦也因消耗而下降一段高度。这就是说熔化并不是在一个理想高度上，而是在一个范围内进行的，这个从熔化开始到熔化结束的范围就称为熔化带。底焦高度、层焦量与焦铁比影响着熔化带，熔化带也不是两个水平截面间的平直圆柱地带，而是一个如图 7-30 所示的漏斗状区域。熔化带之所以呈这种形状，是因为侧吹冲天炉炉壁附近的温度比炉子中心高得多，以致靠近炉壁四周的铁料层在较高位置先达到熔化温度，这就使铁料熔化像曲线 1 那样在不同的平面上开始，像曲线 2 那样在不同的平面上结束。这样熔化带就成为曲线 1 和 2 之间的 I 区形状。因为四周的底焦下降比中心快，四周的铁料熔化速度比中心快，中心部分的铁料才有机会向四周移动，落到熔化带 I 区下面的 II 区熔化，因而整个熔化带的形状就变成了 I 区和 II 区的总和，这样由层焦补充熔化带底焦的消耗，使冲天炉连续进行熔炼。其中底焦的高度对熔化带起着决定性的作用。

对于中央送风或侧吹加中央送风的冲天炉，由于空气的鼓入炉内状况不同、气流状态不同，则其熔化带形状亦不同，但基本原理一样。

（3）底焦高度对铁液的温度和质量的影响　熔化时炉内底焦高度与铁液的温度和质量的关系如下。

底焦高度是指从第一排风口中心线至底焦顶面的距离。它对熔炼过程有着极其重要的影响。因为焦炭的燃烧、铁料的熔化与过热、铁液成分的变化等物理化学过程，几乎都是在这里进行的（批焦无非是对底焦烧损的补充）。

理想的底焦高度应是底焦顶面的炉气温度，恰好使铁料达到熔点。

若底焦高度过低，熔化带会下降，过热带会缩短，铁液温度就随之降低，元素烧损相应增大，熔化速度增加；太低，甚至出现风口见铁、冻炉。

若底焦高度过高，熔化带会上升，过热带会增长，铁液温度就随之上升，铁液含碳量增加，同时需待底焦消耗到合适的高度时，铁料才开始熔化，这样不仅消费焦炭，而且使熔化速度减慢。用提高底焦高度来增加铁液温度是不合理的。

　铸铁生产实用手册

适宜的底焦高度与炉子大小、风口配比、供风制度、焦炭质量和块度等有关。炉子越大，风口区越大，风量越大，风压越高，则要求底焦高度越高。

当焦炭质量差、块度小时，一般底焦高度应略高些。根据炉气温度确定底焦高度，固然准确，但不方便，很难实施。生产中，一般先根据经验确定（如控制在熔化带以上 200～1300mm）再调整。

中小型冲天炉通常以开风后 5～7min 在第一排风口见铁滴、8～10min 在出铁口见铁花为合适。这与点火烘炉、焖火时间、第一批铁料的物质特性和块度等因素有关。若烘炉焖火时间长、铁料块度小、熔点低都会较快见到铁滴、铁花；上述因素反之，则见铁慢，对于新炉或新操作，则用经验公式确定底焦高度（然后调整），即

$$H_{底} = 1.5～2.0D_{名}$$

式中　$H_{底}$——底焦高度，mm；

　　　$D_{名}$——冲天炉的名义直径，mm；

　1.5～2.0——系数，小炉取大值，大炉取小值。

对于铁液温度要求较高的冲天炉，可按 $H_{底} = 1000 + (0.5～1.0)D_{名}$ 计算底焦高度（对系数 0.5～1.0，小炉取小值，大炉取大值）。

千万注意：不能以底焦重量代替高度，因为重量相同，质量不同。块度不同，往往高度不一样。

（4）冲天炉内五大区中发生的过程

① 预热带。从底焦顶面到加料口的区域为预热带。高温炉气预热金属炉料和焦炭，蒸发焦炭中水分和挥发物，并使石灰石分解成的 CaO 呈熔融状态，准备造渣。炉气在此区内温度为 1200～1300℃，到加料口温度为 150～400℃。铁料在预热带停留时间为 30～40min。

② 熔化带。预热后的铁料下降底焦顶面，温度达到熔化温度便开始熔化，从金属开始熔化到熔化完毕的区域称为熔化带。金属被熔化，因热交换炉气被剧烈冷却，炉气成分变化不大，主要为 CO_2、CO 和 N_2，呈弱氧化性，熔剂开始造渣。

③ 还原带。从氧化带上端到炉气中 CO_2 还原反应基本停止的区域称为还原带，此带内 CO_2 部分被还原成 CO，金属液滴被过热，上升的炉气被冷却，铸铁中 Fe、Si、Mn 等元素部分被氧化，金属液滴吸收 S 与 C，熔剂开始造渣。

④ 氧化带。从底排风口到自由氧近于耗尽的区域称为氧化带。来自风口的空气将焦炭燃烧产生 CO_2 和 CO，并放出大量的热，铁滴和熔渣被过热。铁滴中的 Fe、Si、Mn 等元素被氧化，铁液被渗硫、渗碳。炉气成分为 CO_2、CO、O_2 和 N_2，呈氧化性，最高温度达 1600～1700℃，造渣成分继续变化。

以前有的课本、资料将还原带、氧化带合称为过热带或过热区。

⑤ 炉缸。底排风口以下到炉底这一区域称为炉缸，除开渣口作业时焦炭有不完全的燃烧外，此区内无自由氧、焦炭不燃烧，炉气主要是 CO，铁滴及熔渣略有冷却，故有的称为冷却区。炉缸内继续渗硫、渗碳。

7.4.3　冲天炉操作工艺

（1）修炉　冲天炉在熔化过程中，因受到高温炉气的冲刷和熔渣的作用，炉衬受到侵蚀，在下一次开炉前必须按炉型进行修补。在正常的熔化情况下，每次修炉主要是修理熔化带以下区域及前炉、过桥等。除炉衬侵蚀特别严重的（侵入深度超过 50mm）要用耐火砖重新修砌外，一般均用耐火材料修补。

修炉材料应具有良好的耐火度、机械强度和抗化学侵蚀能力，并且受热后开裂变形要小。依化学性质可分为酸性材料［主要是二氧化硅（SiO_2）和三氧化铝（Al_2O_3）］，耐蚀性较差，不利于炉内脱硫、去磷，但因取材方便、价格便宜、造渣容易而被广泛采用；碱性材料：［主要是氧化镁（MgO）或碳酸钙（$CaCO_3$）］，耐蚀性高，炉内脱硫效果好，且在一定条件下可去磷，但因价格较贵、修炉麻烦、造渣困难而很少采用；中性材料［主要是碳（C）质材料］，便于造渣脱硫，但因焦炭末易于烧蚀，而石墨粉价格又较贵，目前很少采用。

常用酸性修炉材料配方如下：石英砂（6～20目）60%～70%、耐火泥40%～30%、水适量或耐火砖屑和粉末60%～70%、耐火泥40%～30%、水适量。

材料配好后，最好用轧泥机，亦可用混砂机混制（代用）。材料应硬一点，含水分少一点，可以防止产生裂纹。若用手工拌制，则反复拌搅锤捣，放置一段时间（24h）后再使用。

修炉：应先仔细地将粘在炉衬上的炉渣清除干净，否则耐火材料补在渣子上或粘在焦炭粒上，开炉后炉渣熔化，炉衬就成块地剥落下来，而侵蚀不大之处的表面渣釉层不必清除，因为它可以保护砖衬。

清炉前应让炉壁自然冷却或用风吹冷，切不可用水激冷，以防炉壁裂开；清理时，不可用锤沿垂直于炉壁的方向敲打，以防震裂炉壁；炉壁、炉缸、过桥、前炉、出铁口、出渣口中的熔渣、冷铁以及被烧枯的耐火材料，都应清除干净。

修补炉壁，先用风吹去浮灰（风眼疏通后可鼓一下风），再涂上一层耐火泥浆水，然后覆上耐火材料并捣固、敲实、锤平整。在侵蚀深度超过100mm的地方，最好能嵌入一些小耐火砖块，以增加炉衬强度及炉壁耐火度，在耐火砖厚度被侵蚀到小于原来厚度2/3地方，应更换新砖。

修补后的炉壁必须圆整、光滑、尺寸符合要求，风口大小、位置、倾斜角度要合乎标准。

修炉盆（炉底）：冲天炉的炉底应在开炉时保证不漏铁液，打炉时易于松塌。通常合上炉底门→缝隙处涂以泥浆嵌上耐火泥→先放一层废干砂或炉渣（块度为20～40mm）→再铺上一层旧型砂→分层捣实→在四周洒一层泥浆水→再铺一层15～20mm的含有少量耐火泥的焦炭末混合料→捣实刮平。修完后炉底应光滑与炉壁相交处的圆角半径应等于或大于50mm，斜度必须符合要求。炉底应向过桥方向倾斜5°（或1：20的斜度）。

铺炉渣或焦炭是为了提高透气性和便于打炉，型砂的作用是由于它在高温作用下能变硬、结块，从而使炉底不漏铁液；焦炭末主要是防止粘铁、粘渣，使炉底铺得光滑并有保温效果。否则，为了贪图方便，违反规律，用造型的"型砂"来做炉底，那将后果严重，经开炉后，烧结一块，根本无法打下炉底来。

修炉缸和前炉、炉衬材料、修炉方法与炉壁大体相同，用修炉材料修补后，还应在其表面再抹上一层焦炭末混合料（厚度为20～30mm，焦炭粉86%～90%、耐火泥15%～10%、水适量）。修好的前炉炉底一定要平滑，并且有向出铁口方向倾斜的斜度（一般为5°）以免积铁液和熔渣，出铁口和出渣口应根据铁、渣的流向而修成喇叭形，其形不易冻结，容易打开。炉底焦炭末保温层的厚度为120～150mm。

出铁槽和出渣槽：可用同样的操作修搪，修补可拆式冲天炉时，各部分修好后，还需要进行装配、合炉。合炉时要注意把所有的接缝都堵严实。

过桥：一般都用修炉壁的材料修搪，其上敷一层焦炭末或石墨粉，有的用专门配制的混合料修搪（耐火泥30%、石英砂40%、石墨粉30%、水10%）。在修搪时，一定要把材料捣实，并且底面应平滑，喇叭口应由后炉向前炉而扩大。为防漏铁液，耐火材料总厚度应不小于一块耐火砖宽度（113～120mm），也有采用定型的过桥砖，各厂根据自身条件而定。

（2）烘炉 修搪完毕的冲天炉需要烘烤炉衬，烘烤前最好有一段自然风干的过程，以免骤热而裂。一般烘炉与点火操作是结合起来进行的。根据焦炭的质量，一般点火是在熔化开始前1～3h内进行。因各厂条件与操作不同，点火及烘炉的方法也各有异，归纳起来有以下几种。

① 从后炉点火：在炉底上放些刨花和木柴，其上放些煤块（或不放煤块），再装入40%底焦然后由工作门点火，并用小吹风机吹风，待第一批底焦燃旺，再装入40%底焦，鼓风2～6min，并用铁棒从加料口和风眼内将底焦捅实，最后装入其余底焦。检查底焦高度，若高度不够则应补足，太高则应在加批焦时进行调整，与此同时，前炉也应用木柴烘烤干燥至暗红色。

② 从前炉点火：在后炉炉底上放入刨花、木柴、煤块、底焦；在前炉内也放入刨花、木柴、煤块，并盖上前炉盖，封好后炉工作门，然后在前炉工作门点火，用吹风机吹风，其余操作同上。只是在堵住前炉工作门前要扒出炉内的灰炭。

③ 从加料口点火：对于移动式的炉盆，因炉盆较浅，合炉前装不了很多刨花、木柴，因此，修炉完毕合炉后，从加料口加入刨花。同时点火，随后加入锯短的木柴（一般20～30kg木柴），待木柴旺透后，加30%底焦，旺后再加30%底焦，又旺后加足40%底焦，其余操作同上。

对于采用密筋炉胆的炉子，点燃底焦的时间不宜过长，以免开风熔炼前会造成炉胆下端壁温过高，影响炉胆寿命。

（3）装料及熔化 首先在底焦上部加入底焦重量20%～30%的熔剂，如点火时间过长，熔剂量可适当增加，以便鼓风后可清除底焦的杂质。然后加入金属料和焦炭（即层铁和层焦）如此依次加入，熔剂（如石灰石、萤石）→废钢→生铁锭→铁合金→回炉铁→层焦→熔剂。料一直加到加料口为止。最初加入的三批金属料，块度应细小、均匀，以便尽早提高铁液温度。

每批金属料（层料）的重量不宜过大，一般为炉子每小时熔化量的1/12～1/3。层焦的作用是补偿熔化一批金属料后底焦的消耗量，另外层焦能将金属料分隔开来，避免出现混料影响铁液成分。所以层焦的加入量，一方面要根据金属料加入量来决定（即考虑铁焦比），另一方面应照顾到隔料的需要，使层焦在炉膛内高度（厚度）为120～250mm左右。熔剂的用量应根据焦炭重量、焦炭灰分、铁料锈蚀程度及泥沙含量、对炉渣的成分要求来确定。普通冲天炉熔剂加入量为层焦重量的25%～50%，熔剂中萤石（CaF_2）应尽量少加或不加。熔剂和铁合金应尽量装到炉子中心，以减少熔剂对炉衬的侵蚀和铁合金的烧损，炉料的块度不应超过炉径的1/3。炉料必须严格过磅，以保证铁液质量和熔化的正常进行，在变换铁料时，常多加一层批焦（又称隔离焦），以防止两批不同炉料的熔化过程中混淆。

装料完毕，可以立即送风，以减少底焦消耗和缩短熔化时间。而为了提高开始出铁液温度，加料完毕可进行15～30min的焖火，焖火时间过长会使铁料自行熔化，堵塞过桥，同时使底焦枯萎。因此，焖火时间不要超过50min，焖火后才可以开始鼓风熔化，以便提高第一批铁液的温度，使熔化操作和铁液温度很快达到正常。焖火期间应把风口、出铁口、出渣口全部打开，让其自然通风，缓慢燃烧以达到预热炉料的目的。刚开始鼓风时，风口仍应打开一段时间，以免炉内CO进入风箱引起爆炸。

鼓风后，底焦开始正常燃烧，若底焦高度合适，则鼓风后5～7min在风眼处即可看到铁液滴下，约10min出铁口见铁液，一般让最初的低温铁液从出铁口流淌出一些后，再堵住出铁口，这样可加热出铁口，不使其冻结。如有前炉，也可将出铁口在开风前用湿焦炭粉塞起来。熔化初期可以开渣口操作，这可以提高前炉头几包铁液的温度。

熔化过程中，保持一定料柱高度，一般距加料口400～600mm为宜。严格控制风量、风压（表7-28供参考），坚持合理的操作规程、送风制度，不得中途无故停风。风眼应保持明亮、清洁，保证空气能顺利鼓入炉内，开风初期（1h左右）尽量少捅或不捅风眼，使冲天炉尽量达到正常熔炼。

表 7-28　直筒形大风口冲天炉的风压和风量

熔化率/(t/h)	炉子内径/mm	风压水柱高/mm	风量/(m³/min)
1.5	500	250～450	20
3	700	400～600	40
5	900	500～700	65
7	1100	700～900	95
10	1300	900～1100	135

熔化过程中，还要根据铁液的温度变化、炉渣的颜色和流动性、风量和风压的变化、废气成分等来判断炉内熔化进行情况，控制铁水成分、温度，要定时出铁、出渣，每炉要做好熔炼记录。

（4）停风和打炉　计算最后几包铁液量，即可停止加料，为了防止料柱降低而使风量与风压变化过大，影响最后几批炉料的熔化，可适当地减少风量、风压，再加上1～2批压炉铁。停风前首先把风眼的窥视孔盖打开，然后停风以防爆炸。打开出铁口出净余留铁液，放净扒清前炉内的熔渣，也可吊开前炉盖，在后炉地面干燥的情况下（可铺些废干型砂）即可打炉。从炉内下来的焦炭和铁料要及时用水浇灭。对热风炉胆则打炉后还应继续鼓风15～20min，才能停风，以防烧坏密筋炉胆。

（5）注意安全操作　安全生产非常重视，因此冲天炉熔化操作时，必须注意下列安全事项。

① 上料机、鼓风机等机械设备必须由专人负责操纵，经常严格检查，确保牢固可靠，不得超负荷使用。

② 修炉时必须检查炉壁情况，若有较大块挂料、渣要先设法清除，装好加料口的安全罩，关好加料门。确保安全之后再进行炉内修搪操作。

③ 铁液包、前炉必须烘干，否则不准使用。

④ 炉前应用的各种工具和炉前加入的铁合金，必须经过烘烤预热，否则不准应用。

⑤ 磁盘吊车在开车之前必须仔细检查，保持正常完好，不准带病坚持开车。

⑥ 装料时，应严防异物或易爆品混入炉内。

⑦ 使用水冷炉衬的冲天炉，必须注意管路系统是否正常，水泵要由专人负责，最好装有备用泵，否则不能使用。

⑧ 后炉炉底地面和前炉坑应铺上干砂，不得有积水及潮湿。

⑨ 停风时，必须及时打开风口窥视盖板放风。

（6）碳化硅砖在冲天炉过桥上的应用　采用普通黏土质耐火砖和耐火泥修砌冲天炉过桥，并在过桥表面涂抹一层耐火材料，在高温铁液的冲刷下脱落，铁液对过桥侵蚀严重，使用2～3炉就需要换耐火砖，有时仅开1炉就要更换一次；如熔化量较大，还可能发生过桥漏水现象，造成事故。

采用碳化硅砖和碳化硅粉修砌冲天炉过桥，每换一次过桥砖，可用一年至一年半（70～110炉次）或（140～150炉次）。其规格为230mm×113mm×65mm。碳化硅粉粒度为100目修砌时，首先按碳化硅粉60％、耐火黏土40％、适量水的配比配制具有一定黏度和一定量的混合稀泥，用以涂抹砖缝，砖与砖接触面均应抹上混合稀泥，然后用锤子紧实。砖缝应相互错开，越小越好。砌好后，在过桥下面及两边与底面交接地方涂上一层耐火敷料，以延长使用寿命。敷料由黏土砂60％～70％、鳞片铅粉20％～25％、耐火土10％～15％、适量水配制而成。当过桥修砌好后，每开一次炉只需在过桥表面涂抹上一层敷料，如此可使用至100多炉次。

（7）浇包修砌　浇包最外层是2～3mm或6～8mm钢板制成的包壳，内层是由各种耐火材料修砌成的包衬。

① 包衬的构成。包衬随浇包的容量大小而不同的，一般分为：

a. 对于30kg以下（小容量）浇包（包括单人的端包和双人、6人的抬包），在包壳内先搪好一层软材料，再在软材料的表面上涂一层涂料。

b. 对1t以下的浇包，要首先在包内搪上一层硬材料，（欲称挂一层老瓷、老釉），待这层硬材料晾干后，然后搪一层软材料，最后涂上一层涂料。硬材料较硬，不易脱落，起着隔离金属液、保温和防止熔穿包壳的作用。软材料较松，易脱落，便于清理黏附在包衬上的残余熔渣和金属。

c. 对于1t以上的浇包，首先在包壳内砌耐火砖，然后在耐火砖上搪一层软材料并涂上一层涂料。

对于铸钢用浇包，一般不搪软材料，因为一般软材料承受不了钢液的高温作用，而碳质软材料又会产生碳渗入钢液之中而影响钢液的质量。

② 包衬的修补。在浇注过程中，浇包的包衬因受到金属液的高温、化学和冲刷力的作用会产生不同程度的损伤，应及时给予修补，以便继续安全使用。

一般浇包的修补方法如下。

a. 先把浇包内残留的金属和熔渣杂物清除干净，但对黏附在不需修补处的光滑平整的薄渣层可以不清除，反而起着以渣搪釉的保护作用。在清除时，要避免垂直敲击包衬以防震裂和损坏包衬。

b. 在需要修衬的地方，要先刷上一层黏土浆，再将搪包的耐火材料敷上，敲打结实，并修抹光滑。

用耐火砖修补时，新修补的耐火砖要与原有的耐火砖贴合紧密、牢固。砖缝要错开，缝隙要小（不大于2mm），并用填料把砖缝填满嵌实。

c. 要特别注意浇包嘴处的修补质量，以保证金属液流出时不散流，或因金属液的激热冲刷而脱壳跌落。

d. 最后涂上一层涂料，并加热烘烤。

③ 浇包的烘烤。浇包必须充分干燥和预热，对于中小型浇包可用专门烘包炉烘烤，但可随砂型一起放在烘干炉中烘烤；对于大型浇包，通常采用以煤气或油为燃料的烘包器来进行烘烤。最简单的是用柴片来烘烤。

为避免浇包在烘烤时包衬产生裂纹，浇包在烘烤前应自然晾干一段时间（一般4～8h），然后进行加热烘烤。烘烤开始时，应缓慢地加热。

浇包应烤到包衬呈红色（约600℃），并检查浇包壳上的排气孔眼里是否还有水蒸气逸出，如仍有水汽往外冒，则说明包衬还没有彻底干燥，需要继续烘烤。

包衬产生裂纹，金属液会钻到包壳处并将钢板熔穿而发生高温金属液渗漏的危险。故必须用衬料把包衬裂纹填平并加以修光，然后再次进行烘烤。

浇包使用温度一般不低于200℃，以免使金属液降温过甚，切忌冷包或烘烤后冷置许久还潮的浇包来盛装金属液，不但影响金属液质量，而且易产生危险发生事故。

包衬材料配方见表7-29。

表7-29 常用浇注铸铁的包衬材料配方

名　称	组　成/%								
	黏土	耐火泥	耐火砖粉	焦炭粉	石英砂	型砂	黑石墨粉	水	其他
硬材料Ⅰ	10	20	35	—	35	—	—	适量	
硬材料Ⅱ	40	—	—	—	60	—	—	适量	
硬材料Ⅲ	10~20	—	—	10	20	60~50	—	适量	
软材料Ⅰ	20	—	—	45	35	—	—	适量	
软材料Ⅱ	20	—	—	80	—	—	—	适量	
软材料Ⅲ	10	—	—	90	—	—	—	适量	
涂料	10	—	—	—	—	—	90	适量	

使用铁液包（600kg），原来在砌筑后敷上一层焦炭粉、耐火泥混料、再刷上一层石墨粉涂料后，残渣余铁粘包严重，清理费力费时。后来，在砌筑后敷上一层由石英砂、白炭灰、黏土和适量水搅拌配制的混合料，再刷上一层白炭灰，使用后粘包现象减少，既省力又省时。

混合料配方为：70/140的石英砂12%左右、40/7的石英砂40%左右、耐火泥24%左右、白炭灰12%左右、黏土12%左右、水适量，搅拌成糯糊状。石英砂量不要过多，以防开裂脱落；但过少效果不显著。耐火泥、黏土也不宜过多，否则易开裂；而过少涂层的强度则不够。涂层的厚度控制在5mm左右为宜，过厚易剥离，过薄效果不显著，涂层的厚度要根据铁液包的大小适当调整。

（8）提高铁液温度的途径　提高铁液温度的主要操作措施如下。

① 预热带。由金属炉料变为高温铁液约70%的热量取自于熔化以前，因此，炉料预热不可轻视。

a. 采用小块金属炉料，增加受热面积。

b. 要有足够预热带高度。

c. 预热下部送二次风，使CO燃烧，提高炉气温度。

d. 适当扩大预热带炉径，降低气流速度，增加蓄铁批数。

e. 采用净料，减少杂质和泥砂造渣的热损失。

② 熔化带。

a. 金属炉料块度应能保证在5~7min内熔化完，避免过多地消耗焦炭和造成落生。

b. 设法限制炉壁效应（即由于炉壁处阻力小于中心，气流速度在炉膛断面上分布不均匀，呈炉壁处大、中心处小的现象，称为炉壁效应），使熔化带形状趋于平坦。

c. 熔化带下辅加煤粉或柴油，补充热量供应。

③ 过热带（还原带加氧化带）。它是决定铁液过热的关键地带。此区域传热是以铁滴与红热焦炭的接触传导传热和辐射传热为主。因此，提高焦炭表面燃烧温度最重要，其次是增加过热距离。

a. 强化燃烧，提高燃烧温度。如合理控制风量和送风方式，采用热风和富氧送风。

b. 适当提高底焦高度，增加过热距离。

c. 适当扩大氧化带，限制还原反应。如合理增加风口排数与风量，采用反应能力低的焦炭等。

d. 合理的造渣，避免因焦炭黏结而出现底焦内的"脱空"现象。"脱空"现象会使接触传导传热削弱，降低铁液温度。

e. 改变炉温分布规律，如采用二排大间距送风和辅助加煤粉等方式，在过热带上部形成高温区，强化热交换。

④ 炉缸。

a. 炉缸不要过深。

b. 炉缸部分加强绝热保温，如在耐火砖与炉壳之间加一层硅酸铝耐火纤维毡、填硅藻土等。

c. 开炉前期可开渣口操作。

⑤ 前炉。

a. 加强绝热保温，如在炉体、炉盖上使用硅酸铝耐火纤维毡等。

b. 及时放渣。

c. 前炉加热，如烧煤气、设感应圈等。

(9) 获得低硫铁液的方法　冲天炉在熔炼、冶金、物理化学反应过程中有气相增硫和溶解增硫。为了获得低硫铁液可采用下列措施或方法。

① 控制入炉材料。

a. 尽量采用低硫（<0.1%）焦炭，对含 S 较高的焦炭应浸或洒食盐水、石灰水等。

b. 选用低硫生铁，使配料时含 S 量<0.05%。这样即使炉内增硫40%～100%，铁液含 S 量也不会超过 0.07%～0.10%。

c. 严重锈蚀炉料要用滚筒除锈，切屑要压块后再用。

d. 配料中尽量采用低硫生铁，少用废钢。如果废钢用量增大，增 S 率也随之增大。

e. 选择无脉石的优质熔剂，用量酌增（石灰石占层焦量的 50%），适当提高酸性渣的碱度。

② 炉内加电石。批料中加入占铁料重量 2% 的电石，其脱 S 反应如下：

$$Ca_2C + 2FeS + O_2 \longrightarrow 2CaS + 2Fe + CO_2 \uparrow$$

反应放出大量热量可提高铁液温度 20～30℃，又进一步促进了脱硫。

③ 造碱性渣。用镁砖、镁砂、沥青砖、石灰石砖等碱性耐火材料作为炉衬。多加石灰石造碱性渣，使炉渣碱度提至 1.2%～2%，并适当增加渣量至 8%～10%，可较多地降低铁液硫量。

如某厂用石灰石作炉衬时，用食盐作黏结剂，其脱硫效果显著，见表 7-30。

表 7-30　脱硫效果

铸铁种类	原材料平均含 S/%	焦炭含 S/%	熔剂用量/%	铁液含 S/%
普通铸铁	0.06～0.16	0.52～0.64	3	0.06
高级铸铁	0.06～0.16	0.52～0.64	6	0.05
球墨铸铁	0.06～0.16	0.52～0.64	10	0.25～0.03

为了提高炉内脱硫率可采用下列复合熔剂。

a. 9%～15%石灰石，1.5%～3.5%白云石，1.5%～3.5%萤石。

b. 1%～1.4%苏打，6%石灰石，1%萤石。

c. 2%石灰石，5%白云石，1%萤石。

d. 10%电炉电石渣。

④ 浇包内加苏打粉、电石粉。将苏打粉或碱粉置于包底，冲铁液后发生如下脱硫反应：

$$Na_2CO_3 \xrightarrow{1300℃} Na_2O + CO_2 \uparrow (吸热)$$

$$Na_2O + [FeS] \longrightarrow Na_2S + [FeO] (吸热)$$

生成 Na_2S 不溶于铁液，而转入炉渣。

采用苏打脱硫应注意下列问题：

a. 先将苏打粉加热熔化，去除结晶水，铸成小块，密闭保存、防潮。

b. 苏打加入量一般为铁液量的 0.3%～0.5%，加入量过多则铁液降温大，脱硫效果差。使用钟罩压入法比冲入法的脱硫效果增加一倍。

c. 及时扒净渣子，但不能用砂聚渣，否则会发生回硫入铁液反应：

$$Na_2S + Si_2O + Fe = Na_2Si_2O + FeS$$

d. 苏打脱硫率一般为 20%～30%，最高达 50%。当铁液含 S>0.1%时，脱硫效果不显著。

为了克服苏打的缺点，提高脱硫率，可采用如下复合脱硫剂。

a. 0.2%电石粉＋0.4%苏打粉。

b. 0.2%电石粉＋0.4%苏打粉＋0.15%冰晶石粉。

c. 0.4%电石粉＋0.4%萤石粉。

d. 0.4%石灰粉＋0.3%萤石粉。

e. 0.3%苏打粉＋0.5%锰铁。

⑤ 摇动包与吹气脱硫。将处理包置于摇动架上，借反复偏心振动，使包内的脱硫剂与铁液不断改变接触表面，以加强脱硫效果，如采用 0.5t 摇动包。加入 1.5%碎电石（0.1～0.5mm）摇动 4min，即可使含硫量由 0.12%降至 0.018%～0.012%，脱硫率为 85%～90%，但摇动包处理铁液降温多，要求冲天炉提供 1450℃以上的高温铁液。此外，尚有搅拌棒和吹气搅拌等提高脱硫效果措施。吹气搅拌是通过包底的充气塞，吹入 N_2 或空气造成搅动，使铁液表面的脱硫粉起强化脱硫作用。此法比摇包简单，采用渐趋广泛。

（10）铁液浇注温度　各类铸铁件所需铁液温度（出铁槽点侧）见表 7-31，不同牌号生铁的熔化、过热温度见表 7-32。

表 7-31　各类铸铁件所需铁液温度（出铁槽点测）

铸铁牌号	铁液温度（出铁槽）/℃	铸件主要壁厚/mm	铁液温度/℃	应用举例
HT100	1370～1430	所有尺寸	1370～1390	砂箱底座,高炉、平衡锤、重锤
HT150	1400～1430	4～8	1430	机床底座、刻度盘、手轮、汽车变速箱、进排气管、鼓风机底座等
		8～15	1425	
		14～30	1420	
		30～50	1400	
		>50		
HT200	1430～1450	6～8 8～15	1450	汽缸、齿轮、机体、飞轮、一般机床、导轨床身、中等液压筒等
		15～30 30～50	1440	
		>50	1430	

铸铁牌号	铁液温度 (出铁槽)/℃	铸件主要 壁厚/mm	铁液温度 /℃	应用举例
HT250	1430～1460	8～15	1460	油缸、汽缸、联轴器、机体轴承座、立车车身、工作台、箱体、横梁、铣床、镗床
		15～30	1460	
		30～50	1440	
		>50		
HT300	1450～1470	15～30	1450	蜗轮、阀盖、主配阀壳体、汽轮机隔板等
		30～50	1450	
		>50	1450	
HT350 HT400	1460～1480	15～30	1480	车床卡盘,剪床和压机床身、机床、铸有导轨负重荷床身、导板、液压泵
		30～50	1470	
		>50	1450	
球墨铸铁	1440～1470	4～15	1470	轧辊、曲轴、汽车后桥、齿轮、中低压阀门等
		15～30	1460	
		30～50		
		>50	1450	
可锻铸铁	1440～1460	<8		拖拉机、汽车后桥、扳手、各类管接头、低压阀等
		8～12		
		>12		

表 7-32 不同牌号生铁的熔化、过热温度

生铁牌号	Si/%	$C_{共晶}$/% (计算值)	$\dfrac{C_{实际}}{C_{共晶}}$	温度/℃		
				熔化	出铁	过热
Z35	3.50	3.16	+0.64	1290	1400	110
Z30	3.00	3.31	+0.49	1260	1400	140
Z25	2.50	3.46	+0.34	1227	1400	170
Z20	2.00	3.61	+0.09	1200	1400	200
Z15	1.50	3.76	+0.04	1140	1400	260
P10	1.20	4.15	～0.00	1135	1400	265
P08	0.60	4.03	～0.12	1157	1400	243

注：1. $C_{共晶}=4.3-0.3$（Si%＋P%）。

2. 含Si%低生铁有较低熔化温度，具有同样的出铁温度时，其过热度较高。

7.4.4 冲天炉配料计算

（1）配料的一般原则　为了以最小成本、最低消耗得到规定成分和要求的铸铁，在计算炉料时，铸铁的熔化要很正确的配料是比较复杂困难的。一般确定适当的炉料比例，是采用其中主要元素的平均值。在计算炉料时，首先要考虑下列原则性问题。

① 在选用原材料时，尽量采用当地资源，充分利用来源广泛、价格低廉的材料。

② 合理利用回炉料，尽量将回炉料、浇注系统、废品对应铁号配用。

③ 在经过调整可达铸件成分要求的前提下，可选用低牌号原料，而且调整工艺要简单，附加料价格低廉。

④ 注意原材料遗传性对铸件质量的影响。

（2）配料计算情况（普通灰铸铁）　灰铸铁的不同成分，一般是指 C、Si、P、S、Mn

五大元素含量的差别。要满足铸件指定五大元素的含量要求必须考虑：五大元素在熔化过程中的烧损情况，即增、减变化量。

按下列原则进行配料：

① 铁液成分要求（铸件要求的铸铁牌号的化学成分）。

② 元素的烧损：Si＝15％、Mn＝15％～25％。

③ 现有炉料化学成分：对于酸性化铁炉，S烧损率为－40％～－50％，从焦炭中吸入；P为烧损0。

炉料平均成分：Si、Mn、S、P计算

成分要求：$A_铸$为铸件（铁液）中某元素含量；$A_料$为炉料中某元素含量；X为某元素在熔炼过程中烧损或增加X％，计算式：

$$A_料=\frac{A_铸}{100-X}\times100\%$$

烧损为"＋"；增加（吸入）为"－"。

炉料中含碳量计算公式：

$$C_料=\frac{C_铸-1.8}{0.5}\%$$

式中　$C_料$——炉料中的含碳量；

$\quad\quad C_铸$——铸件（铁液）中的含碳量要求；

$\quad$0.5、1.8——经验数据。

或　　　　　　　　　　　　$C_铸=K+(1-a)C_料$

即$K=1.8$，$a=0.5$。

由铁液（铸件）含碳量的要求，确定炉料的含碳量，再由炉料的含碳量来配：废钢、生铁各需含碳量。在配制低碳铸件（如高强度铸铁、孕育铸铁、可锻铸铁、冷硬铸铁等）时，往往加废钢调整。

加废钢量可用下式计算：

$$C_钢 X+C_料(100-X)=C_铸\times100$$

式中　$C_钢$——废钢平均含碳量，取0.3％（$C_钢$％）；

$\quad\quad C_料$——炉料平均含碳量，取3.3％（$C_料$％）；

$\quad\quad C_铸$——铸件（铁液）含碳量，取2.4％（$C_铸$％）；

$\quad\quad X$——加入废钢X％，如30％。

如含碳为0.3％的废钢，即$C_钢=0.3$。

炉料中含碳量平均为3.3％，即$C_料=3.3$。

要满足含碳量为2.4％的铸件铁液要求，即$C_铸=2.4$。

求解：加入废钢量为30％，是否可满足要求，即$X=30$。

将各量代入上式，有

$$0.3\times30+3.3(100-30)=2.4\times100$$

即9＋231＝240，结果左＝右，说明加入30％含碳量0.3％的废钢，即可满足铸件含碳量2.4％的要求。

（3）配料计算方法　首先算得各元素（C、Si、Mn、S、P）的炉料化学成分，然后计算各种炉料的加入量百分数。

根据铸件要求进行配料，配料方法有多种，下面介绍工厂一种常用计算方法。

首先考虑：铸件要求、原料成分、元素增损。

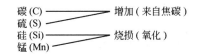

碳 (C) ——————→ 增加（来自焦碳）
硫 (S) ——————→
硅 (Si) —————→ 烧损（氧化）
锰 (Mn) —————→

① 碳 C：熔炼过程中铁液含碳量的增减，取决于炉料中含碳量的高低、铁液中含硅锰量高低、炉温高低、炉气氧化性强弱等因素。

熔炼过程中，铁液与焦炭接触而增碳，铁液被氧化而减碳。这两个矛盾过程自始至终同时存在。

铁液中含 C 量<3％时，增碳〔铁液从焦炭中吸碳；含 C 量越低（即废钢加得越多）增碳率越快〕。铁液中含 C 量>3.5％时，碳的氧化烧损增加，铁液中含碳量减少，烧损增加。铁液中碳的增减与其他元素有关。

硅（Si）：含硅量越高，增碳减少，因为硅可以溶解于铁液内，降低了碳在铁液内的溶解度。

锰（Mn）：含锰量越高，铁液增碳也有所增加；含锰量越低，铁液中碳烧损有所增加。

熔化率：熔化越快，铁液与焦炭接触时间越短，增碳就减少；熔化越慢，铁液与焦炭接触时间越长，增碳就增加。

② 硅（Si）：金属炉料中硅烧损为 10％～15％，硅铁合金中硅烧损为 20％（含硅量越高，烧损率越大）。

③ 锰（Mn）：金属炉料中锰元素的烧损为 15％～20％，锰铁合金中锰烧损为 25％。

当炉气氧化性很强时，Si、Mn 的烧损率都会增大；当炉气氧化性很弱时，Si、Mn 的烧损率都会减少。

④ 磷（P）：在酸性冲天炉中，P 基本上没有增减，即炉料中的磷全部进入铁液。

⑤ 硫（S）：在酸性冲天炉中，铁液中硫含量总是增加，增加多少主要取决于焦炭中含硫量的高低。通常可按增加 50％计算。

配料计算方法一：工厂常用简单基本的一种（图表、作图、分析方法略）。

① 铸件牌号。铸件化学成分所采用铸铁牌号，如 HT200 见表 7-33。

表 7-33　HT200 化学成分　　单位：％

C	Si	Mn	P	S
3.0～3.4	1.7～2.2	0.6～0.9	<0.2	<0.1

② 原材料成分。采用的原材料见表 7-34。

表 7-34　原材料成分　　单位：％

成分　　　原材料	C	Si	Mn	P	S
生铁	4.0	2.3	0.6	0.1	0.03
回炉铁	3.3	2.0	0.8	0.2	0.08
废钢	0.2	0.35	0.6	0.03	0.03
硅铁		75			
锰铁			70		

③ 元素增损。

碳：加 20％左右废钢时，增碳率为 10％～12％。

硅：金属炉料中 Si 的烧损为 15％，硅铁合金中 Si 的烧损为 20％。

锰：金属炉料中 Mn 的烧损为 20％，锰铁合金中 Mn 的烧损为 25％。

磷：不烧损，±0。

硫：增加 50%。

④ 配料比例先粗定。包括生铁 40%、回炉铁 40%、废钢 20%，特别是含碳量的成分要求。

根据铸件牌号（成分）要求选配新生铁、回炉铁、废钢的配料比例。若不符合要求，则立即调整比例。首先满足碳的成分，符合铸件对铸铁牌号成分要求（见表 7-33）。

至于 Mn、Si 可以加锰铁、硅铁来进行调整。这样避免陷入反复校核计算中的麻烦。

⑤ 核算成分。现以碳为例，说明核算方法（各原材料成分见表 7-34）。

生铁带入的碳量：$4.0\% \times 40 = 1.6$。

回炉铁带入的碳量：$3.3\% \times 40 = 1.32$。

废钢带入的碳量：$0.2\% \times 20 = 0.04$。

炉料中总的含碳量：$1.6 + 1.32 + 0.04 = 2.96$。

熔炼过程中增碳按 11% 计：$2.96 \times 11\% = 0.33\%$。

熔得铁液含碳量：$(2.96\% + 0.33\%) = 3.29\%$。

数值 3.29% 满足表 7-33 中 HT200 C（3.0%～3.4%）的要求。

同样方法可算出熔得铁液中其他各种元素的含量，见表 7-35。

表 7-35　各元素核算结果

炉料	配比/%	元素含量/%				
		C	Si	Mn	P	S
生铁	40	1.6	0.92	0.24	0.04	0.012
回炉钢	40	1.32	0.80	0.32	0.08	0.032
废钢	20	0.04	0.07	0.12	0.006	0.006
炉料中总含量		2.96	1.79	0.68	0.126	0.050
增损率		+11%	−15%	−20%	0	−50%
铁液中含量		3.29	1.52	0.54	0.126	0.075

P：0.126% 符合 HT200 中 P<0.2%。

S：0.075% 符合 HT200 中 S<0.1%。

Si：1.7%～2.2% 符合 HT200 含 Si1.7%～2.2%，按平均 2.0% 配料尚不足：$2.0\% - 1.52\% = 0.48\%$。

现配加 Si75% 的硅铁，且烧损率按 20% 计算，则需加入硅铁：

$$\frac{0.48\%}{0.75 \times (1-0.2)} = 0.8\%$$

即 100kg 金属炉料应配加 0.8kg 硅铁（含 75%Si）。

Mn：HT200 中 Mn：0.6%～0.9%。Mn 量按 0.74% 配算尚不足：

$$0.74\% - 0.54\% = 0.2\%$$

现配加含锰（Mn）70% 的锰铁，烧损率为 25%，则需加入锰铁

$$\frac{0.2\%}{0.70 \times (1-0.25)} = 0.38\%$$

即 100kg 金属炉料应配加 0.38kg 锰铁。

⑥ 根据配比确定批料中各料质量，某厂 2.5t/h 化铁炉批料为 200kg 各料比例：

生铁	回炉铁	废铁	硅铁	锰铁
80kg	80kg	40kg	1.6kg	0.76kg

配料计算方法二：

a. 铸件要求：铸铁牌号为 HT250，每批层铁为 200kg。

铸件主要壁厚的化学成分和主要金属炉料的化学成分（一般由库存资料提供）。为计算方便，可由简表 7-36 提供有关数据。

表 7-36　HT250 及金属炉料的化学成分

铁　　　料	化学成分/%				
	C	Si	Mn	P	S
铸件要求	3.2	1.7	0.9	<0.20	<0.12
生铁	3.8	2.0	0.8	0.2	0.04
废钢	0.3	0.1	0.7	0.03	0.03
回炉铁	3.3	1.8	0.8	0.15	0.10

元素增减量计算标准如下。

碳：增加 15%。

磷：无增减。

硫：增加 60%。

铁料中硅烧损率：15%。

45 号硅铁中硅烧损率：20%。

铁料中锰烧损率：20%。

4 号锰铁中锰烧损率：25%。

以含碳量的要求为基础估算废钢、回炉铁、生铁的比例（铸件要求：库存量、供应情况）。暂定废钢 20%、生铁 40%、回炉铁 40%，然后核算碳分是否合适：

废钢带入的碳分：$0.3 \times 20\% = 0.06$

生铁带入的碳分：$3.8 \times 40\% = 1.52$

（+）回炉铁带入的碳分：$3.3 \times 40\% = 1.32$

铁水中含碳总和（由金属炉料带入的总碳量）：$= 2.90$

（+）熔炼中增加碳分：$2.90 \times 15\% = 0.44$

含碳量：$= 3.34$

估计结果：HT250 要求 C% 为 3.20，即高出 $3.34 - 3.20 = 0.14$。需增加废钢、减少生铁或回炉铁，故将生铁减 4%，废钢增 4%。

b. 再核算：

废钢带入的碳分：$0.3 \times (20\% + 4\%) = 0.07$

生铁带入的碳分：$3.8 \times (40\% - 4\%) = 1.37$

（+）回炉铁带入的碳分：$3.3 \times 40\% = 1.32$

铁液中含碳总和 $= 2.76$

（+）熔炼中增加的碳分：$2.76 \times 15\% = 0.41$

铁液 C% $= 3.17$

这种配比熔炼所得铁液含 C 量 3.17% 与 HT250 要求的 3.2% 相近。

c. 核算其他元素（用计算含碳量的方法）：结果：硅 1.24%，锰为 0.62%，磷为 0.14%，硫为 0.096%。

HT250 要求 P<0.2%，S<0.12%，均符合要求。

硅、锰不足需要加入硅铁、锰铁加以调整，其加入量如下。

硅：$1.70\%-1.24\%=0.46\%$。

45 号硅铁含硅量 $40\%\sim47\%$ 取 45% 计算，则需加 45 号硅铁 $=\dfrac{0.46\%}{0.45\times(1-0.2)}=1.28\%$。

锰：$0.9\%-0.62\%=0.28\%$

4 号锰铁含锰量为 70%，则需加 4 号锰铁 $=\dfrac{0.28\%}{0.70\times(1-0.25)}=0.53\%$。

即 100kg 铁料需加入 45%Si 硅铁 1.28kg，70% Mn 锰铁 0.53kg。

d. 确定层铁中各种金属炉料的质量 200kg/批（按各料分数）：

废钢	48kg	生铁	72kg
回炉铁	80kg	45 号硅铁	2.56kg
4 号锰铁	1.06kg		

若需要孕育处理，应扣除炉前孕育带入铁液中的硅量。铁液化学成分是否符合要求，应根据化验结果进行检查。

7.4.5 冲天炉熔炼状况的判断

冲天炉熔炼过程是复杂的物理、化学变化的过程。如果一旦出现问题，就在各种现象上反映出来。通过对风眼、出铁口、加料口、铁液及炉渣的观察、风量和风压的测量、炉气分析等来综合判断炉内炉料、炉气的运动情况，得出结论并及时处理、解决出现的问题。

（1）风眼的观察　熔化开始，一般在鼓风 $5\sim7$min 后，在风口水平面上可见到铁滴。鼓风 $10\sim12$min 后，在前炉窥视孔可见到成串的铁花飞出，说明底焦高度合适。若这些现象出现的时间过短，则表示底焦高度偏低，应及时在批焦中补加底焦；反之，出现的时间过长，则表示底焦高度偏高，可抽掉一批层焦或减少层焦加入量，一直调整到合适为止。

铁滴的大小、多少、亮度可以反映熔化速度的快慢、铁液过热温度的高低。若铁滴小而少，白亮耀眼，在焦炭表面上停留或振动，则说明熔化带位置较高，熔化速度较慢，铁液过热温度较高；反之，若铁滴大而密，甚至多或流股如雨下，颜色较暗，不易在焦炭上停留，则说明熔化带位置较低，熔化速度较快，铁液过热温度低（这时，应减少风量，增加底焦）。若铁滴在风口附近冒出大量细小火花，焦炭暗红，则说明炉温过低（一般为风量不当、底焦不足、底焦卡炉所造成）。应正确判断，及时排除。

若整个熔化过程中风眼一直发暗、红紫，铁液发红，流动性差，说明风量风压不足，焦炭燃烧不充分，应及时维修风机并检查风管风箱，管路系统中有堵风、漏风情况。若送风系统正常但底焦高度过低、焦炭含灰分多、质量差也会出现上述情况。

从风眼中观察熔渣的形态，如风眼结渣、黑渣、"发"渣（泡沫渣）。若过桥堵塞、炉底渣面上升、底焦浮动，则说明有熔渣倒灌入风箱的危险，应及时排除。

（2）炉渣的观察　一般酸性冲天炉用石灰石作为熔剂（有时配用萤石）。它可以使焦炭的灰分、黏附在金属料表面的砂子、铁锈、金属元素的氧化物和被浸蚀的炉衬等形成低熔点（1300℃左右）流动性较好的熔融炉渣，一般炉渣量为铁液熔化量的 $5\%\sim10\%$。熔渣的主要成分及物理性能见表 7-37。

各种氧化物含量及其存在形式对熔渣的颜色、密度、熔点、断口特征等有很大影响。炉渣在相同温度下成分不同，流动性也不同，相同成分的炉渣在不同的温度下流动性也不相同。温度越高，流动性越好。化铁熔炼过程中，渣、铁是一对矛盾，同时出现并存在。若要得到高质量铁液，则需得到流动性好的炉渣，并有好的脱硫倾向。减少铁的损耗，易于避免挂炉和泡沫渣的形成，更有利于熔化的正常进行。

表 7-37 熔渣的主要成分及物理性能

名称	二氧化硅 (SiO$_2$)	氧化钙 (CaO)	氧化铁 (FeO)	三氧化二铁 (Fe$_2$O$_3$)	三氧化二铝 (Al$_2$O$_3$)	氧化锰 (MnO)	氧化镁 (MgO)	五氧化二磷 (P$_2$O$_5$)	硫 (S)	说明
颜色	无	白	黑	红	无	橄榄绿	白		黄	
密度 /(g/cm^3)	2.26	3.45	5.7	5.24		5.4	3.65			
熔点/℃	1710	2570	1380		2050	1585	2800			熔渣的熔点一般为1300
含量/%	40~50	19~30	5~15		5~20	2~10	1~13	0.1~0.5	0.05~0.3	Fe$_2$O$_3$折为FeO算

观察炉渣一般是用铁棒蘸点炉渣,拉成细丝,在阳光下(或亮火下)观察炉渣的颜色。据此来判断炉况。

① 黄绿色玻璃状,表示炉子熔化正常,熔剂加入量合适。

② 炉渣上附有白道或白点,说明炉温低,石灰石加入量较多,渣子较稀,炉衬侵蚀较大,应补加接力焦,减少熔剂加入量。

③ 黑色玻璃状而且很稠密,密度较大,说明含氧化铁比较多,铁液氧化严重,炉温低,石灰石加入量不够,应补加接力焦,减少风量,增加熔剂(石灰石)量。

④ 深咖啡色炉渣,说明含硫较多。见这种炉渣时必须勤放渣,防止炉渣中硫回入铁。

⑤ 黑色玻璃状、疏松,放渣时发泡:由于风量过大造成底焦燃烧下降大且快,或者底焦高度过低,或者加熔剂萤石过多,炉渣碱度变化(炉料中带入砂子多,炉衬脱落,熔剂不足)等原因造成。应适当减少风量补加焦炭,但绝不应停风,否则会造成凝炉事故,或风眼堵结。

一般来说,熔渣呈玻璃滴体状,则铁液温度较高,铁液质量尚佳。

在炉渣成分中,氧化铁含量越低,则元素烧损越小,铁液质量越好(一般 FeO$_2$% <2%)。

$$碱度:\frac{CaO\%}{SiO_2\%} \qquad 酸性渣<1 \qquad 碱性渣>1$$

一般酸性冲天炉碱度为 0.4~0.7,碱性冲天炉碱度为 1.2~2.0。

在炉渣黏度适当、成分合乎要求的前提下,熔剂应尽量少加,以便减少渣量,降低热损失并减少炉衬的侵蚀。熔剂中最好不要加入萤石。

在工厂生产实践中,往往出现炉渣棉,这时熔渣在高温、高压风的喷吹下出现,从渣口喷出。当铁液较满接近出渣口时,在放渣的过程中,渣流中夹有铁滴而出现火星、飞花,这并不是熔炼过程中的铁液氧化现象。当炉子搭棚时,往往会有大量的渣棉喷出,这要与正常熔化过程中的渣棉出现加以区别,及时排除故障。

(3)出渣口的观察 开渣口操作时,根据出渣口的火苗可以判断炉状。出渣口的火苗呈蓝色或黄色,有少量白烟,说明底焦高度适当,熔化正常,火苗发红,说明底焦高度偏低或炉内搭棚,铁液温度必定下降。火苗呈蓝色并喷出很多白烟,说明底焦高度偏高。

渣口突然发生外喷,压力增加且伴有渣棉,表明炉内已经崩料;相反,外喷压力减少,甚至停止外喷,火苗消失,喷出烟火头短而无力,表明过桥冻结或阻塞,应及时排除。

(4)风量和风压的观察 使用罗茨鼓风机时,风量基本上固定不变,而风压随外界阻力增减而异。出现风量不变而风压上升时,风机声音沉闷,说明炉内阻力增加,预示着炉内料或风眼堵塞结渣;风压下降很多,表示料柱偏低或预热带上部因料块过大而造成搭棚,或管

第 7 章 铸铁感应电炉及冲天炉熔炼 **437**

路系统漏风。使用离心式风机时，风机的风量随外界阻力的变化而变化，出现风口结渣、堵塞、炉料细碎等造成炉内阻力增加时，风机送入炉内的风量就减少；当炉料下降或炉内搭棚时，风机送入炉内的风量就增加。

(5) 铁液的观察　熔炼正常进行时，铁液温度应从第一包起逐渐升高，并在开风后 $1\sim2h$ 左右就达到炉温的最高峰，以后大体稳定在这样水平。至停炉前几包铁液，温度往往有所降低。

初期铁液温度高，以后逐渐降低，可能是层焦不足或风量过大。焦炭质量差、炉型结构不合理也会出现上述现象。相反铁液温度逐渐升高，熔化率降低，则层焦偏多，底焦高度过高。若初期铁液温度低，以后一直提不高，则可能底焦高度偏低，焦炭质量不好，可能风量不足；相反，熔化速度增高，铁液温度低，渣黑而起泡，则可能炉内漏风。铁液温度低的原因往往是多方面的，如铁料块度过大、分布不匀、崩料、风眼结渣严重或炉子结构、炉型不合理、炉胆漏风等均可造成。

铁液的状态与其他化学成分有着密切的关系，铁液从出铁槽流入铁液包时，伴随着 FeO 所造成的火花。在同样条件下，碳、硅含量越低，即铁液"硬"，出现扫帚状和雪花状火花也就越多；相反就少。当含碳量低时，出现扫帚状火花多；当含硅量低时，出现雪花状火花多。生产可锻铸铁时，雪花状火花出现特别多。

若铁液温度高、质量好，则铁液流经过铁槽时，表面纯净、颜色明亮耀眼，并伴有少量白烟冒出；在流入包内时与同一化学成分的铁液相比，飞出短而细碎的扫帚状火花少，出铁停止后，表面清净而光滑，出现"毛虫"或"浮云"状花纹较晚；在取样勺或浇冒口内出现条状或粒状花纹较晚，花纹活跃，清晰，消失慢；浇注时流动性好，溅出的铁豆滴"收花"慢，像较长的时间在"眨眼"一样，浇注口凝固后四周常常有一层很薄的边沿。

若出铁液时颜色发"红"、无烟，在浇注口内看不到花纹，甚至在包内已开始结膜，浇注时流动性不好，易挂包。这种铁液温度低，熔炼不正常，应查明原因，及时排除。当铁液氧化时，铁液流经出铁槽时表面有明显的氧化膜，并冒出大量浓而黄的烟雾，颜色白亮而刺眼（但铁液真实温度并不高，多产生在风量过大的情况下）也可能无烟雾。铁液颜色发红（这时铁液温度很低，多发生在风量不足、焦比过高、炉型不合理的情况下）流入包内时，细碎扫帚状火花大量增加（这些火花飞得很矮，方向很乱。停止出铁后往往能继续飞舞一段时间），铁液表面见不到"毛虫"或"浮云"状花纹（很快形成一层薄膜）。在取样勺或浇注冒口内常常见不到任何花纹（偶尔呈"裂纹"状，不清晰，消失快），流动性明显差，极易挂包。三角试片白口增大，铸件气孔和缩孔（尤其冒口颈下更易产生）增加。

(6) 加料口炉气情况的观察　加料口处炉气从原来均匀上升突然变为上下翻滚。火苗突然升高，同时小颗粒焦炭和熔剂大量飞出，说明炉内已棚料。这种现象越激烈，说明棚料的位置越接近加料口。分析加料口废气成分和测量废气温度，可以判断焦炭燃烧情况和热量利用率。一般加料口废气 CO 含量在 $8\%\sim10\%$ 之间，废气温度为 $300\sim400℃$，说明炉内焦炭燃烧正常。一些较先进的冲天炉，采取强化措施，加料口废气 CO 含量仅 3% 左右，废气温度在 $200℃$ 以下，这样焦炭的热量能得到较好的利用。

总之，冲天炉内的变化很复杂，很多因素互相影响。在熔炼的过程中，往往缓缓的量的变化，突然转为质的变化。所以正确判断熔化过程，必须经过反复实践，才能掌握内在的规律。此外，通过观察分析打炉后的炉内炉衬侵蚀情况，也可以判断炉内情况。

(7) 炉前检验观察三角试片　用干净的取样勺，从铁液包中取出一些铁液，浇入预先做好的三角试样砂型中（最好干型）。冷却到暗红色时，取出三角试样。浸入冷水中冷却，然后取出敲断，观察断口，可判断晶粒的粗细和碳当量的高低。三角试样从尖端到根部各处厚度不一，故冷却速度也不一样，尖端处冷得最快，根部冷得最慢。因此，从断口可以看出，靠近尖端部分则是白口，靠近基部部位则是灰口。如图7-31所示，白口越宽，说明铸铁中碳当量越低；反之，白口越窄，说明铸铁中碳当量越高。至于其他合金元素含量，对白口形成也有一定影响，故只能从反复生产实践中大致加以判断，确切的含量还是要靠化学分析。

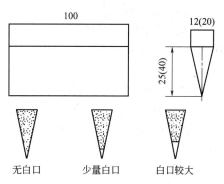

图7-31　三角实样及三角试样白口宽度

一般各厂根据所熔炼的不同牌号铸铁和浇注不同壁厚铸件确定相应的合适的白口宽度，作为熔炼时炉前判断的依据。

（8）炉衬侵蚀的观察　炉衬侵蚀情况反映炉内熔炼状况，根据侵蚀情况大致可作如下判断，并为下一炉改正提供依据。

① 炉气温度分布情况。炉气温度越高的地方，炉衬侵蚀越深。可根据各部位侵蚀的深度，大致判断出炉气的温度分布情况、运动的气流动向，推断出铁液的过热情况，为合理确定炉子结构和改进熔炼操作提供实践依据。

② 熔化带的高度及宽度。炉衬侵蚀的最高点，即为熔化带上限，如果最高点较高，此处侵蚀比较集中而且均匀。明亮、釉光说明熔化带高度较高，宽度较窄；反之，说明熔化带高度较低和宽度较宽，即波动比较大，操作不稳定。

③ 炉况是否正常。根据炉膛内侵蚀的最高点和最深点位置、同一高度上侵蚀的均匀程度、各部位的明亮程度、风眼保持的形状等，可以判断出熔炼状况是否正常。若侵蚀最高点的位置较高，同一高度上侵蚀比较均匀，最深度（即最大侵蚀区）只有一个且集中，表面釉亮，风眼保持良好（呈奶头状凸出），说明炉况比较好，操作正常；反之，说明炉况不正常，操作有问题。若形成两个最大侵蚀区，则说明炉气最高温区不集中，风口角度有问题，铁液过热不好，操作不稳，底焦高低波动太大。

7.4.6　冲天炉操作故障及排除

目前国内冲天炉常采用标准的生产率为1t/h、2t/h、3t/h、5t/h、7t/h、10t/h、15t/h、20t/h。若严格按照操作规程，开炉前做到充分的准备检查，那么在冲天炉熔化过程中，完全可以避免事故和故障的出现。但是，一些小厂特别是乡镇企业中采用冲天炉结构各有不同，操作时又没有严格的规程，开炉前准备工作又做得不够充分或检查不细，修、砌、捣炉时不够认真，事先不曾发现，开炉鼓风后故障立即暴露出来。在冲天炉熔化过程中，常出现故障及排除办法归纳如下。

（1）崩料（搁料、搭棚）

现象：炉料停止下降或暂时停止下降，在风压计上，风压有很大的波动，加料口出现火焰由淡蓝变淡红变红，火焰越来越旺，说明崩料现象严重，同时前炉渣口出现严重的黑粘氧化铁渣，有时泡沫黑渣。

产生原因：炉料过大或形状不规则，特别是废钢太长；炉衬修理不好凹凸不平，上大下小的不正确斜度；熔化时底焦高度过高或批焦加得过多造成二次熔化带等。

排除方法如下。

① 高处崩料时用铁棒由加料口捅捣或用钳钳住钢钎，再用榔头敲钎，这样操作仍排除不了，则暂时停风，出尽铁液，钳出铁块，逐步捅捣直至故障排除为止。

② 间隙性停风、鼓风。

③ 除操作时给予排除外，应从产生崩料的原因上给予克服。崩料解除后应立即补加一些焦炭，并酌量减少送风量。

（2）掉铁（落霜、冷铁）

现象：炉底、风口出现没有熔化、烧红的或黑的铁块。

产生原因：底焦不足或焖炉（煨炉）时底焦烧损过甚，一鼓风冷铁即落下；批焦不足；排除棚料后铁料落下；在熔化过程中，暂时棚料，未曾发觉而下落，或铁块过大经熔化带仍熔化不了。

排除方法如下。

① 将发现掉铁处的风口堵上。

② 在掉铁的位置上从加料口另加一批焦炭。若掉铁情况严重，则改加电石（CaC_2）。

③ 从风口处塞进木炭。

④ 除操作时排除掉铁故障外，应从产生掉铁的原因上加以根除。

（3）炉壳发红

现象：炉壳发红、透亮光、漏气、漏渣、漏铁。

产生原因：常常是由于炉壁耐火砖墙已被烧蚀或炉衬搪好后裂缝，两节炉壳连接地方耐火砖泥或焦炭粉、石英粉、耐火泥填料松动，燃烧气体或铁液、渣直接和炉壳接触，超过炉子熔化负荷，炉衬侵蚀太厉害所致。

排除方法如下。

① 距离打炉时间很近熔化将结束、产生部位在炉缸或炉缸以上熔化带时，可利用稀湿黏土粘在炉壳之外，不断地更换坚持到熔化完毕。

② 距停炉时间较近、红热部位在炉缸上部时，则可用连续喷冷水，强化冷却炉壳，炉壳内铁液或渣一受冷却马上凝聚，可暂时保护炉壳不再受侵蚀。在用冷水冷却时，应特别注意炉壳是否有开裂，一旦发生裂纹立即停止喷水，准备打炉。

③ 两节炉壳连接地方发生红亮、漏火时，则做好准备工作。暂时停风，迅速掏净松动的填料，刷清；涂上耐火泥浆水，再用修炉耐火炉料捣实，然后再鼓风继续开炉。

（4）炉底漏铁液

现象：炉底漏铁液、渣，俗称"肚皮泻"。

产生原因：炉底没有做好或熔化过程中炉底松动（拌料太湿、烘烤过急开裂等）。铁液、渣沿缝隙之处漏下。

排除方法：停风，没有前炉的先将铁液放净，喷冷水冷却之。在耐火砖（或钢板上）铺湿耐火泥砂或修炉衬用的耐火泥料，用铁棒或千斤顶将其顶结实撑牢固。

有前炉的先喷冷水冷却之，设法用耐火材料堵塞，然后再鼓风。若再漏铁液，则可用同上操作排除之。

（5）过桥（过道）漏铁液

现象：前炉与后炉连接的过道出现漏铁液、渣。

产生原因：修炉时过桥没有修好，有缝隙或前炉开渣口熔炼，过桥冲刷侵蚀得太厉害。

排除方法如下。

若过桥两侧面或上顶有裂缝或侵蚀太甚而产生漏铁液，应首先用耐火泥浆水涂足，然后敷上耐火泥砂捣实，把局部或整个过桥团团封住。经常在上面浇耐火泥浆水，漏得太甚则停风，冷水喷之冷却。再把耐火泥砂敷上捣实团团封住或局部封牢，不时浇耐火泥浆水。若过桥底漏铁液、渣，则停风，喷水冷却，在耐火砖或钢板上敷湿耐火泥砂，用铁棒或千斤顶顶实堵塞。

（6）过桥堵塞

现象：鼓风后前炉暗黑；前炉窥视孔无亮光，不见渣、铁液。

产生原因：过桥形状不合理，焖炉时底焦中铁料、废钢、铁钉和渣将其堵塞；前炉、后炉没有烘烤干，过桥太潮；临时停风时间过长等。

排除方法如下。

① 过桥形状不合理，从后炉到前炉应是喇叭形由小到大，但操作错误砌反了。因而造成鼓风后过道堵塞（堵塞原因由焦炭和其他杂质卡住渣，铁液流不出）。从前炉窥视孔中捅入长铁棒进行捅开，相应前炉采取开渣口操作，使其冲刷侵蚀，减少或解决过道堵塞。认真观察前、后炉，一经发现堵塞及时捅凿。

② 由于过桥太潮，焖炉后有渣或铁液流入即凝聚；鼓风后，及时发现进行捅凿尚可排除，若发现太迟，后炉熔化的铁液和渣不能再将过桥熔开。此时密切注意最底一排风眼，一旦出现渣和焦炭浮动，立即进行打炉。否则，铁液、渣从风眼中溢进风带，造成风箱报废或需大修。

③ 因故临时停风过长，过桥渣冷却，即冷渣将过桥几乎堵死凝聚。若发现过桥转暗，则应立即鼓风，并打开渣口进行捅捣；若发现过道转暗、黑，在不鼓风的情况下进行捅捣，则越捅捣越容易使过桥堵死。

过桥形状要合理，最好采用定型耐火砖过桥。若用耐火砖、耐火泥进行砌筑，必须谨慎认真。烤、烘炉要透。焦炭特别是底焦中渣、废铁，一定要清理干净。合炉前在炉缸过桥口放几块大焦炭亦是防止杂物堵塞过桥之法。

（7）出铁口出铁困难

现象：出铁液时，用出铁棒捅不开出铁口。

产生原因：铁液温度太低（低温铁液产生的原因较多）；炉子或前、后炉没有烘烤透；出铁口形状不合理；出铁口用材料修筑时使用不合理；堵出铁口过早等。

排除方法如下。

① 开放预备出铁口，若没有，则用铁凿子敲凿，一般均能凿开。若仍凿不开，用铜管或铁管以橡皮管接上氧气，并对准出铁口吹风（氧）使之熔化。若出铁口是暗黑色，吹氧无济于事，需用乙炔燃烧加热出铁口，使之熔化，或用氧弧熔断棒将出铁口熔穿。

② 使铁液温度提高，烤、烘透炉子，用耐火泥和耐火砖粉拌料修出铁口，出铁口处厚度不超过 50mm，内侧均匀筑成喇叭形，出铁口直径一般在 20～30mm 之间。

（8）炉底不下落

现象：熔化结束打炉，但炉底门打开后炉底不下落。

产生原因：炉底（炉盆）筑砌原材料配比不当，潮砂用得过厚过多，烧结后结成一块；加料熔化操作不正常等。

排除方法如下。

① 炉底门打开后炉底不下，任凭敲击、捅打炉底，从点火孔中撬炉底都下不来，说明筑砌炉底时用潮砂（造型用砂）敷得太多太厚，烧结后结成一团，此时必须用冷水从加料口喷入，不要喷向炉壁应喷浇在中间（以免过冷引起炉衬损坏）直至炉内所有红热炉料被水浇黑冷却为止。若不浇水，则冲天炉拔风可以使炉内炉料熔成一铁柱，处理更为困难。

② 若打炉后炉底、底焦都已下来，还有批料、铁料下不来，则先通风眼。若仍不下来，可用重铁块锤击炉料，迫使下落。若再无效，亦采取上法，从加料口喷水浇之，否则亦会生成处理很困难的铁料柱。这是由于造成二次熔化或加料估计预算不准确，停停、加加，使铁

料下不来，或熔化时加助熔剂不均，使炉壁侵蚀不均，鼓凸、凹陷太甚，熔化不正常，使料下不来。若故障虽予以排除，但下次开炉时应引以改正。

(9) 炉缸或前炉冻结

现象：炉缸或前炉出现过冷铁液，直至毫无流动性的铁黏液。

产生原因：底焦太低太少，掉铁；前炉没有很好烘烤干。

排除方法：迅速找出原因，调整好底焦高度。使后来熔化的高温铁液来冲之，冲到铁液能流出后浇成回炉段，直至可以浇注铸件铁液为止；在渣口插入铜管或钢管吹氧，提高温度熔化之。

(10) 风眼结渣

现象：风眼挂渣变黑或堵死。

产生原因：熔化带熔化下降的炉渣，穿过风口前区域时，被风口吹入的风凝结。

排除方法如下。

① 用捅风眼铁棒（铁钎）捅入风口前穿凿，除去凝渣。操作时注意铁钎在炉内不要向四周呈圆圈形搅动，否则使炉内炉气不稳；前后穿凿捅捣时动作要干脆有力，拔出时迅速；注意周围有无其他人员，捅时侧身操作。

② 若一时捅不开，可将结渣的风眼堵死，不使其进风，随着其他风眼吹过来的热风，使焦炭燃烧而熔化结渣，然后打通该风眼。

(11) 中途停风

产生原因：在熔化过程中，因各种原因需中途停风（如暂时停电，行车失灵，加料机构失灵，吊包不能用，铁水来不及浇注，各种故障产生及排除故障时需停风等）。

排除方法如下。

① 将风口全部打开（或局部打开），铁液全部出净，用木头或木炭或焦炭粉泥塞头堵住出铁口，以防再鼓风时出铁口堵塞。重新开始送风，应开风口先鼓 20~25s，然后再将风口关闭正常鼓风，防止鼓风机停止送风时，使炉内的 CO 气体不能逸散而进入风箱风管，甚至倒灌入鼓风机内。待再行鼓风送风或由风口进入大量空气，则 CO 与 O_2 混合成一定比例时，会引起 CO 的突然燃烧，体积膨胀很大而发生爆炸（轻微时会发出一声响）。所以，停风、送风时必须考虑到将风箱、风管中的 CO 赶掉。

② 若计划准备中途停风，必须加足充分的底焦以补偿停风时消耗；若临时紧急停风，则鼓风后加第一批料时，必须加足追焦以补充停风时底焦的消耗。

(12) 低温大黏度黑渣

现象：出渣时发现炉缸或前炉是低温黏度很大的黑渣，根本捅放不出来。

产生原因：低温铁液伴随而来的低温大黏度黑渣；造渣用石灰石、萤石加得太少，甚至没有加；炉料、铁料、焦炭质量太差，含杂质、灰分太多等。

排除方法如下。

① 若无前炉，从后炉直接多加石灰石（$CaCO_3$）、萤石（CaF_2），若要效果更好则加电石（CaC_2、纯碱（Na_2CO_3），后炉加纯碱容易吹掉；必须包好或放在木、铁皮盒内加入；加入量的大小视炉子容量而定。

② 若有前炉，则直接在前炉进行处理。用 $1/3CaCO_3$、加 $1/3CaF_2$、加 $1/3Na_2CO_3$ 粉经铁皮漏斗从渣口倒入前炉，倒时停风，倒进去后搅动。继续鼓风熔化即可使渣稀释而放出。直接用 Na_2CO_3，倒入效果亦一样。

(13) 底焦未发旺

现象：要加批铁时发现底焦没有发旺。

产生原因：发火柴或发火材料不足或烧得过甚，底焦过湿（太潮），加底焦发旺操作不规范。

排除方法如下。

① 若底焦加足后要加批料时发现底焦漆黑，根本没有烧着，则先烧红木炭倒入；再加柏油或沥青块使底焦烧旺。

② 若底焦局部烧着，则在烧着发红底焦处加入柏油或沥青块，待 1/3 以上底焦烧着之后，鼓小风。加速底焦发旺，待蓝色火苗窜出加料口时，再加批料进行熔炼。否则，鼓小风过早反而将已烧着的灼红底焦吹灭。

上述所有这些冲天炉操作熔化过程中出现的故障，在开炉前严格检查和严格遵守操作规程进行操作，是完全可以避免的，实践证明亦是如此。本章只能对化铁炉操作工特别是新工人，从事中小型化铁炉操作提供借鉴。

［1］ 章舟. 铸铁及其熔炼技术问答. 北京：化学工业出版社，2007.

［2］ 童军，章舟，连炜. 铸铁感应电炉熔炼及应用实例. 北京：化学工业出版社，2008.

［3］ 邓宏运，王春景，章舟. 等温淬火球墨铸铁的生产及应用实例. 北京：化学工业出版社，2010.

［4］ 谢一华，谢田，章舟. V法铸造生产及应用实例. 北京：化学工业出版社，2009.

［5］ 章舟，邓宏运，王春景. 消失模铸造生产实用手册. 北京：化学工业出版社，2011.

［6］ 王春景，邓宏运，陈自立，章舟. 高铬铸铁. 北京：化学工业出版社，2011.

［7］ 童军，章舟. 铸铁感应电炉生产问答. 北京：化学工业出版社，2012.

［8］ 吴殿杰，章舟. 呋喃树脂铸造生产及应用实例. 北京：化学工业出版社，2012.

［9］ 陶令恒. 铸造手册：铸铁. 北京：机械工业出版社，1993.

［10］ 邱汉泉. 蠕墨铸铁及其生产技术. 北京：化学工业出版社，2010.

［11］ 邓宏运，阴世河，王春景，章舟. 消失模铸造及实型铸造技术手册. 北京：机械工业出版社，2013.

［12］ 于尔元，王德祖，杨雅杰. 铸铁件生产指南. 北京：化学工业出版社，2008.

化学工业出版社　最新专业图书推荐

书号	书　名	定价/元
19147	现代铸造涂料及应用	68
18525	铸造感应电炉使用指导	68
18815	铸铁生产实用手册	138
18512	塑料制作铸型及其实用铸造工艺	58
17246	铸钢生产实用手册	138
16914	中小型砂车间（工厂）实型铸造技术	58
16258	有色金属熔炼与铸锭	68
15446	铸件缺陷及修复技术	68
15535	碳钢、低合金钢铸件生产及应用实例	48
14449	呋喃树脂砂铸造生产及应用实例	58
13627	铸造合金熔炼	68
13630	铸钢件特种铸造	88
13755	铸铁感应电炉生产问答	49
13739	熔模精密铸造缺陷与对策	58
13643	熔模精密铸造技术问答（第二版）	58
12993	消失模白模制作技术问答	39
12565	灰铸铁件生产缺陷及防止	68
11974	铸件挽救工程及其应用（钱翰城）	128
11315	高铬铸铁生产及应用实例	45
10805	铸造用化工原料应用指导	45
09712	常用钢淬透性图册	78
15158	废钢铁加工与设备	68
10248	材料热加工基础	58
09575	消失模铸造生产实用手册	88
08642	铸造金属耐磨材料实用手册	79
08337	蠕墨铸铁及其生产技术（邱汉泉）	88
08091	铸造工人学技术必读丛书——造型制芯及工艺基础	29
07970	高锰钢铸造生产及应用实例	38
07829	铸造工人学技术必读丛书——铸铁及其熔炼技术	28
07794	铸造工人学技术必读丛书——特种铸造	25
07662	铸造工人学技术必读丛书——造型材料及砂处理	25
07435	铸造工人学技术必读丛书——铸钢及其熔炼技术	25
06930	压铸模具 3D 设计与计算指导（正文彩图，配计算光盘）	88
06881	实用艺术铸造技术	58
06581	国外铸造艺术品鉴赏	58

书号	书　名	定价/元
06125	压铸工艺及模具设计	30
05584	新编铸造标准实用手册	128
05321	铸造成形手册（下）	140
05320	铸造成形手册（上）	180
04775	差压铸造生产技术	36
04524	铸造工艺设计及铸件缺陷控制	49
04398	金属凝固过程数值模拟及应用	35
04149	等温淬火球墨铸铁（ADI）的生产及应用实例	28
03758	铸造金属材料中外牌号速查手册	38
03436	V法铸造生产及应用实例	25
02417	铸造振动机械设计与应用	20
02347	金属型铸件生产指南	48
02262	铸铁感应电炉熔炼及应用实例	25
02012	铸钢件生产指南	32
01765	有色金属铸件生产指南	29
01728	铸铁件生产指南	30
01018	铸铁及其熔炼技术问答	25
00972	砂型铸造生产技术 500 问（下册）	39
00913	砂型铸造生产技术 500 问（上册）	38
00320	消失模铸造生产及应用实例	19
00129	压铸件生产指南	22
9853	液态模锻与挤压铸造技术	62

邮购电话：010-64518800

邮购地址：北京市东城区青年湖南街 13 号化学工业出版社（100011）

图书详情及相关信息浏览：请登录 http：//www.cip.com.cn

注：如有写书意愿，欢迎与我社编辑联系：

010-64519283　E-mail：editor2044@sina.com